Word Excel PPT 应用与技巧大全

中国水利水电出版社
www.waterpub.com.cn
·北京·

内容提要

Word、Excel与Power Point（PPT）是微软公司开发的Office办公软件中最常用的3个组件，《Word Excel PPT应用与技巧大全 即用即查 实战精粹（第2版）》系统并全面地讲解了这3款办公软件的应用技巧。在内容安排上，本书最大的特点就是不仅指导读者“会用”Office软件，而且重在如何“用好”Office软件进行高效办公。

《Word Excel PPT应用与技巧大全 即用即查 实战精粹（第2版）》从工作实际应用出发，通过3篇内容来讲解“Word、Excel、PPT组件办公实用技巧”。第1篇（第1～7章）讲解了Word办公文档编辑、图文混排、表格处理、邮件合并、文档审阅与修订等相关技巧；第2篇（第8～13章）讲解了Excel电子表格数据处理、公式与函数应用、数据排序、筛选汇总、统计图表等相关技巧；第3篇（第14～16章）讲解了PPT幻灯片创建、内容设计、动画设置及放映输出等相关技巧。

《Word Excel PPT应用与技巧大全 即用即查 实战精粹（第2版）》结合微软Office市面上的常用版本（Office 2010、2013、2016、2019）进行编写，并以技巧介绍的形式进行编排，非常适合读者阅读与查询使用，是不可多得的职场必备案头工具书。

《Word Excel PPT应用与技巧大全 即用即查 实战精粹（第2版）》非常适合读者自学使用，尤其适合对Word、Excel、PPT软件缺少使用经验和技巧的读者学习使用，也可以作为大、中专职业院校计算机相关专业的教材参考用书。

图书在版编目(CIP)数据

Word Excel PPT应用与技巧大全：即用即查 实战精粹/
IT新时代教育编著. —2版. —北京：中国水利水电出版社，
2020.12

ISBN 978-7-5170-8614-7

Ⅰ.①W… Ⅱ.①I… Ⅲ.①办公自动化—应用软件 Ⅳ.
①TP317.1

中国版本图书馆CIP数据核字(2020)第095337号

丛 书 名	即用即查 实战精粹
书　　名	Word Excel PPT应用与技巧大全（第2版） Word Excel PPT YINGYONG YU JIQIAO DAQUAN
作　　者	IT新时代教育 编著
出版发行	中国水利水电出版社 （北京市海淀区玉渊潭南路1号D座 100038） 网址：www.waterpub.com.cn E-mail：zhiboshangshu@163.com 电话：（010）62572966-2205/2266/2201（营销中心）
经　　售	北京科水图书销售中心（零售） 电话：（010）88383994、63202643、68545874 全国各地新华书店和相关出版物销售网点
排　　版	北京智博尚书文化传媒有限公司
印　　刷	三河市龙大印装有限公司
规　　格	185mm×260mm　16开本　20印张　664千字　1插页
版　　次	2020年12月第2版　2020年12月第1次印刷
印　　数	00001—10000册
定　　价	79.80元

PREFACE

前 言

你知道吗？

工作任务堆积如山，既要用 Word 写文档，又要用 Excel 分析数据，还要制作明天的 PPT。天天加班，感觉总做不完！别人工作却很高效、很专业，我怎么不行？

使用 Office 处理工作时，总是遇到这样那样的问题，百度搜索多遍，依然找不到想要的答案，怎么办？

想成为职场中的“白骨精”，想获得领导与同事的认可，想要把工作及时高效、保质保量地做好，不懂一些 Office 办公技巧怎么行？

工作方法有讲究，提高效率有捷径。懂一些办公技巧，可以让你节省不少时间；懂一些办公技巧，可以消除你工作中的烦恼；懂一些办公技巧，让你少走许多弯路！

本书重点

通过本书的学习，你将获得“菜鸟”变“高手”的机会。以前，你只会简单地运用 Office 软件；现在，你可以：

- 5 分钟搞定专业 Word 文档排版。图文混排、添加目录页码、插入流程图、设计封面、打印文档等，通通不是问题。
- 10 分钟制作出专业报表。熟练使用公式函数、图表、透视表等进行数据分析，要多高效就有多高效。
- 2 小时设计出专业 PPT。灵活使用图片、文字、表格、图表、动画，用 PPT 说服领导和客户。

本书特色

你花一本书的钱，买的不仅仅是一本书，而是一套超值的综合学习套餐。包括：同步学习素材 + 同步视频教程 + 办公模板 +《计算机入门必备技能手册》电子书 +Office 入门视频教程 +《Office 办公应用快捷键速查表》电子书。多维度学习套餐，真正超值实用！

❶ 同步视频教程。配有与书同步高质量、超清晰的多媒体视频教程，时长达 12 小时。扫描书中二维码，即可手机同步学习。

❷ 同步学习素材。提供了书中所有案例的素材文件，方便读者跟着书中讲解同步练习操作。

❸ 赠送：1000 个 Office 商务办公模板文件。包括 Word 模板、Excel 模板、PPT 模板，拿来即用，不用再去花时间与精力搜集整理。

❹ 赠送：《计算机入门必备技能手册》电子书，即使你不懂计算机，也可以通过本手册学习，掌握计算机入门技能，从而更好地学习 Office 办公应用技能。

❺ 赠送：3小时的Office快速入门视频教程，即使你一点基础都没有，也不用担心学不会，学完此视频就能快速入门。

❻ 赠送：《Office 办公应用快捷键速查表》电子书，帮助你快速提高办公效率。

温馨提示

以上学习资源可以通过以下步骤来获取。

	第 1 步：对准此二维码【扫一扫】→ 单击【关注公众号】。
	第 2 步：进入公众号主页面，单击左下角的【键盘】图标 → 在右侧输入“D20203E”→ 单击【发送】按钮，即可获取对应学习资料的“下载网址”及“下载密码”。
	第 3 步：在计算机中打开浏览器窗口 → 在【地址栏】中输入上一步获取的“下载网址”，并打开网站 → 提示输入密码，输入上一步获取的“下载密码”→ 单击【提取】按钮。
	第 4 步：进入下载页面，单击书名后面的【下载】按钮，即可将学习资源包下载到计算机中。若提示选择【高速下载】还是【普通下载】，请选择【普通下载】。
	第 5 步：下载完毕后，有些资料若是压缩包，通过解压软件（如 WinRAR、7-zip 等）进行解压即可使用。

本书适合对象

- 有 Office 软件基础，却常常被应用技巧困住的职场新人。
- 经常加班处理文档且渴望提升效率的职场人士。
- 需要掌握一门核心技巧的大学毕业生。
- 需要用 Office 来提升核心竞争力的行政文秘、人力资源、销售、财会、库管等岗位人员。

本书由 IT 新时代教育策划并组织编写。全书由一线办公专业老师和多位 MVP（微软全球最有价值专家）合作编写，他们具有丰富的 Office 软件应用技巧和办公实战经验，对于他们的辛苦付出在此表示衷心的感谢！同时，由于计算机技术发展非常迅速，书中疏漏和不足之处在所难免，敬请广大读者及专家指正。若您在学习过程中产生疑问或有任何建议，可以通过 E-mail 或 QQ 群与我们联系。

读者信箱：1481830466@qq.com

读者学习交流 QQ 群：566454698

CONTENTS 目录

第 1 篇 Word 办公应用技巧篇

第 1 章 Word 基本操作与内容录入技巧

第 2 章 Word 文档编辑、格式设置、样式与模板应用技巧

第3章

Word 的图文混排技巧

第4章

Word 表格制作与编辑技巧

第 5 章 Word 文档页面布局与打印技巧

第 6 章 Word 的目录、题注与邮件合并的技巧

第 7 章 Word 文档的审阅与保护技巧

第2篇 Excel办公应用技巧篇

第8章 Excel 工作簿与工作表的操作技巧

第9章 Excel 数据录入与编辑技巧

第10章 Excel 数据统计与分析技巧

第11章 Excel 公式与函数应用技巧

第12章 Excel 图表制作与应用技巧

第13章 Excel 数据透视表和数据透视图应用技巧

第3篇 PPT 办公应用技巧篇

第14章 PPT 幻灯片编辑技巧

第15章 PPT 幻灯片美化技巧

第16章 PPT 幻灯片放映与输出技巧

Word办公应用技巧篇 第1篇

Word 是日常办公时处理文字最常用的软件。它的操作方法简单，经过一定时间的学习，很多人都可以快速上手使用。但是，有一些实用的技巧也许你还不了解，它们对于使用 Word 办公很有帮助。如果熟练使用这些技巧，通过简单的设置，就可以在制作文档时提高工作效率。本书采用 Word 2019 版本进行介绍。

通过对本篇内容的学习，将学会以下 Word 办公应用的技能与技巧。

学习目标

◎ Word 的基本设置、基本操作与内容录入技巧

◎ Word 文档的编辑与模板应用技巧

◎ Word 的图文混排技巧

◎ Word 文档的表格编辑技巧

◎ Word 的页面布局与打印设置技巧

◎ Word 的目录、题注与邮件合并技巧

◎ Word 文档的审阅与保护技巧

第1章 Word 基本操作与内容录入技巧

在使用 Word 处理办公文档时，首先需要学会并掌握 Word 文档的基本操作技巧，以及文档内容的录入技巧。掌握这些技巧，可以使用户更好地了解 Word 并提高办公文档的录入效率，这也是高效办公的第一步。

下面是一些日常办公中常见的问题，请检查你是否会处理或已掌握。

【√】辛苦大半天录入的文档突然因断电或死机全部丢失了，知道如何恢复吗?

【√】各个选项卡中经常使用的功能，知道怎样放置到同一选项卡中吗?

【√】每次保存文档都要选择复杂的保存路径，知道如何更改 Word 的默认保存路径吗?

【√】在 Word 高版本中创建的文档，转移到 Word 低版本中无法打开，知道如何处理兼容问题吗?

【√】在 Word 中录入文档内容时，繁体字、生僻字如何录入?

【√】像 X^2、Y^1 等这种特殊格式的内容，知道如何录入吗?

希望通过对本章内容的学习，能够解决以上问题，并学会更多的 Word 高效办公设置技巧和文档内容录入技巧。

1.1 Word 的基本设置技巧

在使用 Word 2019 时，用户可以根据实际工作需要对文档进行一些基本设置。掌握文档基本设置方面的技巧可以有效地提高工作效率，例如设置 Word 默认保存格式、防止文档损坏或丢失、修改文档的默认保存路径等技巧。本节将介绍一些与文档基本设置相关的技巧。

001：将命令或按钮添加到快速访问工具栏

适用版本	实用指数
2010、2013、2016、2019	★★★★☆

使用说明

当某个工具组中的命令或按钮需要经常使用时，可以将其添加到快速访问工具栏中，这样可以大大提升操作速度，提高工作效率。

解决方法

例如，要将【插入图片】命令添加到快速访问工具栏中，具体操作方法如下。

❶切换到【插入】选项卡；❷右击【插图】组中的【图片】按钮，在弹出的快捷菜单中选择【添加到快速访问工具栏】命令即可，如下图所示。

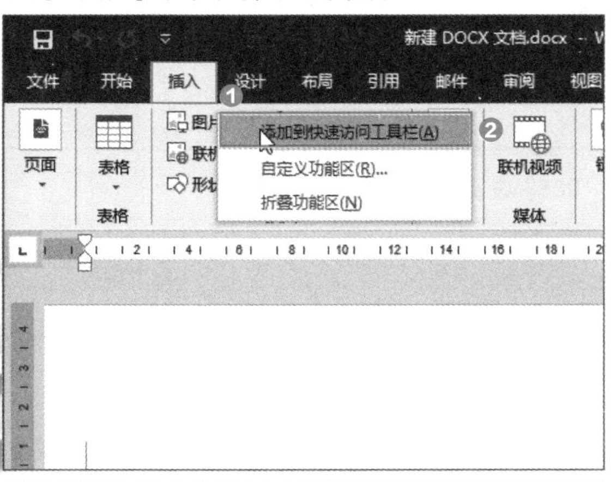

002：将常用命令添加到新建选项卡中

适用版本	实用指数
2010、2013、2016、2019	★★★★☆

使用说明

在使用 Word 时，可以将常用命令添加至一个新的选项卡中，从而避免频繁地切换选项卡，使操作更简便。

解决方法

例如，要在功能区中添加一个名为【通知选项卡】的新选项卡，具体操作方法如下。

步骤01 单击【文件】菜单项，在弹出的下拉菜单中选择【选项】命令，如下图所示。

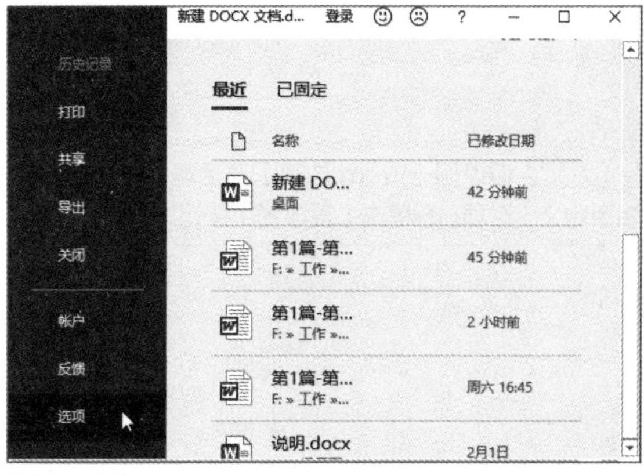

步骤02 ❶打开【Word 选项】对话框，在对话框左侧选择【自定义功能区】选项卡；❷在对话框右侧单击【新建选项卡】按钮，如下图所示。

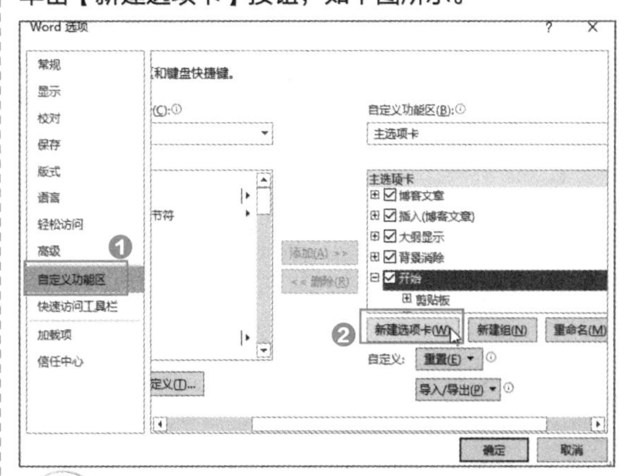

知识拓展

在【自定义】选项组中单击【导入 / 导出】下拉按钮，在弹出的下拉列表中选择【导出所有自定义设置】选项，然后设置保存路径，可以保存当前设置。如果想要将导出的自定义设置导入其他计算机，需要将保存的自定义文件复制到其他计算机，然后在单击【导入 / 导出】下拉按钮后选择【导入自定义文件】选项，找到自定义文件的保存路径导入即可。

步骤03 ❶选中新建的【新建选项卡（自定义）】；❷单击【重命名】按钮；❸在弹出的【重命名】对话框中的【显示名称】文本框中输入新选项卡名称；❹单击【确定】按钮，如下图所示。

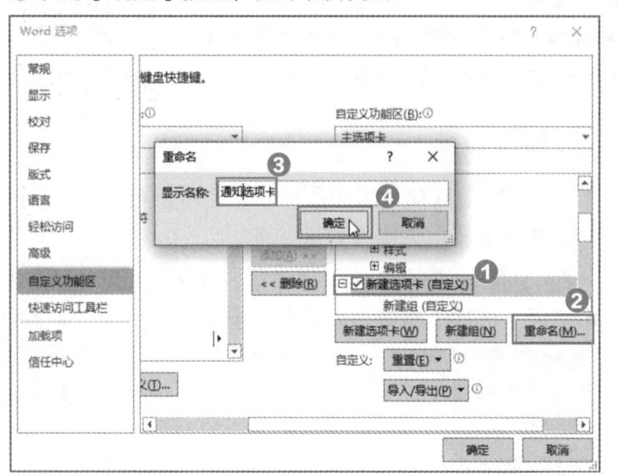

步骤04 ❶返回【Word 选项】对话框，选中【新建组自定义】选项；❷单击【重命名】按钮，如下图所示。

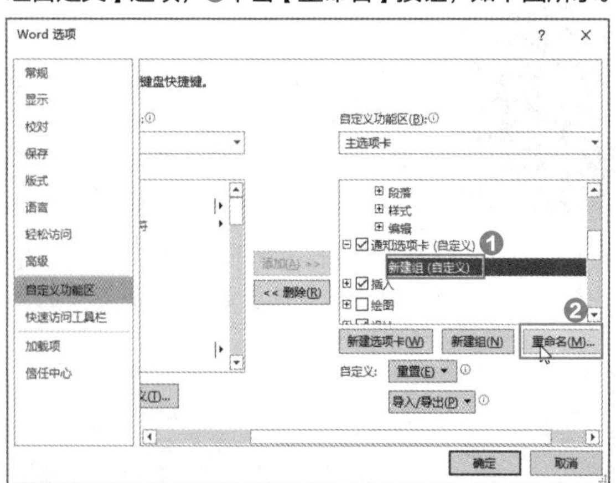

步骤05 ❶弹出【重命名】对话框，在【符号】列表框中选择合适的符号；❷在【显示名称】文本框中输入新建组的名称；❸单击【确定】按钮，如下图所示。

步骤06 ❶选中新建组，在【从下列位置选择命令】栏中选择需要添加的命令；❷单击【添加】按钮，将其添加到新建组中；❸添加完成后单击【确定】按钮，如下图所示。

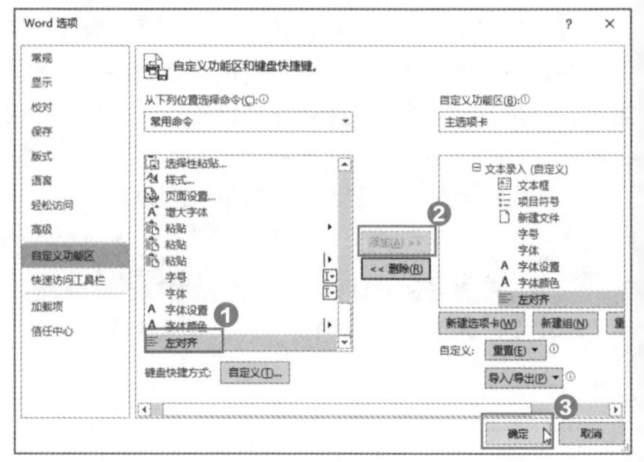

步骤07 返回 Word 文档主界面，即可查看到新添加的选项卡，如下图所示。

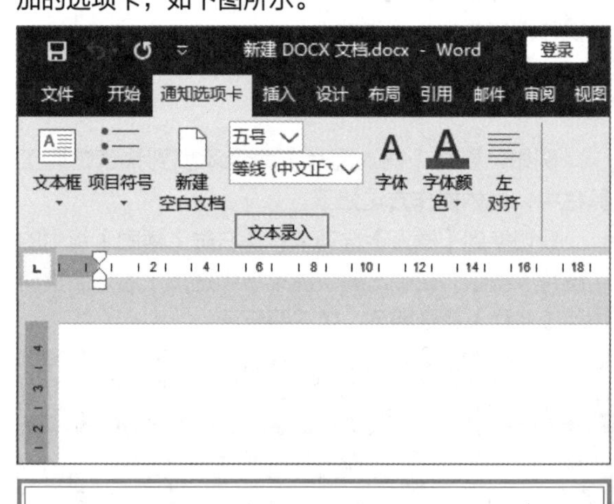

003：设置最近使用的文档的数目

适用版本	实用指数
2010、2013、2016、2019	★★★★★

使用说明

默认情况下，Word 会将最近使用的文档记录在【文件】→【打开】界面中，以方便用户直接打开最近使用过的文档，其默认数目为 25 条。如果默认的数目不能满足用户的需要，则可以通过相应的设置更改最近使用的文档数目。

解决方法

例如，要将最近使用的文档的数目更改为 10 条，具体操作方法如下。

❶打开【Word 选项】对话框，切换到【高级】选项卡；❷在【显示】选项组的【显示此数目的“最

近使用的文档”】右侧的数值框中输入要显示的数目【10】；❸单击【确定】按钮即可，如下图所示。

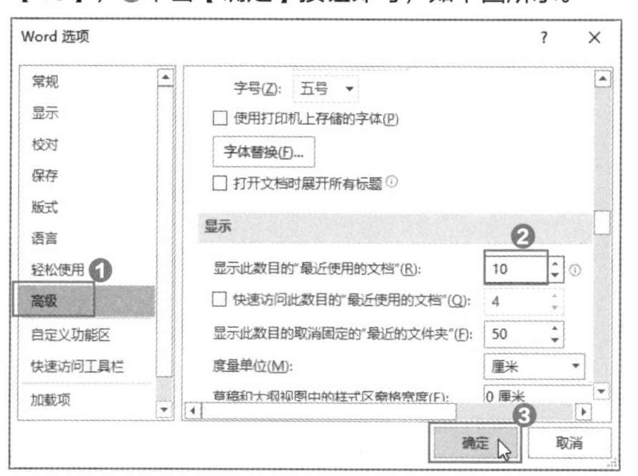

004：设置自动恢复功能

适用版本	实用指数
2010、2013、2016、2019	★★★★☆

使用说明

在日常工作中，由于意外断电、计算机死机、错误关闭等原因，有时会出现文档丢失的情况。用户可以通过设置自动修复功能，最大限度地减少损失。

解决方法

例如，设置文档自动修复时间间隔和修改位置，具体操作方法如下。

步骤01 ❶打开【Word 选项】对话框，切换到【保存】选项卡；❷在【保存文档】选项组中勾选【保存自动恢复信息时间间隔】复选框，在其右侧的数值框中输入合适的时间间隔，例如输入【6】；❸单击【自动恢复文件位置】文本框右侧的【浏览】按钮，如下图所示。

步骤02 ❶打开【修改位置】对话框，选择合适的保存位置；❷单击【确定】按钮，如右上图所示。

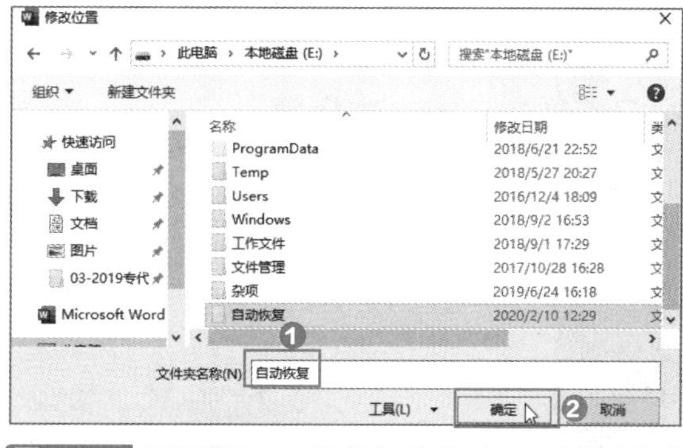

步骤03 返回【Word 选项】对话框中，再次单击【确定】按钮即可，如下图所示。

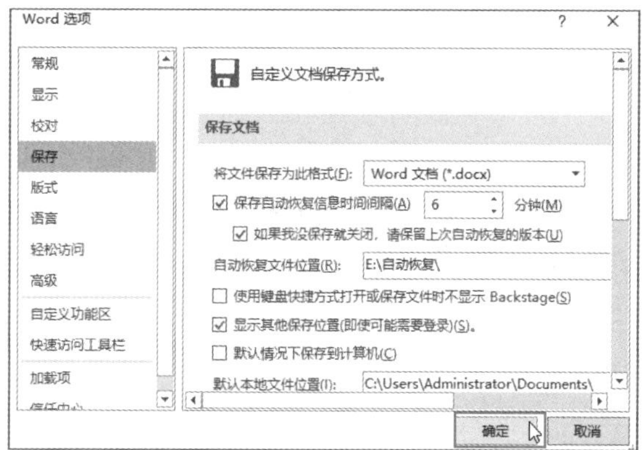

> **温馨提示**
>
> 如果计算机的内存比较小，则自动保存的时间间隔不能设置得太短，否则将影响文件的编辑进度，一般设置为 5~15 分钟即可。

005：如何清除文档历史记录

适用版本	实用指数
2010、2013、2016、2019	★★★★★

使用说明

Word 程序具有保存使用过的文档记录的功能，可以帮助用户快速打开一些经常使用的文档。但是如果文档过多，也会带来麻烦。下面介绍如何清除历史记录文档。

解决方法

要清除使用过的文档记录，具体操作方法如下。

❶在【文件】菜单中选择【打开】命令；❷在中间窗格中自动定位到【最近】选项，在右侧窗格中右击要清除历史记录的文档，在弹出的快捷菜单中选择【从列表中删除】命令即可，如下图所示。

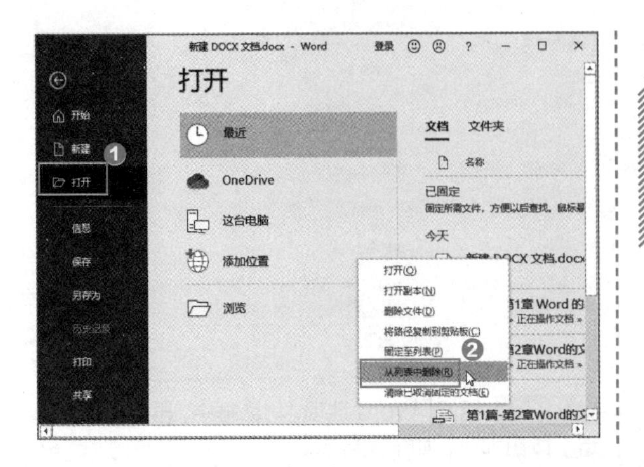

温馨提示

如果要清除所有历史记录，则右击要清除历史记录的文档，在弹出的快捷菜单中选择【清除已取消固定的文档】命令即可。

1.2 文档的基本操作技巧

文档的基本操作包括打开与关闭文档及查看文档。下面将逐一介绍文档的基本操作技巧。

006：快速打开多个文档

适用版本	实用指数
2010、2013、2016、2019	★★★★☆

使用说明

如果要一次性打开多个文档，不需要逐一打开，可以采用下面介绍的方法快速打开多个文档。

解决方法

如果要快速打开多个文档，具体的操作方法如下。

步骤01 ❶打开任意 Word 文档，单击【文件】菜单项，在弹出的下拉菜单中选择【打开】命令；❷在右侧单击【浏览】选项，如下图所示。

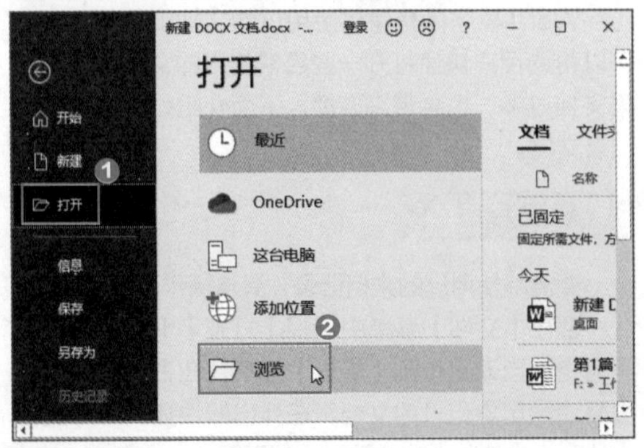

步骤02 ❶弹出【打开】对话框，按下【Ctrl】键后选择多个 Word 文档；❷单击【打开】按钮，即可将所选文档全部打开，如下图所示。

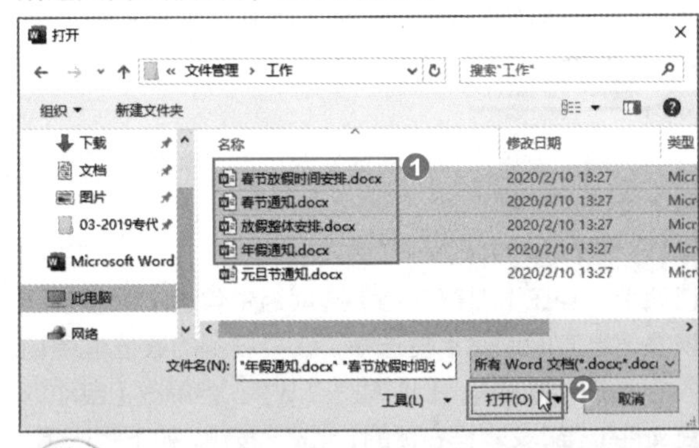

知识拓展

在【我的电脑】中打开文件存放的位置，然后按住【Shift】或【Ctrl】键选择多个文件后右击，从弹出的快捷键菜单中选择【打开】命令，也可以同时打开多个文档。

007：以只读方式打开重要的文件

适用版本	实用指数
2010、2013、2016、2019	★★★★★

使用说明

在查看某些不需要进行编辑的文件时，为了防止在查看过程中由于误操作对文件进行了不必要的更改，尤其是在查看一些非常重要的文件时，操作失误可能会导致非常严重的后果。此时，可以以只读的方式打开该文件，从而避免此类情况的发生。

解决方法

如果以只读方式打开文档，具体操作方法如下。

步骤01 ❶在【文件】菜单中选择【打开】命令；❷在右侧的窗格中单击【浏览】选项，如下图所示。

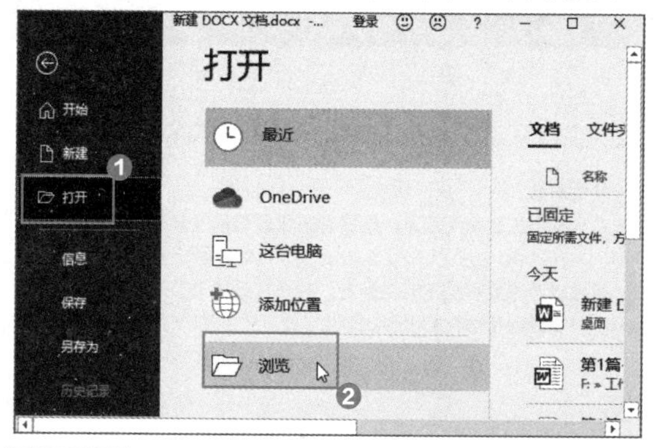

步骤02 ❶打开【打开】对话框，选择要打开的文件，单击【打开】按钮右侧的下拉按钮；❷在弹出的下拉列表中选择【以只读方式打开】选项，如下图所示。

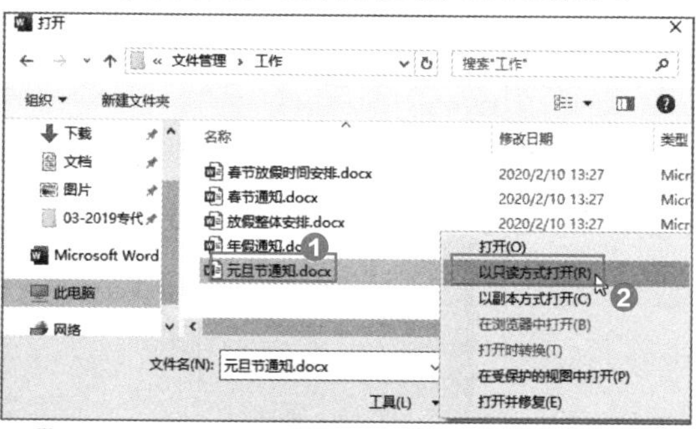

知识拓展

为了保护重要文件不受误操作的影响，还可以通过副本方式打开文件。方法是：打开【打开】对话框，单击【打开】按钮右侧的下拉按钮，在弹出的下拉列表中选择【以副本方式打开】选项即可。

008：如何修复已损坏的 Word 文档

适用版本	实用指数
2010、2013、2016、2019	★★★★☆

使用说明

在日常编辑文档的过程中，有时会出现意外关机、程序运行错误等特殊情况，导致 Word 文档损坏、未保存或者不能打开。此时，可以利用系统自带的恢复功能修复文档。

解决方法

例如，要修复已损坏的 Word 文档，具体操作方法如下。

步骤01 ❶单击【文件】菜单项，在弹出的下拉菜单中选择【打开】命令；❷在右侧的窗格中单击【浏览】选项，如下图所示。

步骤02 ❶打开【打开】对话框，选择需要修复的文档；❷单击【打开】按钮右侧的下拉按钮，在弹出的下拉列表中选择【打开并修复】选项即可，如下图所示。

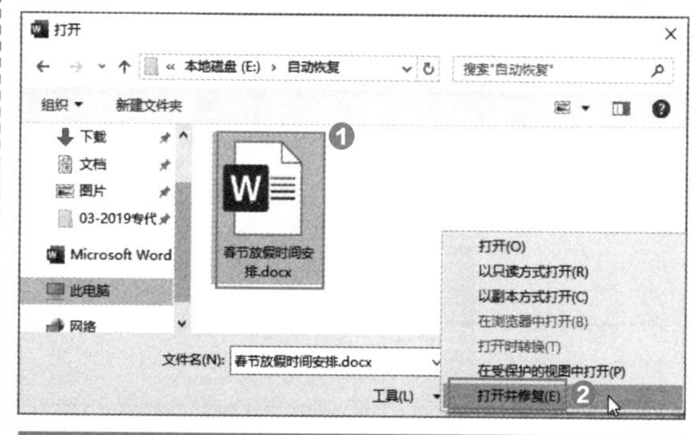

009：将多个文档合并为一个文档

适用版本	实用指数
2010、2013、2016、2019	★★★★☆

使用说明

如果要将多个文档中的文字全部合并到一个文档中，使用复制和粘贴功能固然可以实现，但如果文件很多，打开复制然后再粘贴不仅速度慢，还容易发生

错漏。下面就介绍一种简单的方法，可以快速将多个文档合并为一个文档。

解决方法

要将多个文档合并为一个文档，具体操作方法如下。

步骤01 ❶新建一个 Word 文档，用来放置需要合并的多个文档。打开新建文档，单击【插入】选项卡【文本】组中【对象】按钮右侧的下拉按钮；❷在弹出的下拉列表中选择【文件中的文字】选项，如下图所示。

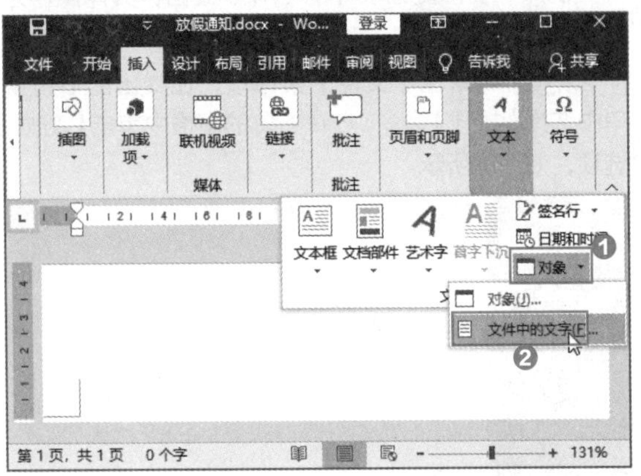

步骤02 ❶打开【插入文件】对话框，按住【Ctrl】键选择需要合并的文档；❷单击【插入】按钮，即可将所选文档合并到新建文档中，如下图所示。

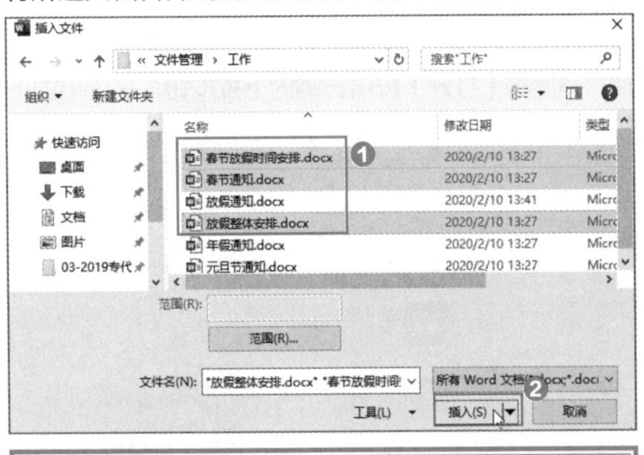

010：快速统计文档的字数和页数

适用版本	实用指数
2010、2013、2016、2019	★★★★☆

使用说明

在制作文档时，有时候需要统计字数。对此可以使用 Word 的字数统计功能，快捷地查看文档字数。

解决方法

如果要统计文档字数和页数，具体操作方法如下。

步骤01 在 Word 文档下方的状态栏中直接显示了文档的当前页数、总页数和字数等情况。如果想要查看更详细的字数情况，可单击【字数统计】栏，如下图所示。

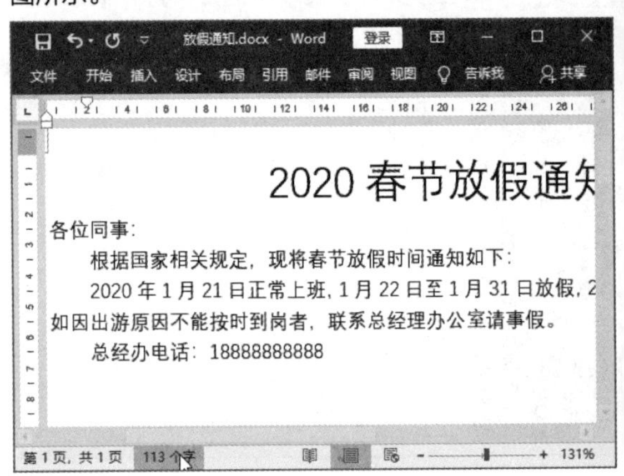

步骤02 ❶在打开的【字数统计】对话框中可以查看页数、字数、段落数等具体情况；❷查看完成后单击【关闭】按钮即可，如下图所示。

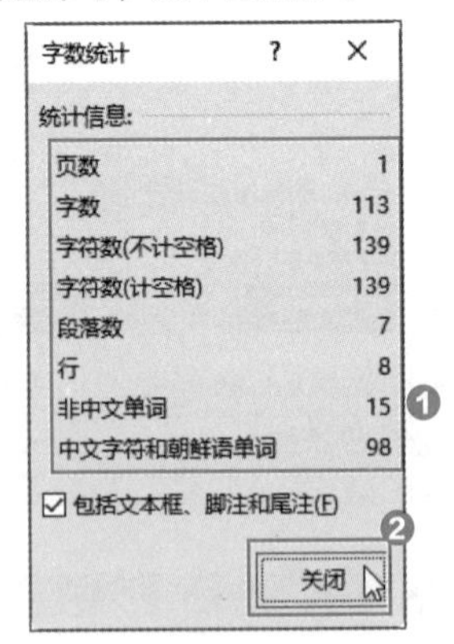

1.3 文本的录入技巧

在文档中输入文本是 Word 的最基本操作，输入的速度虽然与打字速度有关，但一些技巧的使用也能提高输入速度，提升工作效率。

011：快速重复输入内容

适用版本	实用指数
2010、2013、2016、2019	★★★★☆

使用说明

用户在编辑文档时，如果输完一句话之后需要重复输入，则无须用键盘再次输入一遍，只需按一个键即可快速重复。

解决方法

例如，要在 Word 中重复输入词组，具体操作方法如下。

在 Word 文档中输入词组，输入完成后按下【F4】键，即可重复输入该词组，如下图所示。

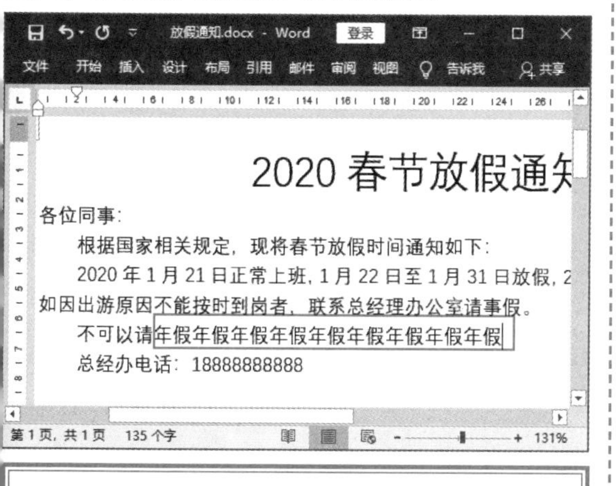

012：如何输入 X^n 和 X_y 格式内容

适用版本	实用指数
2010、2013、2016、2019	★★★★☆

使用说明

在创建含有化学方程式、数据公式以及科学计数法等文档时，经常会用到上标和下标。下面介绍怎样输入上标和下标。

解决方法

例如，要在 Word 文档中输入 X^n 和 X_y，具体操作方法如下。

步骤01 ❶在 Word 文档中输入【Xn】，然后选中【n】；❷单击【开始】选项卡【字体】组中的【上标】按钮，如右上图所示。

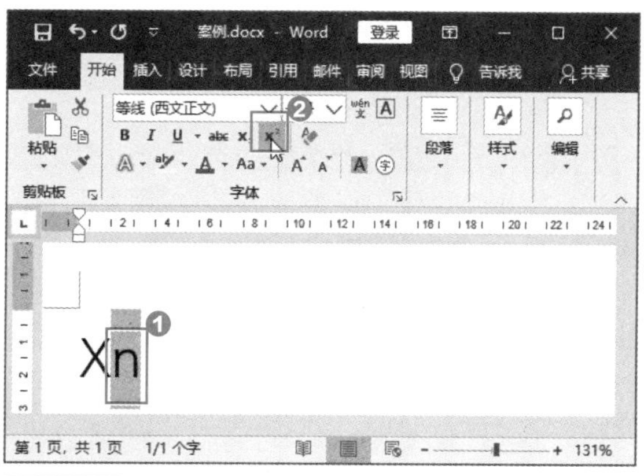

步骤02 ❶在 Word 文档中输入【Xy】，然后选中【y】；❷单击【开始】选项卡【字体】组中的【下标】按钮即可，如下图所示。

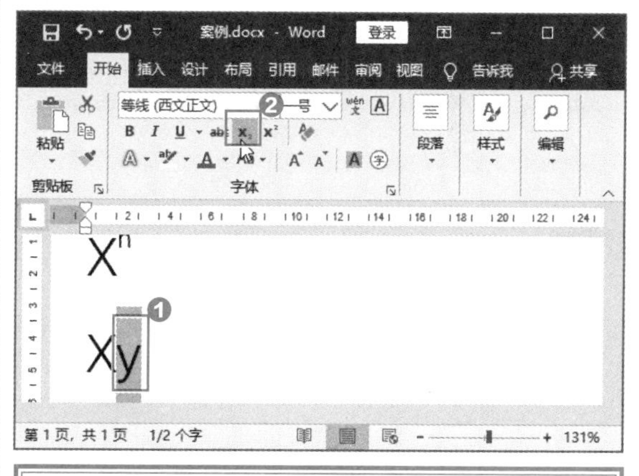

013：快速将文字转换为繁体

适用版本	实用指数
2010、2013、2016、2019	★★★★☆

使用说明

创建文档时有时需要使用繁体字，用户可按以下方法操作，轻松输入繁体字。

解决方法

要在文档中使用繁体字时，具体操作方法如下。

步骤01 打开素材文件（位置：素材文件\第 1 章\行政管理制度.docx），❶选中要使用繁体字的文字；❷单击【审阅】选项卡【中文简繁转换】组中的【简转繁】按钮，即可将选中的文字转换为繁体字，如下图所示。

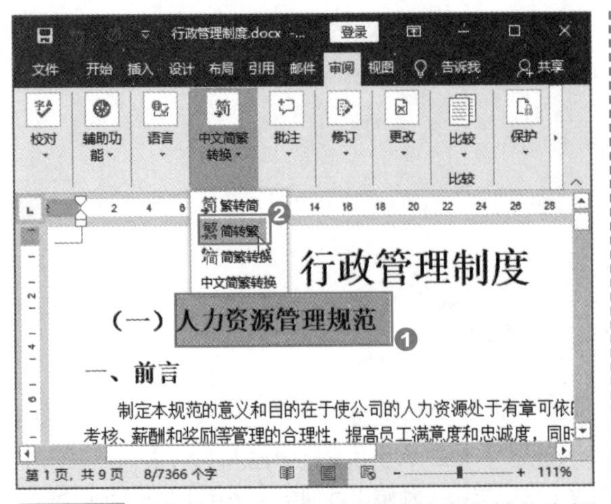

步骤02 操作完成后，即可将选中的文字转化为繁体字，如下图所示。

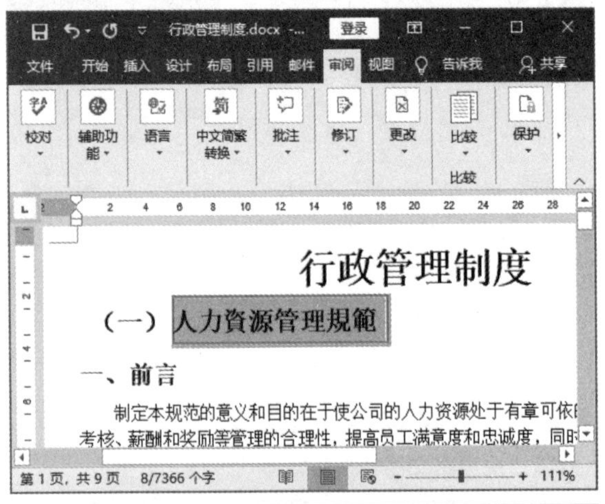

014：将数字转换为大写人民币

适用版本	实用指数
2010、2013、2016、2019	★★★★☆

使用说明

制作办公文档时，有时需要输入大写人民币金额，例如填写收条或者收款凭证时。如果直接输入不仅速度较慢，还容易出错。此时，用户可以使用编号功能快速将数字转换为大写人民币金额。

解决方法

如要将数字转换为大写人民币金额，具体操作方法如下。

步骤01 打开素材文件（位置：素材文件\第 1 章\收据 .docx），❶选中数字【54688】；❷切换到【插入】选项卡，在【符号】组中单击【编号】按钮，如右上图所示。

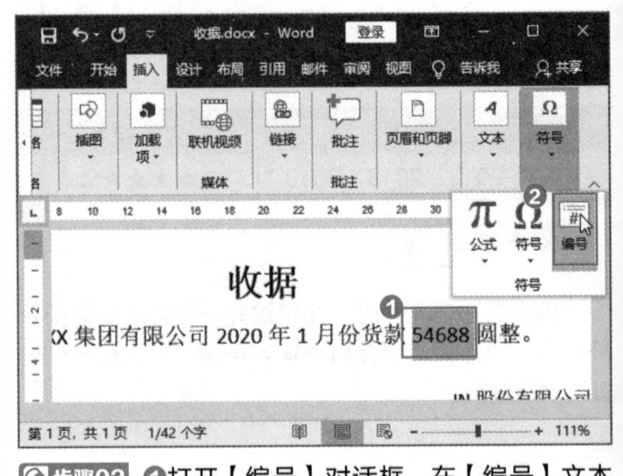

步骤02 ❶打开【编号】对话框，在【编号】文本框中显示了选中的数据，在【编号类型】列表框中选择【壹，贰，叁 ...】选项；❷单击【确定】按钮，如下图所示。

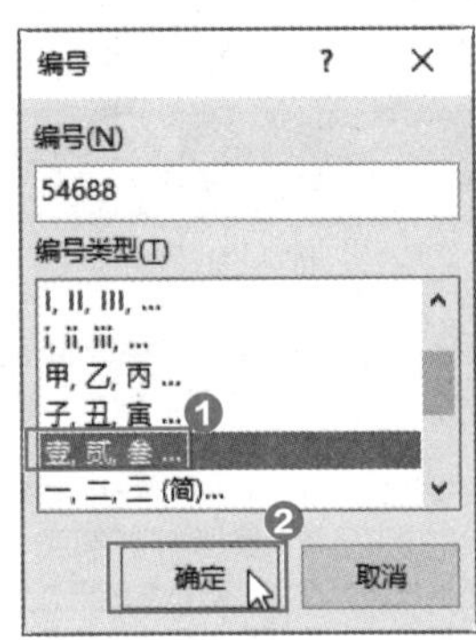

步骤03 返回文档中即可看到设置后的效果，如下图所示。

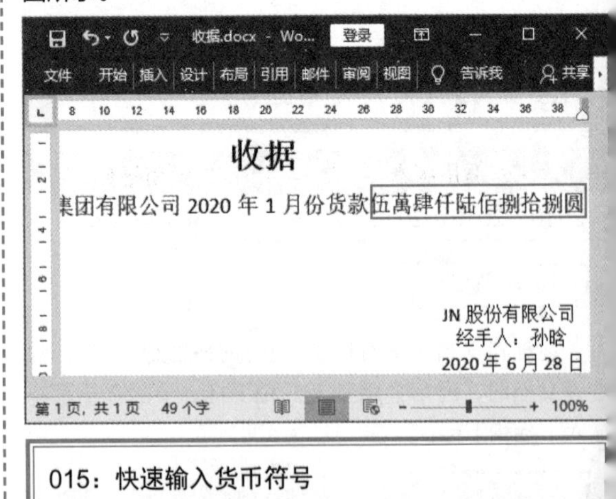

015：快速输入货币符号

适用版本	实用指数
2010、2013、2016、2019	★★★★☆

使用说明

在制作工作文档时，经常需要输入一些特殊符号，

如货币符号、制表符、箭头等。虽然通过键盘可以输入一部分符号，但是不能满足全部需求。这时可以使用插入符号功能插入常用符号。

解决方法

例如，要插入货币符号，具体操作方法如下。

步骤01 打开素材文件（位置：素材文件\第 1 章\收据.docx），❶将光标定位在 Word 文档中需要插入货币符号的位置；❷切换到【插入】选项卡，单击【符号】组中的【符号】下拉按钮；❸在弹出的下拉列表中有一些常用符号，如果其中没有需要的符号，则选择【其他符号】选项，如下图所示。

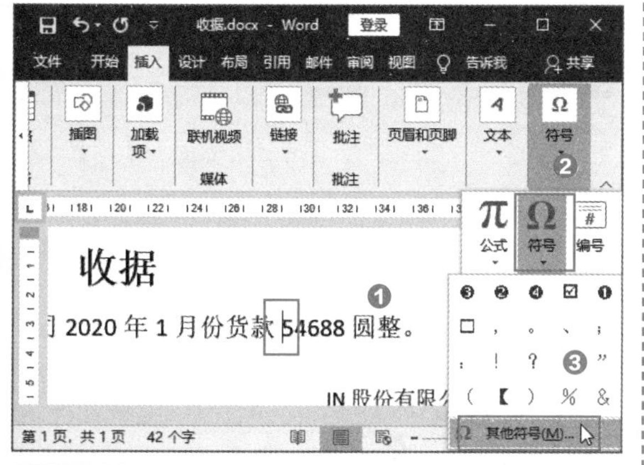

步骤02 ❶打开【符号】对话框，在【字体】下拉列表中选择【（普通文本）】，在【子集】下拉列表中选择【拉丁语 1- 增补】选项；❷在中间的列表框中选择需要的货币符号；❸单击【插入】按钮，插入完成后，单击【关闭】按钮即可关闭对话框，如下图所示。

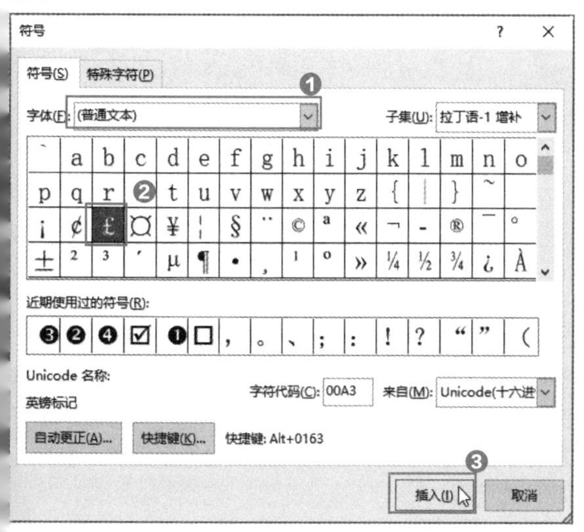

步骤03 返回文档中即可查看到货币符号已被插入，如右上图所示。

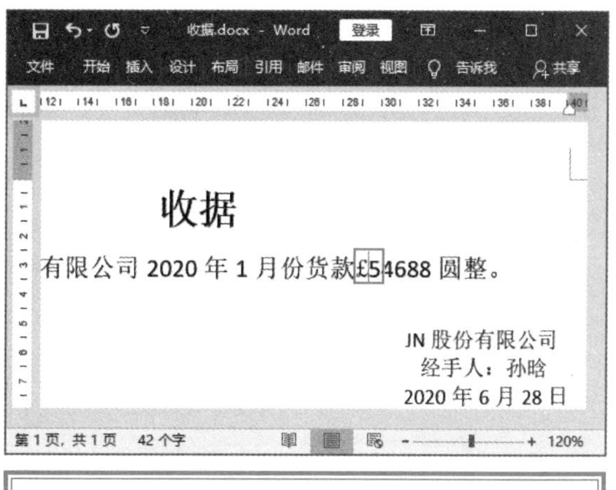

016：如何输入带圈字符

适用版本	实用指数
2010、2013、2016、2019	★★★★☆

使用说明

在 Word 中经常要用到一些带圈文字或数字，可以通过插入符号功能输入带圈数字，但带圈文字无法使用此方法进行输入，怎么办呢？接下来便介绍怎样输入带圈字符。

解决方法

如果要输入带圈字符，具体操作方法如下。

步骤01 ❶在 Word 文档中输入文字，例如“检”，然后选中该字；❷单击【开始】选项卡【字体】组中的【带圈字符】按钮㊫，如下图所示。

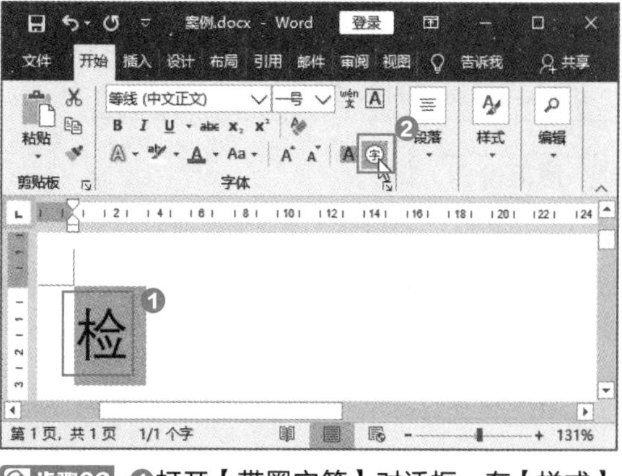

步骤02 ❶打开【带圈字符】对话框，在【样式】选项组中选择合适的样式，例如选择【增大圈号】选项；❷在【圈号】选项组的【圈号】列表框中选择合适的圈号；❸选择完成后单击【确定】按钮，如下图所示。

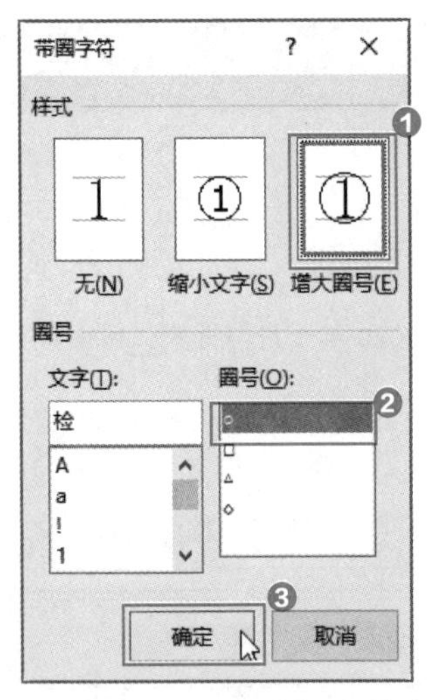

步骤03 返回文档中即可看到插入的文字变为带圈文字，如下图所示。

017：如何为汉字添加拼音

适用版本	实用指数
2010、2013、2016、2019	★★★★☆

使用说明

用户在 Word 文档中需要输入汉字拼音时，可以运用 Word 提供的拼音指南功能来为汉字自动添加拼音。

解决方法

如果要为汉字添加拼音，具体操作方法如下。

步骤01 打开素材文件（位置：素材文件\第 1 章\古诗 .docx），❶选择【悯农】；❷单击【开始】选项卡【字体】组中的【拼音指南】按钮，如右上图所示。

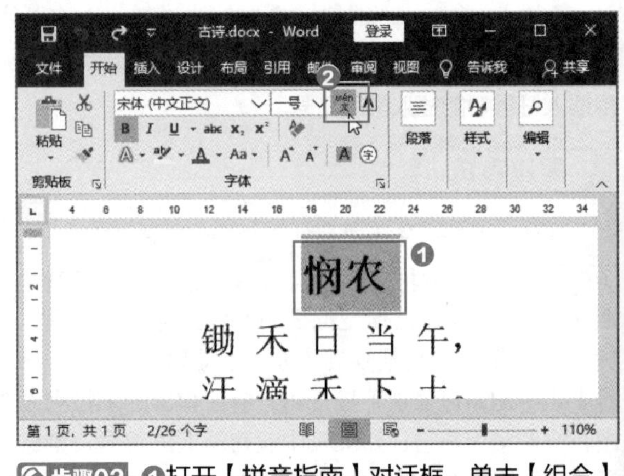

步骤02 ❶打开【拼音指南】对话框，单击【组合】按钮；❷单击【确定】按钮，如下图所示。

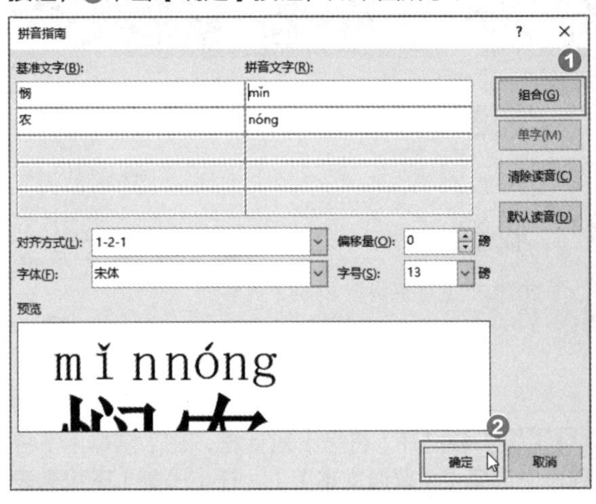

步骤03 返回文档中即可看到为标题【悯农】添加的拼音效果，如下图所示。

步骤04 选中古诗中其他的所有内容，再次打开【拼音指南】对话框，然后直接单击【确定】按钮，即可为古诗的所有内容添加拼音，且拼音均在汉字的上方，如下图所示。

018：快速插入数学公式

适用版本	实用指数
2010、2013、2016、2019	★★★★☆

使用说明

在编辑一些专业的数学文档时，经常需要添加数学公式。此时使用 Word 提供的插入数学公式命令及公式编辑功能，即可快速插入并编辑数学公式。

解决方法

例如，在“填空题”文档中需要插入的公式“$AB^2+AC^2+BC^2=$”，与 Word 中内置的勾股定理公式样式非常相似，就可以先插入“$a^2+b^2=c^2$”公式，然后再对其进行编辑，直至得到需要的公式。具体操作方法如下。

步骤01 打开素材文件（位置：素材文件\第 1 章\填空题.docx），❶单击【插入】选项卡【符号】组中的【公式】下拉按钮；❷在弹出的下拉列表中选择需要应用的内置公式样式【勾股定理】，如下图所示。

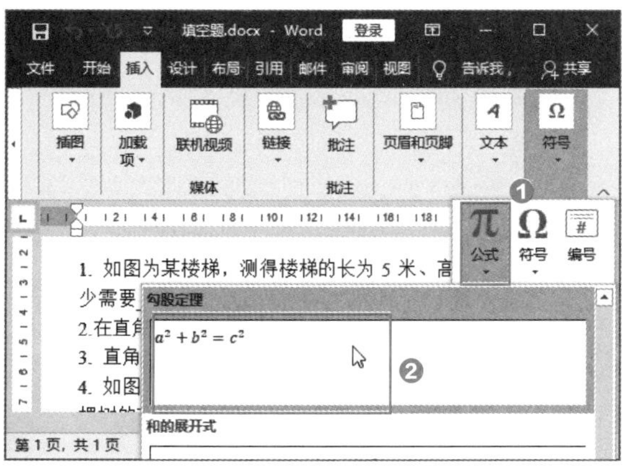

步骤02 经过上一步操作后，即可在文档中插入【$a^2+b^2=c^2$】公式。选择【a】，并输入【AB】；选择【b】，并输入【AC】；选择【c】，并输入【BC】，然后移动【=】的位置到公式末尾，再在【AC^2】和【BC^2】之间输入【+】，即可完成公式的输入，如下图所示。

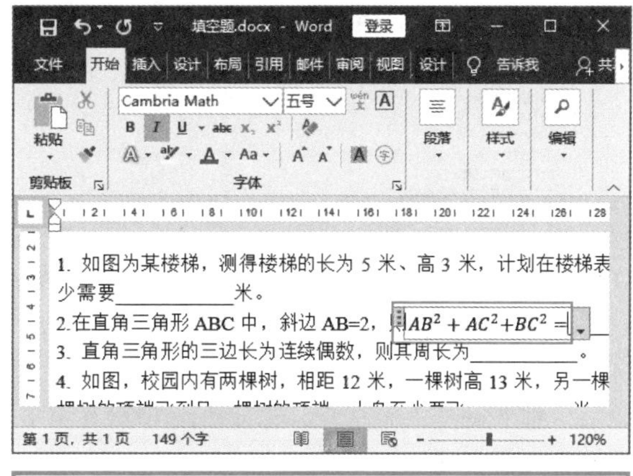

019：如何插入当前日期和时间

适用版本	实用指数
2010、2013、2016、2019	★★★★☆

使用说明

在日常工作中，用户撰写通知、请柬等文稿时，需要插入当前日期或时间。下面介绍怎样快速插入当前日期和时间。

解决方法

例如，要在通知文档中插入当前日期，具体操作方法如下。

步骤01 打开素材文件（位置：素材文件\第 1 章\通知.docx），❶将光标定位到需要插入日期的位置；❷单击【插入】选项卡【文本】组中的【日期和时间】按钮，如下图所示。

步骤02 ❶打开【日期和时间】对话框，在【可用格式】列表框中选择一种合适的样式；❷单击【确定】按钮，如下图所示。

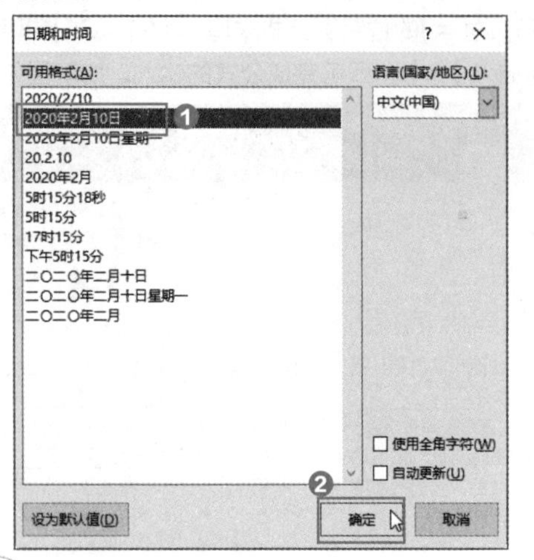

知识拓展

在【日期和时间】对话框中勾选【自动更新】复选框，则插入的日期或时间将在每次打开文档时自动更新为计算机当前的日期或时间。

步骤03 返回文档中即可看到文档中已插入当前日期，如下图所示。

知识拓展

按【Alt+Shift+D】组合键可以快速插入当前日期，按【Alt+Shift+T】组合键可以快速插入当前时间。

第 2 章
Word 文档编辑、格式设置、样式与模板应用技巧

文档编辑是 Word 的基本操作。在录入文本之后，可以对文档进行段落和样式设置，让文档错落有致，更具可读性；使用模板还能快速美化文档，让没有学习过专业排版的人也能做出颇具专业性的文档。

下面是日常办公中进行文档编辑与模板应用的常见问题，请检查你是否会处理或已掌握。

【√】想要将文字竖排显示，知道怎样设置吗？

【√】输入网址时，总是会自动创建超链接，知道怎样取消吗？

【√】想要将重要内容画上下划线，知道怎样设置醒目的颜色和标记吗？

【√】自动编号之后，知道怎样才能重新从“1”开始吗？

【√】每次制作通知文档都需要设置样式，知道怎样将样式添加到样式库中，以便下次直接使用吗？

【√】知道怎样使用模板创建文档，让文档更专业吗？

希望通过对本章内容的学习，能够解决以上问题，并学会更多的 Word 文档编辑与模板应用技巧。

2.1 文档的编辑技巧

日常工作中，用户需要对文档进行一系列编辑操作，例如使用快捷键快速调整字号、快速精确地移动文本、改变文字的方向、在文档中更改默认字体等。本节就来介绍一些与 Word 文档编辑相关的技巧。

020：如何输入超大文字

适用版本	实用指数
2010、2013、2016、2019	★★★★★

使用说明

在 Word 文档中，可以选择的最大字号为【72】，可是在工作中经常会遇到使用了【72】号字仍然觉得字体太小的情况。此时，可以通过手动设置字号来输入超大字。

解决方法

例如，要在 Word 文档中设置字号为【120】，具体操作方法如下。

打开素材文件（位置：素材文件 \ 第 2 章 \ 禁止吸烟 .docx），❶选中需要设置字号的文本，如“禁止吸烟”；❷单击【开始】选项卡【字体】组中的【字号】文本框，使其处于选中状态，从中输入【120】，按下【Enter】键即可，如下图所示。

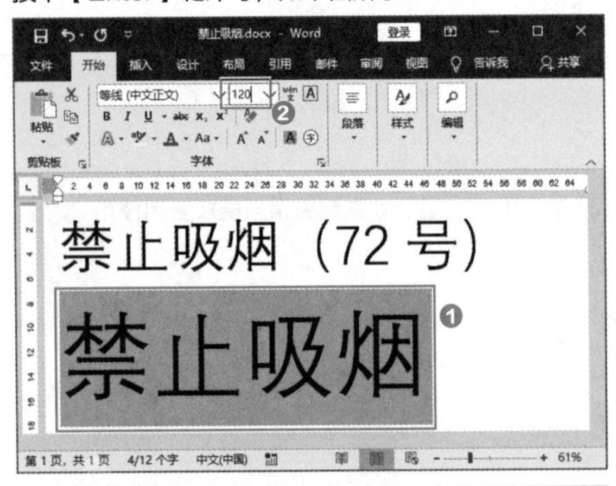

021：如何改变文字的方向

适用版本	实用指数
2010、2013、2016、2019	★★★★☆

使用说明

在工作中，为了版式美观，有时需要更改文字的方向。

解决方法

要改变文字方向，具体操作方法如下。

步骤01 打开素材文件（位置：素材文件 \ 第 2 章 \ 古诗 .docx），❶选中全部文本；❷右击，在弹出的快捷菜单中选择【文字方向】命令，如下图所示。

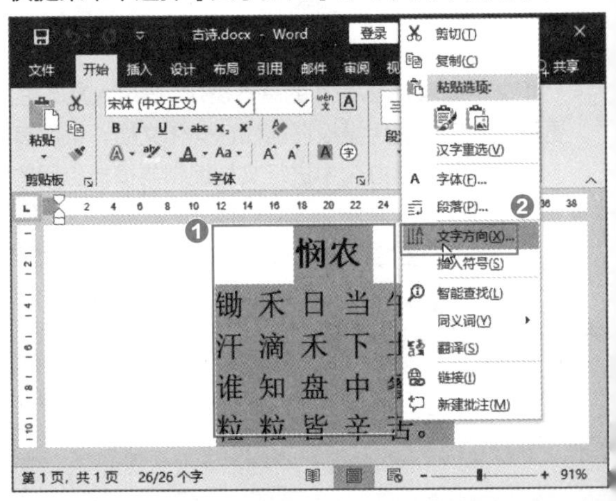

步骤02 ❶打开【文字方向 – 主文档】对话框，在【方向】选项组中有 5 种文字方向，根据编辑的需要任选其中一种；❷单击【确定】按钮，如下图所示。

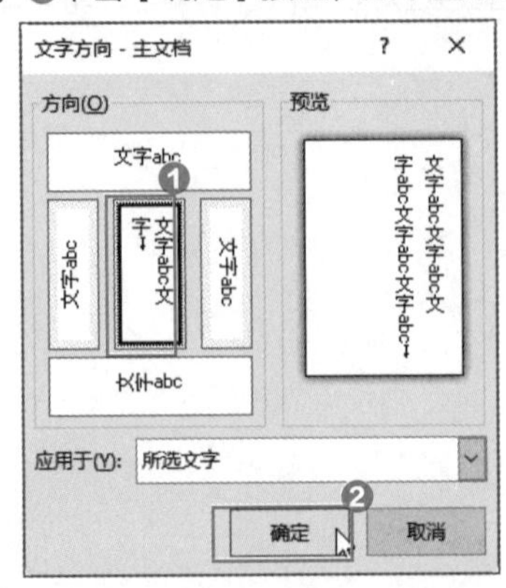

步骤03 返回文档中即可看到文字方向的设置效果，如下图所示。

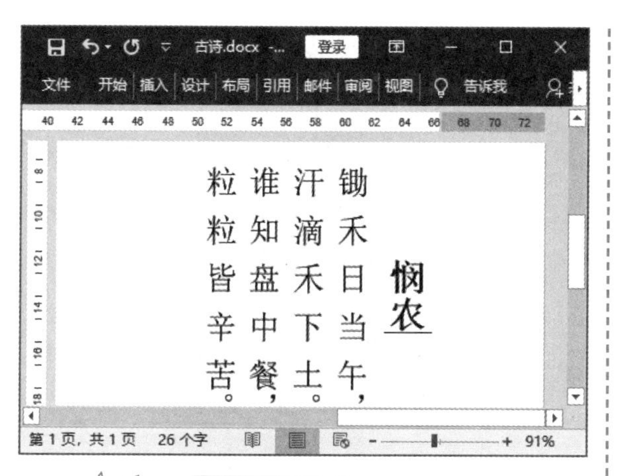

温馨提示

选中文本后，单击【布局】选项卡【页面设置】组中的【文字方向】下拉按钮，在弹出的下拉列表中选择相应的选项，也可以快速设置文字方向。

022：如何更改字体的默认格式

适用版本	实用指数
2010、2013、2016、2019	★★★☆☆

使用说明

在编辑相似文档时，文字格式大多相同。用户可以将默认字体更改为常用的字体样式，以提高工作效率。

解决方法

如果要更改字体的默认格式，具体操作方法如下。

步骤01 单击【开始】选项卡【字体】组右下角的【对话框启动器】按钮，如下图所示。

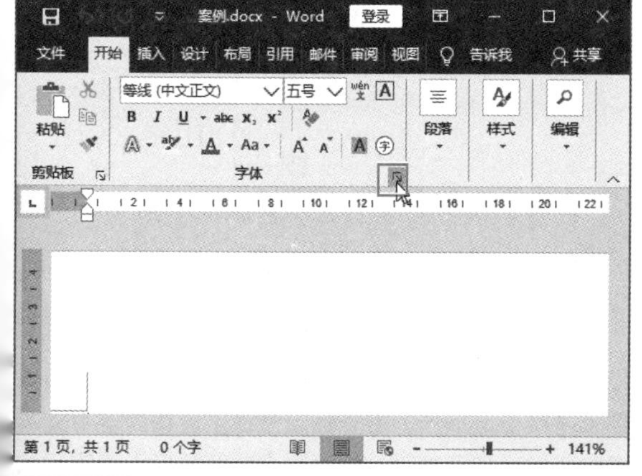

步骤02 ❶打开【字体】对话框，自动切换到【字体】选项卡，设置需要的字体格式；❷单击【设为默认值】按钮，如下图所示。

步骤03 弹出【Microsoft Word】提示对话框，提示用户是否仅将默认设置应用于此文档，单击【确定】按钮即可，如下图所示。

023：格式刷的妙用

适用版本	实用指数
2010、2013、2016、2019	★★★☆☆

使用说明

格式刷可以复制文本样式，包括文字颜色、大小、特殊样式等。将光标定位到源文本样式，单击【开始】选项卡【剪贴板】组中的【格式刷】按钮即可复制格式，然后在目标文本中单击，即可将源文本样式应用于目标文本。格式刷使用一次之后就会失效，如果要将源文本样式应用于多个文本中，可以锁定格式刷批量应用。

解决方法

如果要批量使用格式刷，具体操作方法如下。

步骤01 ❶将光标定位到源文本中；❷双击【开始】选项卡【剪贴板】组中的【格式刷】按钮，即可锁定格式刷，如下图所示。

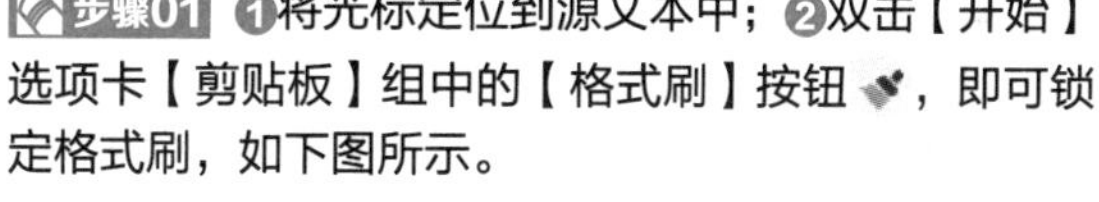

步骤02 此时光标将变为刷子形状，在需要应用样式的文本中单击即可应用该格式，如下图所示。

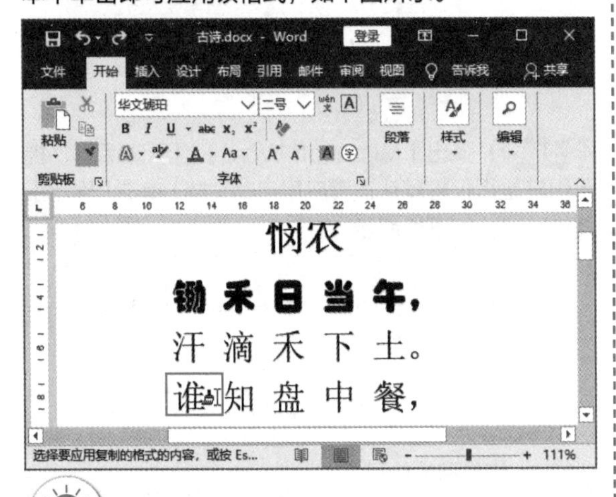

知识拓展

不再使用格式刷时，按【Esc】键即可取消锁定格式刷。

024：如何清除文档中的格式

适用版本	实用指数
2010、2013、2016、2019	★★★☆☆

使用说明

为文档设置了字体格式后，如果用户想要清除文档中的所有样式、文本效果和字体格式，方法也很简单。

解决方法

如果要在文档中清除格式，具体操作方法如下。

❶选中要清除格式的文本，或者按【Ctrl+A】组合键选中文档中的所有内容；❷单击【开始】选项卡【字体】组中的【清除所有格式】按钮即可，如右上图所示。

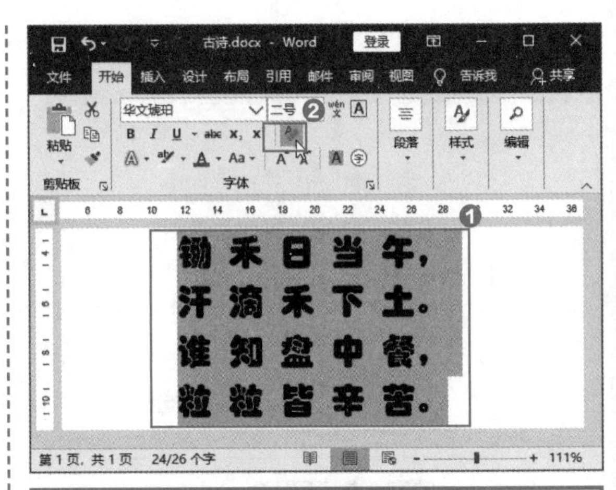

025：一次性删除文档中的所有空格

适用版本	实用指数
2010、2013、2016、2019	★★★★☆

使用说明

Word 文档中经常有一些多余的空格，逐个删除比较麻烦，此时可以使用以下技巧一次性删除文档中的所有空格。

解决方法

如果要一次性删除文档中的所有空格，具体操作方法如下。

步骤01 打开素材文件（位置：素材文件\第 2 章\公司简介 .docx），❶将光标定位到“公司简介”段落前；❷单击【开始】选项卡【编辑】组中的【替换】按钮，如下图所示。

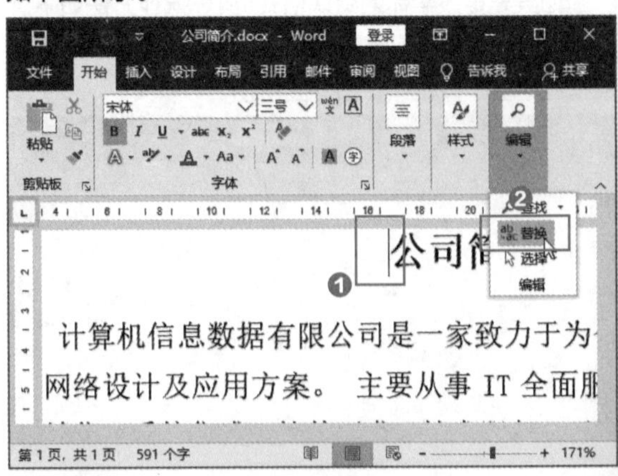

步骤02 ❶打开【查找和替换】对话框，自动切换到【替换】选项卡，将光标定位在【查找内容】文本框中，按一次空格键；❷单击【全部替换】按钮，如下图所示。

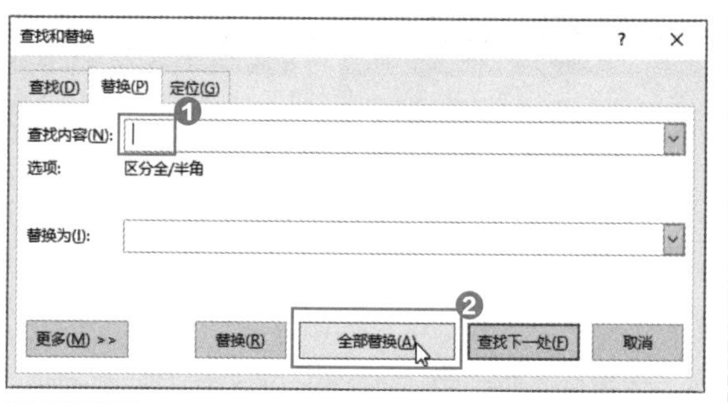

步骤03 弹出【Microsoft Word】提示对话框，提示全部完成替换，单击【确定】按钮，如下图所示。

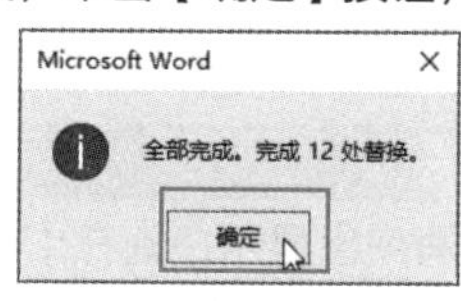

技能拓展

按 Ctrl+H 组合键，可以快速打开【查找和替换】对话框。

026：让网址在输入时自动取消超链接功能

适用版本	实用指数
2010、2013、2016、2019	★★★★☆

使用说明

通常情况下，在 Word 文档中输入网络域名或互联网地址时，Word 会自动为这些地址添加超链接，用于链接地址跟踪。如果不需要自动添加超链接，则可以在【自动更正】对话框中进行设置。

解决方法

如要让网址在输入时自动取消超链接功能，具体操作方法如下。

步骤01 ❶打开【Word 选项】对话框，选择【校对】选项卡；❷在【自动更正选项】选项组中单击【自动更正选项】按钮，如下图所示。

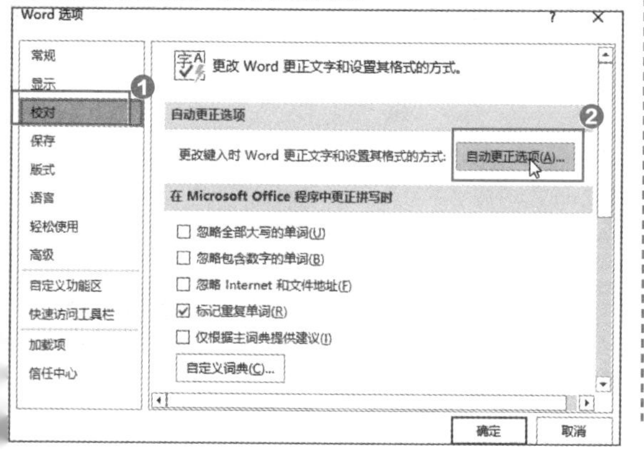

步骤02 ❶打开【自动更正】对话框，选择【键入时自动套用格式】选项卡；❷取消勾选【Internet 及网络路径替换为超链接】复选框；❸单击【确定】按钮即可，如下图所示。

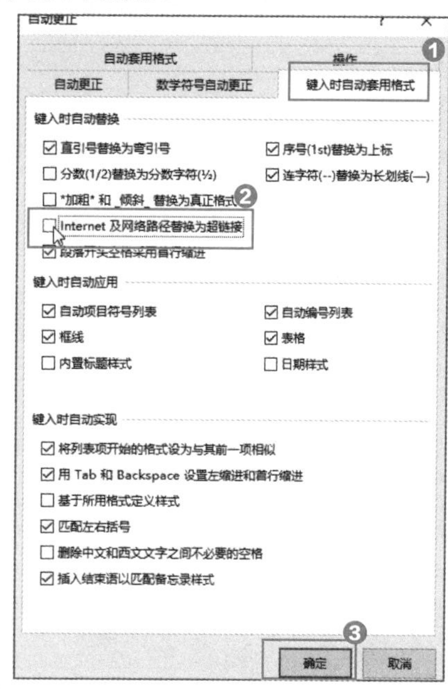

技能拓展

对于已经添加了超链接的网址，如果要取消超链接，则在该网址上右击，在弹出的快捷菜单中选择【取消超链接】命令即可。

027：使用通配符进行模糊查找

适用版本	实用指数
2010、2013、2016、2019	★★★★☆

使用说明

在查找或替换的内容不够具体，而只是模糊知道其中的内容时，可以使用通配符代替一个或多个真正的字符。

解决方法

如果要在文档中使用通配符进行模糊查找，具体操作方法如下。

❶打开【查找和替换】对话框，在【替换】选项卡中输入查找内容，不清楚的内容以英文状态下的“?”代替；❷单击【更多】按钮，在展开的对话框中勾选【搜索】选项栏中的【使用通配符】复选框；❸单击【查找下一处】按钮即可，如下图所示。

温馨提示

单击【更多】按钮后，该按钮将变为【更少】按钮，单击【更少】按钮，可以收起【搜索选项】栏。

查找和替换

查找(D)　替换(P)　定位(G)

查找内容(N)：公司?

选项：使用通配符

替换为(I)：

<< 更少(L)　替换(R)　全部替换(A)　查找下一处(F)　取消

搜索选项

搜索：全部

区分大小写(H)　区分前缀(X)

全字匹配(Y)　区分后缀(T)

使用通配符(U)　区分全/半角(M)

同音(英文)(K)　忽略标点符号(S)

查找单词的所有形式(英文)(W)　忽略空格(W)

替换

格式(O)　特殊格式(E)　不限定格式(T)

温馨提示

通配符主要有【?】与【*】两个，并且要在英文输入状态下输入。其中，【?】代表一个字符，【*】代表多个字符。

028：通过【导航】窗格突出显示文本

适用版本	实用指数
2010、2013、2016、2019	★★★★☆

使用说明

使用 Word 的【导航】窗格，可以查找文本并突出显示。

解决方法

如要通过【导航】窗格查找并突出显示文本，具体操作方法如下。

打开素材文件（位置：素材文件\第 2 章\毕业论文.docx），❶勾选【视图】选项卡【显示】组中的【导航窗格】复选框，打开【导航】窗格；❷在搜索框中输入要查找的文本内容，如“资源”，此时文档中将突出显示要查找的全部内容，如右上图所示。

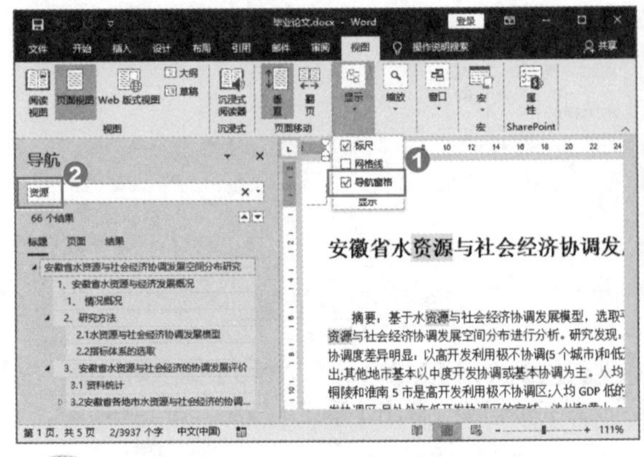

技能拓展

如果要取消突出显示，则在【导航】窗格的搜索框中删除输入的内容即可。

029：让粘贴的文字格式快速符合当前位置的格式

适用版本	实用指数
2010、2013、2016、2019	★★★★☆

使用说明

在文档中直接进行粘贴操作后，复制得到的文本会保留源文件中的格式。如果希望粘贴的文本能快速符合当前位置的格式，可以选择以“无格式”的方式进行粘贴，这样就能快速取消文本原有的格式。

解决方法

例如，要将标题“樱桃”粘贴到正文中，具体操作方法如下。

步骤01 打开素材文件（位置：素材文件\第 2 章\樱桃.docx），❶选择文档标题内容；❷单击【开始】选项卡【剪贴板】组中的【复制】按钮，如下图所示。

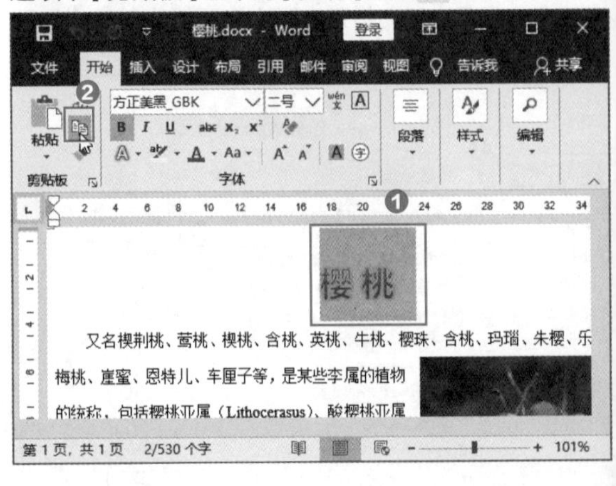

步骤02 ❶将文本插入点定位于正文开始处；❷单击【剪贴板】组中的【粘贴】按钮，可以看到复制后的文本应用了原有的文本格式，如下图所示。

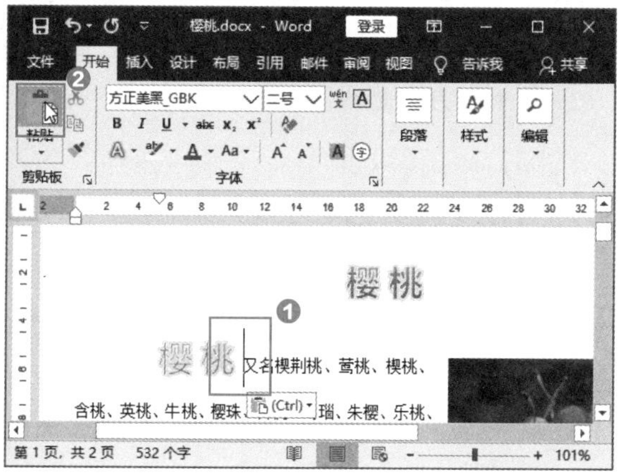

步骤03 ❶单击粘贴文本内容附近出现的(Ctrl)下拉按钮；❷在弹出的【粘贴选项】浮动工具栏中单击【只保留文本】按钮，如下图所示。

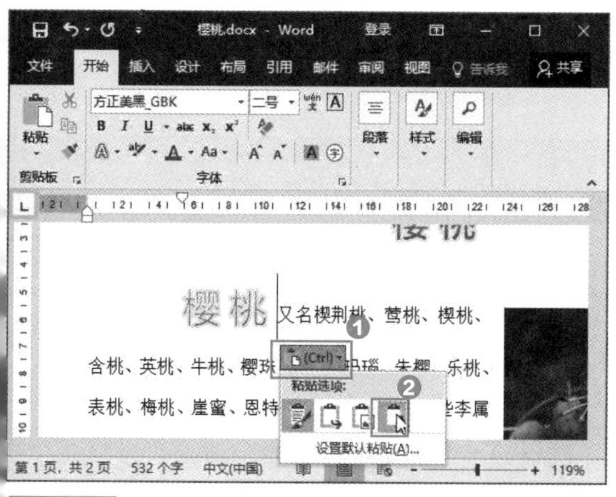

步骤04 操作完成后即可看到复制得到的文本保持与正文内容相同的格式，如下图所示。

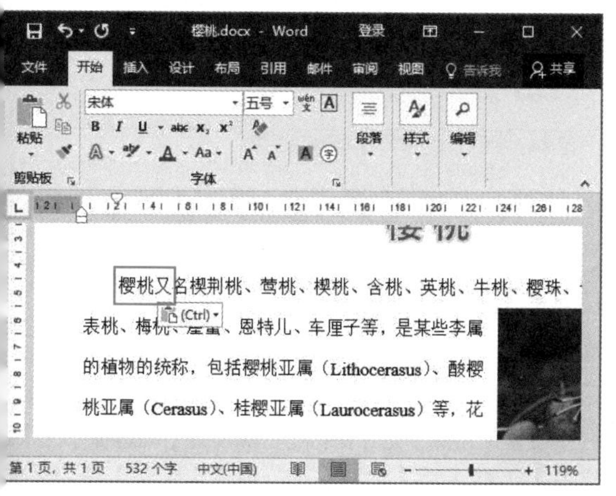

030：使用查找功能快速标注文档中的关键字

适用版本	实用指数
2010、2013、2016、2019	★★★★☆

使用说明

在阅读文档的过程中，有些人习惯将文档中的某些关键字标注出来，方便下次阅读时能快速查看关键信息。通过Word的查找功能，就可以非常便捷地满足这个要求。

解决方法

例如，要使用查找功能快速标注关键字“不要”，具体操作方法如下。

步骤01 打开素材文件(位置：素材文件\第2章\成功者绝不会犯的办公室错误.docx)，❶单击【开始】选项卡【字体】组中的【文本突出显示颜色】下拉按钮；❷在弹出的下拉列表中选择要标注关键字的颜色，如下图所示。

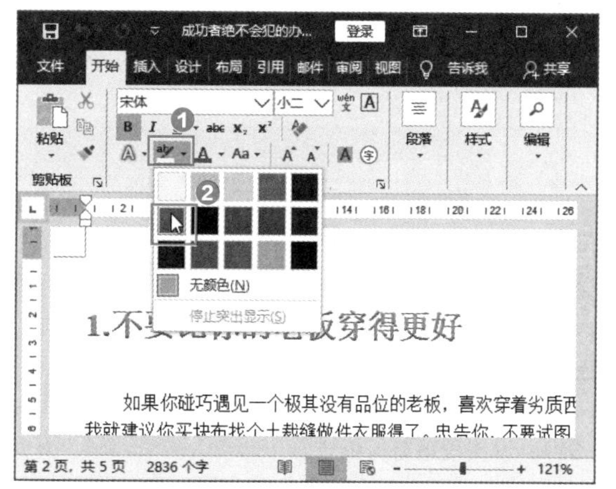

步骤02 ❶单击【开始】选项卡【编辑】组中的【查找】下拉按钮；❷在弹出的下拉列表中选择【高级查找】选项，如下图所示。

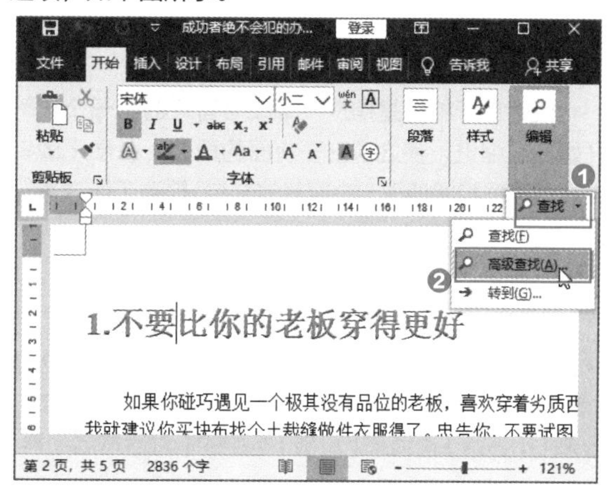

步骤03 ❶打开【查找和替换】对话框，在【查找内容】文本框中输入要标注的关键字“不要”；❷单击【阅读突出显示】按钮；❸在弹出的下拉列表中选择【全部突出显示】选项，如下图所示。

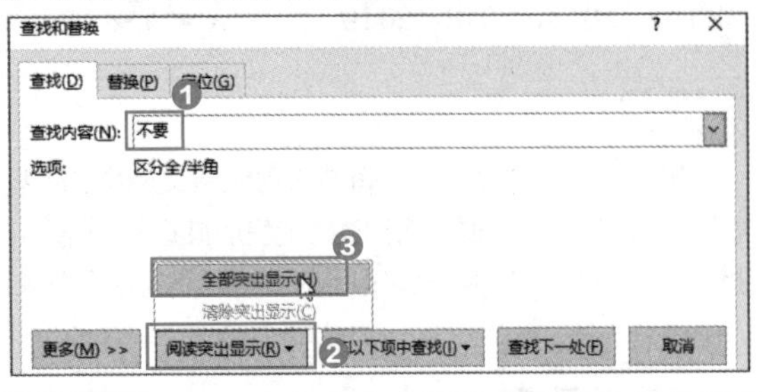

步骤04 Word 会自动突出显示查找到的所有“不要”文本，并在对话框中给出提示，如下图所示。

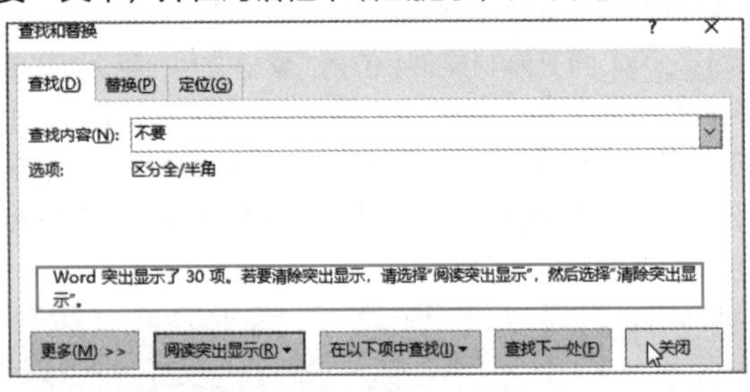

步骤05 单击【关闭】按钮，返回文档中即可看到所有“不要”文本已经被标注出来了，如下图所示。

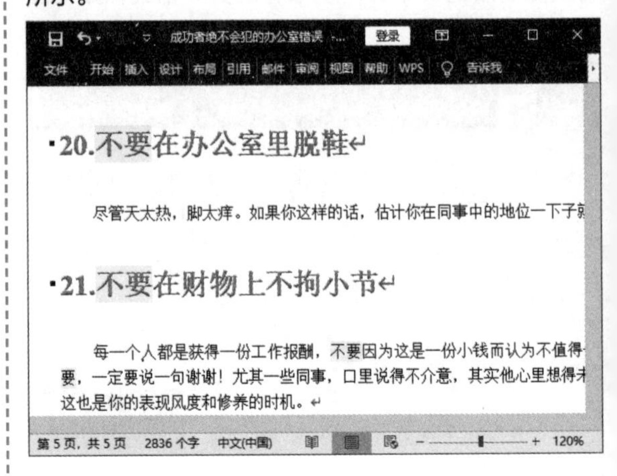

2.2 文档的格式设置技巧

对文档内容进行编辑后，一般还需要对文档格式进行设置与编排。下面便介绍一些文档格式设置的实用技巧。

031：设置段落首行缩进

适用版本	实用指数
2010、2013、2016、2019	★★★★★

使用说明

段落首行缩进是指从一个段落首行的第一个字符开始向右缩进，使之区别于前面的段落，以便于读者更好地理解和阅读每一个段落的文字，提高工作效率。

解决方法

为段落设置首行缩进，具体操作方法如下。

步骤01 打开素材文件（位置：素材文件\第 2 章\散文集 .docx），❶选中需要设置首行缩进的文本；❷单击【开始】选项卡【段落】组中的【对话框启动器】按钮，如下图所示。

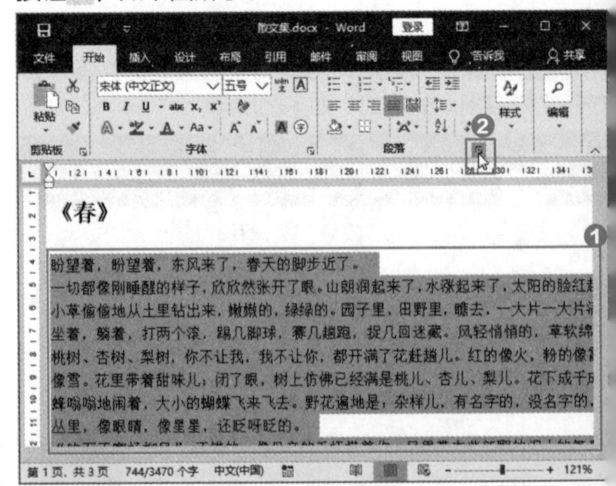

步骤02 ❶在打开的【段落】对话框中，在【缩进】栏中设置【特殊】为【首行】；❷设置【缩进值】为【2 字符】（默认为 2 字符）；❸单击【确定】按钮，如下图所示。

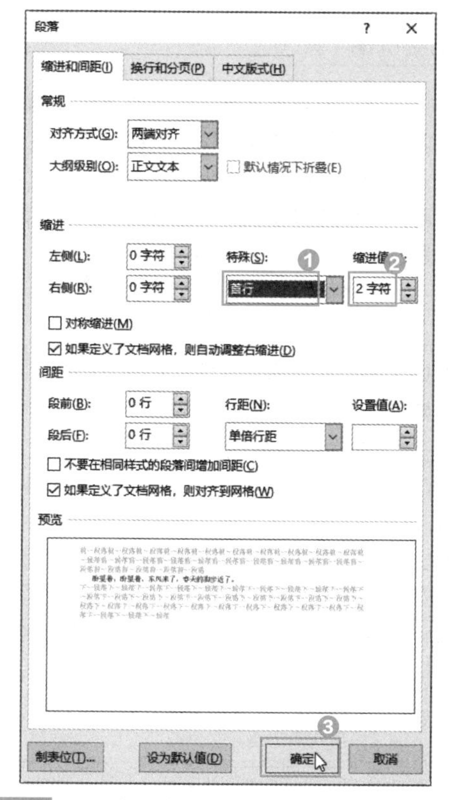

步骤03 返回文档中即可看到设置首行缩进的效果，如下图所示。

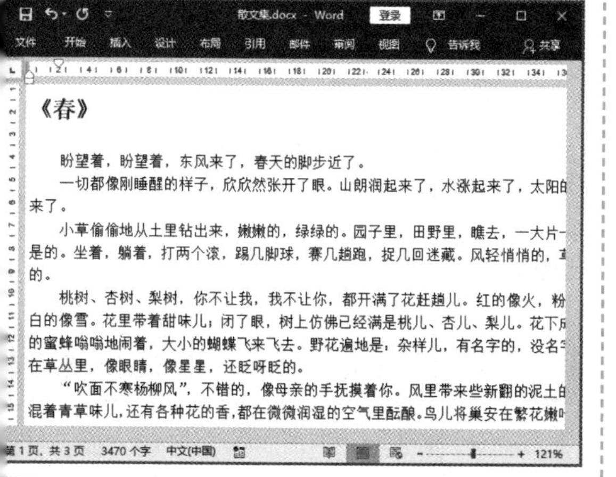

032：设置段落间距

适用版本	实用指数
2010、2013、2016、2019	★★★★★

使用说明

段落间距能够将一个段落与其他段落分开，并显示出条理更加清晰的段落层次，方便用户编辑或阅读文档。

解决方法

如果要为段落设置间距，具体操作方法如下。

❶按照前面所学打开【段落】对话框，在【缩进和间距】选项卡的【间距】栏中设置【段前】和【段后】的距离值；❷单击【确定】按钮，如下图所示。

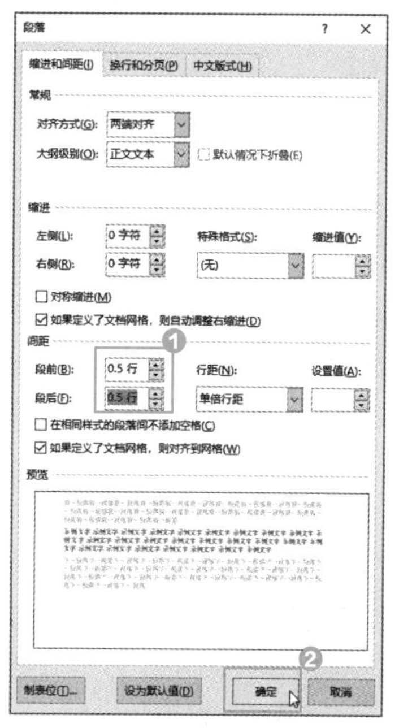

知识拓展

在【开始】选项卡的【段落】组中单击【行和段落间距】下拉按钮，在弹出的下拉列表中也可以设置段落间距。

033：将两行文字合二为一

适用版本	实用指数
2010、2013、2016、2019	★★★★☆

使用说明

使用 Word 中的“双行合一”功能，可以将选择的文本在一行里实现双行显示，并且这两行文本同时与其他文字水平方向保持一致。

解决方法

如果要为文字设置双行合一，具体操作方法如下。

步骤01 打开素材文件（位置：素材文件\第 2 章\会议文件 .docx），❶选中要设置双行合一的文字；❷单击【开始】选项卡【段落】组中的【中文版式】

下拉按钮；❸在弹出的下拉列表中选择【双行合一】选项，如下图所示。

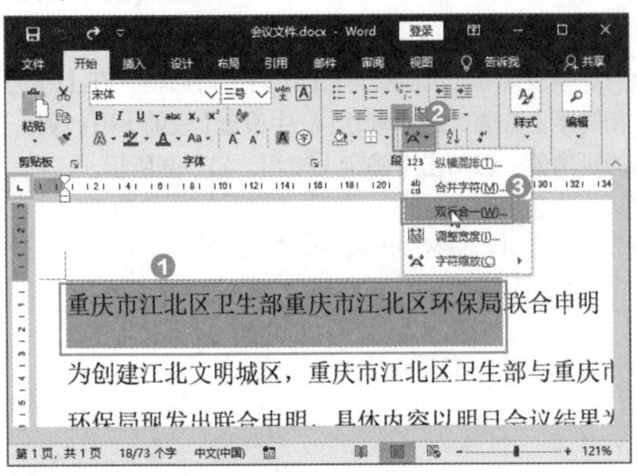

步骤02 ❶弹出【双行合一】对话框，勾选【带括号】复选框；❷选择括号样式；❸单击【确定】按钮，如下图所示。

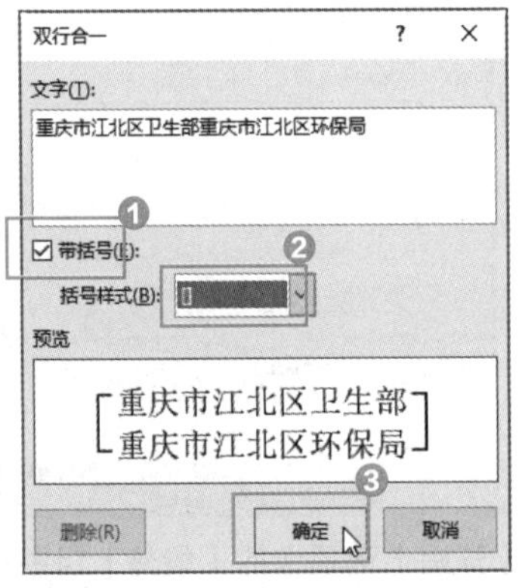

步骤03 返回文档中即可看到设置了双行合一的效果，如下图所示。

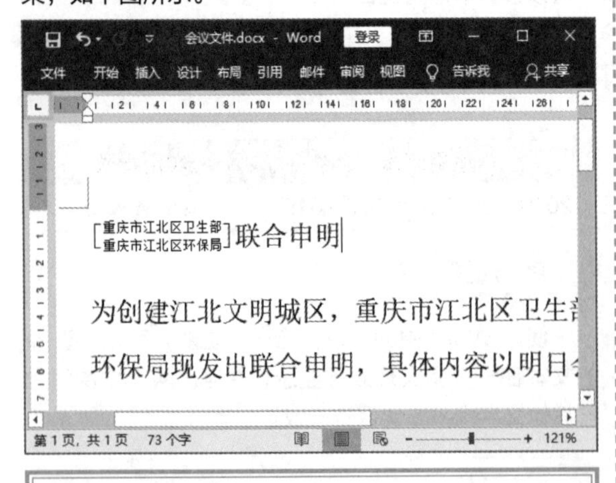

034：为文字添加红色双线下划线

适用版本	实用指数
2010、2013、2016、2019	★★★★☆

使用说明

在 Word 中看到某些字、词、段落比较精彩，或需要将此部分作为重点阅读时，可以对其用下划线进行标识。系统默认的下划线为黑色单实线，效果比较单调。用户可以通过设置，为文字添加其他类型和颜色的下划线。

解决方法

例如，要为文字添加红色的双线下划线，具体操作方法如下。

步骤01 打开素材文件（位置：素材文件\第2章\散文集.docx），❶选中要添加下划线的文字；❷单击【开始】选项卡【字体】组中的【下划线】下拉按钮；❸在弹出的下拉列表中选择下划线样式，如下图所示。

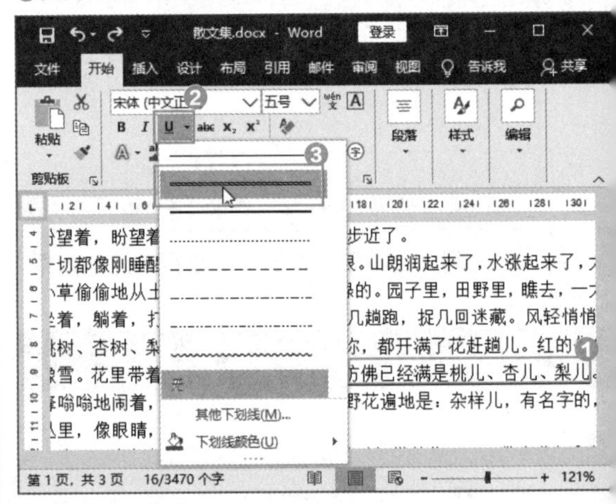

步骤02 ❶保持文字的选中状态，单击【开始】选项卡【字体】组中的【下划线】下拉按钮；❷在弹出的下拉列表中选择【下划线颜色】选项；❸在弹出的扩展列表中选择【红色】，如下图所示。

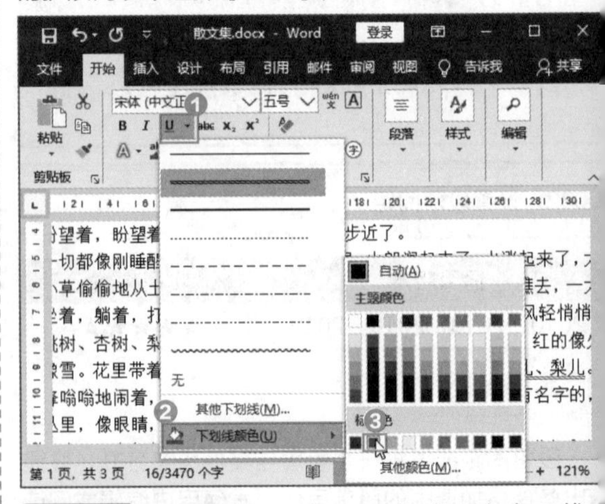

步骤03 操作完成后，即可看到添加了红色双线下划线的效果，如下图所示。

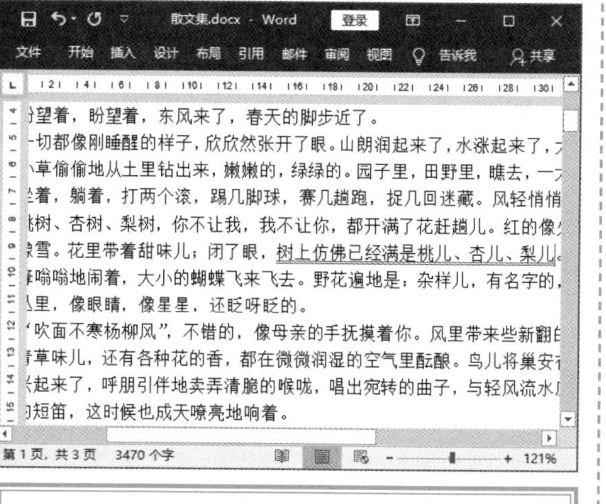

035：为重点句子加上方框

适用版本	实用指数
2010、2013、2016、2019	★★★★★

使用说明

在制作各种文档时，如果某些重点句子需要提醒他人注意，可以为其添加方框，使其更加醒目。

解决方法

如果要为重点文字添加方框，具体操作方法如下。

步骤01 打开素材文件（位置：素材文件\第 2 章\会议纪要 .docx），❶选中需要添加方框的文字（可选中多处）；❷单击【开始】选项卡【字体】组中的【字符边框】按钮 A 即可，如下图所示。

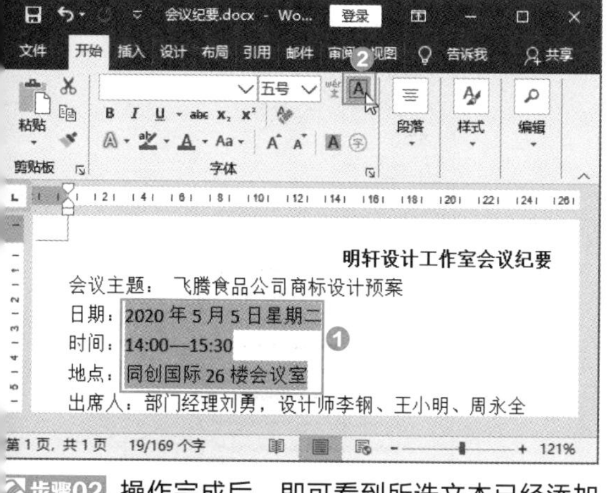

步骤02 操作完成后，即可看到所选文本已经添加了方框，如右上图所示。

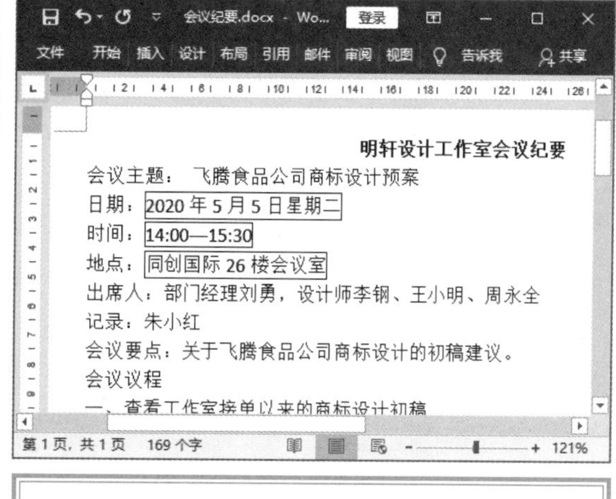

036：通过改变字符间距来紧缩排版

适用版本	实用指数
2010、2013、2016、2019	★★★★★

使用说明

在对文档进行排版的过程中，可能遇到某段落的文本内容过多，超出了预计的宽度范围，导致该内容自动换行的情况；也可能遇到文本内容过少，不能充满预计的宽度范围的情况。为了避免在文档中出现孤字的排版现象，可以通过改变字符间距来紧缩排版。

解决方法

例如，要让【员工手册】文档中避免出现孤字，具体操作方法如下。

步骤01 打开素材文件（位置：素材文件\第 2 章\员工手册 .docx），❶选择第 4 页中要紧缩排版的文本内容，并在其上右击；❷在弹出的快捷菜单中选择【字体】命令，如下图所示。

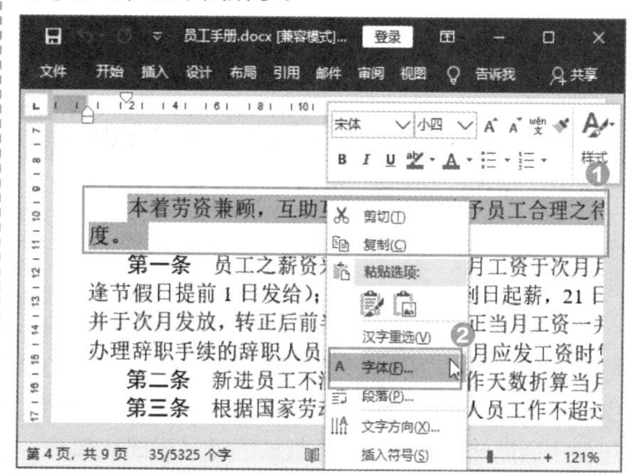

步骤02 ❶打开【字体】对话框，选择【高级】选项卡；❷在【字符间距】栏的【间距】下拉列表框中选择【紧

缩】选项；❸在右侧的【磅值】数值框中输入【0.3 磅】；❹单击【确定】按钮，如下图所示。

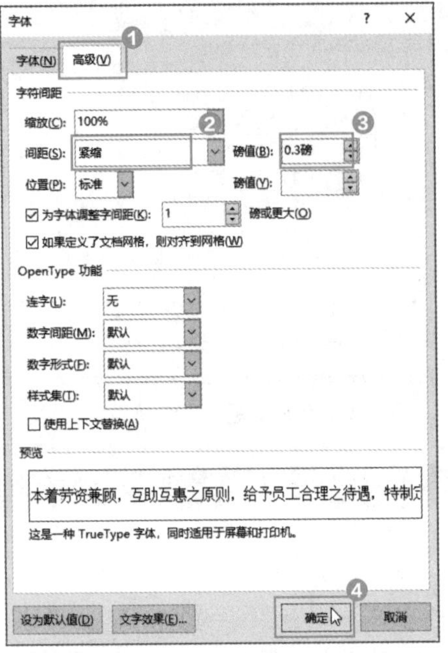

步骤03 操作完成后，所选文字的字符间距减少 0.3 磅，实现紧缩排版后该段文本将显示为一行，如下图所示。

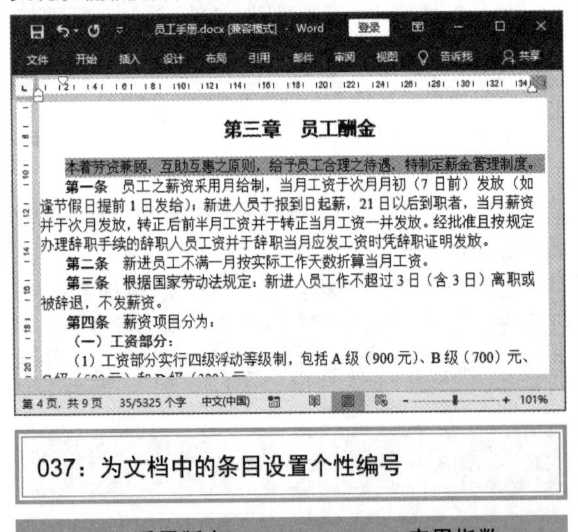

037：为文档中的条目设置个性编号

适用版本	实用指数
2010、2013、2016、2019	★★★★★

使用说明

在编辑文档时，为了使文档内容具有要点明确、层次清晰的特点，可以为段落文本添加编号。Word 中提供了自动编号功能，避免了手动输入编号的烦琐，还便于后期修改与编辑。但默认的编号样式比较少，如果需要设置的编号样式在【编号库】中没有提供，则需要自行定义编号样式。

解决方法

例如，要为文档中的条目设置个性编号，具体操作方法如下。

步骤01 打开素材文件（位置：素材文件\第 2 章\成熟男人的 12 个标志 .docx），❶选择需要设置编号的段落；❷单击【开始】选项卡【段落】组中的【编号】下拉按钮；❸在弹出的下拉列表中选择【定义新编号格式】选项，如下图所示。

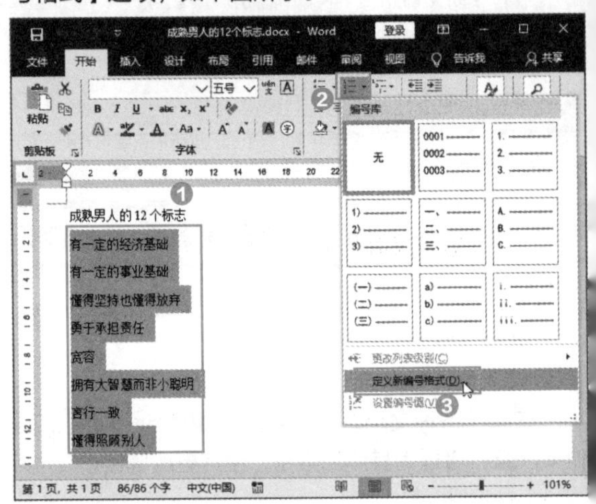

步骤02 ❶打开【定义新编号格式】对话框，在【编号样式】下拉列表框中选择要使用的编号数值类型；❷在【编号格式】文本框中输入需要在编号数值前添加并在每个编号中都显示的文字【标志】；❸单击【确定】按钮，如下图所示。

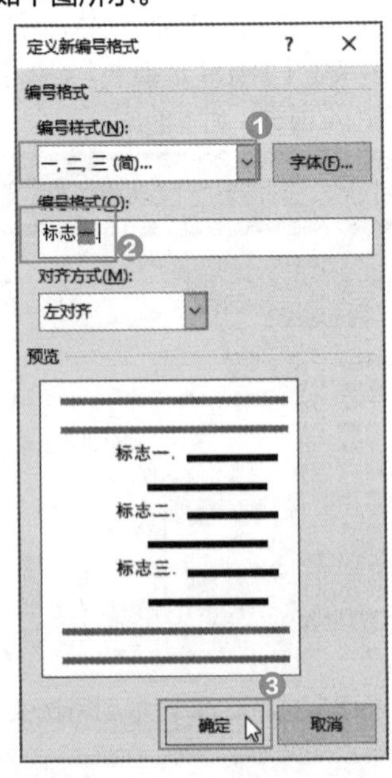

步骤03 操作完成后，即可为所选段落添加设置的编号样式，如下图所示。

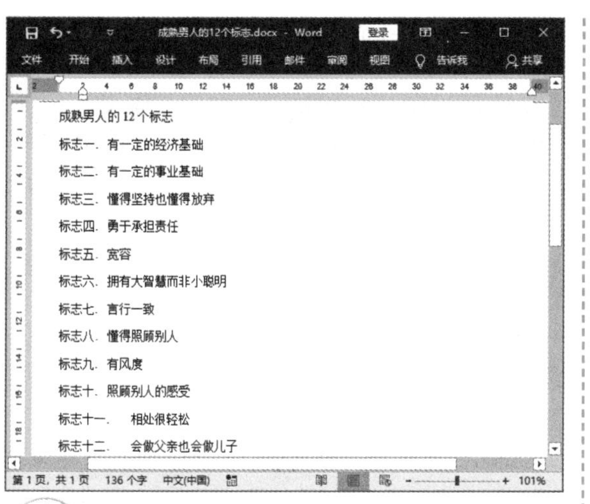

技能拓展

新定义的编号样式会自动出现在【编号】下拉列表中。如果要取消段落的编号，让段落恢复到编号前的格式，可在【编号】下拉列表中选择【无】选项。

038：设置自动编号的起始值为【2】

适用版本	实用指数
2010、2013、2016、2019	★★★★★

使用说明

默认情况下设置的自动编号都是从 1 开始的，但在一些特殊情况下也需要更改起始编号为其他值，此时可以在【起始编号】对话框中进行设置。

解决方法

例如，要设置自动编号的起始值为【2】，具体操作方法如下。

步骤01 打开素材文件（位置：素材文件\第 2 章\编号文档 .docx），❶在要设置编号的段落上右击；❷在弹出的快捷菜单中选择【设置编号值】命令，如右上图所示。

温馨提示

在 Word 文档中手动输入一个编号后，按【Enter】键插入下一段落时会出现自动编号。

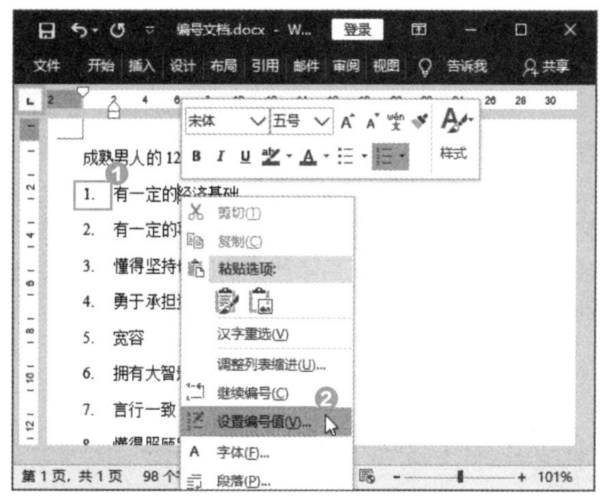

步骤02 ❶打开【起始编号】对话框，在【值设置为】数值框中输入起始编号【2】；❷单击【确定】按钮，如下图所示。

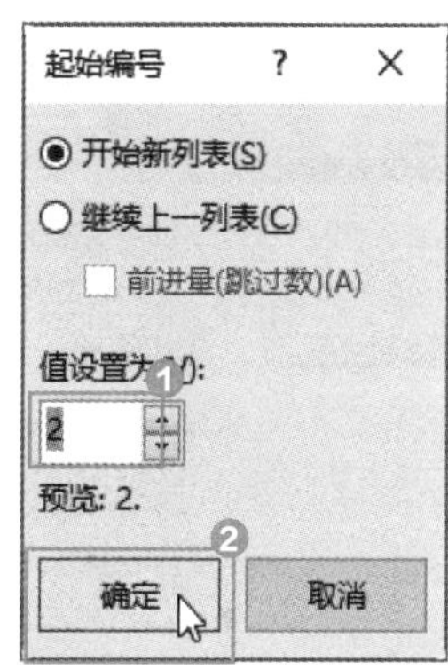

步骤03 操作完成后，即可让原有的编号段落从 2 开始编号，如下图所示。

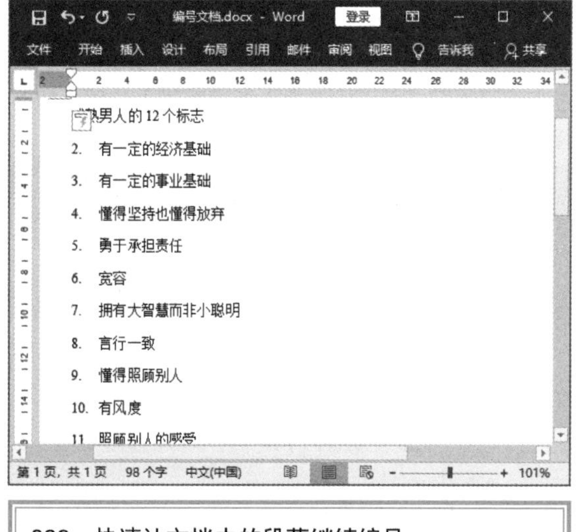

039：快速让文档中的段落继续编号

适用版本	实用指数
2010、2013、2016、2019	★★★★★

使用说明

在为文本添加编号时，中途可能需要输入其他段落格式的文本，在这些段落后输入的编号段落就会自动从 1 开始。为了实现编号段落的连贯性，可以使用智能标记功能快速恢复上一列表编号。通过该方法添加的编号样式，即使以后添加或删除编号段落也会自动更新。

解决方法

如果要使用智能标记功能继续编号，具体操作方法如下。

步骤01 打开素材文件（位置：素材文件\第 2 章\成熟男人的 13 个标志 .docx），❶将光标定位到最后一行；❷单击【开始】选项卡【段落】组中的【编号】按钮，为段落添加编号，如下图所示。

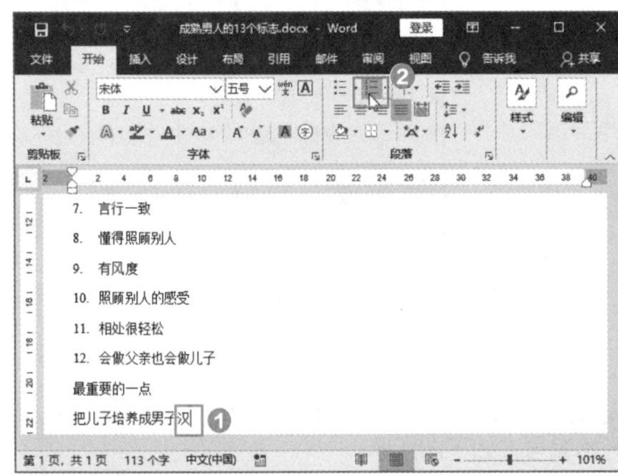

步骤02 ❶此时编号从“1”开始，单击在编号前面出现的【自动更正选项】智能标记右侧的下拉按钮；❷在弹出的下拉列表中选择【继续编号】选项，如下图所示。

步骤03 操作完成后，可以发现所选段落的编号已经接着前面停止的序号继续编号了，如下图所示。

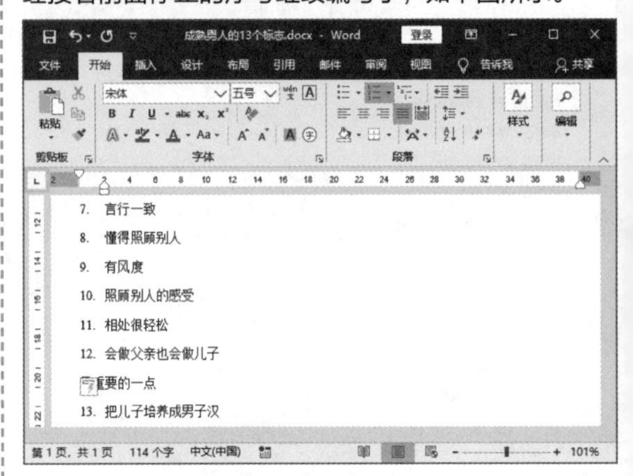

温馨提示

选择第一个需要重新恢复编号并实现继续编号的段落，然后在【起始编号】对话框中选中【继续上一列表】单选按钮，也可以实现编号的恢复。

040：为文档添加特殊项目符号样式

适用版本	实用指数
2010、2013、2016、2019	★★★★★

使用说明

在编辑文档时，常常需要在文档的各标题前添加项目符号，以增强文档的可用性。但【项目符号库】中提供的符号样式比较少，如果对已有的项目符号不满意，则可以通过【定义新项目符号】功能自定义项目符号样式。

解决方法

如果要为文档添加自定义项目符号，具体操作方法如下。

步骤01 打开素材文件（位置：素材文件\第 2 章\成熟男人的 12 个标志 .docx），❶选择需要添加项目符号的段落；❷单击【开始】选项卡【段落】组中【项目符号】按钮右侧的下拉按钮；❸在弹出的下拉列表中选择【定义新项目符号】选项，如下图所示。

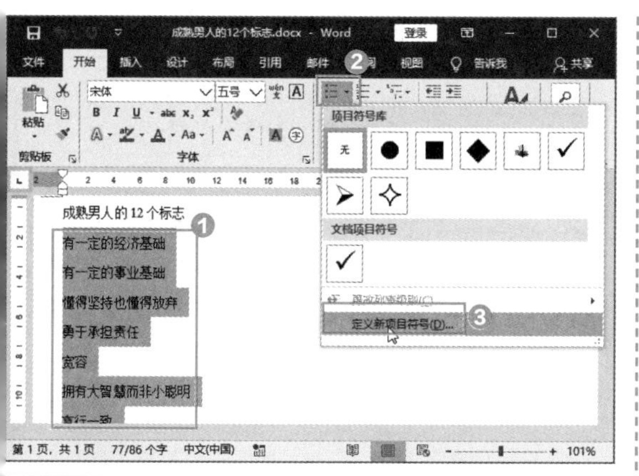

步骤02 打开【定义新项目符号】对话框，单击【符号】按钮，如下图所示。

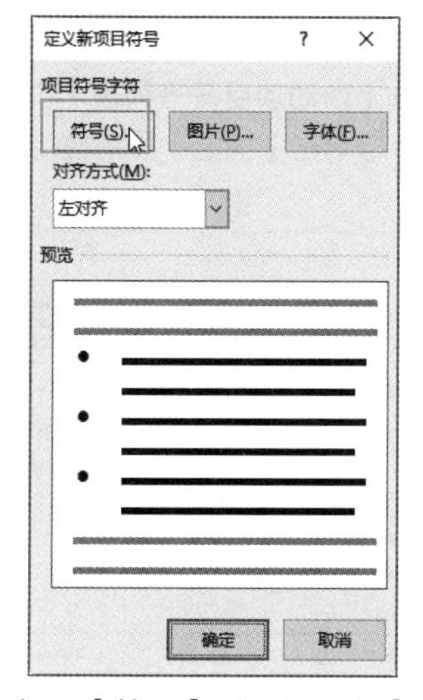

步骤03 ❶打开【符号】对话框，在【字体】下拉列表框中选择【Wingdings】选项；❷在列表框中选择要作为项目符号的符号；❸单击【确定】按钮，如下图所示。

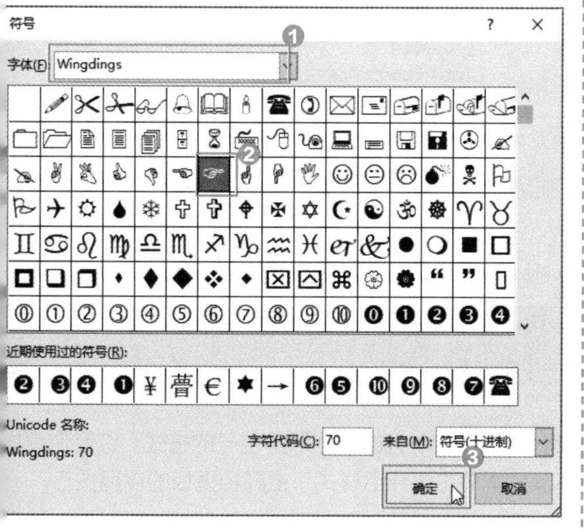

步骤04 返回【定义新项目符号】对话框，单击【字体】按钮，如下图所示。

技能拓展

直接单击【段落】组中的【项目符号】按钮，系统会为所选段落添加默认的项目符号。

步骤05 ❶打开【字体】对话框，在【字体颜色】下拉列表中设置项目符号的颜色为【红色】；❷连续单击【确定】按钮关闭对话框，如下图所示。

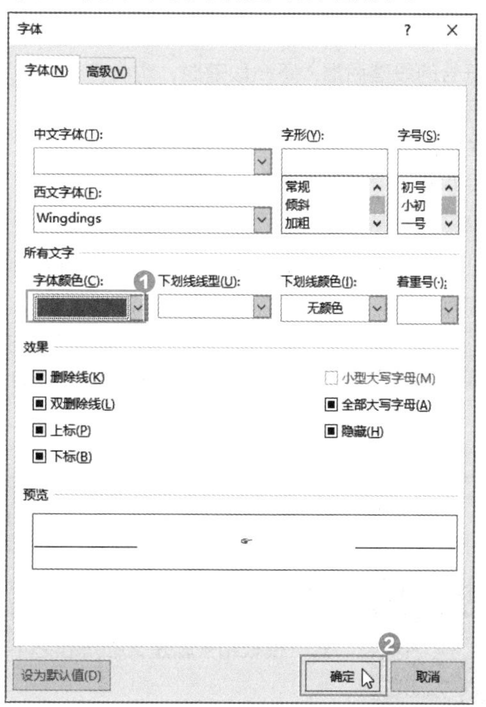

步骤06 操作完成后，即可看到设置项目符号后的效果，如下图所示。

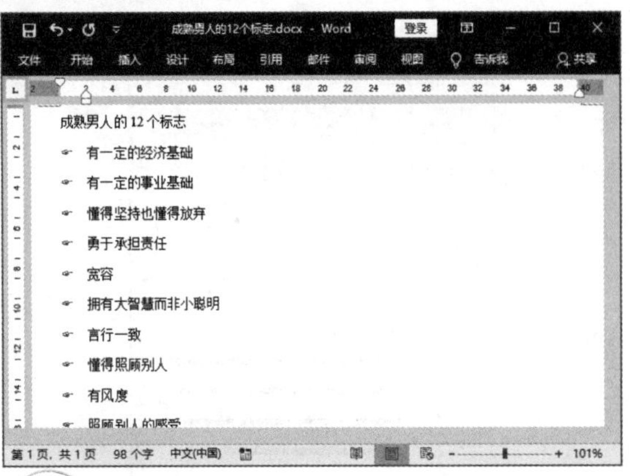

技能拓展

在【项目符号】下拉列表中选择【无】选项，即可取消设置的项目符号。

041：关闭自动编号与项目符号列表功能

适用版本	实用指数
2010、2013、2016、2019	★★★★★

使用说明

在 Word 文档中手动输入一个编号后，按【Enter】键插入下一段落时会出现自动编号。同样，在使用项目符号的段落后插入下一段落时，也会自动出现项目符号列表。如果不需要自动插入编号与项目符号，可以关闭该功能。

解决方法

如果要关闭自动编号与项目符号列表功能，具体操作方法如下。

步骤01 ❶打开【Word 选项】对话框，选择【校对】选项卡；❷在【自动更正选项】栏中单击【自动更正选项】按钮，如下图所示。

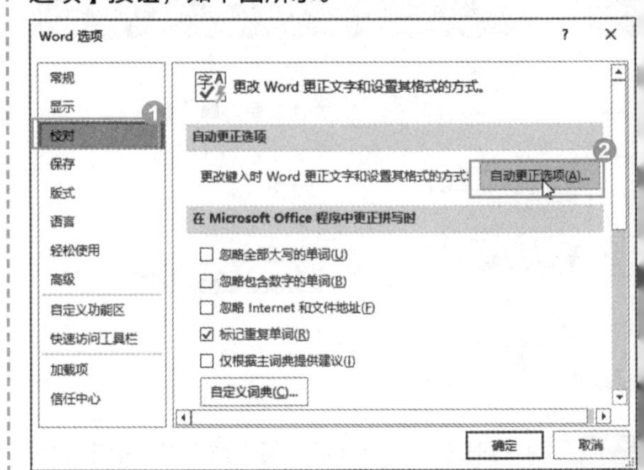

步骤02 ❶打开【自动更正】对话框，选择【键入时自动套用格式】选项卡；❷在【键入时自动应用】栏中取消勾选【自动项目符号列表】和【自动编号列表】复选框；❸单击【确定】按钮应用设置，如下图所示。

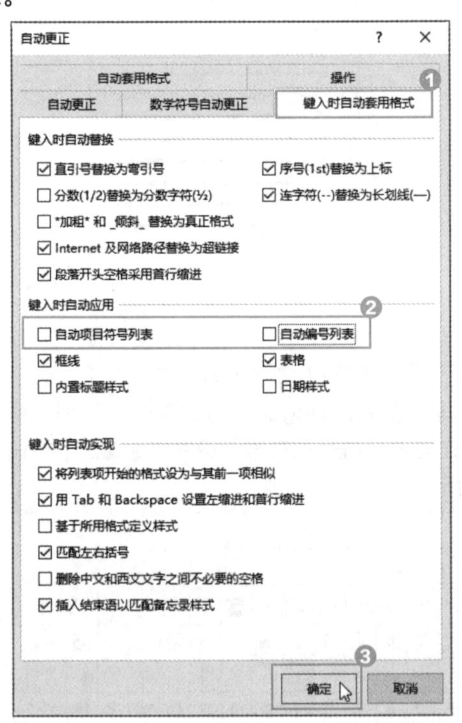

2.3 使用样式、主题和模板的技巧

使用样式、主题和模板，可以快速美化文档，使所有的文档保持统一的格式。综合使用样式、模板和主题是文档排版必不可少的环节。本节主要介绍样式、主题和模板的应用技巧。

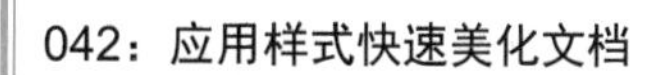

042：应用样式快速美化文档

适用版本	实用指数
2010、2013、2016、2019	★★★★★

使用说明

面对一堆杂乱的文字，手动修正各段落格式显得格外吃力，而如果使用样式修正段落格式，则可以快速调整段落格式。

解决方法

如要为文档应用样式，具体操作方法如下。

步骤01 打开素材文件（位置：素材文件\第2章\旅游通知.docx），❶将光标定位到标题文本中；❷单击【开始】选项卡【样式】组中的【标题 1】按钮，如下图所示。

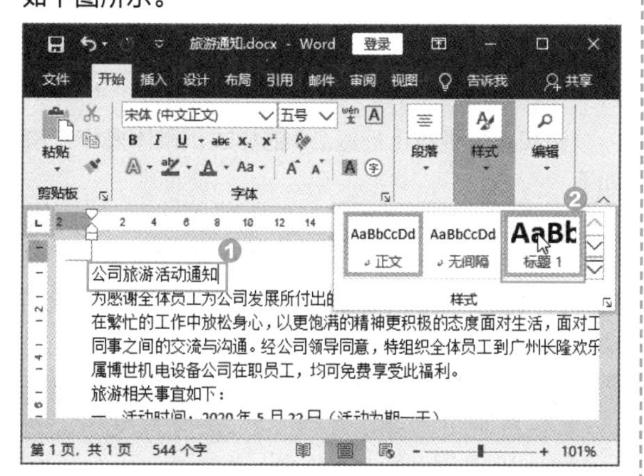

步骤02 如果想查看并应用更多的样式，可以单击【样式】组右下角的【对话框启动器】按钮，如下图所示。

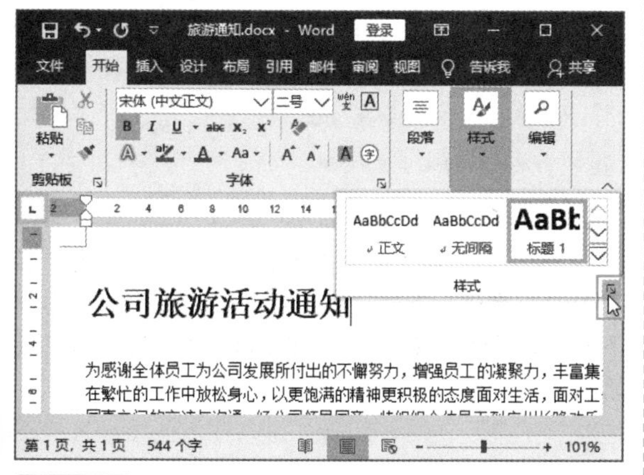

步骤03 ❶在打开的【样式】窗格中，可以查看全部的样式。如果要应用某一样式，可以将光标定位到段落中；❷单击【样式】窗格中的样式，如右上图所示。

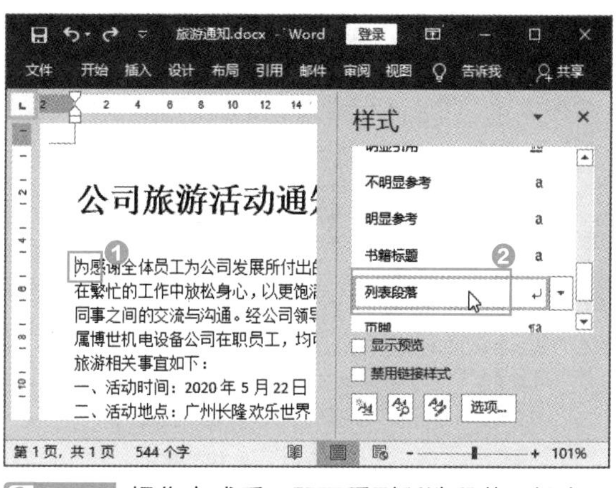

步骤04 操作完成后，即可看到所选段落已经应用了所设置的样式，如下图所示。

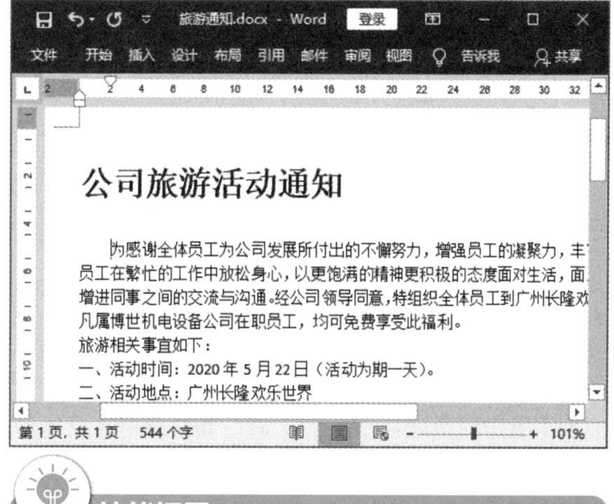

技能拓展

在 Word 文档中设置文本格式时，如果需要设置的格式在其他文本上已经使用过，则可通过【格式刷】工具快速复制格式。

043：为样式设置快捷键一键应用

适用版本	实用指数
2010、2013、2016、2019	★★★★★

使用说明

如果在编辑文档时需要频繁使用样式，可为样式设置快捷键，从而更快地应用样式，提高工作效率。

解决方法

如果要为样式添加快捷键，具体操作方法如下。

步骤01 ❶在【样式】窗格中单击要设置快捷键的样式右侧的下拉按钮；❷在弹出的下拉列表中选择【修改】选项，如下图所示。

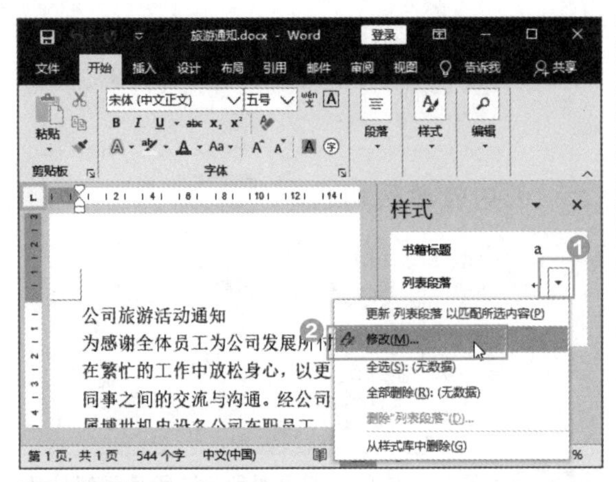

步骤02 ❶打开【修改样式】对话框，单击【格式】下拉按钮；❷在弹出的下拉列表中选择【快捷键】选项，如下图所示。

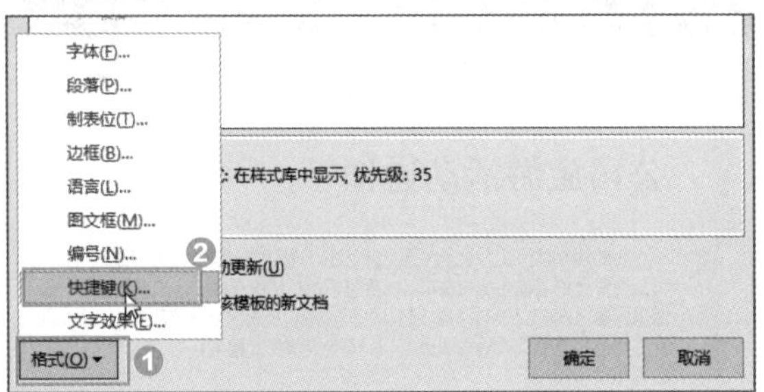

步骤03 ❶打开【自定义键盘】对话框，将光标定位到【指定键盘顺序】栏的【请按新快捷键】文本框中，然后按下要设置的快捷键，按下的快捷键将显示在该文本框中；❷单击【指定】按钮即可设定快捷键，指定的快捷键会显示在【当前快捷键】列表框中；❸单击【关闭】按钮退出即可，如下图所示。

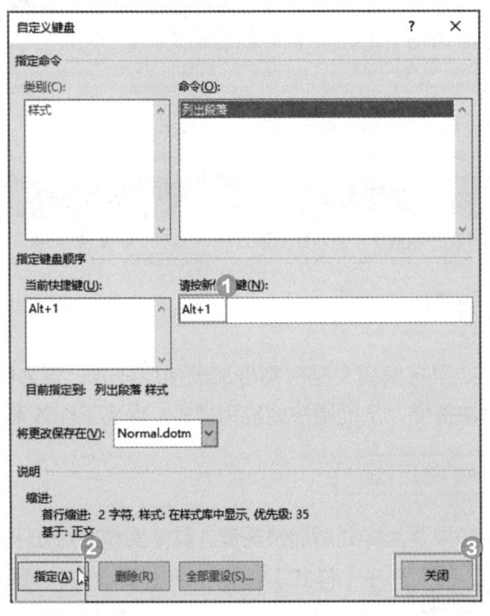

技能拓展

为样式设置快捷键后，在不打开【样式】窗格的情况下可以通过快捷键将样式快捷应用到选定的段落或文本中。

044：快速将指定格式修改为新格式

适用版本	实用指数
2010、2013、2016、2019	★★★★★

使用说明

在编辑文档时，如果已经为文档中的某些文本设置了相同的样式，但又需要更改这些文本的格式，不必一处一处地进行修改，可以直接通过修改相应的样式来完成。

解决方法

例如，要更改【标题 2】的样式，具体操作方法如下。

步骤01 打开素材文件（位置：素材文件\第 2 章\练就职场玉女之心经 .docx），❶在【样式】窗格中的【标题 2】样式上右击；❷在弹出的快捷菜单中选择【修改】命令，如下图所示。

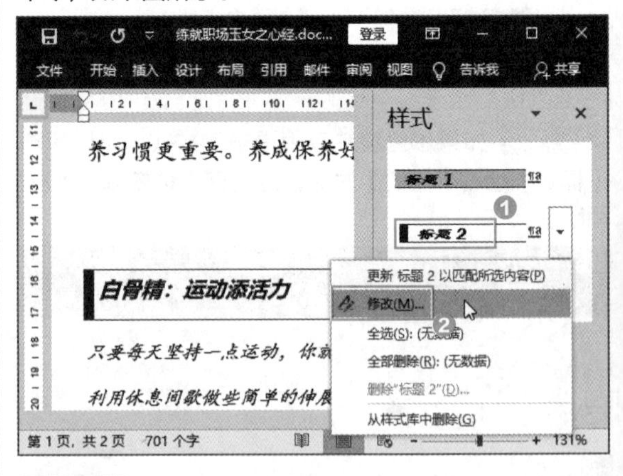

步骤02 ❶打开【修改样式】对话框，在【格式】栏中设置字体、字号、对齐方式和颜色等，设置后下方会显示预览效果；❷单击【确定】按钮，如下图所示。

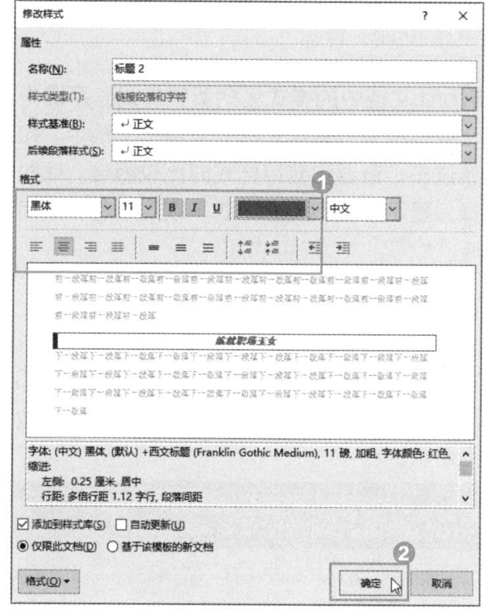

步骤03 完成后返回文档中，即可看到修改效果，如下图所示。

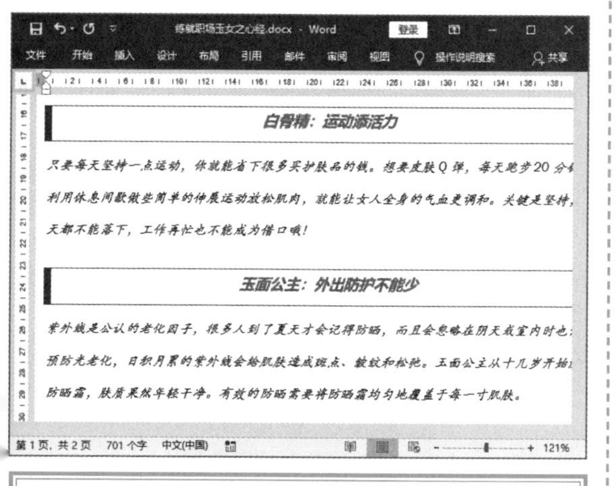

045：新建与删除样式

适用版本	实用指数
2010、2013、2016、2019	★★★★☆

使用说明

要制作一篇有特色的 Word 文档，必须要有特别的文本样式。用户可以在样式库中新建样式，打造一篇与众不同的文档。

解决方法

如果要在样式库中新建样式，具体操作方法如下。

步骤01 打开素材文件（位置：素材文件\第 2 章\练就职场玉女之心经 .docx），在【样式】窗格中单击【新建样式】按钮，如下图所示。

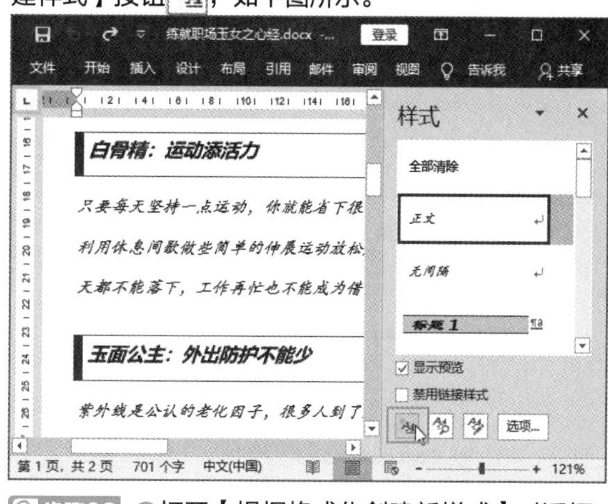

步骤02 ①打开【根据格式化创建新样式】对话框，在【属性】栏中设置样式的名称、样式类型等参数；②在【格式】栏中设置字体格式；③单击左下角的【格式】下拉按钮；④在弹出的下拉列表中选择【段落】选项，如下图所示。

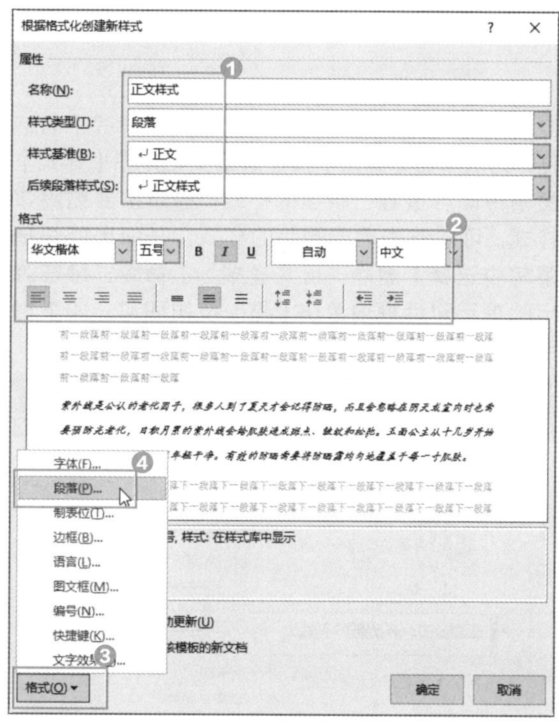

步骤03 ①在弹出的【段落】对话框中设置段落格式；②单击【确定】按钮，如下图所示。

在样式库中，右侧有 ¶a 和 a 标志的样式为系统内置样式，不可删除。

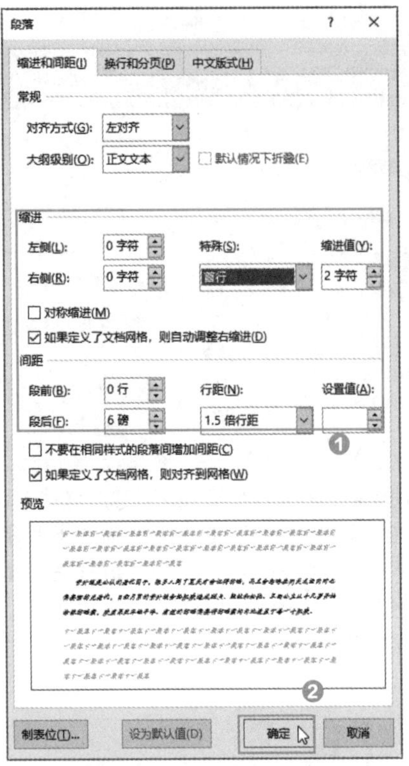

步骤04 ❶返回【根据格式化创建新样式】对话框，再次单击【确定】按钮返回文档，在【样式】窗格中即可查看已新建的样式；❷如果要删除该样式，可以右击需要删除的样式，在弹出的快捷菜单中选择【删除“正文样式”】命令；❸在弹出的提示对话框中单击【是】按钮即可，如下图所示。

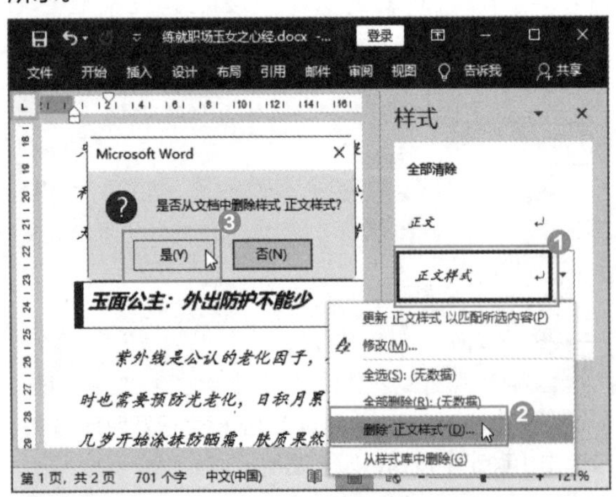

046：只显示正在使用的样式

适用版本	实用指数
2010、2013、2016、2019	★★★★★

使用说明

Word 文档中的样式包括新建样式、系统内置样式等，但并不是所有样式都要应用于文档中。如果样式数量过多，查看和应用样式时比较困难。此时，可以选择只显示正在使用的样式，以便于查看更简洁的样式库。

解决方法

如要只显示正在使用的样式，具体操作方法如下。

步骤01 在【样式】窗格中单击【选项...】按钮，如下图所示。

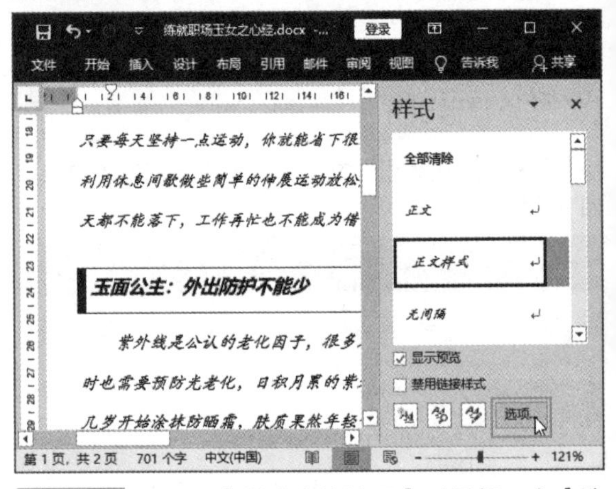

步骤02 ❶打开【样式窗格选项】对话框，在【选择要显示的样式】下拉列表中选择【正在使用的格式】选项；❷单击【确定】按钮即可，如下图所示。

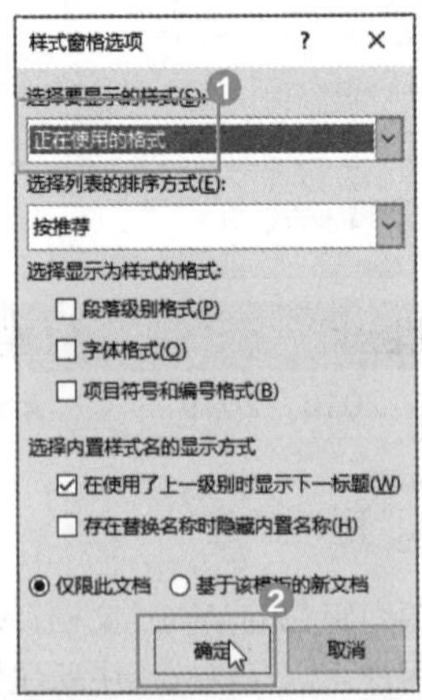

047：为文档设置主题

适用版本	实用指数
2010、2013、2016、2019	★★★★★

使用说明

如果创建了 Word 文档，又希望可以快速为文档设置颜色、字体等样式，可以使用主题来完成。

解决方法

如果要为文档设置主题，具体操作方法如下。

步骤01 打开素材文件（位置：素材文件\第 2 章\练就职场玉女之心经 .docx），❶单击【设计】选项卡【文档格式】组中的【主题】下拉按钮；❷在弹出的下拉列表中选择一种主题，如下图所示。

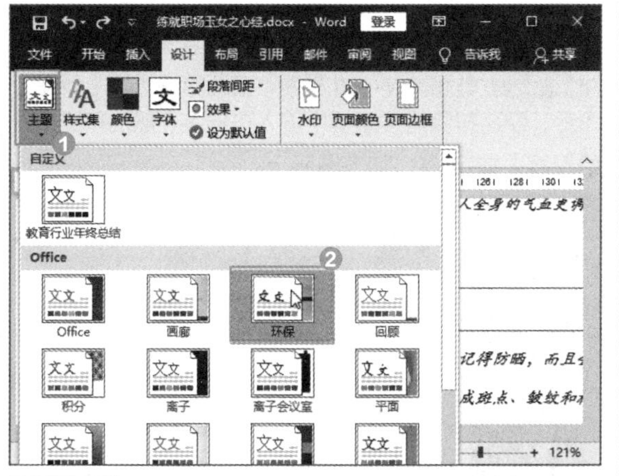

步骤02 操作完成后，即可看到设置了主题后的效果，如下图所示。

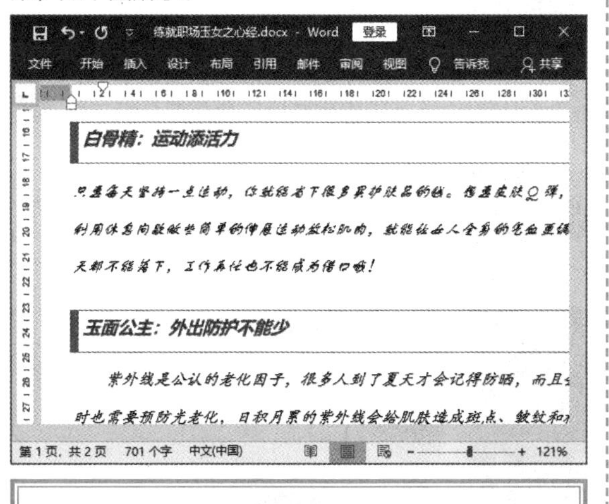

048：使用主题中的样式集

适用版本	实用指数
2010、2013、2016、2019	★★★★★

使用说明

使用样式集可以为文档中的每一个段落应用相应的段落样式，可以快速设置标题样式、行间距等。

解决方法

如果要使用主题中的样式集，具体操作方法如下。

步骤01 打开素材文件（位置：素材文件\第 2 章\练就职场玉女之心经 .docx），❶单击【设计】选项卡【文档格式】组中的【样式集】下拉按钮；❷在弹出的下拉列表中选择一种样式集，如下图所示。

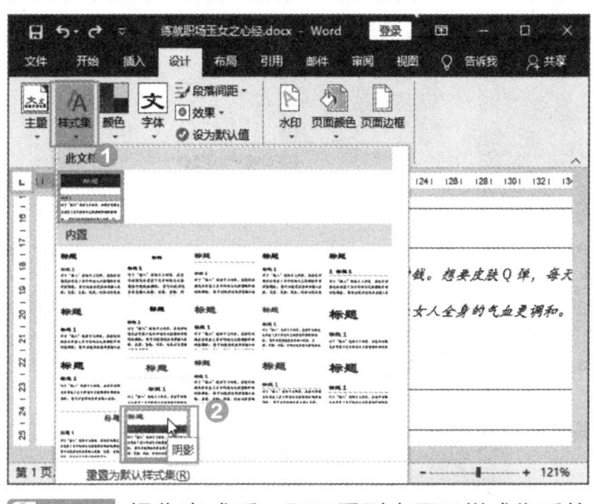

步骤02 操作完成后，即可看到应用了样式集后的效果，如下图所示。

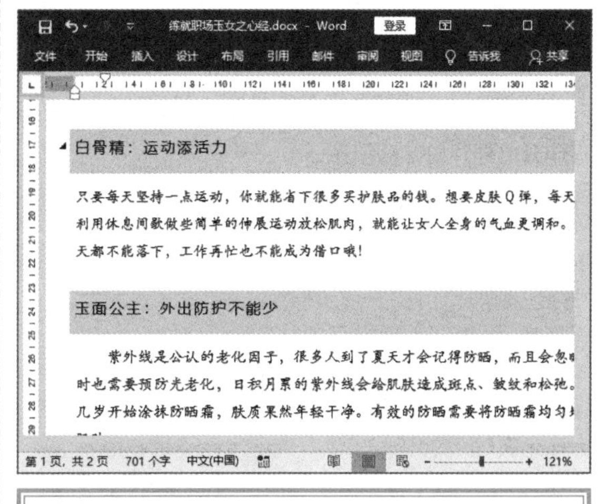

049：使用模板创建文档

适用版本	实用指数
2010、2013、2016、2019	★★★★★

使用说明

在创建文档时，使用模板可以快速创建专业文档。

解决方法

如果要使用模板创建文档，具体操作方法如下。

步骤01 启动 Word 程序，打开 Word 文档并进入新建文档界面，在右侧窗格中选择一种模板，如下图所示。

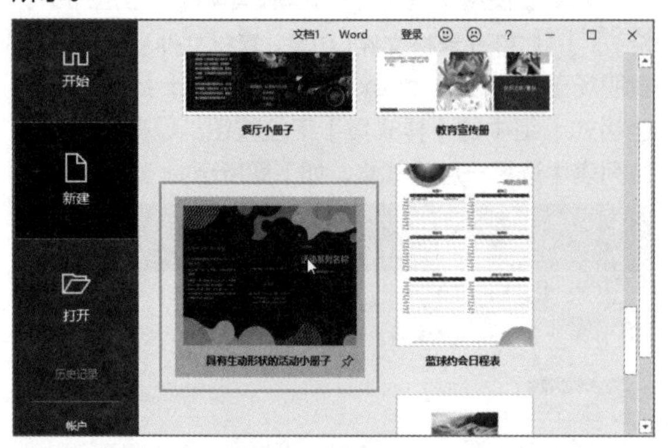

步骤02 打开模板预览对话框，预览选择的模板样式。如果确认使用，单击【创建】按钮，如下图所示。

步骤03 开始下载模板，下载完成后即可通过该模板创建文档，如下图所示。

温馨提示

如果模板中预设的项目不符合用户的使用需求，也可以删除部分内容，只使用模板的某一部分。

050：使用联机模板创建文档

适用版本	实用指数
2010、2013、2016、2019	★★★★★

使用说明

Word 内置的模板样式较少，如果用户需要更多的模板，可以搜索联机模板。

解决方法

如要搜索联机模板，具体操作方法如下。

步骤01 ❶启动 Word 程序，在菜单中选择【新建】命令；❷在右侧的搜索框中输入关键字，然后单击【开始搜索】按钮 ，如下图所示。

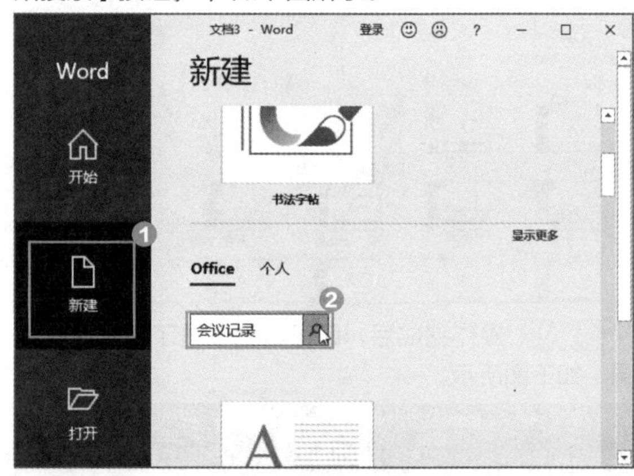

步骤02 在搜索结果中选择一种模板样式，按前面所学内容下载模板即可，如下图所示。

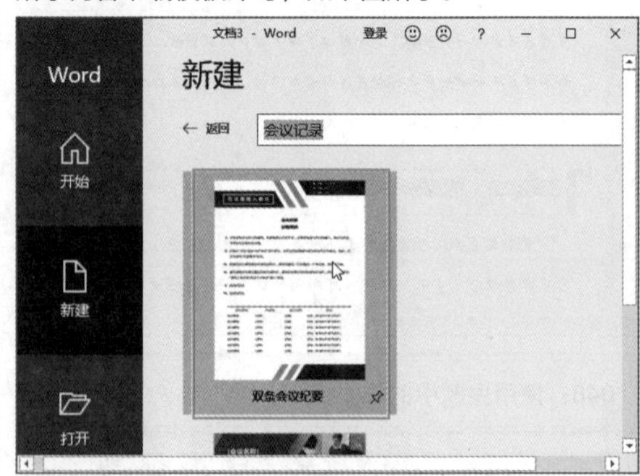

第 3 章
Word 的图文混排技巧

在制作文档时，经常需要将图片插入文档中。在文档中插入图片不仅能美化文档，还能让人更直观地了解文档中的内容，加深读者的理解。然而，如果将图片杂乱无章地摆放在文档中则会破坏文档的整体性，所以需要进行合理的图文混排，让图片和文字更好地结合在一起。本章主要介绍图片、图形和艺术字等图形样式与文字混排的技巧。

下面是一些图文混排中常见的问题，请检查你是否会处理或已掌握。

【√】将文档中的图片调整方向时，知道如何快速旋转吗?

【√】文档中的图片颜色不合适，知道如何更改吗?

【√】想要删除图片的背景，除了 Photoshop，知道如何用 Word 来操作吗?

【√】想要绘制水平的线条，可是不知道如何才能让线条保持水平，应该怎么办呢?

【√】绘制了多个图形，知道怎样才能将其组合为一体吗?

【√】除了矩形的文本框之外，还可以使用其他形状的文本框吗?

【√】创建 SmartArt 图形之后，如何使图形更加漂亮?

希望通过对本章内容的学习，能够解决以上问题，并学会更多的 Word 图文混排技巧。

3.1 插入图片的操作技巧

在文档中插入了图片之后，还可以为图片设置摆放位置、图片效果等。下面介绍在文档中插入图片和设置图片的操作技巧。

051：查找并插入联机图片

适用版本	实用指数
2013、2016、2019	★★★★☆

使用说明

如果用 Word 2013 之前的版本，用户可以使用剪贴画来插入图片；之后的版本关闭了插入剪贴画功能，更新为插入联机图片功能，即在线搜索联机图片并插入。

解决方法

要想在文档中插入联机图片，具体操作方法如下。

步骤01 打开素材文件（位置：素材文件\第3章\感谢信.docx），❶将光标定位到需要插入图片的位置；❷单击【插入】选项卡【插图】组中的【联机图片】按钮，如下图所示。

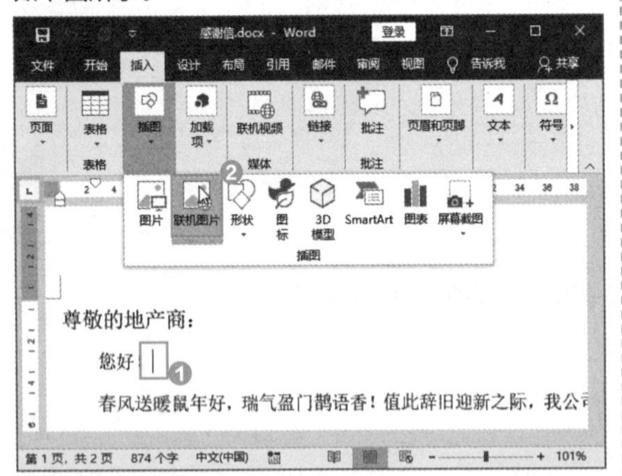

步骤02 打开【联机图片】对话框，在下方将显示各种类别的图片。如果要搜索特定的种类，可以在搜索框中输入关键字，然后按下【Enter】键，如右上图所示。

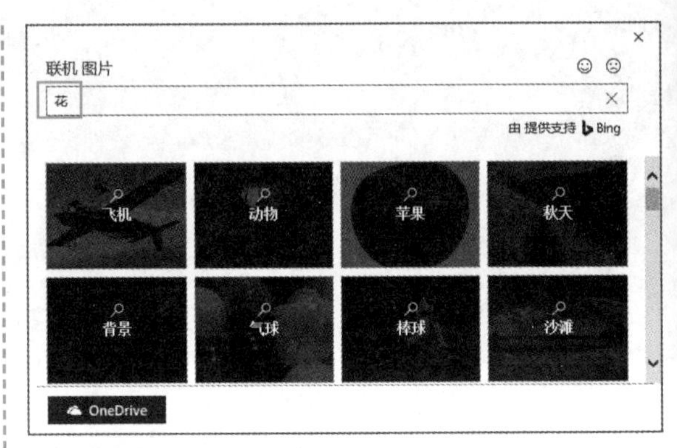

步骤03 ❶在搜索结果中勾选合适的图片；❷单击【插入】按钮，如下图所示。

步骤04 操作完成后，所选图片即可插入文档中，如下图所示。

知识拓展

选中插入的图片，图片四周将出现 8 个控制点。将鼠标指向其中一个控制点，指针将变成双向箭头状⇔，此时按住鼠标左键拖动。当图片调整到合适大小后释放鼠标，即可完成调整图片大小的操作。

052：插入计算机中的图片

适用版本	实用指数
2010、2013、2016、2019	★★★★★

使用说明

如果有需要，也可以在文档中插入计算机中的图片。

解决方法

如果要在文档中插入计算机中的图片，具体操作方法如下。

步骤01 ❶将光标定位到需要插入图片的位置；❷单击【插入】选项卡【插图】组中的【图片】按钮，如下图所示。

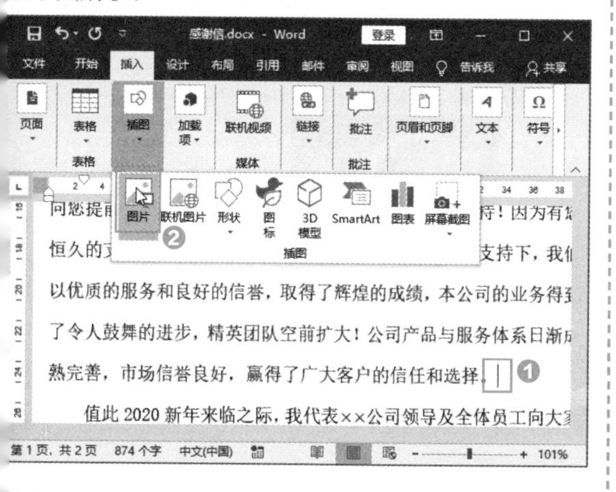

步骤02 ❶打开【插入图片】对话框，选择本机图片的位置；❷选择要插入的图片；❸单击【插入】按钮，如右上图所示。

知识拓展

如果要插入多张图片，在选择图片时先按【Ctrl】键，再依次选中多张图片，然后单击【插入】按钮即可。

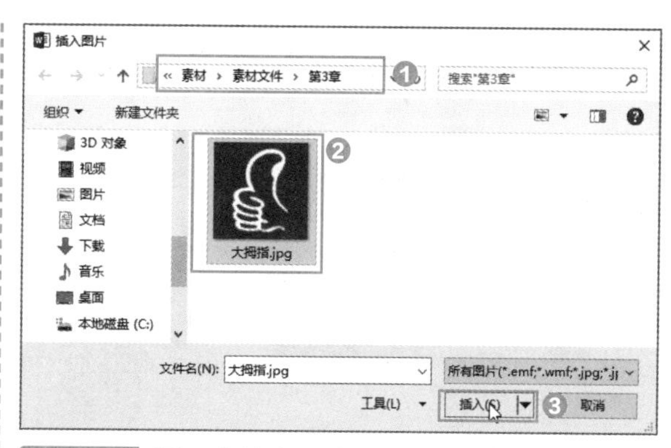

步骤03 返回文档中，即可看到图片已经插入，如下图所示。

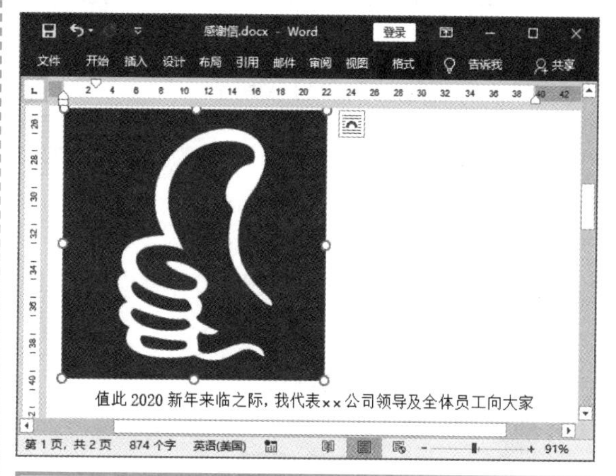

053：快速设置图片的文字环绕方式

适用版本	实用指数
2010、2013、2016、2019	★★★★★

使用说明

在文档中插入图片时，默认情况下是以嵌入方式插入，如果用户需要其他的文字环绕方式，可以通过以下方法更改。

解决方法

如果要更改图片的文字环绕方式，具体操作方法如下。

方法一：❶选中图片，单击图片右侧的【布局选项】按钮；❷在弹出的下拉列表中选择一种文字环绕方式，如下图所示。

方法二：❶在图片上右击；❷在弹出的快捷菜单中选择【环绕文字】命令；❸在弹出的扩展菜单中选择一种文字环绕的方式，如下图所示。

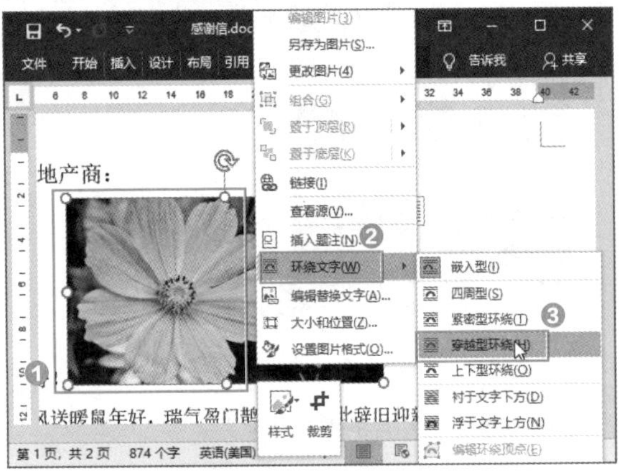

方法三：❶选中图片，单击【图片工具/格式】选项卡【排列】组中的【环绕文字】下拉按钮；❷在弹出的下拉列表中选择一种文字环绕的方式，如下图所示。

054：快速旋转图片方向

适用版本	实用指数
2010、2013、2016、2019	★★★★★

使用说明

在进行图文排版时，有时需要将图片旋转使用。旋转图片时，可以选择旋转方向。

解决方法

如果要旋转文档中的图片，具体操作方法如下。

步骤01 ❶选中图片，单击【图片工具/格式】选项卡【排列】组中的【旋转】下拉按钮；❷在弹出的下拉列表中选择旋转方向，如下图所示。

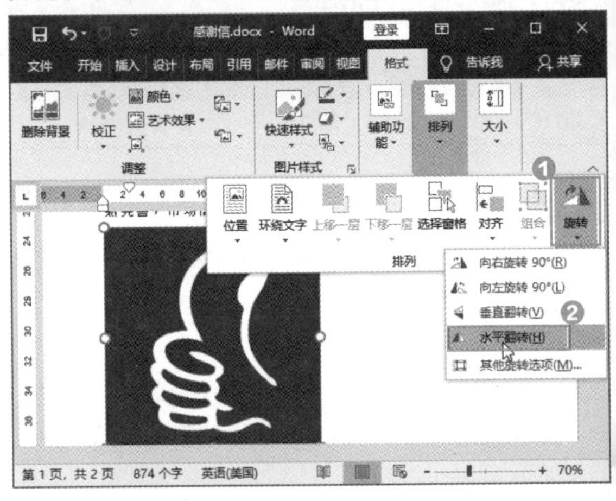

步骤02 操作完成后，即可看到图片的方向已经更改，如下图所示。

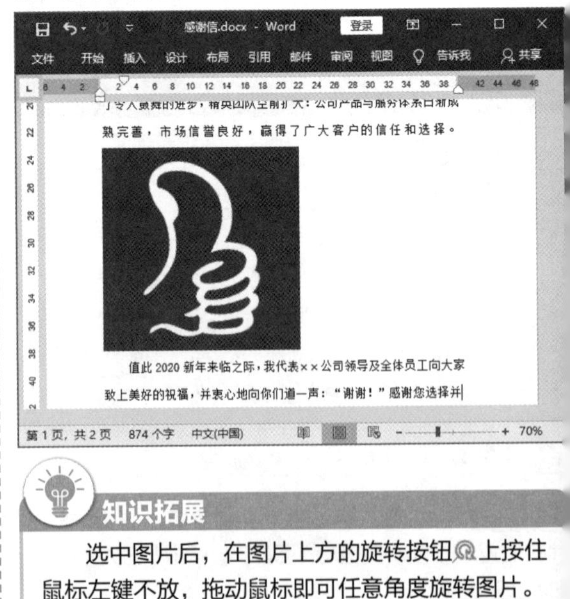

知识拓展

选中图片后，在图片上方的旋转按钮上按住鼠标左键不放，拖动鼠标即可任意角度旋转图片。

055：设置图片和文字的距离

适用版本	实用指数
2010、2013、2016、2019	★★★★☆

使用说明

默认情况下，设置了图形的文字环绕方式后，图片和文字之间有一定的距离。根据工作的需要，也可以更改该距离。

解决方法

如果要更改图片和文字之间的距离，具体操作方法如下。

步骤01 ❶选中图片，单击【图片工具 / 格式】选项卡中的【环绕文字】下拉按钮；❷在弹出的下拉列表中选择【其他布局选项】选项，如下图所示。

步骤02 ❶打开【布局】对话框，切换到【文字环绕】选项卡；❷在【距正文】栏中分别设置图片与文字上、下、左、右的距离；❸单击【确定】按钮，如下图所示。

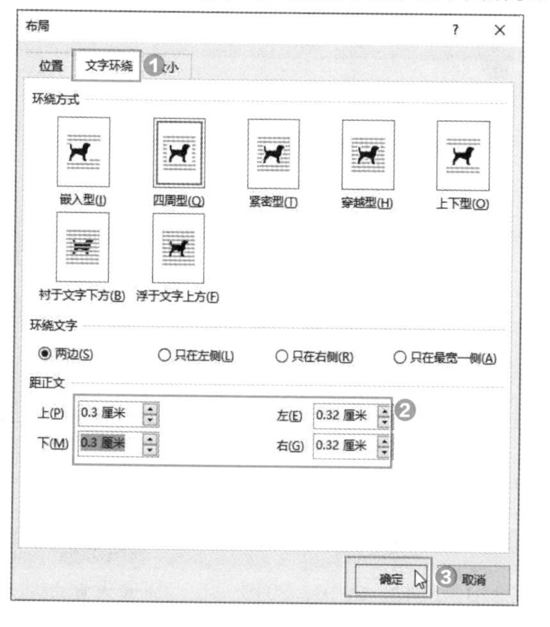

056：通过裁剪改变图片的形状

适用版本	实用指数
2010、2013、2016、2019	★★★★★

使用说明

对于插入文档中的图片，如果只需要使用其中的一部分，可以使用裁剪功能将其他部分裁剪掉。此外，有时还需要将图片制作成其他形状来美化文档。

解决方法

例如，要将图片裁剪为圆形，具体操作方法如下。

步骤01 ❶选中图片，单击【图片工具 / 格式】选项卡中【大小】组中的【裁剪】下拉按钮；❷在弹出的下拉列表中选择【裁剪为形状】选项；❸在弹出的扩展列表中单击【基本形状】中的【椭圆】○，如下图所示。

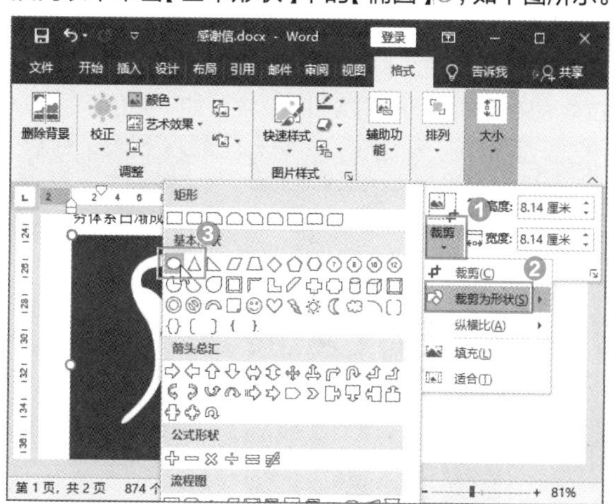

步骤02 操作完成后，即可看到图片已经按所选形状裁剪，如下图所示。

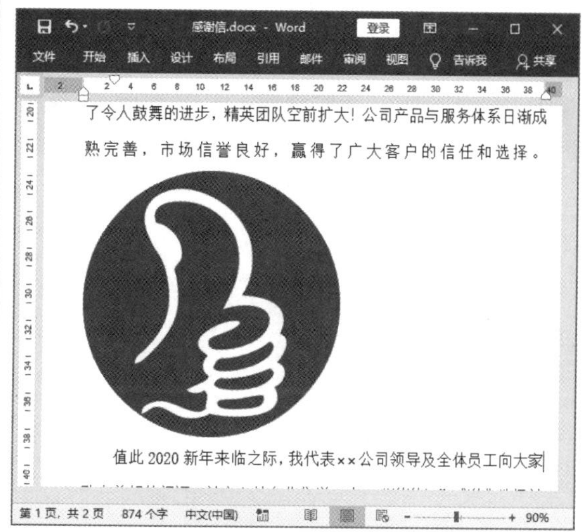

温馨提示

图片的形状改变之后，原先的轮廓和大小并没有改变，文字仍然按照原先的形状大小进行环绕。

057：调整图片的亮度和对比度

适用版本	实用指数
2010、2013、2016、2019	★★★★★

使用说明

插入图片后，如果需要调整图片的亮度和对比度，可以使用 Word 进行简单的处理。

解决方法

如果要调整图片的亮度和对比度，具体操作方法如下。

步骤01 ❶选中图片，单击【图片工具 / 格式】选项卡【调整】组中的【校正】下拉按钮；❷在弹出的下拉列表中选择合适的亮度和对比度，如下图所示。

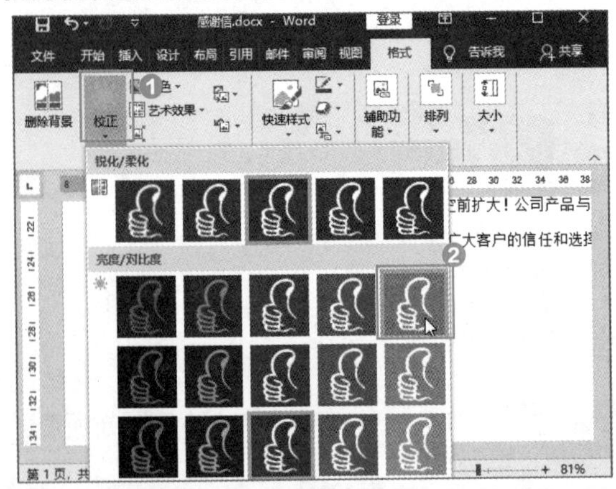

步骤02 操作完成后，即可看到图片的亮度和对比度已经更改，如下图所示。

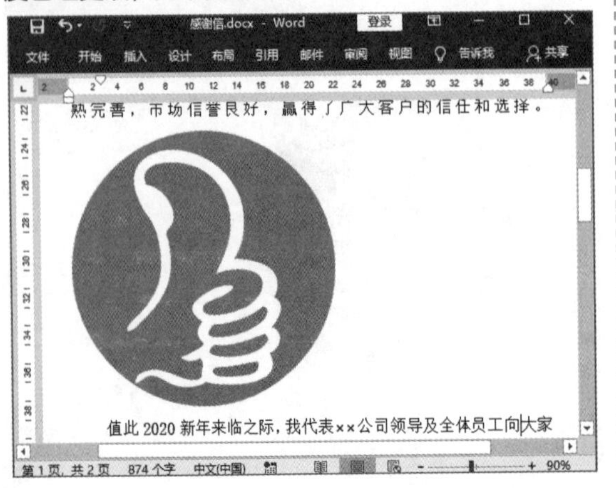

058：更改图片的颜色

适用版本	实用指数
2010、2013、2016、2019	★★★★☆

使用说明

为了文档的排版协调性，有时需要更改插入文档中的图片的颜色。

解决方法

如果要更改图片的颜色，具体操作方法如下。

步骤01 ❶选中图片，单击【图片工具 / 格式】选项卡【调整】组中的【颜色】下拉按钮；❷在弹出的下拉列表中选择一种颜色，如下图所示。

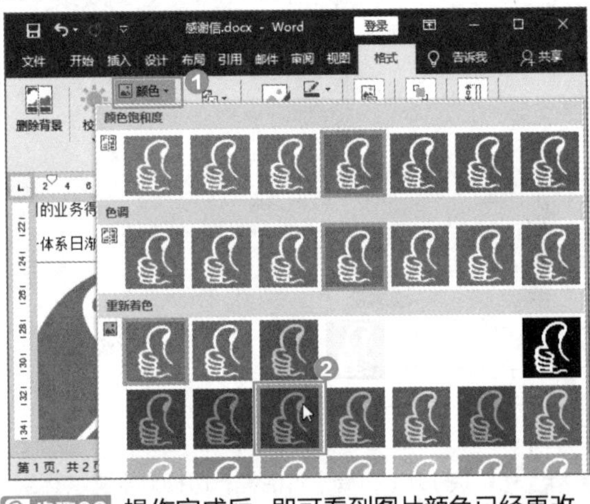

步骤02 操作完成后，即可看到图片颜色已经更改，如下图所示。

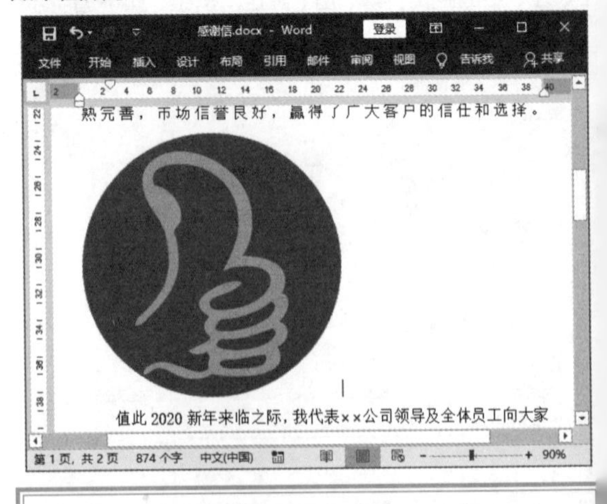

059：使用 Word 删除图片的背景

适用版本	实用指数
2010、2013、2016、2019	★★★★☆

使用说明

在制作 Word 文档时，如果要去除插入的图片背景，可以使用删除背景功能来实现。

解决方法

如果要删除图片的背景，具体操作方法如下。

步骤01 选中图片，单击【图片工具/格式】选项卡【调整】组中的【删除背景】按钮，如下图所示。

步骤02 ❶进入【背景消除】选项卡，系统将自动识别需要删除的背景，并标记为紫色，如果系统识别错误，可以手动选择删除和保留的对象；❷操作完成后单击【关闭】组中的【保留更改】按钮，如下图所示。

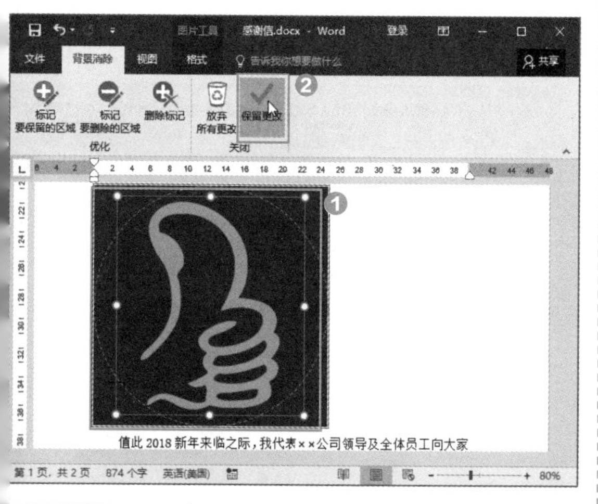

步骤03 操作完成后，即可看到图片的背景已经删除，如右上图所示。

060：设置图片的艺术效果

适用版本	实用指数
2010、2013、2016、2019	★★★★★

使用说明

为图片设置艺术效果，不仅可以增强图片的渲染力，还能美化文档。

解决方法

如要设置图片的艺术效果，具体操作方法如下。

步骤01 打开素材文件（位置：素材文件\第 3 章\散文集.docx），❶选中图片，单击【图片工具/格式】选项卡【调整】组中的【艺术效果】下拉按钮；❷在弹出的下拉列表中选择一种艺术效果，如下图所示。

步骤02 返回文档中即可看到设置了艺术效果后的图片，如下图所示。

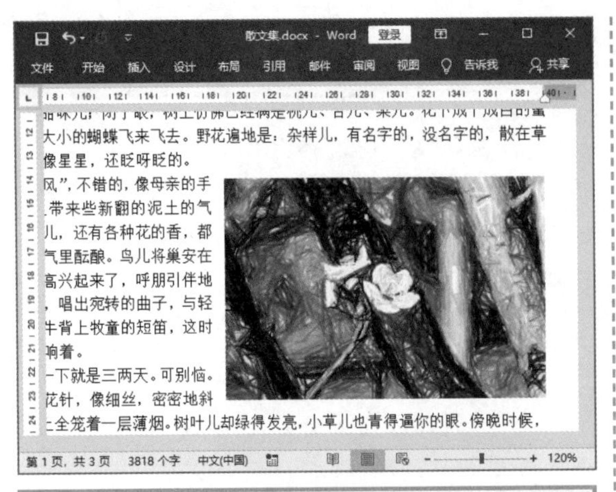

061：快速美化图片

适用版本	实用指数
2010、2013、2016、2019	★★★★★

使用说明

Word 为用户预设了多种图片样式，用户可以根据需要使用【快速样式】功能来快速美化图片。

解决方法

如果要使用【快速样式】功能来美化图片，具体操作方法如下。

步骤01 ❶选中图片，单击【图片工具 / 格式】选项卡【图片样式】组中的【快速样式】下拉按钮；❷在弹出的下拉列表中选择预设样式，如下图所示。

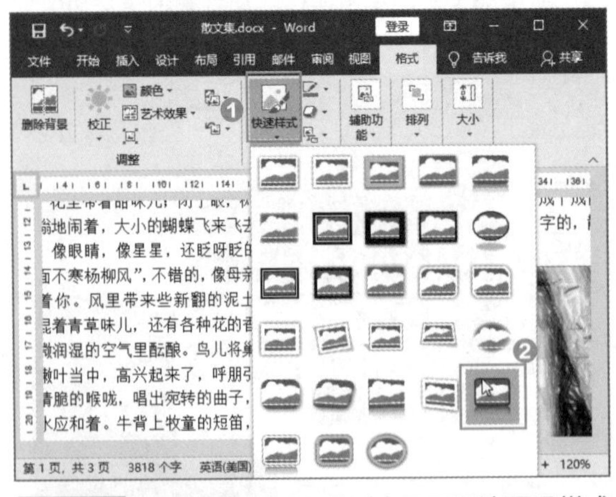

步骤02 返回文档中即可看到应用了所选预设样式后的图片，如右上图所示。

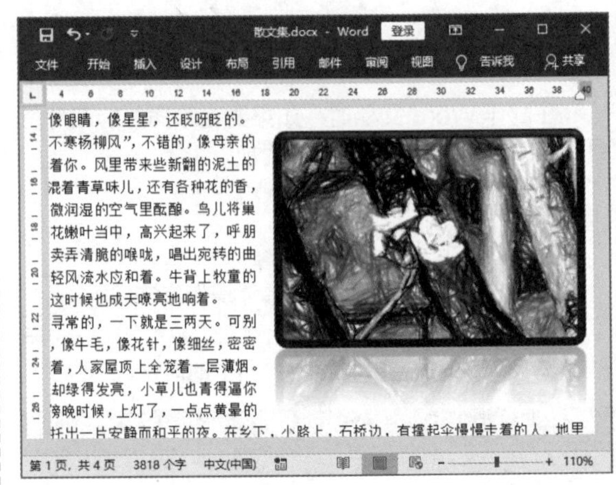

062：更改图片的叠放顺序

适用版本	实用指数
2010、2013、2016、2019	★★★★★

使用说明

如果在 Word 文档中插入了多张图片，且多张图片又需要有部分重叠摆放，就会导致图片被遮挡。此时，可以更改图片的图层，让图片合理地叠放在一起。

解决方法

例如，要将图片下移一层，具体操作方法如下。

步骤01 选中图片，单击【图片工具 / 格式】选项卡【排列】组中的【下移一层】按钮，如下图所示。

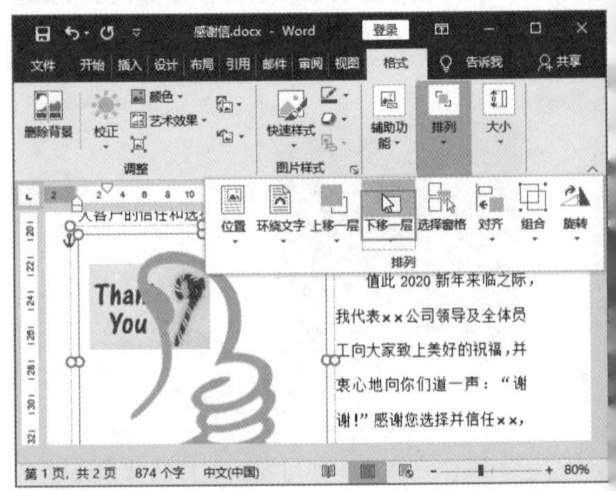

步骤02 操作完成后，即可看到所选图片已经置于下层，如下图所示。

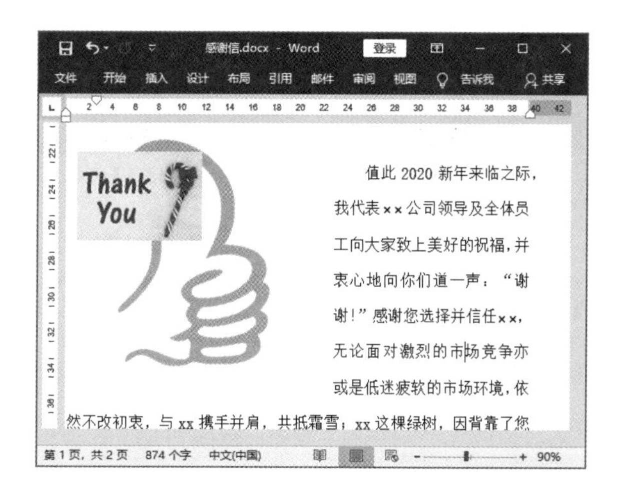

3.2 形状的使用技巧

在制作 Word 文档时，只使用了文字的文档从视觉上感觉有些枯燥，部分特定的内容也不容易理解。如果为文档加上形状，进行图文混合排版，不仅可以丰富页面，还能让阅读者更直观地了解文档内容。下面介绍一些形状的使用技巧。

063：如何绘制水平线条

适用版本	实用指数
2010、2013、2016、2019	★★★★★

使用说明

在绘制线条时，如果没有标尺参照，很容易偏离水平线。如果要快速绘制水平线条，可以通过快捷键辅助绘制。

解决方法

如果要绘制水平的线条，具体操作方法如下。

步骤01 打开素材文件（位置：素材文件\第 3 章\天子山风景 .docx），❶切换到【插入】选项卡，单击【插图】组中的【形状】下拉按钮；❷在弹出的下拉列表中选择【直线】选项＼，如右侧上图所示。

步骤02 按住【Shift】键的同时拖动鼠标，即可在文档中的相应位置绘制一条水平直线，如右侧下图所示。

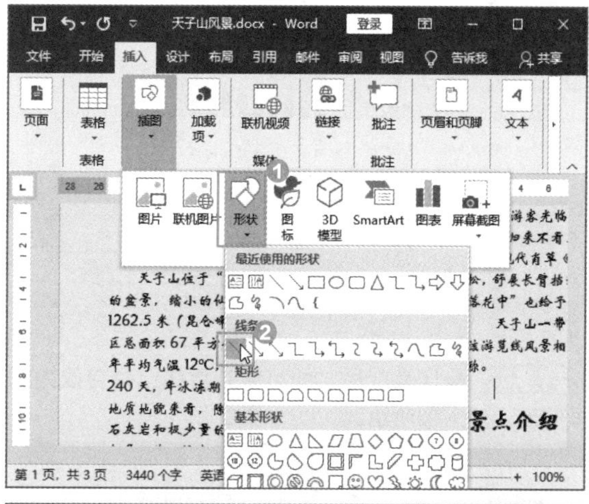

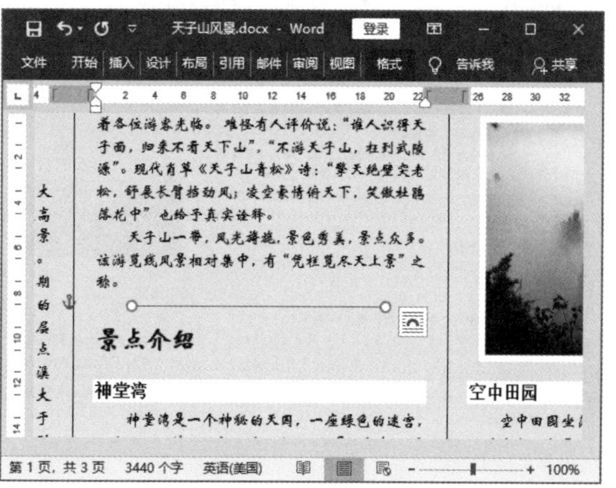

064：如何更改箭头样式

适用版本	实用指数
2010、2013、2016、2019	★★★★☆

使用说明

在文档中插入了线条或者带有箭头的线条后，如果对箭头的样式不满意，可以随意更改。

解决方法

如果要更改箭头的样式，具体操作方法如下。

步骤01 ❶选中线条，单击【绘图工具/格式】选项卡【形状样式】组中的【形状轮廓】下拉按钮 ；❷在弹出的下拉列表中选择【箭头】选项；❸在弹出的扩展列表中选择一种箭头样式，如下图所示。

步骤02 操作完成后，即可看到直线已经更改为箭头样式，如下图所示。

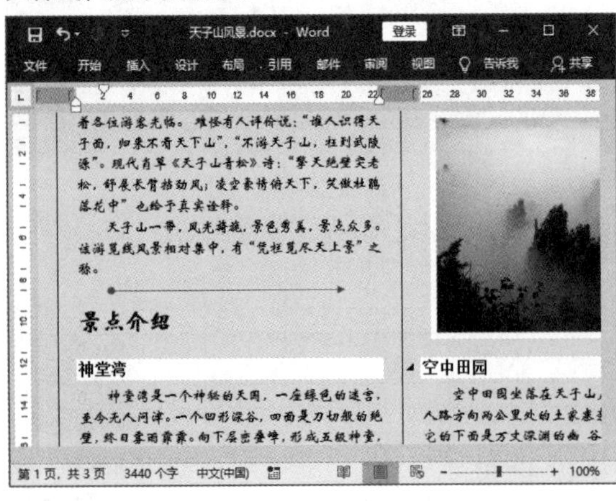

065：编辑自选图形的顶点

适用版本	实用指数
2010、2013、2016、2019	★★★★★

使用说明

如果在系统内置的图形形状中没有用户需要的图形，可通过编辑自选图形的顶点来实现更改自选图形的形状。

解决方法

如果要通过顶点编辑自选图形，具体操作方法如下。

步骤01 打开素材文件（位置：素材文件\第3章\迅美公司简介.docx），❶选择文档中已经创建好的自选图形；❷单击【绘图工具/格式】选项卡【插入形状】组中的【编辑形状】下拉按钮 ；❸在弹出的下拉列表中选择【编辑顶点】选项，如下图所示。

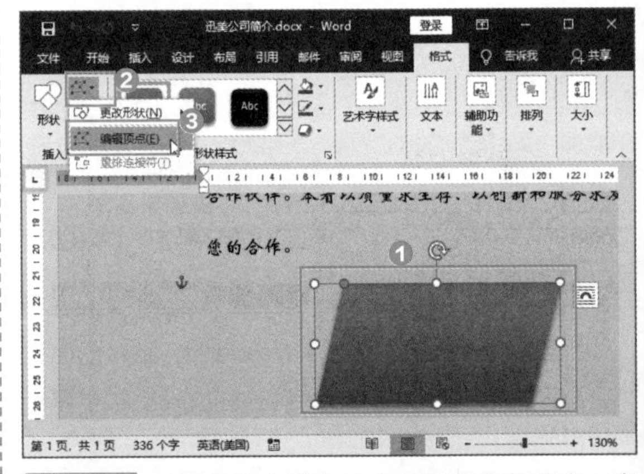

步骤02 按住鼠标左键拖动自选图形的各顶点，直到将其编辑为需要的外形，如下图所示。

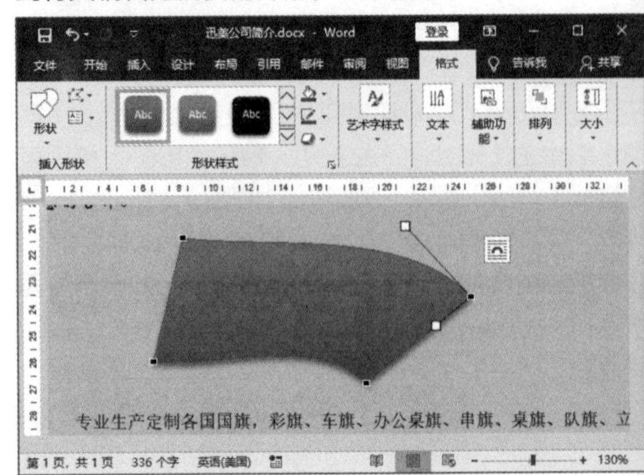

066：如何绘制特殊角度的弧形

适用版本	实用指数
2010、2013、2016、2019	★★★★☆

使用说明

在绘制弧形时，按住【Shift】键或【Ctrl】键可以绘制出特殊角度的弧形。

解决方法

如果要绘制特殊角度的弧形，具体操作方法如下。

步骤01 ❶在【插入】选项卡中单击【插图】组中的【形状】下拉按钮；❷在弹出的下拉列表中选择【基本图形】栏中的【弧形】选项◝，如下图所示。

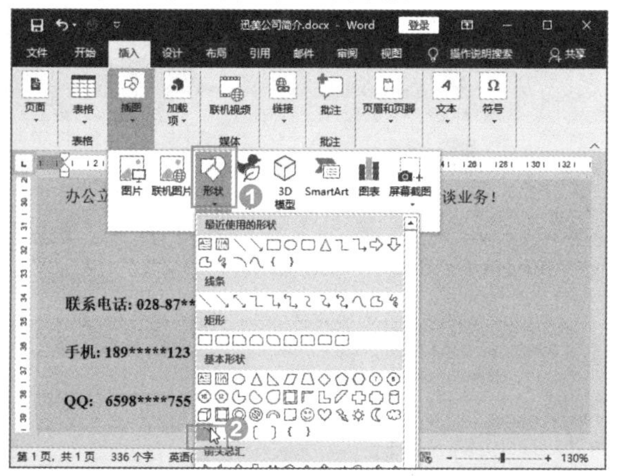

步骤02 当光标变成十形状时，按住【Shift】键不放，使用鼠标拖曳的方法即可画出一个 90° 的圆弧，如下图所示。

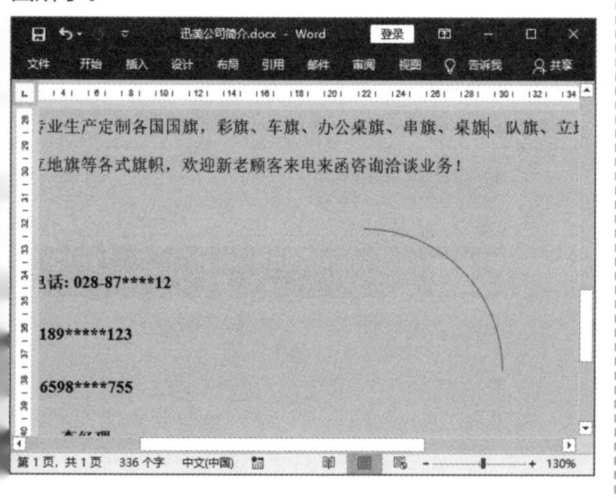

知识拓展

按住【Ctrl】键不放，拖曳鼠标可以绘制出以初始绘制点为中心，两端同时延伸的圆弧或抛物线。同时按住【Ctrl】键和【Shift】键，可以绘制出以初始绘制点为中心、两端同时延伸的 90° 的圆弧。

067：如何绘制正方形

适用版本	实用指数
2010、2013、2016、2019	★★★★☆

使用说明

因为正方形是一种特殊的矩形，所以在插入图形的选项中没有正方形的选项。如果需要绘制正方形，需要使用【Shift】键 +【矩形】选项□来完成。

解决方法

如果要绘制正方形，具体操作方法如下。

步骤01 ❶在【插入】选项卡中单击【插图】组中的【形状】下拉按钮；❷在弹出的下拉列表中选择【矩形】选项□，如下图所示。

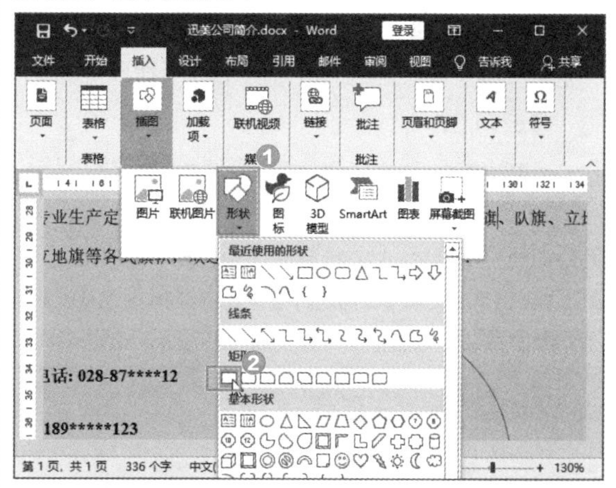

步骤02 当光标变成十形状时，按住【Shift】键不放，使用鼠标拖曳的方法即可画出一个正方形，如下图所示。

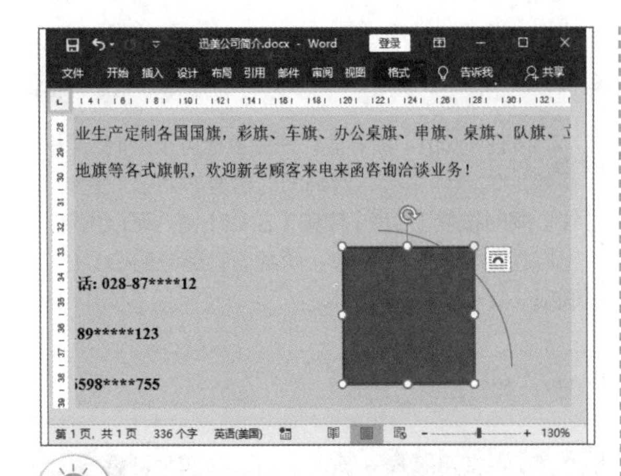

知识拓展

按住【Ctrl】键再绘图，拖曳鼠标可以绘制一个从中间向四周延伸的矩形；按住【Shift+Ctrl】组合键再绘图，可以绘制一个从中间向四周延伸的正方形。如果要画圆，可以选择【椭圆】绘图工具○，绘制方法与此相同。

068：将多个图形组合为一个图形

适用版本	实用指数
2010、2013、2016、2019	★★★★★

使用说明

将形状图形的叠放次序设置好后，为了更方便地移动和编辑形状，可将它们组合成一个整体。

解决方法

如果要将多个图形组合为一体，具体操作方法如下。

步骤01 打开素材文件（位置：素材文件\第3章\迅美公司简介2.docx），❶选择任意图形；❷单击【绘图工具/格式】选项卡【排列】组中的【选择窗格】按钮，如下图所示。

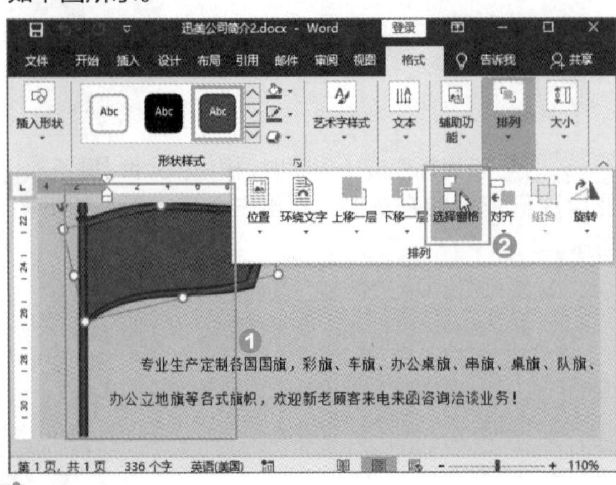

步骤02 打开【选择】窗格，按住【Ctrl】键的同时在【选择】窗格中依次单击图形名称，选择多个图形，如下图所示。

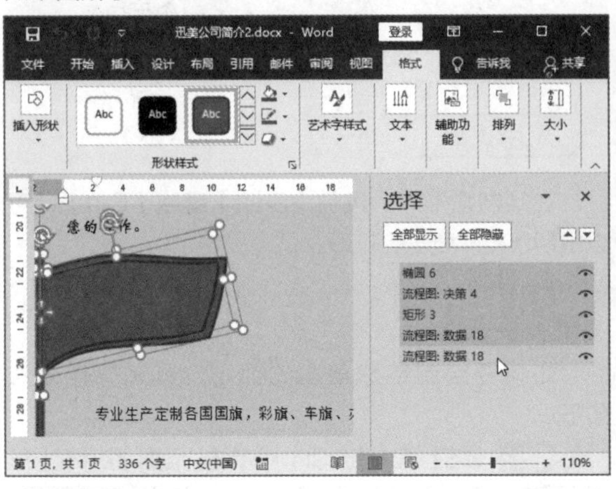

步骤03 ❶单击【绘图工具/格式】选项卡【排列】组中的【组合】下拉按钮；❷在弹出的下拉列表中选择【组合】选项，如下图所示。

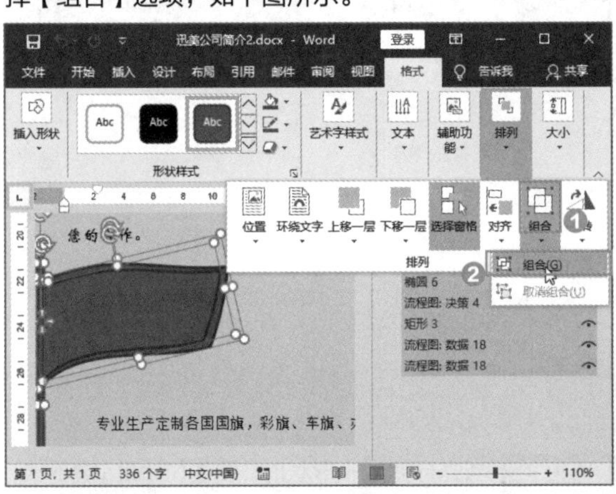

步骤04 操作完成后，所选图形即可组合成一个图形，如下图所示。

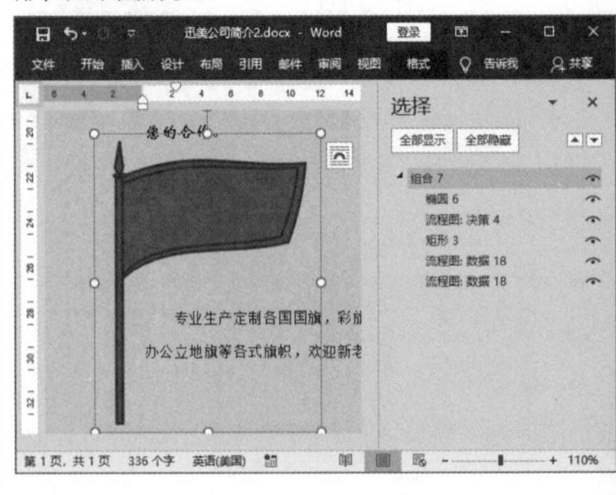

知识拓展

不再需要将图形组合时，可以选中组合图形，然后单击【格式】选项卡【排列】组中的【组合】下拉按钮，在弹出的下拉列表中选择【取消组合】选项。

069：如何在自选图形中添加文字

适用版本	实用指数
2010、2013、2016、2019	★★★★★

使用说明

在绘制自选图形后，还可以在图形中添加文字。

解决方法

如果要在自选图形中添加文字，具体操作方法如下。

步骤01 ❶在需要添加文字的图形上右击；❷在弹出的快捷菜单中选择【添加文字】命令，如下图所示。

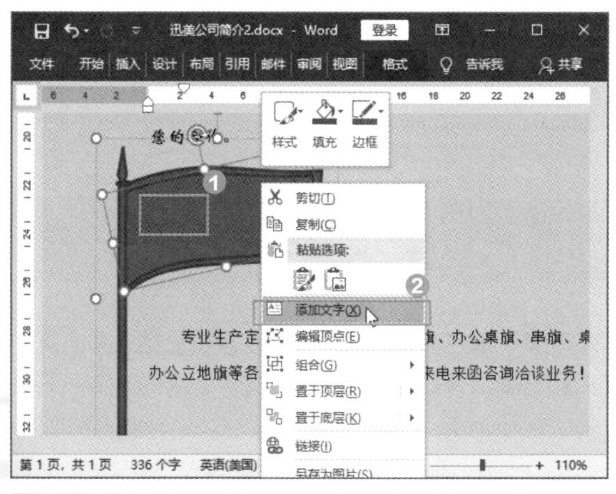

步骤02 自选图形中出现光标，直接输入文字即可，如下图所示。

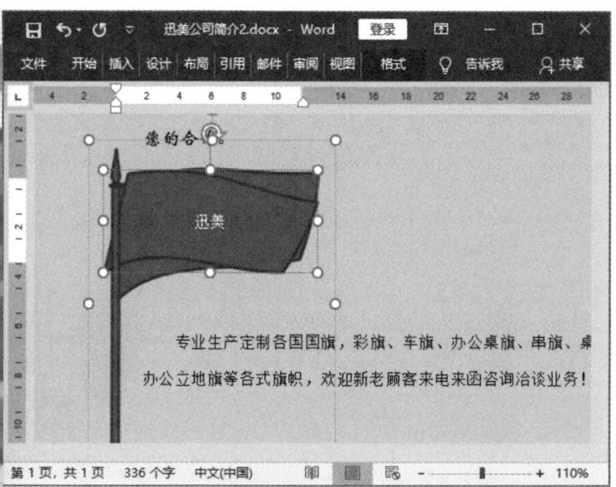

070：更改图形中的文字排列方向

适用版本	实用指数
2010、2013、2016、2019	★★★★☆

使用说明

在图形中插入文字之后，默认为水平排列。如果有需要，也可以更改文字的排列方向。

解决方法

例如，要将文字垂直排列，具体操作方法如下。

步骤01 ❶选中图形，切换到【绘图工具/格式】选项卡，单击【文本】组中的【文字方向】下拉按钮；❷在弹出的下拉列表中选择【垂直】选项，如下图所示。

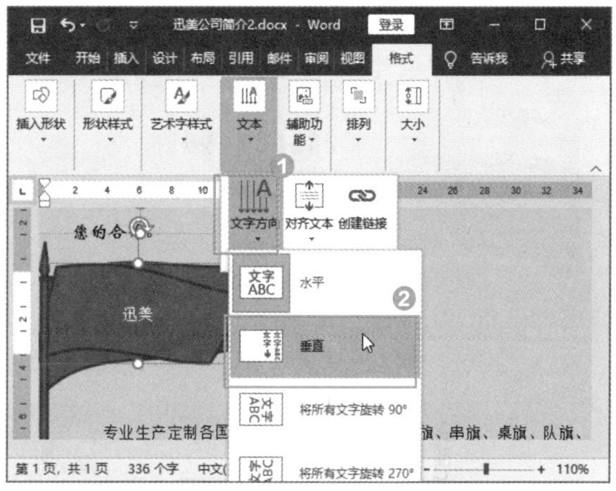

步骤02 操作完成后，即可看到文字已经垂直排列，如下图所示。

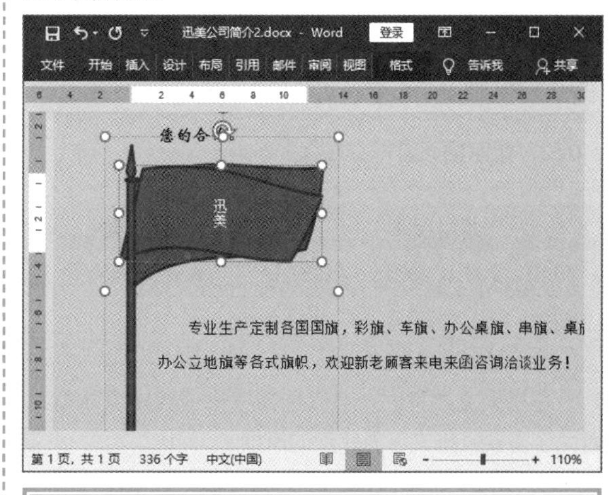

071：如何为图形添加填充效果

适用版本	实用指数
2010、2013、2016、2019	★★★★★

使用说明

在 Word 文档中插入图形之后，其填充色默认为蓝色，用户可以根据需要更改填充效果。

解决方法

如果要更改图形的填充颜色，具体操作方法如下。

步骤01 ❶选中图形，切换到【绘图工具 / 格式】选项卡，单击【形状样式】组中的【形状填充】下拉按钮；❷在弹出的下拉列表中选择想要的填充颜色，如下图所示。

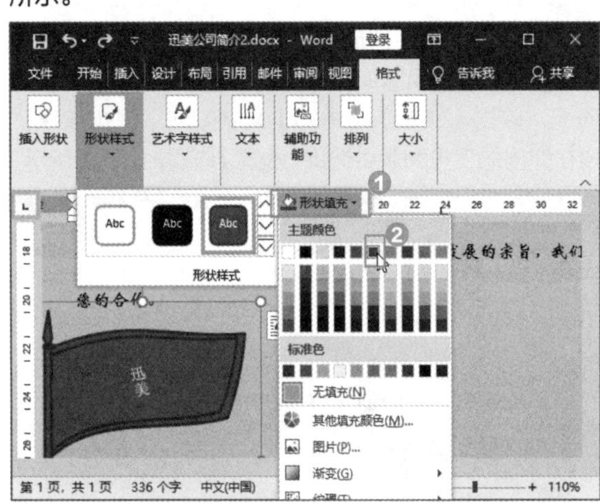

步骤02 操作完成后，即可看到图形的填充颜色已经更改，如下图所示。

温馨提示

绘制形状后，除了可以添加填充效果，还可以分别添加边框和其他效果。如果不知道如何搭配，可以使用快速样式快速美化形状。

3.3 艺术字与文本框的操作技巧

文本框是使用 Word 排版时必不可少的元素，通过它可以在文档的任意位置插入文字块。而艺术字是具有特殊效果的文字，用来输入和编辑带有彩色、阴影和发光等效果的文字。下面将介绍文本框和艺术字的使用技巧。

072：如何插入竖排文本框

适用版本	实用指数
2010、2013、2016、2019	★★★★☆

使用说明

在插入文本框时，可以选择横排或竖排文本框，避免了需要竖排文字时转换的麻烦。

解决方法

例如，要在文档中插入竖排文本框，具体操作方法如下。

步骤01 打开素材文件（位置：素材文件\第 3 章\邀请函.docx），❶单击【插入】选项卡【文本】组中的【文本框】下拉按钮；❷在弹出的下拉列表中选择【绘制竖排文本框】选项，如下图所示。

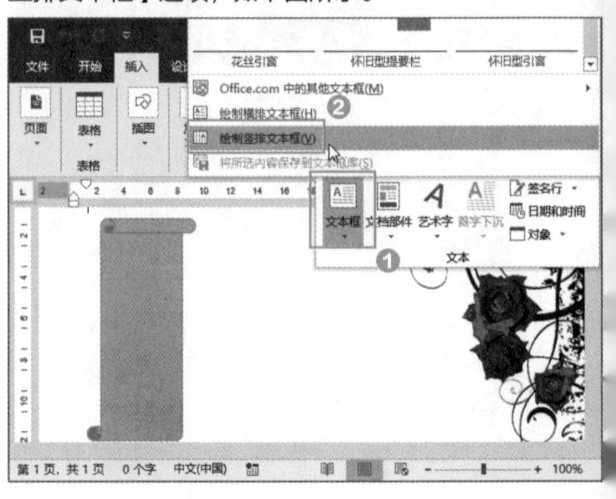

步骤02 拖动鼠标绘制形状，然后在文本框内输入文本内容即可，如下图所示。

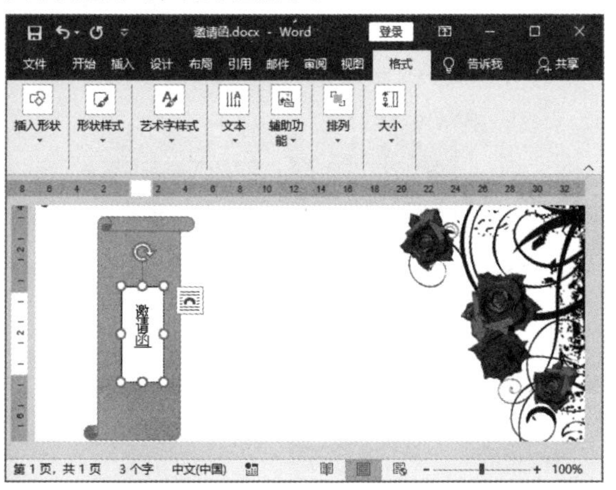

073：如何设置文本框内的文字与边框的距离

适用版本	实用指数
2010、2013、2016、2019	★★★★★

使用说明

在文本框中输入文字后，文本框中的文字与外部的文字是相互独立的。用户可以通过调整文本框内的文字与边框的距离，使文档排版效果更加美观。

解决方法

如果要调整文本框内的文字与边框的距离，具体操作方法如下。

步骤01 ❶将光标定位到文本框中；❷单击【绘图工具 / 格式】选项卡【形状样式】组中的【对话框启动器】按钮，如下图所示。

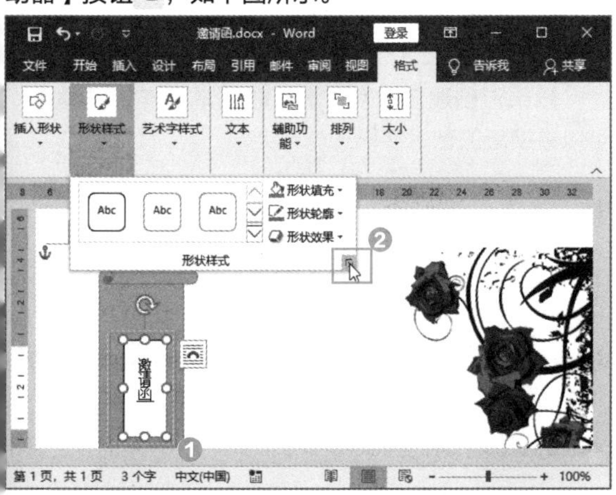

步骤02 ❶打开【设置形状格式】窗格，切换到【文本选项】选项卡；❷选择【布局属性】子选项卡；❸在【文本框】栏中分别设置文本框的边距即可，如下图所示。

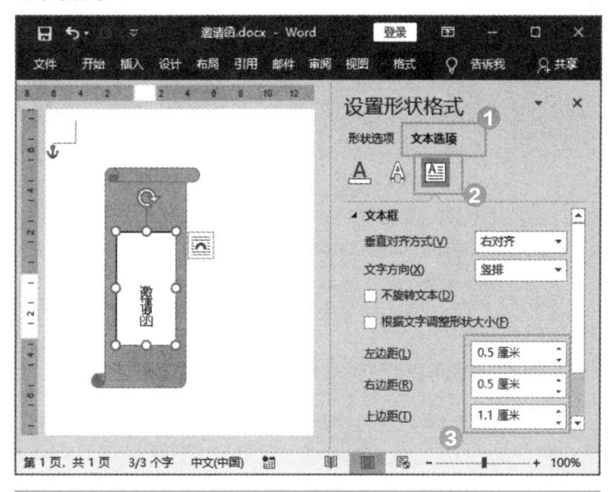

074：如何更改文本框的形状

适用版本	实用指数
2010、2013、2016、2019	★★★☆☆

使用说明

文本框绘制完成后，也可以根据需要更改文本框的形状。

解决方法

例如，要将文本框更改为椭圆形，具体操作方法如下。

步骤01 ❶选中文本框，单击【绘图工具 / 格式】选项卡【插入形状】组中的【编辑形状】下拉按钮；❷在弹出的下拉列表中选择【更改形状】命令；❸在弹出的扩展列表中选择【椭圆】选项，如下图所示。

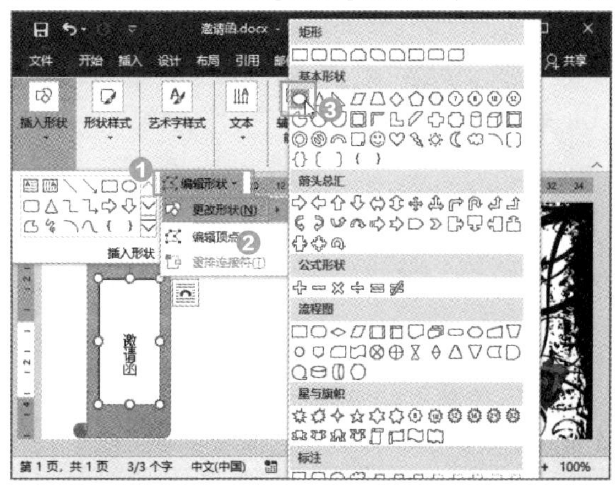

步骤02 操作完成后，即可看到文本框的形状已经更改为椭圆，如下图所示。

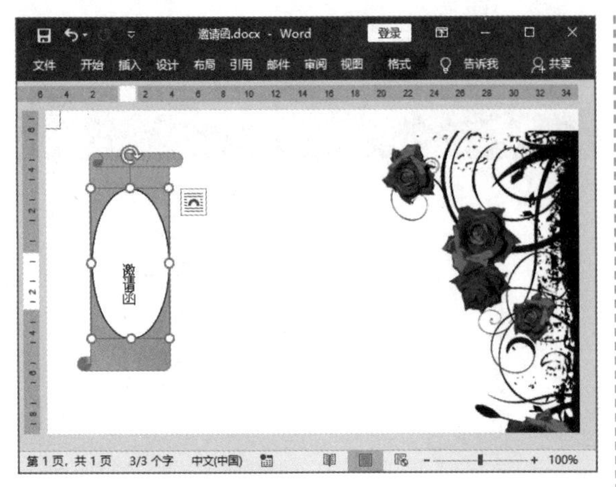

075：如何插入艺术字

适用版本	实用指数
2010、2013、2016、2019	★★★★★

使用说明

艺术字多用于广告宣传、文档标题，起到醒目的作用。

解决方法

如果要在文档中插入艺术字，具体操作方法如下。

步骤01 ❶单击【插入】选项卡【文本】组中的【艺术字】下拉按钮；❷在弹出的下拉列表中选择一种艺术字样式，如下图所示。

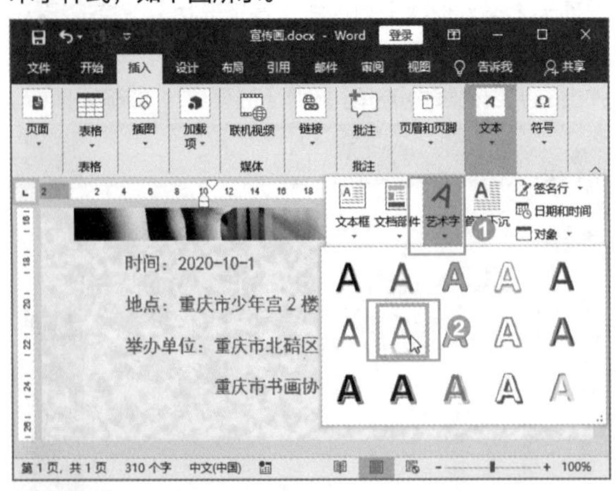

步骤02 文档中将出现一个艺术字文本框，占位符【请在此放置您的文字】处于选中状态，如右上图所示。

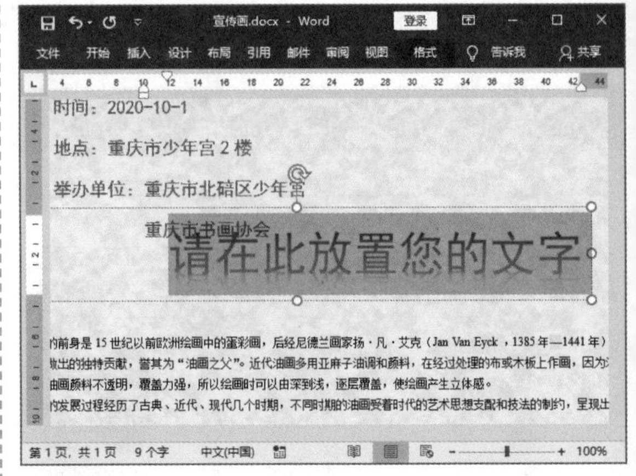

步骤03 直接输入艺术字内容，然后将其移动到合适的位置即可，如下图所示。

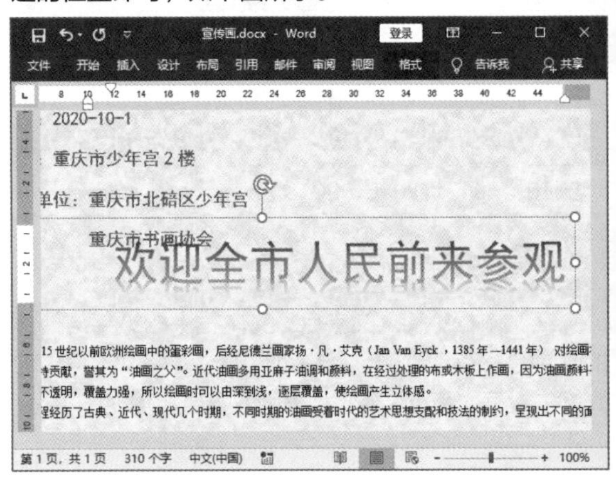

076：如何更改艺术字样式

适用版本	实用指数
2010、2013、2016、2019	★★★★★

使用说明

如果对创建艺术字时选择的艺术字样式不满意，可以更换新的艺术字样式。

解决方法

如果要更改艺术字样式，具体操作方法如下。

步骤01 ❶选中需要更改样式的艺术字；❷单击【绘图工具/格式】选项卡【艺术字样式】组中的【快速样式】下拉按钮；❸在弹出的下拉列表中选择一种艺术字样式，如下图所示。

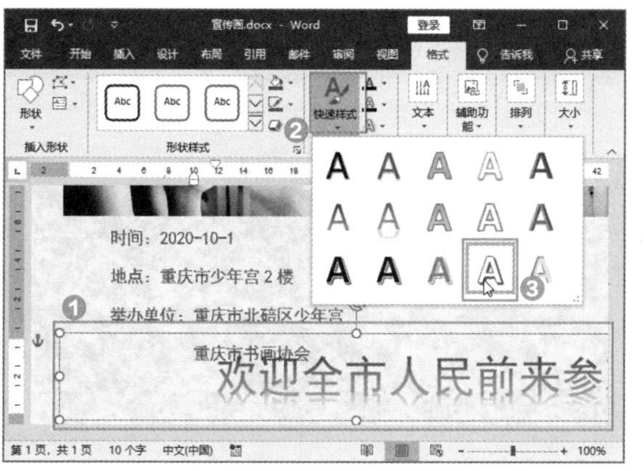

步骤02 操作完成后，即可看到艺术字的样式已经更改，如下图所示。

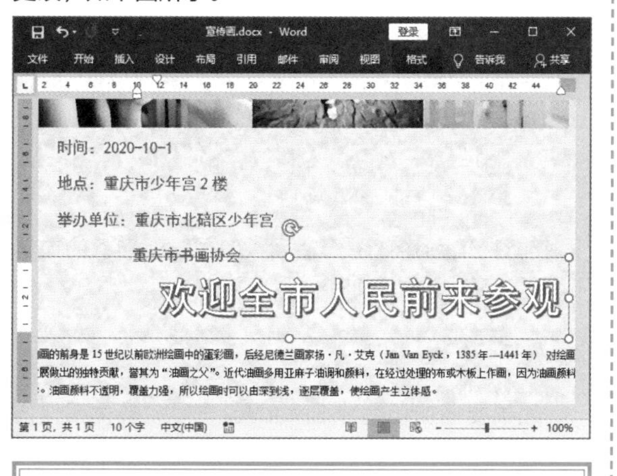

077：如何为艺术字设置三维效果

适用版本	实用指数
2010、2013、2016、2019	★★★★☆

使用说明

为了增强艺术字的立体感，可以为艺术字设置三维效果。

解决方法

如果要为艺术字设置三维效果，具体操作方法如下。

步骤01 ❶将光标定位到艺术字文本框中；❷单击【绘图工具 / 格式】选项卡【艺术字样式】组中的【文字效果】下拉按钮；❸在弹出的下拉列表中选择【三维旋转】选项；❹在弹出的扩展列表中选择一种三维样式，如下图所示。

步骤02 操作完成后，即可看到设置了三维效果的艺术字，如下图所示。

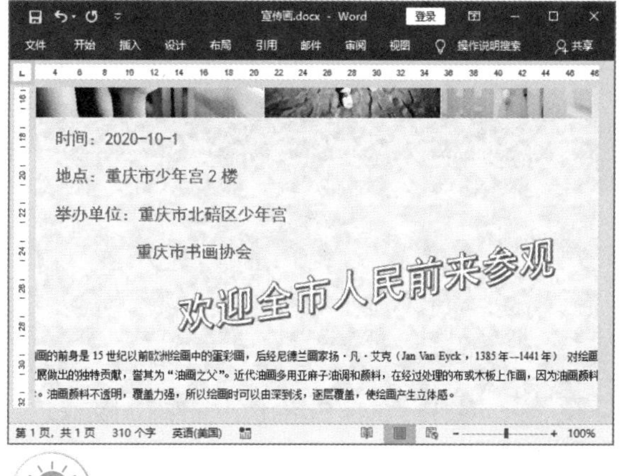

技能拓展

在【绘图工具 / 格式】选项卡【形状样式】组的【形状效果】下拉列表中，也可以设置艺术字的三维旋转效果。

3.4 使用 SmartArt 图形的技巧

SmartArt 图形是信息和观点的视觉表示形式。可以通过从多种不同布局中进行选择来创建 SmartArt 图形，从而快速、轻松、有效地传达信息。为了能快速使用 SmartArt 图形，本节将介绍一些使用 SmartArt 图形的技巧。

078：如何创建 SmartArt 图形

适用版本	实用指数
2010、2013、2016、2019	★★★★★

使用说明

Word 提供了多种样式的 SmartArt 图形，用户可根据需要选择适当的样式插入到文档中。

解决方法

如果要在文档中插入 SmartArt 图形，具体操作方法如下。

步骤01 打开素材文件（位置：素材文件\第 3 章\招聘流程图 .docx），❶将光标定位到需要创建流程图的位置；❷单击【插入】选项卡【插图】组中的【SmartArt】按钮，如下图所示。

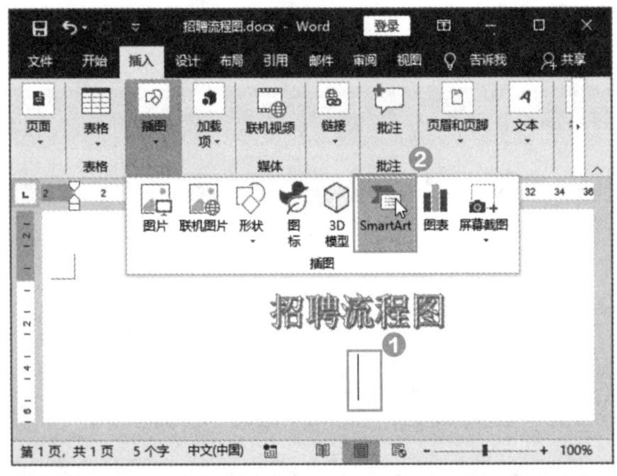

步骤02 ❶打开【选择 SmartArt 图形】对话框，在左侧选择图形的类型；❷在中间的列表框中选择一种图形样式；❸单击【确定】按钮，如下图所示。

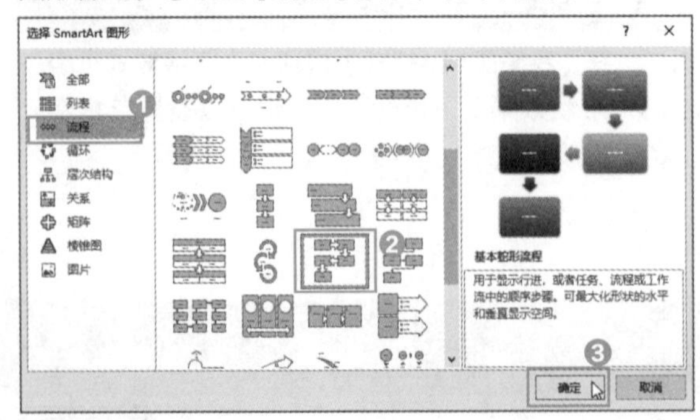

步骤03 所选样式的 SmartArt 图形将插入到文档中，并在图形中显示【文本】占位符。单击 SmartArt 图形中的形状，占位符消失，直接输入文字，如右上图所示。

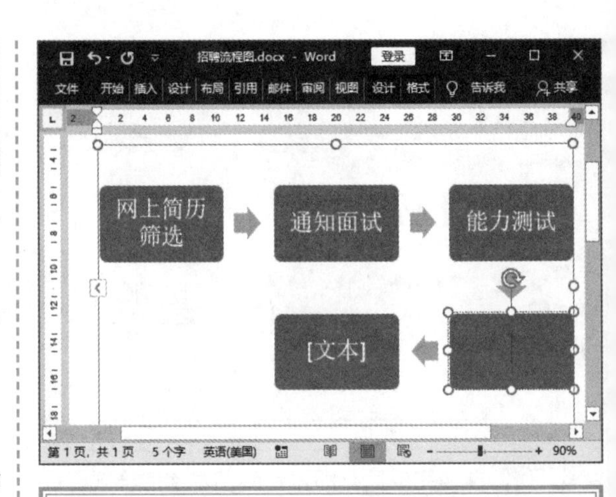

079：如何添加和删除 SmartArt 形状

适用版本	实用指数
2010、2013、2016、2019	★★★★★

使用说明

创建 SmartArt 图形之后，如果发现形状的数量不合适，可以随时添加和删除形状。

解决方法

如果要添加和删除 SmartArt 形状，具体操作方法如下。

步骤01 打开素材文件（位置：素材文件\第 3 章\招聘流程图 2.docx），❶选中与要添加形状位置相邻的图形；❷单击【SmartArt 工具 / 设计】选项卡【创建图形】组中的【添加形状】下拉按钮；❸在弹出的下拉列表中选择添加形状的位置，如下图所示。

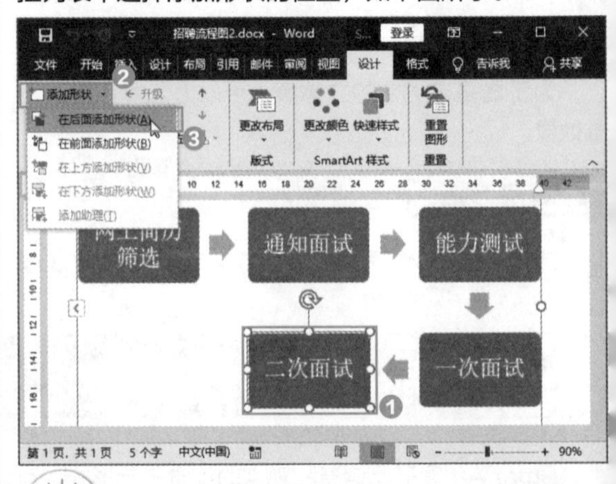

技能拓展

如果直接单击【添加形状】按钮，可以在所选形状后面添加一个形状。

步骤02 如果要删除形状，选中要删除的形状，按【Backspace】键或【Delete】键即可，如下图所示。

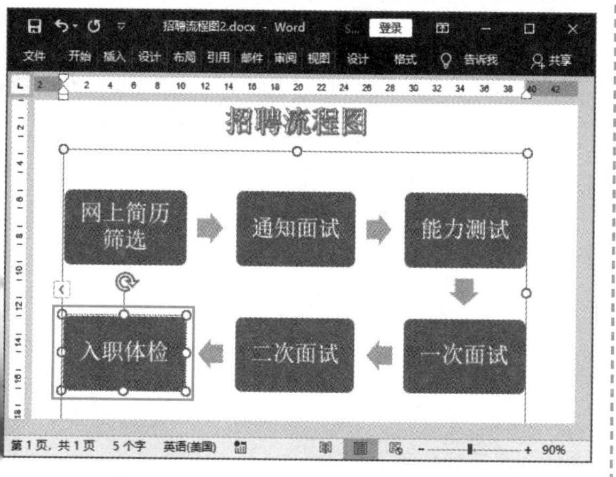

080：如何更改 SmartArt 图形布局

适用版本	实用指数
2010、2013、2016、2019	★★★★★

使用说明

用户在创建 SmartArt 图形的布局后，也可以随时将其更改为其他布局。

解决方法

如果要更改 SmartArt 图形的布局，具体操作方法如下。

步骤01 打开素材文件（位置：素材文件\第 3 章\招聘流程图 3.docx），❶选中 SmartArt 图形；❷单击【SmartArt 工具 / 设计】选项卡【布局】组中的【更改布局】下拉按钮；❸在弹出的下拉列表中选择一种布局，如果下拉列表中没有合适的样式，可以选择【其他布局】选项，如下图所示。

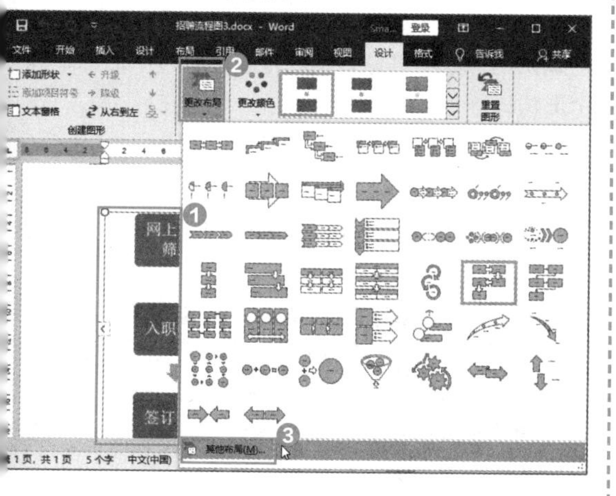

步骤02 ❶打开【选择 SmartArt 图形】对话框，选择一种布局；❷单击【确定】按钮，如下图所示。

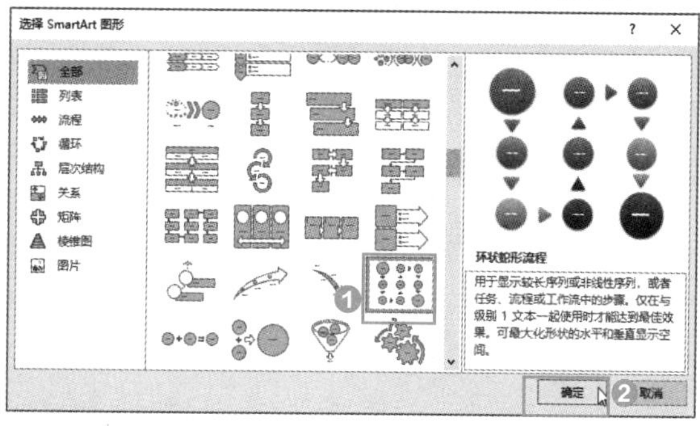

步骤03 操作完成后，即可看到图形的布局已经更改，如下图所示。

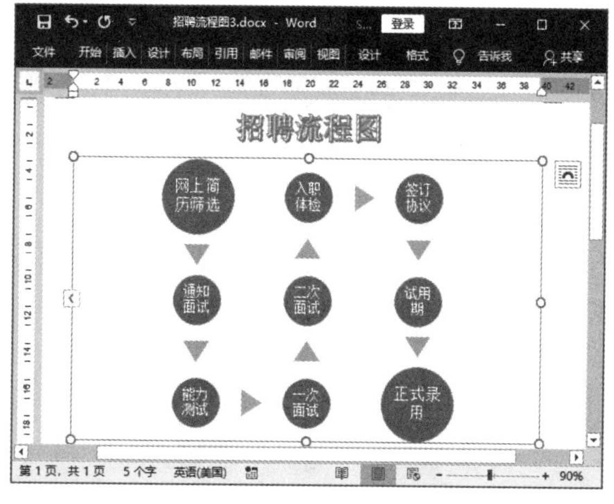

081：如何更改 SmartArt 图形的颜色

适用版本	实用指数
2010、2013、2016、2019	★★★★★

使用说明

系统默认的 SmartArt 图形颜色为蓝底白字。如果对默认的颜色不满意，可以更改颜色。

解决方法

如果要更改 SmartArt 图形的颜色，具体操作方法如下。

步骤01 打开素材文件（位置：素材文件\第 3 章\招聘流程图 4.docx），❶选中 SmartArt 图形；❷单击【SmartArt 工具 / 设计】选项卡【SmartArt 样式】组中的【更改颜色】下拉按钮；❸在弹出的下拉列表中选择一种颜色，如下图所示。

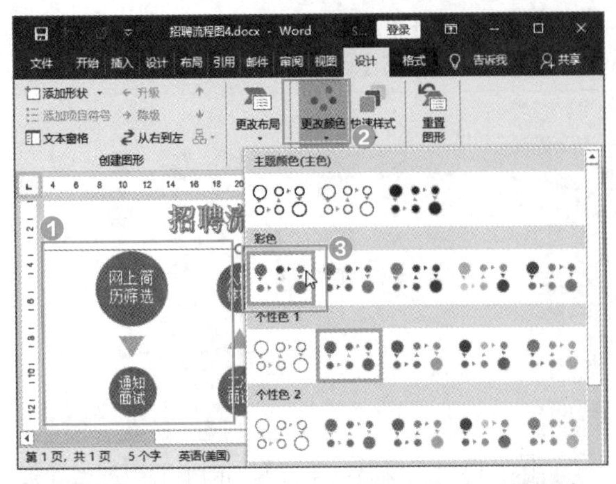

步骤02 操作完成后，即可看到图形颜色已经更改，如下图所示。

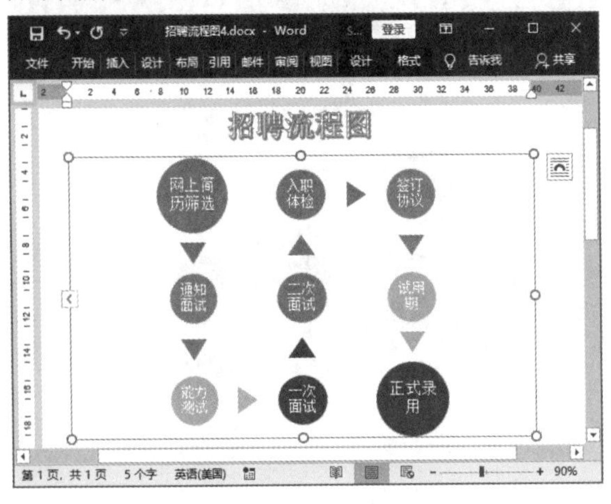

082：如何更改 SmartArt 图形的样式

适用版本	实用指数
2010、2013、2016、2019	★★★★☆

使用说明

创建 SmartArt 图形之后，用户还可以对 SmartArt 图形的整体外观样式进行更改，以更好的效果来美化图形。

解决方法

如果要更改 SmartArt 图形的样式，具体操作方法如下。

步骤01 打开素材文件（位置：素材文件\第 3 章\招聘流程图 5.docx），①选中 SmartArt 图形；②单击【SmartArt 工具 / 设计】选项卡【SmartArt 样式】组中的【快速样式】下拉按钮；③在弹出的下拉列表中选择一种样式，如右上图所示。

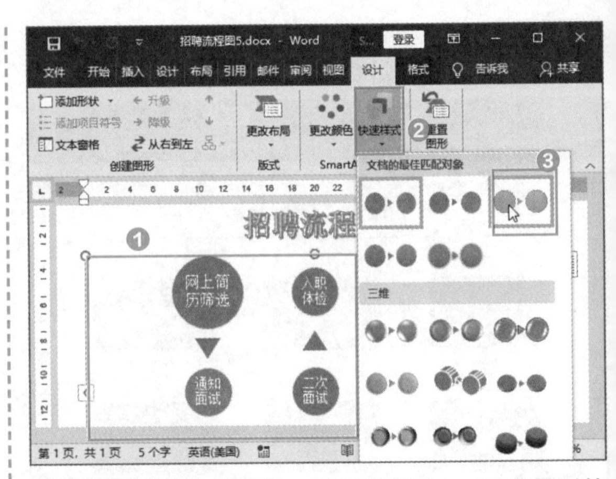

步骤02 操作完成后，即可看到 SmartArt 图形的样式已经更改，如下图所示。

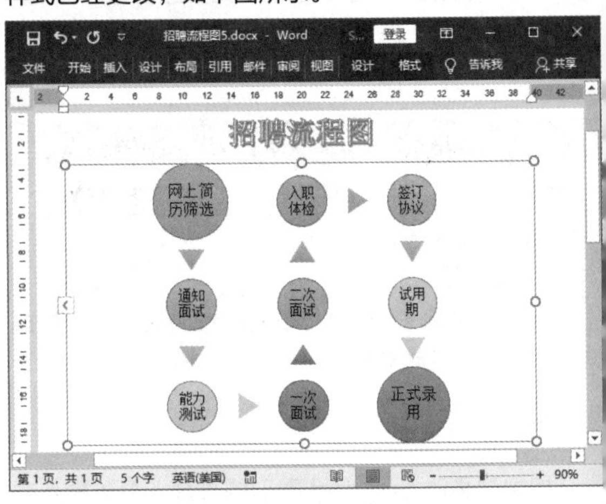

083：如何更换形状

适用版本	实用指数
2010、2013、2016、2019	★★★★☆

使用说明

SmartArt 图形中的形状大多为相同的形状，如果对默认的形状不满意，用户可以更改其中的一个或多个形状。

解决方法

如果要替换 SmartArt 图形中的形状，具体操作方法如下。

步骤01 打开素材文件（位置：素材文件\第 3 章\招聘流程图 6.docx），①选中一个或多个 SmartArt 图形形状；②单击【SmartArt 工具 / 格式】选项卡【形状】组中的【更改形状】下拉按钮；③在弹出的下拉列表中选择一种形状，如下图所示。

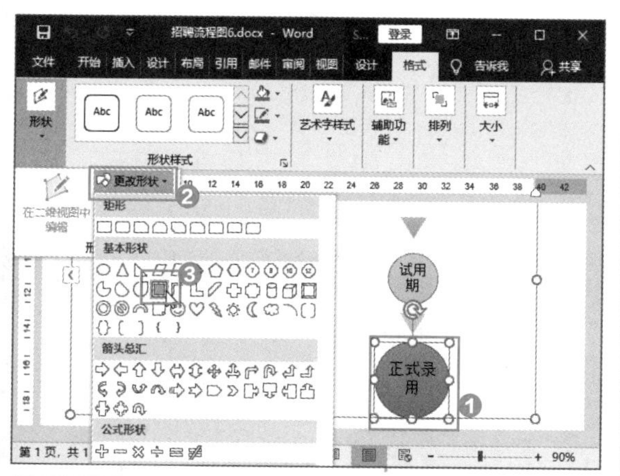

步骤02 操作完成后即可看到所选图形形状已经更改，如下图所示。

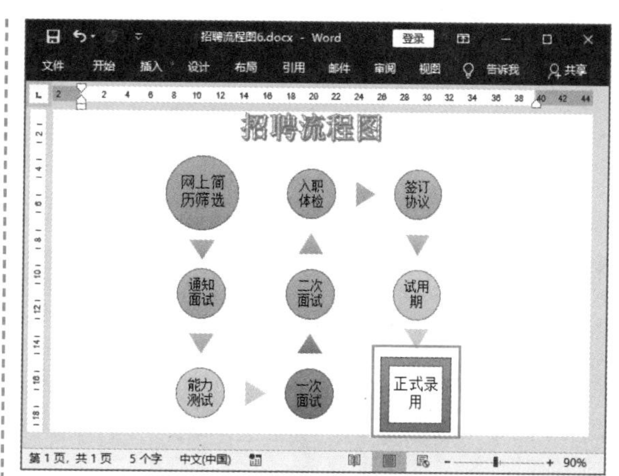

第 4 章 Word 表格制作与编辑技巧

在制作 Word 文档时，使用表格可以将各种复杂的多列信息简明扼要地表达出来。Word 具有强大、便捷的表格制作、编辑功能，不仅可以快速创建各种各样的表格，还可以很方便地修改表格、移动表格位置和调整表格大小。

下面是一些日常办公中使用表格时的常见问题，请检查你是否会处理或已掌握。

【√】怎样利用内置模板快速创建专业的表格?

【√】已经输入了文本，能不能直接使用文本创建表格?

【√】如果希望将制作完成的表格一分为二，应该如何操作?

【√】默认的表格样式太普通，难以吸引大家的眼球，该如何打造一个漂亮的表格?

【√】多页的表格，只有第一页有表头，后几页的表格阅读起来比较困难，是否需要每一页都重复制作表头?

【√】表格中的数据能否进行计算?

希望通过对本章内容的学习，能够解决以上问题，并学会更多的 Word 表格编辑技巧。

4.1 新建表格的技巧

在使用表格编辑文本之前，首先要新建表格。虽然新建表格的方法很简单，但如何快速创建一个符合使用需要的表格却需要一定的技巧。本节主要介绍新建表格的各种技巧，帮助用户更快、更好地创建表格。

084：创建指定行和列的表格

适用版本	实用指数
2010、2013、2016、2019	★★★★★

使用说明

在处理表格之前，首先要创建表格。创建表格时需要明确表格数据大概需要的行列数，以便于以后直接输入表格数据。在 Word 2019 中，使用【插入表格】对话框即可创建任意行列数的表格。

解决方法

例如，要创建 6 行 6 列的表格，具体操作方法如下。

步骤01 ❶在【插入】选项卡中单击【表格】组中的【表格】下拉按钮；❷在弹出的下拉列表中选择【插入表格】选项，如下图所示。

步骤02 ❶打开【插入表格】对话框，在【表格尺寸】栏中设置【列数】为【6】，【行数】为【6】；❷单击【确定】按钮，如下图所示。

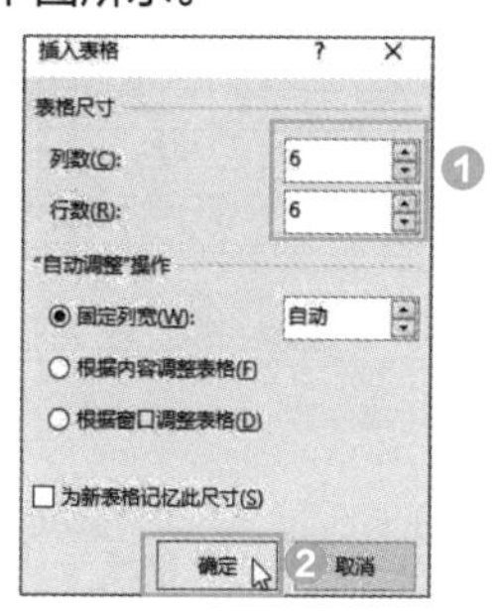

步骤03 操作完成后，即可看到文档中插入了对应行列数的表格。将光标定位到单元格中，输入表格数据即可，如下图所示。

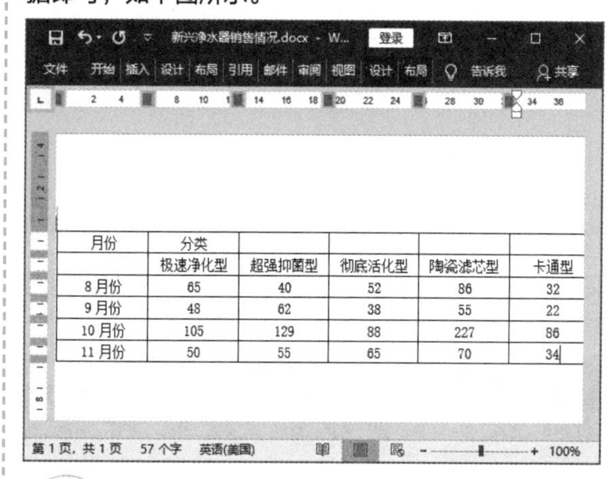

月份	分类				
	极速净化型	超强抑菌型	彻底活化型	陶瓷滤芯型	卡通型
8 月份	65	40	52	86	32
9 月份	48	62	38	55	22
10 月份	105	129	88	227	86
11 月份	50	55	65	70	34

知识拓展

如果要创建的表格的行数和列数都比较少，可以在【插入】选项卡【表格】组中的【插入表格】栏下方的预设方格内拖动鼠标指针到所需的行数和列数来创建，但该方法只能创建 10 行 8 列内的表格。

085：利用内置模板创建表格

适用版本	实用指数
2010、2013、2016、2019	★★★★★

使用说明

如果用户想创建包含格式的表格，可以使用表格模板插入预先设置好格式的表格。表格模板中包含示例数据，可以帮助用户想象添加数据时表格的外观。

解决方法

如果要利用内置模板创建表格，具体操作方法如下。

步骤01 ❶将光标定位到要插入表格的位置，单击【插入】选项卡【表格】组中的【表格】下拉按钮；❷在弹出的下拉列表中选择【快速表格】选项；❸在弹出的扩展列表中选择一种内置样式，如下图所示。

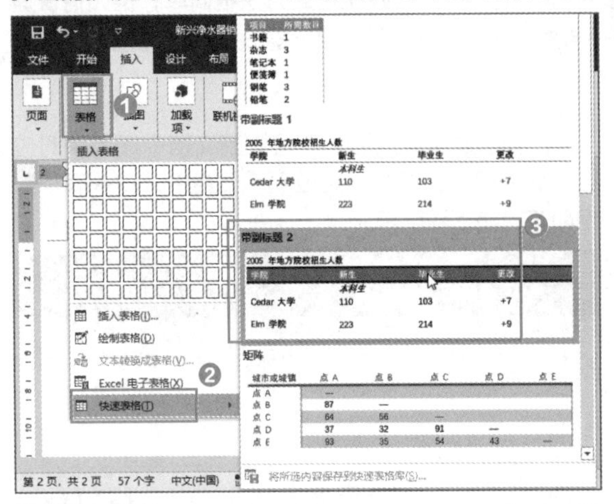

步骤02 因为模板中包含了示例数据，用户删除模板数据，然后重新输入即可，如下图所示。

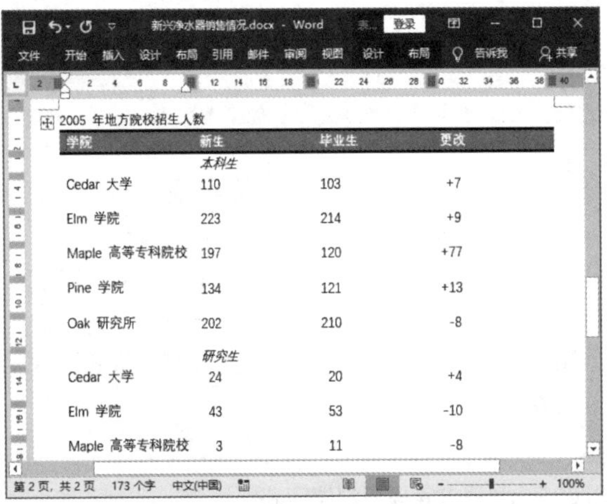

086：制作斜线表头

适用版本	实用指数
2010、2013、2016、2019	★★★★★

使用说明

在制作表格时，经常会用到斜线表头。此时，使用边框线绘制非常简单。在绘制边框线时，默认线条格式为【黑色】【0.5 磅】，如果用户有需要，还可以绘制自定义颜色和粗细的线条。

解决方法

例如，要为表格绘制一条深红、0.75 磅的斜线表头，具体操作方法如下。

步骤01 ❶将光标定位到需要绘制斜线表头的单元格中；❷单击【表格工具/设计】选项卡【边框】组中的【笔颜色】下拉按钮；❸在弹出的下拉列表中选择【深红】选项，如下图所示。

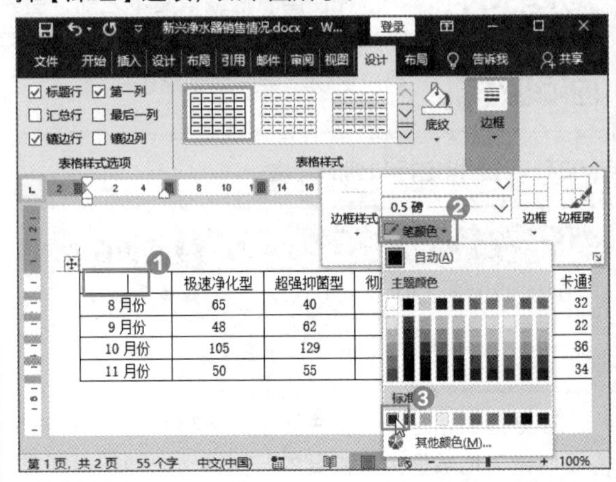

步骤02 在【表格工具/设计】选项卡【边框】组的【笔划粗细】下拉列表中选择【0.75 磅】，如下图所示。

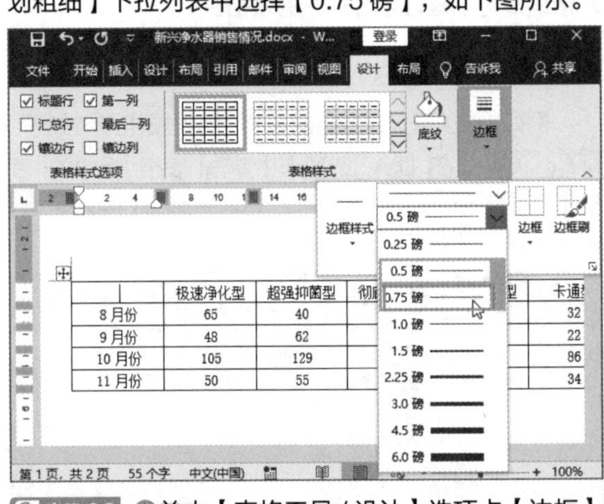

步骤03 ❶单击【表格工具/设计】选项卡【边框】组中的【边框】下拉按钮；❷在弹出的下拉列表中选择【斜下框线】选项，如下图所示。

步骤04 操作完成后，即可看到所选单元格已经添加了斜线表头，如下图所示。

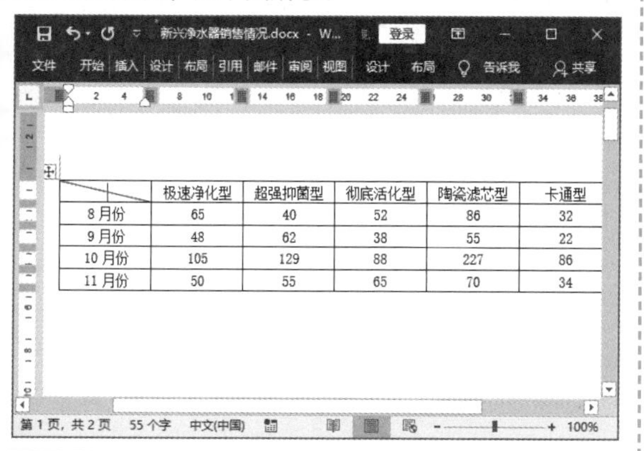

087：在 Word 中插入 Excel 表格

适用版本	实用指数
2010、2013、2016、2019	★★★☆☆

使用说明

在编辑某些数据时，Excel 的表格功能比 Word 更加方便，此时可以直接在 Word 中插入 Excel 样式的电子表格，并且像在 Excel 中一样编辑。

解决方法

如果要在 Word 文档中插入 Excel 表格，具体操作方法如下。

步骤01 ❶单击【插入】选项卡【表格】组中的【表格】下拉按钮；❷在弹出的下拉列表中选择【Excel 电子表格】选项，如下图所示。

步骤02 稍等一会儿，在 Word 页面上便嵌入了一个【Sheet1】空白电子表格，同时显示 Excel 嵌入式编辑视图。在插入的Excel表格中，可以使用工具栏中的命令，操作方法与在 Excel 中编辑表格相同，如右上图所示。

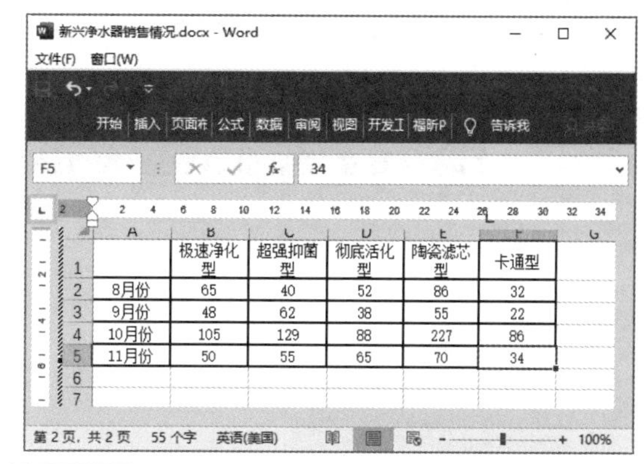

步骤03 数据编辑完成后，在任意空白区域单击即可退出 Excel 编辑模式，Excel 表格中的数据将转换为 Word 表格形式显示，如下图所示。

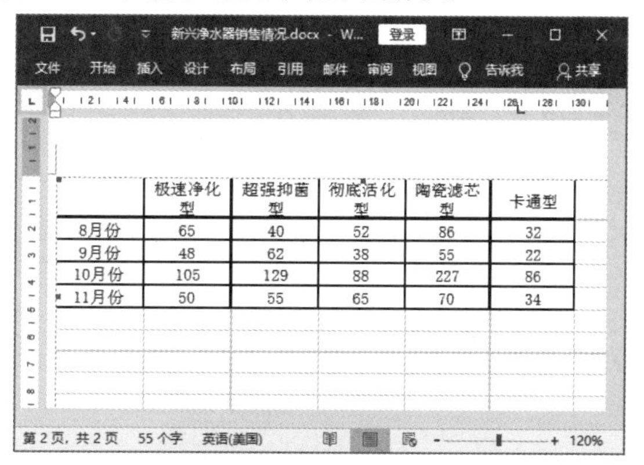

温馨提示

Word 格式显示的数据不可更改，如果要编辑表格中的数据，在表格上双击，进入 Excel 编辑模式修改即可。

088：将文本转换为表格

适用版本	实用指数
2010、2013、2016、2019	★★★☆☆

使用说明

在 Word 中，可以轻松地将文本转换为表格。但是，要转换为表格的文本，其文字之间要插入分隔符，例如逗号或空格，以提示将文本分成列的位置。

解决方法

如果要将文本转换为表格，具体操作方法如下。

步骤01 打开素材文件（位置：素材文件\第 4 章\行程安排 .docx），❶选中需要转换为表格的文本；❷单击【插入】选项卡【表格】组中的【表格】下拉按钮；

❸在弹出的下拉列表中选择【文本转换成表格】选项，如下图所示。

步骤02 ❶打开【将文字转换成表格】对话框，在【文字分隔位置】栏中选择分隔符；❷单击【确定】按钮，如下图所示。

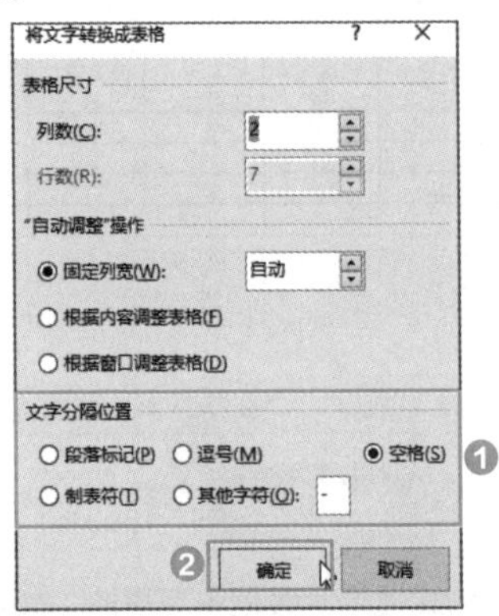

步骤03 返回Word即可看到文本已经转换成表格，如下图所示。

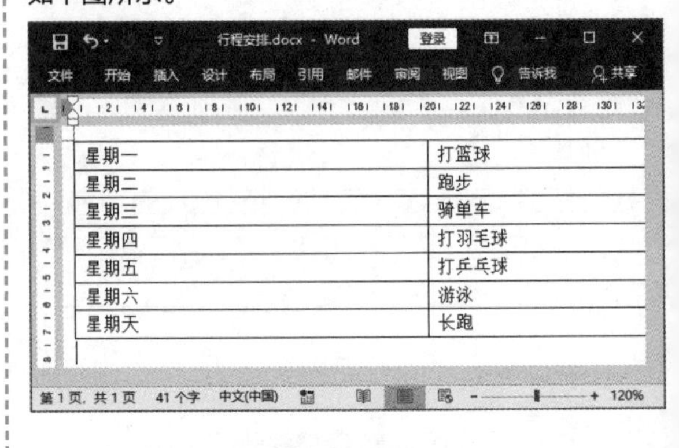

温馨提示

在【将文字转换成表格】对话框中，如果文本中设置的分隔符不属于【文字分隔位置】栏中默认的任何一种，则选中【其他字符】单选按钮，然后在其右侧的文本框中输入文本中的分隔符即可。

4.2 编辑表格的技巧

在文档中插入表格后，需要对表格进行选中单元格、对齐文字、添加与删除单元格、调整单元格大小等操作，以适应表格内容。本节主要介绍编辑表格的相关技巧。

089：快速添加行或列

适用版本	实用指数
2010、2013、2016、2019	★★★★★

使用说明

在制作表格时，如果需要添加一行或一列数据，就需要在表格中添加行或列。

解决方法

如果要在表格中添加行或列，具体操作方法如下。

方法一：将鼠标指针移动到表格中需要添加行或列的顶端位置，此时将出现⊕按钮，单击该按钮即可添加行或列，如下图所示。

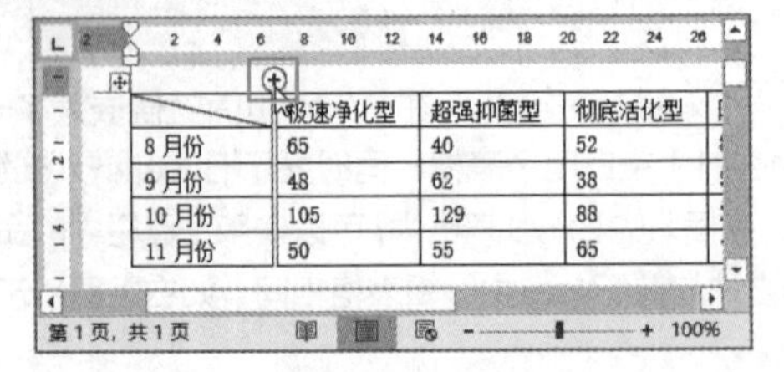

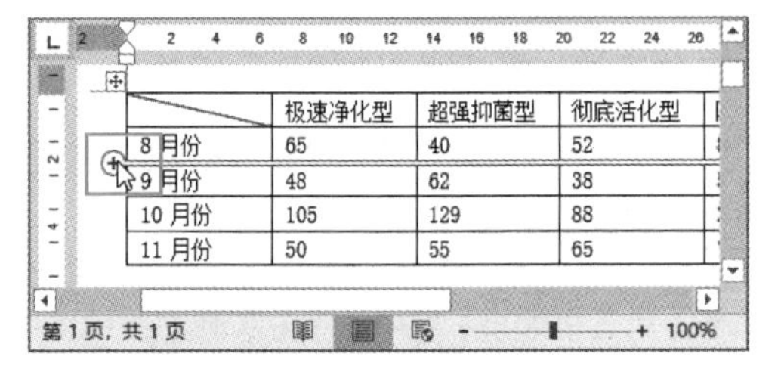

方法二：❶将光标定位到要添加行或列的任意单元格中的第一行；❷单击【表格工具 / 布局】选项卡【行和列】组中的【在上方插入】按钮，如下图所示。

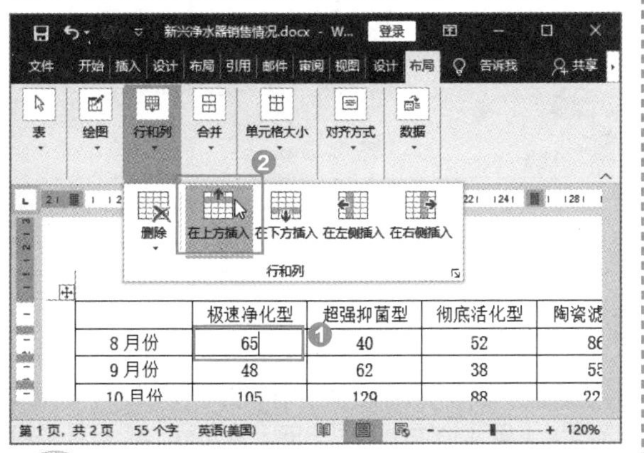

技能拓展

如果要添加多行或多列，如 3 行，则先选择 3 行表格，单击【表格工具 / 布局】选项卡【行和列】组中的【在下方插入】按钮即可。

090：如何将一个单元格拆分为二

适用版本	实用指数
2010、2013、2016、2019	★★★★☆

使用说明

有一些较为复杂的表格，可能需要在一个单元格内放置多个单元格的内容，这时就需要通过【拆分单元格】功能来对单元格进行拆分。

解决方法

如果要拆分单元格，具体操作方法如下。

步骤01 ❶将光标置于要拆分的单元格内；❷单击【表格工具 / 布局】选项卡【合并】组中的【拆分单元格】按钮，如右上图所示。

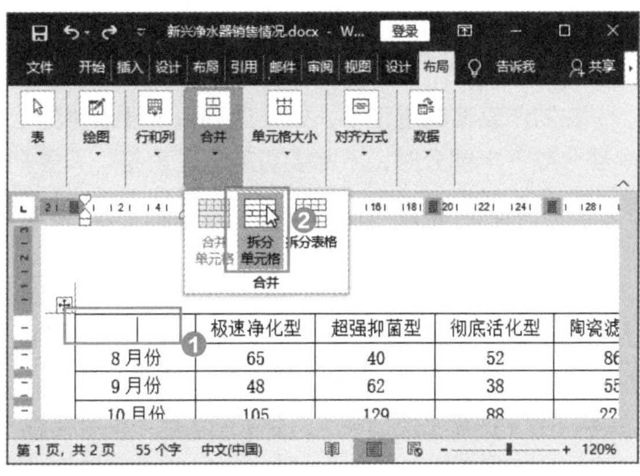

步骤02 ❶打开【拆分单元格】对话框，在【列数】和【行数】数值框中分别设置拆分的数目；❷单击【确定】按钮，如下图所示。

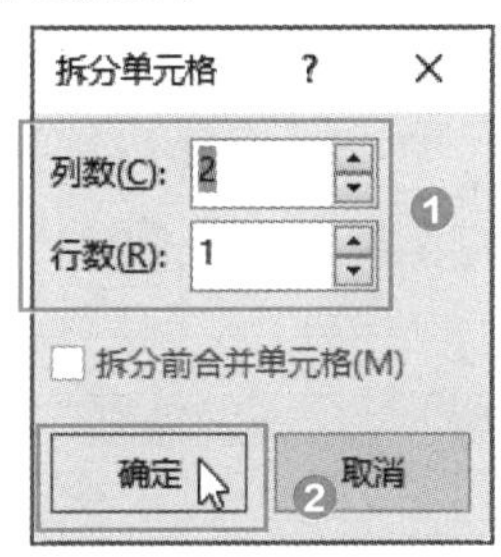

步骤03 操作完成后，即可看到所选单元格已经拆分为两个，如下图所示。

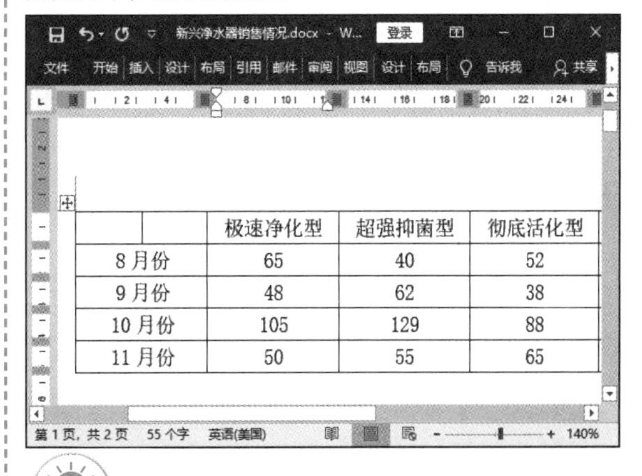

技能拓展

如果要合并单元格，可以在选择需要合并的单元格后单击【表格工具 / 布局】选项卡【合并】组中的【合并单元格】按钮。

091：如何将一个表格拆分为二

适用版本	实用指数
2010、2013、2016、2019	★★★★☆

使用说明

在制作表格的过程中，如果遇到只需要表格的上半部分或下半部分时，不需要重新创建表格，只要把表格拆分为二即可。

解决方法

如果要将一个表格拆分为两个,具体操作方法如下。

步骤01 ❶选择需要拆分为两部分的表格；❷单击【表格工具 / 布局】选项卡【合并】组中的【拆分表格】按钮，如下图所示。

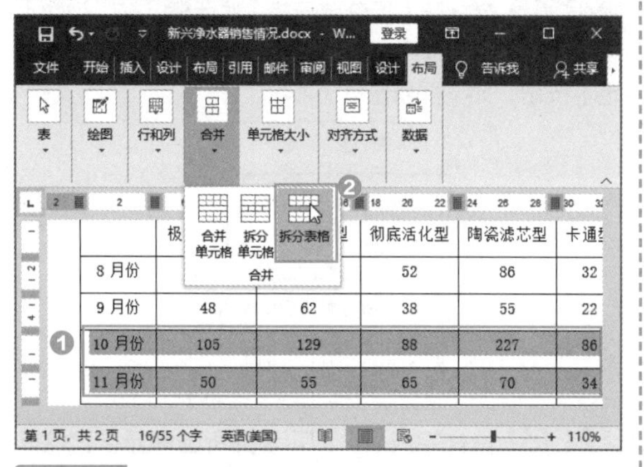

步骤02 操作完成后，即可看到表格已被拆分为两部分，如下图所示。

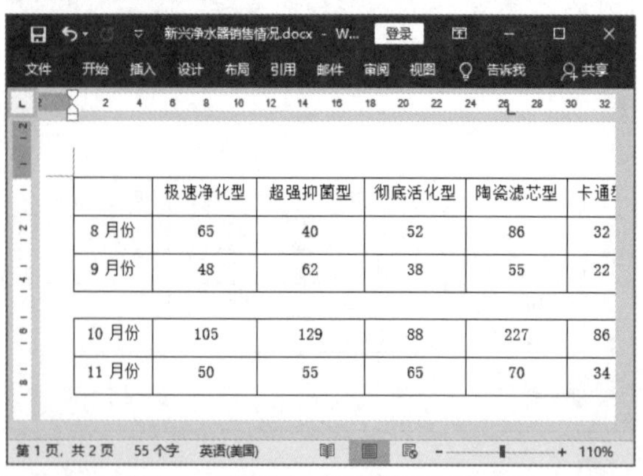

092：如何平均分布行高、列宽

适用版本	实用指数
2010、2013、2016、2019	★★★★★

使用说明

如果只需要将表格各行的高度、各列的宽度调整得一致，而不需要精确设置行高、列宽，则可以对其进行平均分布。

解决方法

如果要平均分布表格的行高和列宽，具体操作方法如下。

步骤01 ❶选中所有表格；❷单击【表格工具 / 布局】选项卡【单元格大小】组中的【分布列】按钮可平均分布列宽，如下图所示。

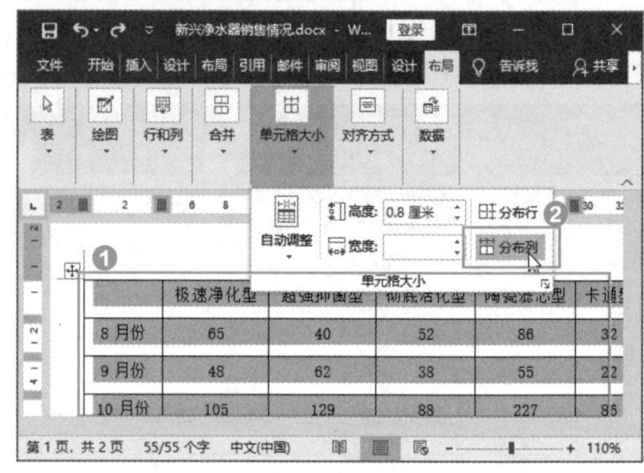

步骤02 ❶选中所有表格；❷单击【表格工具 / 布局】选项卡【单元格大小】组中的【分布行】按钮可平均分布行高，如下图所示。

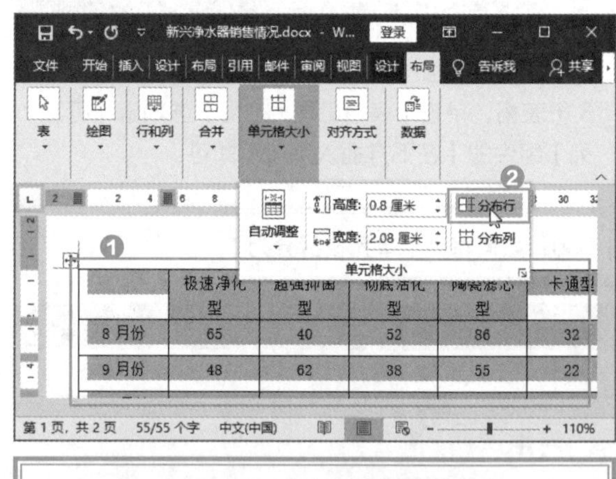

093：如何让单元格大小随内容增减变化

适用版本	实用指数
2010、2013、2016、2019	★★★★☆

使用说明

在单元格中输入较多内容时，经常会超出单元格列宽，导致整个表格不美观。这时可以设置让单元格大小随表格内容的增减而变化，表格的大小则随单元格的变化而变化。

解决方法

如果要设置让单元格大小随内容增减变化，具体操作方法如下。

❶将光标定位到表格中；❷单击【表格工具 / 布局】选项卡【单元格大小】组中的【自动调整】下拉按钮；❸在弹出的下拉列表中选择【根据内容自动调整表格】选项，如下图所示。

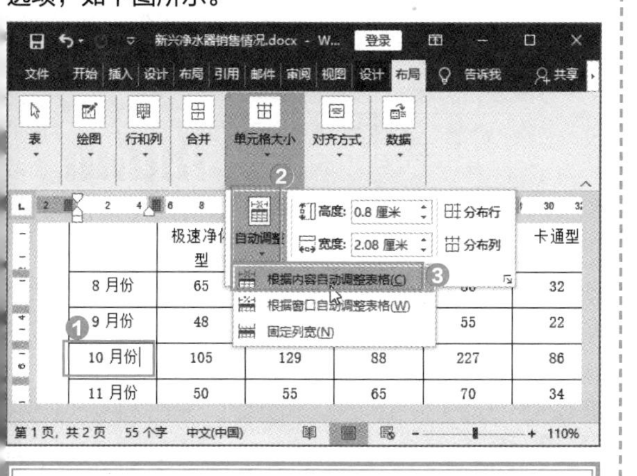

094：让文字自动适应单元格

适用版本	实用指数
2010、2013、2016、2019	★★★★★

使用说明

在制作表格时，有时需要调整字符间距，使文字充满整个单元格；有时则需要固定列宽，当在某个单元格内输入的文字较多时，通过调整文字的字号来适应表格的大小。

解决方法

如果要让单元格中的内容适应单元格大小，具体操作方法如下。

步骤01 ❶将光标定位到要设置的单元格中；❷单击【表格工具 / 布局】选项卡【表】组中的【属性】按钮，如下图所示。

步骤02 打开【表格属性】对话框，在【单元格】选项卡中单击【选项】按钮，如下图所示。

步骤03 ❶打开【单元格选项】对话框，勾选【适应文字】复选框；❷单击【确定】按钮完成设置，如下图所示。

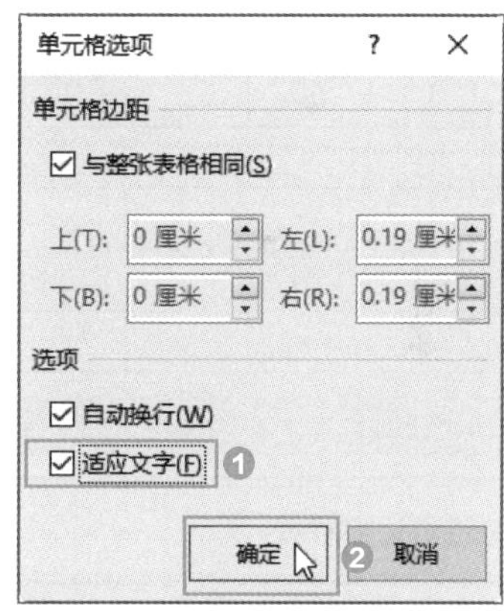

095：设置单元格内容的对齐方式

适用版本	实用指数
2010、2013、2016、2019	★★★★★

使用说明

默认情况下，单元格中的文本内容都是顶端对齐的。如果单元格的高度较大，而内容较少，不能填满单元格时，顶端对齐的方式会影响整个表格的版面美观。此时，可以对单元格内容的对齐方式进行设置。

解决方法

例如，要将单元格对齐方式更改为水平居中，具

体操作方法如下。

步骤01 ❶将光标置于要设置对齐方式的单元格中，如果要设置多个单元格的对齐方式，则选中多个单元格；❷单击【表格工具 / 布局】选项卡【对齐方式】组中的【水平居中】按钮，如下图所示。

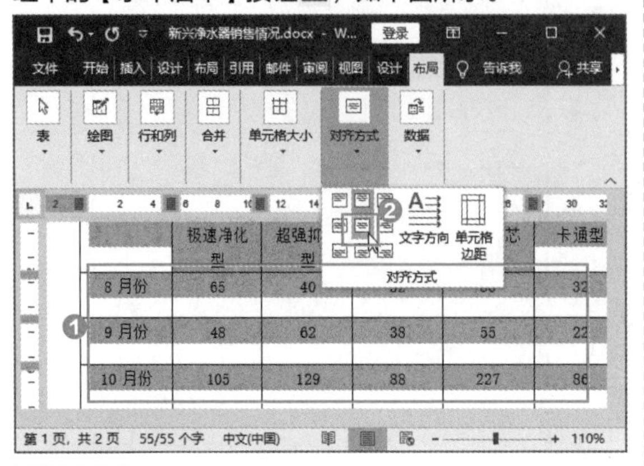

步骤02 设置完成后，即可看到文本内容已经居中显示了，如下图所示。

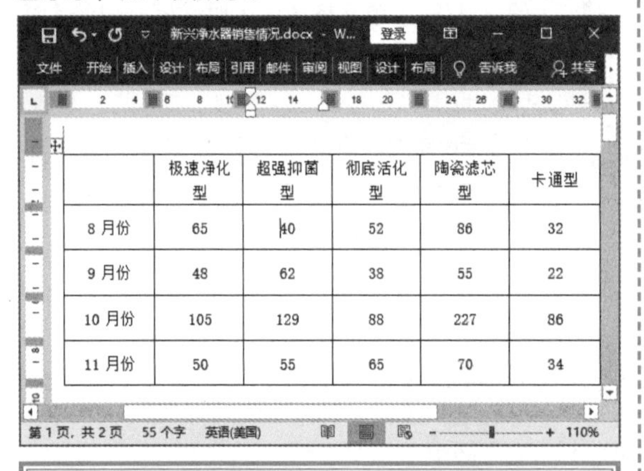

	极速净化型	超强抑菌型	彻底活化型	陶瓷滤芯型	卡通型
8 月份	65	40	52	86	32
9 月份	48	62	38	55	22
10 月份	105	129	88	227	86
11 月份	50	55	65	70	34

096：快速设置边框样式

适用版本	实用指数
2010、2013、2016、2019	★★★★★

使用说明

默认的表格边框样式为黑色、0.5 磅、单线。如果要更改边框样式，可以通过以下方法来完成。

解决方法

如果要快速设置边框样式，具体操作方法如下。

步骤01 ❶将光标定位到表格中，单击【表格工具 / 设计】选项卡【边框】组中的【笔颜色】下拉按钮；❷在弹出的下拉列表中选择一种边框颜色，如右上图所示。

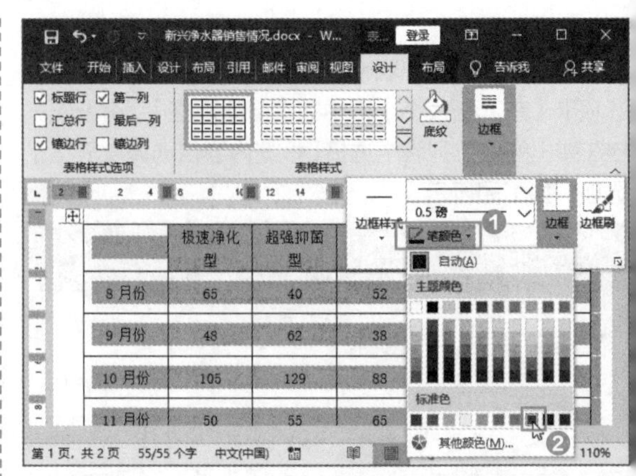

步骤02 ❶单击【表格工具 / 设计】选项卡【边框】组中的【笔样式】下拉按钮；❷在弹出的下拉列表中选择一种边框样式，如下图所示。

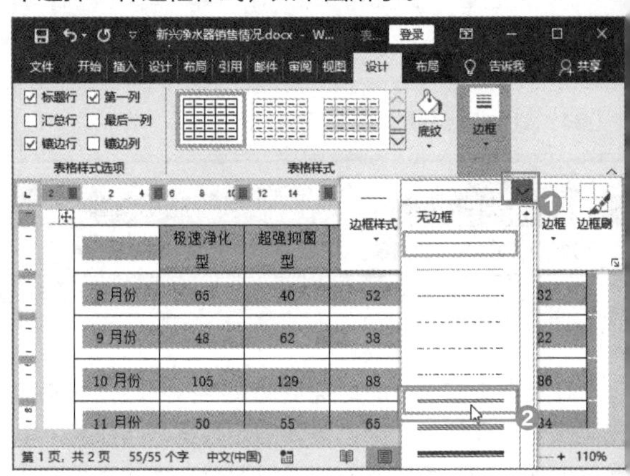

步骤03 ❶选中要添加边框的表格；❷单击【表格工具 / 设计】选项卡【边框】组中的【边框】下拉按钮；❸在弹出的下拉列表中选择要设置的边框，如下图所示。

步骤04 ❶选中要设置底纹的单元格；❷单击【表格工具 / 设计】选项卡【表格样式】组中的【底纹】下拉按钮；❸在弹出的下拉列表中选择一种底纹颜色，如下图所示。

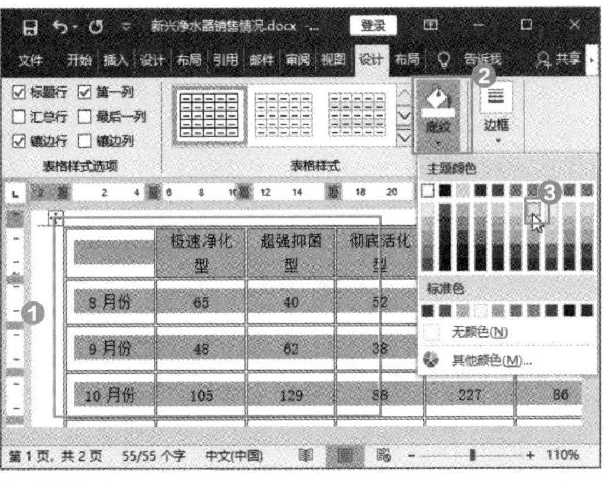

步骤05 设置完成后，即可看到设置后的边框样式，如下图所示。

新兴净水器销售情况.docx - W...　登录

文件 开始 插入 设计 布局 引用 邮件 审阅 视图 设计 布局 告诉我 共享

	极速净化型	超强抑菌型	彻底活化型	陶瓷滤芯型	卡通型
8 月份	65	40	52	86	32
9 月份	48	62	38	55	22
10 月份	105	129	88	227	86
11 月份	50	55	65	70	34

第 1 页，共 2 页　55 个字　英语(美国)　110%

097：使用内置的表格样式快速美化表格

适用版本	实用指数
2010、2013、2016、2019	★★★★★

使用说明

Word 提供了多种内置的表格样式，可以用来快速美化表格。

解决方法

如果要使用表格样式美化表格，具体操作方法如下。

步骤01 ❶将光标置于表格中；❷单击【表格工具 / 设计】选项卡【表格样式】组中的【其他】下拉按钮 ▽，如右上图所示。

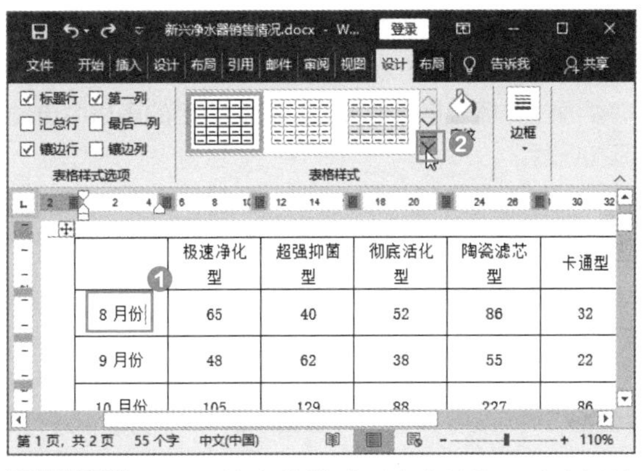

步骤02 在弹出的表格样式列表中选择一种合适的内置样式，如下图所示。

步骤03 操作完成后，表格即可应用所选样式，如下图所示。

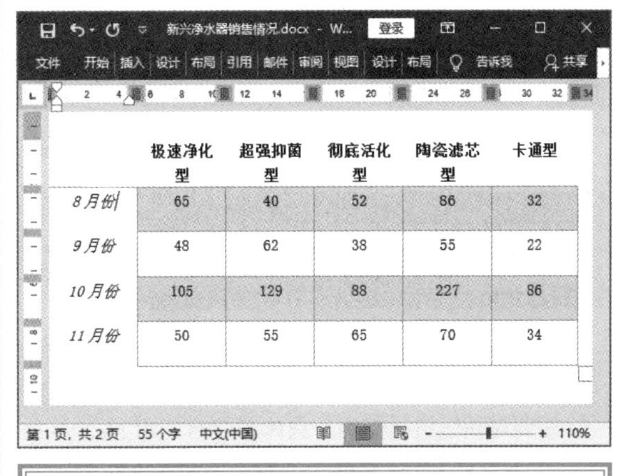

098：如何重复表格标题

适用版本	实用指数
2010、2013、2016、2019	★★★★★

使用说明

如果表格行数较多，表格会以跨页的形式出现，但是跨页的内容是紧接上一页显示，并不包含标题的，这会对阅读下一页的表格内容造成一定的麻烦。此时，需要通过重复表格标题的方法在跨页后的表格中自动添加标题。

解决方法

如果要设置标题重复显示，具体操作方法如下。

❶将光标定位到标题行的任意单元格中；❷单击【表格工具/布局】选项卡【数据】组中的【重复标题行】按钮，如下图所示。

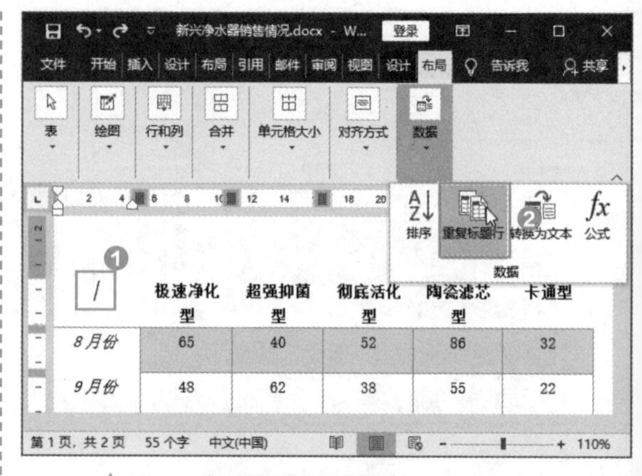

温馨提示

在表格的后续页上不能对标题行进行修改，只能在第一页对其修改，修改后的结果会实时反映在后续页面中。

4.3 处理表格数据的技巧

数据处理一向被认为是 Excel 表格的专长，而事实上使用 Word 表格也可以处理一些简单的数据。本节将介绍在 Word 中处理表格数据的相关技巧。

099：如何对表格进行排序

适用版本	实用指数
2010、2013、2016、2019	★★★★☆

使用说明

在表格中输入数据之后，可以使用排序功能对表格进行排序。

解决方法

如要对表格进行排序，具体操作方法如下。

步骤01 打开素材文件（位置：素材文件\第 4 章\新兴净水器销售情况.docx），❶将光标置于表格中；❷单击【表格工具/布局】选项卡【数据】组中的【排序】按钮，如右侧上图所示。

步骤02 ❶打开【排序】对话框，在【主要关键字】栏中选择要排序的列标题；❷选择排序的依据；❸选择升序或降序；❹单击【确定】按钮，如右侧下图所示。

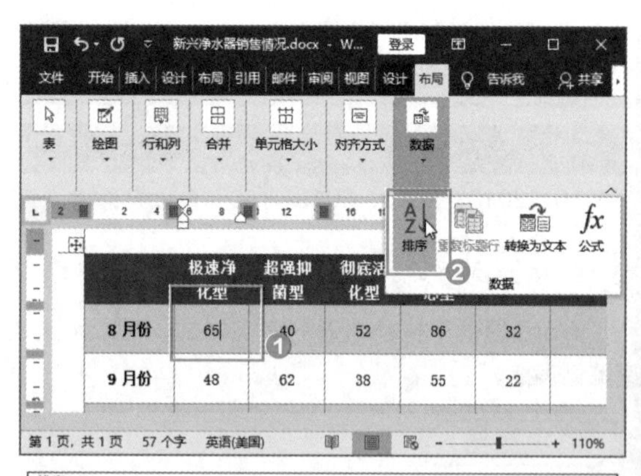

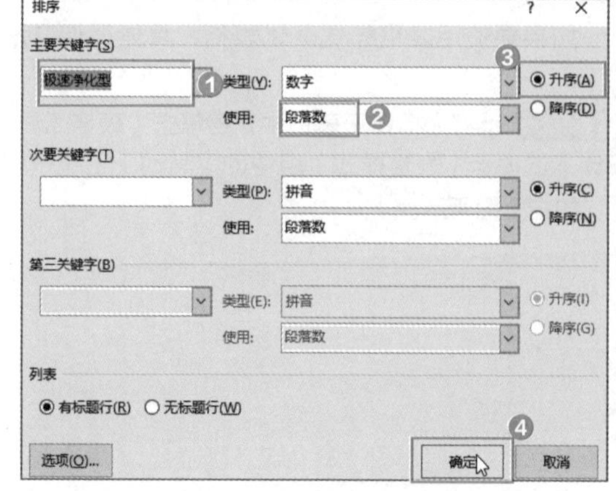

步骤03 返回文档中，可发现表格已按照设置的排序方式排序了，如下图所示。

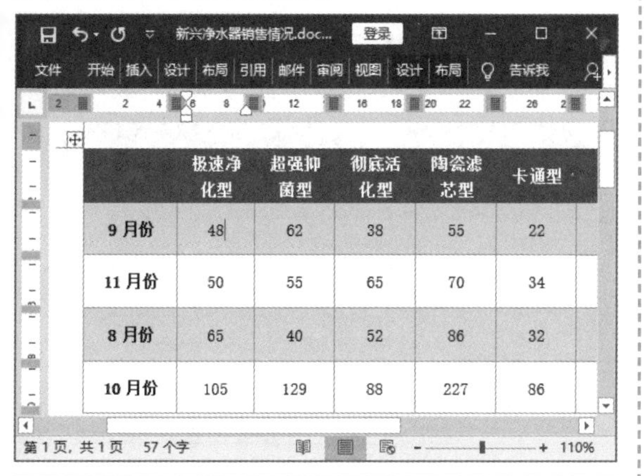

	极速净化型	超强抑菌型	彻底活化型	陶瓷滤芯型	卡通型
9 月份	48	62	38	55	22
11 月份	50	55	65	70	34
8 月份	65	40	52	86	32
10 月份	105	129	88	227	86

100：如何在表格里使用公式进行计算

适用版本	实用指数
2010、2013、2016、2019	★★★★☆

使用说明

表格有如下定义：第一、第二、第三……列定义为 A、B、C……；第一、第二、第三……行定义为 1、2、3……，每个单元格都由列和行共同表示，如 B2 表示第二列第二行的单元格。Word 程序中的表格具有数学计算的功能，如果表格里包含数据，用户可使用公式进行计算。

解决方法

例如要在表格中计算数据的总和，具体操作方法如下。

步骤01 打开素材文件（位置：素材文件\第 4 章\新兴净水器销售情况 .docx），将光标定位到要插入结果的单元格中，然后按【Ctrl+F9】组合键，插入一对大括号，如下图所示。

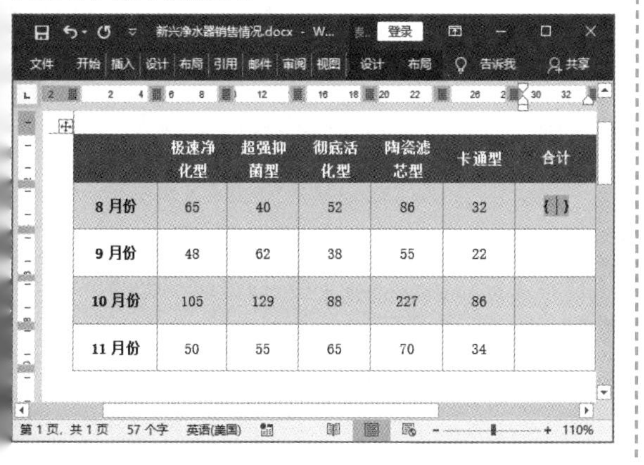

	极速净化型	超强抑菌型	彻底活化型	陶瓷滤芯型	卡通型	合计
8 月份	65	40	52	86	32	{ }
9 月份	48	62	38	55	22	
10 月份	105	129	88	227	86	
11 月份	50	55	65	70	34	

步骤02 在括号中输入【=B2+C2+D2+E2+F2】（不区分大小写），并在其他单元格中使用同样的方法输入公式，如下图所示。

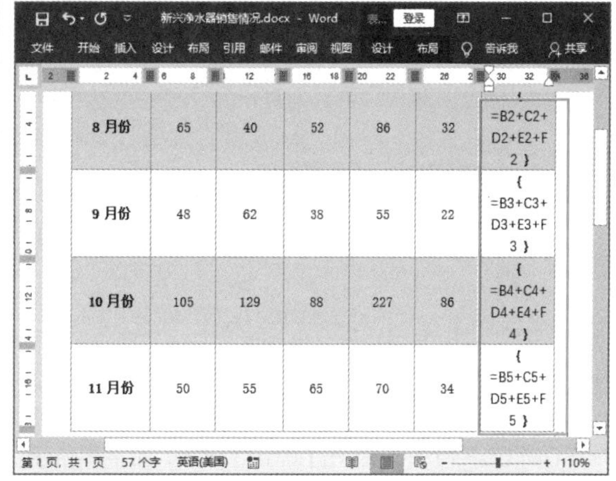

8 月份	65	40	52	86	32	=B2+C2+D2+E2+F2 }
9 月份	48	62	38	55	22	{ =B3+C3+D3+E3+F3 }
10 月份	105	129	88	227	86	{ =B4+C4+D4+E4+F4 }
11 月份	50	55	65	70	34	{ =B5+C5+D5+E5+F5 }

步骤03 输入完成后选择公式，然后按【F9】键即可计算出结果，如下图所示。

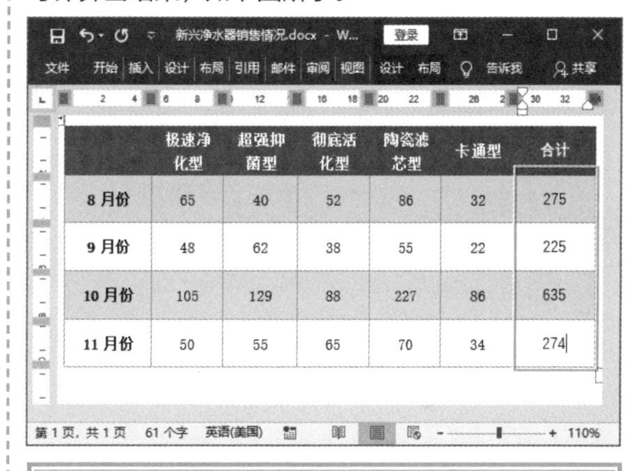

	极速净化型	超强抑菌型	彻底活化型	陶瓷滤芯型	卡通型	合计
8 月份	65	40	52	86	32	275
9 月份	48	62	38	55	22	225
10 月份	105	129	88	227	86	635
11 月份	50	55	65	70	34	274

101：使用函数进行计算

适用版本	实用指数
2010、2013、2016、2019	★★★★☆

使用说明

如果要进行多个数据的计算，仅使用公式就会显得有些烦琐。此时可以使用函数加以简化，提高工作效率。

解决方法

如果要使用函数计算表格中的数据，具体操作方法如下。

步骤01 打开素材文件（位置：素材文件\第 4 章\新兴净水器销售情况 .docx），❶将光标定位到要插入结果的单元格中；❷单击【表格工具 / 布局】选项卡【数

据】组中的【公式】按钮，如下图所示。

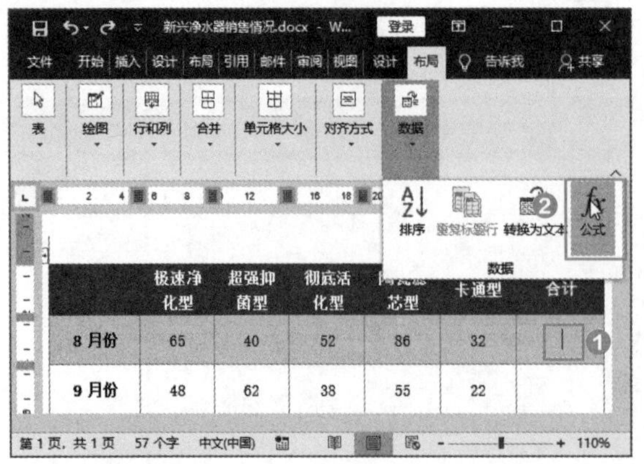

步骤02 ❶打开【公式】对话框，如果要计算 8 月份销售数据的合计，则在【公式】文本框中输入公式“=SUM(LEFT)”；❷单击【确定】按钮，如下图所示。

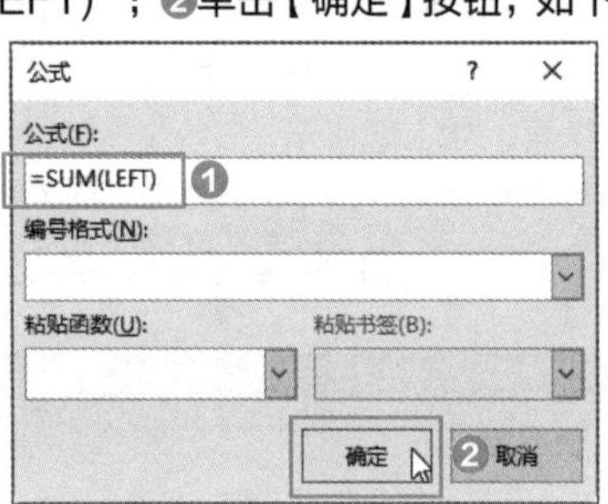

步骤03 使用相同的方法计算其他结果，如下图所示。

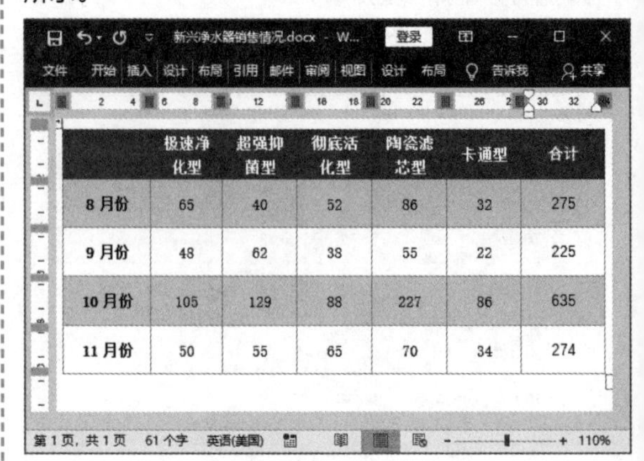

	极速净化型	超强抑菌型	彻底活化型	陶瓷滤芯型	卡通型	合计
8 月份	65	40	52	86	32	275
9 月份	48	62	38	55	22	225
10 月份	105	129	88	227	86	635
11 月份	50	55	65	70	34	274

温馨提示

公式括号中的英文单词代表需要计算的“区域”。对于区域有如下定义：ABOVE 是指公式上面的单元格；BELOW 是指公式下面的单元格；LEFT 是指公式左边的单元格；RIGHT 是指公式右边的单元格。

第 5 章 Word 文档页面布局与打印技巧

在日常工作中，为了较好地反映出文档页面效果，在开始编辑文档之前，应当先将页面的有关内容设置好；对于已完成的文档，可以使用打印设备打印出来，以方便浏览阅读，提高工作效率。

下面是一些日常办公中进行页面布局和打印设置时的常见问题，请检查你是否会处理或已掌握。

【√】需要的文件不是常规的 A4 页面，应该怎样调整页面的大小?

【√】担心公司内部文件被他人复制，能否添加公司名称作为水印?

【√】需要在文档中添加页眉和页脚，但是首页并不需要页眉和页脚，应该怎样操作?

【√】只需要打印文件中的某一段落，是否需要新建文档，进行复制后再打印?

【√】招标文件需要打印文档中的属性，应该怎样设置打印属性?

【√】资料文件是否可以打印到一张纸上，以方便携带?

【√】是否可以从最后一页开始打印，以方便打印完成后装订成册?

希望通过对本章内容的学习，能够解决以上问题，并学会更多的 Word 页面布局和打印设置的技巧。

5.1 Word 文档的页面布局技巧

为了使文档更加美观得体，掌握一些页面设置的技巧是必不可少的。同时，页面设置也是制作 Word 文档的基础。本节主要介绍一些关于 Word 页面设置的技巧。

102：设置文档的页面大小

适用版本	实用指数
2010、2013、2016、2019	★★★★★

使用说明

Word 默认的页面大小为 A4，这也是最常用的页面大小，但并不适用于所有的文档。如果用户对默认的页面大小不满意，则可以通过设置改变页面大小。

解决方法

如果要设置文档的页面大小，具体操作方法如下。

步骤01 ❶单击【布局】选项卡【页面设置】组中的【纸张大小】下拉按钮；❷在弹出的下拉列表中选择纸张大小。如果内置的纸张大小都不合适，可以选择【其他纸张大小】选项，如下图所示。

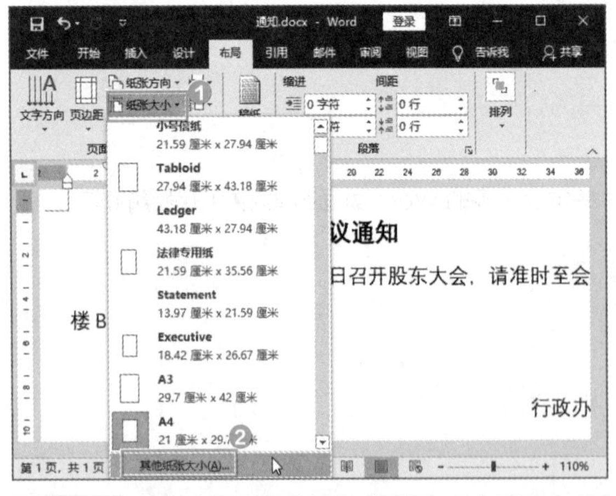

步骤02 ❶弹出【页面设置】对话框，在【纸张大小】栏中设置页面的宽度和高度；❷单击【确定】按钮即可更改页面大小，如右上图所示。

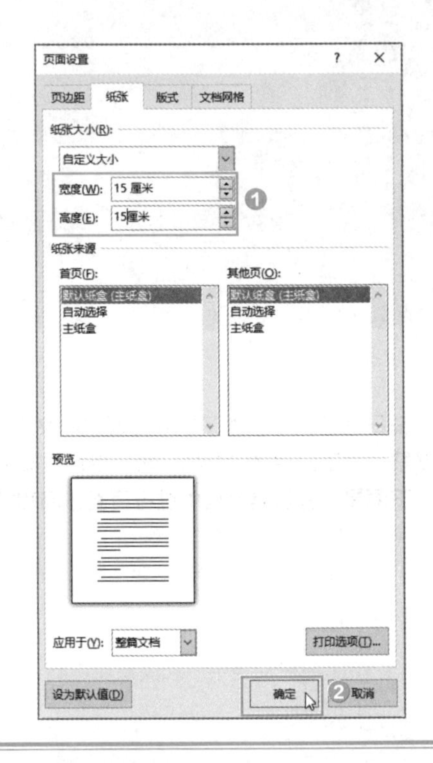

103：设置文档的页边距

适用版本	实用指数
2010、2013、2016、2019	★★★★★

使用说明

页边距是指正文和页面边缘之间的距离，包括上、下、左、右页边距。为文档设置合适的页边距可以使打印的文档更美观。如果默认的页边距不适合正在编辑的文档，则可以通过设置进行修改。

解决方法

如果要为文档设置页边距，具体操作方法如下。

步骤01 ❶单击【布局】选项卡【页面设置】组中的【页边距】下拉按钮；❷在弹出的下拉列表中选择内置的页边距类型。如果内置的页边距不符合使用需求，可以选择【自定义页边距】选项，如下图所示。

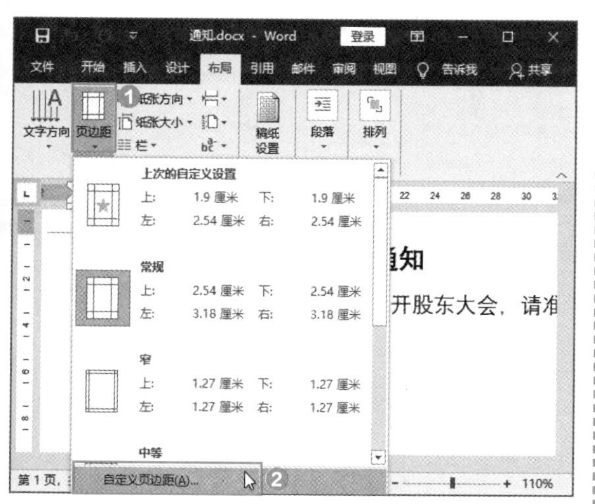

步骤02 ❶在弹出的【页面设置】对话框中，切换到【页边距】选项卡；❷在【页边距】栏中输入上、下、左、右新的页边值；❸单击【确定】按钮即可，如下图所示。

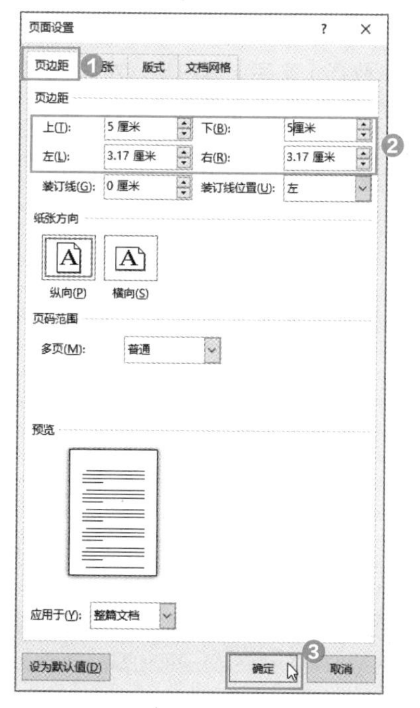

104：给页面添加双色渐变背景

适用版本	实用指数
2010、2013、2016、2019	★★★★☆

使用说明

为了增强文档的层次感，丰富整体艺术效果，在为文档进行修饰时可以添加双色渐变背景。渐变效果就是将两种颜色叠加在一起，产生有层次的颜色效果。

解决方法

如要为页面设置双色渐变效果，具体操作方法如下。

步骤01 ❶单击【设计】选项卡【页面背景】组中的【页面颜色】下拉按钮；❷在弹出的下拉列表中选择【填充效果】选项，如下图所示。

步骤02 ❶打开【填充效果】对话框，在【颜色】栏中选中【双色】单选按钮；❷在【颜色 1】下拉列表中选择第 1 种颜色，在【颜色 2】下拉列表中选择第 2 种颜色；❸在【底纹样式】栏中选择一种底纹样式；❹在【变形】栏中选择渐变变化效果；❺单击【确定】按钮，如下图所示。

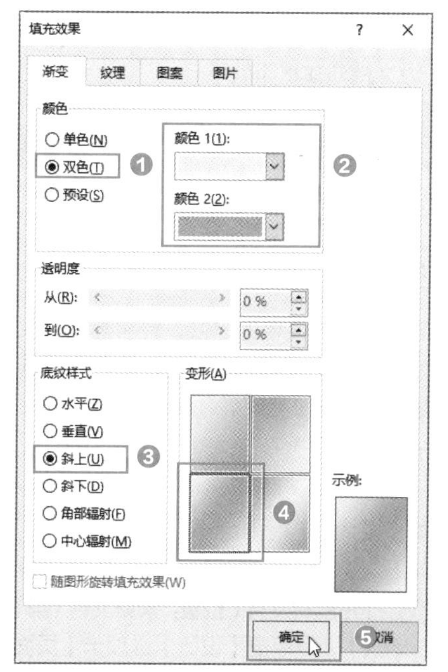

步骤03 返回文档中即可看到设置了渐变填充后的效果，如下图所示。

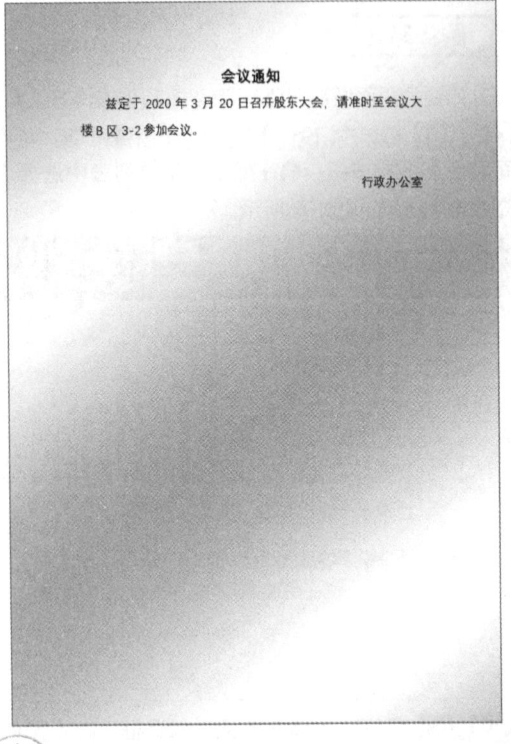

会议通知

兹定于 2020 年 3 月 20 日召开股东大会，请准时至会议大楼 B 区 3-2 参加会议。

行政办公室

知识拓展

在【填充效果】对话框的【颜色】栏中选中【预设】单选按钮，即可在【预设颜色】下拉列表框中选择系统自带的渐变效果。

105：为文档添加水印效果

适用版本	实用指数
2010、2013、2016、2019	★★★★☆

使用说明

在制作 Word 文档的时候，经常需要为文档添加水印，如添加公司名称、文档机密等级等。此时可以使用添加水印功能来完成。

解决方法

例如，要为文档添加公司名称水印效果，具体操作方法如下。

步骤01 打开素材文件（位置：素材文件\第 5 章\员工手册 .docx），❶单击【设计】选项卡【页面背景】组中的【水印】下拉按钮；❷在弹出的下拉列表中选择【自定义水印】选项，如右上图所示。

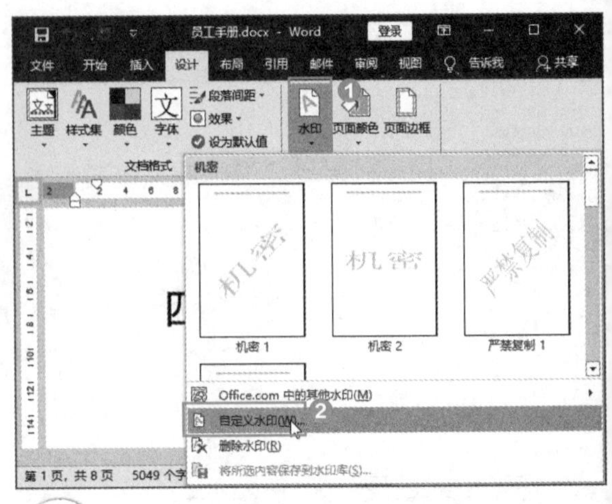

知识拓展

在单击【水印】下拉按钮后弹出的下拉列表中选择任意内置水印样式，可以快速为文档添加水印。

步骤02 ❶弹出【水印】对话框，选中【文字水印】单选按钮；❷在【文字】框内输入水印文字；❸分别设置文字的字体、字号和颜色；❹在【版式】栏中选择水印版式；❺单击【确定】按钮，如下图所示。

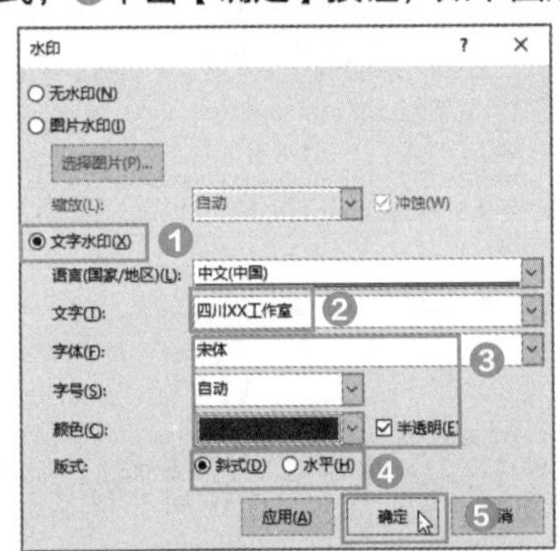

步骤03 返回文档中即可看到所设置的水印效果，如下图所示。

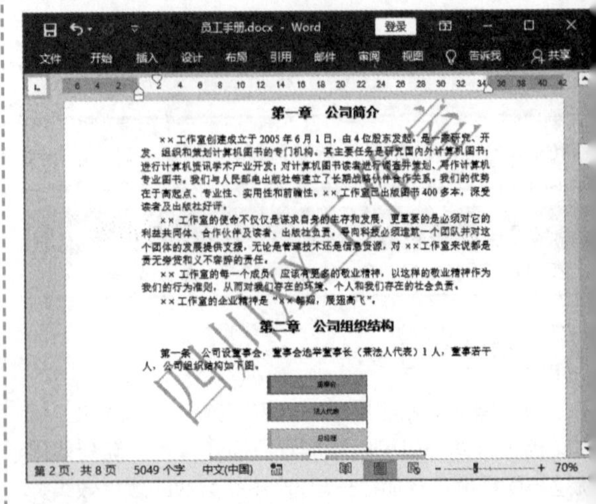

106：将文档内容分两栏排版

适用版本	实用指数
2010、2013、2016、2019	★★★★☆

使用说明

在制作 Word 文档时，有时需要将文档分栏排版。所谓分栏，就是将部分或整篇文档分成具有相同栏宽或不同栏宽的两栏或多栏。

解决方法

例如，要将整篇文档分为两栏，具体操作方法如下。

步骤01 打开素材文件（位置：素材文件\第 5 章\散文集.docx），❶单击【布局】选项卡【页面设置】组中的【栏】下拉按钮；❷在弹出的下拉列表中选择【两栏】选项，如下图所示。

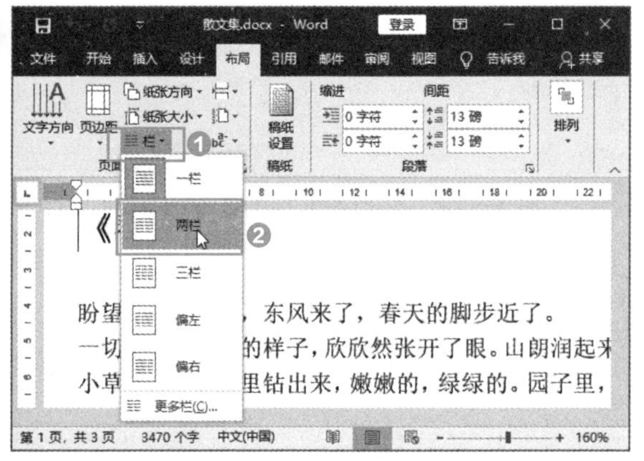

步骤02 操作完成后，即可看到所有文档被分为两栏显示，如下图所示。

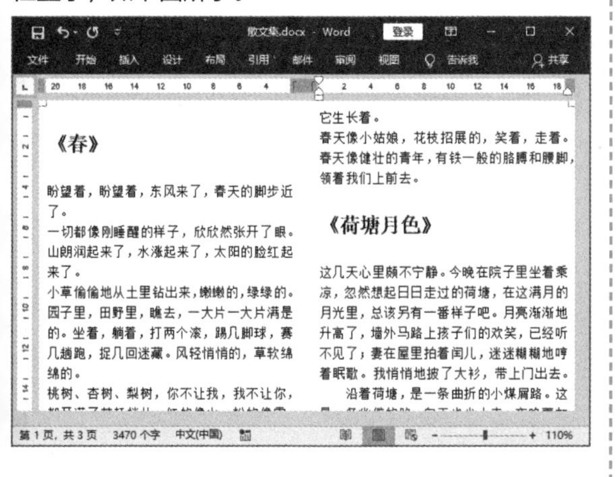

107：为文档插入页眉和页脚

适用版本	实用指数
2010、2013、2016、2019	★★★★★

使用说明

页眉和页脚是文档的重要组成部分，用来显示文档的附加信息。

解决方法

如果要为文档添加页眉和页脚，具体操作方法如下。

步骤01 打开素材文件（位置：素材文件\第 5 章\员工手册.docx），❶单击【插入】选项卡【页眉和页脚】组中的【页眉】下拉按钮；❷在弹出的下拉列表中选择一种页眉样式，如下图所示。

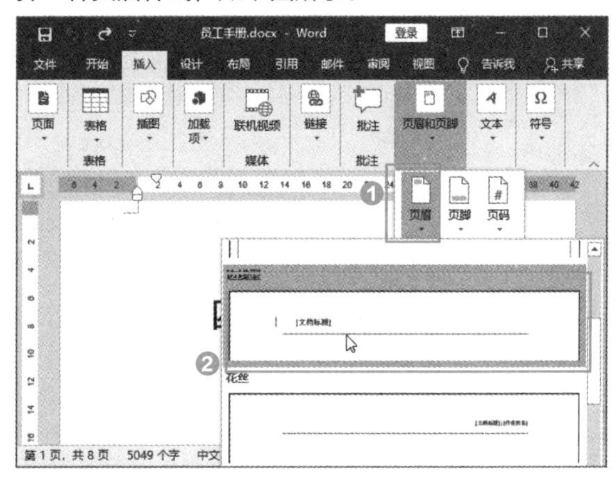

步骤02 ❶在页眉区域输入页眉内容；❷单击【页眉和页脚工具 / 设计】选项卡【导航】组中的【转至页脚】按钮，如下图所示。

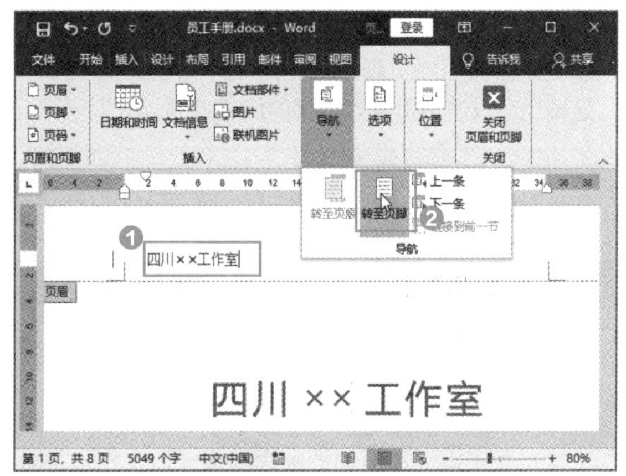

步骤03 ❶单击【页眉和页脚工具/设计】选项卡【页眉和页脚】组中的【页脚】下拉按钮；❷在弹出的下拉列表中选择一种页脚样式，如下图所示。

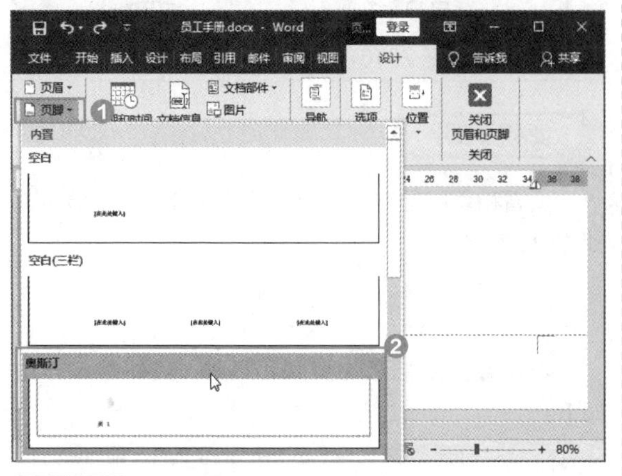

步骤04 ❶在页脚区域输入页脚内容；❷完成后单击【页眉和页脚工具/设计】选项卡【关闭】组中的【关闭页眉和页脚】按钮，如下图所示。

知识拓展

如果不需要使用系统内置的页眉或页脚样式，双击页眉或页脚区域即可进入页眉或页脚的编辑模式。当页眉或页脚编辑完成后，双击正文文本区域也可以退出页眉或页脚的编辑模式。

108：更改页眉分隔线的样式

适用版本	实用指数
2010、2013、2016、2019	★★★★★

使用说明

通过双击进入页眉和页脚编辑模式时，系统会默认添加一条页眉分隔线。Word 默认的页眉分隔线是一条实心的黑色线条，如果不喜欢该分线的样式，可以进行修改。

解决方法

如果要修改页眉分隔线的样式，具体操作方法如下。

步骤01 打开素材文件（位置：素材文件\第5章\员工手册 1.docx），❶在页眉区域双击，激活页眉和页脚编辑模式；❷单击【开始】选项卡【段落】组中的【边框】下拉按钮；❸在弹出的下拉列表中选择【边框和底纹】选项，如下图所示。

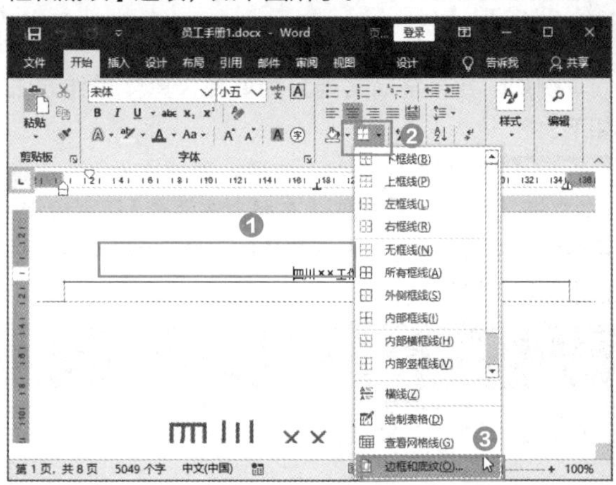

步骤02 ❶打开【边框和底纹】对话框，在【边框】选项卡的【设置】框中选择【自定义】选项；❷分别设置横线的样式、颜色、宽度等参数；❸在【预览】栏中单击【下框线】按钮；❹在【应用于】下拉列表中选择【段落】选项；❺单击【确定】按钮，如下图所示。

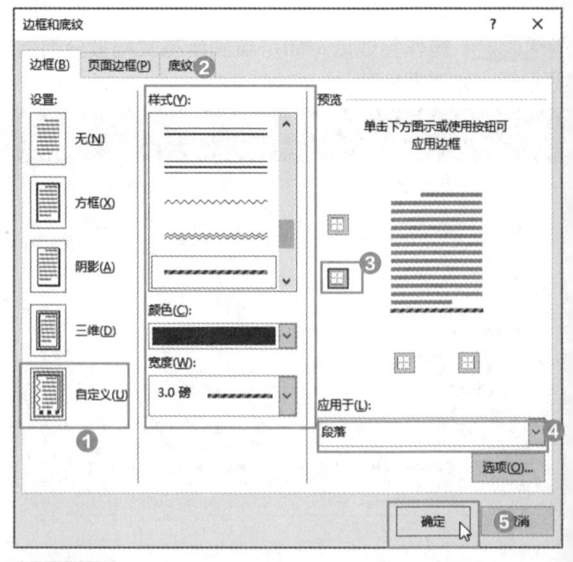

步骤03 设置完成后退出页眉和页脚编辑状态，即可查看效果，如下图所示。

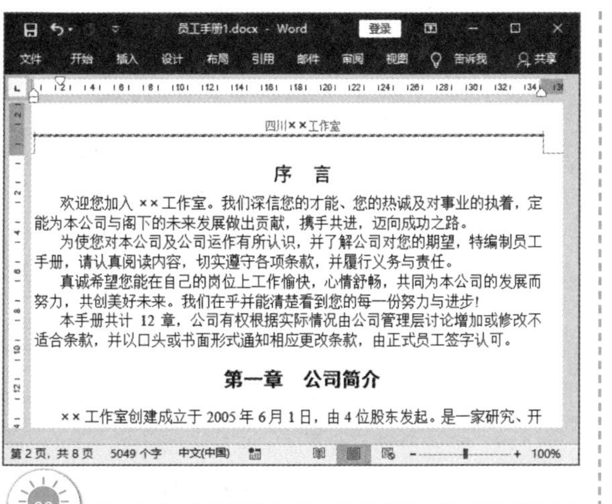

知识拓展

如果要删除页眉横线，则在页眉和页脚编辑状态下，将光标定位到页眉中，然后单击【开始】选项卡【字体】组中的【清除所有格式】按钮 即可。

109：为首页设置不同的页眉和页脚

适用版本	实用指数
2010、2013、2016、2019	★★★★★

使用说明

默认情况下对文档进行页眉和页脚设置后，其效果将作用于整个文档，但首页作为文档的开始，往往被赋予了封面、提要等功能，此时可以为其设置不同的页眉和页脚。

解决方法

如果要为首页设置不同的页眉和页脚，具体操作方法如下。

打开素材文件（位置：素材文件\第 5 章\员工手册 2.docx），❶按照前面所学的方法进入页眉和页脚编辑模式，勾选【页眉和页脚工具/设计】选项卡【选项】组中的【首页不同】复选框；❷此时首页的页眉和页脚被清除，在首页重新编辑页眉和页脚后退出页眉和页脚编辑模式即可，如右上图所示。

知识拓展

如果要删除首页的页眉，取消勾选【页眉和页脚工具/设计】选项卡【选项】组中的【首页不同】复选框后，即可直接退出页眉和页脚编辑模式。

110：为奇偶页设置不同的页眉和页脚

适用版本	实用指数
2010、2013、2016、2019	★★★★☆

使用说明

对于两页或两页以上的文档，可以为其设置奇偶页不同的页眉和页脚，以丰富页眉和页脚的样式，并区分奇偶页。

解决方法

如果要为文档设置奇偶页不同的页眉和页脚，具体操作方法如下。

打开素材文件（位置：素材文件\第 5 章\员工手册 3.docx），❶按照前面所学的方法进入页眉和页脚编辑模式，勾选【页眉和页脚工具/设计】选项卡【选项】组中的【奇偶页不同】复选框；❷按照前面所学的设置页眉和页脚的方法分别设置奇偶页的页眉和页脚即可，如下图所示。

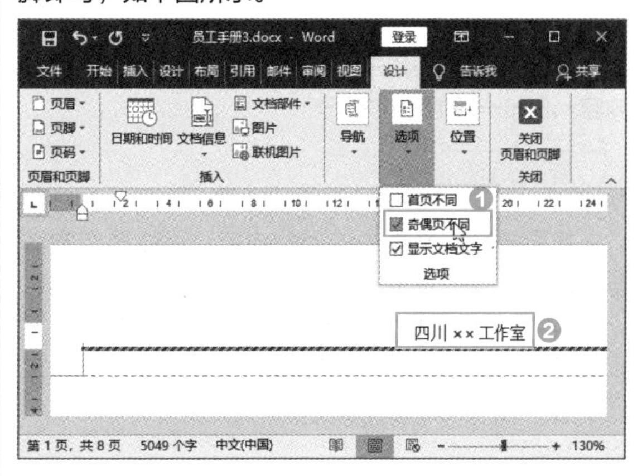

111：在页脚插入页码

适用版本	实用指数
2010、2013、2016、2019	★★★★★

当编辑的文档页数较多时，可以为文档添加页码，以便于阅读和管理。

如果要为文档插入页码，具体操作方法如下。

打开素材文件（位置：素材文件\第 5 章\员工手册 .docx），❶单击【插入】选项卡【页眉和页脚】组中的【页码】下拉按钮；❷在弹出的下拉列表中选择页码的插入位置；❸在弹出的扩展列表中选择一种页码格式，如右图所示。

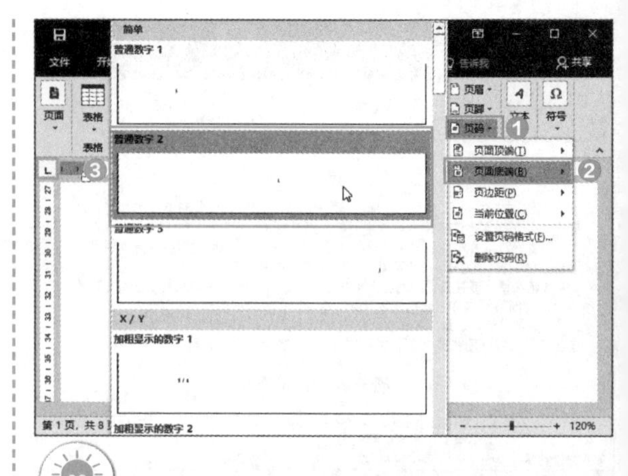

知识拓展

在【页码】下拉列表中可以选择页码的插入位置，如页面的顶端、底端、页边距等。

5.2 Word 文档的打印设置技巧

文档制作完成后，基本上都会被打印出来，以纸张的形式呈现在大家面前。下面介绍一些打印文档的技巧。

112：打印文档页面中的部分内容

适用版本	实用指数
2010、2013、2016、2019	★★★★☆

某些情况下，用户往往需要选择打印文档的部分内容，例如一段或一页等。

如果要打印文档中的部分内容，具体操作方法如下。

步骤01 打开素材文件（位置：素材文件\第 5 章\员工手册 .docx），❶选中需要打印的内容；❷单击【文件】菜单项，如右图所示。

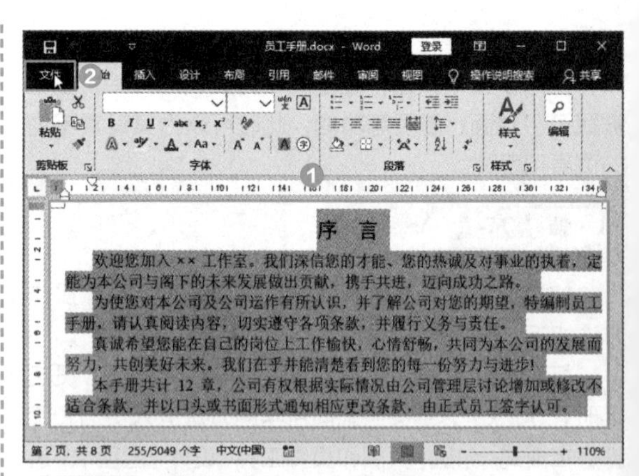

步骤02 ❶在弹出的下拉菜单中选择【打印】命令；❷弹出【打印】界面，单击【设置】栏中的【打印所有页】下拉按钮；❸在弹出的下拉列表中选择【打印选定区域】选项；❹单击【打印】按钮即可将选中内容打印出来，如下图所示。

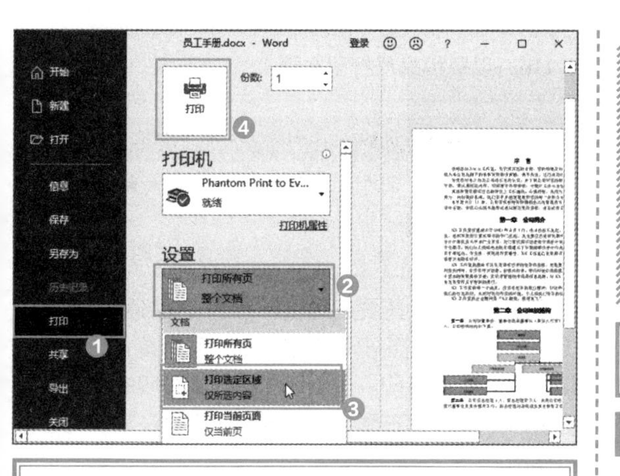

113：打印文档中的指定页

适用版本	实用指数
2010、2013、2016、2019	★★★★☆

使用说明

用户也可以打印文档中指定页码的内容，可以是单页、连续几页的内容或者间隔几页的内容。

解决方法

例如，打印第 2~3 页和第 5~7 页的内容，具体操作方法如下。

打开素材文件（位置：素材文件 \ 第 5 章 \ 员工手册 .docx），❶按照前面所学的方法进入【打印】界面；❷在【设置】栏的【页数】文本框中输入【2-3,5-7】；❸单击【打印】按钮，如下图所示。

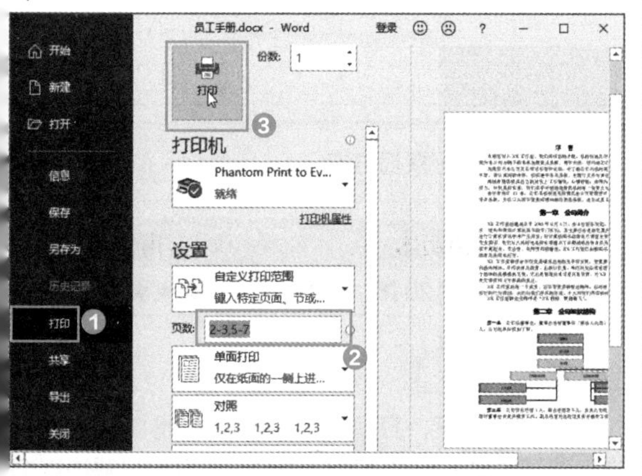

温馨提示

如果是打印连续的几页内容，例如第 2~5 页，可以在【页数】文本框中输入【2-5】；如果是打印不连续的某几页，例如第 2 页和第 5 页，则在【页数】文本框中输入【2,5】，中间用逗号隔开；如果是打印某节内的某页，例如第 2 节的第 3 页，可以在【页数】文本框中输入【p3s2】；如果打印不连续的节，例如第 1 节和第 3 节，可以在【页数】文本框中输入【s1，s3】。

114：隐藏无须打印的部分内容

适用版本	实用指数
2010、2013、2016、2019	★★★★☆

使用说明

在 Word 打印过程中，用户有时候不想打印其中的某一部分文本，但又不想把它删除，此时可以将其隐藏起来。

解决方法

如果要隐藏不需要打印的部分内容，具体操作方法如下。

步骤01 打开素材文件（位置：素材文件 \ 第 5 章 \ 员工手册 .docx），❶选中需要隐藏的内容；❷单击【开始】选项卡【字体】组右下角的【对话框启动器】按钮，如下图所示。

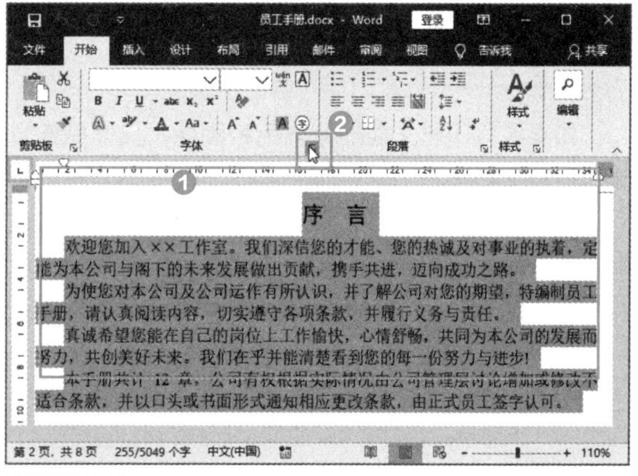

步骤02 ❶打开【字体】对话框，在【字体】选项卡的【效果】栏中勾选【隐藏】复选框；❷单击【确定】按钮，然后再打印文档即可，如下图所示。

知识拓展

如果要打印隐藏内容，则可以在【Word 选项】对话框的【显示】选项卡中勾选【打印选项】栏中的【打印隐藏文字】复选框。

115：如何打印出文档的背景色和图像

适用版本	实用指数
2010、2013、2016、2019	★★★☆☆

使用说明

为文档设置了背景色以后，系统默认并不会打印出来。如果想在打印文档的同时将文档的背景色打印出来，需要进行设置。

解决方法

如果要打印出文档的背景色和图像，具体操作方法如下。

❶按照前面所学的方法打开【Word 选项】对话框，在【显示】选项卡中勾选【打印选项】栏中的【打印背景色和图像】复选框；❷单击【确定】按钮即可，如下图所示。

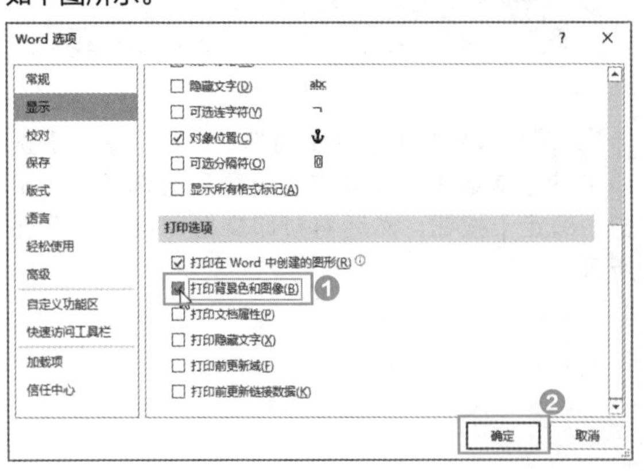

116：以草稿品质打印文档

适用版本	实用指数
2010、2013、2016、2019	★★★★★

使用说明

在某些不太重要的场合，为了节省纸张，实现降低耗材费用和提高打印速度的目的，可以降低分辨率，以草稿品质来打印。虽然以草稿品质打印的文档质量会有所下降，却不影响人们查看内容，在某些场合可以使用。

解决方法

如果要使用草稿品质打印文档，具体操作方法如下。

❶按照前面所学的方法打开【Word 选项】对话框，切换到【高级】选项卡；❷勾选【打印】栏中的【使用草稿质量】复选框；❸单击【确定】按钮即可，如下图所示。

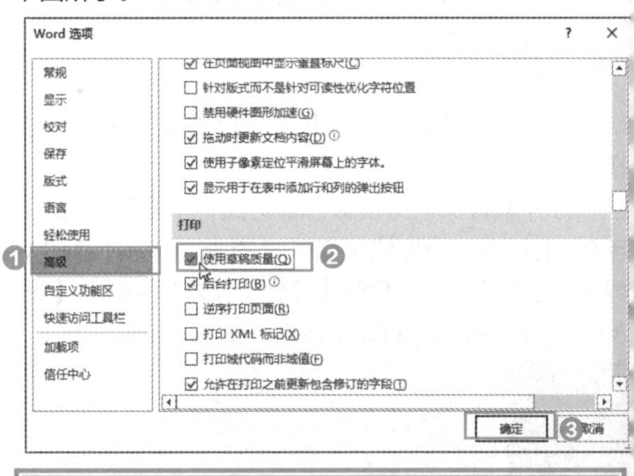

117：手动进行双面打印

适用版本	实用指数
2010、2013、2016、2019	★★★★★

使用说明

默认情况下，打印出来的文档都是单面的，这样浪费了大量的纸张。可以通过双面打印来解决这个问题。

解决方法

如果要手动进行双面打印，具体操作方法如下。

❶按照前面所学的方法进入【打印】界面，在【设置】栏中单击【单面打印】右侧的下拉按钮；❷在弹出的下拉列表中选择【手动双面打印】选项；❸单击【打印】按钮，如下图所示。

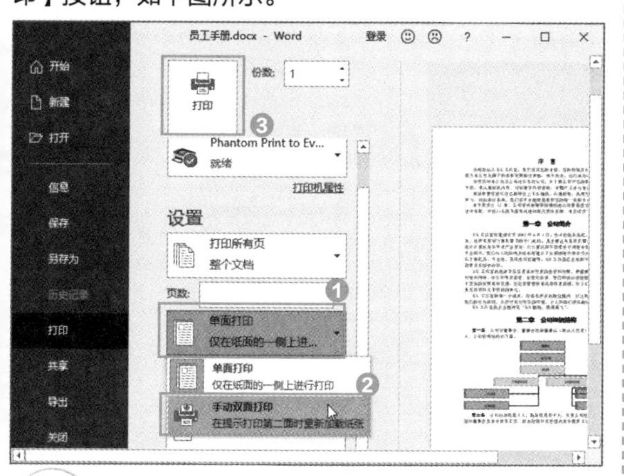

技能拓展

使用手动双面打印功能后，打印时自动打印奇数，待奇数页打印完成后，手动将纸张翻页，再重新放入，会在页面的背面打印偶数页。

118：解决双面打印时页边距不对称的问题

适用版本	实用指数
2010、2013、2016、2019	★★★☆☆

使用说明

用户在使用手动双面打印时，可能打印出来的页面边距不对称，装订时容易遮挡文字。此时，需要通过相应的设置来解决双面打印时页边距不对称的问题。

解决方法

如要解决双面打印时页边距不对称的问题，具体操作方法如下。

❶按照前面所学的方法打开【页面设置】对话框，切换到【页边距】选项卡；❷在【页码范围】栏中单击【多页】右侧的下拉按钮；❸在弹出的下拉列表中选择【对称页边距】选项；❹单击【确定】按钮即可，如右上图所示。

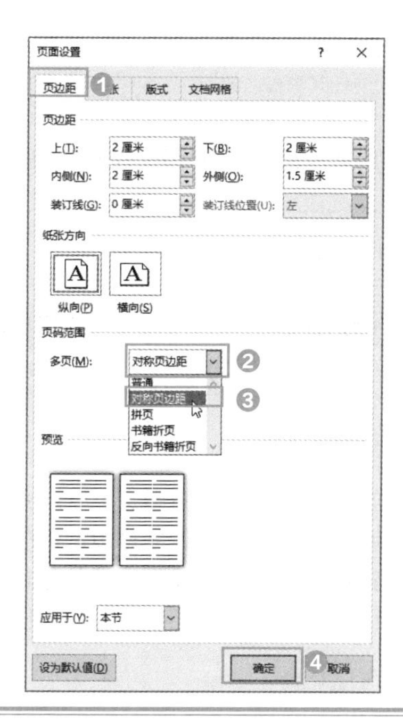

119：如何将多页文档打印到一页纸上

适用版本	实用指数
2010、2013、2016、2019	★★★★☆

使用说明

为了节省纸张或者携带方便，有时需要将文档的多个页面缩至一页。

解决方法

如果要将多页文档缩至一页，具体操作方法如下。

❶按照前面所学的方法进入【打印】界面，在【设置】栏中单击【每版打印 1 页】下拉按钮，从弹出的下拉列表中选择相应的版数，例如选择【每版打印 16 页】选项；❷单击【打印】按钮即可，如下图所示。

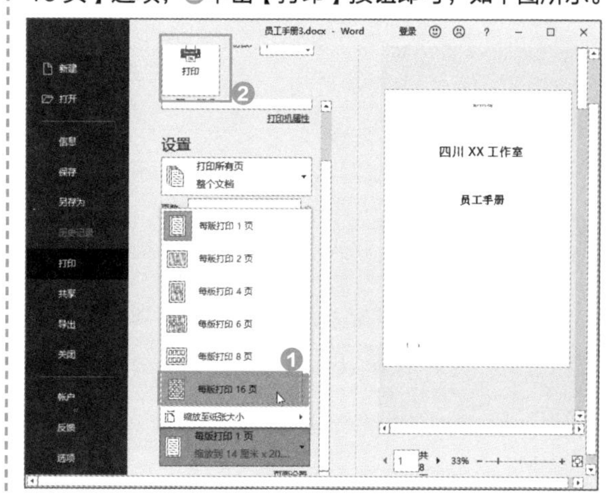

技能拓展

选择的版数越大，则打印在纸上的字就越小。

120：使用逆序打印

适用版本	实用指数
2010、2013、2016、2019	★★★★★

使用说明

所谓逆序打印，就是在打印文档时，从页码的尾部开始向前打印文档。使用逆序打印方式打印完成的纸质文稿将按正常页码顺序排列，打印完成后即可装订。对于页码较多的文档，使用逆序打印更加方便。

解决方法

如果要在打印时使用逆序打印，具体操作方法如下。

❶按照前面所学的方法打开【Word 选项】对话框，切换到【高级】选项卡；❷勾选【打印】栏中的【逆序打印页面】复选框；❸单击【确定】按钮即可，如下图所示。

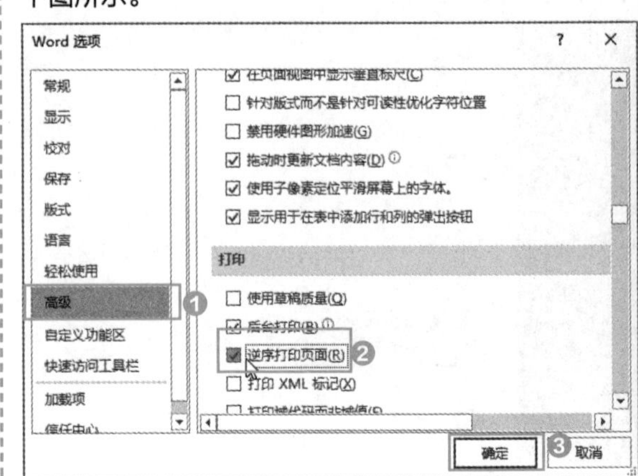

第 6 章 Word 的目录、题注与邮件合并的技巧

书籍、论文等长篇文档动辄就是几十页甚至几百页，此时，往往需要为文档制作目录。有时候，还需要为文档中的某些段落添加脚注、题注等说明文字。如果要批量打印准考证、明信片、信封、请柬、工资条等很有规律的内容，并不需要一个个地重复制作，可以使用 Word 的邮件合并功能来完成。

下面是一些日常办公中使用目录、题注和邮件合并时的常见问题，请检查你是否会处理或已掌握。

【√】文档制作完成后，需要提取目录，是手动打字还是使用目录功能快速提取呢?

【√】在提取目录时，如果没有为标题设置大纲级别，能否成功提取呢?

【√】为了使读者更好地理解图片，需要在每张图片下添加标注，是否有较快的方法?

【√】文档内容中的某些词句不容易理解，为了使阅读者更好地理解，需要添加脚注或尾注，应该怎样操作?

【√】在批量制作邀请函时，是否需要一个个地录入邀请名单?

【√】要将 Excel 的工资表制作成工资条，又不知道应该使用哪个函数时，使用 Word 可以制作吗?

希望通过对本章内容的学习，能解决以上问题，并学会 Word 中插入目录、题注与邮件合并的技巧。

6.1 为文档添加目录的技巧

如果要为文档制作目录，手动操作会非常麻烦，还容易发生错漏。掌握了 Word 集成的目录制作功能，就可以在瞬间完成这项任务。本节主要介绍为文档添加目录的技巧。

121：快速插入目录

适用版本	实用指数
2010、2013、2016、2019	★★★★★

使用说明

如果为文档中的标题设置了标题 1、标题 2、标题 3 等样式，就可以让 Word 自动为这些标题生成具有不同层次结构的目录。

解决方法

如果要为文档添加目录，具体操作方法如下。

步骤01 打开素材文件（位置：素材文件\第 6 章\产品责任事故管理 .docx），❶将光标定位到需要插入目录的位置，切换到【引用】选项卡；❷单击【目录】组中的【目录】下拉按钮；❸在弹出的下拉列表中选择一种目录样式，如下图所示。

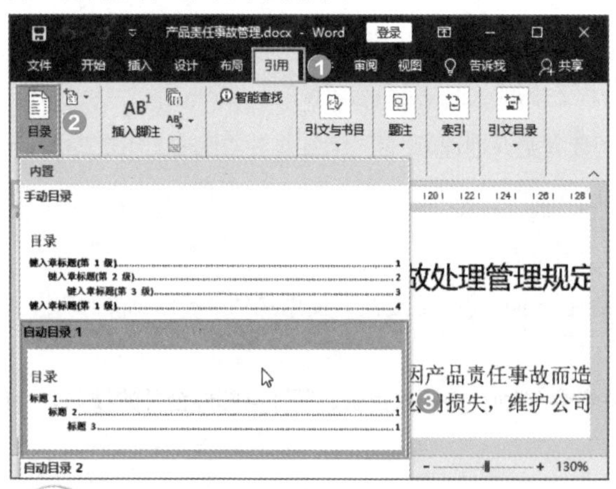

知识拓展

快速插入目录时，应选择自动目录样式；如果选择手动目录样式，则系统只会插入目录格式，仍然需要用户手动输入目录内容。

步骤02 操作完成后即可在所选位置插入目录，如右上图所示。

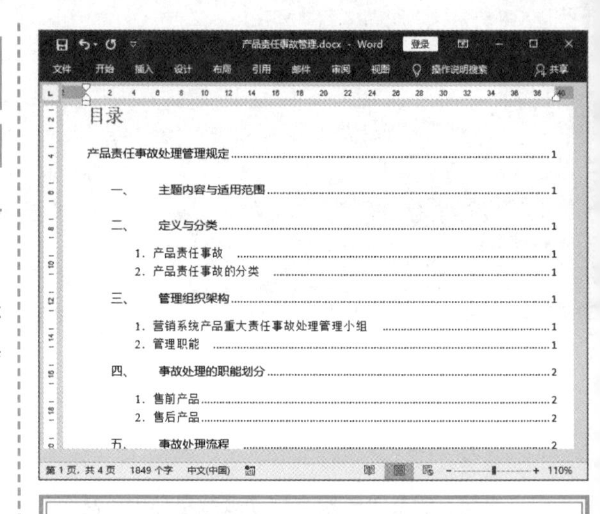

122：提取大于 3 级的目录

适用版本	实用指数
2010、2013、2016、2019	★★★★☆

使用说明

使用内置的目录样式提取目录时，系统默认提取了 3 个级别的标题，即标题 1、标题 2 和标题 3。但是，有时候需要提取更多级别的目录，此时可以通过下面的方法来完成。

解决方法

如果要提取更多级别的目录，具体操作方法如下。

步骤01 打开素材文件（位置：素材文件\第 6 章\产品责任事故管理 .docx），❶将光标定位在要插入目录的位置，切换到【引用】选项卡；❷在【目录】组中单击【目录】下拉按钮；❸在弹出的下拉列表中选择【自定义目录】选项，如下页上图所示。

步骤02 ❶弹出【目录】对话框，在【常规】栏的【显示级别】数值框中设置好要显示的目录级别；❷单击【确定】按钮保存设置即可，如下页下图所示。

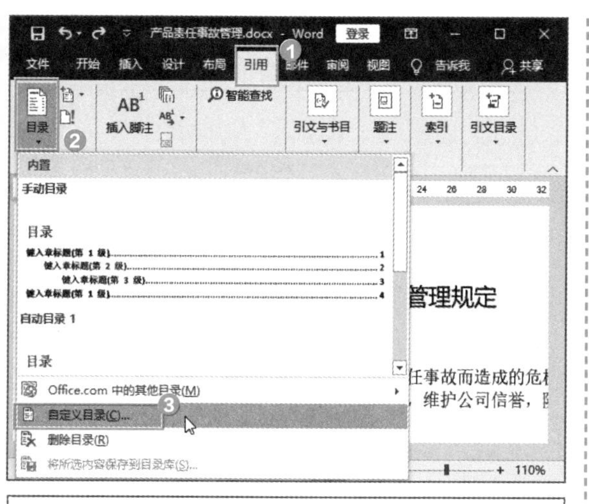

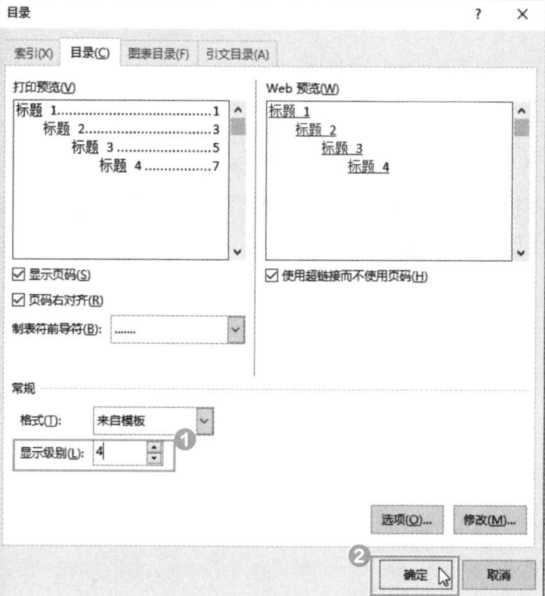

123：修改目录的文字样式

适用版本	实用指数
2010、2013、2016、2019	★★★★☆

使用说明

目录默认使用的字体为宋体，如果想让文档更加个性化，可以修改目录的文字样式。

解决方法

如果要修改目录的文字样式，具体操作方法如下。

步骤01 打开素材文件（位置：素材文件\第6章\产品责任事故管理1.docx），按照前面所学的方法打开【目录】对话框，在【目录】选项卡中单击【修改】按钮，如右上图所示。

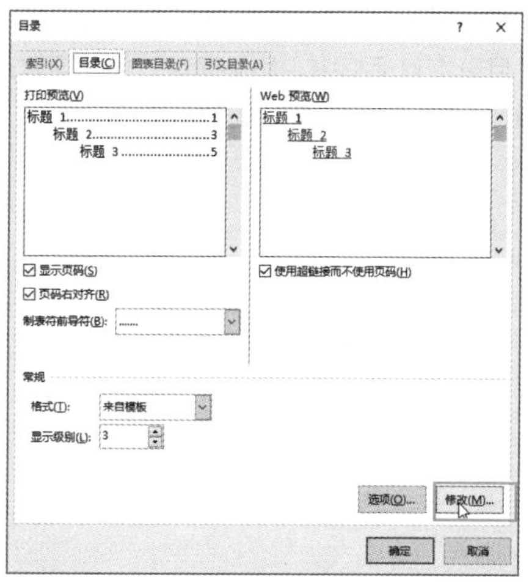

步骤02 ❶打开【样式】对话框，在【样式】列表框中选择要修改样式的目录；❷单击【修改】按钮，如下图所示。

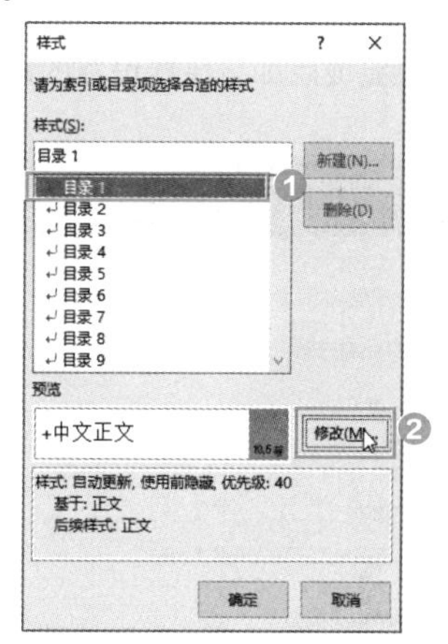

步骤03 ❶在打开的【修改样式】对话框中设置目录的属性、格式等样式；❷单击【确定】按钮即可，如下图所示。

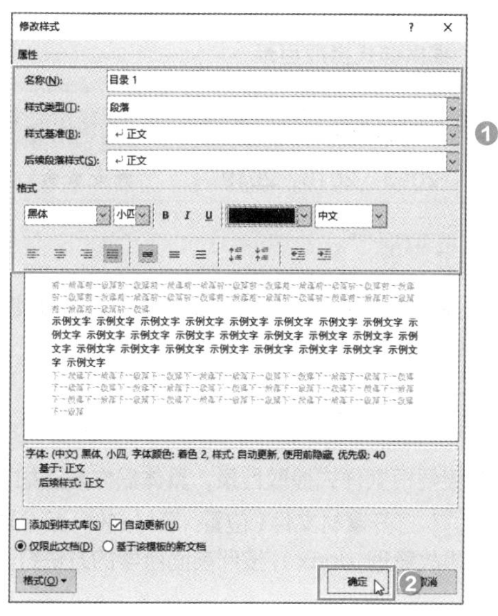

步骤04 修改其他目录的样式后单击【确定】按钮，返回【目录】对话框中。如果确认效果无须修改，单击【确定】按钮即可，如下图所示。

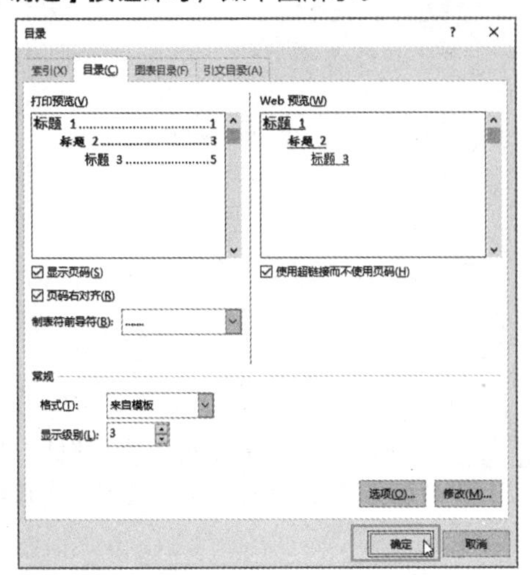

步骤05 修改完成后即可查看设置的目录效果，如下图所示。

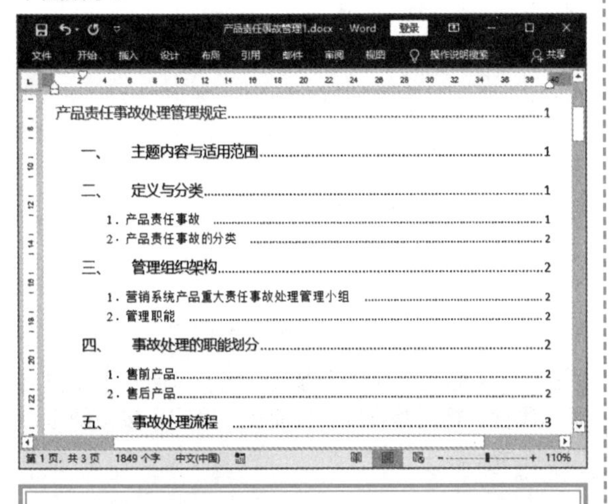

124：根据样式提取目录

适用版本	实用指数
2010、2013、2016、2019	★★★★☆

目录大多是根据大纲级别来提取，如果需要通过样式提取目录，可以使用以下方法来完成。

如果要根据样式提取目录，具体操作方法如下。

步骤01 打开素材文件（位置：素材文件\第6章\产品责任事故管理.docx），按照前面所学的方法打开【目录】对话框，在【目录】选项卡中单击【选项】按钮，如下图所示。

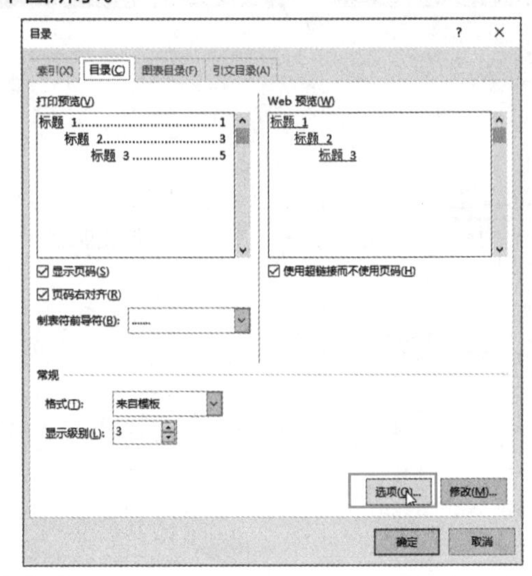

步骤02 ❶在打开的【目录选项】对话框中勾选【样式】复选框；❷在【目录级别】列表框中设置目录级别，不提取的目录样式后面的文本框中保持空白；❸单击【确定】按钮，如下图所示。

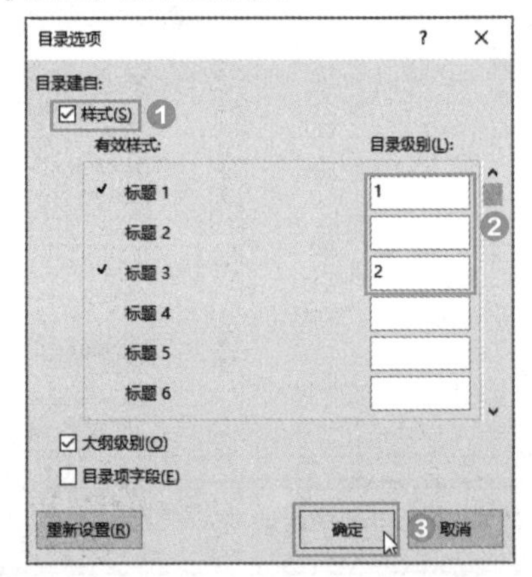

步骤03 返回【目录】对话框，单击【确定】按钮退出，返回文档中即可看到已经按样式提取的目录，如下图所示。

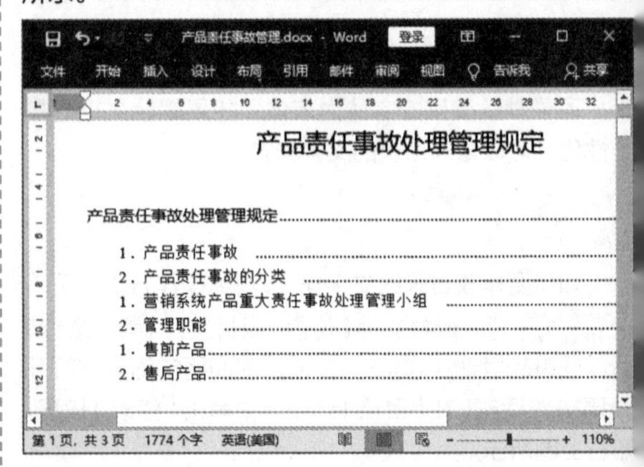

125：如何更新目录

适用版本	实用指数
2010、2013、2016、2019	★★★☆☆

使用说明

如果在创建目录之后对正文内容进行了修改，页码和目录都发生了改变，此时不需要重新插入目录，只要使用更新目录功能更新目录即可。

解决方法

如果要更新目录，具体操作方法如下。

步骤01 打开素材文件（位置：素材文件\第 6 章\产品责任事故管理 1.docx），❶在目录上单击选中目录；❷按【F9】键或单击目录上方的【更新目录】按钮，如下图所示。

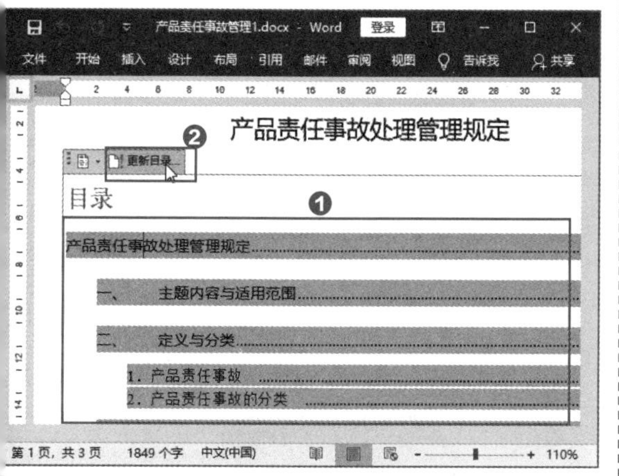

步骤02 ❶弹出【更新目录】对话框，选择更新目录的范围；❷单击【确定】按钮，如下图所示。

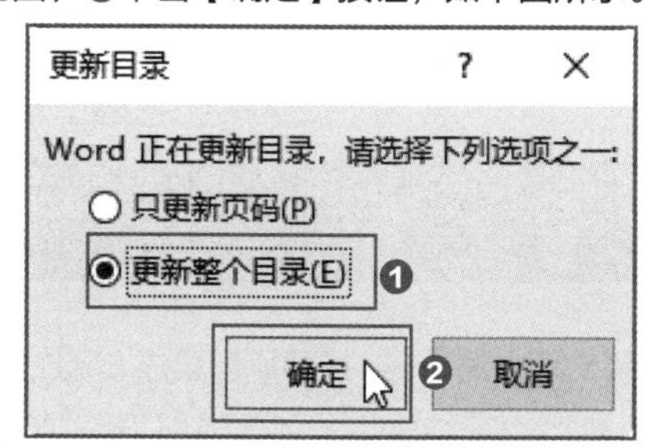

知识拓展

目录默认以链接的形式插入到文档中，按住【Ctrl】键的同时单击某条目录项，可以访问目标位置。如果希望取消链接，则可以按【Ctrl+Shift+F9】组合键。

126：为文档添加内置封面

适用版本	实用指数
2010、2013、2016、2019	★★★★★

使用说明

文档制作完成后，可以为其添加封面。如果没有足够的时间设计封面，Word 内置的封面也是一种不错的选择。

解决方法

如果要为文档添加封面，具体操作方法如下。

步骤01 打开素材文件（位置：素材文件\第 6 章\员工手册.docx），❶将光标定位到文档的第一页，单击【插入】选择卡【页面】组中的【封面】下拉按钮；❷在弹出的下拉列表中选择一种封面样式，如下图所示。

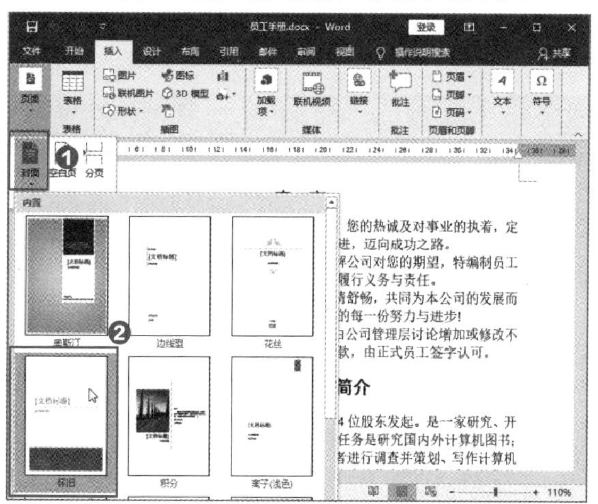

步骤02 返回文档，即可发现封面已经被插入，并预留了标题占位符，在主标题、副标题和作者文本框中输入相应的文字即可，如下图所示。

127：在文档中插入书签

适用版本	实用指数
2010、2013、2016、2019	★★★★☆

使用说明

如果在阅读文档时，某一处内容需要经常查看，可是文档较长，每次重新打开文档时都难以快速找到该处内容。此时，可以使用书签功能，为该内容设置书签，下次查看时就可以利用书签的定位功能快速找到目标位置。

解决方法

如果要在文档中插入书签，具体操作方法如下。

步骤01 打开素材文件（位置：素材文件\第6章\员工手册1.docx），❶将光标定位到需要插入书签的位置；❷单击【插入】选项卡【链接】组中的【书签】按钮，如下图所示。

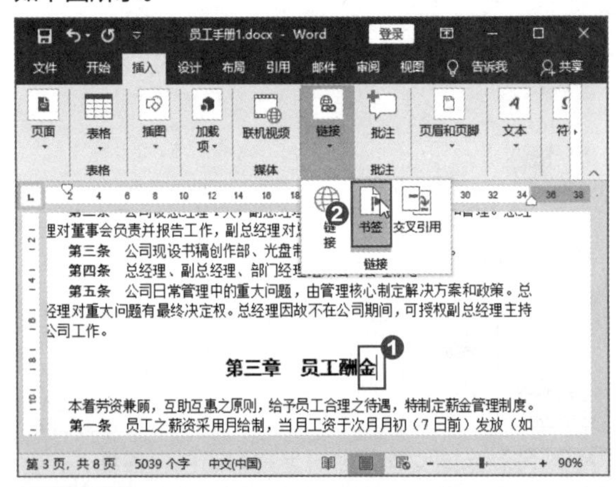

步骤02 ❶打开【书签】对话框，在【书签名】文本框中输入书签名称；❷单击【添加】按钮即可添加一个书签，如下图所示。

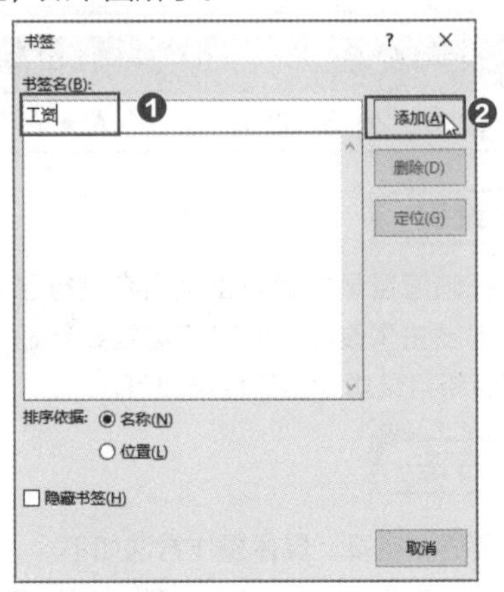

步骤03 ❶如果要删除书签，则选中需要删除的书签名称；❷单击【删除】按钮即可将其删除，如下图所示。

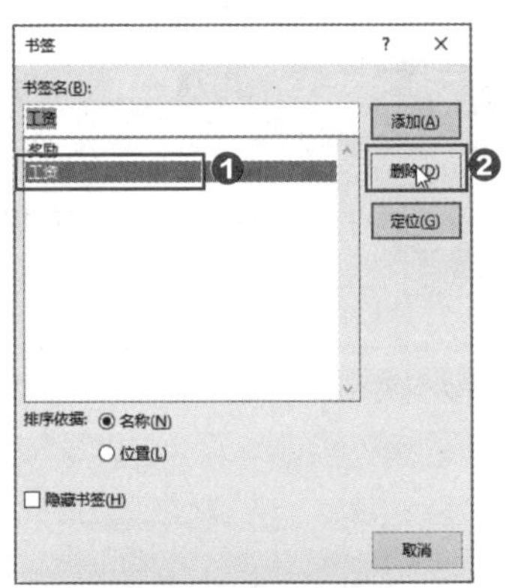

温馨提示

为文档插入书签之后，可以在【书签】对话框中使用书签定位到目标位置。

6.2 添加题注、脚注和尾注的技巧

在编辑文档时，有时候为了让读者更容易理解文档中的内容，需要添加题注、脚注和尾注。本节主要介绍添加题注、脚注和尾注的相关技巧。

128：为图片添加题注

适用版本	实用指数
2010、2013、2016、2019	★★★★☆

使用说明

题注由题注标签、流水号和说明文字这三个部分组成，下面介绍为图片添加题注的方法。

解决方法

如果要为图片插入题注，具体操作方法如下。

步骤01 打开素材文件(位置：素材文件\第6章\植物分类.docx)，❶选中图片；❷单击【引用】选项卡【题注】组中的【插入题注】按钮，如下图所示。

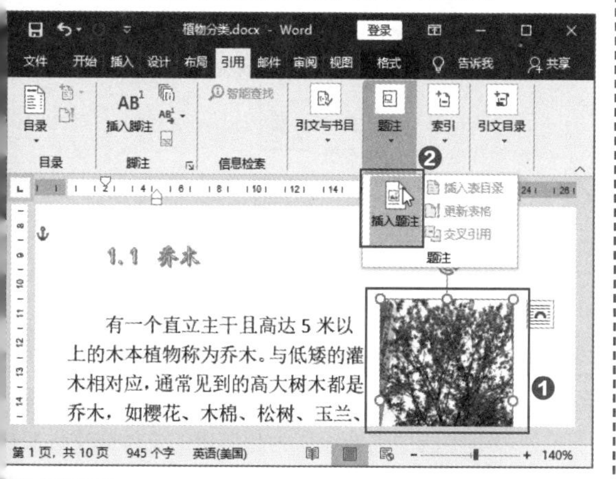

步骤02 打开【题注】对话框，单击【新建标签】按钮，如下图所示。

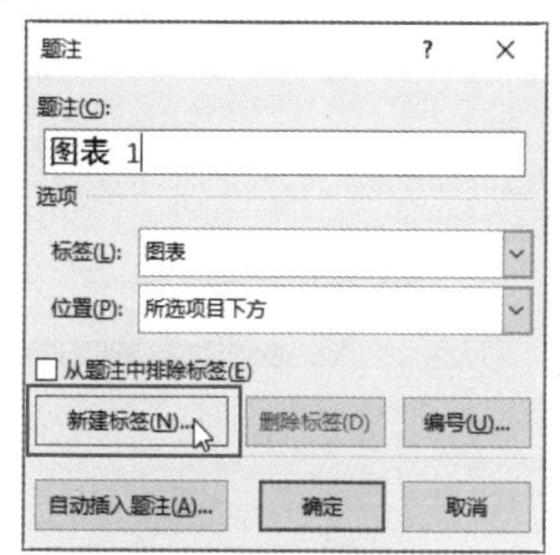

温馨提示

选中表格，也可以为表格添加题注，操作方法与为图片添加题注相同。

步骤03 ❶打开【新建标签】对话框，在【标签】文本框中输入标签内容；❷单击【确定】按钮，如下图所示。

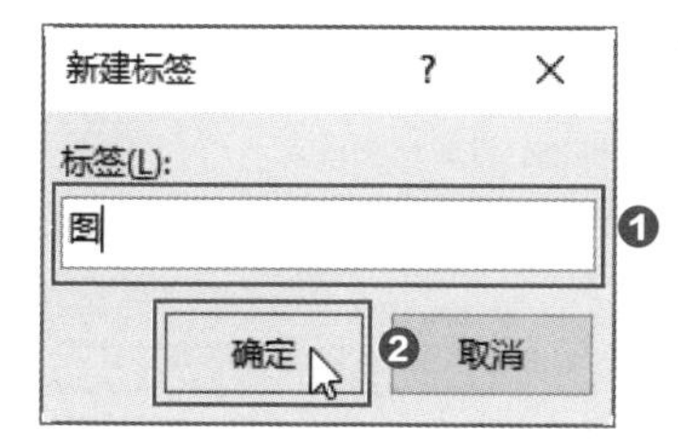

步骤04 ❶返回【题注】对话框，在【标签】下拉列表中选择标签；❷在【题注】文本框的数字编号后输入说明文字；❸在【位置】下拉列表中选择题注的位置；❹单击【确定】按钮，如下图所示。

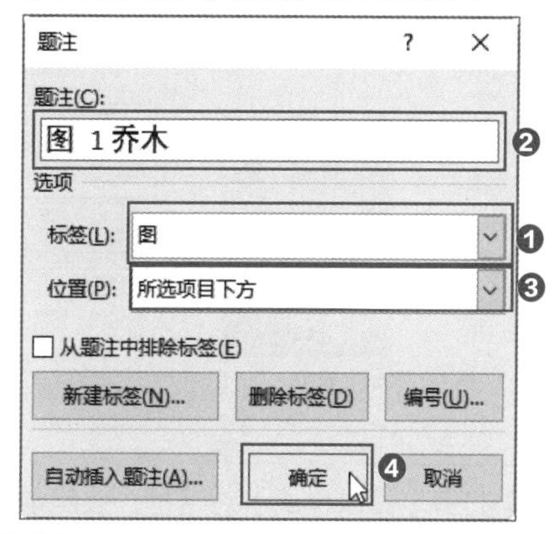

步骤05 操作完成后即可在文档中查看题注，如下图所示。其中的【图】是题注标签；【1】是图片的流水号，说明是文中的第一张图；【乔木】为图片的说明文字。

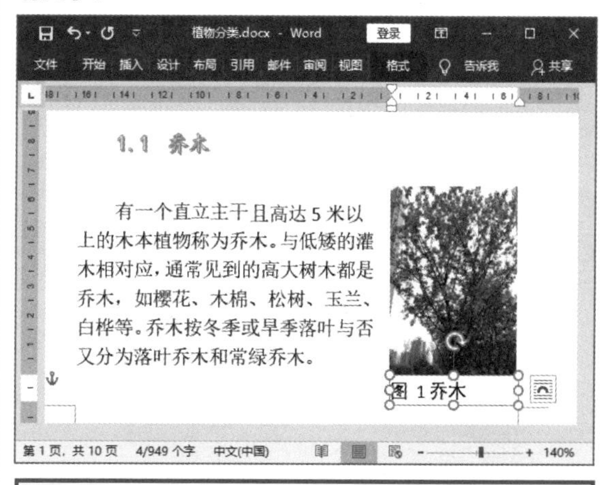

129：修改题注的样式

适用版本	实用指数
2010、2013、2016、2019	★★★★☆

使用说明

题注默认为正文样式，如果对默认的样式不满意，可以进行更改。

解决方法

如果要修改题注的样式，具体操作方法如下。

步骤01 打开素材文件(位置：素材文件\第6章\植物分类 1.docx)，❶按照前面所学的方法打开【样式】窗格，在【题注】上右击；❷在弹出的快捷菜单中选择【修改】命令，如下图所示。

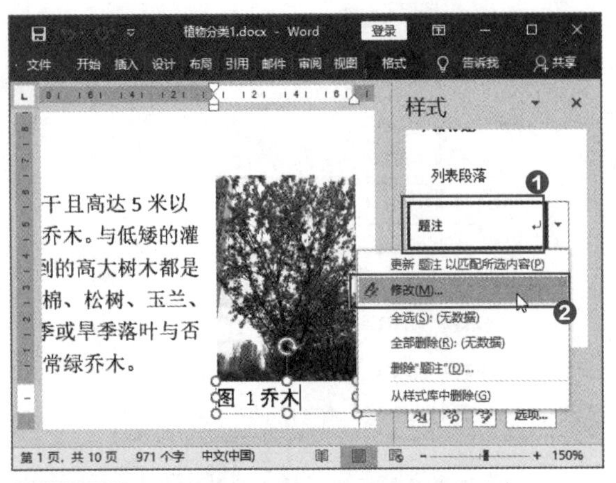

步骤02 打开【修改样式】对话框，按照前面所学的方法为题注修改样式即可，如下图所示。

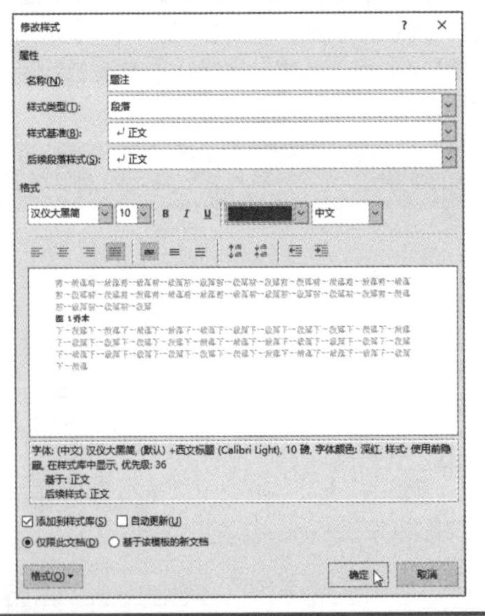

130：使用超链接快速打开资料文档

适用版本	实用指数
2010、2013、2016、2019	★★★★★

使用说明

在编辑长文档时，经常要使用很多其他的文档、图片等资料。若经常需要使用某个文件或文件夹中的资料，但每次都要打开此文件或文件夹查找将会很麻烦。此时可以将此文件或文件夹以链接的方式插入到文档中，使用时只要单击此链接即可打开该文件或文件夹。

解决方法

如果要设置使用超链接打开文档，具体操作方法如下。

步骤01 打开素材文件（位置：素材文件\第 6 章\植物分类 3.docx），❶将光标定位到文档中需要插入超链接的位置；❷单击【插入】选项卡【链接】组中的【链接】按钮，如下图所示。

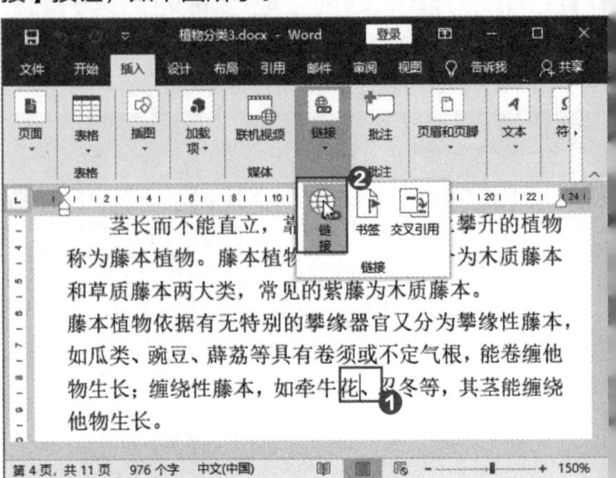

步骤02 ❶打开【插入超链接】对话框，在【查找范围】下拉列表框中选中需要设置为超链接的文件或文件夹；❷在【要显示的文字】文本框中输入该超链接在文档中显示的文字；❸单击【确定】按钮，如下图所示。

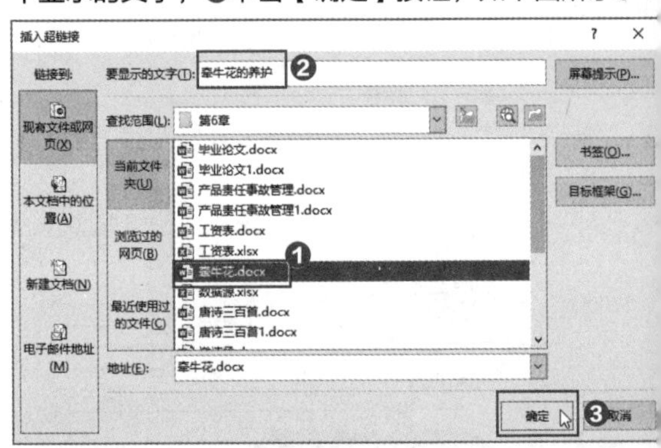

步骤03 在文档中插入该文件的超链接，以后需要打开该文件时只需按住【Ctrl】键，然后单击该超链接即可，如下图所示。

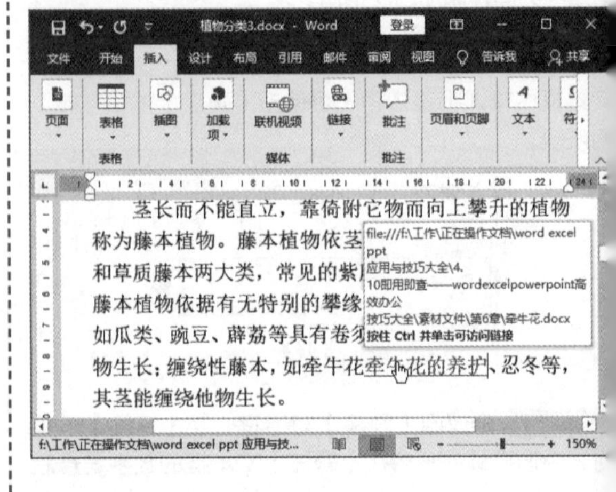

131：在当前页插入脚注

适用版本	实用指数
2010、2013、2016、2019	★★★★☆

使用说明

脚注出现在文档中当前页的底端，即对哪一页中的内容插入脚注，其脚注内容则显示在那一页的底端。

解决方法

如果要为文档插入脚注，具体操作方法如下。

步骤01 打开素材文件（位置：素材文件\第6章\唐诗三百首.docx），❶将光标定位到需要插入脚注的位置；❷单击【引用】选项卡【脚注】组中的【插入脚注】按钮，如下图所示。

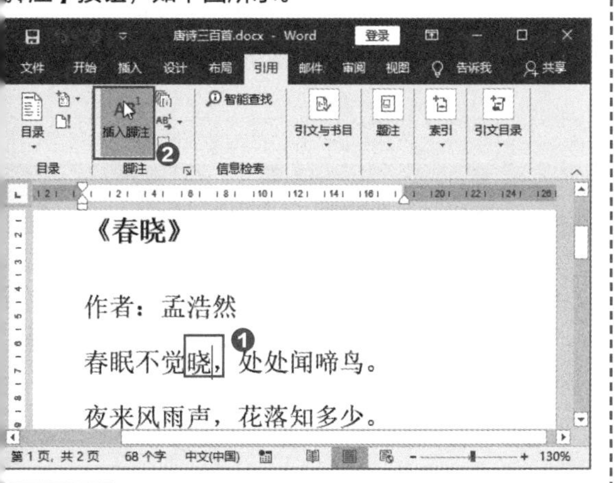

步骤02 正文和页面下方将出现相同的序号，在下方输入页脚内容，如下图所示。

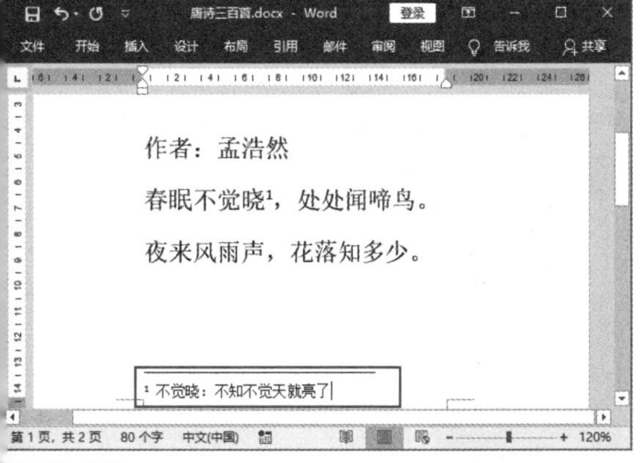

步骤03 按照相同的方法添加其他页脚即可，如右上图所示。

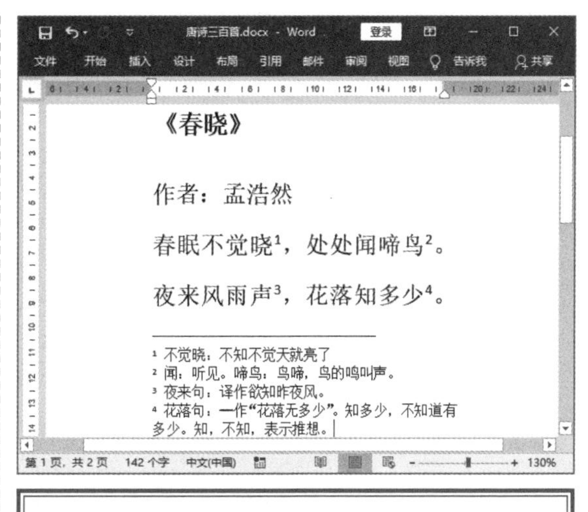

132：在文档末尾插入尾注

适用版本	实用指数
2010、2013、2016、2019	★★★★☆

使用说明

所谓尾注，是一种将注解放在文档或章节最末端的标注方法。它的优点是可以统一查看整篇文档的注释，印刷时比较方便。

解决方法

如果要为文档插入尾注，具体操作方法如下。

步骤01 打开素材文件（位置：素材文件\第6章\唐诗三百首.docx），❶将光标定位到需要插入尾注的位置；❷单击【引用】选项卡【脚注】组中的【插入尾注】按钮，如下图所示。

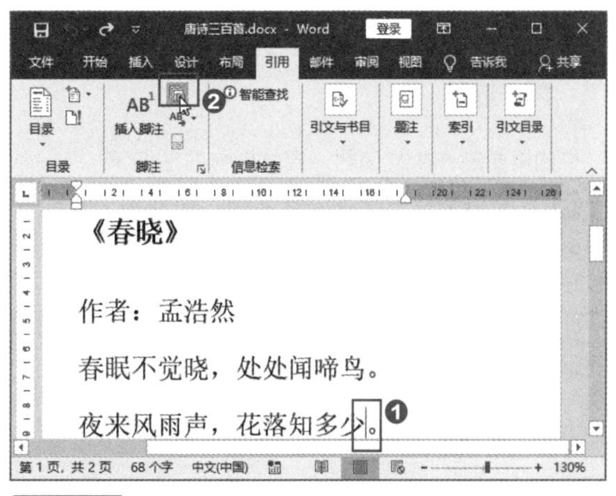

步骤02 在文档的最后一页将出现与文中一样的编号，在编号处输入尾注文字即可，如下图所示。

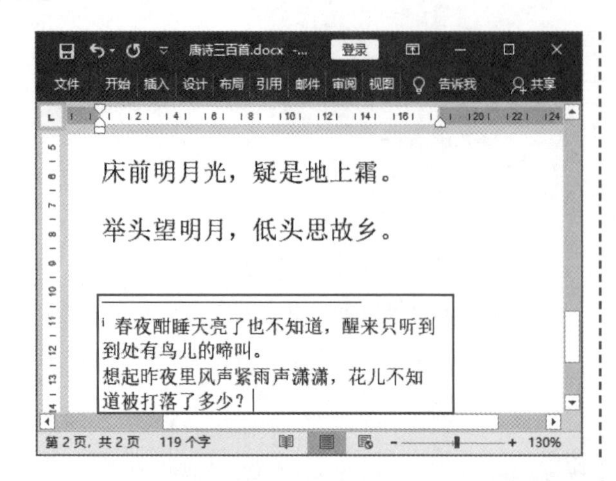

技能拓展

如果要删除脚注或尾注，可以选中文中脚注或尾注的序号，删除序号后下方的脚注序号和脚注内容就会自动删除。

6.3 Word 邮件合并应用技巧

邮件合并功能不仅能处理与邮件相关的文档，还可以帮助用户批量制作标签、工资条、邀请函等。本节主要介绍一些邮件合并的使用技巧。

133：利用向导创建中文信封

适用版本	实用指数
2010、2013、2016、2019	★★★★★

使用说明

虽然现在许多办公室都配置了打印机，但大部分打印机都不能直接将邮政编码、收件人、寄件人打印至信封的正确位置。Word 提供了信封制作向导功能，可以帮助用户快速制作和打印信封。

解决方法

如果要制作中文信封，具体操作方法如下。

步骤01 ❶新建一个 Word 文档，切换到【邮件】选项卡；❷单击【创建】组中的【中文信封】按钮，如右侧上图所示。

步骤02 打开【信封制作向导】对话框，单击【下一步】按钮，如右侧下图所示。

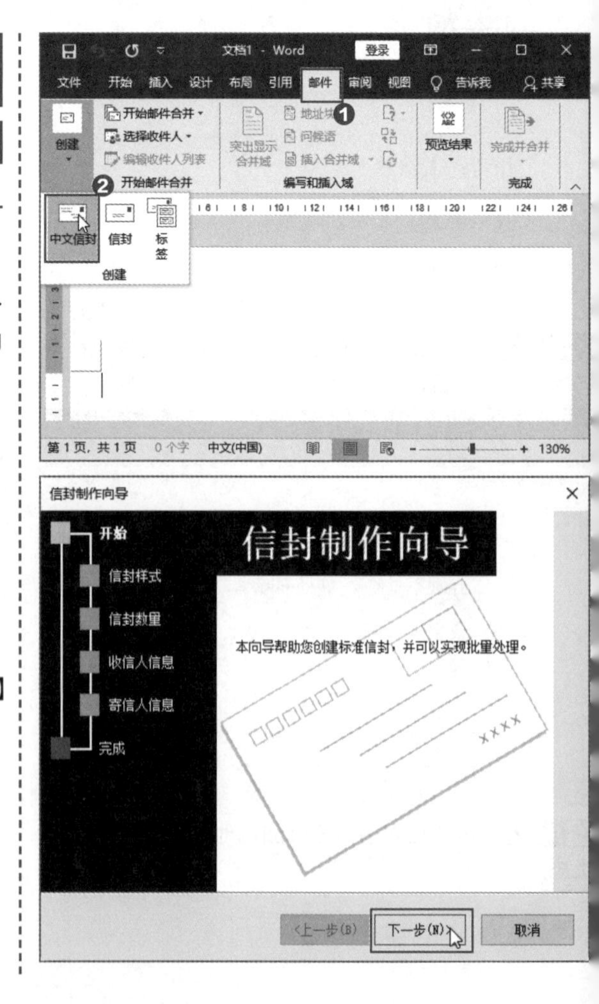

步骤03 ❶在【信封样式】下拉列表框中选择一种信封样式；❷单击【下一步】按钮，如下图所示。

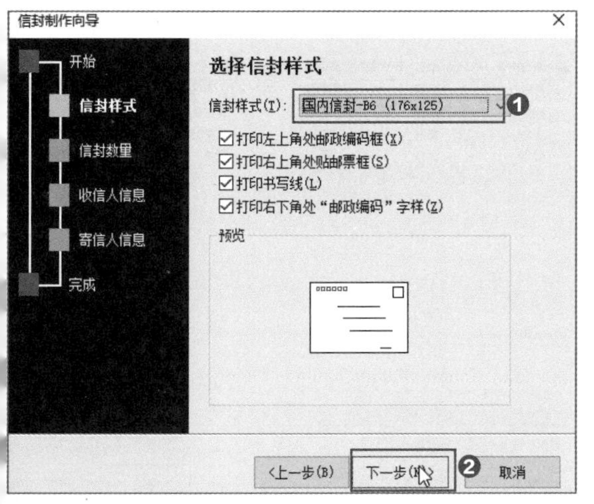

步骤04 ❶选中【键入收信人信息，生成单个信封】单选按钮；❷单击【下一步】按钮，如下图所示。

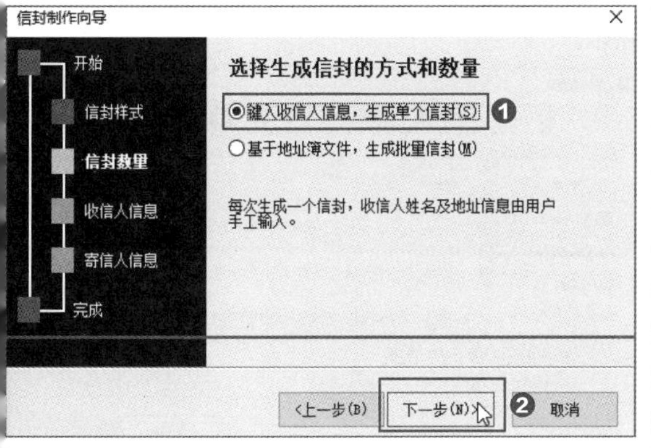

步骤05 ❶输入收信人的姓名、称谓、单位、地址和邮编信息；❷单击【下一步】按钮，如下图所示。

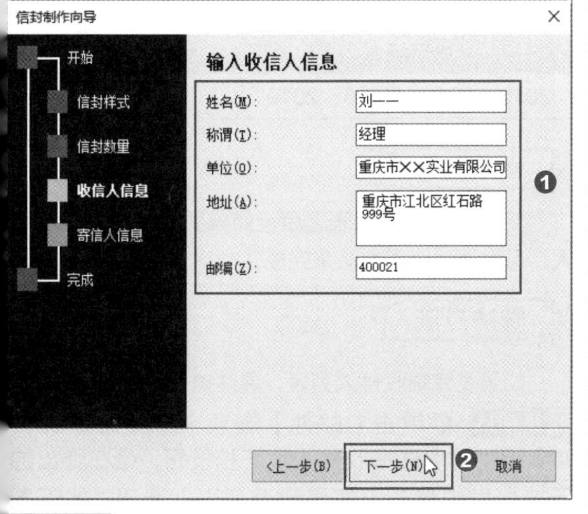

步骤06 ❶输入寄信人的姓名、单位、地址和邮编信息；❷单击【下一步】按钮，如右上图所示。

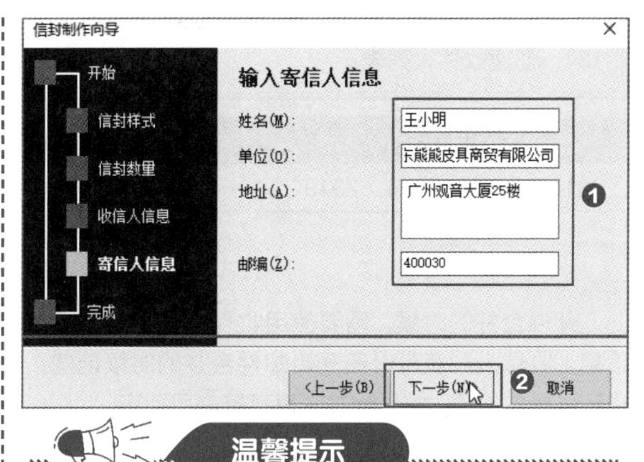

温馨提示

在制作信封的过程中，可以在【信封制作向导】对话框中输入寄信人信息，也可以不输入寄信人信息，后期再行添加。

步骤07 创建完成后单击【完成】按钮，如下图所示。

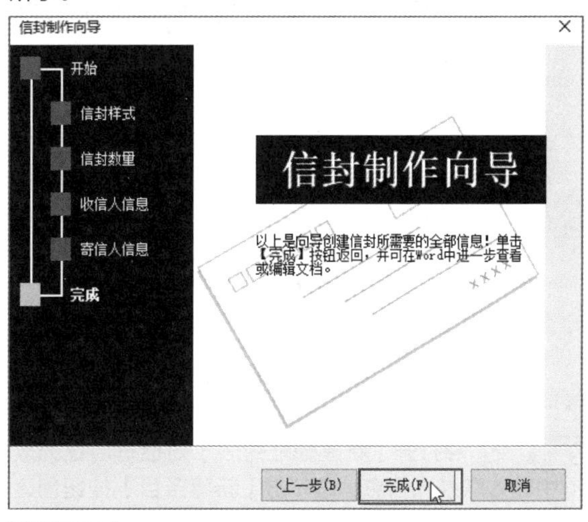

步骤08 此时将新建并打开一个 Word 文档，从文档中即可查看信封的效果，如下图所示。

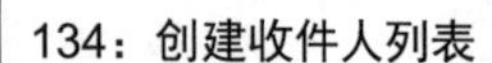

134：创建收件人列表

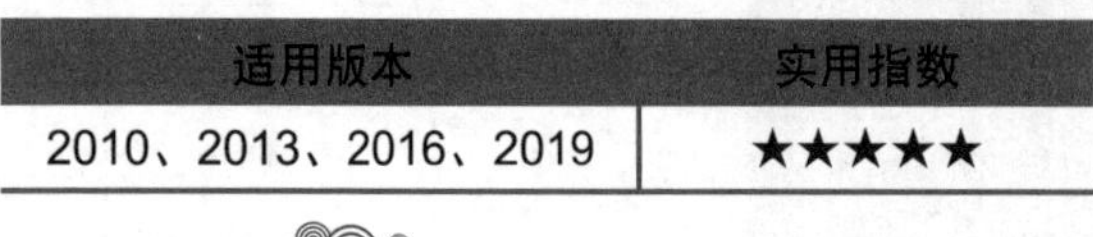

适用版本	实用指数
2010、2013、2016、2019	★★★★★

使用说明

邮件合并的时候，需要使用收件人列表中的相关信息。收件人列表可以在开始邮件合并的时候创建，也可以提前创建，邮件合并时再直接使用即可。

解决方法

如果要创建收件人列表，具体操作方法如下。

步骤01 ❶单击【邮件】选项卡【开始邮件合并】组中的【选择收件人】下拉按钮；❷在弹出的下拉列表中选择【键入新列表】选项，如下图所示。

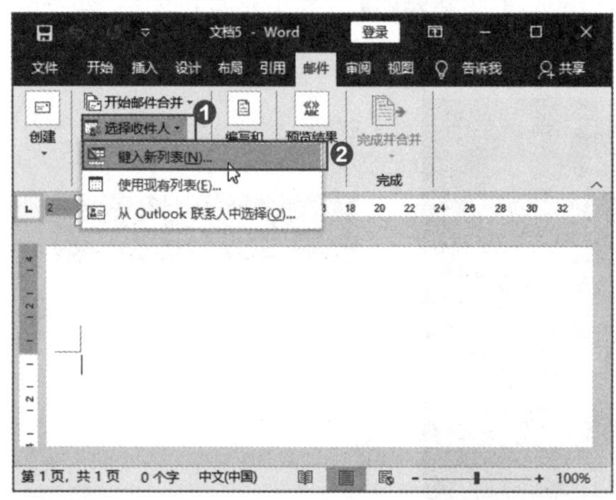

步骤02 ❶打开【新建地址列表】对话框，在列表框中输入联系人信息；❷单击【新建条目】按钮创建下一个联系人的信息，如下图所示。

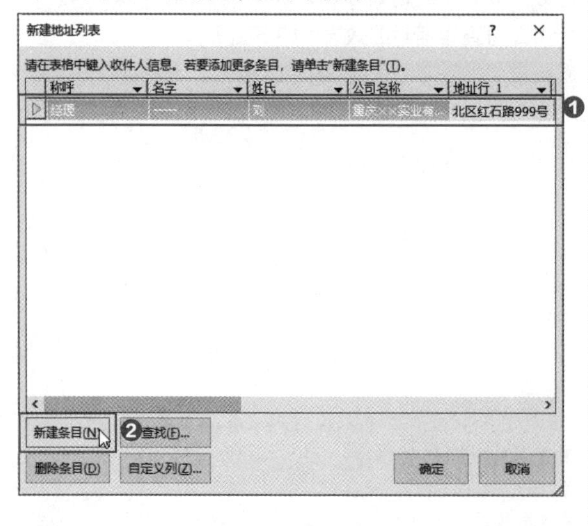

步骤03 创建完成后单击【确定】按钮，如下图所示。

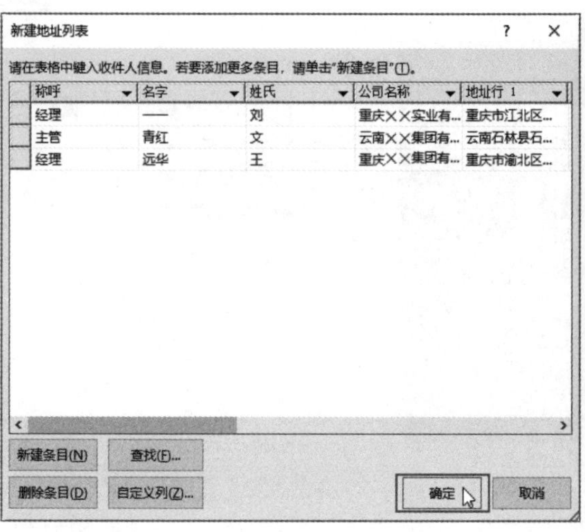

步骤04 ❶打开【保存通讯录】对话框，设置保存路径；❷设置文件名；❸单击【保存】按钮，如下图所示。

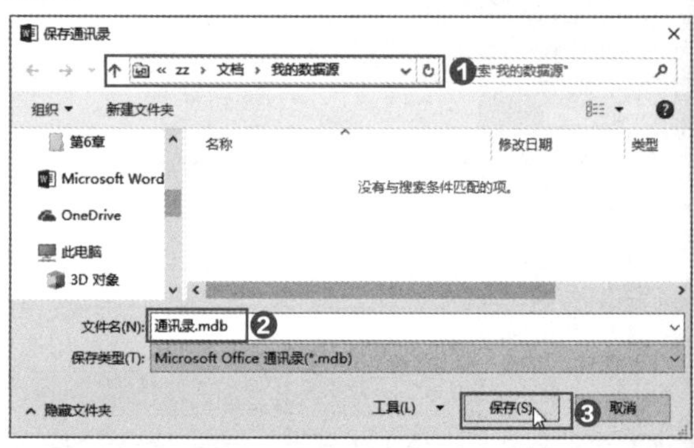

135：编辑收件人列表

适用版本	实用指数
2010、2013、2016、2019	★★★★★

使用说明

新建了收件人列表之后，如果要添加或删除联系人，可以通过以下方法来完成。

解决方法

如果要编辑收件人列表，具体操作方法如下。

步骤01 ❶单击【邮件】选项卡【开始邮件合并】组中的【选择收件人】下拉按钮；❷在弹出的下拉列表中选择【使用现有列表】选项，如下图所示。

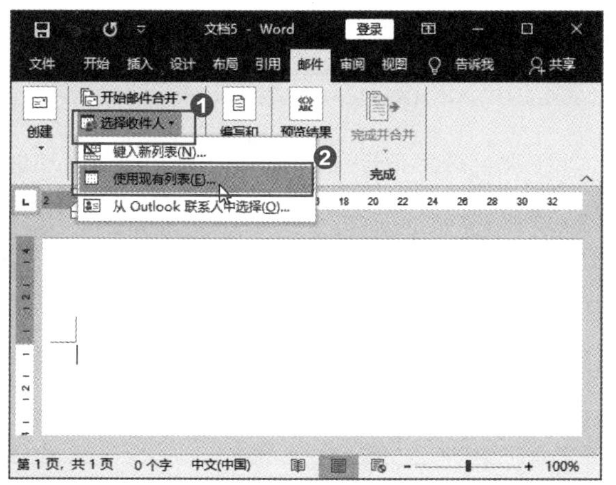

步骤02 ❶打开【选取数据源】对话框，选择数据源；❷单击【打开】按钮，如下图所示。

步骤03 单击【邮件】选项卡【开始邮件合并】组中的【编辑收件人列表】按钮，如下图所示。

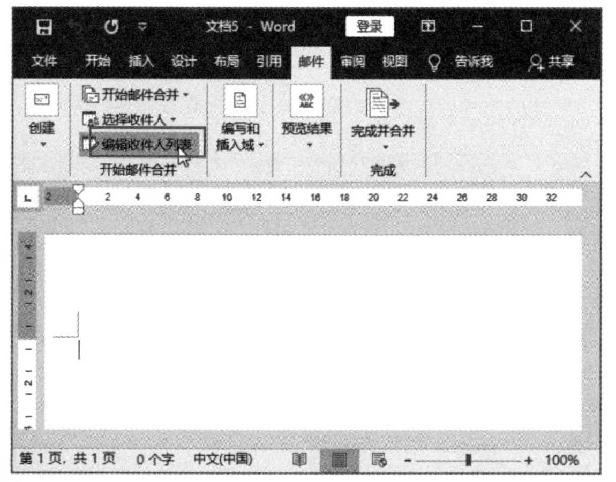

步骤04 ❶打开【邮件合并收件人】对话框，在【数据源】列表框中选择要修改的数据源；❷单击【编辑】按钮，如右上图所示。

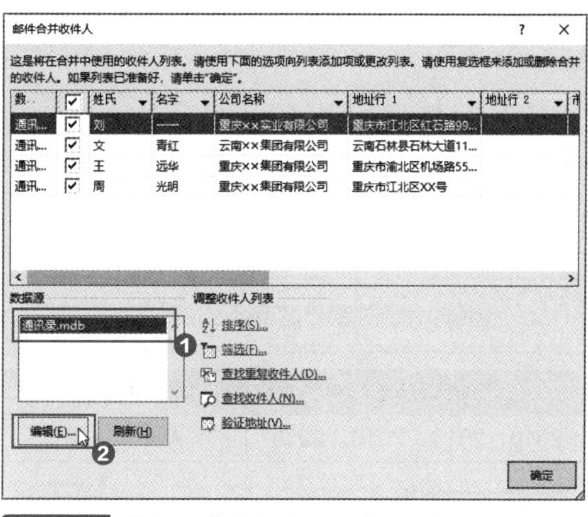

步骤05 ❶打开【编辑数据源】对话框，选择需要删除的数据源；❷单击【删除条目】按钮；❸在弹出的提示对话框中单击【是】按钮，如下图所示。

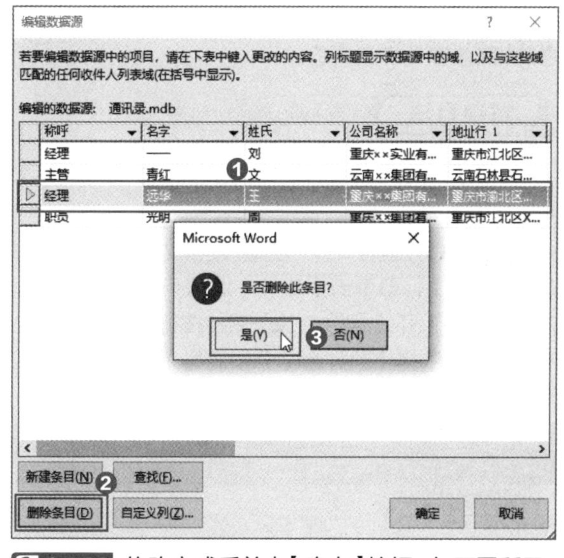

步骤06 修改完成后单击【确定】按钮，如下图所示。

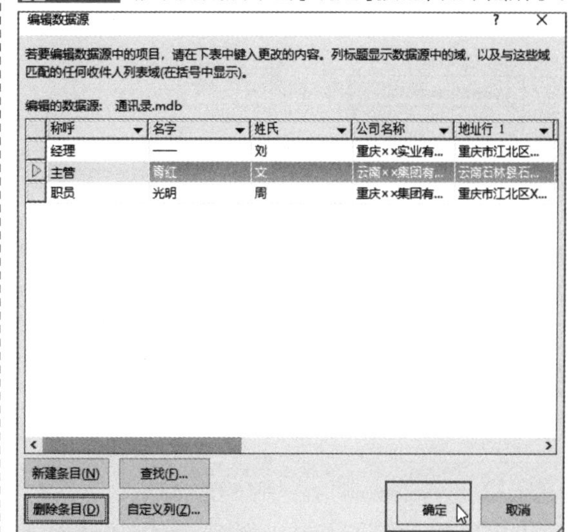

步骤07 在弹出的提示对话框中单击【是】按钮即可，如下图所示。

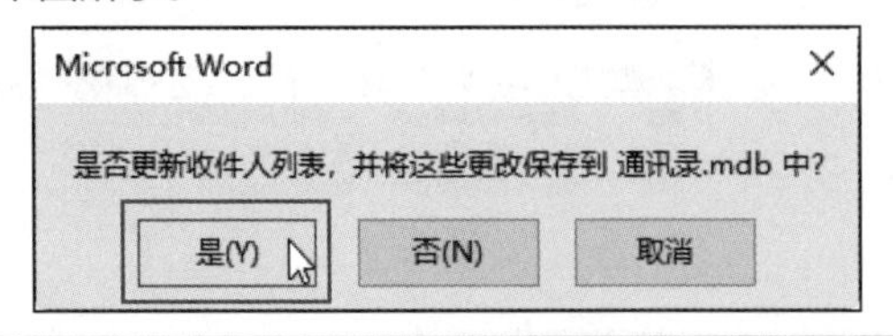

136：使用邮件合并制作邀请函

适用版本	实用指数
2010、2013、2016、2019	★★★★★

使用说明

在工作中有时需要制作一些邀请函，此类邀请函除了邀请的姓名不同之外，其余部分完全相同。如果一个一个地制作，难免浪费时间，此时可以使用邮件合并功能批量制作邀请函。

解决方法

如果要使用邮件合并功能制作邀请函，具体操作方法如下。

步骤01 打开素材文件（位置：素材文件\第6章\邀请函.docx），❶单击【邮件】选项卡【开始邮件合并】组中的【开始邮件合并】下拉按钮；❷在弹出的下拉列表中选择【邮件合并分步向导】选项，如下图所示。

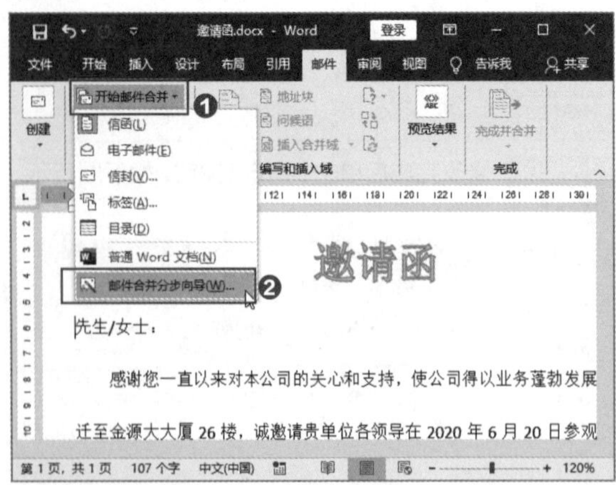

步骤02 ❶打开【邮件合并】窗格，在【选择收件人】栏中选中【使用现有列表】单选按钮；❷单击【浏览】超链接，如右上图所示。

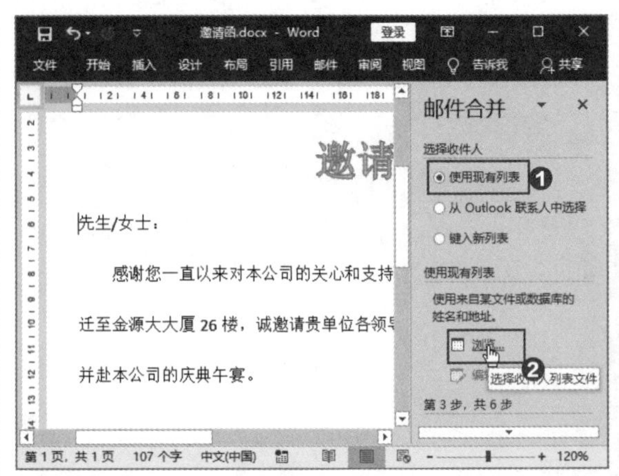

步骤03 ❶打开【选取数据源】对话框，选择想要添加的数据源；❷单击【打开】按钮，如下图所示。

步骤04 ❶弹出【邮件合并收件人】对话框，勾选要添加的收件人；❷单击【确定】按钮，如下图所示。

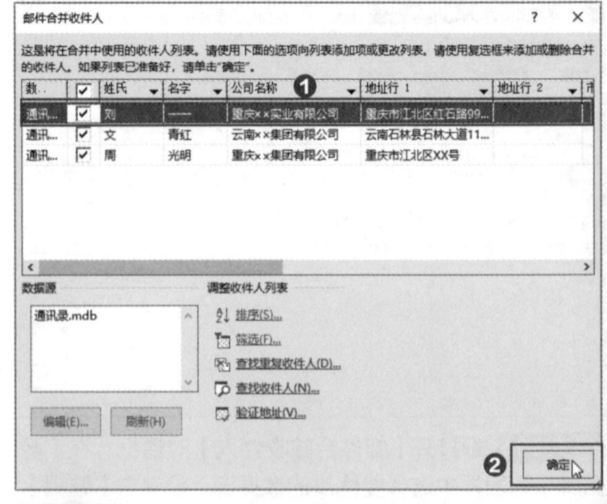

步骤05 在【邮件合并】窗格中单击【下一步：撰写信函】超链接，如下图所示。

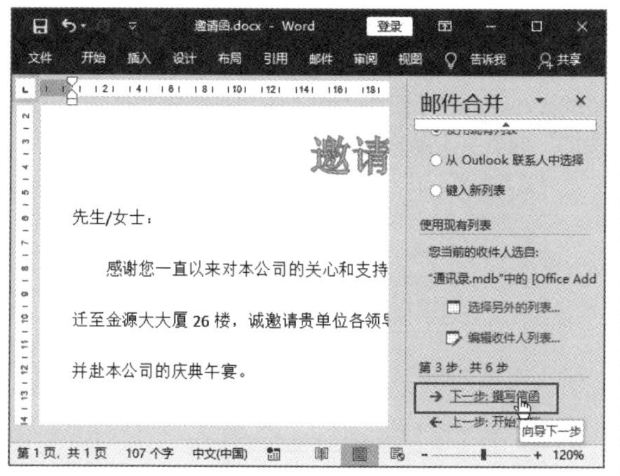

步骤06 在【撰写信函】栏中选择需要将收件人的哪些信息加入文档中，此处单击【其他项目】超链接，如下图所示。

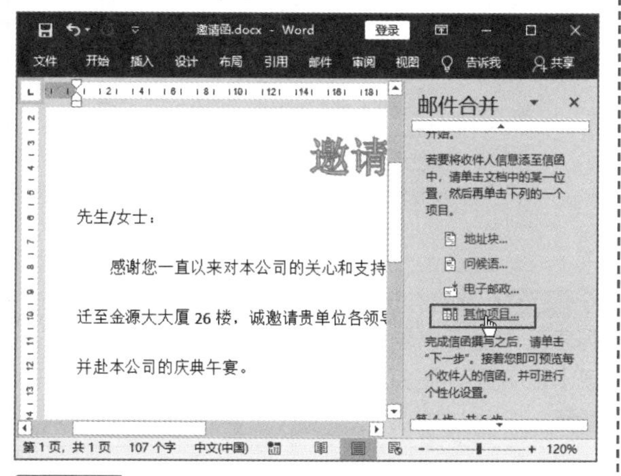

步骤07 ❶打开【插入合并域】对话框，在【域】列表框中选择【姓氏】；❷单击【插入】按钮，如下图所示。

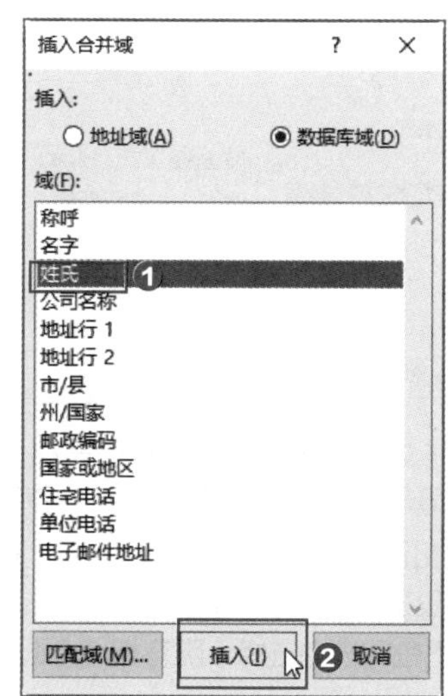

步骤08 ❶在【域】列表框中选择【名字】；❷单击【插入】按钮；❸单击【关闭】按钮，如右上图所示。

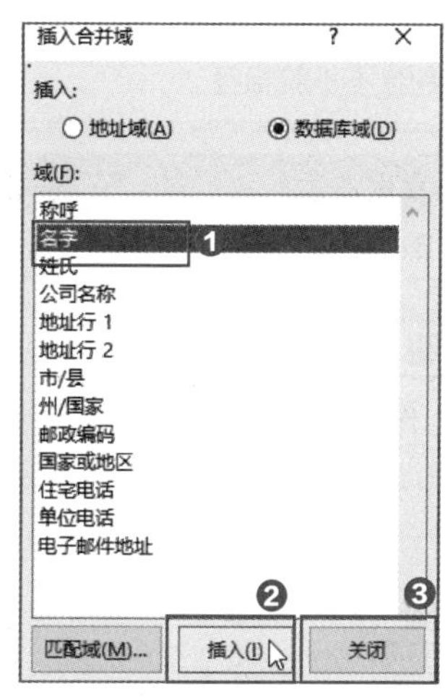

步骤09 在【邮件合并】窗格中单击【下一步：预览信函】超链接，如下图所示。

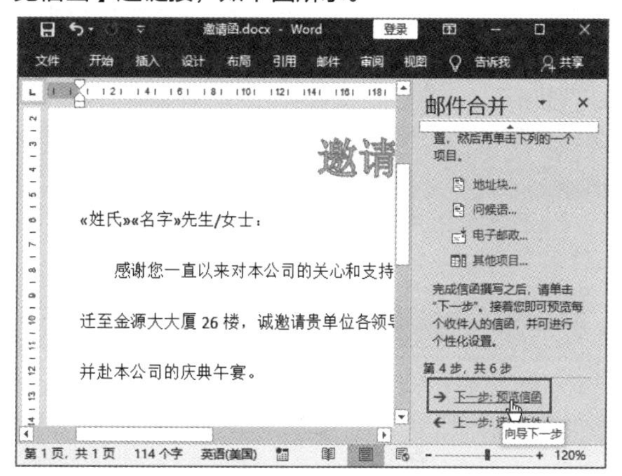

步骤10 ❶在【预览信函】栏中单击 << 和 >> 按钮查看各联系人的邀请函；❷单击【下一步：完成合并】超链接完成制作，如下图所示。

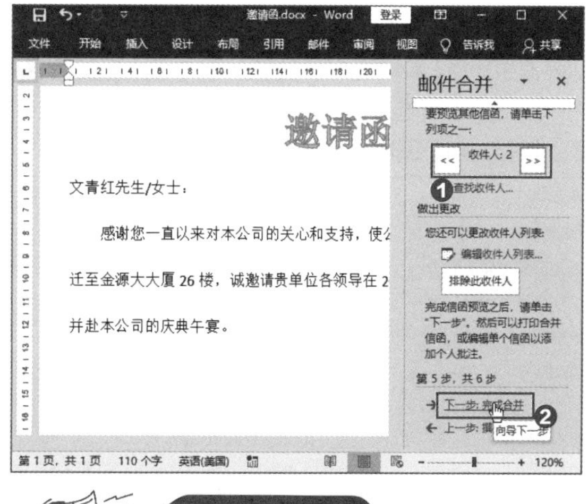

温馨提示

邀请函制作完成后可以直接打印，也可以保存在计算机中供以后打印。

137：如何制作不干胶标签

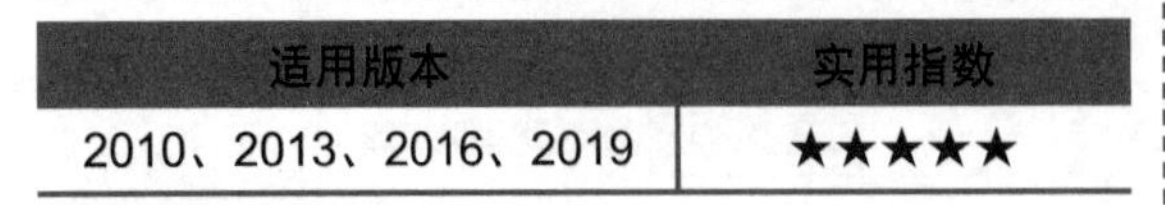

适用版本	实用指数
2010、2013、2016、2019	★★★★★

使用说明

在实际工作中，经常用到不干胶标签。用户可以准备好不干胶纸，使用 Word 的【邮件合并】功能制作不干胶标签。

解决方法

如果要制作不干胶标签，具体操作方法如下。

步骤01 ❶启动Word程序，新建空白文档，单击【邮件】选项卡【开始邮件合并】组中的【开始邮件合并】下拉按钮；❷在弹出的下拉列表中选择【标签】选项，如下图所示。

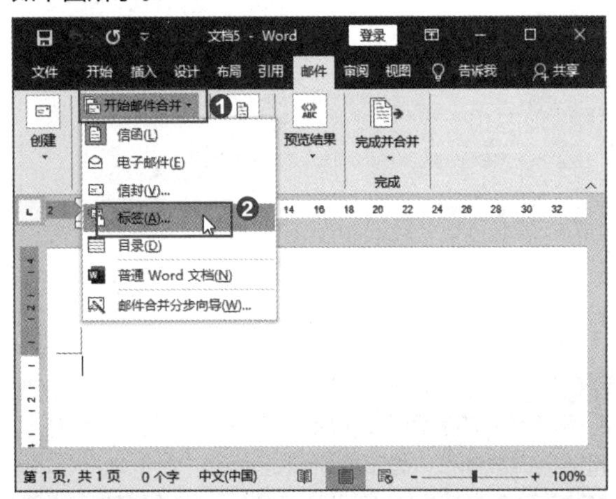

步骤02 ❶打开【标签选项】对话框，在【产品编号】列表框中选择【A4（纵向）】选项，在右侧【标签信息】栏中会显示出所选产品编号的信息；❷单击【新建标签】按钮，如下图所示。

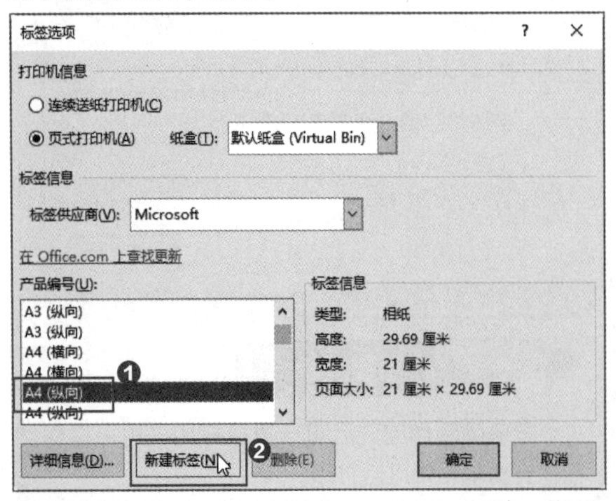

步骤03 ❶打开【标签详情】对话框，在【标签名称】文本框中输入标签名称；❷在下方的数值框中设置标签的大小；❸在【页面大小】下拉列表框中选择【A4】选项；❹单击【确定】按钮，如下图所示。

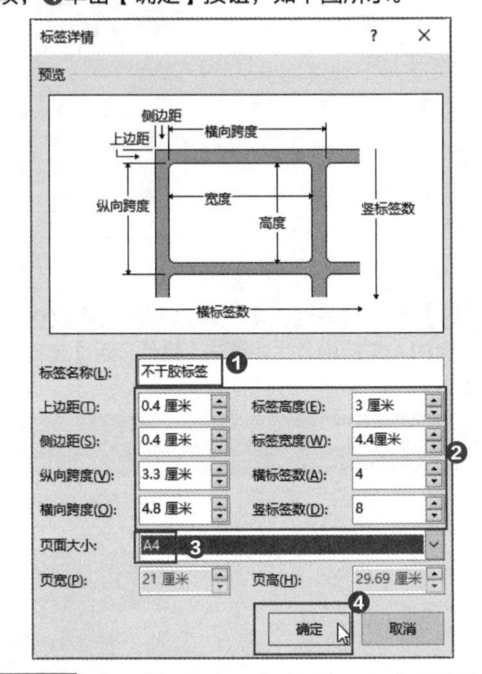

步骤04 返回【标签选项】对话框，在【产品编号】列表框中显示出制作的标签，并会在右侧【标签信息】栏中显示标签信息，单击【确定】按钮，如下图所示。

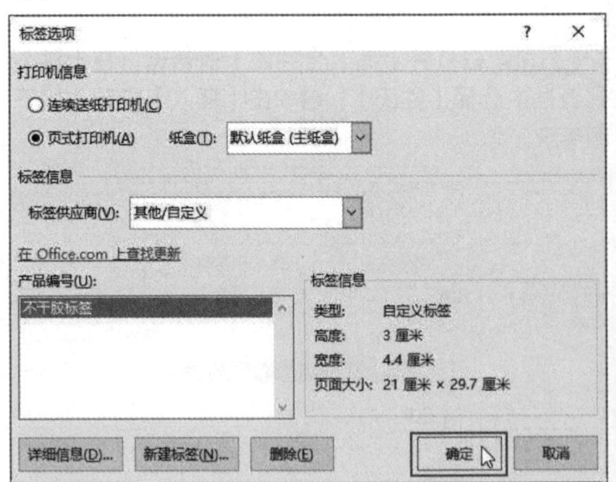

步骤05 在文档中插入设计的标签表格，但是插入的表格没有显示框线。为了方便查看，❶单击表格左上角的⊞按钮选中整个表格；❷切换到【开始】选项卡；❸在【段落】组中单击【边框】下拉按钮⊞·；❹从弹出的下拉列表中选择【所有框线】选项，如下图所示。

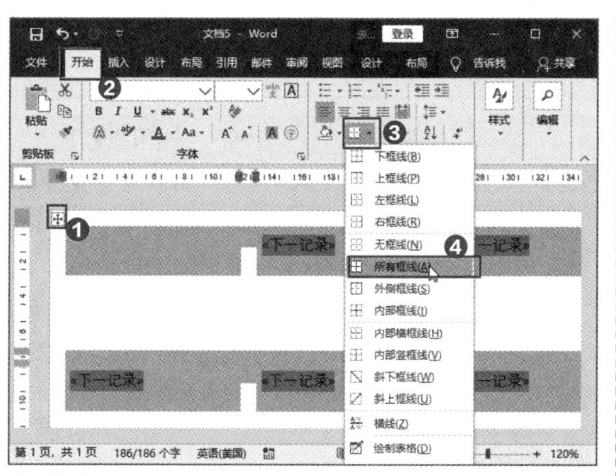

步骤06 ❶将光标定位到第一个单元格中，单击【邮件】选项卡【开始邮件合并】组中的【选择收件人】下拉按钮；❷在弹出的下拉列表中选择【使用现有列表】选项，如下图所示。

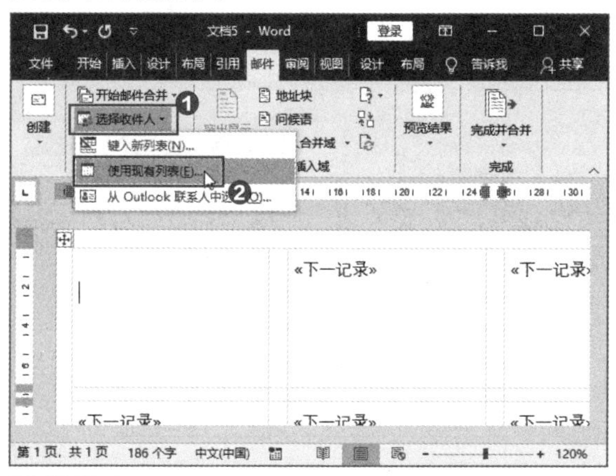

步骤07 ❶打开【选取数据源】对话框，选择数据源（位置：素材文件\第 6 章\数据源 .xlsx）；❷单击【打开】按钮，如下图所示。

步骤08 ❶打开【选择表格】对话框，选择数据源所在的工作表；❷单击【确定】按钮，如下图所示。

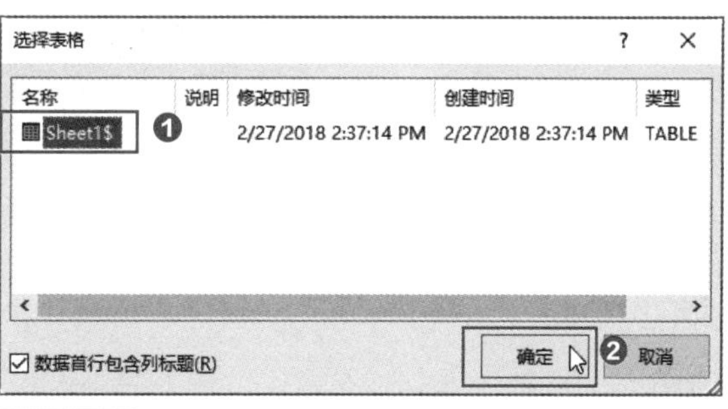

步骤09 返回文档中，在【邮件】选项卡【编写和插入域】组中单击【插入合并域】按钮，如下图所示。

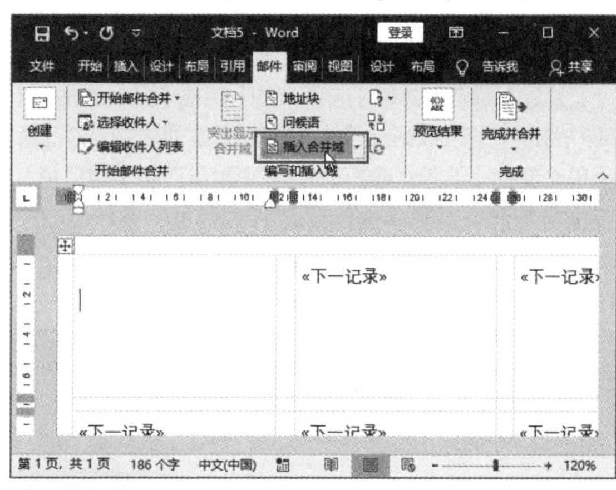

步骤10 ❶打开【插入合并域】对话框，在【域】列表框中选择【部门】选项；❷单击【插入】按钮，如下图所示。

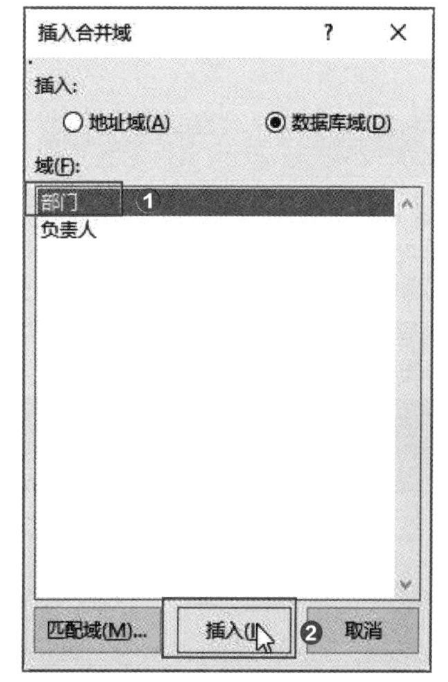

步骤11 关闭【插入合并域】对话框，返回文档中，在【编写和插入域】组中单击【更新标签】按钮，如下图所示。

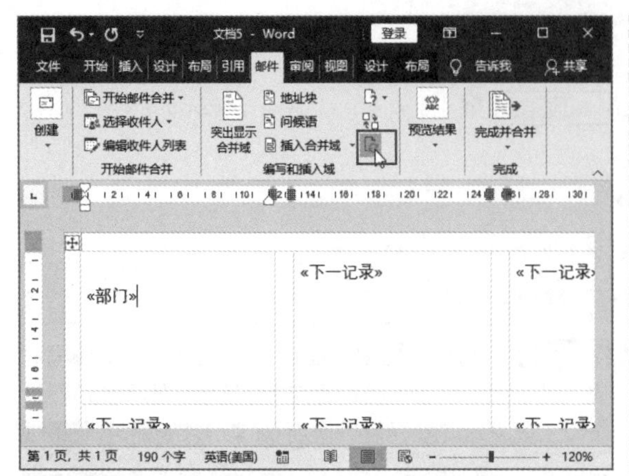

步骤12 ❶在【邮件】选项卡的【完成】组中单击【完成并合并】下拉按钮；❷从弹出的下拉列表中选择【编辑单个文档】选项；❸打开【合并到新文档】对话框，在【合并记录】栏中选择要合并的范围，系统默认选中【全部】单选按钮；❹单击【确定】按钮，如下图所示。

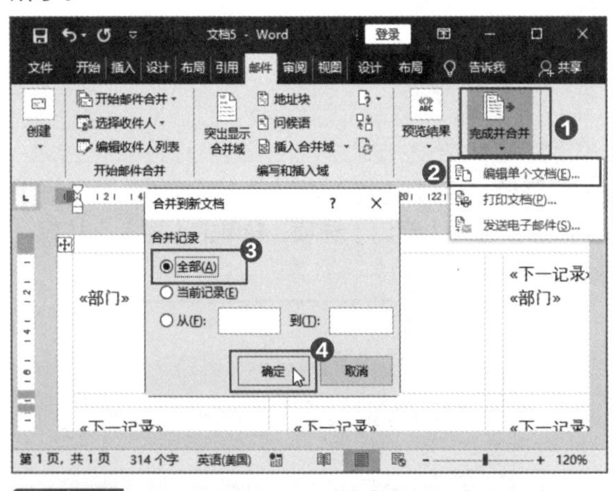

步骤13 此时新建了一个名为【标签1】的新文档，【数据源.xlsx】中的部门数据分布在各标签框中。对标签中的部门数据进行字体设置，然后准备不干胶纸，页面大小与设置的纸张大小一致，将内容打印出来即可，如下图所示。

138：使用邮件合并功能制作工资条

适用版本	实用指数
2010、2013、2016、2019	★★★★★

使用说明

用户在Excel中制作工资条时需要使用各种函数，但函数并不是很好掌握。下面介绍使用Word的【邮件合并】功能快速简单地制作工资条的方法。

解决方法

如果要制作工资条，具体操作方法如下。

步骤01 打开素材文件（位置：素材文件\第6章\工资表.docx），❶单击【邮件】选项卡【开始邮件合并】组中的【开始邮件合并】下拉按钮；❷在弹出的下拉列表中选择【目录】选项，如下图所示。

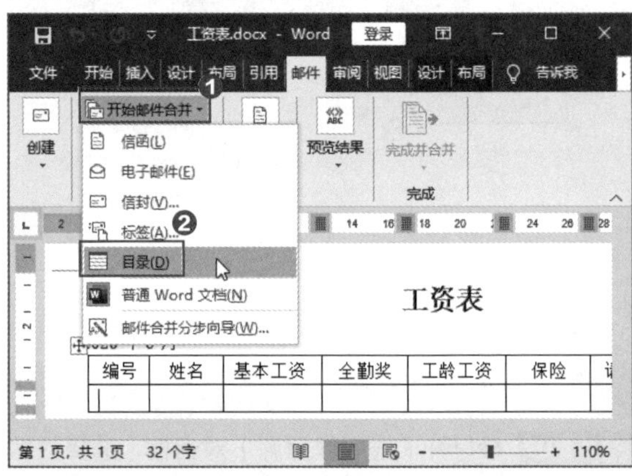

步骤02 ❶在【邮件】选项卡的【开始邮件合并】组中单击【选择收件人】下拉按钮；❷从弹出的下拉列表中选择【使用现有列表】选项，如下图所示。

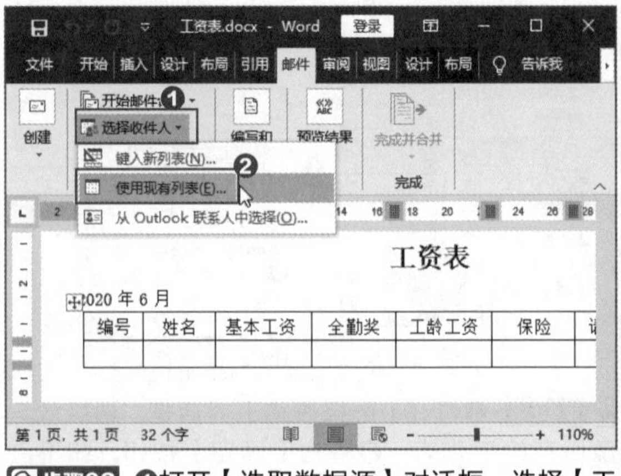

步骤03 ❶打开【选取数据源】对话框，选择【工资表.xlsx】（位置：素材文件\第6章\工资表.xlsx）选项；❷单击【打开】按钮，如下图所示。

步骤04 打开【选择表格】对话框，单击【确定】按钮，如下图所示。

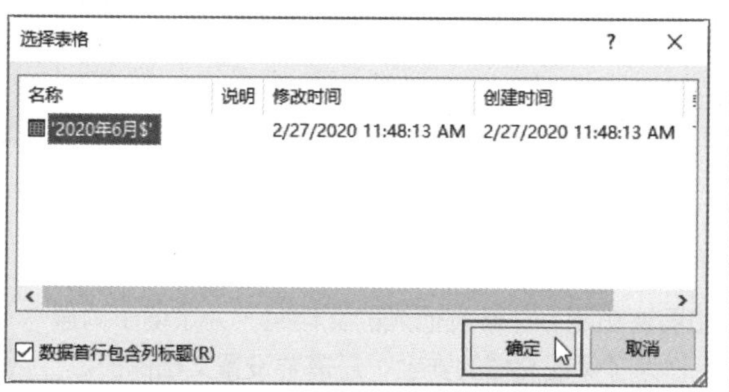

步骤05 ❶将光标定位到第 1 个单元格中；❷在【编写和插入域】组中单击【插入合并域】下拉按钮；❸在弹出的下拉列表中选择【编号】选项，如下图所示。

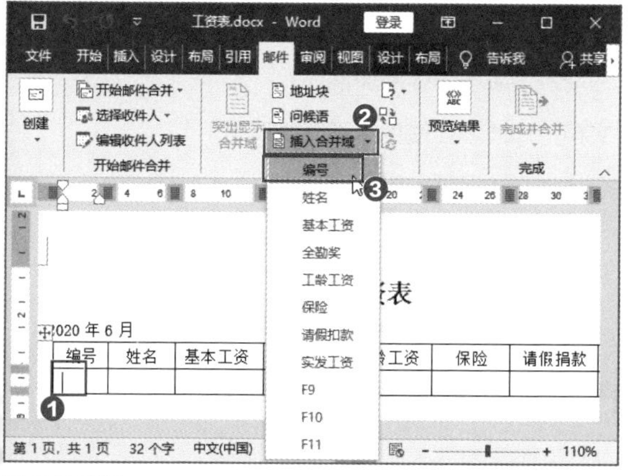

步骤06 按照同样的方法依次在其他单元格中插入相应的域内容，如右上图所示。

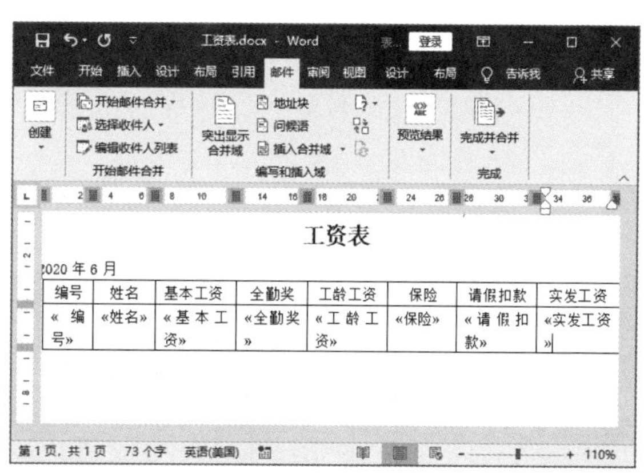

步骤07 ❶在【邮件】选项卡【完成】组中单击【完成并合并】下拉按钮；❷在弹出的下拉列表中选择【编辑单个文档】选项；❸打开【合并到新文档】对话框，在【合并记录】栏中选中【全部】单选按钮；❹单击【确定】按钮，如下图所示。

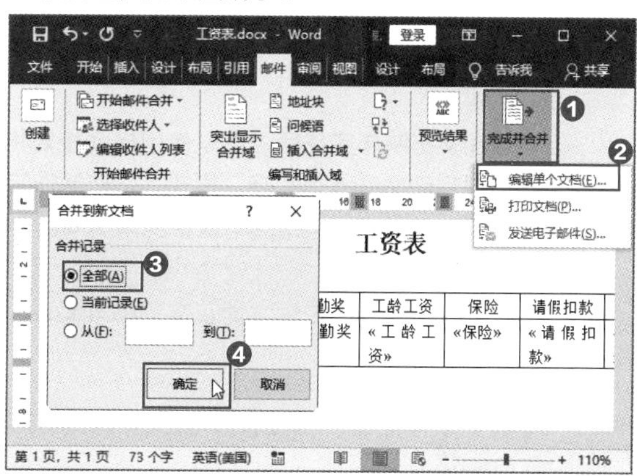

步骤08 此时新建了一个名为【目录 1】的文档，并显示出了工资条的内容。将此文档保存打印即可，如下图所示。

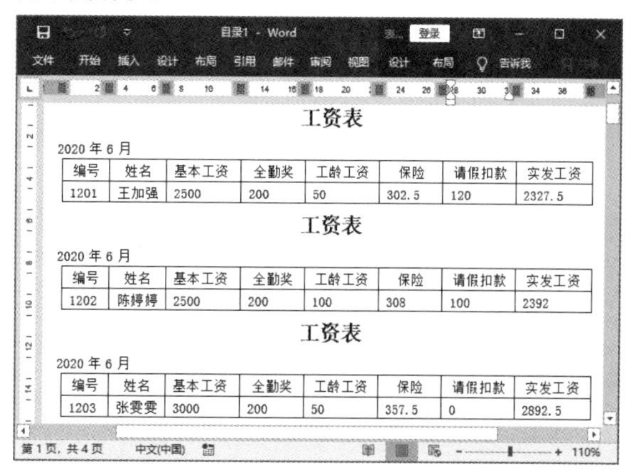

第 7 章
Word 文档的审阅与保护技巧

Word 文档制作完成后，可以使用自动校对拼写和语法功能。在修改他人的文档时，为了便于沟通交流，可以启动 Word 审阅修订模式。文档制作完成后，为了保证文档的安全，还需要设置文档保护。

下面是一些关于文档审阅与保护的常见问题，请检查你是否会处理或已掌握。

【√】文档编辑完成后，为了文档的准确性，需要对文档进行审阅，你知道怎样查找有语法错误的文字吗?

【√】在阅读他人的文档时，如果有需要提出意见的地方，应该怎样添加批注?

【√】如果要更改他人的文档，又不宜直接删除原文档，知道怎样使用修订来修改吗?

【√】如果不想让他人打开自己制作的文档，应该怎样为文档设置密码?

【√】如果不希望他人修改文档中的某些文字，是否可以只限制这些文字的编辑?

【√】文档已经制作完成，当不希望有人对文档做任何修改时，应该怎样操作?

希望通过对本章内容的学习，能解决以上问题，并学会 Word 文档的审阅与保护技巧。

7.1 Word 文档审阅技巧

文档的审阅包括校对、批注、修订等内容。掌握审阅技能，可以检查文档的错误、自动修正错误、添加修改意见等。下面介绍文档审阅的技巧。

139：如何自动更正错误词组

适用版本	实用指数
2010、2013、2016、2019	★★★★★

使用说明

在撰写稿件或文章时，难免会写错一些词组，比如“出类拔萃”容易写成“出类拔粹”。为了防止这种问题的发生，可以使用 Word 的自动更正功能。

解决方法

如果要自动更正错误词组，具体操作方法如下。

步骤01 ❶打开【Word 选项】对话框，切换到【校对】选项卡；❷单击【自动更正选项】栏中的【自动更正选项】按钮，如下图所示。

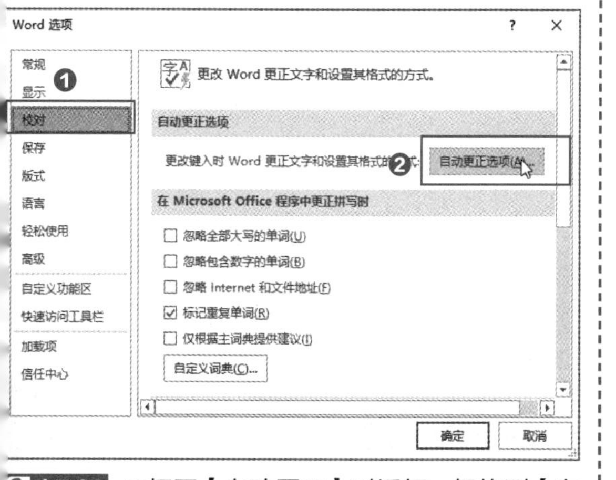

步骤02 ❶打开【自动更正】对话框，切换到【自动更正】选项卡；❷在【替换】和【替换为】文本框中分别输入文本【出类拔粹】和【出类拔萃】；❸单击【添加】按钮，如右上图所示。

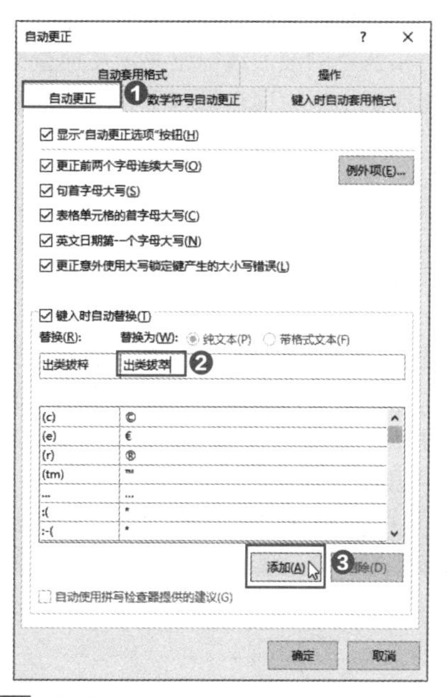

步骤03 此时即可将其添加到下方的列表框中。依次单击【确定】按钮，关闭对话框即可。这样当在文档中输入【出类拔粹】时，系统会自动更正为【出类拔萃】，如下图所示。

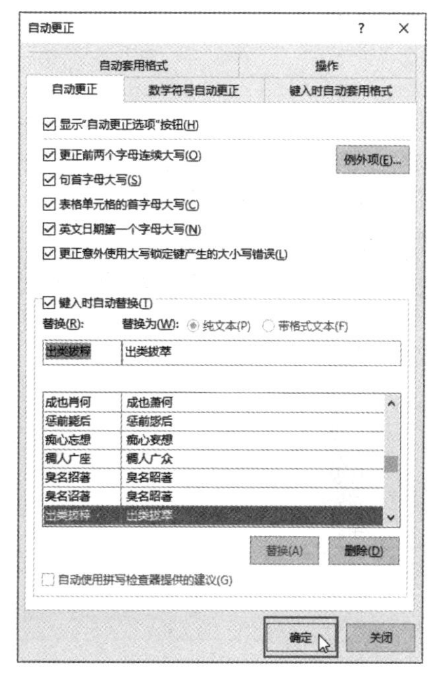

140：自动检查语法错误

适用版本	实用指数
2010、2013、2016、2019	★★★★★

使用说明

当文档中发生语法错误时，Word 会自动检测，并用红色和蓝色的波浪线标出来。在检查文档时，逐个检查标识出来的词语和句子，以决定是否需要更改。

解决方法

如果要使用自动检查语法功能，具体操作方法如下。

步骤01 打开素材文件（位置：素材文件\第7章\公司简介.docx），❶将光标定位到需要检查的文档起始处，切换到【审阅】选项卡；❷单击【校对】组中的【拼写和语法】按钮，如下图所示。

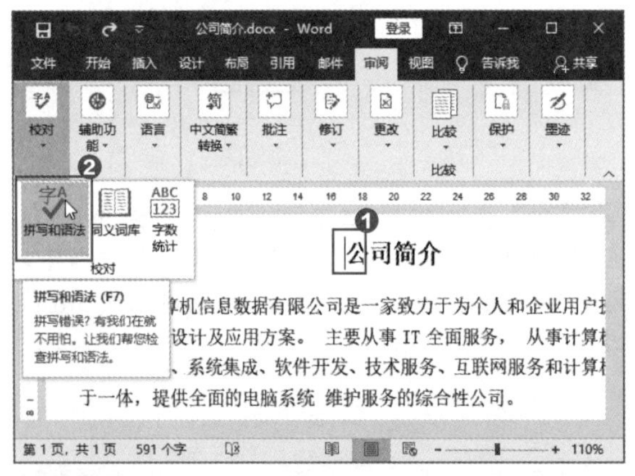

步骤02 打开【校对】窗格，从光标处开始选中第一处错误，系统在【校对】窗格中显示建议提示，选择正确的内容即可，如下图所示。

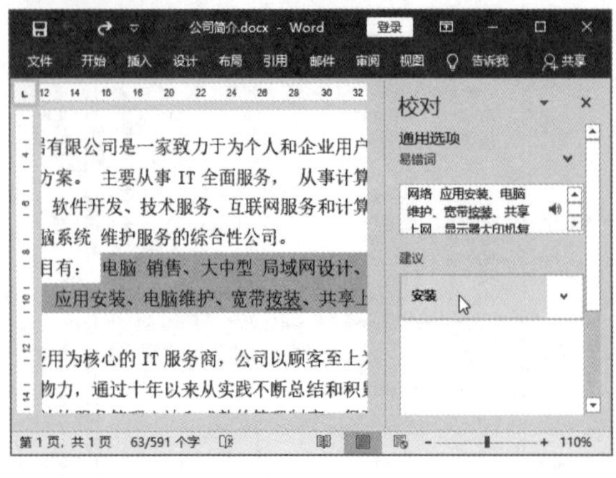

知识拓展

如果不需要根据提示修改，在【校对】窗格中单击【忽略】按钮即可。

141：如何为文档批注

适用版本	实用指数
2010、2013、2016、2019	★★★★★

使用说明

在审阅文档时，如果对文档某处有疑问或意见，可以为其添加批注，将自己的疑问和意见写在批注中。

解决方法

如果要为文档新建批注，具体操作方法如下。

步骤01 打开素材文件（位置：素材文件\第7章\公司简介.docx），❶选中需要添加批注的文本；❷单击【审阅】选项卡【批注】组中的【新建批注】按钮，如下图所示。

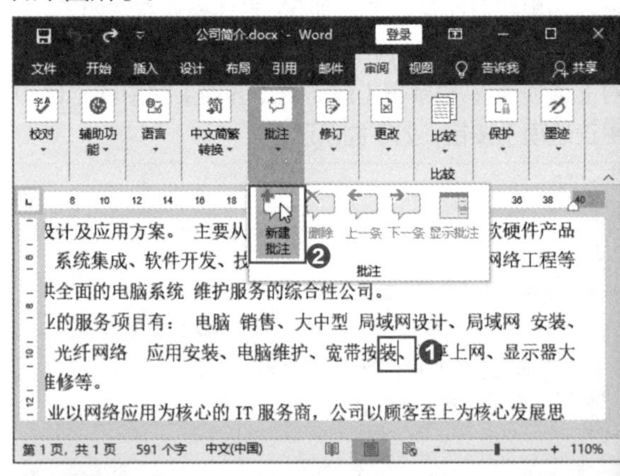

步骤02 打开【批注】文本框，从中输入批注内容，如下图所示。

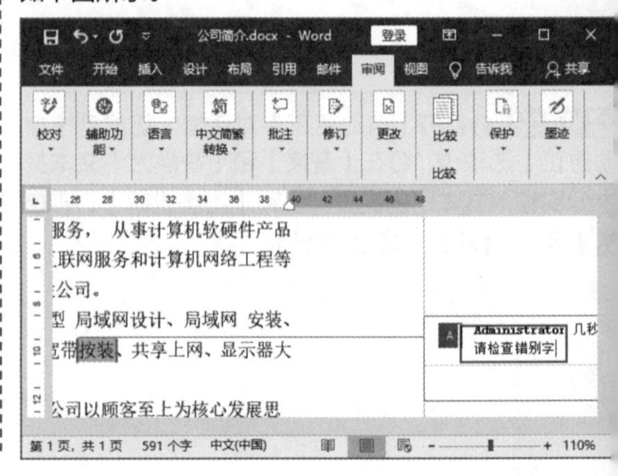

步骤03 ❶如果要删除批注，可以选中需要删除的批注；❷单击【审阅】选项卡【批注】组中的【删除】按钮，如下图所示。

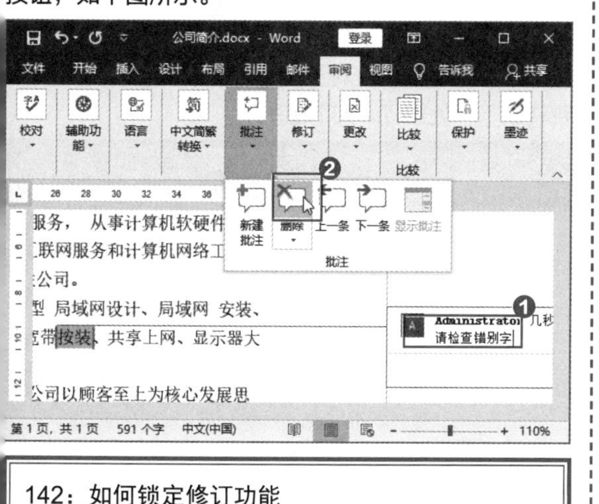

142：如何锁定修订功能

适用版本	实用指数
2010、2013、2016、2019	★★★★☆

使用说明

选择【锁定修订】命令开启修订功能后，如果想要关闭该功能，只需再次选择【锁定修订】命令即可。如果锁定了修订功能，在没有解除锁定之前，审阅者对文档做出的每一处修改都会在文档中标记出来。

解决方法

如果要锁定修订功能，具体操作方法如下。

步骤01 ❶单击【审阅】选项卡【修订】组中的【修订】下拉按钮；❷在弹出的下拉列表中选择【锁定修订】选项，如下图所示。

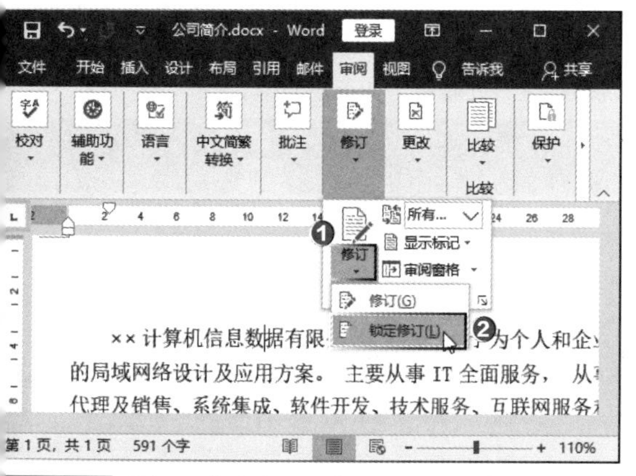

步骤02 ❶打开【锁定跟踪】对话框，在【输入密码】和【重新输入以确认】文本框中两次输入密码；❷单击【确定】按钮即可锁定修订，如下图所示。

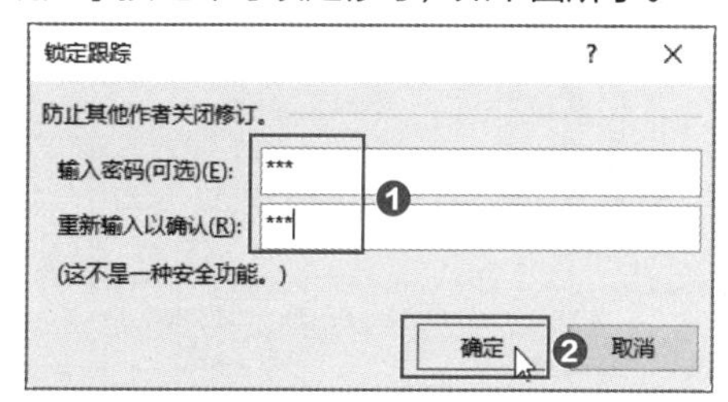

步骤03 ❶如果要解除锁定修订功能，可在【修订】下拉列表中再次选择【锁定修订】选项，在弹出的【解除锁定跟踪】对话框的【密码】文本框中输入密码；❷单击【确定】按钮即可，如下图所示。

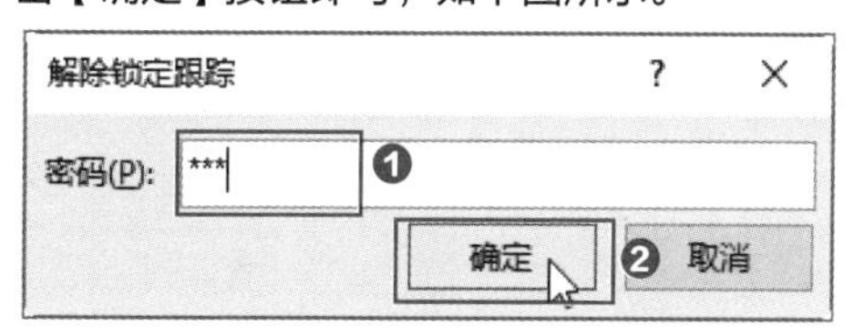

143：如何不跟踪对格式的修改

适用版本	实用指数
2010、2013、2016、2019	★★★☆☆

使用说明

默认情况下，修订格式也会在文档中显示。如果不需要跟踪对格式的修改，可以通过以下的方法来设置。

解决方法

如果不需要跟踪格式的修改，具体操作方法如下。

步骤01 单击【审阅】选项卡【修订】组中的【对话框启动器】按钮，如下图所示。

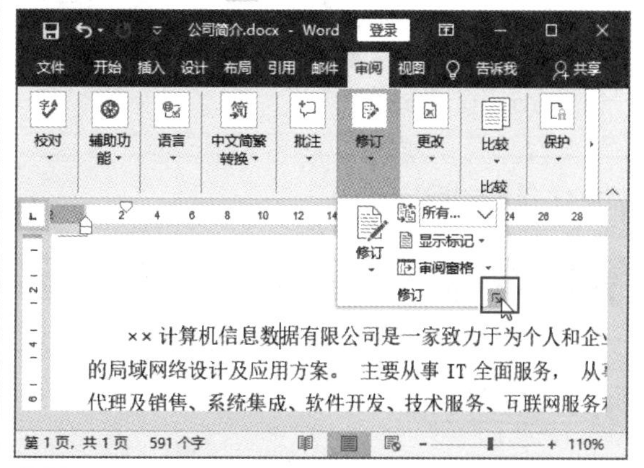

步骤02 打开【修订选项】对话框，单击【高级选项】按钮，如下图所示。

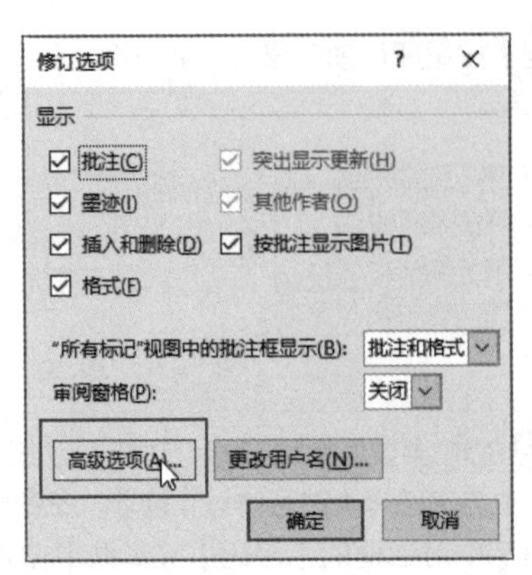

步骤03 ❶打开【高级修订选项】对话框，取消勾选【跟踪格式化】复选框；❷单击【确定】按钮，如下图所示。

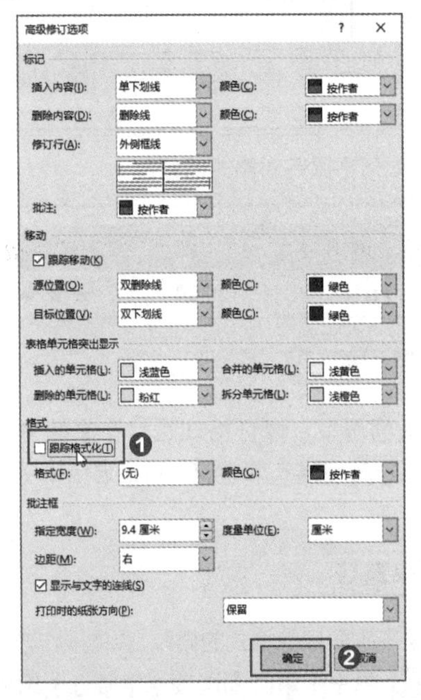

知识拓展

在【高级修订选项】对话框中，还可以更改修订的标记显示方式。

144：接受与拒绝修订

适用版本	实用指数
2010、2013、2016、2019	★★★★★

使用说明

修订文档之后，如果要接受修订后的内容，可以接受修订；如果不满意修订内容，也可以拒绝修订。

解决方法

如果要接受或拒绝修订，具体操作方法如下。

步骤01 单击【审阅】选项卡【更改】组中的【接受】按钮，系统将接受光标处之后的第一处修订，并自动跳转到下一处修订，如下图所示。

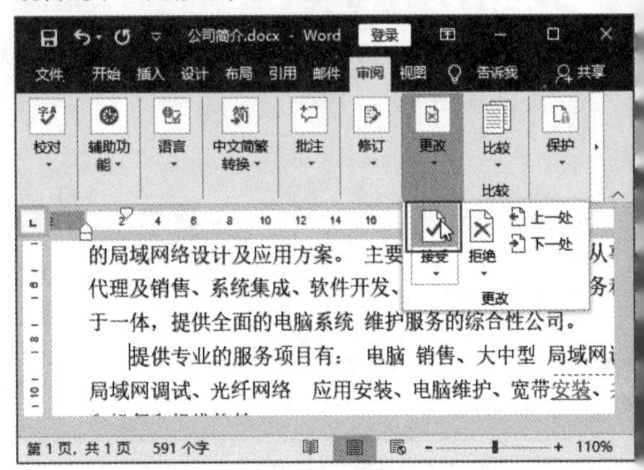

步骤02 ❶如果要一次接受所有修订，可单击【审阅】选项卡【更改】组中的【接受】下拉按钮；❷在弹出的下拉列表中选择【接受所有修订】选项，如下图所示。

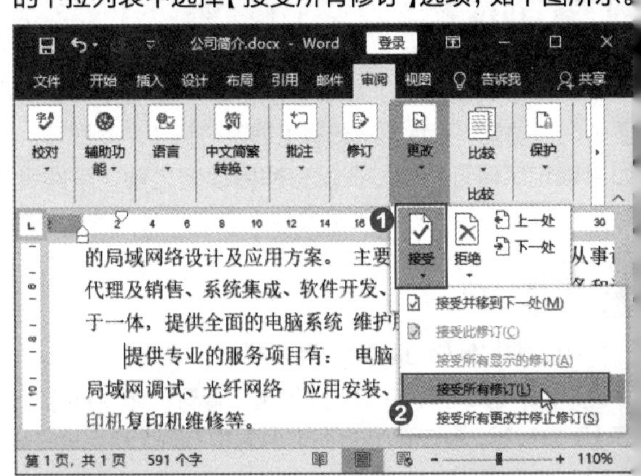

步骤03 单击【审阅】选项卡【更改】组中的【拒绝】按钮，系统将拒绝光标处之后的第一处修订，并自动跳转到下一处修订，如下图所示。

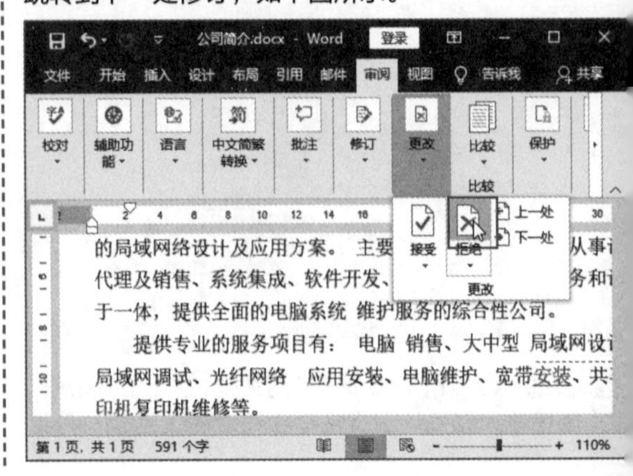

步骤04 ❶如果要一次拒绝所有修订，可单击【审阅】选项卡【更改】组中的【拒绝】下拉按钮；❷在弹出的下拉列表中选择【拒绝所有修订】选项，如下图所示。

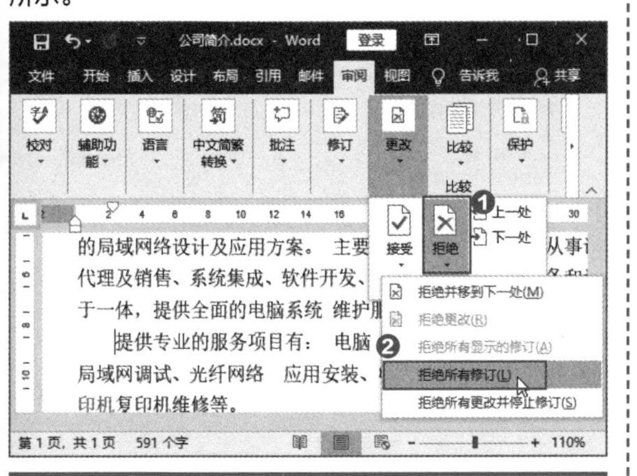

145：让审阅者只插入批注

适用版本	实用指数
2010、2013、2016、2019	★★★☆☆

使用说明

如果不希望审阅者修改文档，而只允许其插入批注，可以使用以下的方法。

解决方法

如果要设置让审阅者只能插入批注的模式，具体操作方法如下。

步骤01 单击【审阅】选项卡【保护】组中的【限制编辑】按钮，如下图所示。

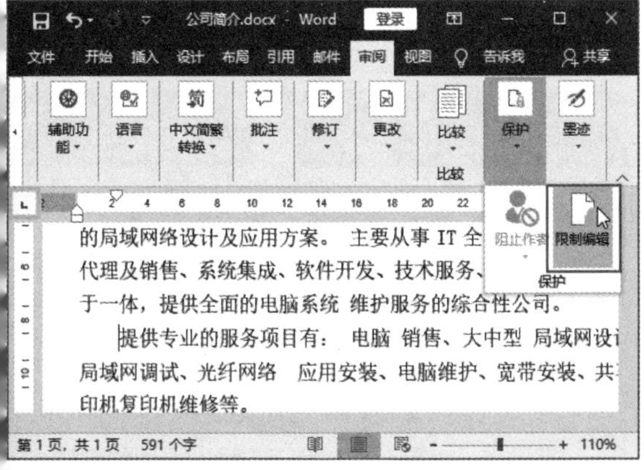

步骤02 ❶打开【限制编辑】窗格，勾选【仅允许在文档中进行此类型的编辑】复选框；❷在下方的下拉列表框中选择【批注】；❸单击【是，启动强制保护】按钮，如右上图所示。

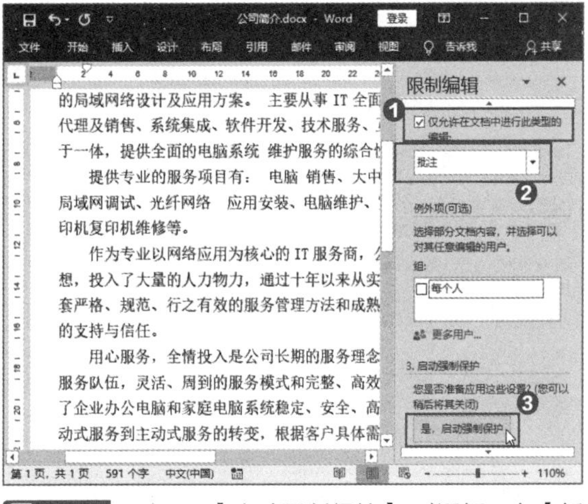

步骤03 ❶打开【启动强制保护】对话框，在【新密码】和【确认新密码】文本框中输入密码；❷单击【确定】按钮，如下图所示。

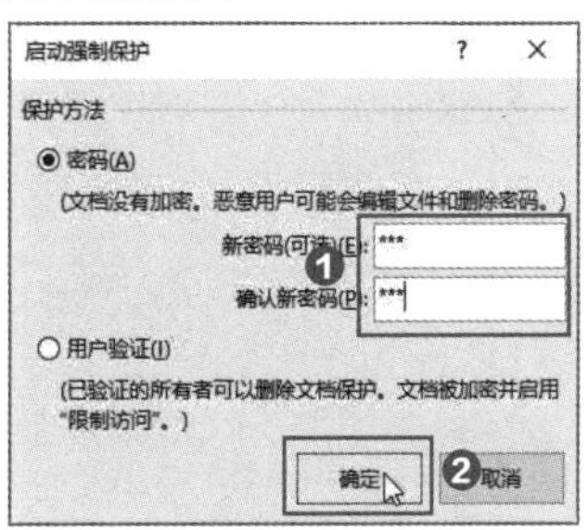

知识拓展

如果想要取消密码保护，可以打开【限制编辑】窗格，单击【停止保护】按钮，在弹出的对话框中输入密码。

146：检查文档是否有修订和批注

适用版本	实用指数
2010、2013、2016、2019	★★★☆☆

使用说明

文档较长时，很容易发生没有查看到修订内容的情况，此时可以使用文档检查器查看文档是否含有修订、批注等内容。

解决方法

如果要检查文档是否含有修订和批注，具体操作方法如下。

步骤01 按照前面所学的方法打开【Word 选项】对话框，单击【信任中心】选项卡中的【信任中心设置】

按钮，如下图所示。

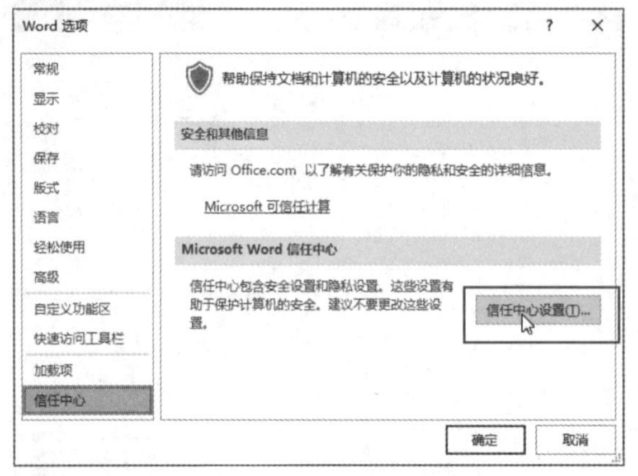

步骤02 ❶在弹出的【信任中心】对话框中切换到【隐私选项】选项卡；❷单击【文档检查器】按钮，如下图所示。

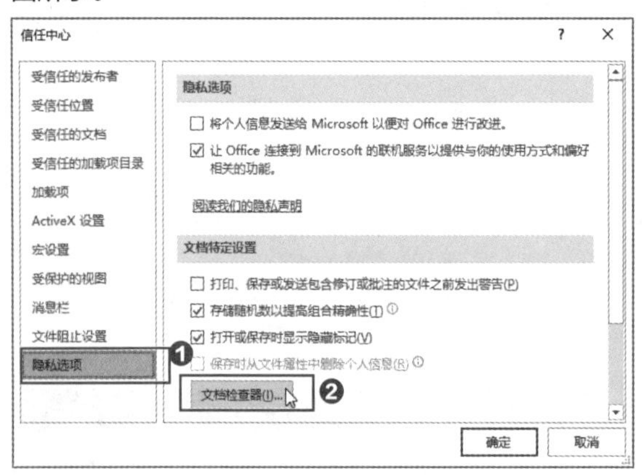

步骤03 ❶在弹出的【文档检查器】对话框中勾选【批注、修订和版本】复选框；❷单击【检查】按钮，如下图所示。

步骤04 查看【审阅检查结果】，根据需要删除或关闭对话框即可，如下图所示。

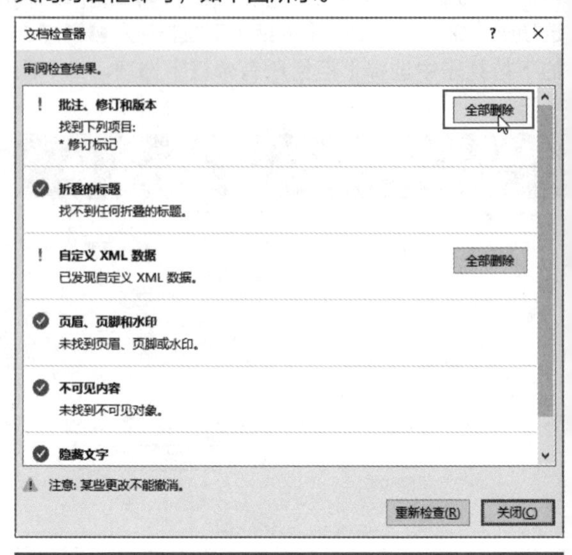

147：使用【比较】功能比较文档

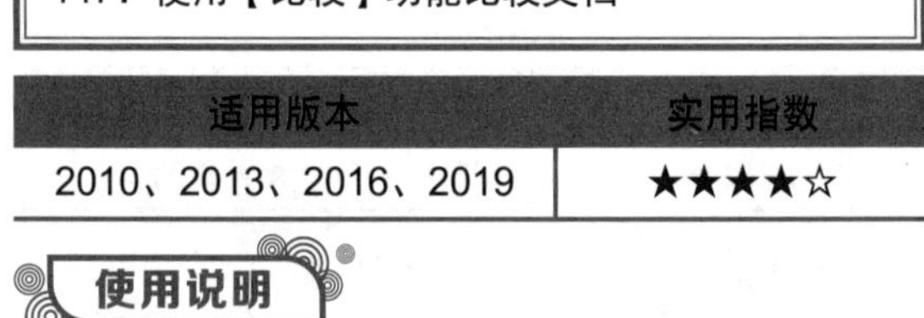

适用版本	实用指数
2010、2013、2016、2019	★★★★☆

使用说明

【比较】功能是对两个文档进行比较，并且只显示两个文档的不同部分。默认情况下，比较结果显示在新建的第三篇文档中。

解决方法

如果要使用【比较】功能比较文档，具体操作方法如下。

步骤01 ❶单击【审阅】选项卡【比较】组中的【比较】下拉按钮；❷在弹出的下拉列表中选择【比较】选项，如下图所示。

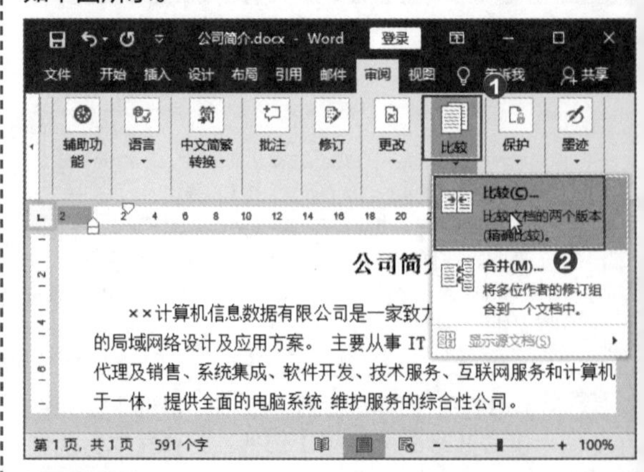

步骤02 ❶打开【比较文档】对话框，在【原文档】

下拉列表中选择原文档；❷选择修订的文档，如果下拉列表中没有要选择的修订文档，可以单击【浏览】按钮 ，如下图所示。

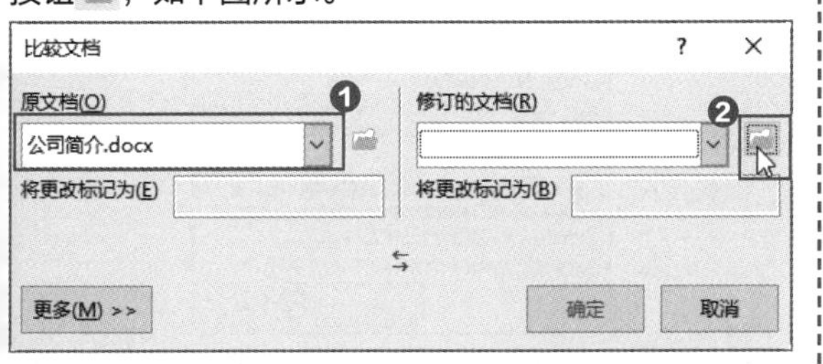

步骤03 ❶在弹出的【打开】对话框中选择要修订的文档；❷单击【打开】按钮，如下图所示。

步骤04 返回【比较文档】对话框，确认原文档和修订文档之后单击【确定】按钮，如下图所示。

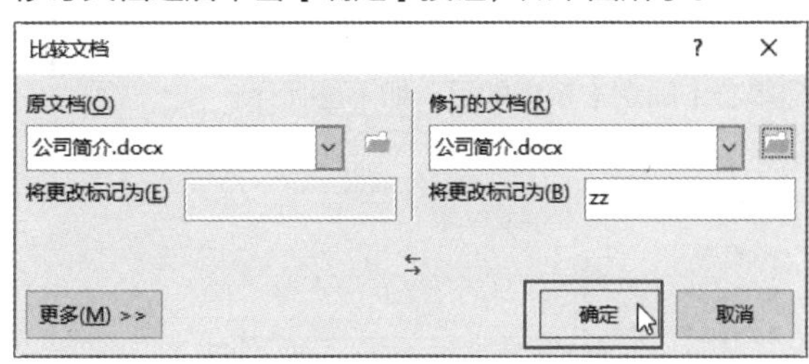

步骤05 系统比较之后打开【比较结果】文档，在左侧的【修订】窗格中会显示具体的修订信息，如下图所示。

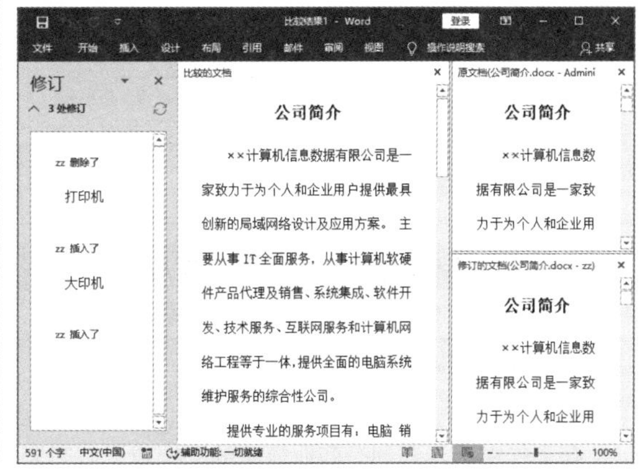

7.2 文档保护的技巧

保护文档安全即为 Word 文档加密，这样可以防止文档被其他人打开、阅读或修改。本节就来介绍一些文档保护的技巧。

148：如何设置文档安全级别

适用版本	实用指数
2010、2013、2016、2019	★★★☆☆

使用说明

文档也有安全性问题，为了让文档更安全，Office 提供了比较完善的安全和文档保护功能，包括安全级别、数字签名、密码设置、窗体保护和批注口令等。

解决方法

如要设置文档的安全级别，具体操作方法如下。

步骤01 ❶打开【Word 选项】对话框，切换到【信任中心】选项卡；❷单击【信任中心设置】按钮，如下图所示。

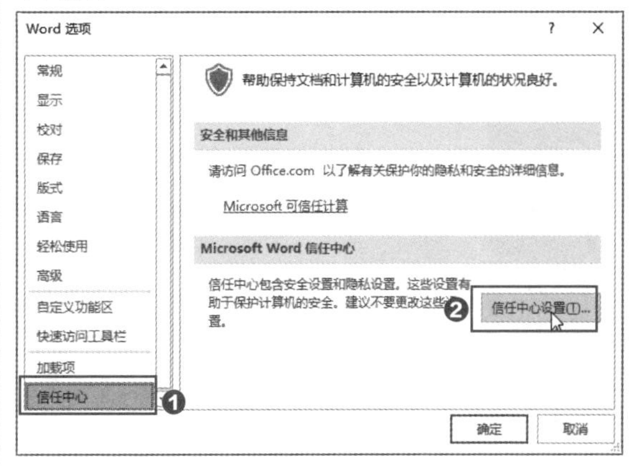

步骤02 ❶打开【信任中心】对话框，切换到【宏设置】选项卡；❷在【宏设置】栏中可以看到安全级别共分为 4 级，用户可以根据实际工作需要设置其安全级别；❸单击【确定】按钮即可，如下图所示。

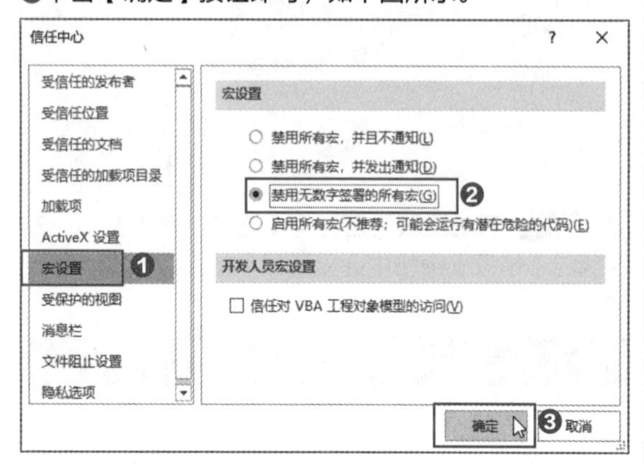

149：设置文档的打开密码

适用版本	实用指数
2010、2013、2016、2019	★★★★★

使用说明

在工作中，当遇到有商业机密的文档或记载有隐藏信息的文档时，如果不希望被人随意打开，可以为该文档设置打开密码。想要打开设置了密码的文档时，需要输入正确的密码才可以。

解决方法

如果要设置文档的打开密码，具体操作方法如下。

步骤01 打开素材文件（位置：素材文件\第 7 章\保密条例 .docx），❶在【文件】菜单中选择【信息】命令；❷在【信息】界面中单击【保护文档】下拉按钮；❸从弹出的下拉列表中选择【用密码进行加密】选项，如下图所示。

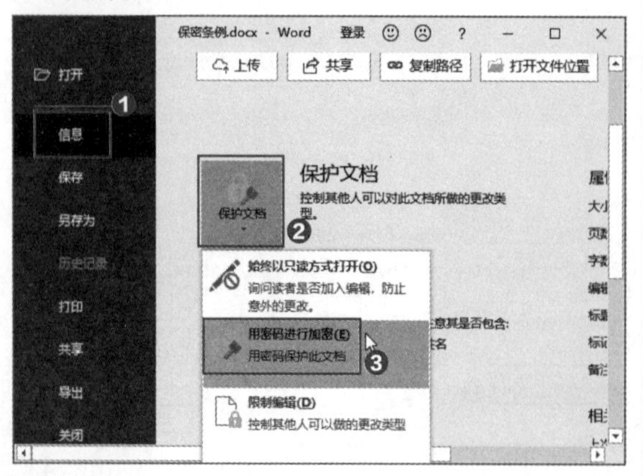

步骤02 ❶打开【加密文档】对话框，在【密码】文本框中输入密码【123】(本例设为 123)；❷单击【确定】按钮，如下图所示。

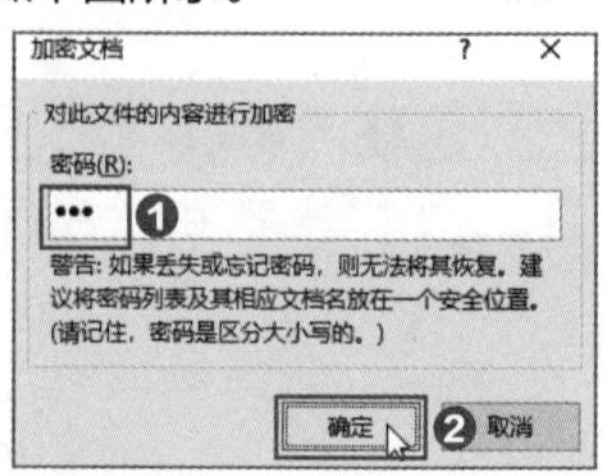

步骤03 ❶打开【确认密码】对话框，在【重新输入密码】文本框中输入密码【123】；❷单击【确定】按钮，如下图所示。

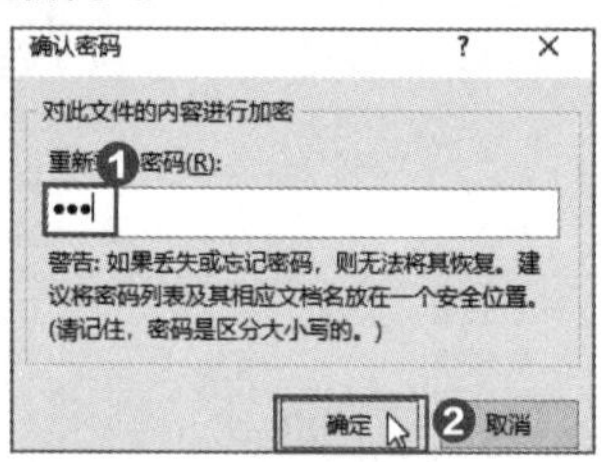

步骤04 设置了打开密码的文档会显示【必须提供密码才能打开此文档】的提示信息，如下图所示。

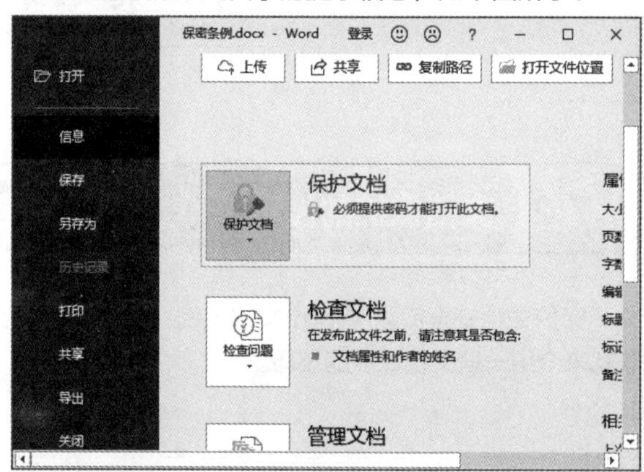

步骤05 保存并关闭该文档。当再次打开该文档时，会弹出【密码】对话框，只有输入正确的密码后才能打开该文档，否则打不开，如下图所示。

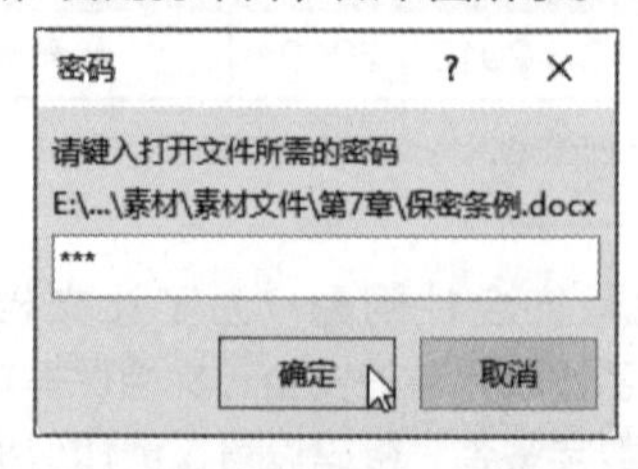

知识拓展

如果要取消打开密码，则再次打开【加密文档】对话框，在【密码】文本框中删除密码，然后单击【确定】按钮即可。

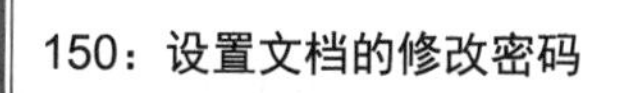

150：设置文档的修改密码

适用版本	实用指数
2010、2013、2016、2019	★★★★★

使用说明

设置文档的修改密码是指为文档设置修改权限，其他人只能以只读方式打开文档而无法编辑修改文档。

解决方法

如果要设置文档的修改密码，具体操作方法如下。

步骤01 打开素材文件（位置：素材文件\第 7 章\保密条例 .docx），❶在【文件】菜单中选择【另存为】命令；❷在【另存为】界面中单击【浏览】按钮，如下图所示。

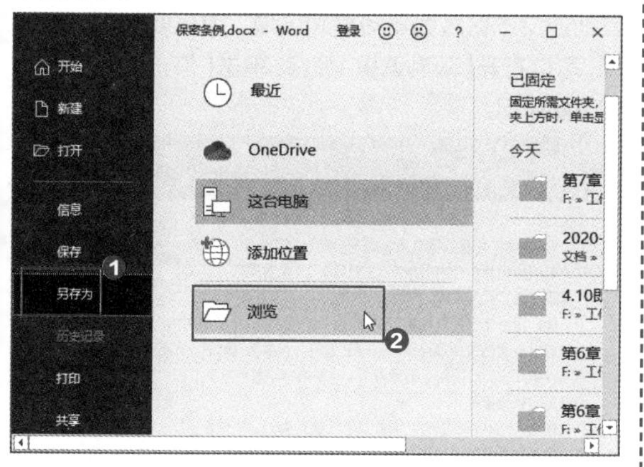

步骤02 ❶打开【另存为】对话框，在【保存位置】框中设置要保存的位置；❷单击【工具】下拉按钮；❸从弹出的下拉列表中选择【常规选项】选项，如下图所示。

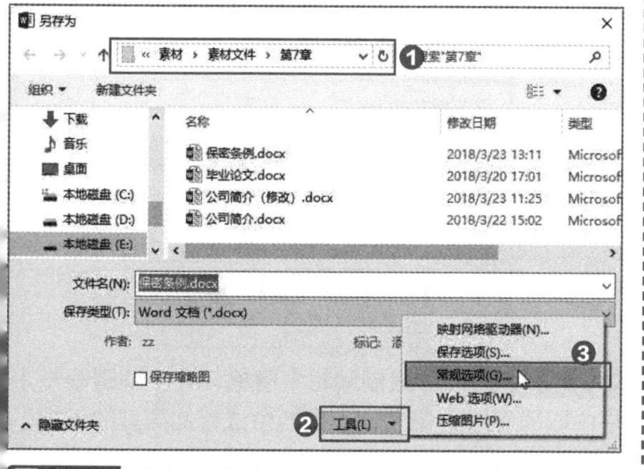

步骤03 ❶打开【常规选项】对话框，在【修改文件时的密码】文本框中输入密码【123】；❷单击【确定】按钮，如右上图所示。

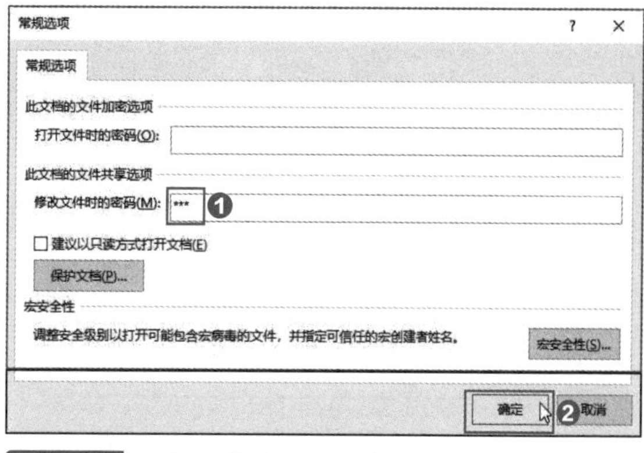

步骤04 ❶打开【确认密码】对话框，在【请再次键入修改文件时的密码】文本框中输入密码【123】；❷单击【确定】按钮，如下图所示。

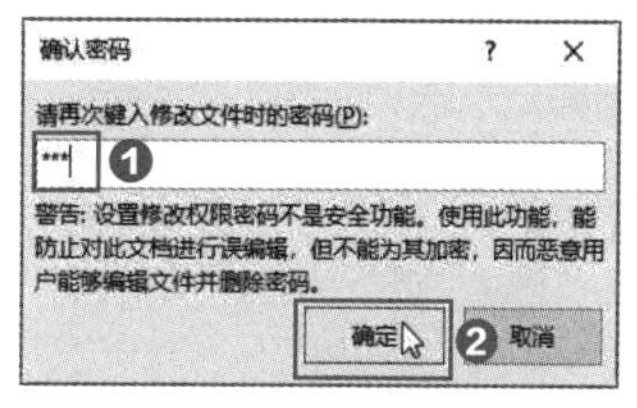

步骤05 返回【另存为】对话框，单击【保存】按钮后关闭该文档。找到文档另存为位置，打开文档，会弹出【密码】对话框，输入正确的密码，单击【确定】按钮，即可打开该文档；如果用户不知道密码，而单击【只读】按钮可以以只读方式打开文档，如下图所示。

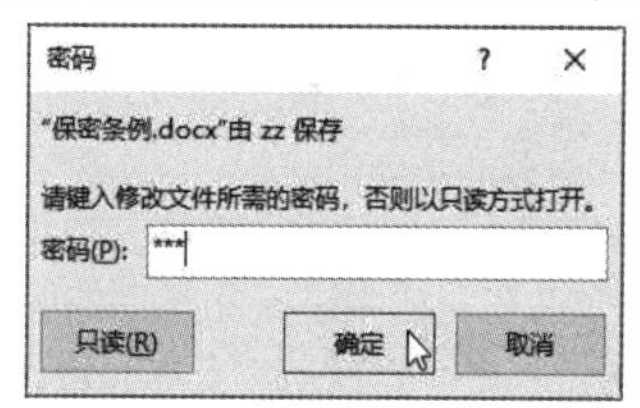

151：如何限制部分文档编辑

适用版本	实用指数
2010、2013、2016、2019	★★★★☆

使用说明

为文档设置修改密码后，其他用户就不能查看与编辑该文档了。如果用户希望文档可以让其他用户查看，但是某些内容不想让其他用户编辑，可以通过 Word 提供的【限制编辑】功能来实现。

解决方法

要限制部分文档编辑，具体操作方法如下。

步骤01 打开素材文件（位置：素材文件\第 7 章\公司简介 .docx），❶选择要限制编辑的文本；❷单击【文

件】菜单项，如下图所示。

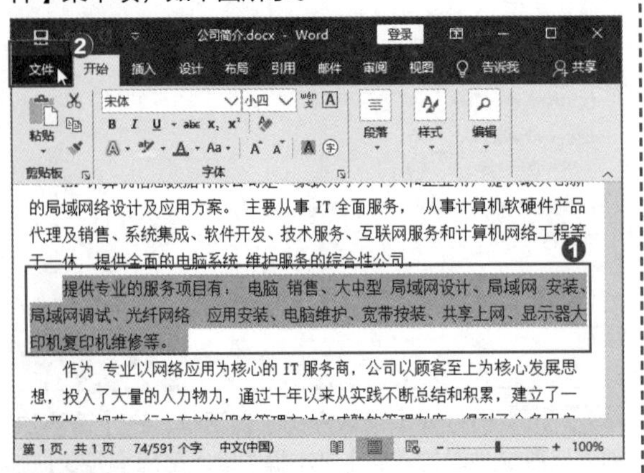

步骤02 ❶选择【信息】命令；❷在【信息】界面中单击【保护文档】下拉按钮；❸从弹出的下拉列表中选择【限制编辑】选项，如下图所示。

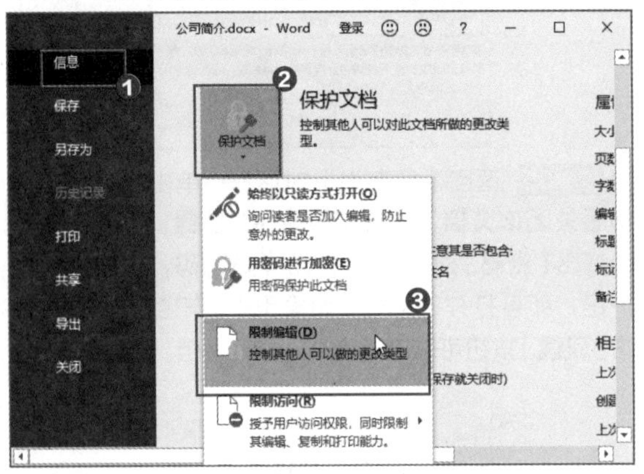

步骤03 ❶打开【限制编辑】窗格，在【编辑限制】栏中选中【仅允许在文档中进行此类型的编辑】复选框，在其下方的下拉列表中默认选择【不允许任何更改（只读）】选项；❷在【例外项（可选）】栏中选中【每个人】复选框；❸单击【启动强制保护】栏中的【是，启动强制保护】按钮，如下图所示。

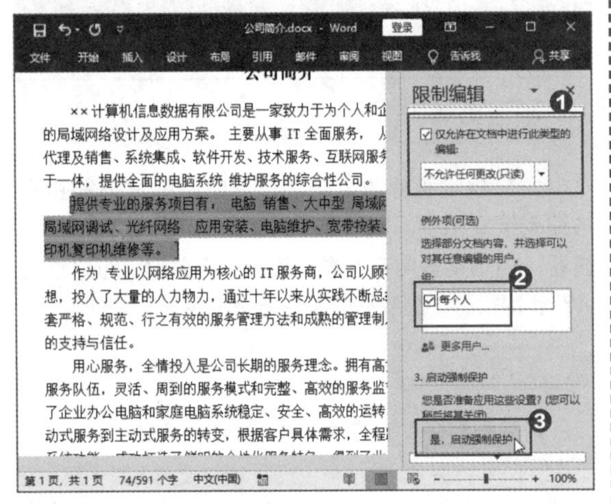

步骤04 ❶打开【启动强制保护】对话框，在【保护方法】栏中选中【密码】单选按钮；❷在【新密码】和【确认新密码】文本框中输入密码【123】；❸单击【确定】按钮，如下图所示。

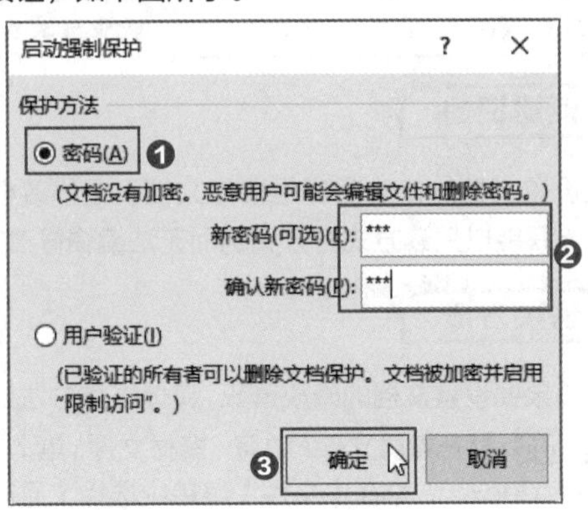

步骤05 此时，选中的文本区域处于可编辑状态，文本区域的颜色变成了浅黄色，首尾都添加了中括号，其他的文本区域为不可编辑区域。如果要取消限制编辑，可以打开【限制编辑】窗格，单击【停止保护】按钮，如下图所示。

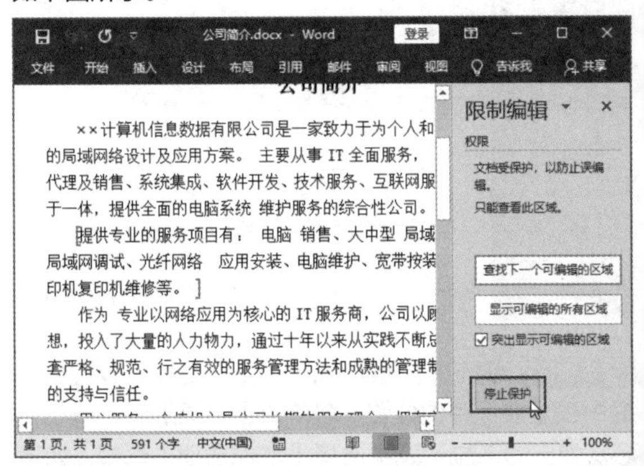

步骤06 ❶打开【取消保护文档】对话框，在【密码】文本框中输入保护文档时设置的密码，这里输入【123】；❷单击【确定】按钮，如下图所示。

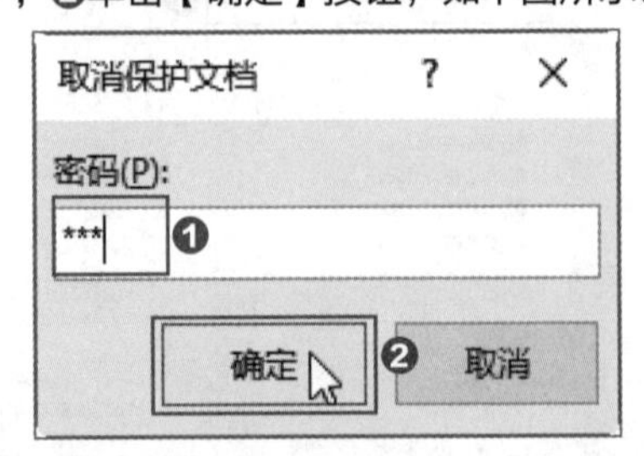

步骤07 返回【限制编辑】窗格，在【编辑限制】栏中取消勾选【仅允许在文档中进行此类型的编辑】复选框，如下图所示。

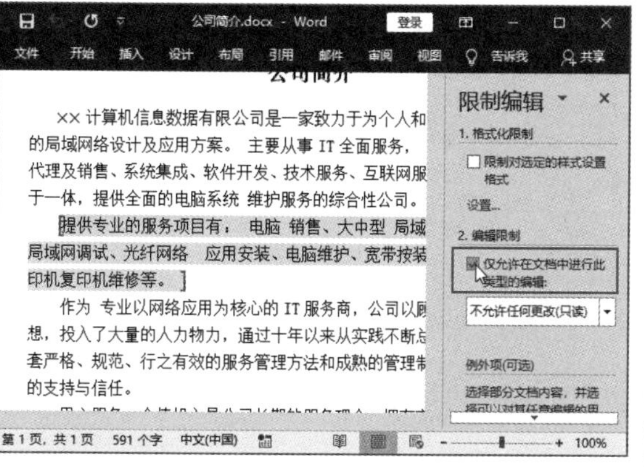

步骤08 弹出【Microsoft Word】提示对话框，提示用户【是否删除被忽略的例外项？】，单击【是】按钮即可，如下图所示。

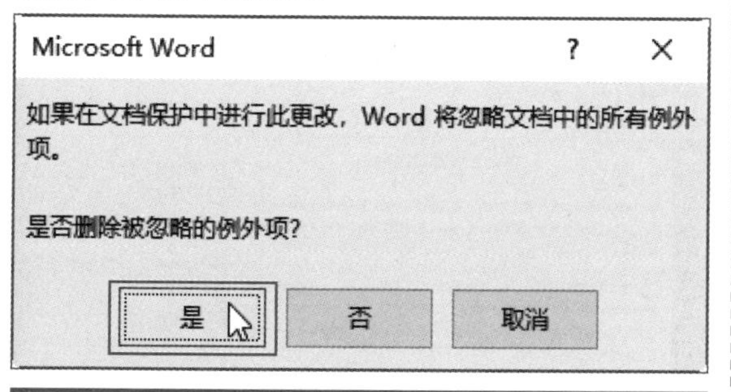

152：将文档标记为最终状态

适用版本	实用指数
2010、2013、2016、2019	★★★★☆

使用说明

当一篇文档编辑完成后，可以将其设置为最终状态而拒绝他人修改。设置了最终状态的文档禁用输入、编辑命令和校对标记，并在文档的上方提示已标记为最终版本。

解决方法

如果要将文档设置为最终状态，具体操作方法如下。

步骤01 ❶打开文档，在【文件】菜单中选择【信息】命令，在【信息】界面中单击【保护文档】下拉按钮；❷在弹出的下拉列表中选择【标记为最终】按钮，如右上图所示。

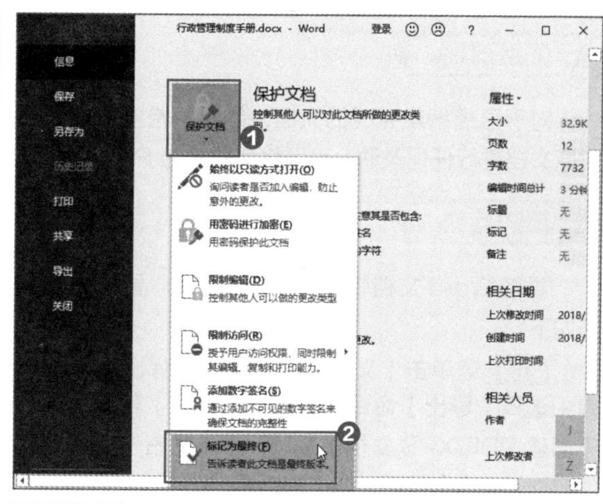

步骤02 在弹出的提示对话框中单击【确定】按钮，如下图所示。

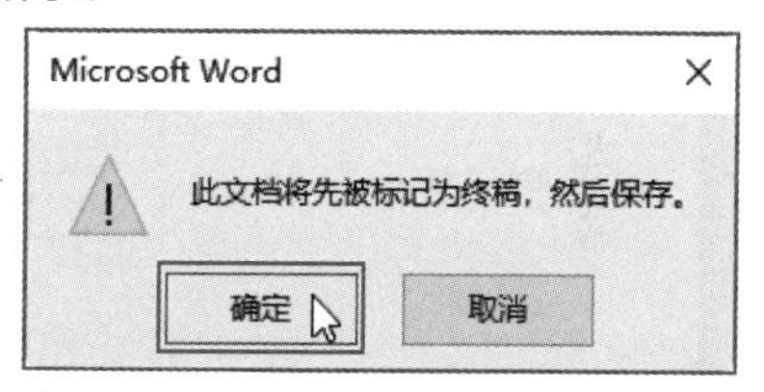

步骤03 在弹出的提示对话框中提示文档已经被设置为最终状态，单击【确定】按钮即可，如下图所示。

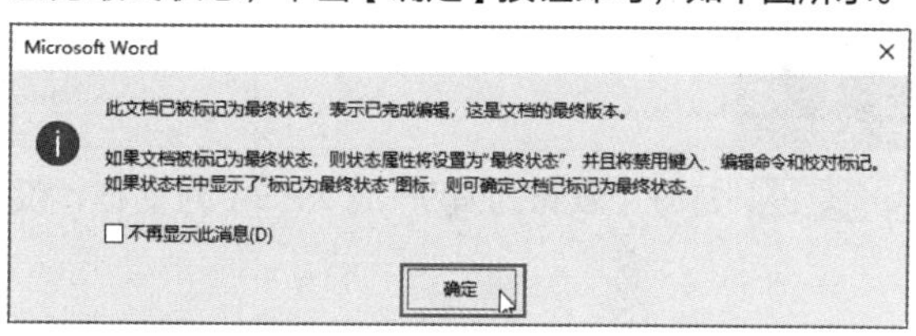

步骤04 如果在设置之后想再次编辑，可以单击【仍然编辑】按钮，如下图所示。

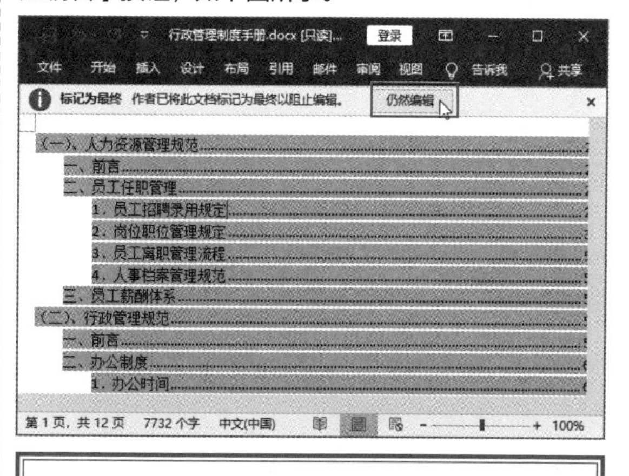

153：将 Word 文档转换为 PDF 格式

适用版本	实用指数
2010、2013、2016、2019	★★★★☆

使用说明

对于已经编辑完成的文档，如果不希望其他用户对原文档进行任何改动，可以将其转换为 PDF 格式。

解决方法

要将 Word 文档转换为 PDF 格式，具体操作方法如下。

步骤01 ❶单击【文件】菜单项，在弹出的下拉菜单中选择【导出】命令；❷弹出【导出】界面，选择【创建 PDF/XPS 文档】选项；❸单击右下角的【创建 PDF/XPS】按钮，如下图所示。

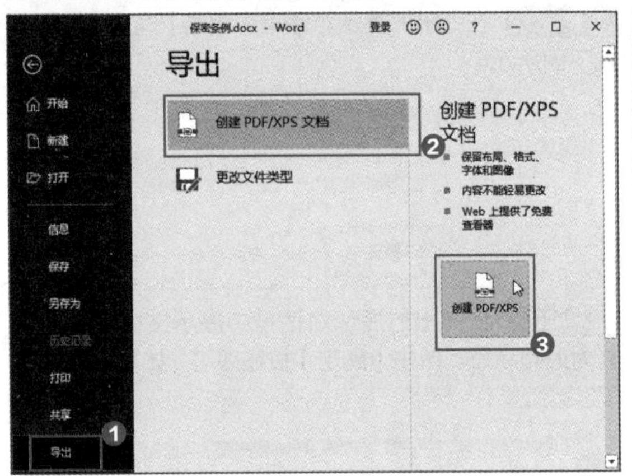

步骤02 打开【发布为 PDF 或 XPS】对话框，设置文档的保存位置，然后单击【发布】按钮，如下图所示。

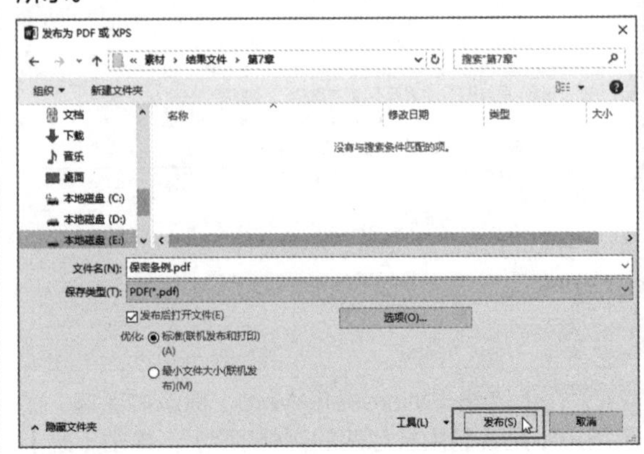

步骤03 完成后即可将 Word 文档转换为 PDF 文档，并自动打开为 PDF 文档，如下图所示。

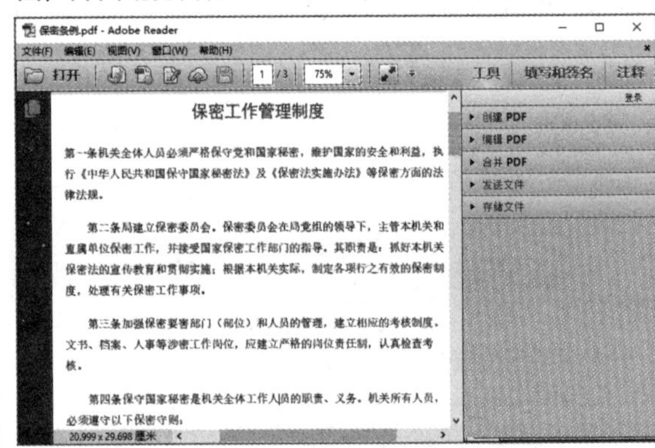

Excel办公应用技巧篇 第2篇

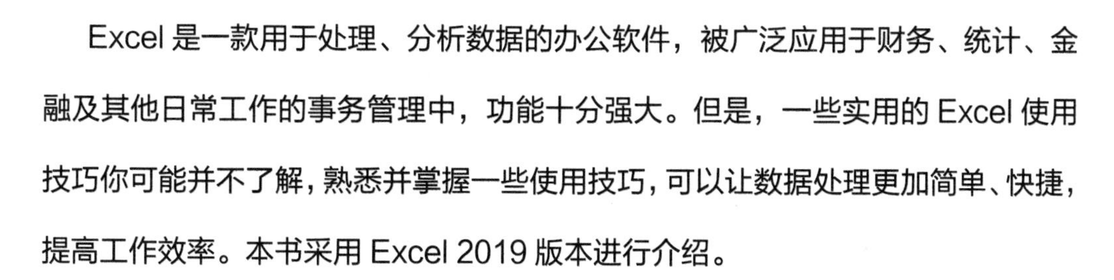

Excel 是一款用于处理、分析数据的办公软件，被广泛应用于财务、统计、金融及其他日常工作的事务管理中，功能十分强大。但是，一些实用的 Excel 使用技巧你可能并不了解，熟悉并掌握一些使用技巧，可以让数据处理更加简单、快捷，提高工作效率。本书采用 Excel 2019 版本进行介绍。

通过对本篇内容的学习，你将学会以下 Excel 办公应用的技能与技巧。

学习目标

◎ Excel 工作簿与工作表的操作技巧

◎ Excel 数据录入与编辑技巧

◎ Excel 数据统计与分析技巧

◎ Excel 公式与函数应用技巧

◎ Excel 图表制作与应用技巧

◎ Excel 数据透视表和数据透视图应用技巧

第 8 章
Excel 工作簿与工作表的操作技巧

在使用 Excel 分析数据时，首先需要学会并掌握工作簿与工作表的相关操作技巧，使用这些技巧可以使工作达到事半功倍的效果。

下面是一些工作簿与工作表操作中的常见问题，请检查你是否会处理或已掌握。

【√】想要创建专业的数据表格，又碍于水平有限，知道怎样完成工作任务吗?

【√】完成的工作簿需要发送给他人，担心他人误操作修改了其中的内容，但是又有一部分内容需要他人编辑，知道如何限制编辑吗?

【√】工作簿中的某一工作表包含了重要信息，不宜给他人查看，又不想删除，知道怎样隐藏吗?

【√】工作表中的数据需要移动到另一工作簿中，可以直接操作吗?

【√】单元格中的某些数据不希望他人查看，知道怎样隐藏吗?

【√】在打印工作表之前，希望为工作表添加页眉和页脚，知道怎样添加吗?

【√】如果只希望打印工作表中的某一部分单元格区域，是否可以操作?

希望通过对本章内容的学习，能够解决以上问题，并学会 Excel 工作簿和工作表的操作技巧。

8.1 工作簿的操作技巧

工作簿就是通常所说的 Excel 文件，主要用于保存表格的内容。下面介绍工作簿的操作技巧。

154：使用模板快速创建工作簿

适用版本	实用指数
2013、2016、2019	★★★★★

使用说明

Excel 自带有许多模板，利用这些模板可以快速创建各种类型的工作簿。

解决方法

如果要使用模板创建工作簿，具体操作方法如下。

步骤01 ❶启动 Excel 2019，切换到【新建】选项卡；❷在右侧的窗口中将以预览的形式显示程序自带的模板缩略图。此时可直接在列表框中单击需要的模板选项，也可以搜索联机模板——在搜索框中输入关键字；❸单击【开始搜索】按钮 ⌕，如下图所示。

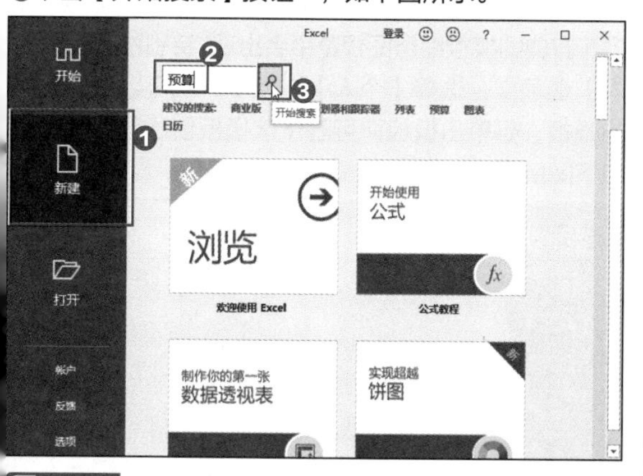

步骤02 在搜索结果中选择需要的模板，如右上图所示。

知识拓展

在 Excel 2019 中，根据模板创建工作簿的操作方法略有不同，需在 Excel 工作窗口中单击【文件】菜单项，在弹出的下拉菜单中选择【新建】命令，在中间窗格中选择模板创建工作簿即可。

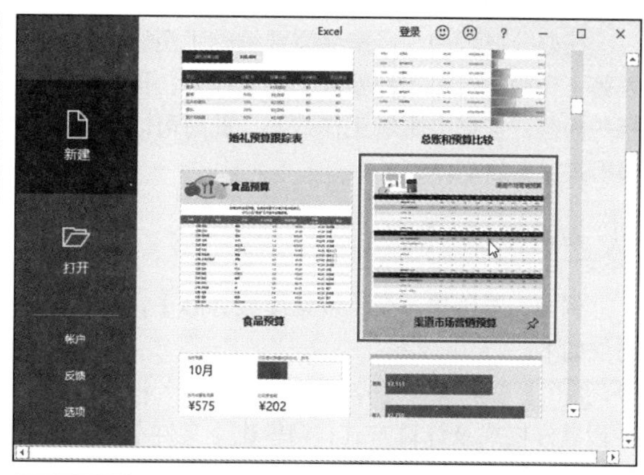

步骤03 在打开的窗口中可以查看模板的缩略图，如果确定使用，直接单击【创建】按钮，如下图所示。

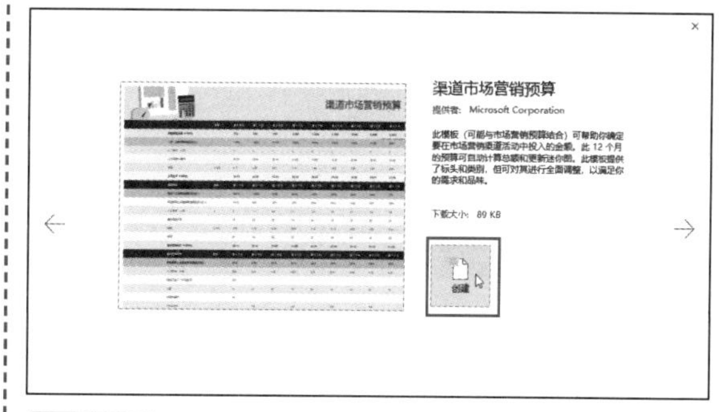

步骤04 若选择的是未下载过的模板，则系统会自行下载模板。完成下载后，Excel 会基于所选模板自动创建一个新工作簿。此时会发现基本内容、格式和统计方式基本上都编辑好了，用户只需在相应的位置输入相关内容即可，如下图所示。

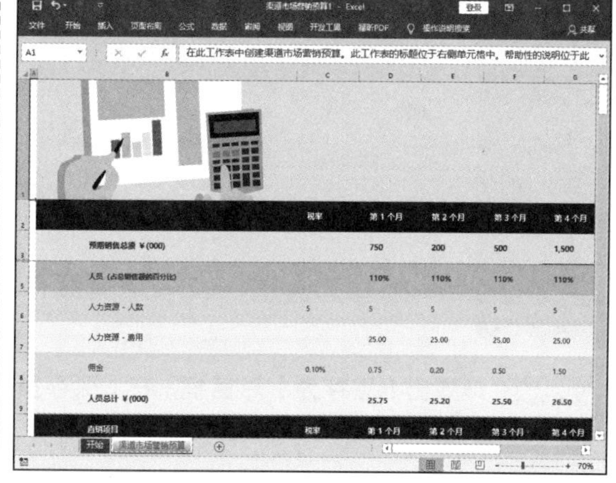

155：新建工作簿模板

适用版本	实用指数
2010、2013、2016、2019	★★★★★

使用说明

在办公过程中，经常会需要编辑工资表、财务报表等工作簿。若每次都新建空白工作簿，再依次输入相关内容，势必会影响工作效率。此时可以新建一个模板来提高效率。

解决方法

例如，要创建一个【发票模板 .xltx】，具体操作方法如下。

步骤01 ❶新建一个空白工作簿，输入相关内容，并设置好格式及计算方式；❷单击【文件】菜单项，如下图所示。

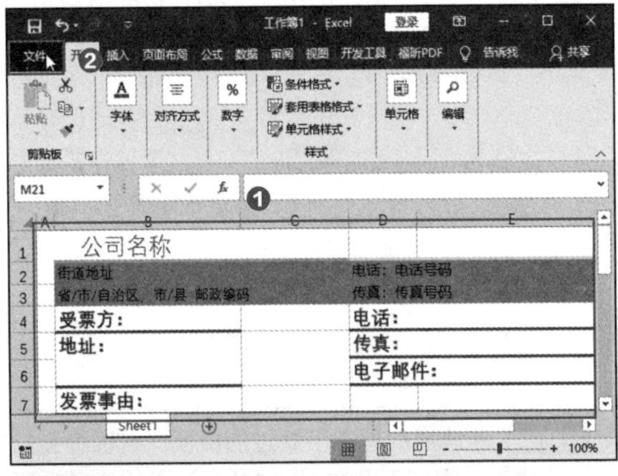

步骤02 ❶打开下拉菜单，从中选择【另存为】命令；❷在中间窗格中单击【浏览】按钮，如下图所示。

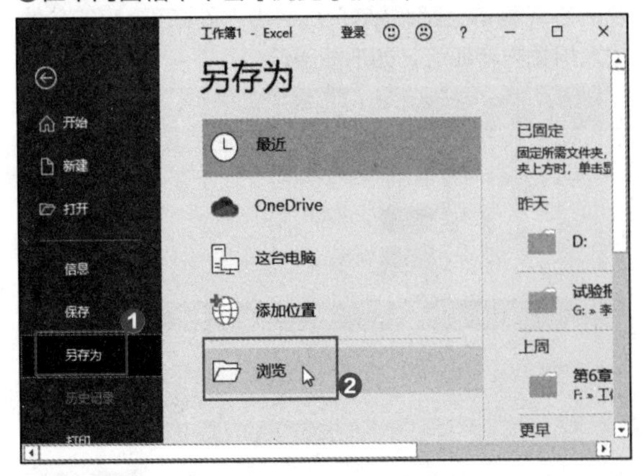

步骤03 ❶弹出【另存为】对话框，在【保存类型】下拉列表中选择【Excel 模板 (*.xltx)】选项，此时保存路径将自动设置为模板的存放路径（默认为：C:\Users\zz\Documents\ 自定义 Office 模板）；❷输入文件名；❸单击【保存】按钮即可，如下图所示。

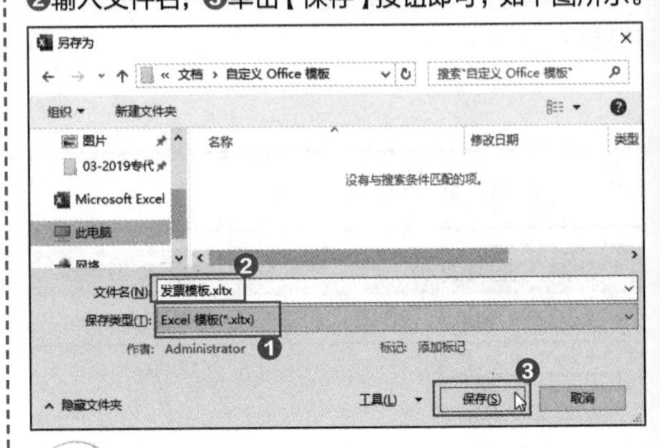

知识拓展

用户可以自己设定模板的存储位置，方法是：在【文件】下拉菜单中选择【选项】命令，在打开的【Excel选项】对话框中切换到【保存】选项卡，在【默认个人模板位置】文本框中输入需要设置的路径即可。

步骤04 创建好【发票模板 .xltx】，就可以根据该模板创建新工作簿。方法是：❶在 Excel 窗口中单击【文件】菜单项，在弹出的下拉菜单中选择【新建】命令；❷在右侧的模板缩略图预览中会出现【特别推荐】和【个人】选项卡，选择【个人】选项卡，就可以看到新建的模板；❸单击模板即可基于该模板创建新工作簿，如下图所示。

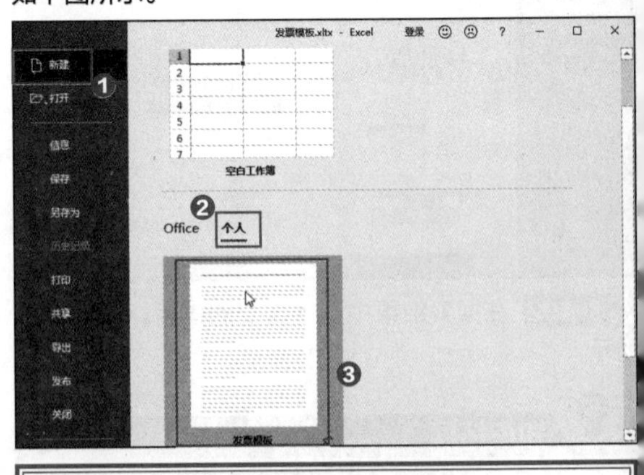

156：如何更改 Excel 默认工作表张数

适用版本	实用指数
2010、2013、2016、2019	★★★★★

使用说明

默认情况下，在 Excel 2019 中新建一个工作簿后，该工作簿中只有 1 张空白工作表。根据操作需要，用户可以更改工作簿中默认的工作表张数。

解决方法

例如，要将默认的工作表数设置为 4，具体操作方法如下。

❶打开【Excel 选项】对话框，在【常规】选项卡的【新建工作簿时】栏中，将【包含的工作表数】设置为【4】；❷单击【确定】按钮即可，如下图所示。

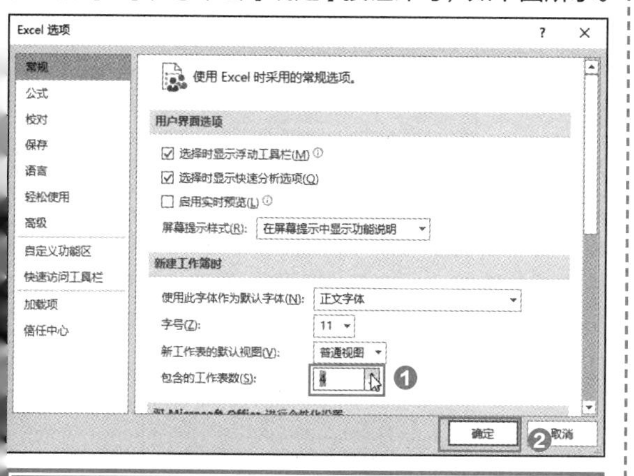

157：如何为工作簿设置打开密码

适用版本	实用指数
2010、2013、2016、2019	★★★★★

使用说明

对于非常重要的工作簿，为了防止其他用户查看，可以为其设置打开密码，以达到保护的目的。

解决方法

如果要为工作簿设置打开密码，具体操作方法如下。

步骤01 打开素材文件（位置：素材文件\第 8 章\6月工资表.xlsx），❶在【文件】下拉菜单中选择【信息】命令；在【信息】界面中单击【保护工作簿】下拉按钮；❷在弹出的下拉列表中选择【用密码进行加密】选项，如右上图所示。

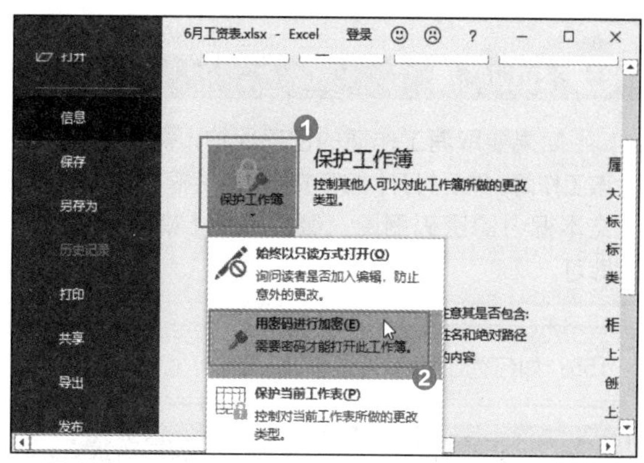

步骤02 ❶弹出【加密文档】对话框，在【密码】文本框中输入密码【123】(本例设为 123)；❷单击【确定】按钮，如下图所示。

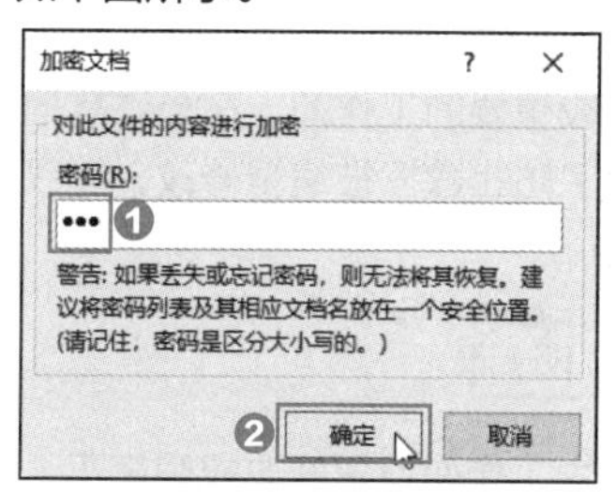

步骤03 ❶弹出【确认密码】对话框，在【重新输入密码】文本框中再次输入设置的密码【123】；❷单击【确定】按钮，如下图所示。

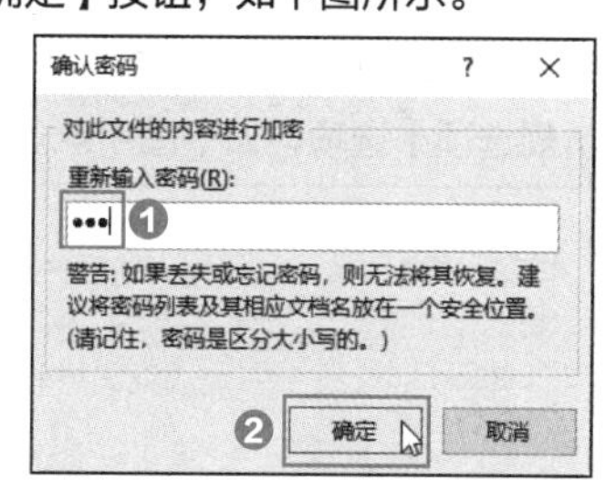

步骤04 ❶返回工作簿，进行保存操作即可。对工作簿设置打开密码后，再次打开该工作簿，会弹出【密码】对话框，在【密码】文本框中输入密码；❷单击【确定】按钮即可打开工作簿，如下图所示。

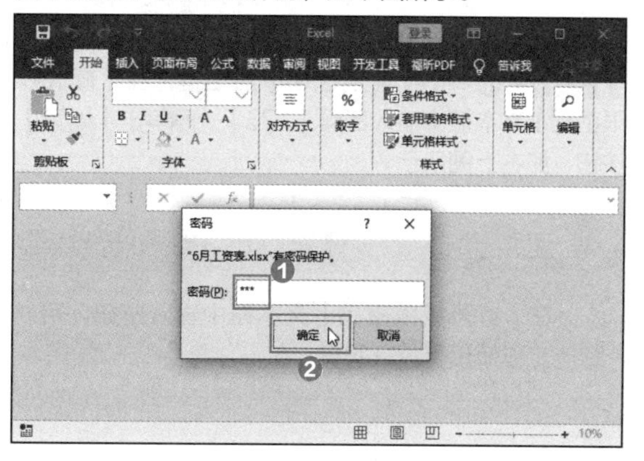

知识拓展

如果要取消工作簿的密码保护，需要先打开该工作簿，然后打开【加密文档】对话框，将【密码】文本框中的密码删除，最后单击【确定】按钮即可。

158：如何为工作簿设置修改密码

适用版本	实用指数
2010、2013、2016、2019	★★★★★

使用说明

对于比较重要的工作簿，在允许其他用户查阅的情况下，为了防止数据被编辑修改，可以设置修改权限密码。

解决方法

如果要为工作簿设置修改权限密码，具体操作方法如下。

步骤01 打开素材文件（位置：素材文件\第 8 章\6 月工资表 .xlsx），❶按【F12】键，弹出【另存为】对话框，单击【工具】下拉按钮；❷在弹出的下拉列表中选择【常规选项】选项，如下图所示。

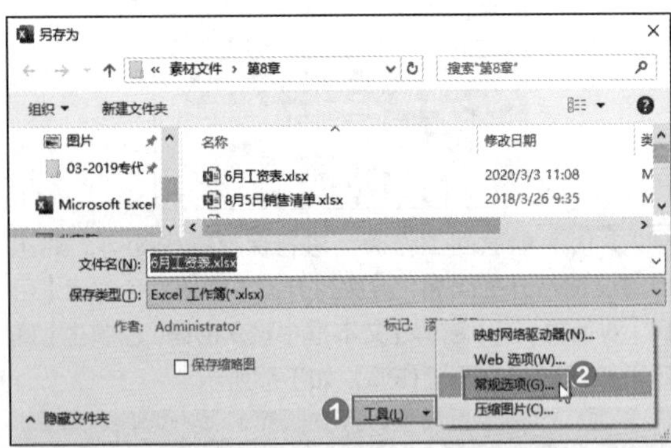

步骤02 ❶弹出【常规选项】对话框，在【修改权限密码】文本框中输入密码【123】；❷单击【确定】按钮，如右上图所示。

知识拓展

在【打开权限密码】文本框中输入密码，可以为工作簿设置打开密码。

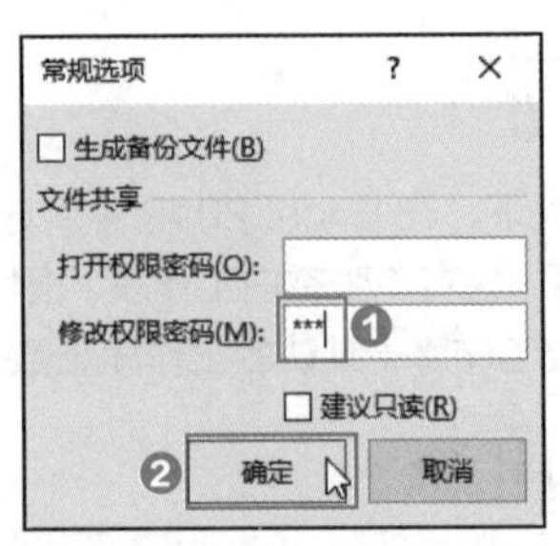

步骤03 ❶弹出【确认密码】对话框，再次输入密码【123】；❷单击【确定】按钮，如下图所示。

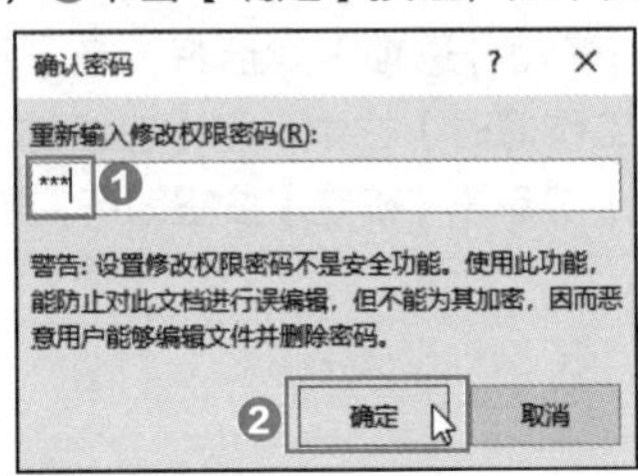

步骤04 返回【另存为】对话框，单击【保存】按钮保存文档。打开设置了修改权限密码的工作簿时，会弹出【密码】对话框，提示输入密码，这时只有输入正确的密码，才能打开工作簿并进行编辑；否则，只能通过单击【只读】按钮以只读方式打开，如下图所示。

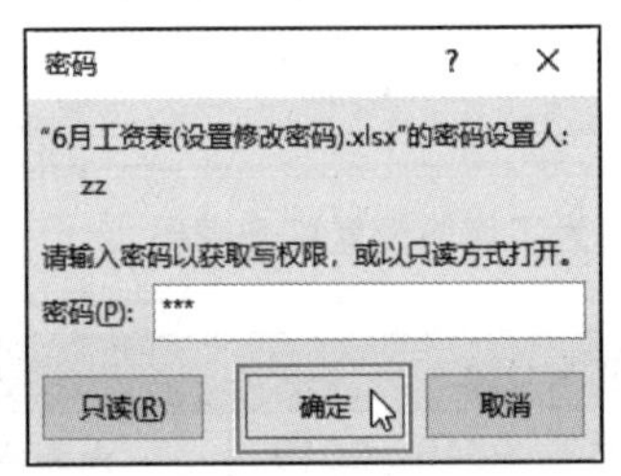

知识拓展

如果要取消工作簿的修改密码，需要先打开该工作簿，然后打开【常规选项】对话框，将【修改权限密码】文本框中的密码删除，最后单击【确定】按钮即可。

159：如何防止工作簿结构不被修改

适用版本	实用指数
2010、2013、2016、2019	★★★★★

使用说明

在 Excel 中，可以通过保护工作簿的功能保护工作簿的结构，以防止其他用户随意增加或删除工作表、复制或移动工作表、将隐藏的工作表显示出来等。

解决方法

如果要防止工作簿结构被修改，具体操作方法如下。

步骤01 打开素材文件（位置：素材文件\第 8 章\6 月工资表 .xlsx），单击【审阅】选项卡【保护】组中的【保护工作簿】按钮，如下图所示。

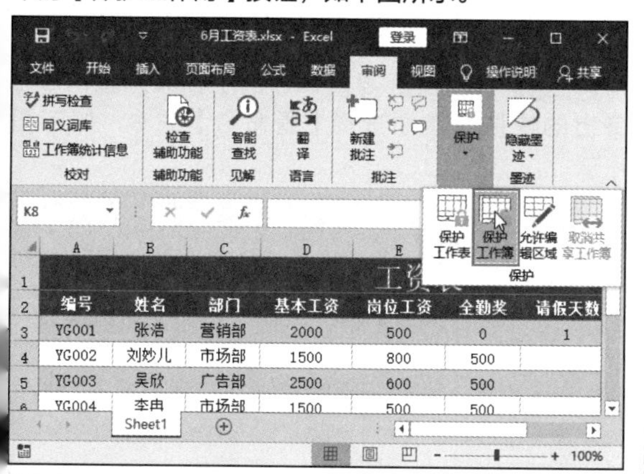

步骤02 ❶弹出【保护结构和窗口】对话框，勾选【结构】复选框；❷在【密码】文本框中输入密码【123】；❸单击【确定】按钮，如下图所示。

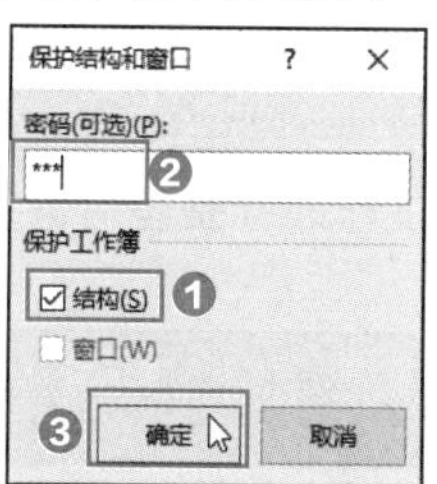

步骤03 ❶弹出【确认密码】对话框，再次输入密码【123】；❷单击【确定】按钮即可，如下图所示。

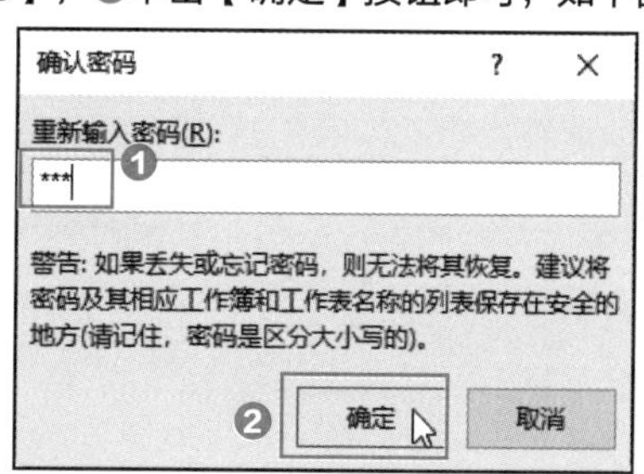

步骤04 返回工作簿，保存文档即可。保护工作簿结构后，当用户在工作表标签处右击时，弹出的快捷菜单中大部分命令将变为灰色（不可用），如下图所示。

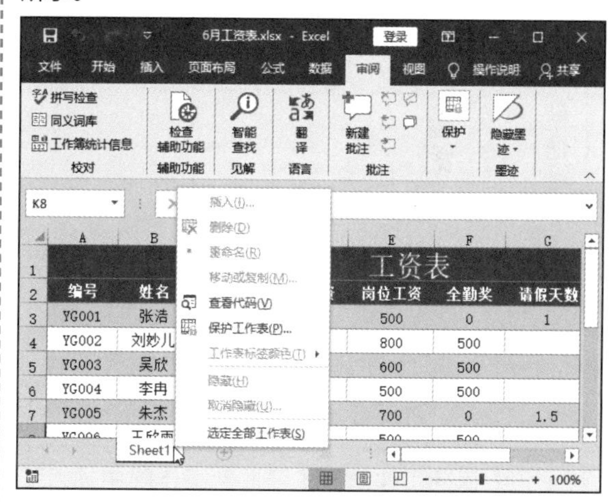

8.2 工作表的操作技巧

工作表就是 Excel 窗口中由许多纵横线交叉组成的表格，其中包含多个单元格，用于存储和处理数据。下面介绍工作表的操作技巧。

160：一次性插入多张工作表

适用版本	实用指数
2010、2013、2016、2019	★★★★★

使用说明

在编辑工作簿时，经常会插入新的工作表来处理各种数据。通常情况下，单击工作表标签右侧的【新工作表】按钮⊕，即可在当前工作表的右侧快速插入一张新工作表。除此之外，还可以一次性插入多张工作表，以便提高工作效率。

解决方法

一次性插入多张工作表的具体操作方法如下。

步骤01 ❶按住【Ctrl】键选中连续的多张工作表标签，右击；❷在弹出的快捷菜单中选择【插入】命令，如下图所示。

步骤02 ❶弹出【插入】对话框，选择【工作表】选项；❷单击【确定】按钮，如下图所示。

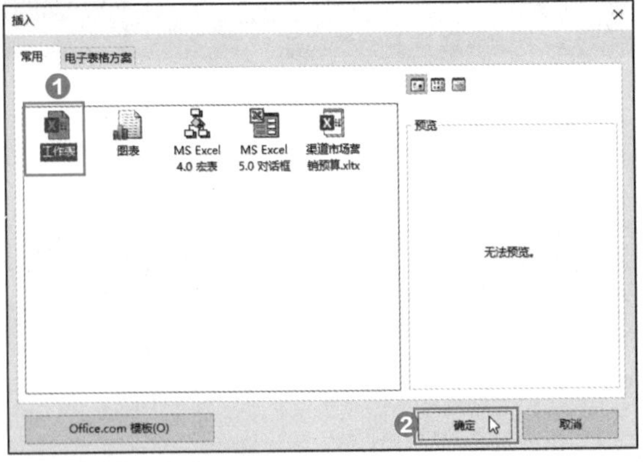

步骤03 返回工作簿，即可看到工作簿中插入了3张新工作表，如下图所示。

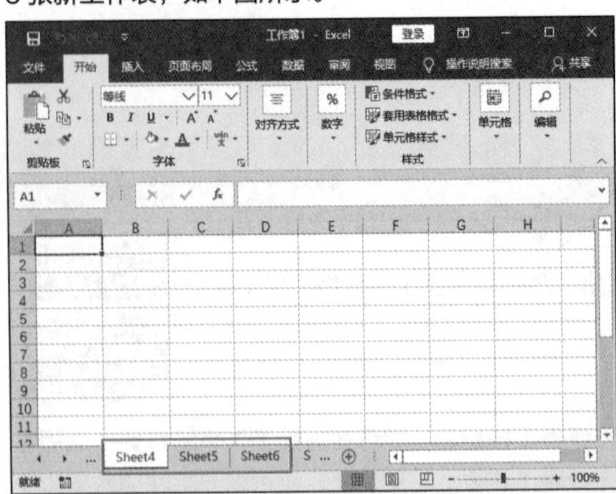

161：更改工作表的名称

适用版本	实用指数
2010、2013、2016、2019	★★★★★

使用说明

在 Excel 中，工作表的默认名称为【Sheet1】【Sheet2】等。根据需要，可对工作表进行重命名操作，以便区分和查询工作表数据。

解决方法

如果要更改工作表的名称，具体操作方法如下。

步骤01 ❶右击需要重命名的工作表标签；❷在弹出的快捷菜单中选择【重命名】命令，如下图所示。

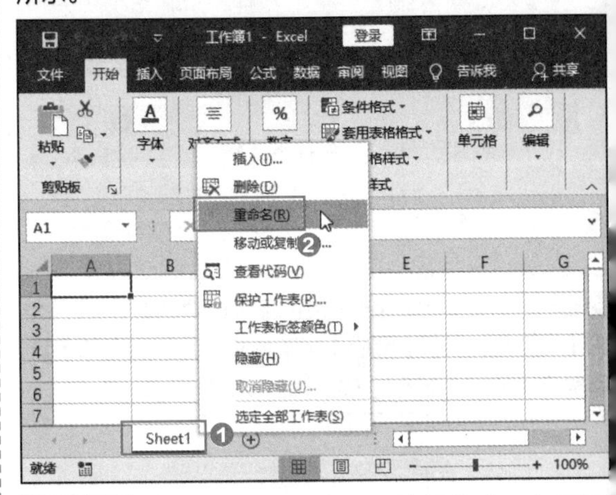

步骤02 此时工作表标签呈可编辑状态，如下图所示。

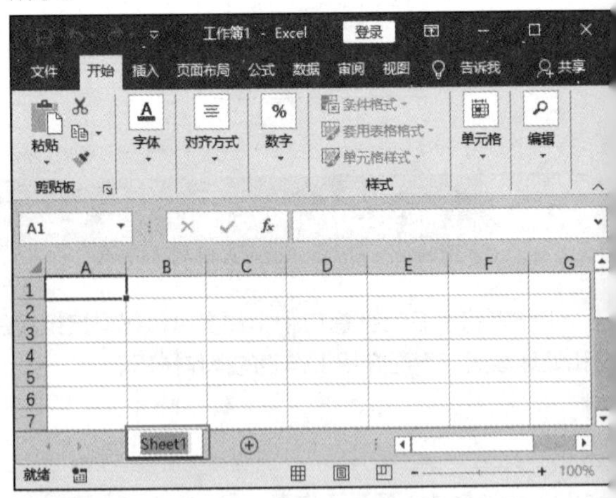

步骤03 直接输入工作表的新名称，然后按【Enter】键确认即可，如下图所示。

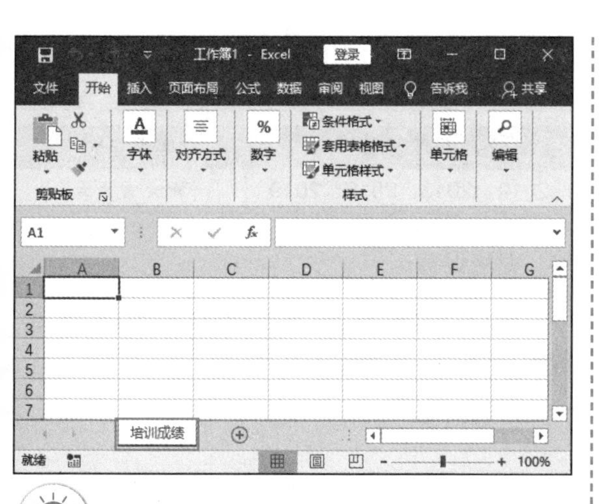

知识拓展

双击工作表标签，可快速对其进行重命名操作。

162：为工作表标签设置不同的颜色

适用版本	实用指数
2010、2013、2016、2019	★★★★★

使用说明

当工作簿中包含的工作表太多时，除了可以用名称进行区别外，还可以对工作表标签设置不同的颜色以示区别。

解决方法

如果要为工作表标签设置不同的颜色，具体操作方法如下。

❶右击要设置颜色的工作表标签；❷在弹出的快捷菜单中选择【工作表标签颜色】命令；❸在弹出的扩展菜单中选择需要的颜色即可，如下图所示。

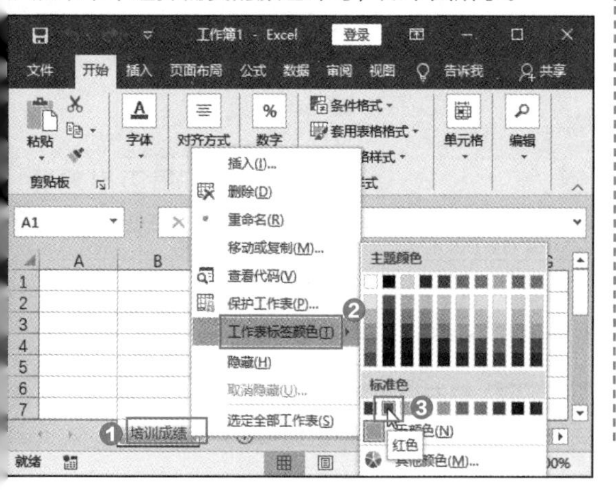

163：如何复制工作表

适用版本	实用指数
2010、2013、2016、2019	★★★★★

使用说明

当要制作的工作表中有许多数据与已有的工作表中的数据相同时，可通过复制工作表来提高工作效率。

解决方法

如果要复制工作表，具体操作方法如下。

步骤01 打开素材文件（位置：素材文件\第 8 章\销售清单 .xlsx），❶右击要复制的工作表标签；❷在弹出的快捷菜单中选择【移动或复制】命令，如下图所示。

步骤02 ❶弹出【移动或复制工作表】对话框，在【下列选定工作表之前】列表框中选择工作表的目标位置，如【（移至最后）】；❷勾选【建立副本】复选框；❸单击【确定】按钮即可，如下图所示。

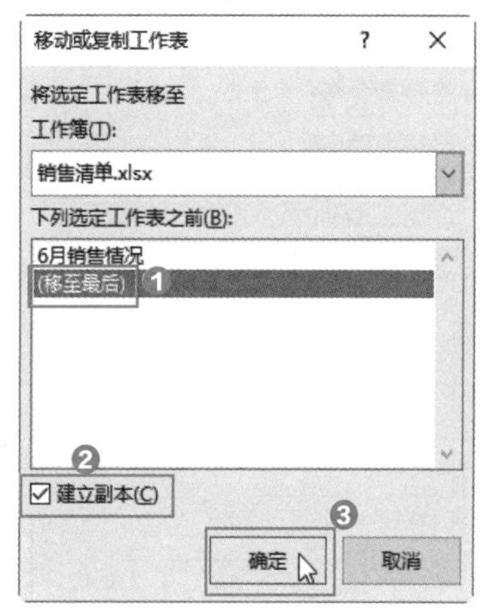

164：如何将工作表移动到新工作簿中

适用版本	实用指数
2010、2013、2016、2019	★★★★☆

使用说明

除了复制工作表之外，还可以将工作表移动到其他工作簿中。

解决方法

如果要将工作表移动到新工作簿中，具体操作方法如下。

步骤01 打开素材文件（位置：素材文件\第 8 章\销售清单 .xlsx），❶右击要移动的工作表标签；❷在弹出的快捷菜单中选择【移动或复制】命令，如下图所示。

步骤02 ❶弹出【移动或复制工作表】对话框，在【工作簿】列表框中选择【（新工作簿）】；❷单击【确定】按钮即可新建一个工作簿，并将所选工作表移动到新工作簿中，如下图所示。

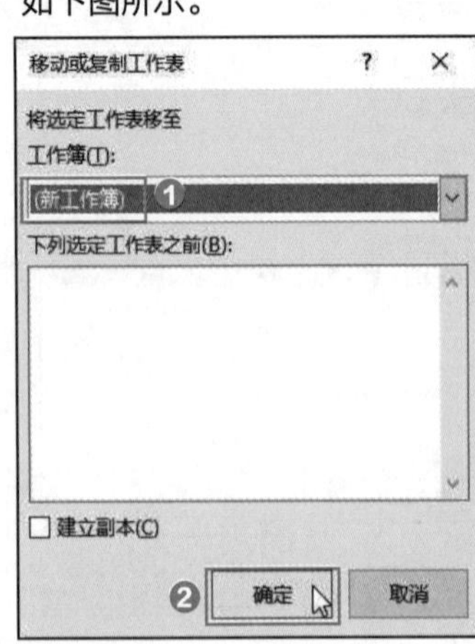

165：如何将重要的工作表隐藏

适用版本	实用指数
2010、2013、2016、2019	★★★★★

使用说明

对于有重要数据的工作表，如果不希望其他用户查看，可以将其隐藏起来。

解决方法

如果要隐藏工作表，具体操作方法如下。

步骤01 打开素材文件（位置：素材文件\第 8 章\出差登记表 .xlsx），❶选中需要隐藏的工作表，右击其标签；❷在弹出的快捷菜单中选择【隐藏】命令即可，如下图所示。

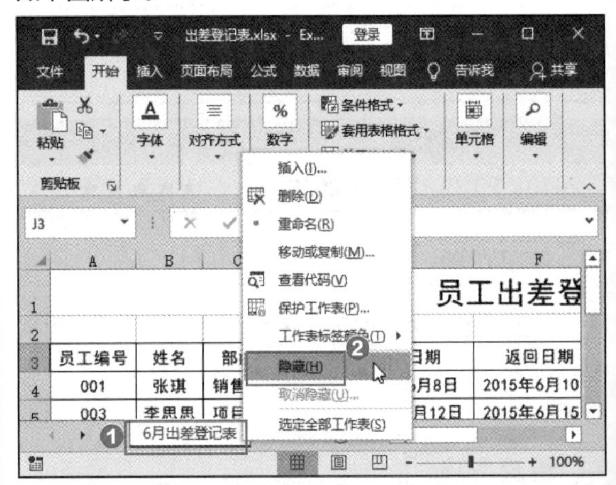

步骤02 ❶隐藏了工作表之后，若要将其显示出来，可右击任意一个工作表标签；❷在弹出的快捷菜单中选择【取消隐藏】命令，如下图所示。

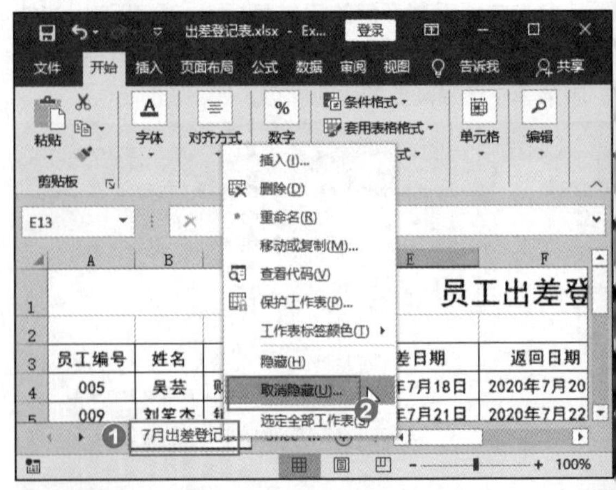

步骤03 ❶在弹出的【取消隐藏】对话框中选择需要显示的工作表；❷单击【确定】按钮即可，如下图

所示。

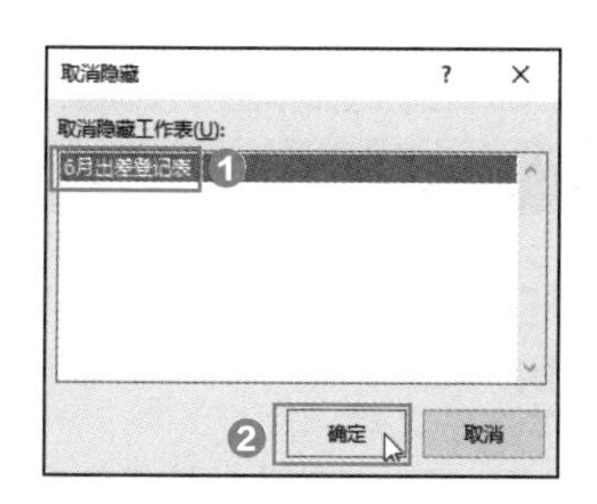

知识拓展

当工作簿中只有一张工作表时，不能执行隐藏工作表的操作。此时可以新建一张空白工作表，然后再隐藏工作表。

166：设置工作表之间的超链接

适用版本	实用指数
2010、2013、2016、2019	★★★☆☆

使用说明

当一个工作簿含有众多工作表时，为了方便切换和查看工作表，可以制作一个工作表汇总，并为其设置工作表超链接。

解决方法

如果要为工作表设置超链接，具体操作方法如下。

步骤01 打开素材文件（位置：素材文件\第8章\公司产品销售情况.xlsx），❶在包含了工作表名称的工作表（本例中为【工作表汇总】）中，选中要创建超链接的单元格，本例中选择【A2】；❷切换到【插入】选项卡；❸在【链接】组中单击【链接】按钮，如下图所示。

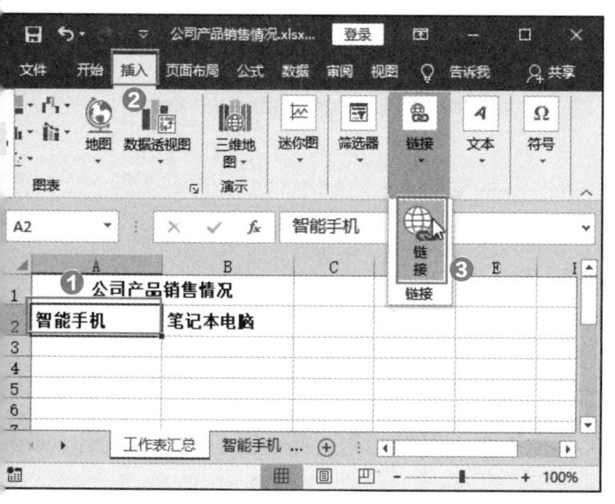

步骤02 ❶弹出【插入超链接】对话框，在【链接到】栏中选择链接位置，本例中选择【本文档中的位置】；❷在右侧的【或在此文档中选择一个位置】列表框中选择要链接的工作表，本例中选择【智能手机】；❸单击【确定】按钮，如下图所示。

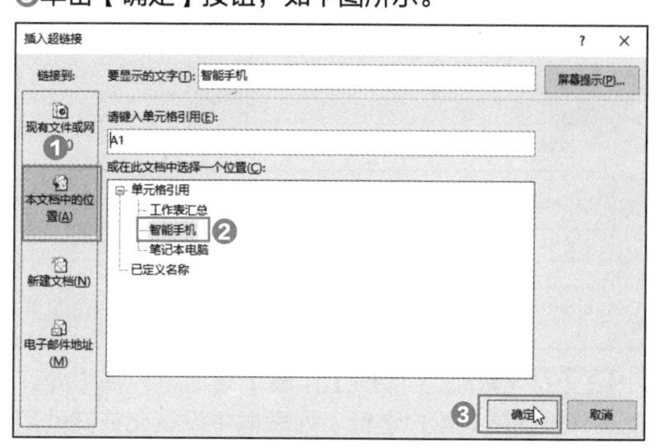

步骤03 返回工作表，参照上述操作步骤，为其他单元格设置相应的超链接。设置超链接后，单元格中的文本呈蓝色显示并带有下划线，单击设置了超链接的文本，即可跳转到相应的工作表，如下图所示。

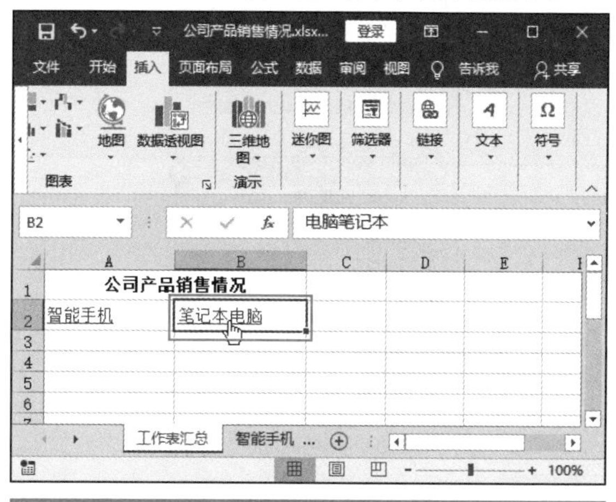

167：如何保护工作表不被他人修改

适用版本	实用指数
2010、2013、2016、2019	★★★★☆

使用说明

为了防止他人随意修改工作表中的重要数据，可以为工作表设置保护。

解决方法

如果要为工作表设置保护，具体操作方法如下。

步骤01 ❶在要设置保护的工作表中，切换到【审阅】选项卡；❷单击【保护】组中的【保护工作表】按钮，如下图所示。

步骤02 ❶弹出【保护工作表】对话框，在【允许此工作表的所有用户进行】列表框中设置允许其他用户进行的操作；❷在【取消工作表保护时使用的密码】文本框中输入保护密码【123】；❸单击【确定】按钮，如下图所示。

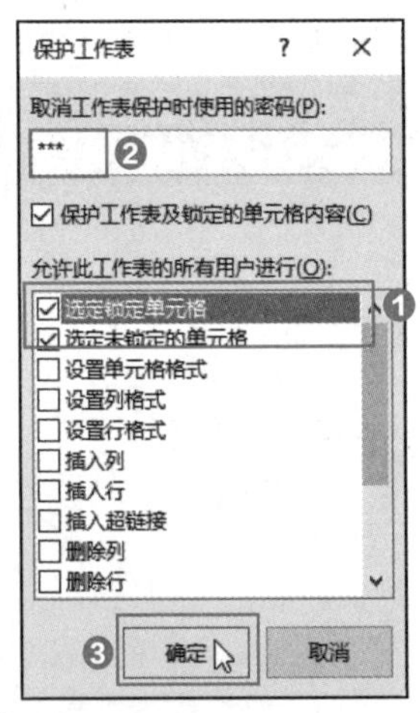

步骤03 ❶弹出【确认密码】对话框，再次输入密码【123】；❷单击【确定】按钮即可，如下图所示。

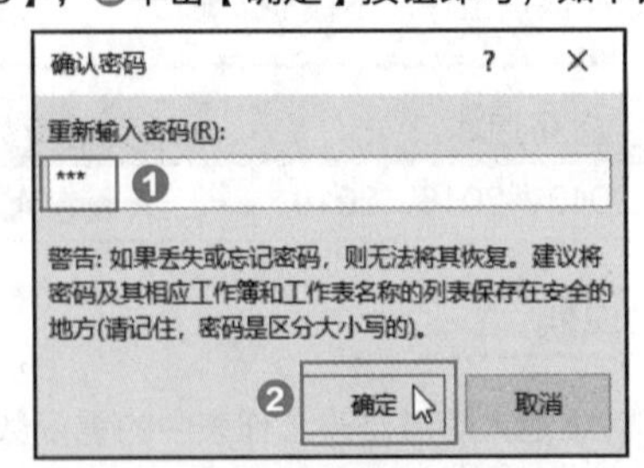

知识拓展

若要撤销对工作表设置的密码保护，可切换到【审阅】选项卡，单击【保护】组中的【撤销工作表保护】按钮，在弹出的【撤销工作表保护】对话框中输入设置的密码，然后单击【确定】按钮。

168：凭密码编辑工作表的不同区域

适用版本	实用指数
2010、2013、2016、2019	★★★☆☆

使用说明

默认情况下，Excel 的【保护工作表】功能作用于整张工作表。如果用户希望工作表中有一部分区域可以被编辑，可以为工作表中的某个区域设置密码。当需要编辑时，输入密码即可。

解决方法

如果要为部分单元格区域设置密码，具体操作方法如下。

步骤01 ❶选择需要凭密码编辑的单元格区域；❷切换到【审阅】选项卡；❸单击【保护】组中的【允许编辑区域】按钮，如下图所示。

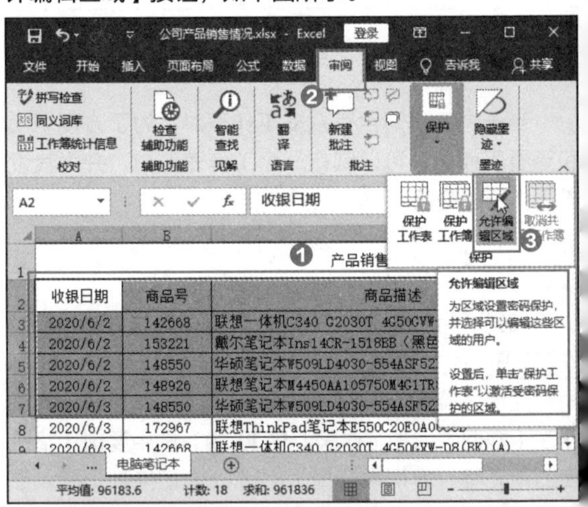

步骤02 弹出【允许用户编辑区域】对话框，单击【新建】按钮，如下图所示。

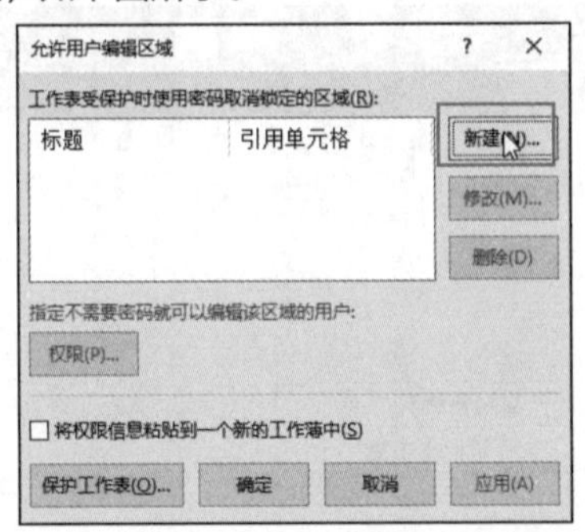

步骤03 ❶弹出【新区域】对话框，在【区域密码】文本框中输入保护密码；❷单击【确定】按钮，如下图所示。

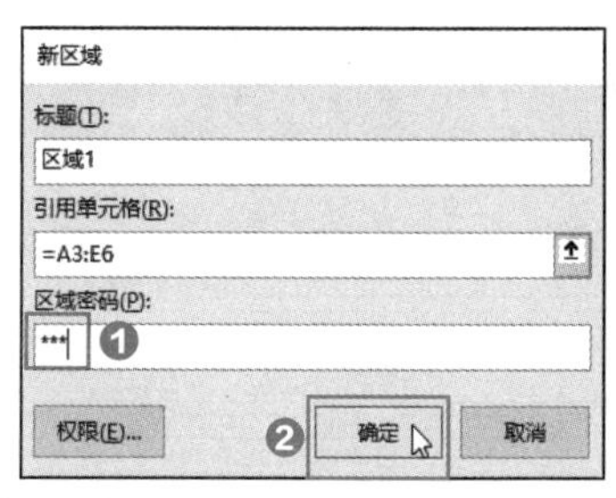

步骤04 ❶弹出【确认密码】对话框，再次输入密码；❷单击【确定】按钮，如下图所示。

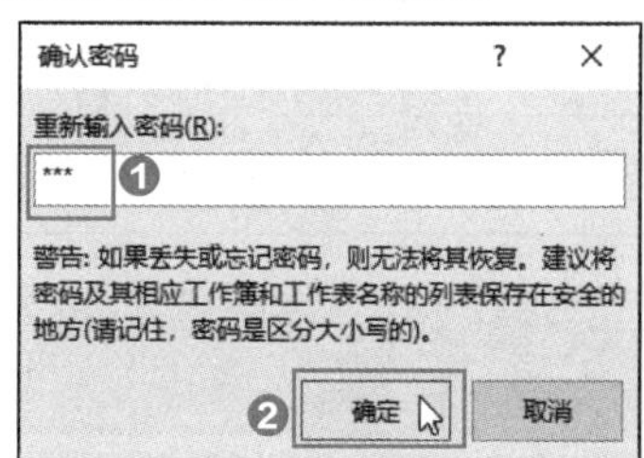

步骤05 返回【允许用户编辑区域】对话框，单击【保护工作表】按钮，如下图所示。

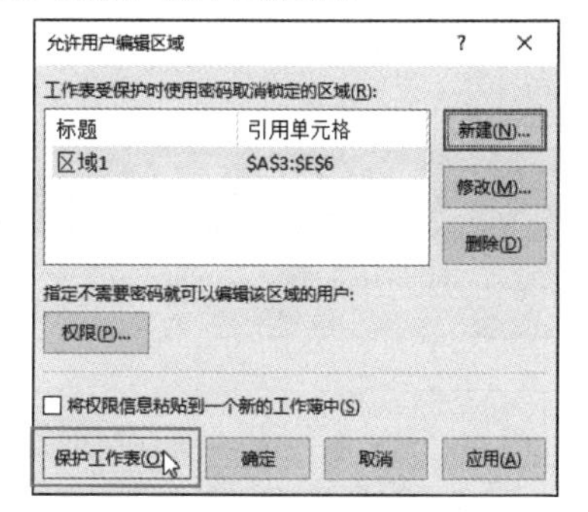

步骤06 弹出【保护工作表】对话框，单击【确定】按钮即可保护选择的单元格区域，如下图所示。

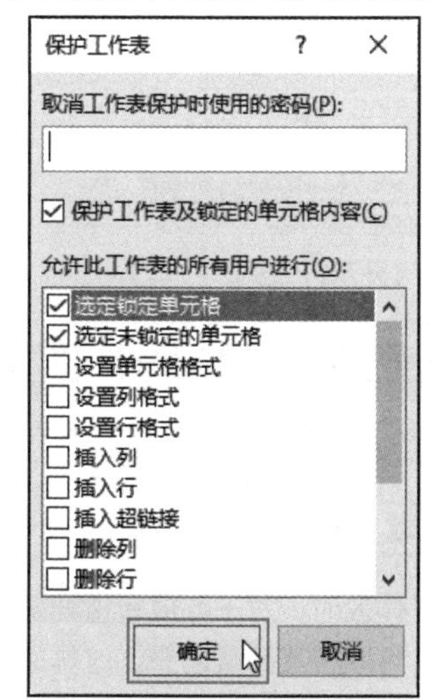

步骤07 ❶在 A3:E6 单元格区域内修改单元格中的数据；❷弹出【取消锁定区域】对话框，输入密码；❸单击【确定】按钮，如下图所示。

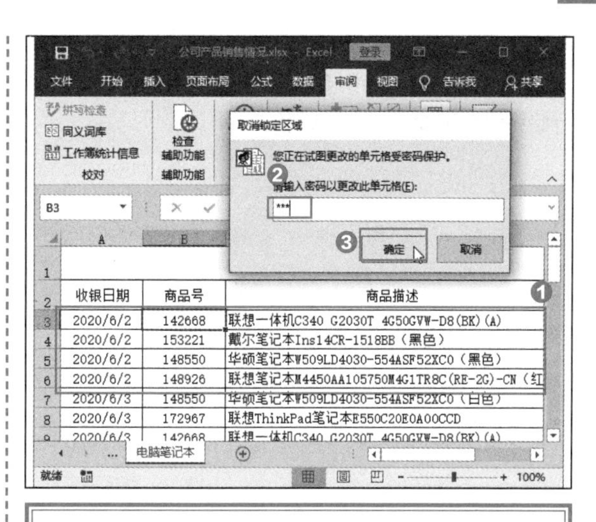

169：如何让工作表中的标题行在滚动时始终显示

适用版本	实用指数
2010、2013、2016、2019	★★★★☆

使用说明

当工作表中有大量数据时，为了保证在拖动工作表滚动条时能始终看到工作表中的标题，可以使用冻结工作表的方法。

当工作表的行标题和列标题都在对应的首行和首列，则直接冻结首行和首列即可；当工作表的行标题和列标题不在首行和首列时，则需要冻结工作表的多行和多列。

解决方法

如果要冻结工作表中的标题，具体操作方法如下。

步骤01 打开素材文件（位置：素材文件\第 8 章\销售清单 .xlsx），❶选中标题行下的第一个单元格；❷单击【视图】选项卡【窗口】组中的【冻结窗格】下拉按钮；❸在弹出的下拉列表中选择需要的冻结方式即可，本例选择【冻结窗格】选项，如下图所示。

步骤02 这样，所选单元格上方的多行就被冻结起来了。这时拖动滚动条查看表中的数据，被冻结的多行始终保持不变，如右图所示。

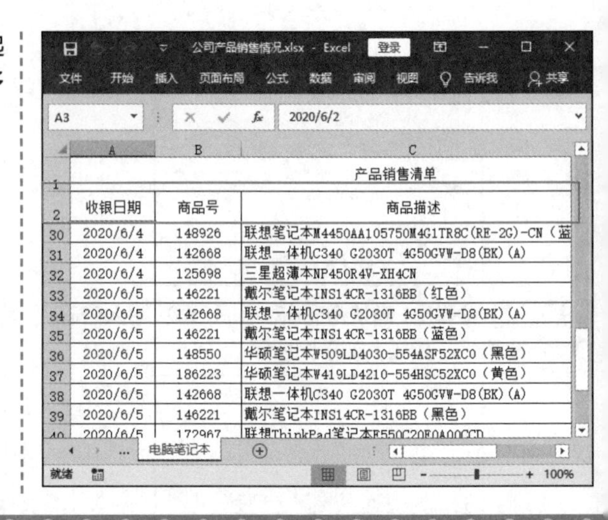

8.3 行、列和单元格操作技巧

在制作表格的过程中，经常需要对行、列及单元格进行操作，以满足不同的编辑要求。下面介绍行、列和单元格的操作技巧。

170：快速插入多行或多列

适用版本	实用指数
2010、2013、2016、2019	★★★★☆

使用说明

完成工作表的编辑后，若要在其中添加数据，则需要添加行或列。通常用户都会一行或一列地逐个插入。如果要添加大量的数据，需要添加多行或多列时，逐一添加行或列会比较慢，影响工作效率，这时就有必要掌握添加多行或多列的方法。

解决方法

如果要在工作表中插入 4 行，具体操作方法如下。

❶在工作表中选中 4 行，然后右击；❷在弹出的快捷菜单中选择【插入】命令，即可在选中的数据区域上方插入数量相同的行，如右图所示。

知识拓展

如果要插入多列，则先选中多列，再执行插入操作。

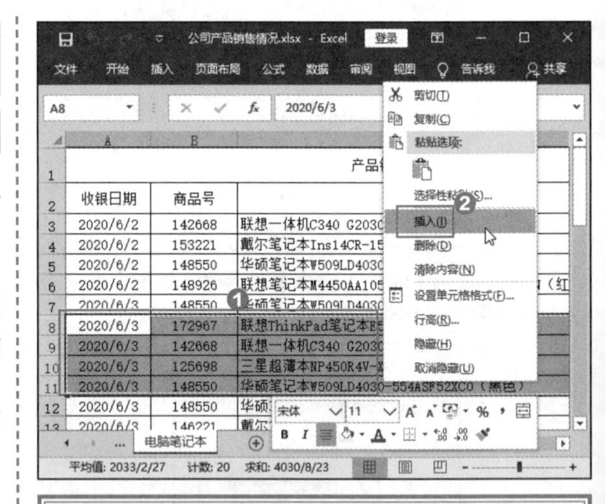

171：隐藏与显示行或列

适用版本	实用指数
2010、2013、2016、2019	★★★★★

使用说明

在编辑工作表时，对于存放有重要数据或暂时不用的行或列，可以将其隐藏起来。这样既可以减少屏幕上的行或列数量，还能防止工作表中重要数据因错误操作而丢失，从而起到保护数据的作用。

解决方法

例如，要在工作表中隐藏列，具体操作方法如下。

步骤01 ❶选择要隐藏的列；❷在【单元格】组中单击【格式】下拉按钮；❸在弹出的下拉列表中选择【隐藏和取消隐藏】选项；❹在弹出的扩展列表中选择【隐藏列】选项，如下图所示。

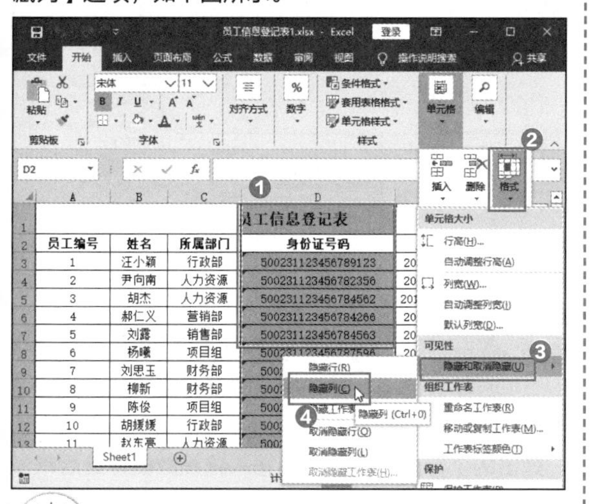

知识拓展

如果要对行进行隐藏操作，则选中需要隐藏的行，单击【格式】下拉按钮，在弹出的下拉列表中选择【隐藏和取消隐藏】选项，在弹出的扩展列表中选择【隐藏行】选项即可。此外，还可通过以下两种方式执行隐藏操作。

- 选中要隐藏的行或列，右击，在弹出的快捷菜单中选择【隐藏】命令。
- 选中某行后，按【Ctrl+9】组合键可快速将其隐藏；选中某列后，按【Ctrl+0】组合键可快速将其隐藏。

步骤02 ❶所选列将被隐藏起来。如果要显示被隐藏的列，则可选中隐藏列所在位置的相邻两列；❷在【单元格】组中单击【格式】下拉按钮；❸在弹出的下拉列表中选择【隐藏和取消隐藏】选项；❹在弹出的扩展列表中选择【取消隐藏列】选项，如右上图所示。

知识拓展

将鼠标指针指向隐藏了行的行号中线上，当鼠标指针呈【$\updownarrow$】状时，向下拖动鼠标，即可显示隐藏的行；将鼠标指针指向隐藏了列的列标中线上，当鼠标指针呈【$\leftrightarrow$】状时，向右拖动鼠标，即可显示隐藏的列。

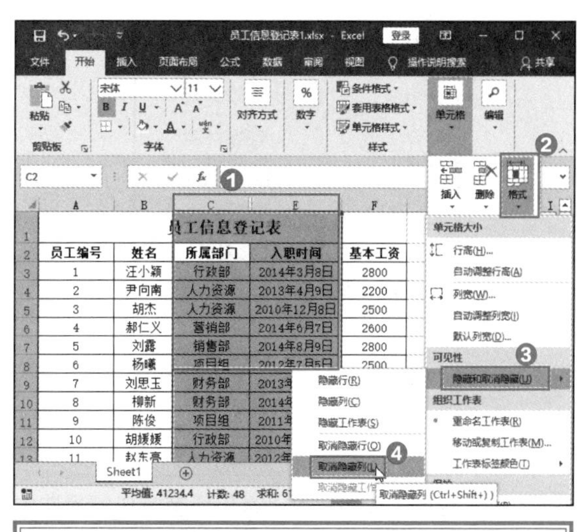

172：快速删除所有空行

适用版本	实用指数
2010、2013、2016、2019	★★★★☆

使用说明

在编辑工作表中，有时需要将一些没有用的空行删除掉。若表格中的空行太多，逐个删除非常烦琐，此时可通过定位功能快速删除工作表中的所有空行。

解决方法

如果要删除工作表中的所有空行，具体操作方法如下。

步骤01 打开素材文件（位置：素材文件\第 8 章\销售清单 1.xlsx），❶在数据区域中选择任意单元格；❷在【开始】选项卡的【编辑】组中单击【查找和选择】下拉按钮；❸在弹出的下拉列表中选择【定位条件】选项，如下图所示。

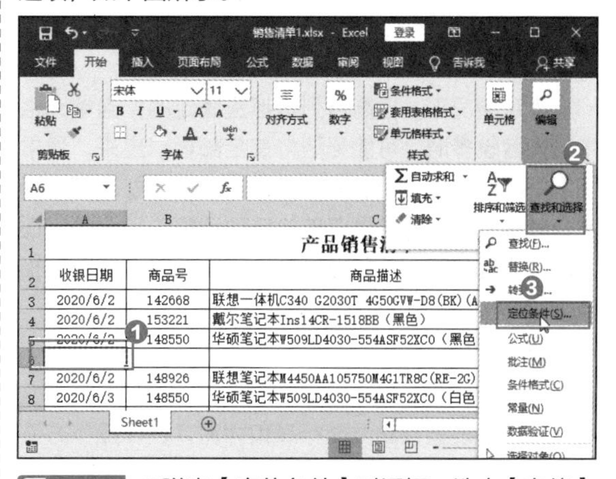

步骤02 ❶弹出【定位条件】对话框，选中【空值】

单选按钮；❷单击【确定】按钮，如下图所示。

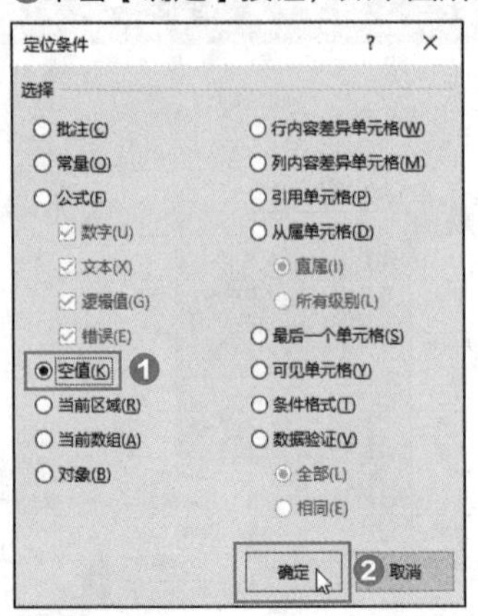

步骤03 返回工作表，可以看见所有空白行呈选中状态，在【单元格】组中单击【删除】按钮即可，如下图所示。

173：设置最适合的行高与列宽

适用版本	实用指数
2010、2013、2016、2019	★★★★★

默认情况下，行高与列宽都是固定的，当单元格中的内容较多时，可能无法将其全部显示出来。通常情况下，用户喜欢通过拖动鼠标的方式调整行高与列宽。其实，可以使用更简单的自动调整功能调整最适合的行高或列宽，使单元格大小与单元格中的内容相适应。

如果要设置自动调整行高和列宽，具体操作方法如下。

步骤01 ❶将光标定位到要调整行高的行；❷在【开始】选项卡的【单元格】组中单击【格式】下拉按钮；❸在弹出的下拉列表中选择【自动调整行高】选项，如下图所示。

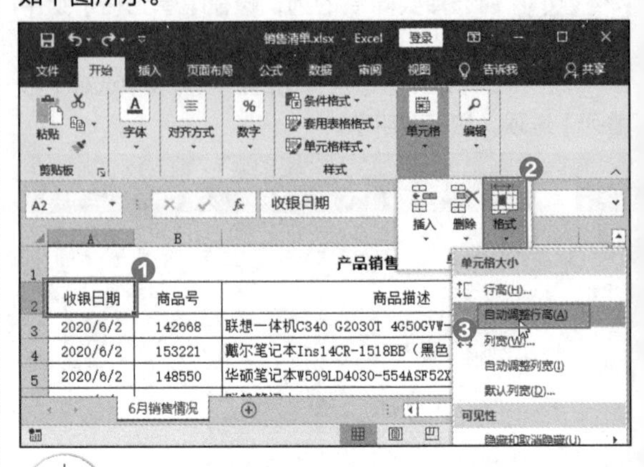

知识拓展

如果要精确调整行高，可以在选中行之后右击，在弹出的快捷菜单中选择【行高】命令，在弹出的【行高】对话框中输入精确数值，最后单击【确定】按钮。设置精确列宽的方法与设置行高相似。

步骤02 ❶将光标定位到要调整列宽的列；❷单击【格式】下拉按钮；❸在弹出的下拉列表中选择【自动调整列宽】选项，如下图所示。

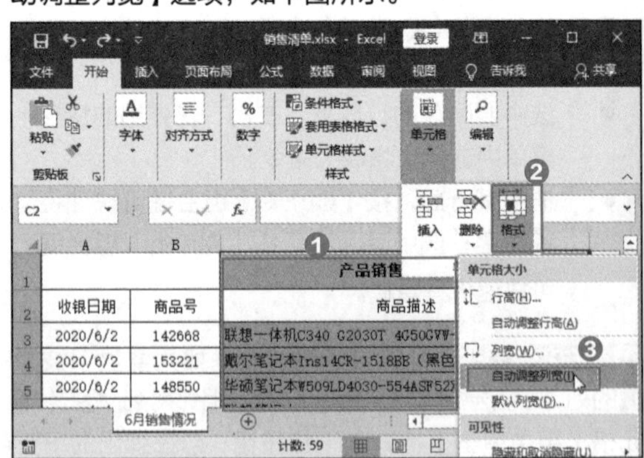

174：巧用双击定位到列表的最后一行

适用版本	实用指数
2010、2013、2016、2019	★★★☆☆

使用说明

在处理一些大型表格时，汇总数据通常在表格的最后一行。当要查看汇总数据时，若通过拖动滚动

条的方式会非常缓慢，此时可以通过双击的方式快速定位。

解决方法

如果要快速定位到最后一行，具体操作方法如下。

步骤01 选择任意单元格，将鼠标指针指向该单元格下边框，待鼠标指针呈✥状时，双击，如下图所示。

步骤02 操作完成后即可快速跳转至最后一行，如下图所示。

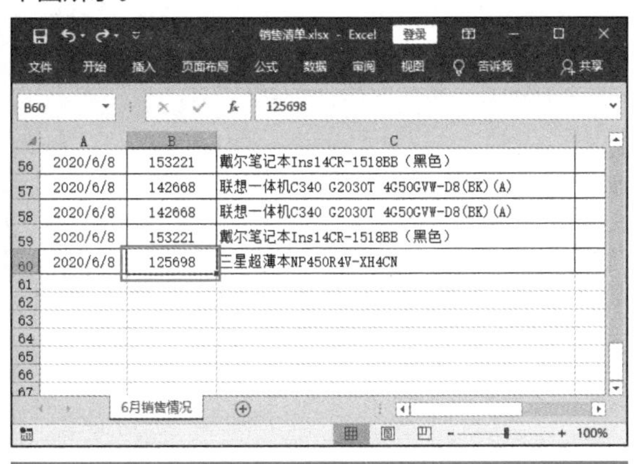

175：使用名称框定位活动单元格

适用版本	实用指数
2010、2013、2016、2019	★★★☆☆

使用说明

在工作表中选择要操作的单元格或单元格区域时，不仅可以通过鼠标选择，还可以通过名称框进行选择。

解决方法

如要通过名称框选择单元格区域，具体操作方法如下。

步骤01 在名称框中输入要选择的单元格区域，本例输入【B4:E8】，如下图所示。

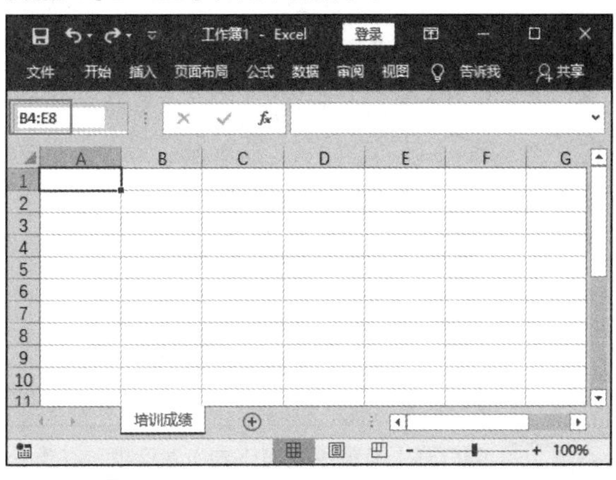

步骤02 按【Enter】键，即可选中【B4:E8】单元格区域，如下图所示。

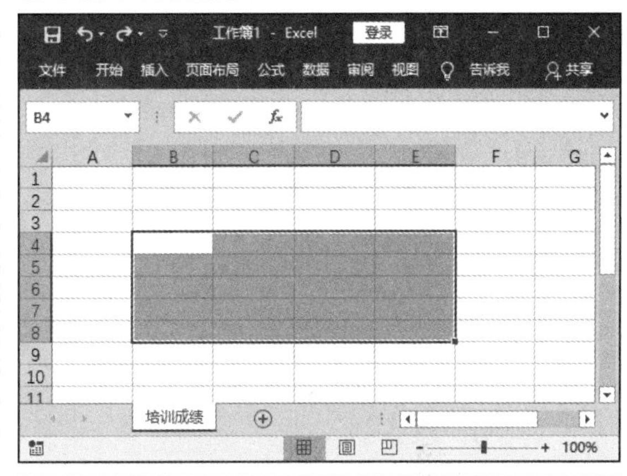

176：隐藏单元格中的重要内容

适用版本	实用指数
2010、2013、2016、2019	★★★★☆

使用说明

在编辑工作表时，如果不希望某些重要数据被其他用户查看，可将其隐藏起来。

解决方法

如果要隐藏工作表中的重要数据，具体操作方法如下。

步骤01 打开素材文件（位置：素材文件\第 8 章\员工信息登记表 1.xlsx），❶选中要隐藏内容的单元格区域，例如【D3:D17】；❷单击【开始】选项卡【数字】组中的【对话框启动器】按钮，如下图所示。

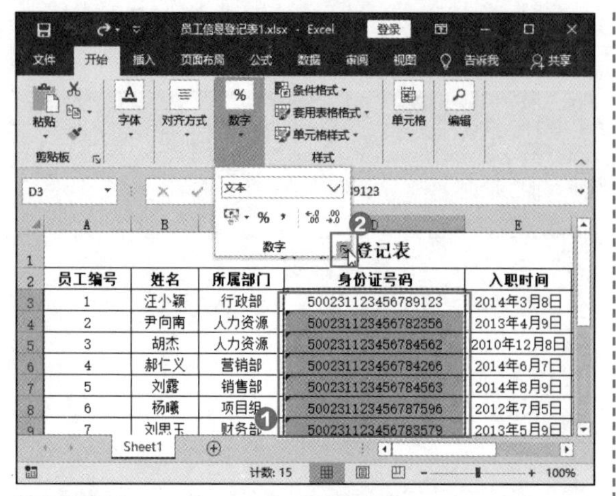

步骤02 ❶打开【设置单元格格式】对话框，在【分类】列表框中选择【自定义】选项；❷在右侧的【类型】文本框中输入 3 个英文半角分号【;;;】，如下图所示。

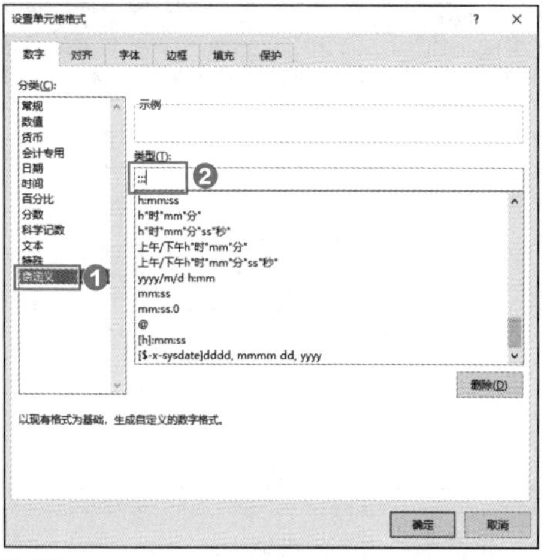

步骤03 ❶切换到【保护】选项卡；❷取消勾选【锁定】复选框，勾选【隐藏】复选框；❸单击【确定】按钮，如下图所示。

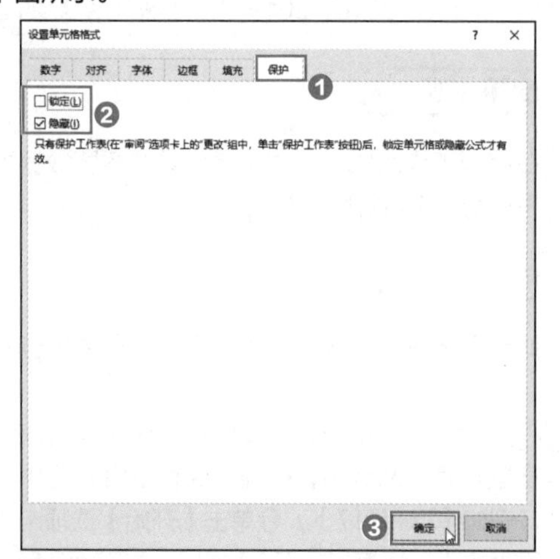

步骤04 此时单元格内容已被隐藏起来了，但选中单元格后，还能在编辑栏中查看内容。为了防止其他用户将其显示出来，还需设置密码加强保护。保持当前单元格区域的选中状态，使用前面所学的方法打开【保护工作表】对话框，❶在【取消工作表保护时使用的密码】文本框中输入密码；❷单击【确定】按钮，如下图所示。

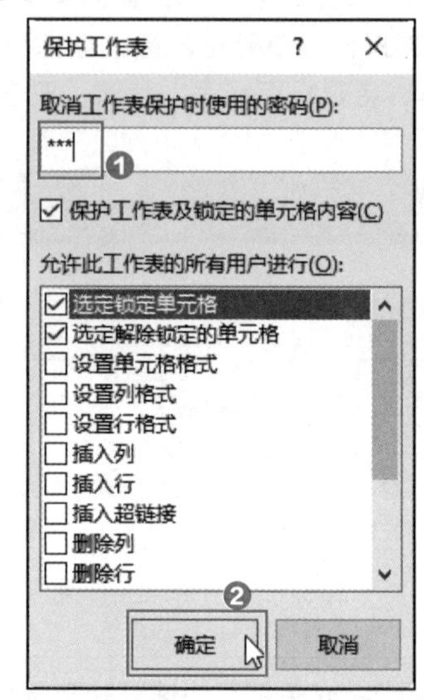

**步骤05** 弹出【确认密码】对话框，再次输入密码，单击【确定】按钮即可。返回工作表，可以看到单元格中的内容彻底被隐藏了，如下图所示。

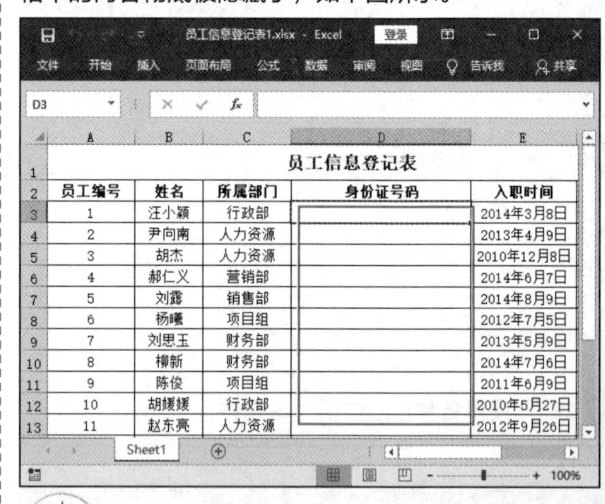

知识拓展

隐藏单元格内容后，若要将其显示出来，需先撤销工作表保护，再打开【设置单元格格式】对话框，在【分类】列表框中选择【自定义】选项，在右侧的【类型】列表框中选择【G/通用格式】选项，单击【确定】按钮即可。对于设置了数字格式的单元格，显示出来后，内容可能会显示不正确，此时只需再设置正确的数字格式即可。

177：将计算结果为【0】的数据隐藏

适用版本	实用指数
2010、2013、2016、2019	★★★☆☆

使用说明

默认情况下，在工作表中输入【0】，或公式的计算结果为【0】时，单元格中都会显示零值。为了醒目和美观，可以将零值隐藏起来。

解决方法

如果要将零值数据隐藏起来，具体操作方法如下。

步骤01 打开素材文件（位置：素材文件\第 8 章\8月5日销售清单.xlsx），❶打开【Excel 选项】对话框，切换到【高级】选项卡；❷在【此工作表的显示选项】栏中取消勾选【在具有零值的单元格中显示零】复选框；❸单击【确定】按钮，如下图所示。

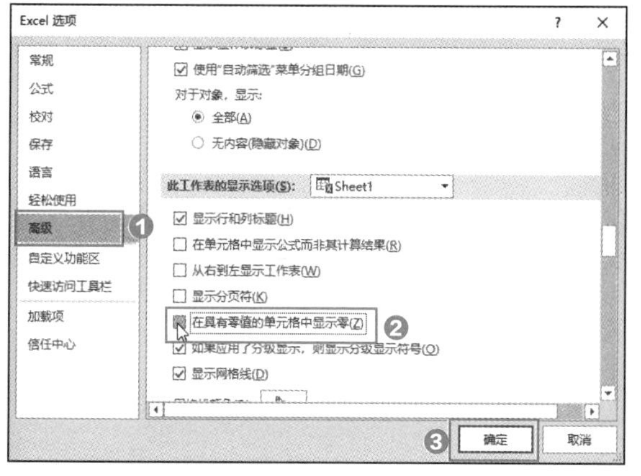

步骤02 返回工作表，即可看到计算结果为【0】的数据已被隐藏，如下图所示。

D6 =B6*C6

	A	B	C	D
5	Za美肌无瑕两用粉饼盒	30	68	2040
6	Za新焕真皙美白三件套	260		
7	韩束墨菊化妆品套装五件套	329		
8	卡姿兰甜美粉嫩公主彩妆套装	280	16	4480
9	卡姿兰蜗牛化妆品套装	178		
10	水密码防晒套装	136	52	7072
11	水密码护肤品套装	149		
12	温碧泉美容三件套美白补水	169	38	6422
13	温碧泉明星复合水精华60ml	135	42	5670
14	香奈儿邂逅清新淡香水50ml	756		
15	雅诗兰黛红石榴套装	750	19	14250

178：合并两列数据并自动删除重复值

适用版本	实用指数
2010、2013、2016、2019	★★★★☆

使用说明

在工作表的两列数据中，如果包含一些相同内容，想要将这两列数据进行合并，并自动删除重复值，可通过数组公式实现。

解决方法

如果要合并数据并自动删除重复值，具体操作方法如下。

步骤01 打开素材文件（位置：素材文件\第 8 章\名单.xlsx），选中【C2】单元格，输入公式【=IFERROR(INDEX($B$2:$B$14,MATCH(0,COUNTIF($C$1:C1,$B$2:$B$14),0)),INDEX($A$2:$A$16,MATCH(0,COUNTIF($C$1:C1,$A$2:$A$16),0)))】，然后按【Ctrl+Shift+Enter】组合键确认，即可得出计算结果，如下图所示。

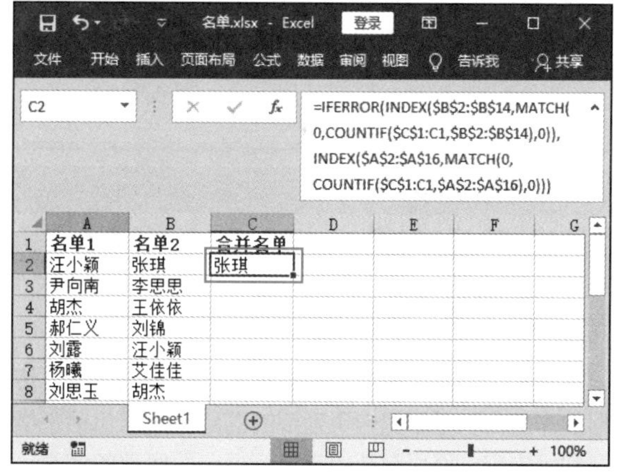

步骤02 利用填充功能向下填充公式，直到出现【#N/A】错误值为止，即可完成合并操作，如下图所示。

知识拓展

公式中的【$C$1:C1】需要根据实际情况进行更改，本例中由于第 1 个计算结果需要存放在【C2】单元格，因此计算参数需要设置为【$C$1:C1】。

8.4 工作表打印技巧

表格制作完成后，可通过打印设置将工作表内容打印出来。本节将介绍工作表的相关打印技巧。

179：为工作表添加页眉和页脚

适用版本	实用指数
2010、2013、2016、2019	★★★★★

使用说明

在 Excel 电子表格中也可以添加页眉和页脚。页眉的作用在于显示每一页顶部的信息，通常包括表格名称等内容；而页脚则用来显示每一页底部的信息，通常包括页数、打印日期和时间等。

解决方法

例如，要在页眉位置添加公司名称，在页脚位置添加制表日期信息，具体操作方法如下。

步骤01 打开素材文件（位置：素材文件\第 8 章\销售清单 .xlsx），单击【插入】选项卡【文本】组中的【页眉和页脚】按钮，如右侧上图所示。

步骤02 ❶进入页眉和页脚编辑状态，同时功能区中会出现【页眉和页脚工具 / 设计】选项卡，在页眉框中输入页眉内容；❷单击【导航】组中的【转至页脚】按钮，如右侧下图所示。

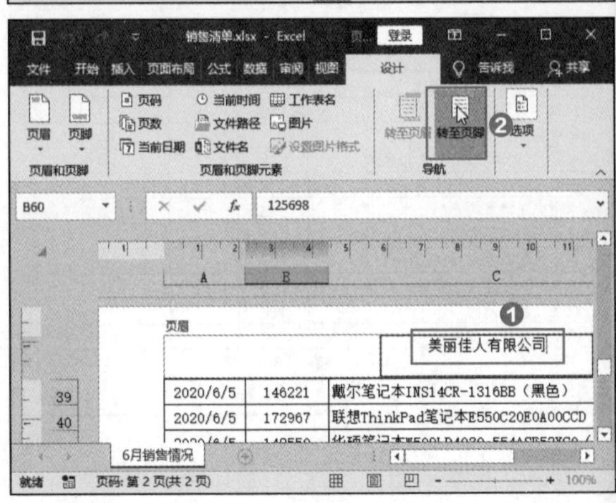

步骤03 ❶切换到页脚编辑区，单击【页眉和页脚工具 / 设计】选项卡【页眉和页脚】组中的【页脚】下拉按钮；❷在弹出的下拉列表中选择一种页脚样式，如下图所示。

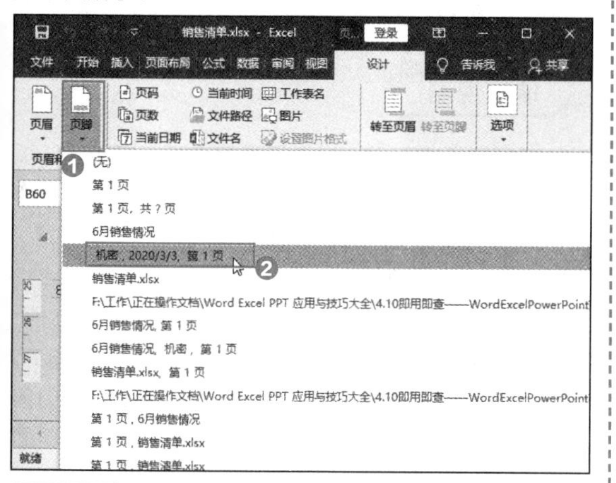

步骤04 完成页眉和页脚信息的编辑后，单击工作表中的任意单元格，退出页眉和页脚的编辑状态。切换到【视图】选项卡，单击【工作簿视图】组中的【页面布局】按钮 即可查看添加的页眉和页脚信息，如下图所示。

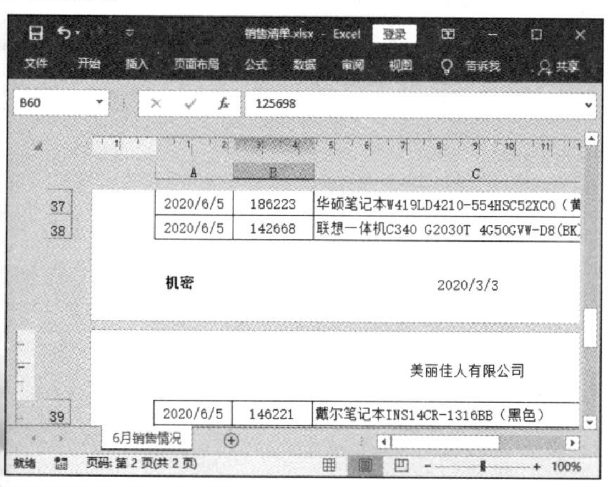

180：为奇偶页设置不同的页眉、页脚

适用版本	实用指数
2010、2013、2016、2019	★★★★☆

使用说明

在设置页眉、页脚信息时，还可分别为奇偶页设置不同的页眉、页脚。

解决方法

如果要对奇偶页设置不同的页眉、页脚信息，具体操作方法如下。

步骤01 打开素材文件（位置：素材文件 \ 第 8 章 \ 销售清单 .xlsx），单击【页面布局】选项卡【页面设置】组中的【对话框启动器】按钮，如下图所示。

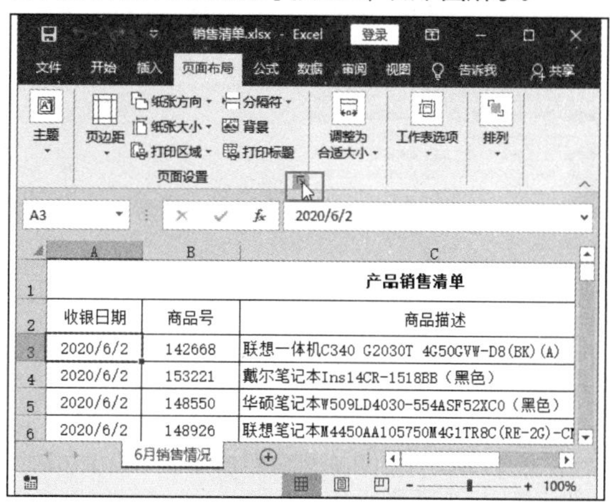

步骤02 ❶打开【页面设置】对话框，切换到【页眉 / 页脚】选项卡；❷勾选【奇偶页不同】复选框；❸单击【自定义页眉】按钮，如下图所示。

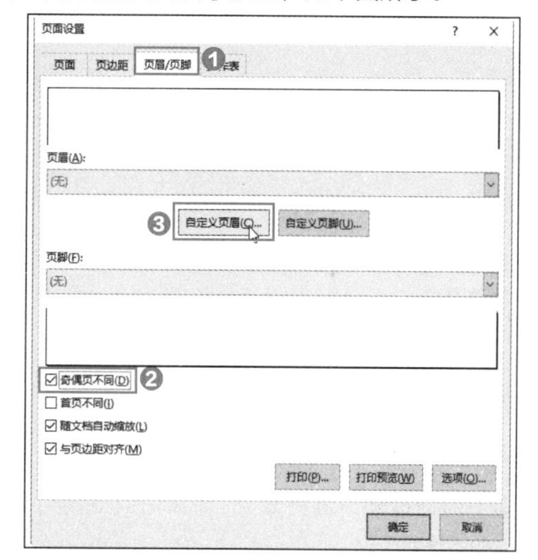

步骤03 ❶弹出【页眉】对话框，在【奇数页页眉】选项卡中设置奇数页的页眉信息，如在【左】文本框中输入公司名称；❷切换到【偶数页页眉】选项卡，如下图所示。

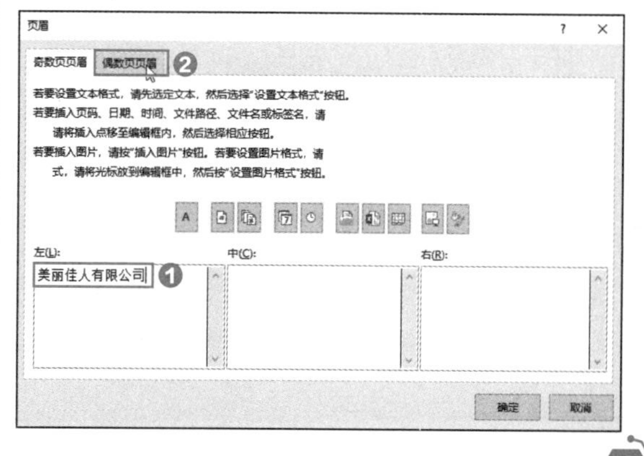

步骤04 ❶设置偶数页的页眉信息，例如单击【插入文件路径】按钮；❷完成设置后，单击【确定】按钮，如下图所示。

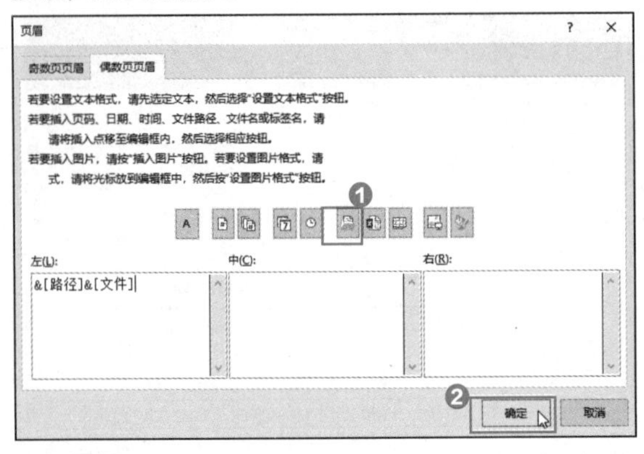

步骤05 返回【页面设置】对话框，单击【自定义页脚】按钮，如下图所示。

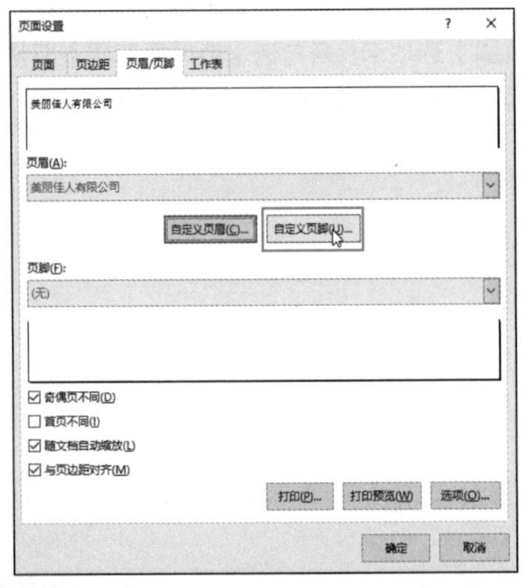

步骤06 ❶使用相同的方法设置页脚后，返回【页面设置】对话框预览最终效果；❷单击【确定】按钮即可，如下图所示。

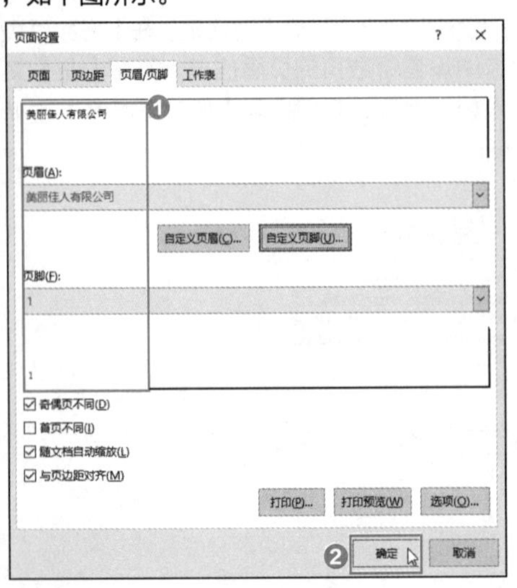

181：插入分页符对表格进行分页

适用版本	实用指数
2010、2013、2016、2019	★★★☆☆

使用说明

在打印工作表时，有时需要将本可以打印在一页上的内容分为两页甚至多页来打印，这就需要在工作表中插入分页符对表格进行分页。

解决方法

如果要对工作表进行分页设置，具体操作方法如下。

打开素材文件（位置：素材文件\第8章\销售清单.xlsx），❶选中要分页的单元格；❷单击【页面布局】选项卡【页面设置】组中的【分隔符】下拉按钮；❸在弹出的下拉列表中选择【插入分页符】选项即可，如下图所示。

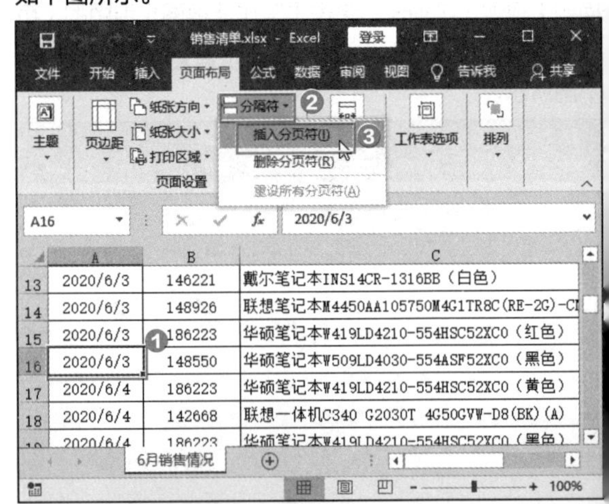

182：重复打印标题行

适用版本	实用指数
2010、2013、2016、2019	★★★★☆

使用说明

在打印大型表格时，为了使每一页都有表格的标题行，需要设置打印标题。

解决方法

如果要设置重复打印标题行，具体操作方法如下。

步骤01 打开素材文件（位置：素材文件\第8章\销售清单.xlsx），单击【页面布局】选项卡【页面设置

组中的【打印标题】按钮，如下图所示。

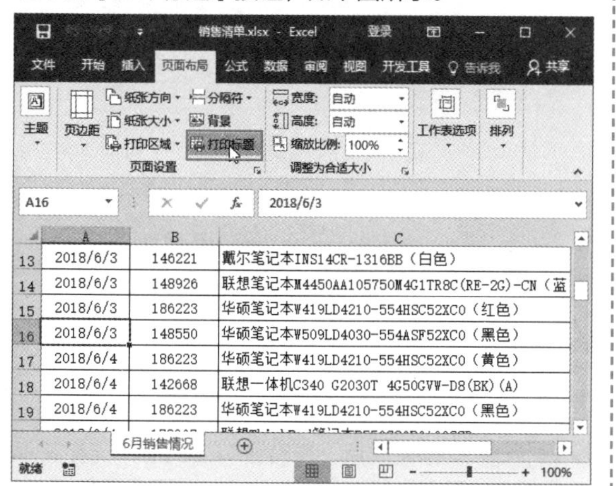

步骤02 ❶弹出【页面设置】对话框，将光标插入点定位到【顶端标题行】文本框内，在工作表中单击标题行的行号，【顶端标题行】文本框中将自动显示标题行的信息；❷单击【确定】按钮，如下图所示。

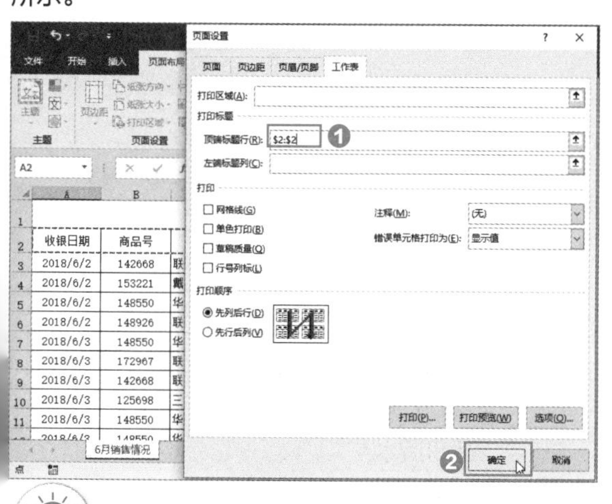

知识拓展

对于设置了列标题的大型表格，还需要设置标题列。方法是：将光标插入点定位到【左端标题列】文本框内，然后在工作表中单击标题列的列标即可。

183：如何打印员工的工资条

适用版本	实用指数
2010、2013、2016、2019	★★★★☆

使用说明

一般情况下，单位每月都需要为员工打印工资条。打印普通的工资表比较简单，但如果要将其打印成工资条，则需要在每一张工资条中显示标题，此时可参考下面的案例来操作。

解决方法

如果要打印工资条，具体操作方法如下。

步骤01 打开素材文件（位置：素材文件\第 8 章\6 月工资表 .xlsx），❶参照前面的方法设置重复打印标题行，然后选中需要打印的员工工资数据；❷单击【页面布局】选项卡【页面设置】组中的【打印区域】下拉按钮；❸在弹出的下拉列表中选择【设置打印区域】选项，将其设置为打印区域，如下图所示。

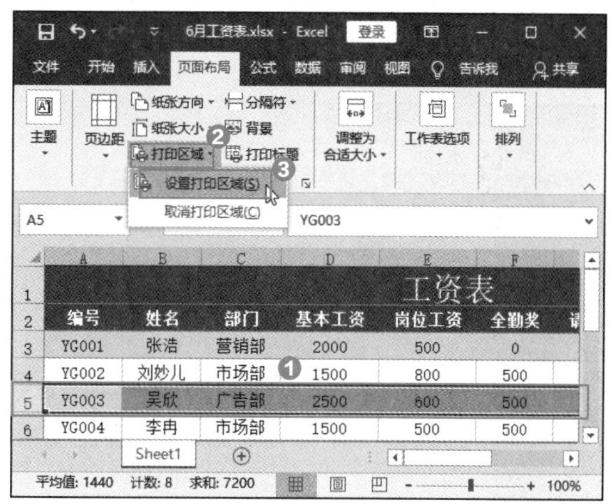

步骤02 ❶设置完成后，单击【文件】菜单项，在弹出的下拉菜单中选择【打印】命令；❷在右侧窗格中可预览该工资条的打印效果；❸单击中间窗格中的【打印】按钮，即可打印该员工的工资条，如下图所示。

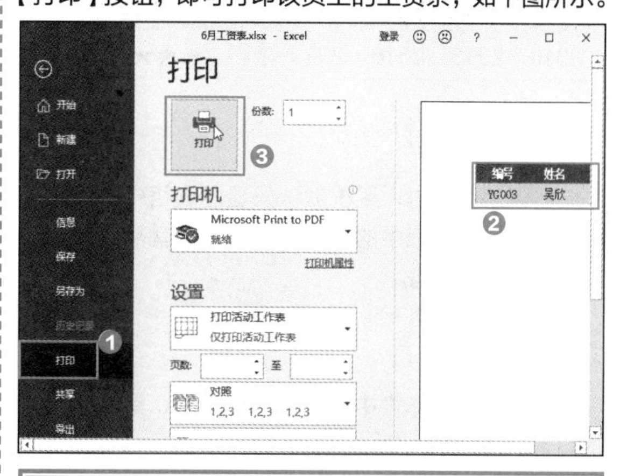

184：只打印工作表中的图表

适用版本	实用指数
2010、2013、2016、2019	★★★☆☆

使用说明

如果一张工作表中既有数据信息，又有图表，而打印时又只需要打印图表，操作方法也很简单。

解决方法

如果要打印工作表中的图表，具体操作方法如下。

打开素材文件（位置：素材文件\第 8 章\手机销售情况 .xlsx），❶在工作表中选中需要打印的图表，单击【文件】菜单项，在弹出的下拉菜单中选择【打印】命令，在中间窗格的【设置】栏的第一个下拉列表中默认选择【打印选定图表】选项即可；❷单击【打印】按钮，如下图所示。

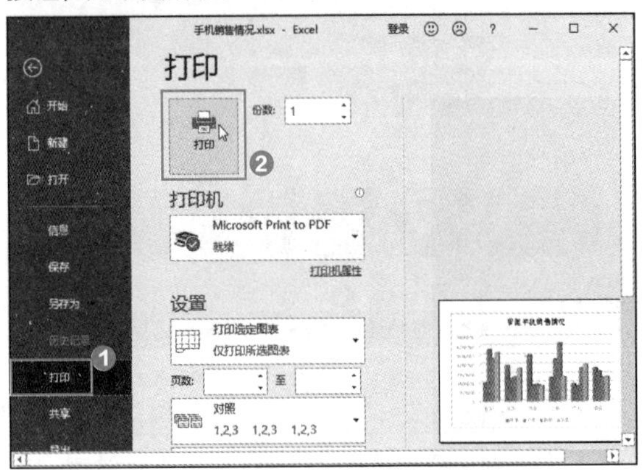

185：将工作表中的公式打印出来

适用版本	实用指数
2010、2013、2016、2019	★★★☆☆

使用说明

打印工作表时，系统默认只显示表格中的数据，如果需要将工作表中的公式打印出来，就需要设置在单元格中显示公式。

解决方法

如果要将工作表中的公式打印出来，具体操作方法如下。

步骤01 打开素材文件（位置：素材文件\第 8 章\6 月工资表 .xlsx），❶在工作表中选择任意单元格；❷单击【公式】选项卡【公式审核】组中的【显示公式】按钮，如右上图所示。

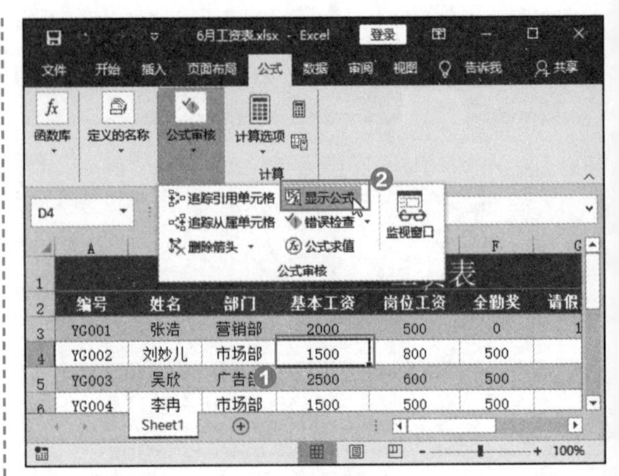

步骤02 操作完成后，所有含有公式的单元格将显示公式，然后再执行打印操作即可，如下图所示。

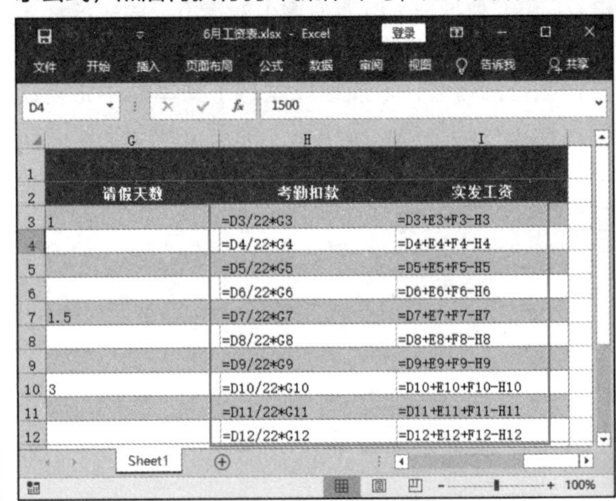

186：如何避免打印工作表中的错误值

适用版本	实用指数
2010、2013、2016、2019	★★★★☆

使用说明

在工作表中使用公式时，可能会因为数据空缺或数据不全等而返回错误值。在打印工作表时，为了不影响美观，可以通过设置避免打印错误值。

解决方法

如果要避免打印工作表中的错误值，具体操作方法如下。

❶打开工作簿，打开【页面设置】对话框，在【工作表】选项卡【打印】栏的【错误单元格打印为】下拉列表中选择【空白】选项；❷单击【确定】按钮，如下图所示。

187：一次性打印多张工作表

适用版本	实用指数
2010、2013、2016、2019	★★★★★

使用说明

当工作簿中含有多张工作表时，若依次打印，会非常浪费时间。为了提高工作效率，可以一次性打印多张工作表。

解决方法

一次性打印多张工作表的具体操作方法如下。

❶在工作簿中选择要打印的多个工作表，单击【文件】菜单项，在弹出的下拉菜单中选择【打印】命令；❷在中间窗格中单击【打印】按钮即可，如下图所示。

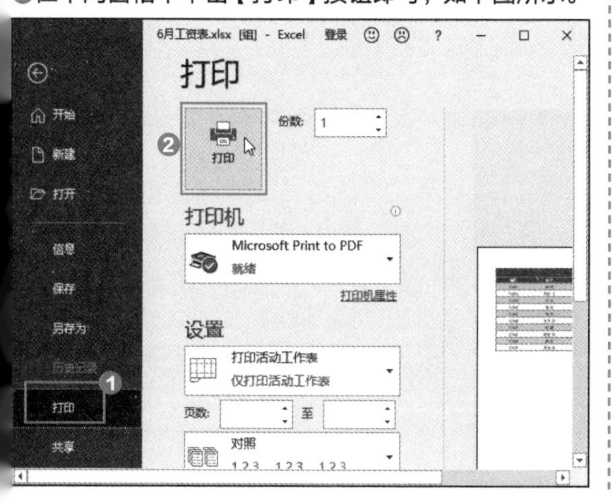

188：只打印工作表中的部分数据

适用版本	实用指数
2010、2013、2016、2019	★★★☆☆

使用说明

对工作表进行打印时，如果不需要全部打印，则可以选择需要的数据进行打印。

解决方法

打印工作表中的部分数据的具体操作方法如下。

❶在工作表中选择需要打印的数据区域（可以是一个区域，也可以是多个区域），单击【文件】菜单项，在弹出的下拉菜单中选择【打印】命令；❷在中间窗格的【设置】栏的第一个下拉列表中选择【打印选定区域】选项；❸单击【打印】按钮即可，如下图所示。

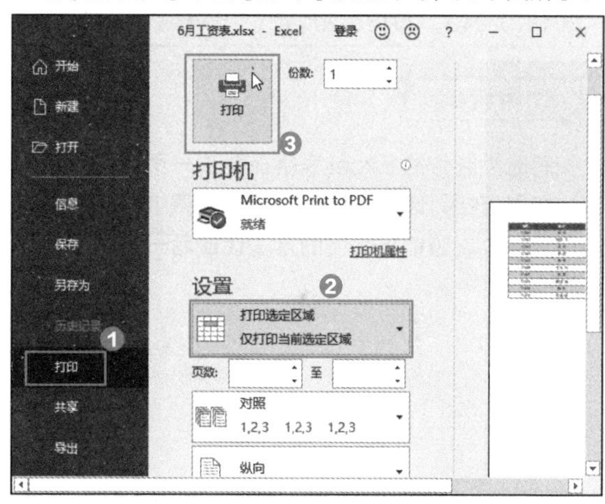

189：如何居中打印表格数据

适用版本	实用指数
2010、2013、2016、2019	★★★☆☆

使用说明

如果工作表的内容较少，则打印时无法占满一页。为了不影响打印美观，可以通过设置居中方式，将表格打印在纸张的正中间。

解决方法

居中打印表格数据的具体操作方法如下。

❶打开【页面设置】对话框，在【页边距】选项

卡的【居中方式】栏中勾选【水平】和【垂直】复选框；❷单击【确定】按钮即可，如下图所示。

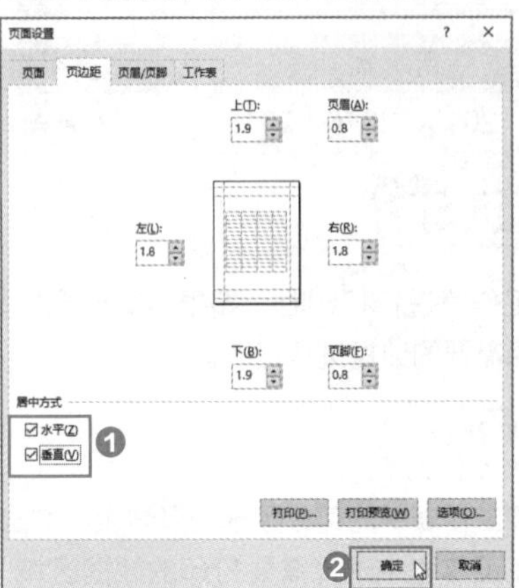

190：如何实现缩放打印

适用版本	实用指数
2010、2013、2016、2019	★★★★☆

使用说明

有时候制作的 Excel 表格在最末一页只有几行内容，如果直接打印出来既不美观又浪费纸张。此时，用户可通过设置缩放比例的方法让最后一页的内容显示到前一页中。

解决方法

实现缩放打印的具体操作方法如下。

❶打开【页面设置】对话框，在【页面】选项卡的【缩放】栏中，通过【缩放比例】数值框设置缩放比例；❷单击【确定】按钮即可，如下图所示。

知识拓展

在【页面布局】选项卡【调整为合适大小】组中的【缩放比例】微调框中也可以调整缩放比例。

第 9 章 Excel 数据录入与编辑技巧

在日常工作中，数据的录入与编辑是最常见的操作，所以掌握数据的录入与编辑技巧至关重要。掌握数据录入与编辑的技巧，可以使工作变得得心应手，从而在很大程度上提高工作效率。

下面是一些数据录入与编辑的常见问题，请检查你是否会处理或已掌握。

【√】在单元格中录入长数据时，超过 11 位会以科学方法计数，如果要录入的是身份证号码或手机号码，应该怎样录入?

【√】在录入编号时，编号前有一长串固定的英文字母，知道怎样快速录入吗?

【√】制作需要他人填写的表格时，为了防止填写错误，能否限制表格的输入内容?

【√】在复制其他单元格数据时，如果源单元格的数据发生改变，能否让复制后的数据同时更改?

【√】在制作长表格时，如果输入了重复的内容，应该怎样快速删除?

【√】表格制作完成后，有没有什么方法可以快速美化表格?

希望通过对本章内容的学习，能够解决以上问题，并学会 Excel 数据录入与编辑技巧。

9.1 数据录入技巧

使用 Excel 编辑各类工作表时，需要先在工作表中录入各种数据。下面介绍各种数据的录入技巧。

191：利用记忆功能快速输入数据

适用版本	实用指数
2010、2013、2016、2019	★★★★★

使用说明

在单元格中输入数据时，灵活运用 Excel 的记忆功能，可快速输入与当前列中其他单元格中相同的数据，从而提高输入效率。

解决方法

如果要利用记忆功能输入数据，具体操作方法如下。

步骤01 打开素材文件（位置：素材文件\第 9 章\销售清单 .xlsx），选中要输入与当前列其他单元格相同数据的单元格，按【Alt+ ↓】组合键，在弹出的下拉列表中将显示当前列的所有数据，从中选择需要录入的数据，如下图所示。

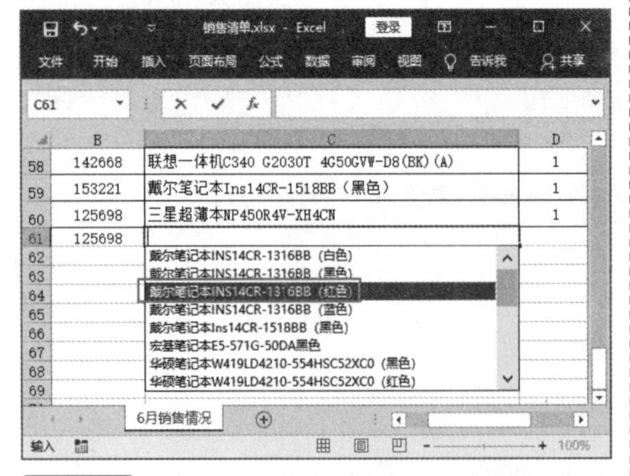

步骤02 当前单元格中将自动输入所选数据，如右上图所示。

192：如何快速输入系统日期和时间

适用版本	实用指数
2010、2013、2016、2019	★★★★★

使用说明

在编辑销售订单类的工作表时，通常需要输入当时的系统日期和时间。除了常规的手动输入外，还可以通过快捷键快速输入。

解决方法

如果要使用快捷键快速输入系统日期和时间，具体操作方法如下。

步骤01 打开素材文件（位置：素材文件\第 9 章\销售订单 .xlsx），选中要输入系统日期的单元格，按【Ctrl+；】组合键，如下图所示。

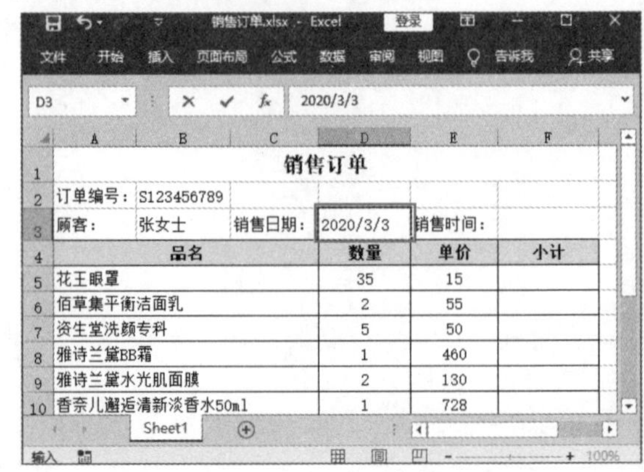

步骤02 选中要输入系统时间的单元格，按【Ctrl+Shift+；】组合键，如下图所示。

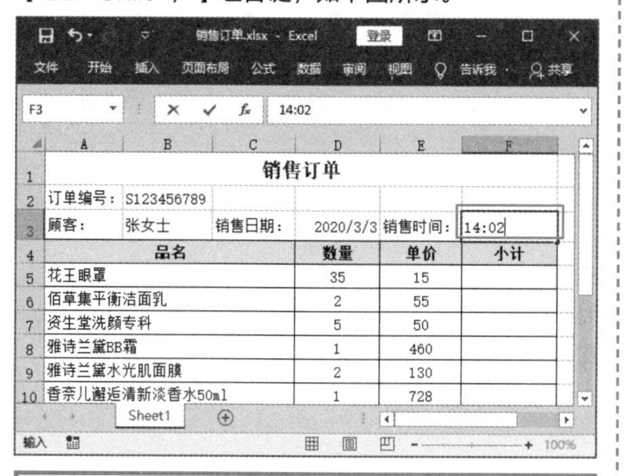

193：如何设置小数位数

适用版本	实用指数
2010、2013、2016、2019	★★★★☆

使用说明

在工作表中输入小数时，如果要输入大量特定格式的小数，如格式为【55.000】的小数，那么肯定有许多数的小数部分少于或多于 3 位。如果全部都手动设置，将会增加工作量。此时可通过设置数字格式来统一设置小数位数。

解决方法

如果要设置统一的小数位数，具体操作方法如下。

步骤01 打开素材文件（位置：素材文件\第 9 章\销售订单 .xlsx），❶选中要设置小数位数的单元格区域；❷单击【数字】组中的【对话框启动器】按钮 ，如下图所示。

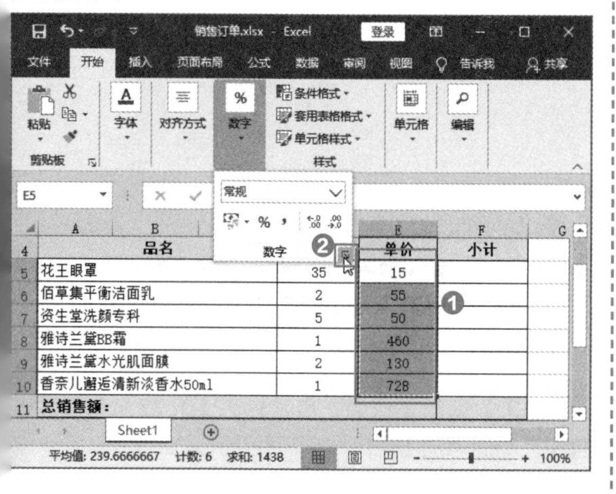

步骤02 ❶弹出【设置单元格格式】对话框，在【数字】选项卡的【分类】列表框中选择【数值】选项；❷在右侧的【小数位数】数值框中设置小数位数，本例中设置为【2】；❸单击【确定】按钮，如下图所示。

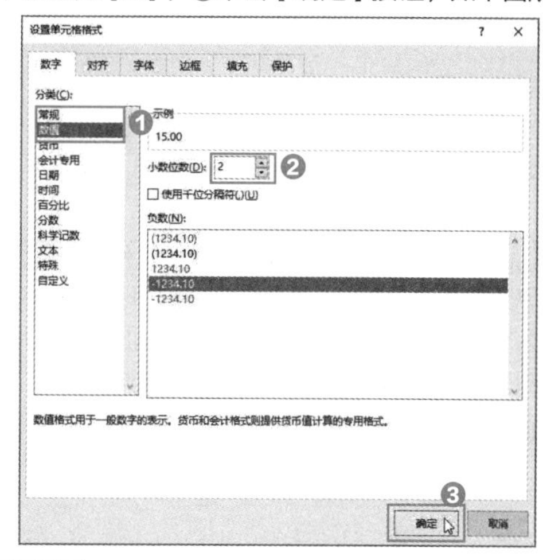

步骤03 返回工作表，即可看到所选单元格区域中的数据都自动添加了 2 位小数，如下图所示。

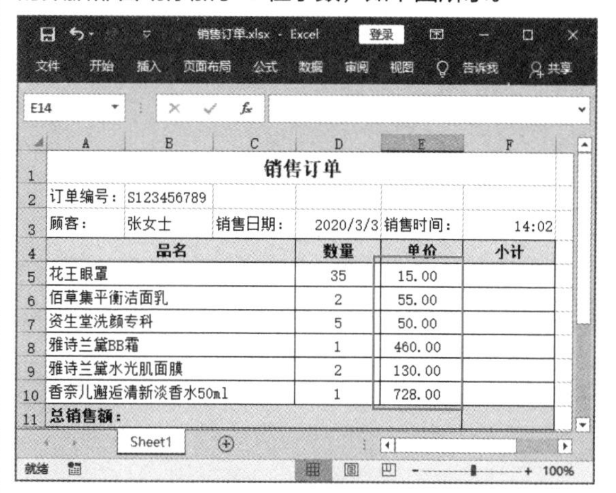

温馨提示

在对数据设置数值、货币、日期及时间等格式时，可以选中已经输入好的数据进行设置，也可以先对单元格设置好需要的格式后再输入数据。

194：如何输入身份证号码

适用版本	实用指数
2010、2013、2016、2019	★★★★★

使用说明

在单元格中输入超过 11 位的数字时，Excel 会自动使用科学计数法来显示该数字。例如，在单元格中输入了数字【123456789101】，该数字将显示为【1.23456E+11】。如果要在单元格中输入 15 位或 18 位的身份证号码，需要先将这些单元格的数字格式设置为文本。

解决方法

如果要在工作表中输入身份证号码，具体操作方法如下。

步骤01 打开素材文件（位置：素材文件\第 9 章\员工信息登记表.xlsx），❶选中要输入身份证号码的单元格区域；❷在【开始】选项卡【数字】组的【数字格式】下拉列表中选择【文本】选项，如下图所示。

步骤02 操作完成后，即可在单元格中输入身份证号码，输入后的效果如下图所示。

员工编号	姓名	所属部门	身份证号码	入职时间	基本工资
1	汪小颖	行政部	500107189505620234	2014年3月8日	2800
2	尹向南	人力资源	562236197625487425	2013年4月9日	2200
3	胡杰	人力资源	532114198635487545	2010年12月8日	2500
4	郝仁义	营销部	456258197754856985	2014年6月7日	2600
5	刘露	销售部	430256199125687458	2014年8月9日	2800
6	杨曦	项目组	563125198425863324	2012年7月5日	2500
7	刘思玉	财务部	569874125865412598	2013年5月9日	2600
8	柳新	财务部	156254896523412511	2014年7月6日	2200
9	陈俊	项目组	259658745216321453	2011年6月9日	2400
10	胡媛媛	行政部	563211586523548596	2010年5月27日	2500
11	赵东亮	人力资源	510236989635214589	2012年9月26日	2800
12	艾佳佳	项目组	533256987456852354	2014年3月6日	2200
13	王其	行政部	532159841568546341	2011年11月3日	2400
14	朱小西	财务部	158574412152525141	2012年7月9日	2800
15	曹美云	营销部	214546542316574654	2012年6月17日	2600

技能拓展

在单元格中先输入一个英文状态下的单引号【'】，再在单引号后面输入数字，也可以实现身份证号码的输入。

195：输入以【0】开头的数字编号

适用版本	实用指数
2010、2013、2016、2019	★★★★★

使用说明

默认情况下，在单元格中输入以【0】开头的数字时，Excel 会将其识别成纯数字，从而直接省略掉【0】。如果要在单元格中输入以【0】开头的数字，可以通过自定义数据格式的方式来完成。

解决方法

例如，要输入【0001】之类的数字编号，具体操作方法如下。

步骤01 打开素材文件（位置：素材文件\第 9 章\员工信息登记表 1.xlsx），❶选中要输入以【0】开头数字的单元格区域，打开【设置单元格格式】对话框，在【数字】选项卡的【分类】列表框中选择【自定义】选项；❷在右侧的【类型】文本框中输入【0000】（【0001】是 4 位数，因此要输入 4 个【0】）；❸单击【确定】按钮，如下图所示。

技能拓展

通过设置文本格式的方式也可以输入以【0】开头的编号。

步骤02 返回工作表，直接输入【1、2、…】，将自动在前面添加【0】，如下图所示。

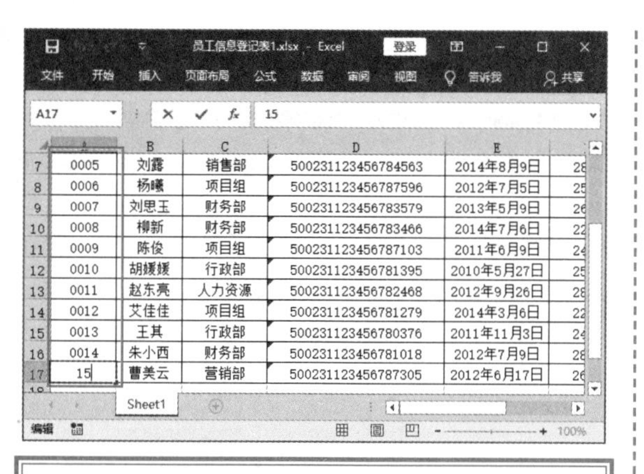

196：巧妙输入位数较多的员工编号

适用版本	实用指数
2010、2013、2016、2019	★★★★★

使用说明

用户在编辑工作表的时候，经常会输入位数较多的员工编号、学号、证书编号，如【LYG2020001、LYG2020002、…】。此时用户会发现编号的部分字符是相同的，若重复录入会非常烦琐，且易出错。此时，可以通过自定义数据格式快速输入。

解决方法

例如，要输入员工编号【LYG2020001】，具体操作方法如下。

步骤01 打开素材文件（位置：素材文件\第 9 章\员工信息登记表 1.xlsx），❶选中要输入员工编号的单元格区域，打开【设置单元格格式】对话框，在【数字】选项卡的【分类】列表框中选择【自定义】选项；❷在右侧的【类型】文本框中输入【"LYG2020"000】（【LYG2020】是重复固定不变的内容）；❸单击【确定】按钮，如下图所示。

步骤02 返回工作表，在单元格区域中输入编号后的序号，如【1、2、…】，然后按【Enter】键确认，即可显示完整的编号，如下图所示。

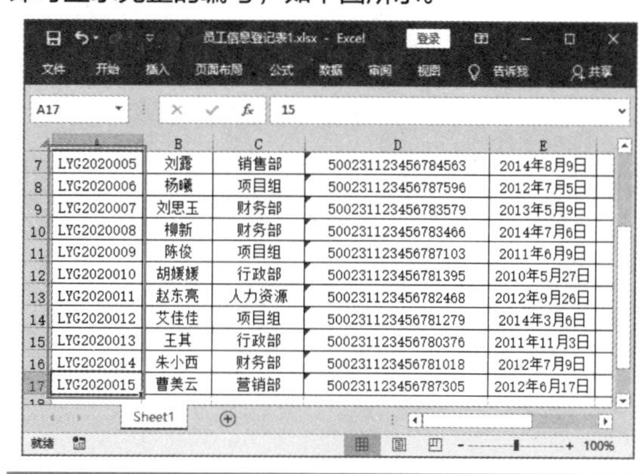

197：快速输入大写中文数字

适用版本	实用指数
2010、2013、2016、2019	★★★★☆

使用说明

在编辑工作表时，有时还会输入大写的中文数字。对于少量的大写中文数字，按照常规的方法直接输入即可；对于大量的大写中文数字，为了提高输入速度，可以先进行格式设置再输入，或者输入后再设置格式进行转换。

解决方法

如果要将已经录入的数字转换为大写中文数字，具体操作方法如下。

步骤01 打开素材文件（位置：素材文件\第 9 章\家电销售情况 .xlsx），❶选择要转换成大写中文数字的单元格区域，本例为【B25】，打开【设置单元格格式】对话框，在【数字】选项卡的【分类】列表框中选择【特殊】选项；❷在右侧的【类型】列表框中选择【中文大写数字】选项；❸单击【确定】按钮，如下图所示。

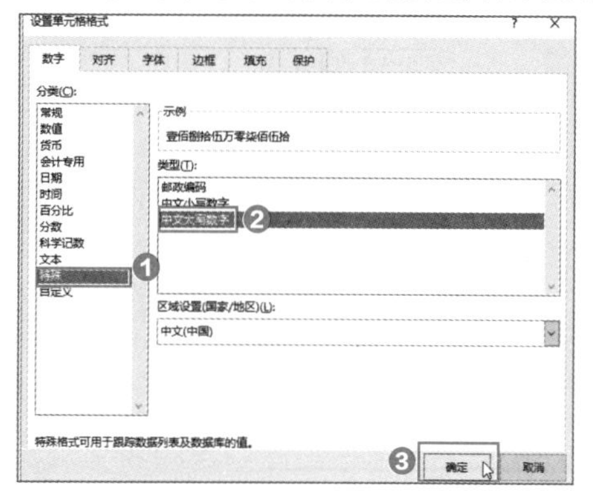

步骤02 返回工作表，即可看到所选单元格中的数字已经变为大写中文数字，如下图所示。

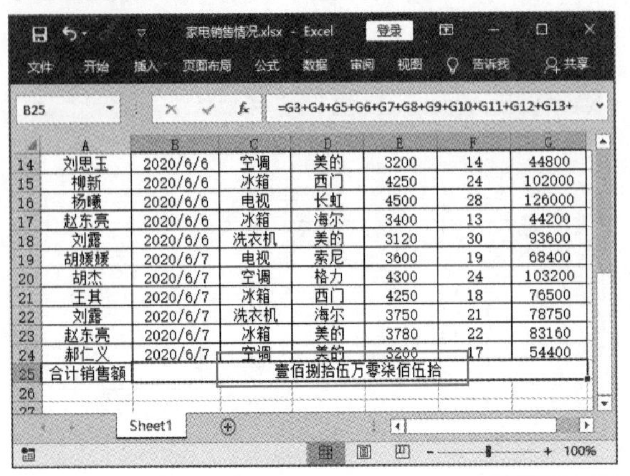

198：对手机号码进行分段显示

适用版本	实用指数
2010、2013、2016、2019	★★★★★

使用说明

手机号码一般都由 11 位数字组成，为了增强手机号码的易读性，可以将其设置为分段显示。

解决方法

例如，要将手机号码按照 3、4、4 的位数进行分段显示，具体操作方法如下。

步骤01 打开素材文件（位置：素材文件\第 9 章\员工信息登记表 3.xlsx），❶选中需要设置分段显示的单元格区域，打开【设置单元格格式】对话框，在【数字】选项卡的【分类】列表框中选择【自定义】选项；❷在右侧的【类型】文本框中输入【000-0000-0000】；❸单击【确定】按钮，如下图所示。

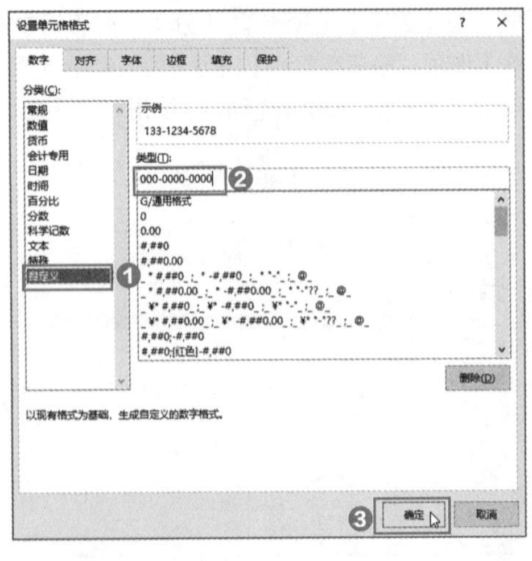

步骤02 返回工作表，即可看到手机号码已被自动分段显示，如下图所示。

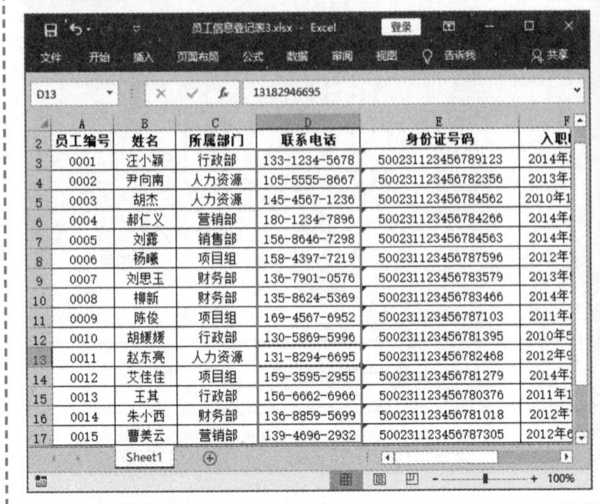

199：快速在多个单元格中输入相同数据

适用版本	实用指数
2010、2013、2016、2019	★★★☆☆

使用说明

在输入数据时，有时需要在一些单元格中输入相同数据。如果逐个输入，非常费时。为了提高输入速度，用户可按以下方法在多个单元格中快速输入相同数据。

解决方法

例如，要在多个单元格中输入【1】，具体操作方法如下。

选择要输入【1】的单元格区域，输入【1】，然后按【Ctrl+Enter】组合键确认，即可在选中的多个单元格中输入相同内容，如下图所示。

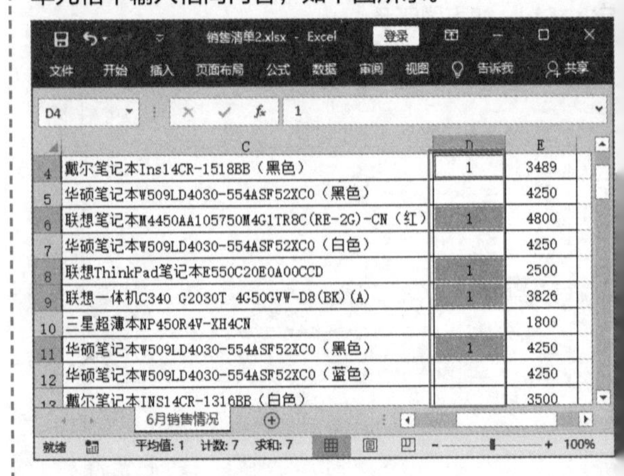

200：利用填充功能快速输入相同数据

适用版本	实用指数
2010、2013、2016、2019	★★★★★

使用说明

在输入工作表数据时，可以使用 Excel 的填充功能快速向上、向下、向左或向右填充相同数据。

解决方法

例如，要向下填充数据，具体操作方法如下。

打开素材文件（位置：素材文件\第 9 章\员工信息登记表 2.xlsx），选中单元格，输入数据，如输入【销售部】，然后选中之前输入内容的单元格，将鼠标指针指向右下角，当指针呈 + 状时，按住鼠标左键不放向下拖动，拖动到目标单元格后释放鼠标左键即可，如下图所示。

201：使用填充功能快速输入序列数据

适用版本	实用指数
2010、2013、2016、2019	★★★★★

使用说明

利用填充功能填充数据时，还可以填充等差序列或等比序列数据。

解决方法

如果要利用填充功能输入等比序列数据，具体操作方法如下。

步骤01 ❶在单元格中输入等比序列的起始数据，如【2】，选中该单元格；❷在【开始】选项卡的【编辑】组中单击【填充】下拉按钮；❸在弹出的下拉列表中选择【序列】选项，如下图所示。

步骤02 ❶弹出【序列】对话框，在【序列产生在】栏中选择填充方向，如【列】表示向下填充；❷在【类型】栏中选择填充的数据类型，本例中选中【等比序列】单选按钮；❸在【步长值】文本框中输入步长值；❹在【终止值】文本框中输入结束值；❺单击【确定】按钮即可，如下图所示。

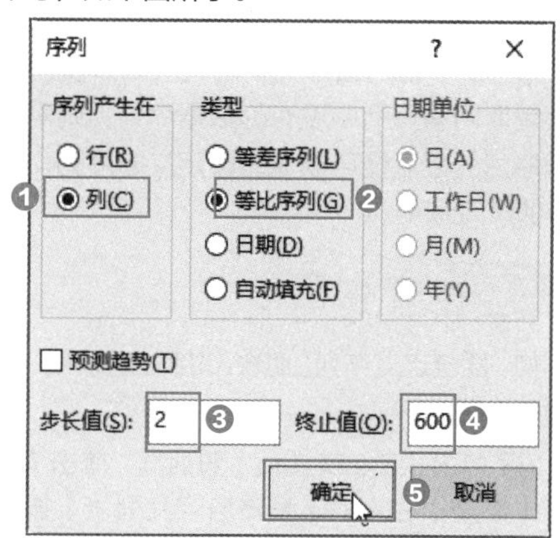

步骤03 操作完成后，即可看到填充效果，如下图所示。

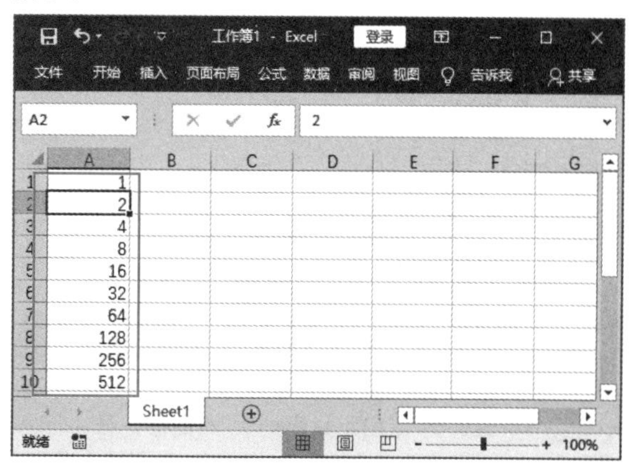

知识拓展

通过拖动鼠标的方式也可以填充序列数据。操作方法为：在单元格中依次输入序列的两个数字，并选中这两个单元格，将鼠标指针指向第二个单元格的右下角，指针呈 + 状时按住鼠标右键不放向下拖动，当拖动到目标单元格后释放鼠标右键，在自动弹出的快捷菜单中选择【等差序列】或【等比序列】命令，即可填充相应的序列数据。当指针呈 + 状时，按住鼠标左键向下拖动，可直接填充等差序列。

202：自定义填充序列

适用版本	实用指数
2010、2013、2016、2019	★★★☆☆

使用说明

在编辑工作表数据时，经常需要填充序列数据。Excel 提供了一些内置序列，用户可直接使用。对于经常使用而内置序列中没有的数据序列，则需要自定义数据序列。之后便可以填充自定义的序列，从而加快数据的录入速度。

解决方法

例如，要自定义序列【助教、讲师、副教授、教授】，具体操作方法如下。

步骤01 打开【Excel 选项】对话框，单击【高级】选项卡【常规】栏中的【编辑自定义列表】按钮，如下图所示。

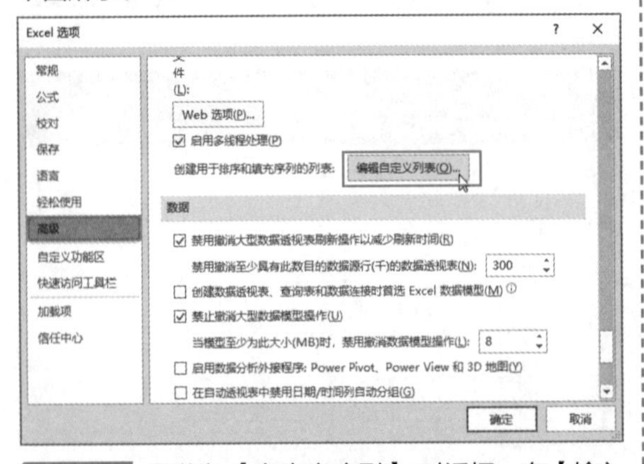

步骤02 ❶弹出【自定义序列】对话框，在【输入序列】文本框中输入自定义序列的内容；❷单击【添加】按钮，将输入的数据序列添加到左侧【自定义序列】列表框中；❸依次单击【确定】按钮退出，如下图所示。

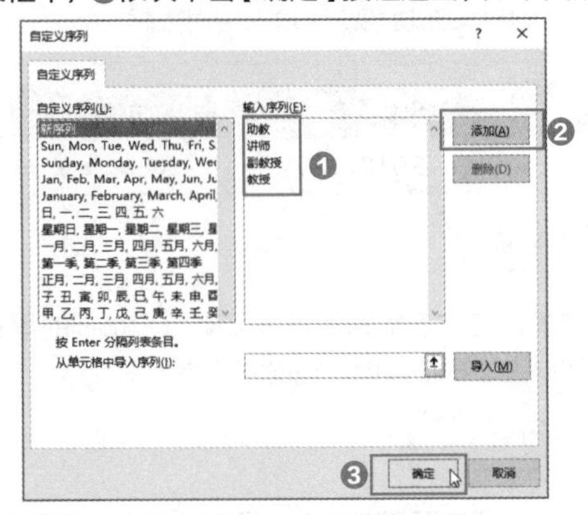

步骤03 经过上述操作后，在单元格中输入自定义序列的第一个内容，再拖动鼠标，即可自动填充自定义的序列，如下图所示。

203：快速填充所有空白单元格

适用版本	实用指数
2010、2013、2016、2019	★★★★☆

使用说明

在输入表格数据时，有时需要在多个空白单元格内输入相同的数据内容。除了手动逐一输入，或者手动选中空白单元格，然后按【Ctrl+Enter】组合键快速输入数据外，还可以利用 Excel 提供的【定位条件】功能选择空白单元格，再利用【Ctrl+Enter】组合键快速在空白单元格中输入相同的数据内容。

解决方法

快速填充所有空白单元格的具体操作方法如下。

步骤01 打开素材文件（位置：素材文件\第 9 章\答案.xlsx），❶在工作表的数据区域中选中任意单元格；❷在【开始】选项卡的【编辑】组中单击【查找和选择

下拉按钮；❸在弹出的下拉列表中选择【定位条件】选项，如下图所示。

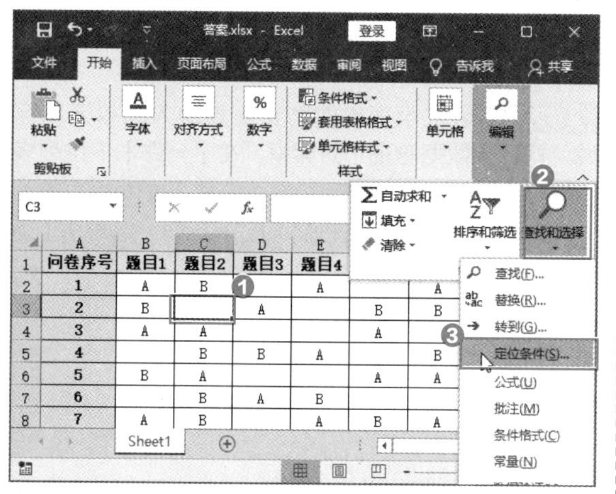

步骤02 ❶弹出【定位条件】对话框，选中【空值】单选按钮；❷单击【确定】按钮，如下图所示。

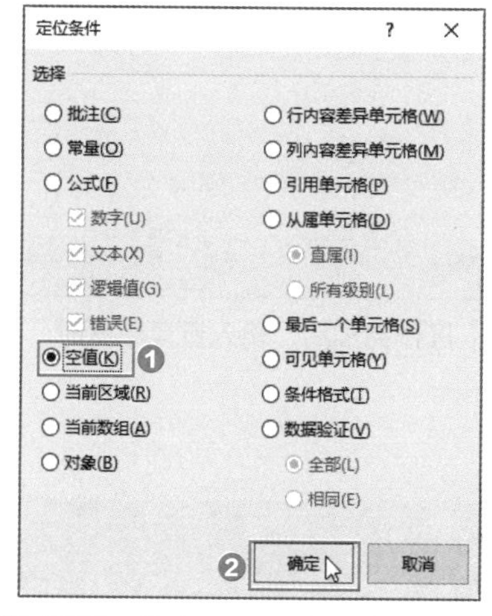

步骤03 返回工作表，可看到所选单元格区域中的所有空白单元格呈选中状态。输入需要的数据内容，如【C】，然后按【Ctrl+Enter】组合键，即可快速填充所选空白单元格，如下图所示。

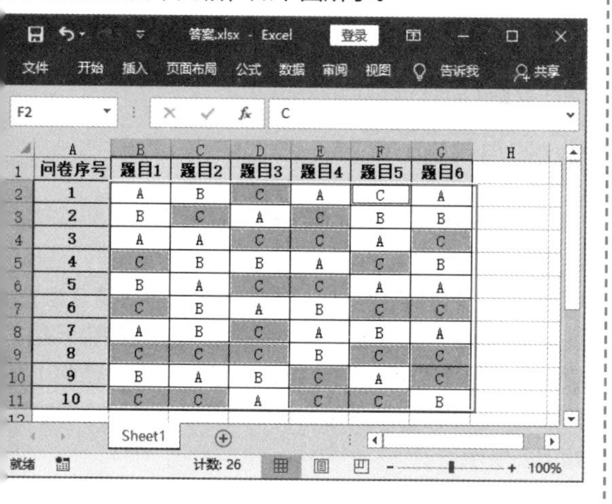

204：为数据输入设置下拉选择列表

适用版本	实用指数
2013、2016、2019	★★★★★

使用说明

通过设置下拉选择列表，可在输入数据时选择设置好的单元格内容，提高工作效率。

解决方法

如果要在工作表中设置下拉选择列表，具体操作方法如下。

步骤01 打开素材文件（位置：素材文件\第 9 章\员工信息登记表 2.xlsx），❶选择要设置下拉选择列表的单元格区域；❷单击【数据】选项卡【数据工具】组中的【数据验证】按钮 ，如下图所示。

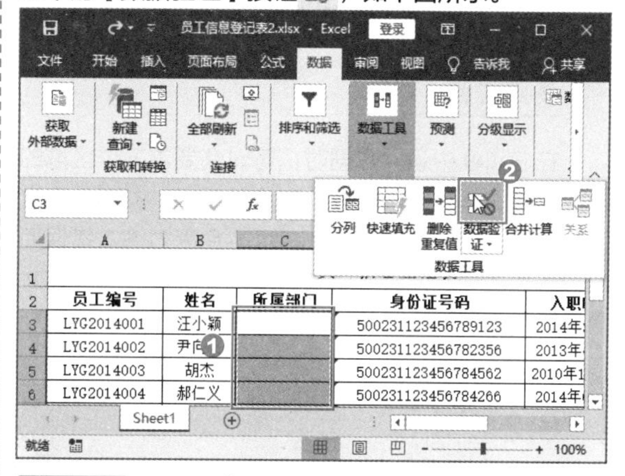

步骤02 ❶打开【数据验证】对话框，在【允许】下拉列表中选择【序列】选项；❷在【来源】文本框中输入以英文逗号间隔的序列内容；❸单击【确定】按钮，如下图所示。

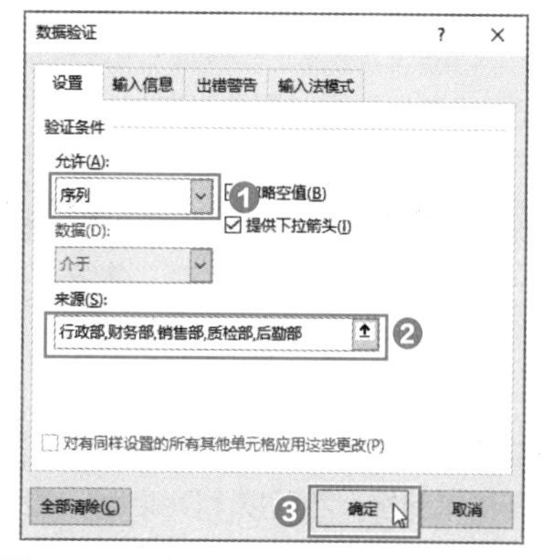

步骤03 返回工作表，单击设置下拉选择列表的单元格，其右侧会出现一个下拉箭头；单击该箭头，将

弹出一个下拉列表；选择某个选项，即可快速在该单元格中输入所选内容，如下图所示。

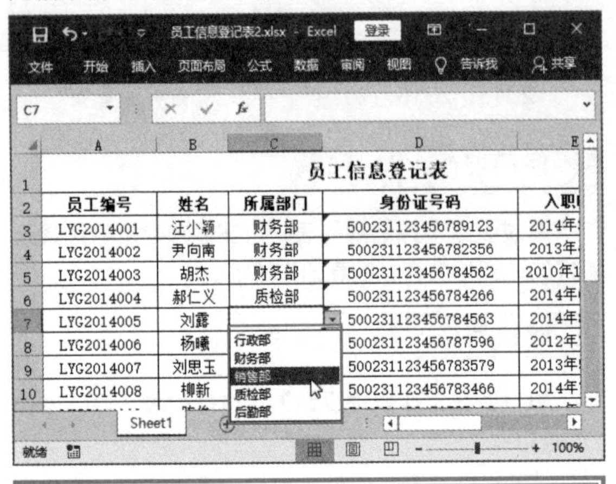

205：设置禁止输入重复数据

适用版本	实用指数
2013、2016、2019	★★★★☆

使用说明

在 Excel 中录入数据时，有时会要求某个区域的单元格数据具有唯一性，如身份证号码、发票号码之类的数据。在输入过程中，有可能会因为输入错误而导致数据相同。此时可以通过【数据验证】功能防止重复输入。

解决方法

如果要为工作表设置防止重复输入，具体操作方法如下。

步骤01 ❶选中要设置防止重复输入的单元格区域，打开【数据验证】对话框，在【允许】下拉列表中选择【自定义】选项；❷在【公式】文本框中输入【=COUNTIF($D$3:$D$17,D3)<=1】；❸单击【确定】按钮，如下图所示。

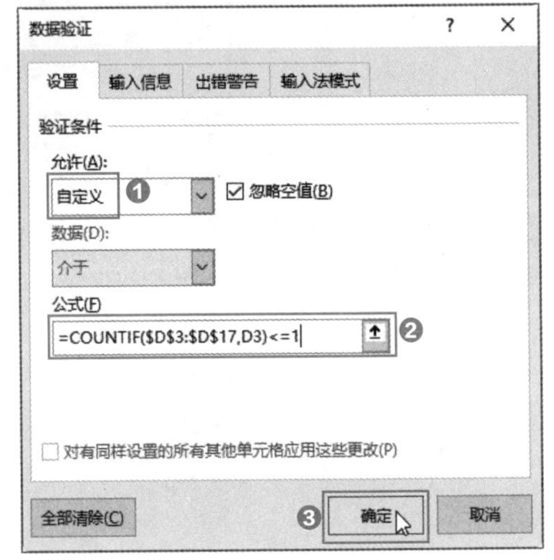

步骤02 操作完成后，输入重复数据时，就会出现错误警告。

9.2 数据编辑技巧

完成数据的输入后，还需掌握一定的编辑技巧。下面将进行具体介绍。

206：在删除数据的同时删除当前格式

适用版本	实用指数
2010、2013、2016、2019	★★★★☆

使用说明

在编辑表格数据时，对于不需要的数据，先选中该数据所在的单元格，然后按【Delete】键即可删除。通过该方法删除单元格内容后，该单元格中设置的格式依然存在；也就是说，重新输入新内容后，将以与原数据相同的格式进行显示。根据操作需要，可以在删除数据的同时删除当前格式。

解决方法

如果要将某个单元格中的内容及格式都删除掉，具体操作方法如下。

步骤01 打开素材文件（位置：素材文件\第 9 章\市场分析 .xlsx），❶选中要删除内容和格式的单元格；❷在【开始】选项卡的【编辑】组中单击【清除】下拉按钮；❸在弹出的下拉列表中选择【全部清除】选项，如下图所示。

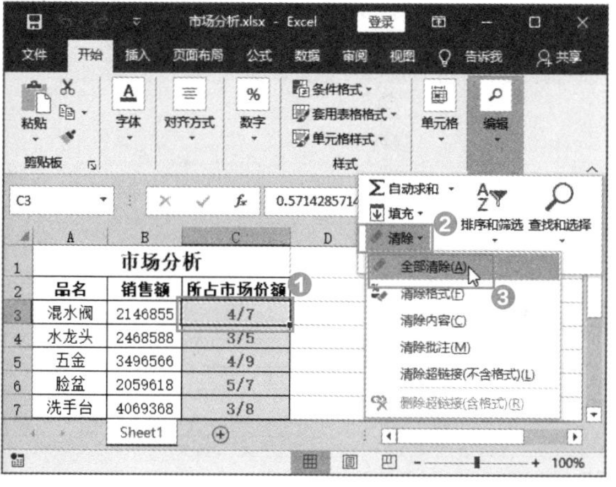

步骤02 此时，单元格的内容及格式都已被清除。重新输入新的数据时，没有以之前的格式进行显示，如下图所示。

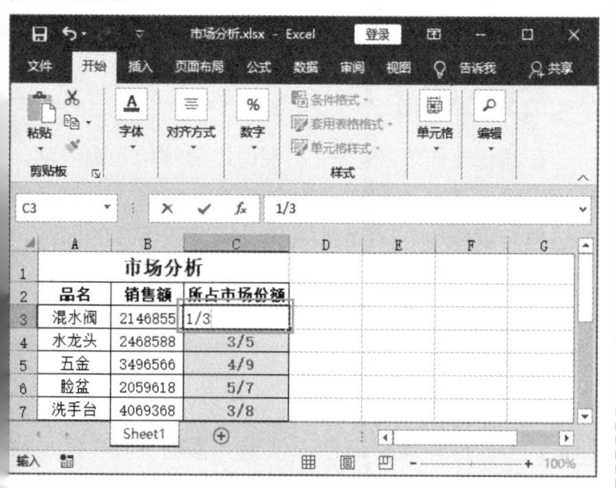

207：将单元格区域复制为图片

适用版本	实用指数
2010、2013、2016、2019	★★★☆☆

使用说明

对于有重要数据的工作表，为了防止他人随意修改，不仅可以设置密码保护，还可以通过复制为图片的方法来达到保护的目的。

解决方法

如果要将工作表复制为图片，具体操作方法如下。

步骤01 打开素材文件（位置：素材文件\第 9 章\员工信息登记表 3.xlsx），❶选中要复制为图片的单元格区域；❷在【开始】选项卡的【剪贴板】组中单击【复制】下拉按钮；❸在弹出的下拉列表中选择【复制为图片】选项，如右上图所示。

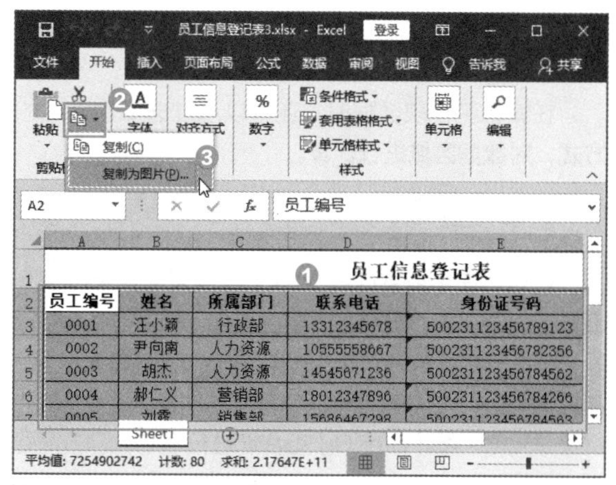

步骤02 ❶弹出【复制图片】对话框，在【外观】栏中选中【如屏幕所示】单选按钮；❷在【格式】栏中选中【图片】单选按钮；❸单击【确定】按钮，如下图所示。

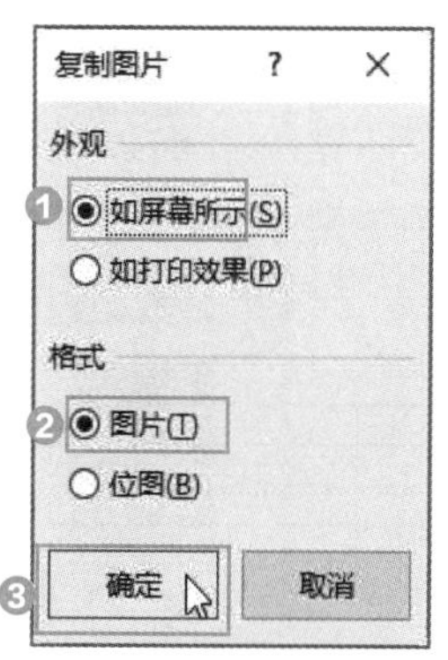

步骤03 返回工作表，选择要粘贴的目标单元格，按【Ctrl+V】组合键进行粘贴即可，如下图所示。

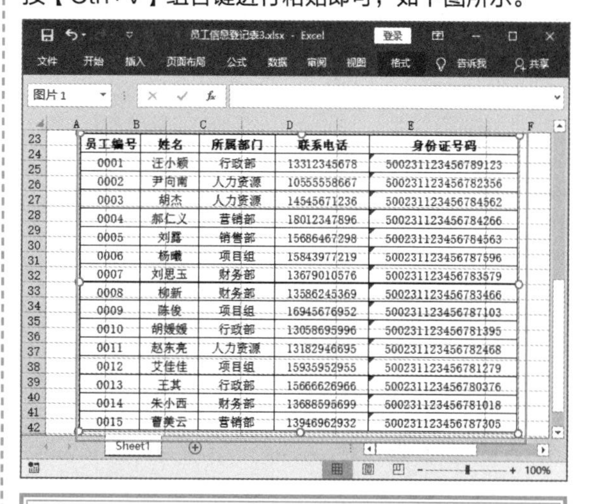

208：在粘贴数据时对数据进行目标运算

适用版本	实用指数
2010、2013、2016、2019	★★★★☆

使用说明

在编辑工作表数据时，还可以通过选择性粘贴的方式，对数据区域进行计算。

解决方法

例如，在【销售订单 .xlsx】工作表中将单价都降低 6 元，具体操作方法如下。

步骤01 打开素材文件（位置：素材文件\第 9 章\销售订单 .xlsx），❶在任意空白单元格中输入【6】后选择该单元格，按【Ctrl+C】组合键进行复制；❷选择要进行计算的目标单元格区域，本例中选择【E5:E10】；❸在【剪贴板】组中单击【粘贴】下拉按钮；❹在弹出的下拉列表中选择【选择性粘贴】选项，如下图所示。

步骤02 ❶弹出【选择性粘贴】对话框，在【运算】栏中选择计算方式，本例中选择【减】；❷单击【确定】按钮，如下图所示。

步骤03 操作完成后，表格中所选区域数字都减去了 6，如下图所示。

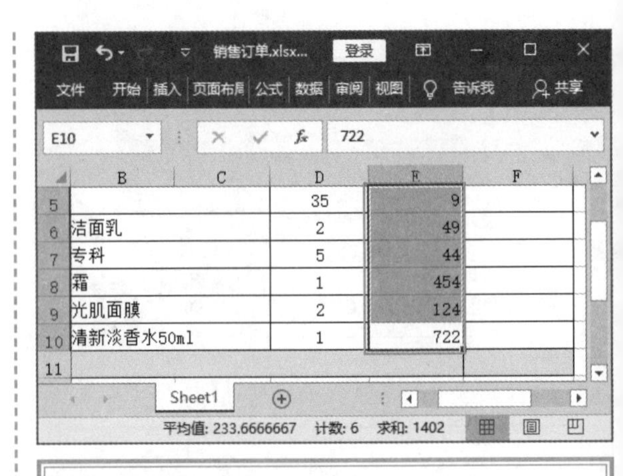

209：复制单元格的格式

适用版本	实用指数
2010、2013、2016、2019	★★★★☆

使用说明

在编辑工作表数据时，不仅可以复制单元格内容，还可以复制单元格格式，如文字的字体格式、单元格的边框与底纹等，从而避免了重新设置格式的操作，大大提高了工作效率。

解决方法

如果要复制单元格格式，具体操作方法如下。

步骤01 打开素材文件（位置：素材文件\第 9 章\员工基本信息 .xlsx），选择设置了格式的单元格，如【A2】，按【Ctrl+C】组合键进行复制，如下图所示。

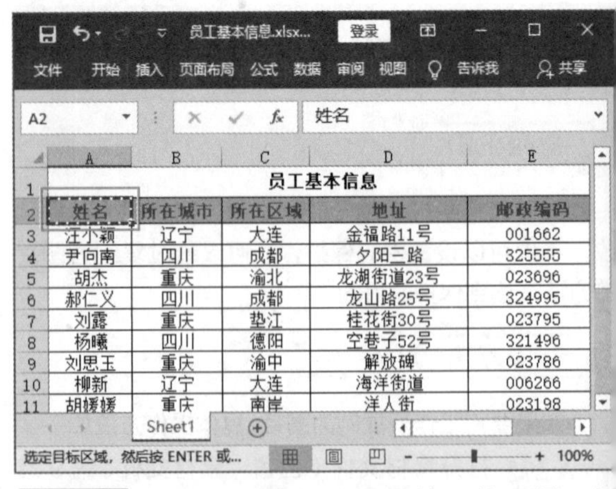

步骤02 ❶选择目标单元格或单元格区域，如【A3:A11】；❷在【剪贴板】组中单击【粘贴】下拉按钮；❸在弹出的下拉列表中单击【格式】按钮即可，如下图所示。

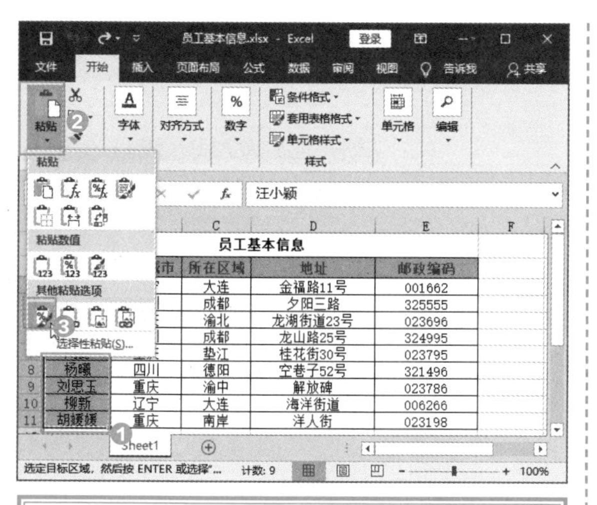

210：快速删除表格区域中的重复数据

适用版本	实用指数
2010、2013、2016、2019	★★★★☆

使用说明

在 Excel 工作表中处理数据时，如果其中的重复项太多，则核对起来相当麻烦。此时可利用删除重复项功能删除重复数据。

解决方法

如果要删除工作表中的重复数据，具体操作方法如下。

步骤01 打开素材文件（位置：素材文件\第 9 章\旅游业发展情况 .xlsx），❶在数据区域中选中任意单元格；❷切换到【数据】选项卡；❸在【数据工具】组中单击【删除重复值】按钮，如下图所示。

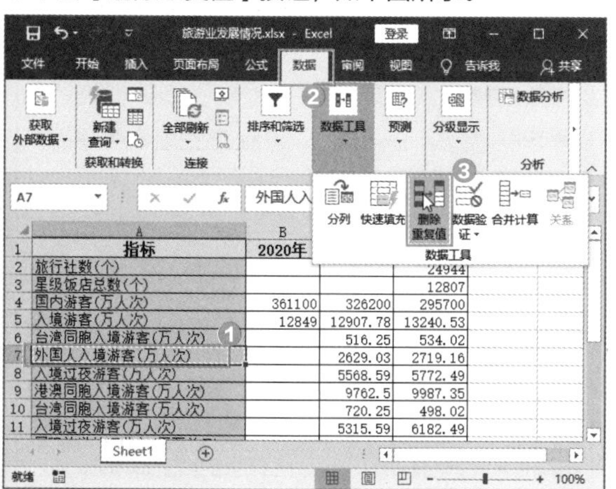

步骤02 ❶弹出【删除重复值】对话框，在【列】栏中选择需要进行重复值检查的列；❷单击【确定】按钮，如下图所示。

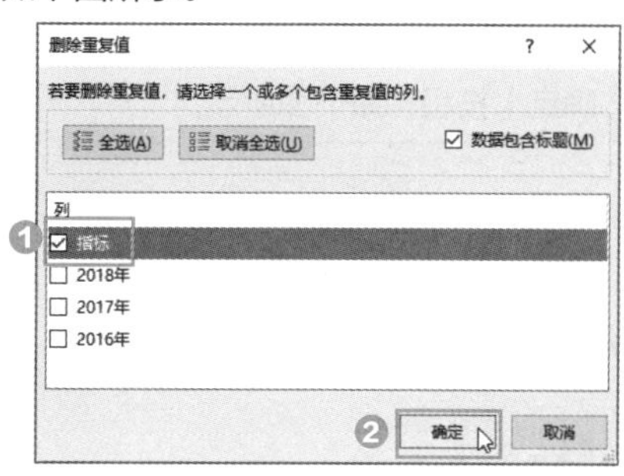

步骤03 Excel 将对选中的列进行重复值检查并删除重复值，检查完成后会弹出提示对话框，单击【确定】按钮即可，如下图所示。

211：怎样为查找到的数据设置指定格式

适用版本	实用指数
2010、2013、2016、2019	★★★☆☆

使用说明

在编辑工作表数据时，除了可以通过查找和替换功能替换内容外，还可以对查找到的单元格设置指定格式，如字体格式、单元格填充颜色等。

解决方法

如果要对查找到的单元格设置填充颜色，具体操作方法如下。

步骤01 打开素材文件（位置：素材文件\第 9 章\销售清单 .xlsx），❶按下【Ctrl+H】组合键，打开【查找和替换】对话框，单击【选项】按钮；❷分别输入【查找内容】和【替换为】内容；❸在【替换为】文本框右侧单击【格式】按钮，如下图所示。

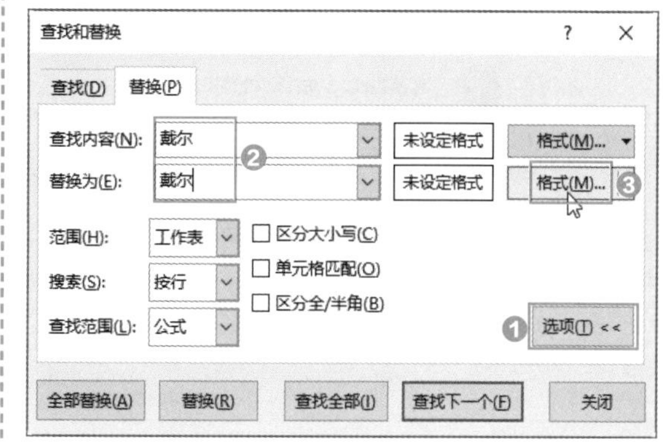

步骤02 ❶弹出【替换格式】对话框，切换到【填充】选项卡；❷在【背景色】栏中选择需要的填充颜色；❸单击【确定】按钮，如下图所示。

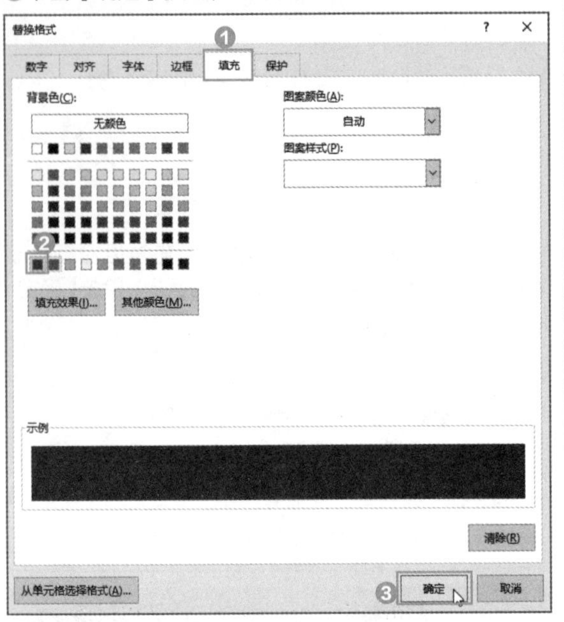

步骤03 返回【查找和替换】对话框，可看到填充色的预览效果。单击【全部替换】按钮进行替换，如下图所示。

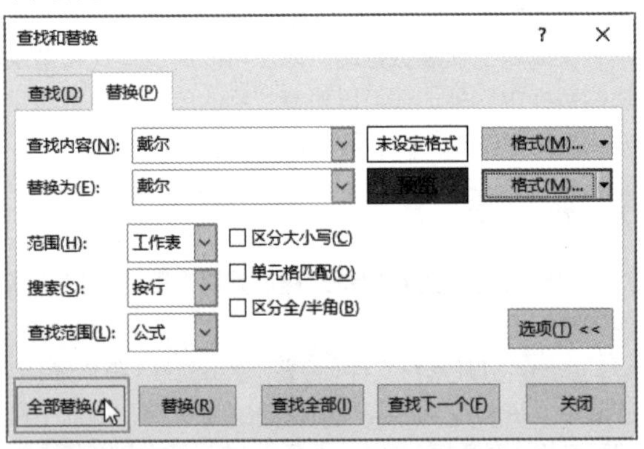

步骤04 替换完成后会弹出提示对话框，提示已完成替换，单击【确定】按钮即可，如下图所示。

步骤05 返回工作表，可查看替换后的效果，如右上图所示。

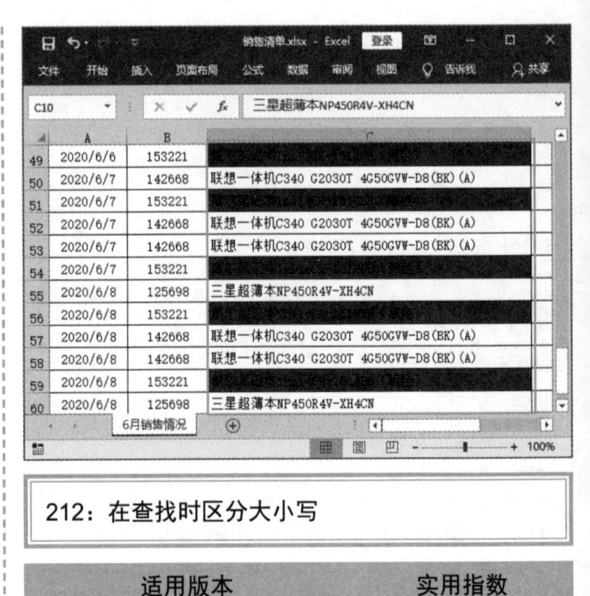

212：在查找时区分大小写

适用版本	实用指数
2010、2013、2016、2019	★★★★☆

使用说明

对工作表中的英文内容进行查找和替换时，如果英文内容中既有大写字母，又有小写字母，若不进行区分，则会对大小写字母一起进行查找和替换。如果希望查找与查找内容一致的内容，则需要区分大小写。

解决方法

如果要在查找时区分大小写，具体操作方法如下。

打开素材文件（位置：素材文件\第 9 章\销售清单 .xlsx），❶按下【Ctrl+F】组合键，打开【查找和替换】对话框，单击【选项】按钮；❷输入要查找的字母，本例中输入【A】；❸勾选【区分大小写】复选框；❹单击【查找全部】按钮即可，如下图所示。

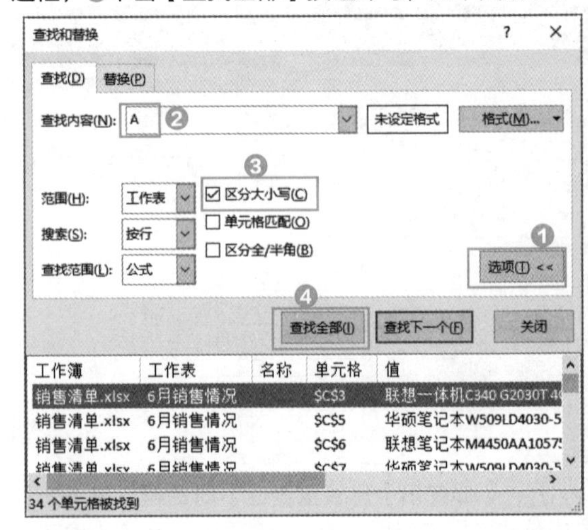

213：使用通配符查找数据

适用版本	实用指数
2010、2013、2016、2019	★★★★☆

使用说明

在工作表中查找内容时，有时不能准确确定所要查找的内容，此时，便可使用通配符进行模糊查找。

通配符主要有【？】与【*】两个，并且要在英文输入状态下输入。其中，【？】代表一个字符，【*】代表多个字符。

解决方法

例如，要使用通配符【*】进行模糊查找，具体操作方法如下。

打开素材文件（位置：素材文件\第 9 章\销售清单 .xlsx），❶按【Ctrl+F】组合键，打开【查找和替换】对话框，单击【选项】按钮；❷输入要查找的关键字，如【*联想】；❸单击【查找全部】按钮，即可查找出当前工作表中所有含【联想】内容的单元格，如下图所示。

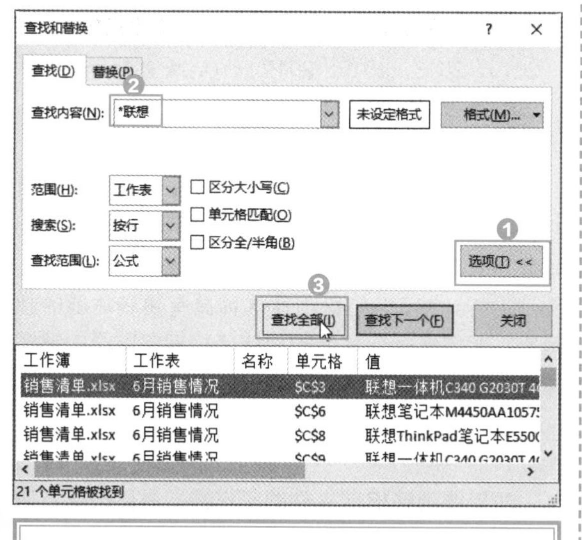

214：选中所有数据类型相同的单元格

适用版本	实用指数
2010、2013、2016、2019	★★★★☆

使用说明

在编辑工作表的过程中，若要对数据类型相同的多个单元格进行操作，需要先选中这些单元格。除了通过常规的操作方法逐个选中外，还可以通过定位功能快速选中。

解决方法

例如，要在工作表中选择所有包含公式的单元格，具体操作方法如下。

步骤01 ❶在【开始】选项卡中，单击【编辑】组中的【查找和选择】下拉按钮；❷在弹出的下拉列表中选择【定位条件】选项，如下图所示。

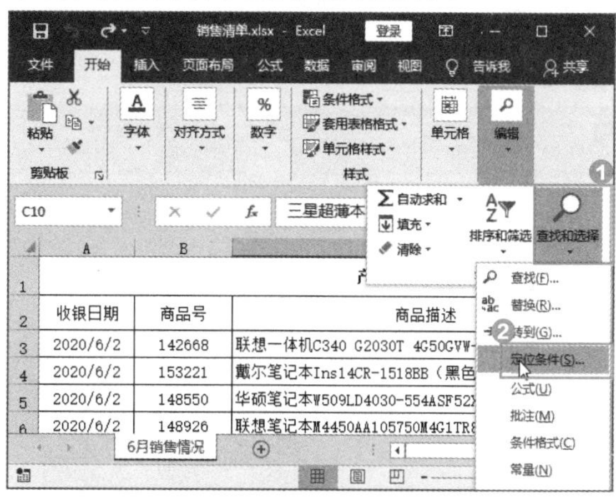

步骤02 ❶弹出【定位条件】对话框，设置要选择的数据类型，本例中选中【公式】单选按钮；❷单击【确定】按钮即可，如下图所示。

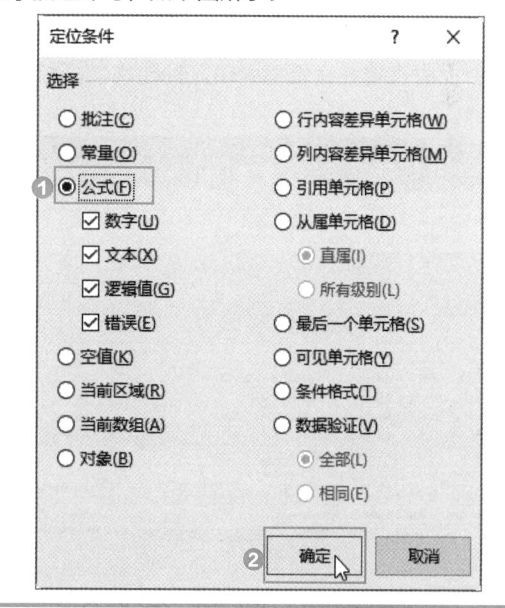

215：使用批注为单元格添加注释信息

适用版本	实用指数
2010、2013、2016、2019	★★★☆☆

使用说明

在制作表格时，可以通过批注的形式为单元格内容添加注释信息，以方便其他用户参考工作表信息。

解决方法

如果要在工作表中添加批注，具体操作方法如下。

步骤01 ❶选中要添加批注的单元格；❷切换到【审阅】选项卡；❸在【批注】组中单击【新建批注】按钮，如下图所示。

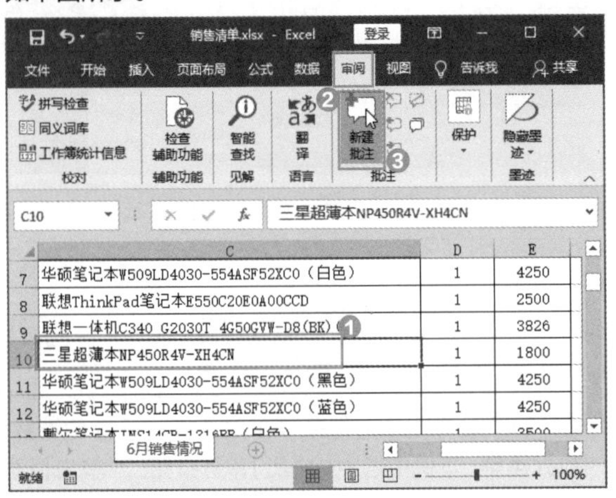

步骤02 此时，所选单元格的右侧会出现一个批注编辑框，并会在编辑框中显示使用计算机的用户名称。此时直接在编辑框中输入批注内容，如下图所示。

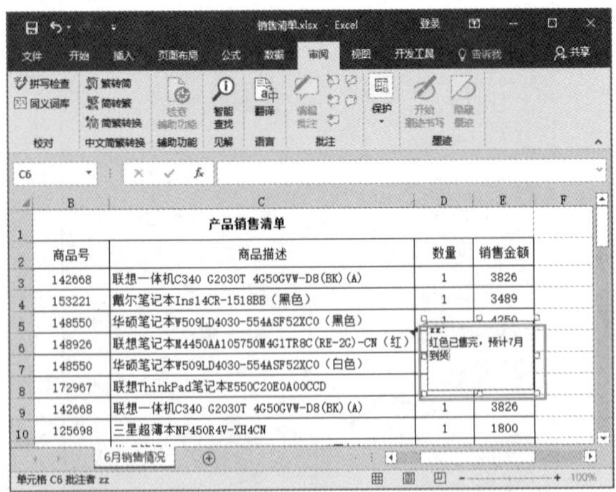

步骤03 完成输入后，单击工作表中的其他位置，退出批注的编辑状态。此时批注内容呈隐藏状态，但会在单元格的右上角显示一个红三角标识符，用于提醒用户此单元格中含有批注，如右上图所示。

	C	D	E
7	华硕笔记本W509LD4030-554ASF52XC0（白色）	1	4250
8	联想ThinkPad笔记本E550C20E0A00CCD	1	2500
9	联想一体机C340 G2030T 4G50GVW-D8(BK)(A)	1	3826
10	三星超薄本NP450R4V-XH4CN	1	1800
11	华硕笔记本W509LD4030-554ASF52XC0（黑色）	1	4250
12	华硕笔记本W509LD4030-554ASF52XC0（蓝色）	1	4250
13	戴尔笔记本INS14CR-1316BB（白色）	1	3500
14	联想笔记本M4450AA105750M4G1TR8C(RE-2G)-CN（蓝）	1	4800
15	华硕笔记本W419LD4210-554HSC52XC0（红色）	1	4200
16	华硕笔记本W509LD4030-554ASF52XC0（黑色）	1	4250

知识拓展

选中某个添加了批注的单元格，在【批注】组中单击【显示/隐藏批注】按钮，可只显示该单元格的批注；若单击【编辑批注】按钮，则可对该批注进行编辑操作；若单击【删除】按钮，则可删除该批注。

216：创建指向文件的超链接

适用版本	实用指数
2010、2013、2016、2019	★★★★☆

使用说明

超链接是指为了快速访问而创建的指向一个目标的连接关系。例如，在浏览网页时，单击某些文字或图片就会打开另一个网页，这就是超链接。在Excel 中，也可以轻松创建这种具有跳转功能的超链接，如创建指向文件的超链接和指向网页的超链接等。

解决方法

如果要创建指向文件的超链接，具体操作方法如下。

步骤01 打开素材文件（位置：素材文件\第 9 章\员工业绩考核表 .xlsx），❶选中要创建超链接的单元格，本例中选择【A2】；❷切换到【插入】选项卡；❸单击【链接】组中的【链接】按钮，如下图所示。

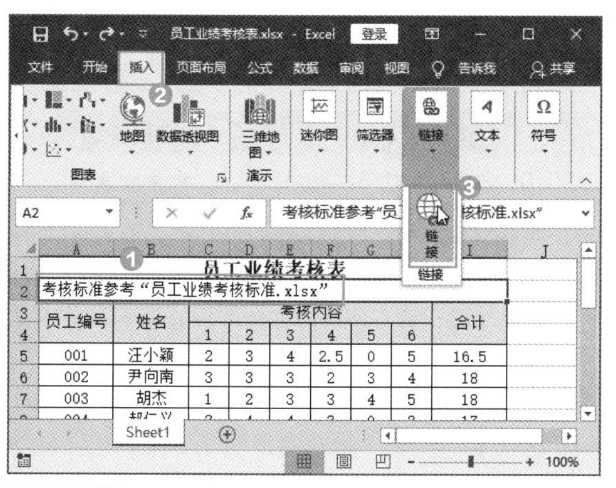

步骤02 ❶弹出【插入超链接】对话框，在【链接到】列表框中选择【现有文件或网页】选项；❷在【当前文件夹】列表框中选择要引用的工作簿，本例中选择【员工业绩考核标准.xlsx】；❸单击【确定】按钮，如下图所示。

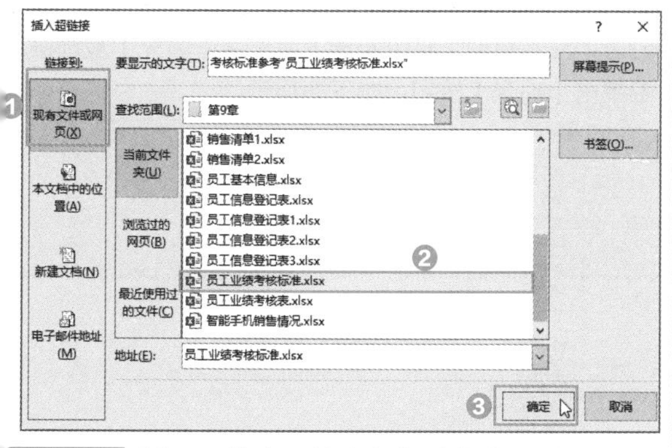

步骤03 返回工作表，将鼠标指针指向超链接处，鼠标指针会变成手形。单击创建的超链接，Excel 会自动打开所引用的工作簿，如下图所示。

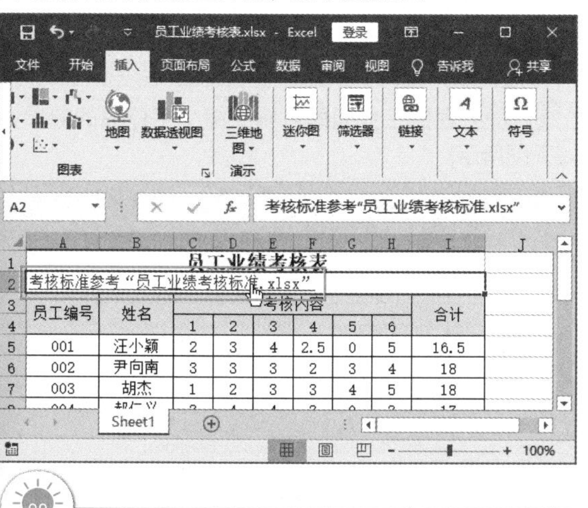

知识拓展

如果要创建指向网页的超链接，可以打开【插入超链接】对话框，在【链接到】列表框中选择【现有文件或网页】选项，在【地址】文本框中输入要链接到的网页地址，然后单击【确定】按钮即可。

217：对不同范围的数值设置不同颜色

适用版本	实用指数
2010、2013、2016、2019	★★★★☆

使用说明

在某项统计工作中，为了更好地对数据进行整理分析，可以对正数、负数、零值、文本使用不同的颜色加以区分。

解决方法

例如要将正数显示为蓝色，负数显示为红色，0 显示为黄色，文本显示为绿色，具体操作方法如下。

步骤01 新建一个名为【对不同范围的数值设置不同颜色.xlsx】的工作簿，并在其中输入内容，如下图所示。

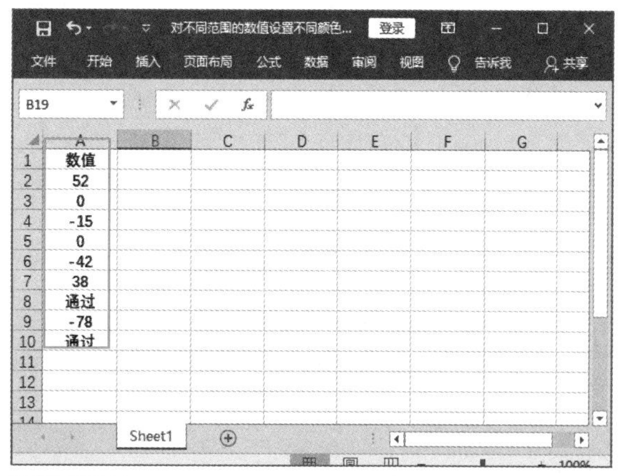

步骤02 ❶选中单元格区域【A2:A10】，打开【设置单元格格式】对话框，在【分类】列表框中选择【自定义】选项；❷在【类型】文本框中输入【[蓝色]G/通用格式;[红色]G/通用格式;[黄色]0;[绿色]G/通用格式】；❸单击【确定】按钮，如下图所示。

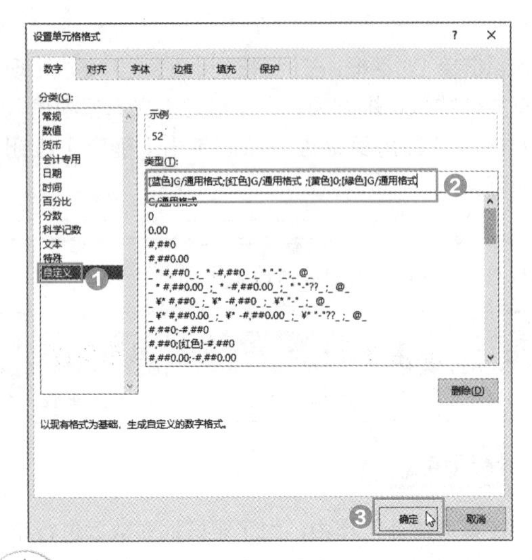

知识拓展

在 Excel 中，能够识别的颜色名称有 8 种，分别是 [黑色][蓝色][青色][绿色][洋红][红色][白色][黄色]。如果需要使用更多的颜色，可以采用颜色代码 [颜色 N]。其中，N 为 1~56 的整数，代表共有 56 种颜色。例如，本例的格式代码还可以设置为【[颜色 5]G/ 通用格式 ;[颜色 3]G/ 通用格式 ;[颜色 6]0;[颜色 4]G/ 通用格式】。1~56 种颜色与代码的对应关系如下图所示。

颜色与代码对应表

代码	对应颜色	代码	对应颜色	代码	对应颜色	代码	对应颜色
1	黑色	15	深灰色	29	紫罗兰	43	酸橙色
2	白色	16	暗灰	30	深红	44	金色
3	红色	17	海螺	31	青色	45	浅橙色
4	鲜绿	18	梅红	32	蓝色	46	橙色
5	蓝色	19	象牙色	33	天蓝	47	蓝灰
6	黄色	20	浅青绿	34	浅青绿	48	灰色
7	分红	21	深紫色	35	浅绿	49	深青
8	青绿	22	珊瑚红	36	浅黄	50	海绿
9	深红	23	海蓝	37	淡蓝	51	深绿
10	绿色	24	冰蓝	38	玫瑰红	52	橄榄色
11	深蓝	25	深蓝	39	淡紫色	53	褐色
12	深黄	26	粉红	40	茶色	54	梅红
13	紫罗兰	27	黄色	41	浅蓝色	55	靛蓝
14	青色	28	青绿	42	水蓝色	56	深灰色

步骤03 返回工作表，即可看到设置后的效果，如下图所示。

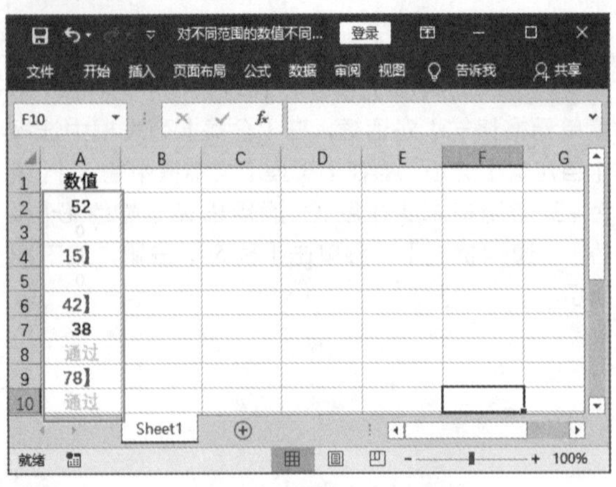

218：缩小字体填充单元格

适用版本	实用指数
2010、2013、2016、2019	★★★★☆

使用说明

在单元格中输入内容时，有时内容的长度会大于单元格的宽度，如果不想通过调整列宽的方式来显示单元格内容，则可以使用缩小字体填充单元格的方法。

解决方法

如果要设置缩小字体填充单元格，具体操作方法如下。

步骤01 打开素材文件（位置：素材文件\第 9 章\销售清单 2.xlsx），❶选中要缩小字体填充的单元格区域，打开【设置单元格格式】对话框，切换到【对齐】选项卡；❷在【文本控制】栏中勾选【缩小字体填充】复选框；❸单击【确定】按钮，如下图所示。

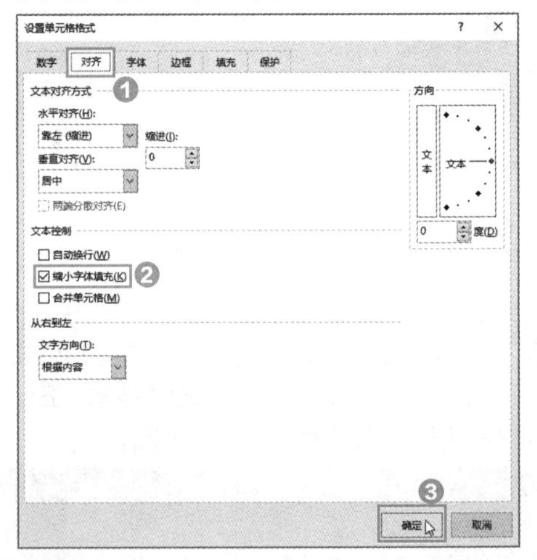

步骤02 返回工作表即可看到缩小字体后的效果，如下图所示。

219：个性化设置单元格背景

适用版本	实用指数
2010、2013、2016、2019	★★★★★

使用说明

默认情况下，单元格的背景为白色。为了美化表格或突出单元格中的内容，有时需要为单元格设置不同的背景色。通常情况下，通过功能区中的【填充颜色】按钮，可快速设置背景色。

通过【填充颜色】按钮设置背景色时，只能设置简单的纯色背景。若要对单元格设置个性化的背景，如图案式的背景、渐变填充背景等，就需要通过对话框实现。

解决方法

例如，要为单元格设置渐变填充背景，具体操作方法如下。

步骤01 打开素材文件（位置：素材文件\第 9 章\销售清单 .xlsx），选中需要设置背景的单元格区域，打开【设置单元格格式】对话框，在【填充】选项卡中单击【填充效果】按钮，如下图所示。

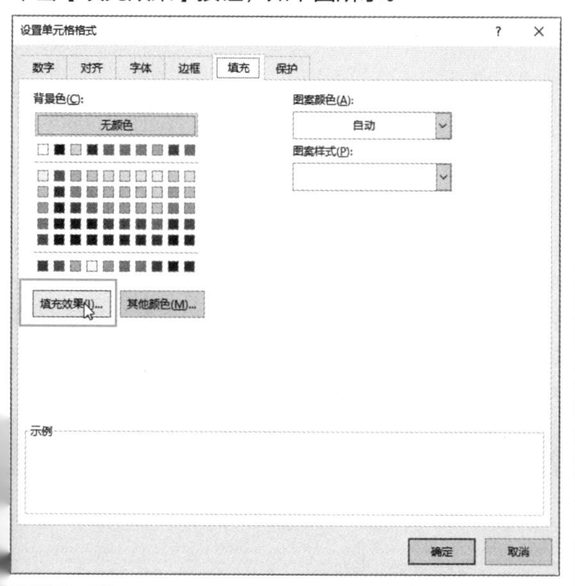

步骤02 ❶弹出【填充效果】对话框，系统默认选中【双色】单选按钮，分别在【颜色 1】【颜色 2】下拉列表中选择需要的颜色；❷在【底纹样式】栏中选择需要的样式；❸在【变形】栏中选择渐变样式；❹单击【确定】按钮，如下图所示。

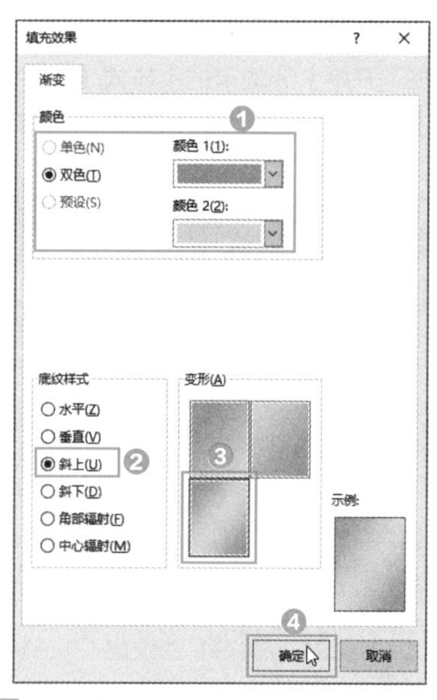

步骤03 返回【设置单元格格式】对话框，单击【确定】按钮，返回工作表，即可查看设置后的效果，如下图所示。

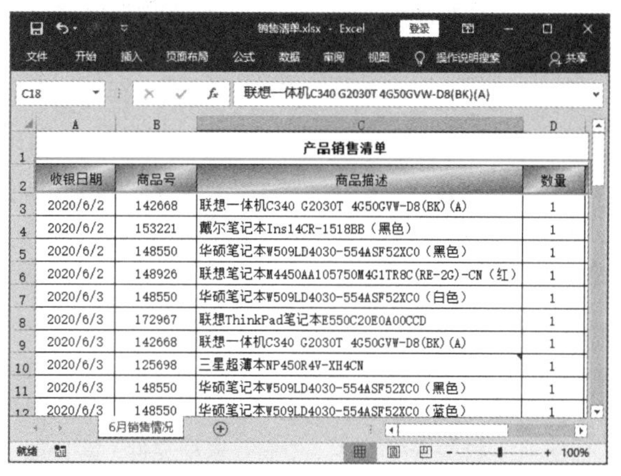

产品销售清单			
收银日期	商品号	商品描述	数量
2020/6/2	142668	联想一体机C340 G2030T 4G50GVW-D8(BK)(A)	1
2020/6/2	153221	戴尔笔记本Ins14CR-1518BB（黑色）	1
2020/6/2	148550	华硕笔记本W509LD4030-554ASF52XC0（黑色）	1
2020/6/2	148926	联想笔记本M4450AA105750M4G1TR8C(RE-2G)-CN（红）	1
2020/6/3	148550	华硕笔记本W509LD4030-554ASF52XC0（白色）	1
2020/6/3	172967	联想ThinkPad笔记本E550C20E0A00CCD	1
2020/6/3	142668	联想一体机C340 G2030T 4G50GVW-D8(BK)(A)	1
2020/6/3	125698	三星超薄本NP450R4V-XH4CN	1
2020/6/3	148550	华硕笔记本W509LD4030-554ASF52XC0（黑色）	1
2020/6/3	148550	华硕笔记本W509LD4030-554ASF52XC0（蓝色）	1

220：快速套用单元格样式

适用版本	实用指数
2010、2013、2016、2019	★★★★★

使用说明

Excel 提供了多种单元格样式，这些样式中已经设置了字体格式、填充效果等格式。使用单元格样式美化工作表，可以节约大量的编排时间。

解决方法

如果要使用单元格样式美化工作表，具体操作方法如下。

打开素材文件（位置：素材文件\第 9 章\6 月工

资表 1.xlsx），❶选择需要应用单元格样式的单元格区域；❷在【开始】选项卡的【样式】组中单击【单元格样式】下拉按钮；❸在弹出的下拉列表中选择需要的样式即可，如下图所示。

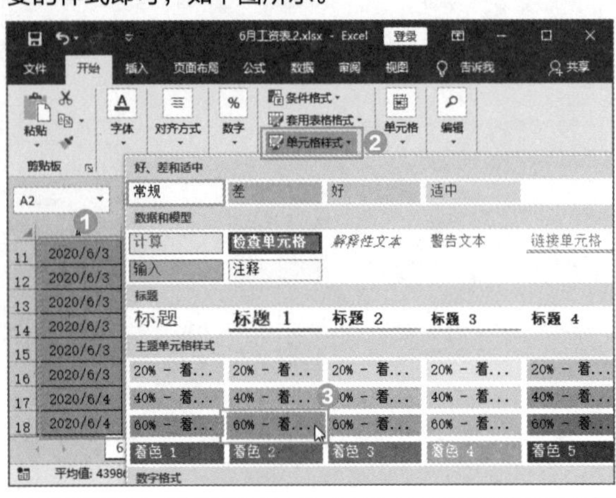

221：自定义单元格样式

适用版本	实用指数
2010、2013、2016、2019	★★★★☆

使用说明

使用单元格样式美化工作表时，若 Excel 提供的内置样式无法满足需求，则可以根据操作需要自定义单元格样式。

解决方法

如果要自定义单元格样式，具体操作方法如下。

步骤01 打开素材文件（位置：素材文件\第 9 章\6 月工资表 1.xlsx），❶在【开始】选项卡的【样式】组中单击【单元格样式】下拉按钮；❷在弹出的下拉列表中选择【新建单元格样式】选项，如下图所示。

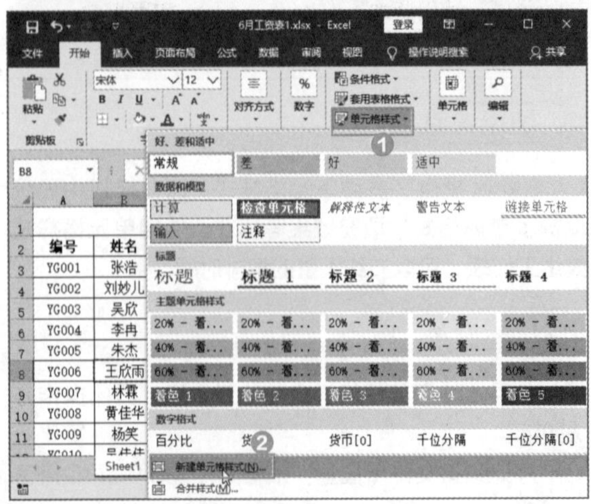

步骤02 ❶弹出【样式】对话框，在【样式名】文本框中输入样式名称；❷单击【格式】按钮，如下图所示。

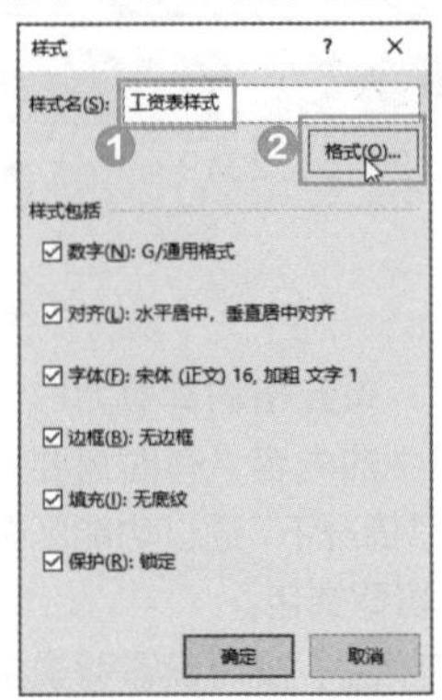

步骤03 ❶弹出【设置单元格格式】对话框，分别设置【数字】【对齐】【字体】【边框】【填充】样式；❷设置完成后单击【确定】按钮，如下图所示。

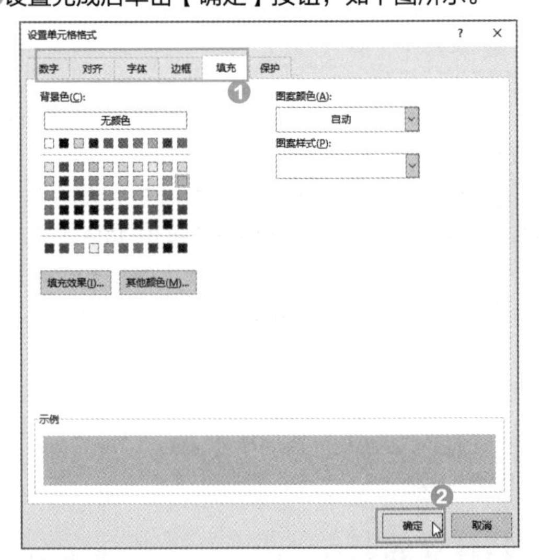

步骤04 ❶返回工作表，选中要应用单元格样式的单元格区域；❷单击【单元格样式】下拉按钮；❸在弹出的下拉列表的【自定义】栏中可以看到自定义的单元格样式，单击该样式，即可将其应用到所选单元格区域中，如下图所示。

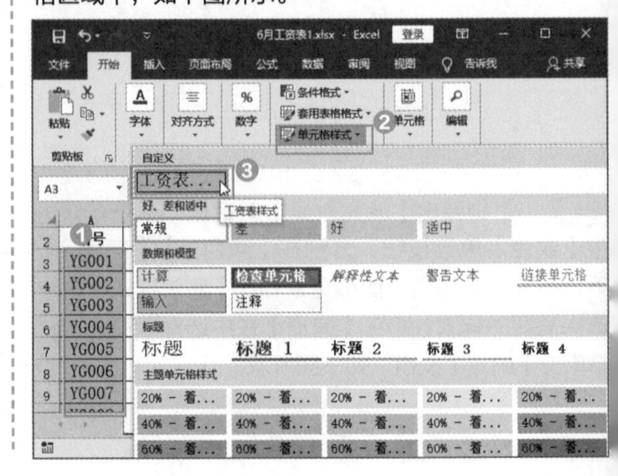

222：使用表格样式快速美化表格

适用版本	实用指数
2010、2013、2016、2019	★★★★★

使用说明

Excel 内置了丰富的表格样式库，如果想要快速地制作出专业的表格，使用内置表格样式是最佳的选择。

解决方法

如果要使用表格样式快速美化表格，具体操作方法如下。

步骤01 打开素材文件（位置：素材文件\第 9 章\6 月工资表 1.xlsx），❶选中需要套用表格样式的单元格区域；❷在【开始】选项卡的【样式】组中单击【套用表格格式】下拉按钮；❸在弹出的下拉列表中选择需要的表格样式，如下图所示。

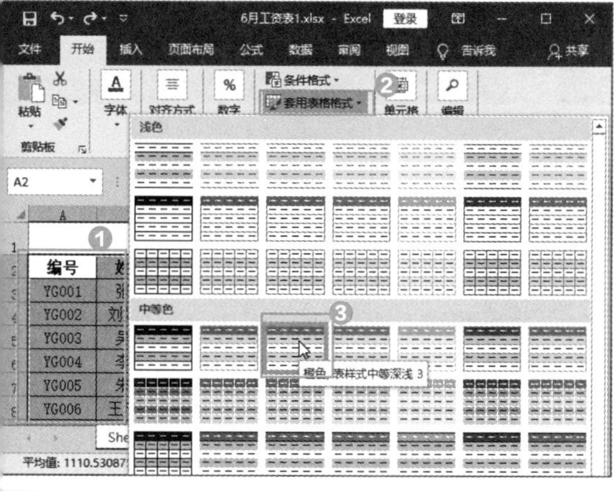

步骤02 弹出【套用表格式】对话框，单击【确定】按钮，如下图所示。

套用表格式
表数据的来源(W):
=$A$2:$I$12
☑ 表包含标题(M)
确定　取消

步骤03 ❶单击【设计】选项卡【工具】组中的【转换为区域】按钮；❷在弹出的对话框中单击【是】按钮，如右上图所示。

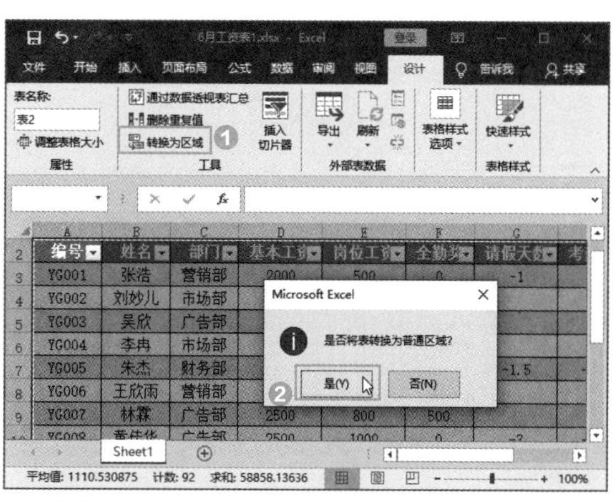

步骤04 返回工作表，将看到所选单元格区域应用了选择的表格样式，如下图所示。

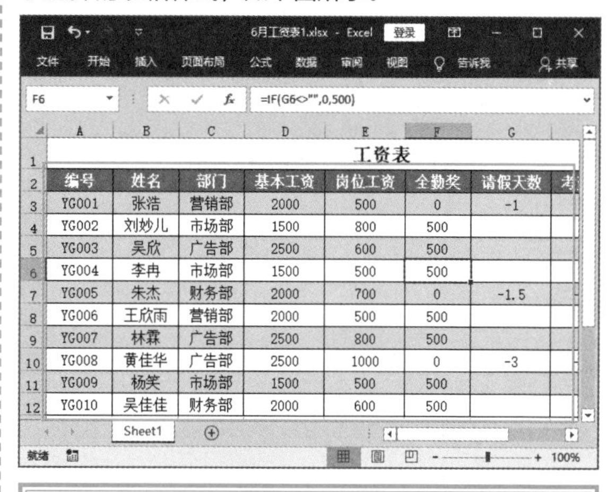

工资表

编号	姓名	部门	基本工资	岗位工资	全勤奖	请假天数
YG001	张浩	营销部	2000	500	0	-1
YG002	刘妙儿	市场部	1500	800	500	
YG003	吴欣	广告部	2500	600	500	
YG004	李冉	市场部	1500	500	500	
YG005	朱杰	财务部	2000	700	0	-1.5
YG006	王欣雨	营销部	2000	500	500	
YG007	林霖	广告部	2500	800	500	
YG008	黄佳华	广告部	2500	1000	0	-3
YG009	杨笑	市场部	1500	500	500	
YG010	吴佳佳	财务部	2000	600	500	

223：自定义表格样式

适用版本	实用指数
2010、2013、2016、2019	★★★☆☆

使用说明

如果对 Excel 提供的内置表格样式不满意，还可以自定义专属的表格样式。

解决方法

如果要自定义表格样式，具体操作方法如下。

步骤01 打开素材文件（位置：素材文件\第 9 章\6 月工资表 1.xlsx），❶在【开始】选项卡的【样式】组中单击【套用表格格式】下拉按钮；❷在弹出的下拉列表中选择【新建表格样式】选项，如下图所示。

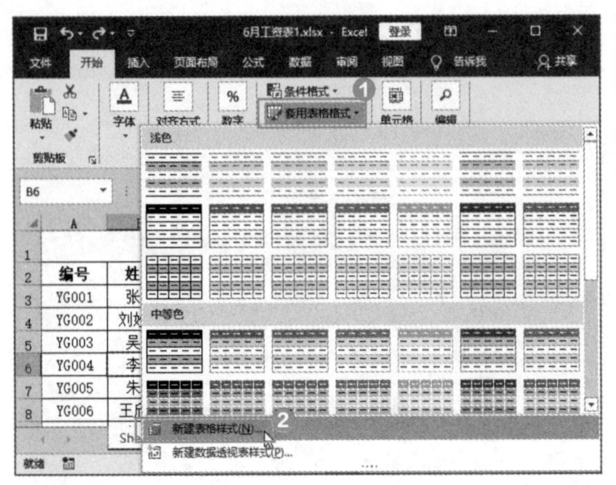

步骤02 ❶弹出【新建表样式】对话框，在【表元素】列表框中选择需要设置格式的元素，本例中选择【整个表】；❷单击【格式】按钮，如下图所示。

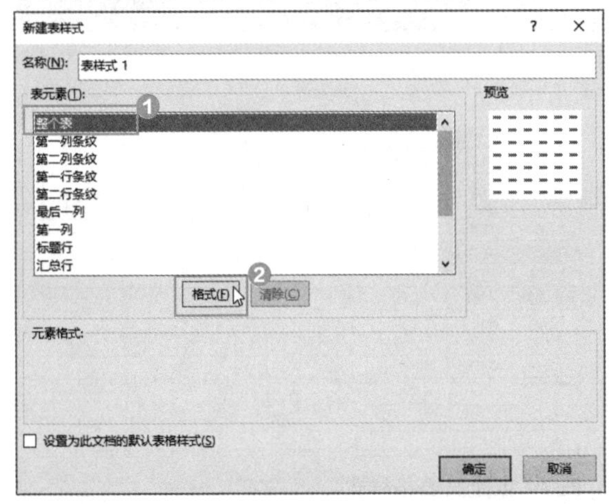

步骤03 ❶弹出【设置单元格格式】对话框，分别设置【字体】【边框】和【填充】样式；❷单击【确定】按钮，如下图所示。

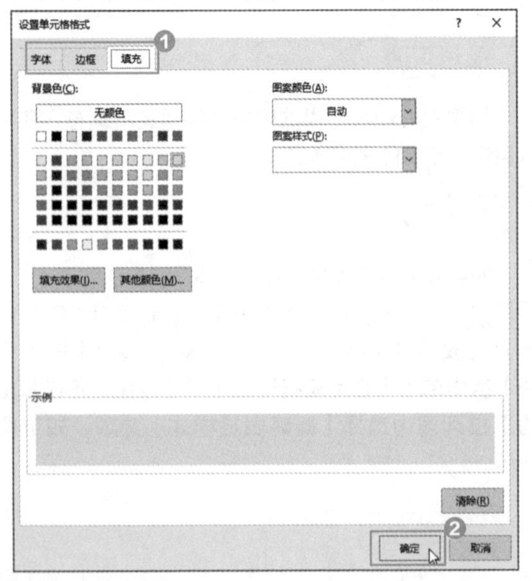

步骤04 返回【新建表样式】对话框，参照上述操作步骤，对表格其他元素设置相应的格式参数。设置过程中，可在【预览】栏中预览效果。设置完成后，单击【确定】按钮，如下图所示。

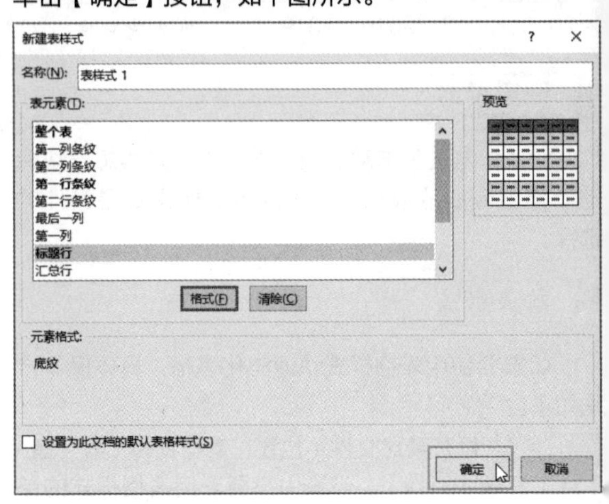

步骤05 ❶返回工作表，选中需要套用表格样式的单元格区域；❷单击【套用表格格式】下拉按钮；❸在弹出的下拉列表的【自定义】栏中可看到自定义的表格样式，单击该样式，如下图所示。

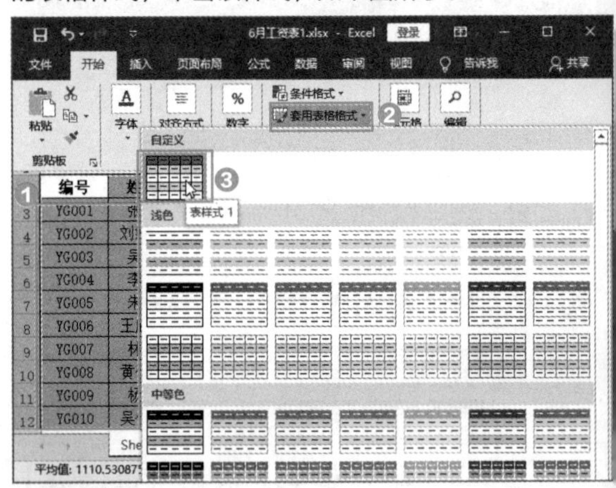

步骤06 弹出【套用表格式】对话框，单击【确定】按钮，如下图所示。

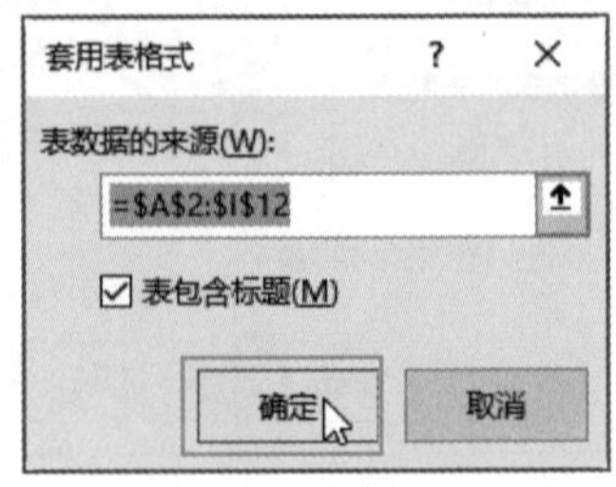

步骤07 返回工作表中即可看到应用后的效果，如下图所示。

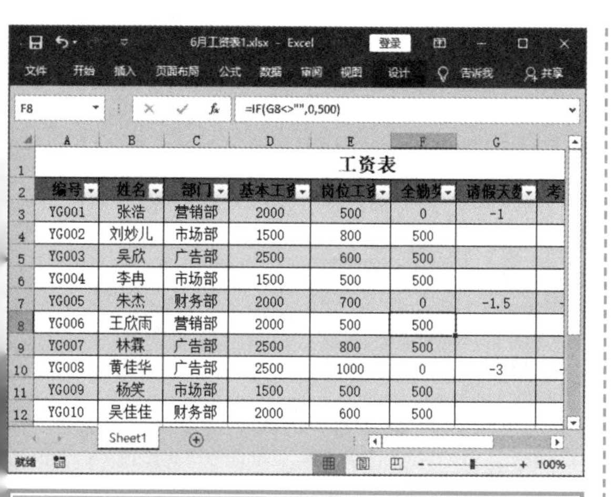

224：如何制作斜线表头

适用版本	实用指数
2010、2013、2016、2019	★★★★★

使用说明

斜线是制作表头时最常用的元素，可以选择手动绘制，也可以使用边框快速添加斜线表头。

解决方法

如果要为表格添加斜线表头，具体操作方法如下。

步骤01 打开素材文件（位置：素材文件\第9章\智能手机销售情况 .xlsx），❶选中需要制作斜线表头的单元格；❷单击【开始】选项卡【对齐方式】组中的【对话框启动器】按钮，如下图所示。

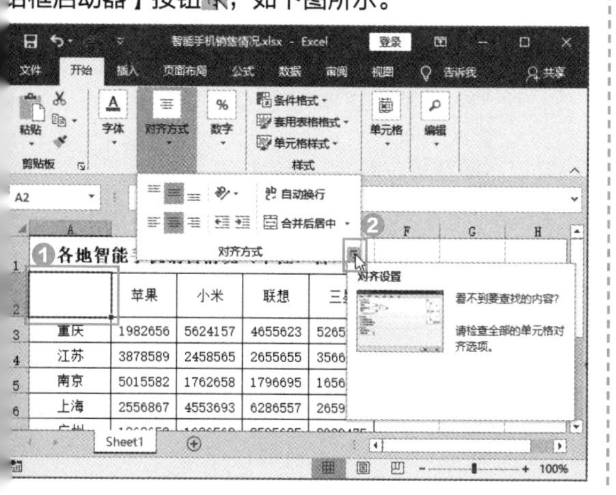

步骤02 ❶弹出【设置单元格格式】对话框，在【边框】选项卡的【边框】栏中单击需要的斜线边框；❷单击【确定】按钮，如下图所示。

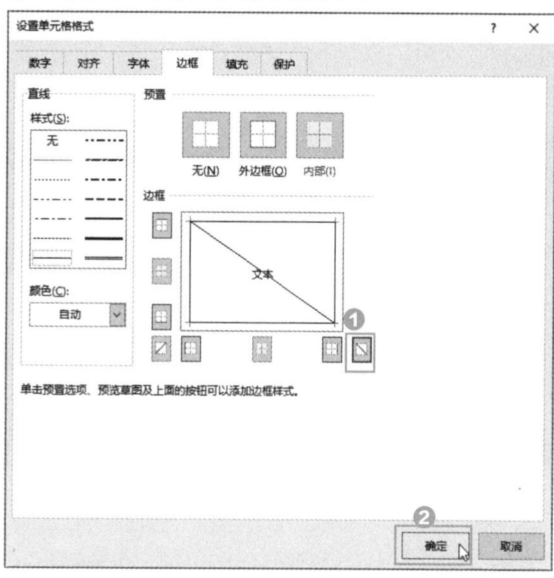

步骤03 返回工作表，在当前单元格中输入内容。根据操作需要还可通过输入空格的方式调整内容的位置，如下图所示。

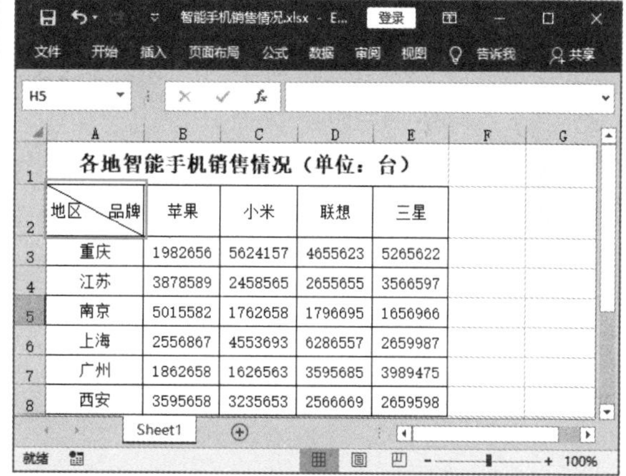

知识拓展

按照上述操作方法只能制作简单的斜线表头，若要设计更复杂的表头，则需要通过插入直线和文本框来制作。

第 10 章
Excel 数据统计与分析技巧

完成表格的编辑后，还可以通过 Excel 的排序、筛选、分类汇总及设置条件格式等功能对表格数据进行统计与分析。针对这些功能，本章将介绍一些实用技巧。

下面是一些在数据统计与分析过程中的常见问题，请检查你是否会处理或已掌握。

【√】需要将工作表中的数据排序查看时，应该怎样排序吗?

【√】要查看各地区的销量表，应该怎样汇总数据，以提高查看效果?

【√】要将销售数据中符合条件的数据筛选出来，应该怎样操作?

【√】在制作工作表时，为不同的单元格设置了不同的颜色，现在要通过单元格筛选数据，你知道怎样筛选吗?

【√】为某件商品指定了利润目标，如果要达到这个目标，需要在成本的基础上加价销售，那么需要加价多少才能达到目标？又应该如何计算呢?

【√】在众多数据中，需要将符合条件的数据突显出来以方便查看，应该怎样操作?

希望通过对本章内容的学习，能够解决以上问题，并学会更多的 Excel 数据统计与分析技巧。

10.1 数据排序技巧

在编辑工作表时，可通过排序功能对表格数据进行排序，以方便查看和管理数据。

225：按一个关键字进行快速排序

适用版本	实用指数
2010、2013、2016、2019	★★★★★

使用说明

按一个关键字排序，是最简单、快速常用的一种排序方法。

按一个关键字排序，是指依据某列的数据规则对表格数据进行升序或降序操作。按升序方式排序时，最小的数据将位于该列的最前端；按降序方式排序时，最大的数据将位于该列的最前端。

解决方法

例如，在【员工工资表 .xlsx】中按照关键字【实发工资】进行降序排列，具体操作方法如下。

步骤01 打开素材文件（位置：素材文件\第 10 章\员工工资表 .xlsx），❶选中【实发工资】列中的任意单元格；❷单击【数据】选项卡【排序和筛选】组中的【降序】按钮，如下图所示。

姓名	基本工资	岗位工资		款	公积金	实发工资
张浩	3600	800			125	3950
刘妙儿	3800	800	4600	325	125	4150
吴欣	4200	600	4800	325	125	4350
李冉	3500	700	4200	325	125	3750
朱杰	4500	700	5200	325	125	4750
王欣雨	3800	600	4400	325	125	3950

步骤02 此时，工作表中的数据将按照关键字【实发工资】进行降序排列，如右上图所示。

2020年6月工资表

姓名	基本工资	岗位工资	应发工资	社保扣款	公积金	实发工资
林霖	5500	800	6300	325	125	5850
黄佳华	4800	1000	5800	325	125	5350
朱杰	4500	700	5200	325	125	4750
吴欣	4200	600	4800	325	125	4350
吴佳佳	4200	500	4700	325	125	4250
刘妙儿	3800	800	4600	325	125	4150
张浩	3600	800	4400	325	125	3950
王欣雨	3800	600	4400	325	125	3950
李冉	3500	700	4200	325	125	3750
杨笑	3500	500	4000	325	125	3550

226：按多个关键字进行排序

适用版本	实用指数
2010、2013、2016、2019	★★★★★

使用说明

按多个关键字进行排序，是指依据多列的数据规则对表格数据进行排序操作。

解决方法

例如，在【员工工资表 .xlsx】中，以【基本工资】为主关键字，【岗位工资】为次要关键字，对表格数据进行排序，具体操作方法如下。

步骤01 打开素材文件（位置：素材文件\第 10 章\员工工资表 .xlsx），❶选中数据区域中的任意单元格；❷单击【数据】选项卡【排序和筛选】组中的【排序】按钮，如下图所示。

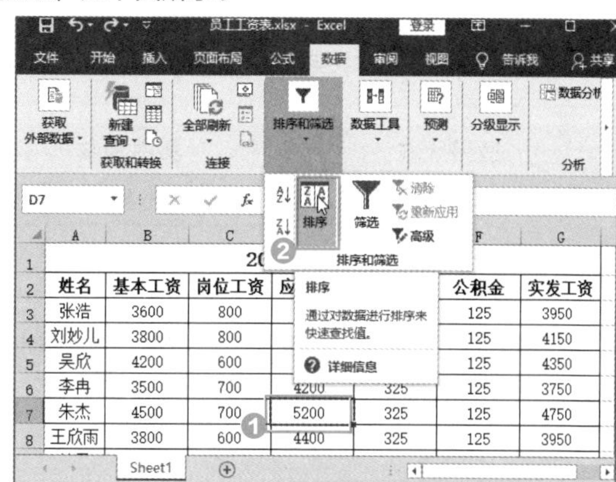

步骤02 ❶弹出【排序】对话框，在【主要关键字】下拉列表中选择排序关键字，在【排序依据】下拉列表中选择排序依据，在【次序】下拉列表中选择排序方式；❷单击【添加条件】按钮，如下图所示。

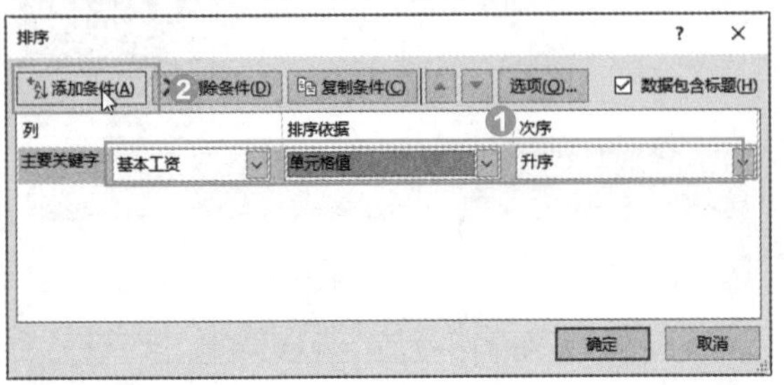

步骤03 ❶使用相同的方法设置次要关键字；❷完成后单击【确定】按钮，如下图所示。

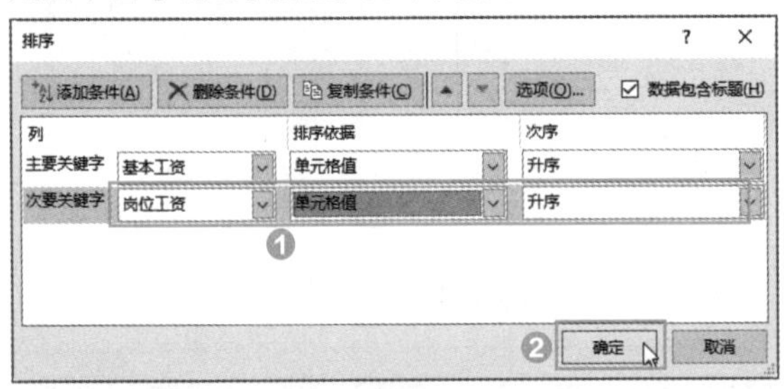

步骤04 此时，工作表中的数据将按照关键字【基本工资】和【岗位工资】进行升序排列，如下图所示。

2020年6月工资表						
姓名	基本工资	岗位工资	应发工资	社保扣款	公积金	实发工资
杨笑	3500	500	4000	325	125	3550
李冉	3500	700	4200	325	125	3750
张浩	3600	800	4400	325	125	3950
王欣雨	3800	600	4400	325	125	3950
刘妙儿	3800	800	4600	325	125	4150
吴佳佳	4200	500	4700	325	125	4250
吴欣	4200	600	4800	325	125	4350
朱杰	4500	700	5200	325	125	4750
黄佳华	4800	1000	5800	325	125	5350
林霖	5500	800	6300	325	125	5850

227：让表格中的文本按字母顺序排序

适用版本	实用指数
2010、2013、2016、2019	★★★☆☆

使用说明

对表格进行排序时，可以让文本数据按照字母顺序进行排序，即按照拼音的首字母进行降序排序（Z~A的字母顺序）或升序排序（A~Z 的字母顺序）。

解决方法

例如，将【员工工资表 .xlsx】中的数据按照关键字【姓名】进行升序排列，具体操作方法如下。

步骤01 打开素材文件（位置：素材文件\第 10 章\员工工资表 .xlsx），❶选中【姓名】列中的任意单元格；❷单击【数据】选项卡【排序和筛选】组中的【升序】按钮，如下图所示。

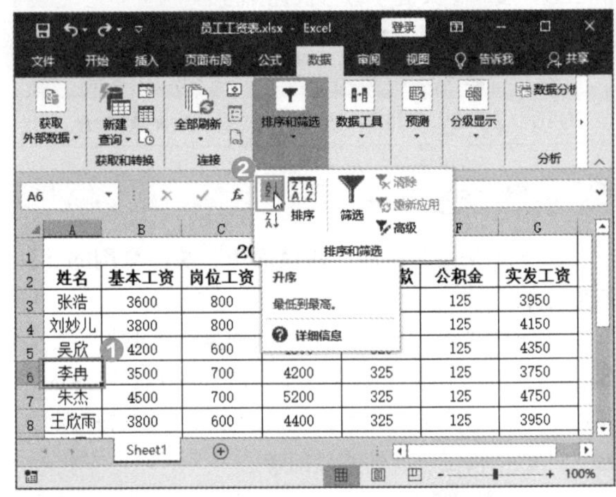

步骤02 此时，工作表中的数据将以【姓名】为关键字，并按字母顺序进行升序排列，如下图所示。

2020年6月工资表						
姓名	基本工资	岗位工资	应发工资	社保扣款	公积金	实发工资
黄佳华	4800	1000	5800	325	125	5350
李冉	3500	700	4200	325	125	3750
林霖	5500	800	6300	325	125	5850
刘妙儿	3800	800	4600	325	125	4150
王欣雨	3800	600	4400	325	125	3950
吴佳佳	4200	500	4700	325	125	4250
吴欣	4200	600	4800	325	125	4350
杨笑	3500	500	4000	325	125	3550
张浩	3600	800	4400	325	125	3950
朱杰	4500	700	5200	325	125	4750

228：如何按行进行排序

适用版本	实用指数
2010、2013、2016、2019	★★★★☆

使用说明

默认情况下，对表格数据进行排序时，是按列进行排序的。但是当表格标题是以列的方式输入的，若按照默认的排序方向排序则可能无法实现预期的效果，此时就需要按行进行排序。

解决方法

如果要将数据按行进行排序，具体操作方法如下。

步骤01 打开素材文件（位置：素材文件\第 10 章\海尔冰箱销售统计 .xlsx），选中要进行排序的单元格区域，本例中选择【B2:G3】，打开【排序】对话框，单击【选项】按钮，如下图所示。

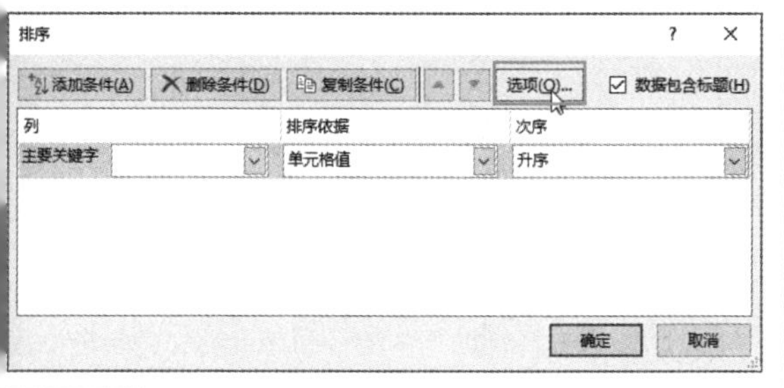

步骤02 ❶弹出【排序选项】对话框，在【方向】栏中选中【按行排序】单选按钮；❷单击【确定】按钮，如下图所示。

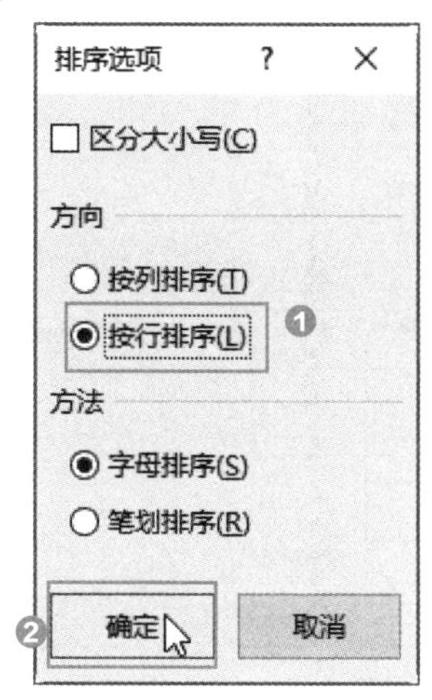

步骤03 ❶返回【排序】对话框，设置排序关键字、排序依据及次序；❷单击【确定】按钮，如下图所示。

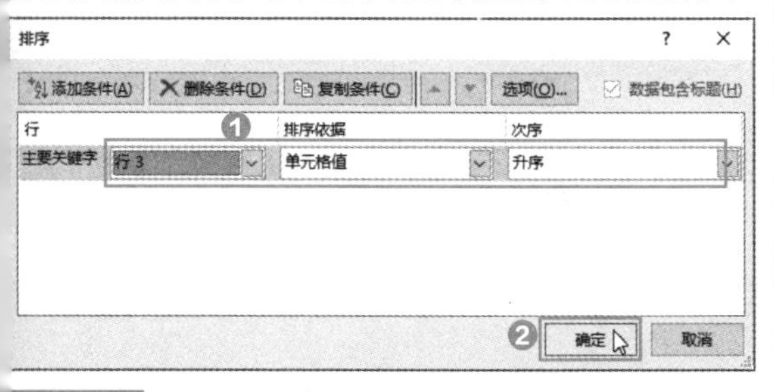

步骤04 返回工作表，即可查看排序后的效果，如右上图所示。

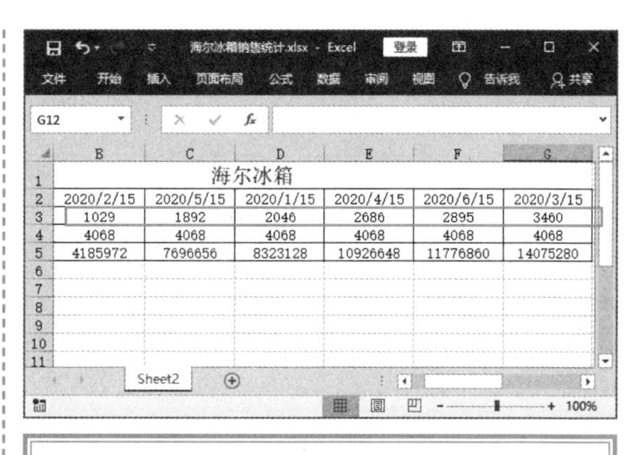

	B	C	D	E	F	G
1	海尔冰箱					
2	2020/2/15	2020/5/15	2020/1/15	2020/4/15	2020/6/15	2020/3/15
3	1029	1892	2046	2686	2895	3460
4	4068	4068	4068	4068	4068	4068
5	4185972	7696656	8323128	10926648	11776860	14075280

229：如何按照单元格背景颜色进行排序

适用版本	实用指数
2010、2013、2016、2019	★★★★☆

使用说明

编辑表格时，若设置了单元格背景颜色，则可以按照设置的单元格背景颜色进行排序。

解决方法

例如，在【销售清单 .xlsx】中，对【品名】列中的数据设置了多种单元格背景颜色，现在要以【品名】为关键字，按照单元格背景颜色进行排序，具体操作方法如下。

步骤01 打开素材文件（位置：素材文件\第 10 章\销售清单 .xlsx），❶选中数据区域中的任意单元格，打开【排序】对话框，在【主要关键字】下拉列表中选择排序关键字，本例中选择【品名】；❷在【排序依据】下拉列表中选择排序依据，本例中选择【单元格颜色】；❸在【次序】下拉列表中选择单元格颜色，在右侧的下拉列表中设置该颜色所处的单元格位置；❹单击【添加条件】按钮，如下图所示。

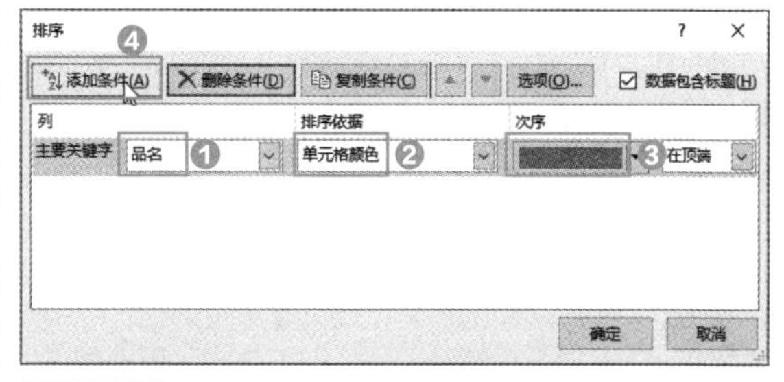

步骤02 ❶通过单击【添加条件】按钮，添加并设置其他关键字的排序参数；❷设置完成后单击【确定】按钮，如下图所示。

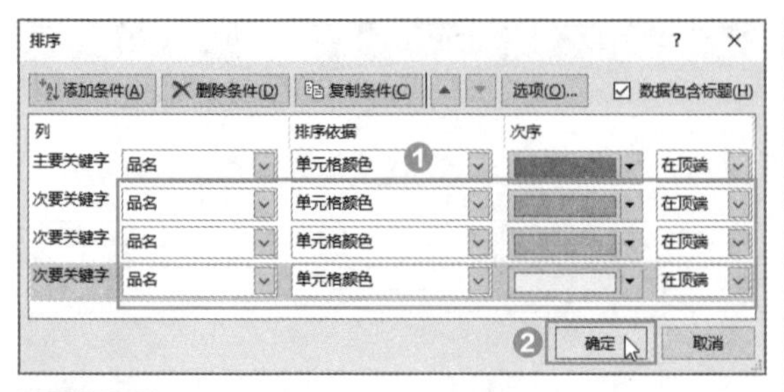

步骤03 返回工作表，即可查看排序后的效果，如下图所示。

B6 雅诗兰黛晶透沁白淡斑精华露30ml

	A	B	C	D	E
1	6月9日销售清单				
2	销售时间	品名	单价	数量	小计
3	9:45:20	温碧泉明星复合水精华60ml	135	1	135
4	9:48:37	雅诗兰黛晶透沁白淡斑精华露30ml	825	1	825
5	10:59:23	Avene雅漾清爽倍护防晒喷雾SPF30+	226	2	452
6	11:16:54	雅诗兰黛晶透沁白淡斑精华露30ml	825	1	825
7	11:34:48	温碧泉明星复合水精华60ml	135	1	135
8	12:02:13	温碧泉明星复合水精华60ml	135	1	135
9	10:26:19	Za美肌无瑕两用粉饼盒	30	2	60
10	11:22:02	自然堂美白遮瑕霜润皙白bb霜	108	1	108
11	12:19:02	Za美肌无瑕两用粉饼盒	30	2	60
12	9:30:25	香奈儿邂逅清新淡香水50ml	756	1	756
13	9:42:36	韩束墨菊化妆品套装五件套	329	1	329
14	9:45:20	温碧泉美容三件套美白补水	169	1	169

6月9日销售清单

温馨提示

使用相同的方法也可以按照字体颜色来排序，方法与按照单元格背景颜色排序相似。

230：对表格数据进行随机排序

适用版本	实用指数
2010、2013、2016、2019	★★★★☆

使用说明

对工作表数据进行排序时，通常是按照一定的规则进行排序的，但在某些特殊情况下，可能需要对数据进行随机排序。

解决方法

如果要对工作表数据进行随机排序，具体操作方法如下。

步骤01 打开素材文件（位置：素材文件\第10章\应聘职员面试顺序.xlsx），❶在工作表中创建一列辅助列，并输入标题【排序】，在下方第一个单元格中输入函数【=RAND()】；❷按【Enter】键计算出结果，然后利用填充功能向下填充，如右上图所示。

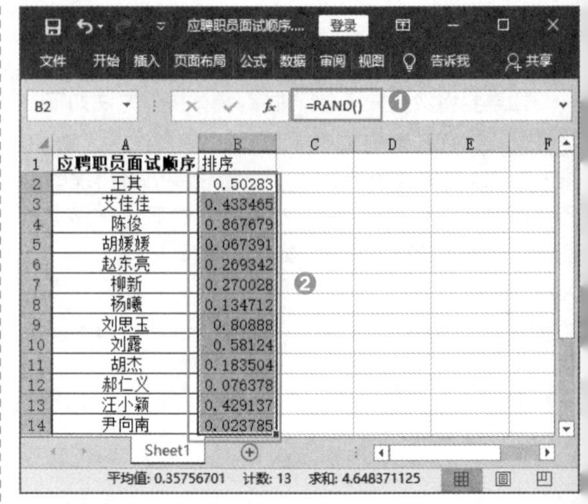

步骤02 ❶选择辅助列中的任意单元格；❷单击【数据】选项卡【排序和筛选】组中的【升序】按钮 或【降序】按钮，如下图所示。

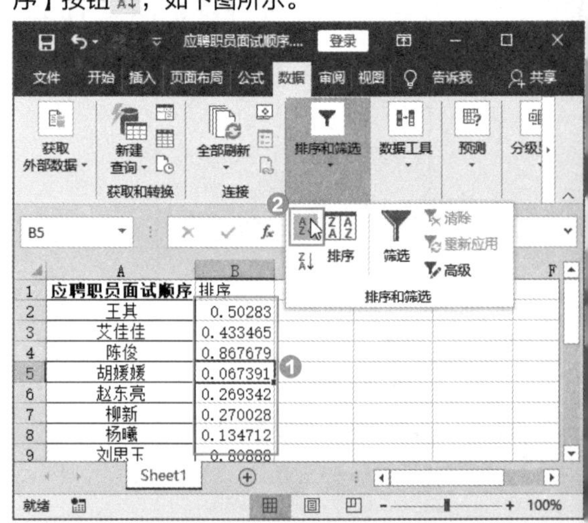

步骤03 返回工作表，删除辅助列，即可看到排序后的效果，如下图所示。

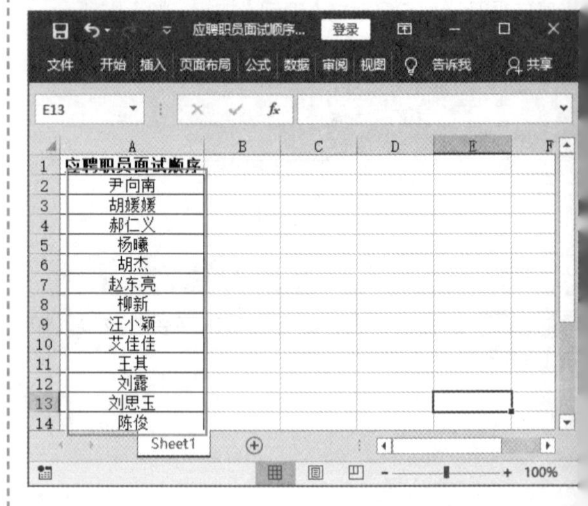

231：分类汇总后按照汇总值进行排序

适用版本	实用指数
2010、2013、2016、2019	★★★★☆

使用说明

对表格数据进行分类汇总后，有时需要按照汇总值对表格数据进行排序。如果直接对其进行排序操作，会弹出提示对话框，提示该操作会删除分类汇总并重新排序。如果希望在分类汇总后按照汇总值进行排序，就需要先进行分级显示，再进行排序。

解决方法

如果要按照汇总值对表格数据进行升序排列，具体操作方法如下。

步骤01 打开素材文件（位置：素材文件\第 10 章\项目经费预算.xlsx），在工作表左侧的分级显示栏中，单击二级显示按钮 2 ，如下图所示。

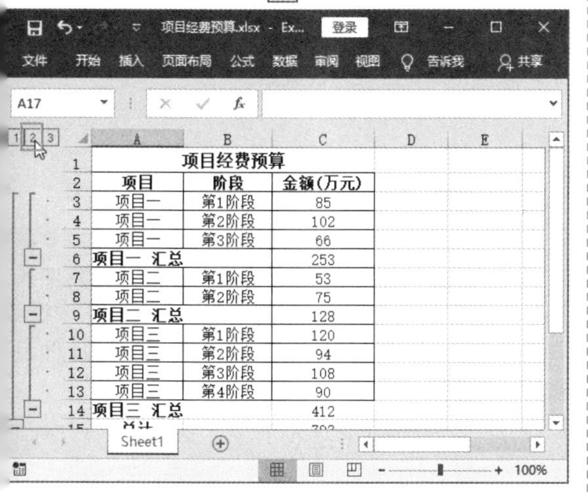

步骤02 ❶此时，表格数据将只显示汇总金额，选中【金额（万元）】列中的任意单元格；❷单击【数据】选项卡【排序和筛选】组中的【升序】按钮，如下图所示。

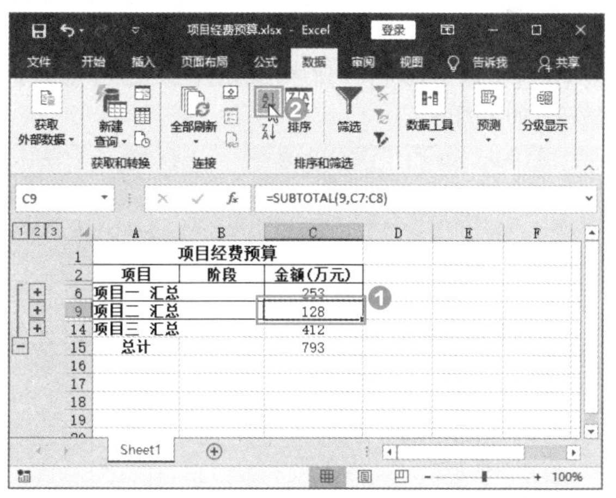

步骤03 在工作表左侧的分级显示栏中单击三级显示按钮 3 ，显示全部数据，此时可发现表格数据已经按照汇总值进行了升序排列，如下图所示。

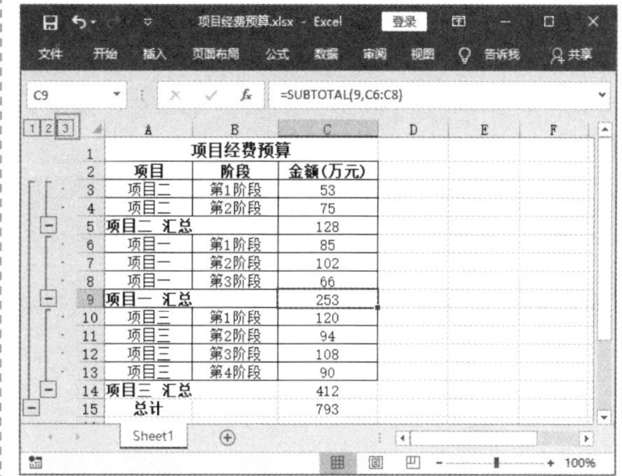

10.2 数据筛选技巧

在管理工作表数据时，可以通过筛选功能将符合某个条件的数据显示出来，或将不符合条件的数据隐藏起来，以便管理与查看数据。

232：如何进行单条件筛选

适用版本	实用指数
2010、2013、2016、2019	★★★★★

使用说明

单条件筛选就是将符合某个条件的数据筛选出来。

解决方法

如果要进行单条件筛选，具体操作方法如下。

步骤01 打开素材文件（位置：素材文件\第 10 章\销售业绩表.xlsx），❶选中数据区域中的任意单元格；❷单击【数据】选项卡【排序和筛选】组中的【筛选】按钮，如下图所示。

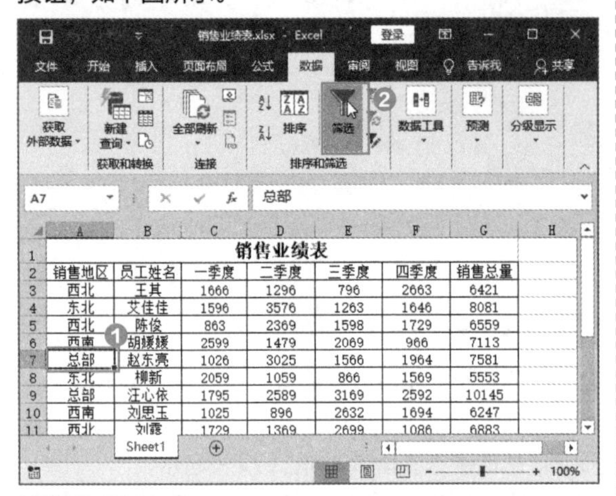

步骤02 ❶进入筛选状态，单击【销售地区】列标题右侧的下拉按钮；❷在弹出的下拉列表中设置筛选条件，本例中勾选【西南】复选框；❸单击【确定】按钮，如下图所示。

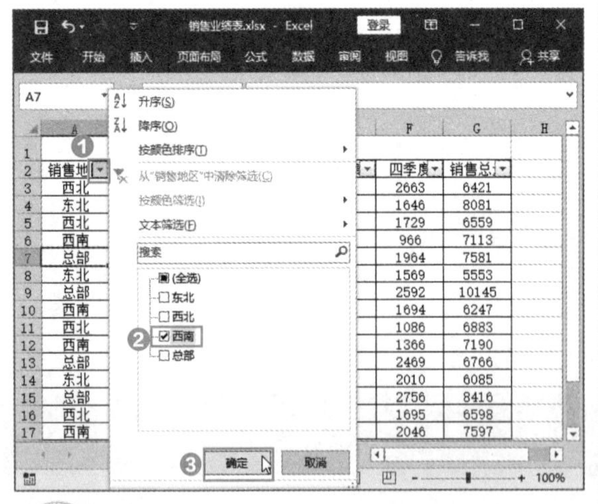

知识拓展

表格数据呈筛选状态时，单击【筛选】按钮可退出筛选状态。若在【排序和筛选】组中单击【清除】按钮，则可快速清除当前设置的所有筛选条件，将所有数据显示出来，但系统不退出筛选状态。

步骤03 返回工作表，可以看到表格中只显示了【销售地区】为【西南】的数据，且列标题【销售地区】右侧的下拉按钮将变为漏斗形状的按钮，表示【销售地区】为当前数据区域的筛选条件，如下图所示。

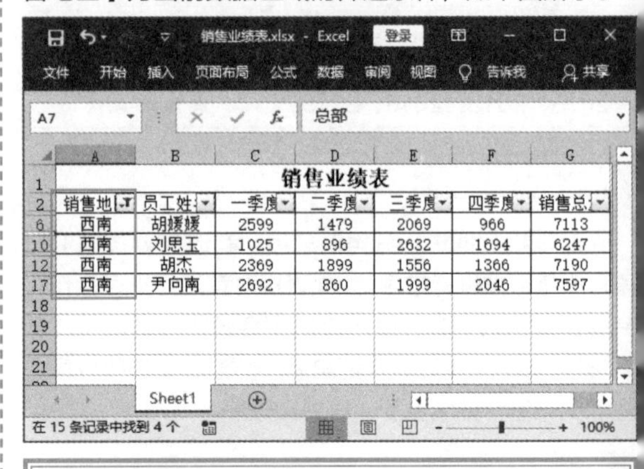

233：如何进行多条件筛选

适用版本	实用指数
2010、2013、2016、2019	★★★★★

使用说明

多条件筛选是将符合多个指定条件的数据筛选出来，以便用户更好地分析数据。

解决方法

如果要进行多条件筛选，具体操作方法如下。

步骤01 打开素材文件（位置：素材文件\第 10 章\销售业绩表.xlsx），❶进入筛选状态，单击【销售地区】列标题右侧的下拉按钮；❷在弹出的下拉列表中设置筛选条件，本例中勾选【西南】复选框；❸单击【确定】按钮，如下图所示。

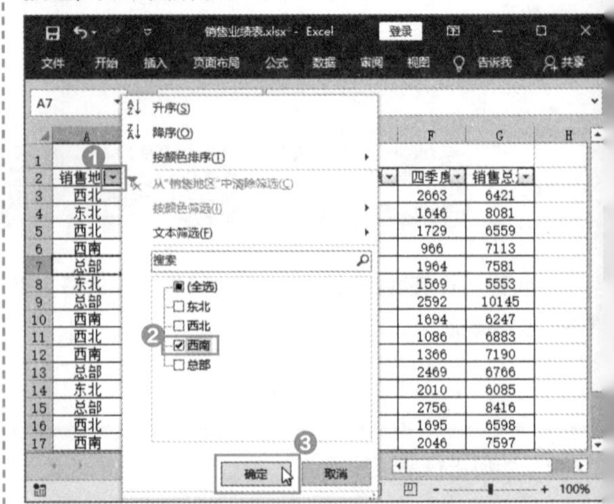

步骤02 ❶返回工作表，单击【销售总量】列标题右侧的下拉按钮；❷在弹出的下拉列表中设置筛选条

件，本例中选择【数字筛选】选项；❸在弹出的扩展列表中选择【大于】选项，如下图所示。

步骤03 ❶弹出【自定义自动筛选方式】对话框，在【大于】右侧的文本框中输入【7000】；❷单击【确定】按钮，如下图所示。

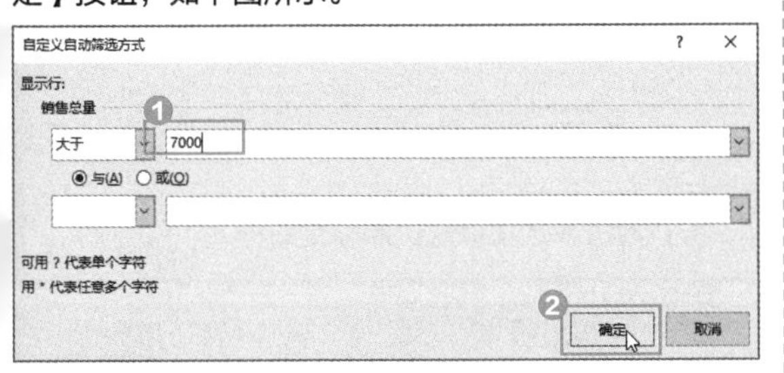

步骤04 返回工作表，可以看到系统只显示了【销售地区】为【西南】、【销售总量】在 7000 以上的数据，如下图所示。

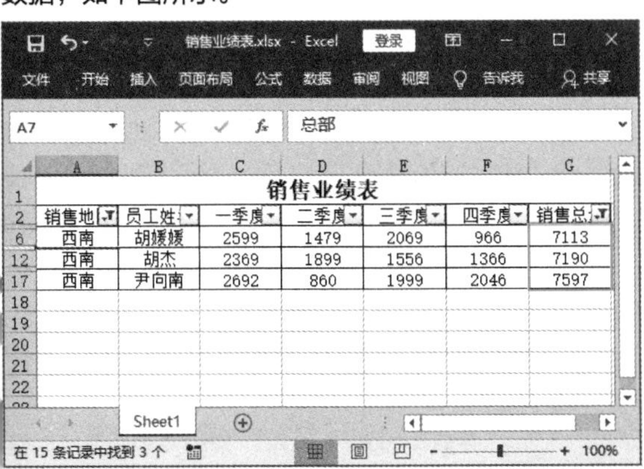

234：筛选销售成绩靠前的数据

适用版本	实用指数
2010、2013、2016、2019	★★★★★

使用说明

在制作销售表、员工考核成绩表等工作表时，要从庞大的数据中查找排名前几位的记录不是件容易的事，此时可以利用筛选功能快速筛选。

解决方法

例如，在【销售业绩表 .xlsx】工作表中，将【二季度】销售成绩排名前 5 位的数据筛选出来，具体操作方法如下。

步骤01 打开素材文件（位置：素材文件 \ 第 10 章 \ 销售业绩表 .xlsx），❶进入筛选状态，单击【二季度】列标题右侧的下拉按钮；❷在弹出的下拉列表中选择【数字筛选】选项；❸在弹出的扩展列表中选择【前 10 项】选项，如下图所示。

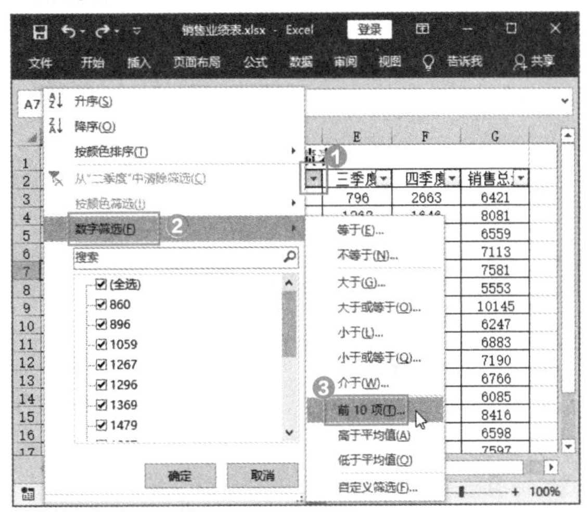

步骤02 ❶弹出【自动筛选前 10 个】对话框，在中间的数值框中输入【5】；❷单击【确定】按钮，如下图所示。

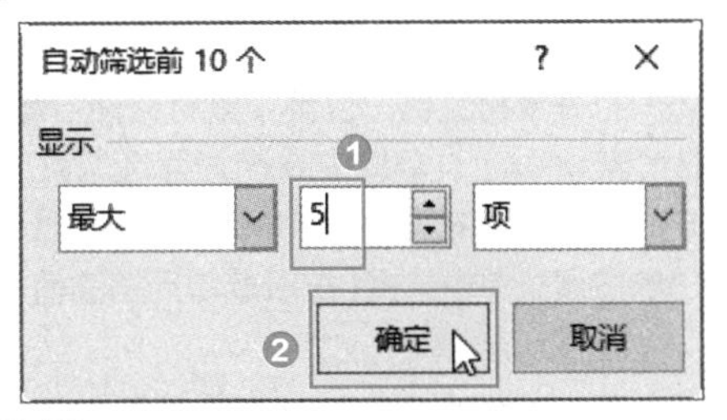

步骤03 返回工作表，可以看到系统只显示了【二季度】销售成绩排名前 5 位的数据，如下图所示。

	销售业绩表						
2	销售地	员工姓	一季度	二季度	三季度	四季度	销售总
4	东北	艾佳佳	1596	3576	1263	1646	8081
5	西北	陈俊	863	2369	1598	1729	6559
7	总部	赵东亮	1026	3025	1566	1964	7581
9	总部	汪心依	1795	2589	3169	2592	10145
15	总部	杨曦	1899	2695	1066	2756	8416

在 15 条记录中找到 5 个

知识拓展

对数字进行筛选时，选择【数字筛选】选项，在弹出的扩展列表中选择某个选项，可筛选出相应的数据，如筛选出等于某个数字的数据、不等于某个数字的数据、大于某个数字的数据、介于某个范围之间的数据等。

235：快速按目标单元格的值或特征进行筛选

适用版本	实用指数
2010、2013、2016、2019	★★★★☆

使用说明

在工作表中，可以快速筛选出与某个单元格的值或特征相同的其他单元格。

解决方法

如果要按目标单元格的值进行筛选，具体操作方法如下。

步骤01 打开素材文件（位置：素材文件\第 10 章\销售业绩表.xlsx），❶选中要作为筛选条件的单元格，右击；❷在弹出的快捷菜单中选择【筛选】命令；❸在弹出的扩展菜单中选择【按所选单元格的值筛选】命令，如右上图所示。

步骤02 返回工作表，即可查看筛选后的效果，如右下图所示。

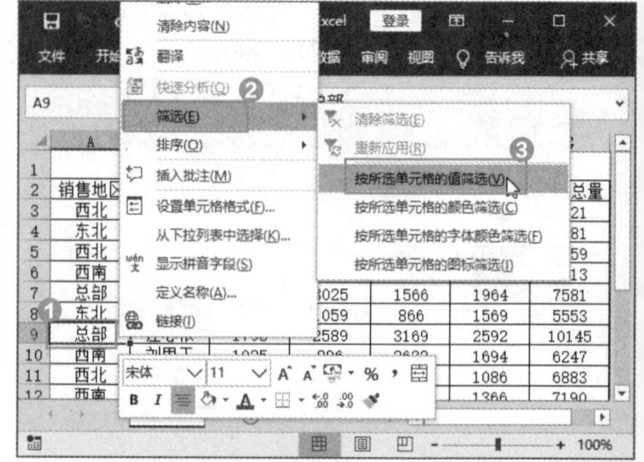

236：利用筛选功能快速删除空白行

适用版本	实用指数
2010、2013、2016、2019	★★★☆☆

使用说明

从外部导入的表格，有时可能包含大量的空白行，整理数据时需要将其删除。若按照常规的方法一个一个地删除会非常烦琐，此时可以通过筛选功能先筛选出空白行，然后将其一次性删除。

解决方法

如果要利用筛选功能快速删除所有空白行，具体操作方法如下。

步骤01 打开素材文件（位置：素材文件\第 10 章\数码产品销售清单.xlsx），❶通过单击列标选中【A】列；❷单击【数据】选项卡【排序和筛选】组中的【筛选】按钮，如下图所示。

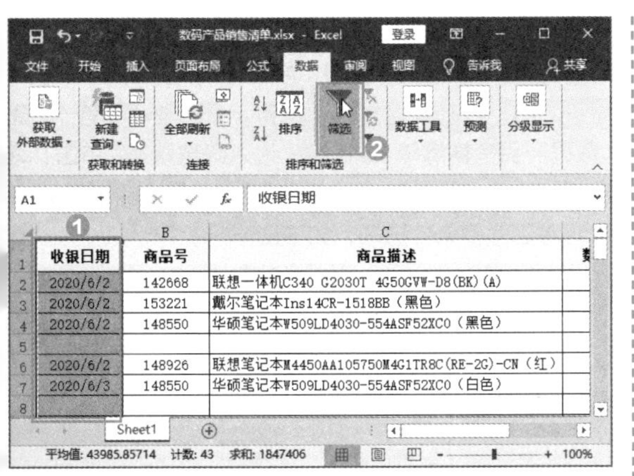

步骤02 ❶进入筛选状态，单击【A】列中的自动筛选下拉按钮；❷在弹出的下拉列表中取消勾选【全选】复选框，然后勾选【（空白）】复选框；❸单击【确定】按钮，如下图所示。

步骤03 ❶系统将自动筛选出所有空白行，选中所有空白行；❷单击【开始】选项卡【单元格】组中的【删除】按钮，如下图所示。

步骤04 单击【数据】选项卡【排序和筛选】组中的【筛选】按钮取消筛选状态，即可看到所有空白行已经被删除，如右上图所示。

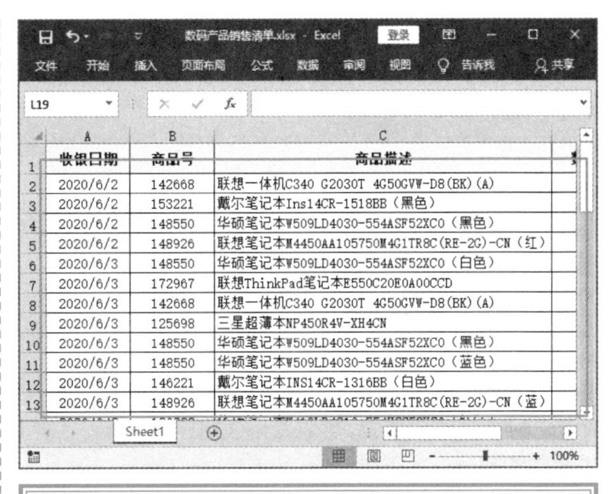

237：按文本条件进行筛选

适用版本	实用指数
2010、2013、2016、2019	★★★★☆

使用说明

对文本进行筛选时，可以筛选出等于某指定文本的数据、以指定内容开头的数据、以指定内容结尾的数据等。灵活掌握这些筛选方式，可以轻松自如地管理表格数据。

解决方法

例如，在【员工信息登记表.xlsx】中，以【开头是】方式筛选出胡姓员工的数据，具体操作方法如下。

步骤01 打开素材文件（位置：素材文件\第 10 章\员工信息登记表.xlsx），❶进入筛选状态，单击【姓名】列标题右侧的下拉按钮；❷在弹出的下拉列表中选择【文本筛选】选项；❸在弹出的扩展列表中选择【开头是】选项，如下图所示。

步骤02 ❶弹出【自定义自动筛选方式】对话框，在【开头是】右侧的文本框中输入【胡】；❷单击【确定】按钮，如下图所示。

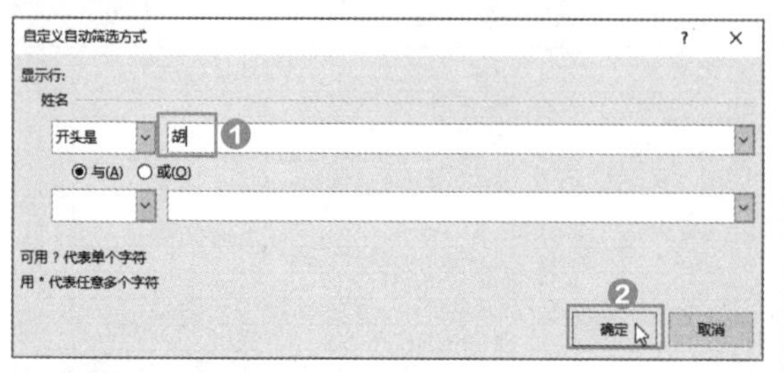

步骤03 返回工作表，可以看见表格中只显示了【胡】姓员工的数据，如下图所示。

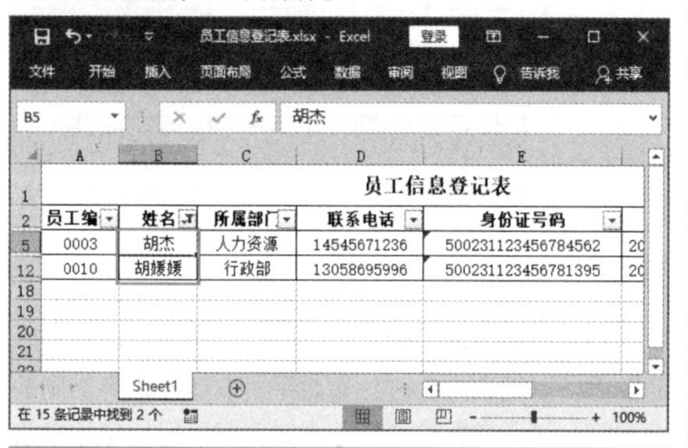

238：使用搜索功能进行筛选

适用版本	实用指数
2010、2013、2016、2019	★★★★☆

使用说明

当工作表中数据非常庞大时，可以通过搜索功能简化筛选过程，从而提高工作效率。

解决方法

例如，在【数码产品销售清单 1.xlsx】工作表中，通过搜索功能快速将【商品描述】为【联想一体机 C340 G2030T 4G50GVW-D8(BK)(A)】的数据筛选出来，具体操作方法如下。

步骤01 打开素材文件（位置：素材文件\第 10 章\数码产品销售清单 1.xlsx），进入筛选状态，单击【商品描述】列标题右侧的下拉按钮，在弹出的下拉列表中可看到众多条件选项，如下图所示。

步骤02 ❶在搜索框中输入搜索内容，若确切的商品描述记得不是很清楚，只需输入【联想】；❷此时将自动显示符合条件的搜索结果，根据需要设置筛选条件，本例中只勾选【联想一体机 C340 G2030T 4G50GVW-D8(BK)(A)】；❸单击【确定】按钮，如下图所示。

知识拓展

筛选时如果不能明确指定筛选的条件，则可以使用通配符进行模糊筛选。常见的通配符有【?】和【*】，其中【?】代表单个字符，【*】代表任意多个连续字符。

步骤03 返回工作表，可以看到只显示了【商品描述】为【联想一体机 C340 G2030T 4G50GVW-D8(BK)(A)】的数据，如右图所示。

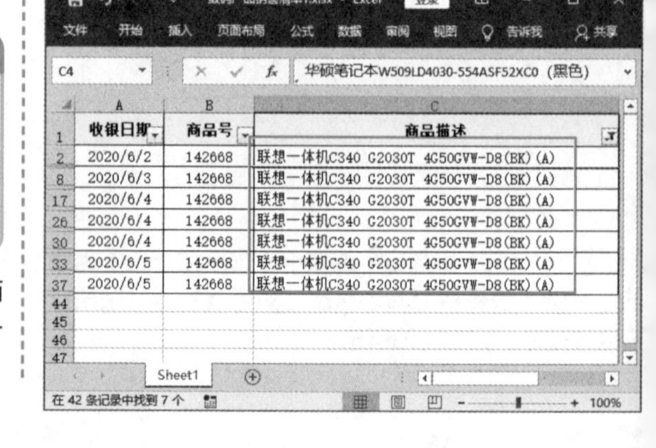

239：如何对双行标题的工作表进行筛选

适用版本	实用指数
2010、2013、2016、2019	★★★☆☆

使用说明

当工作表中的标题由两行组成，且有的单元格进行了合并处理时，若选中数据区域中的任意单元格，再进入筛选状态，则会发现无法正常筛选数据。此时就需要参考下面的操作方法。

解决方法

如果要对双行标题的工作表进行筛选，具体操作方法如下。

步骤01 打开素材文件（位置：素材文件\第 10 章\工资表.xlsx），❶通过单击行号选中第 2 行标题；❷单击【筛选】按钮，如下图所示。

步骤02 进入筛选状态，此时用户便可根据需要设置筛选条件，如下图所示。

240：对筛选结果进行排序整理

适用版本	实用指数
2010、2013、2016、2019	★★★★☆

使用说明

对表格内容进行筛选分析的同时，还可根据操作需要，将表格按筛选字段进行升序或降序排列。

解决方法

例如，在【销售业绩表.xlsx】工作表中，先将【销售总量】前 5 名的数据筛选出来，再进行降序排列，具体操作方法如下。

步骤01 打开素材文件（位置：素材文件\第 10 章\销售业绩表.xlsx），使用前面所学的方法，将【销售总量】前 5 名的数据筛选出来，如下图所示。

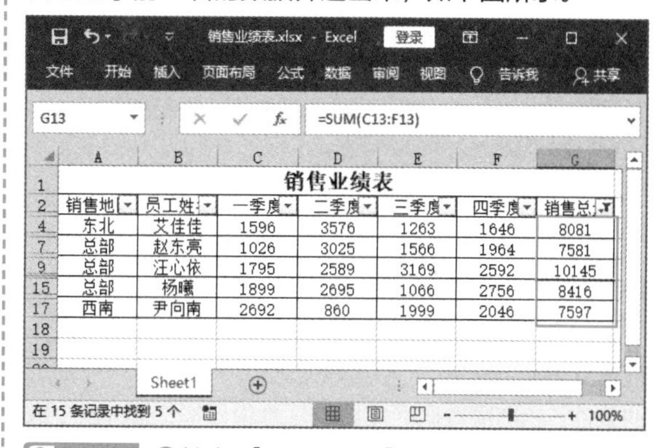

销售业绩表

销售地	员工姓	一季度	二季度	三季度	四季度	销售总
东北	艾佳佳	1596	3576	1263	1646	8081
总部	赵东亮	1026	3025	1566	1964	7581
总部	汪心依	1795	2589	3169	2592	10145
总部	杨曦	1899	2695	1066	2756	8416
西南	尹向南	2692	860	1999	2046	7597

步骤02 ❶单击【销售总量】列标题右侧的下拉按钮；❷在弹出的下拉列表中选择排序方式，如【降序】，如下图所示。

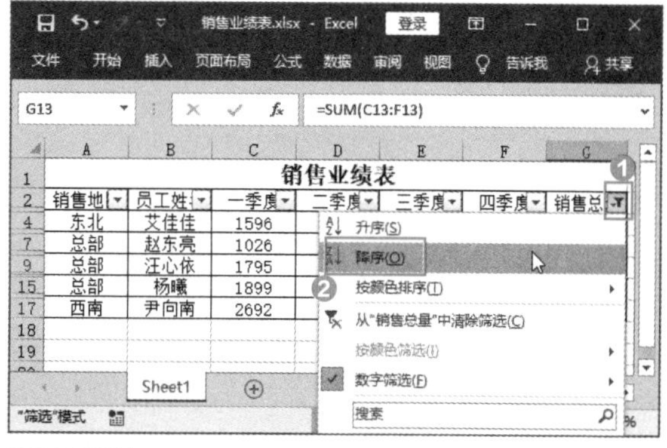

步骤03 筛选结果即可进行降序排列，如下图所示。

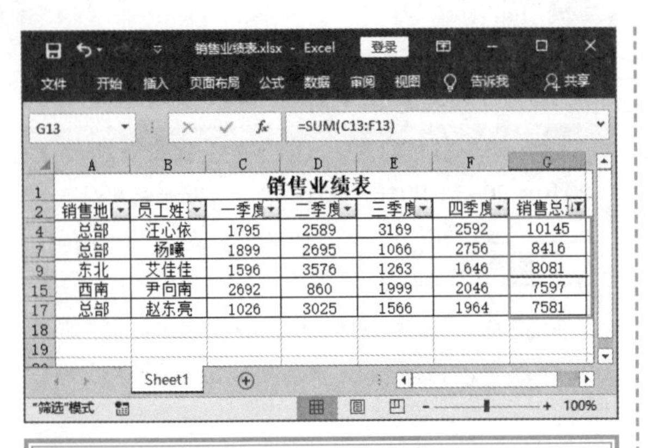

	A	B	C	D	E	F	G
1	销售业绩表						
2	销售地区	员工姓名	一季度	二季度	三季度	四季度	销售总量
4	总部	汪心依	1795	2589	3169	2592	10145
7	总部	杨曦	1899	2695	1066	2756	8416
9	东北	艾佳佳	1596	3576	1263	1646	8081
15	西南	尹向南	2692	860	1999	2046	7597
17	总部	赵东亮	1026	3025	1566	1964	7581

241：使用多个条件进行高级筛选

适用版本	实用指数
2010、2013、2016、2019	★★★★★

使用说明

当要对表格数据进行多条件筛选时，一般是按照常规方法依次设置筛选条件。如果需要设置的筛选字段较多，且条件比较复杂，使用常规方法就会比较麻烦，而且还易出错。此时便可通过高级筛选进行筛选。

解决方法

如果要在工作表中进行高级筛选，具体操作方法如下。

步骤01 打开素材文件（位置：素材文件\第 10 章\销售业绩表 .xlsx），❶在数据区域下方创建一个筛选的条件；❷选择数据区域内的任意单元格；❸单击【数据】选项卡【排序和筛选】组中的【高级】按钮，如下图所示。

步骤02 ❶弹出【高级筛选】对话框，选中【将筛选结果复制到其他位置】单选按钮；❷【列表区域】中自动设置了参数区域（若有误，需手动修改。将光标插入点定位在【条件区域】参数框中，在工作表中拖动鼠标选择参数区域）；❸在【复制到】参数框中设置筛选结果要放置的起始单元格；❹单击【确定】按钮，如下图所示。

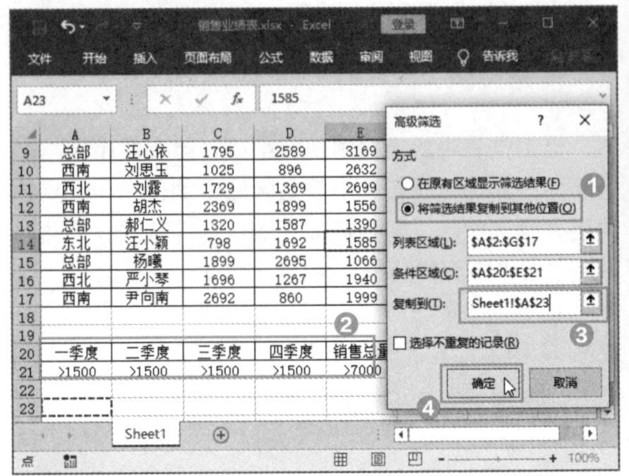

步骤03 返回工作表，即可查看筛选结果，如下图所示。

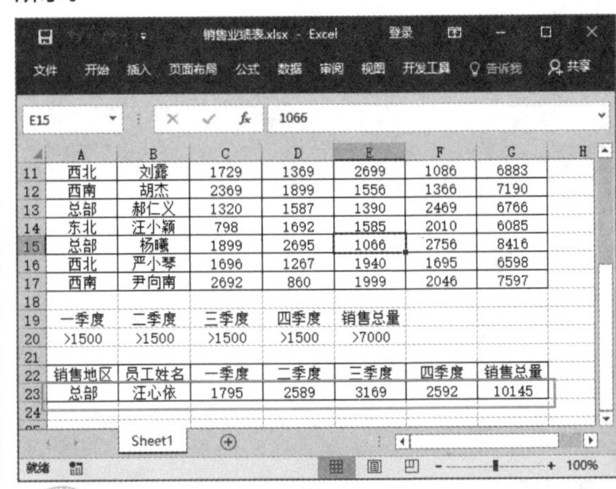

	A	B	C	D	E	F	G
11	西北	刘露	1729	1369	2699	1086	6883
12	西南	胡杰	2369	1899	1556	1366	7190
13	总部	郝仁义	1320	1587	1390	2469	6766
14	东北	汪小颖	798	1692	1585	2010	6085
15	总部	杨曦	1899	2695	1066	2756	8416
16	西北	严小琴	1696	1267	1940	1695	6598
17	西南	尹向南	2692	860	1999	2046	7597
19	一季度	二季度	三季度	四季度	销售总量		
20	>1500	>1500	>1500	>1500	>7000		
22	销售地区	员工姓名	一季度	二季度	三季度	四季度	销售总量
23	总部	汪心依	1795	2589	3169	2592	10145

知识拓展

如果在【高级筛选】对话框的【方式】栏中选中【在原有区域显示筛选结果】单选按钮，系统则直接将筛选结果显示在原数据区域。

242：高级筛选不重复的记录

适用版本	实用指数
2010、2013、2016、2019	★★★★☆

使用说明

通过高级筛选功能筛选数据时，还可对工作表中的数据进行过滤，保证字段或工作表中没有重复的值。

解决方法

如果要在工作表中进行高级筛选，使其记录不重复，具体操作方法如下。

步骤01 打开素材文件（位置：素材文件\第 10 章\员工信息登记表 1.xlsx），在数据区域下方创建一个筛选的约束条件，如下图所示。

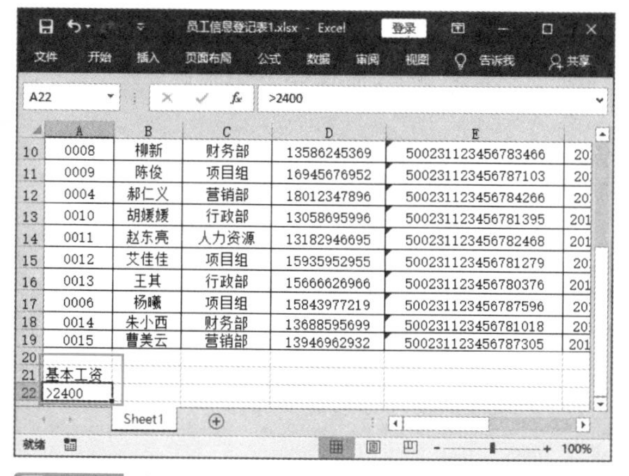

步骤02 ❶新建一张工作表【Sheet2】，并切换到该工作表；❷选中任意单元格；❸单击【排序和筛选】组中的【高级】按钮，如下图所示。

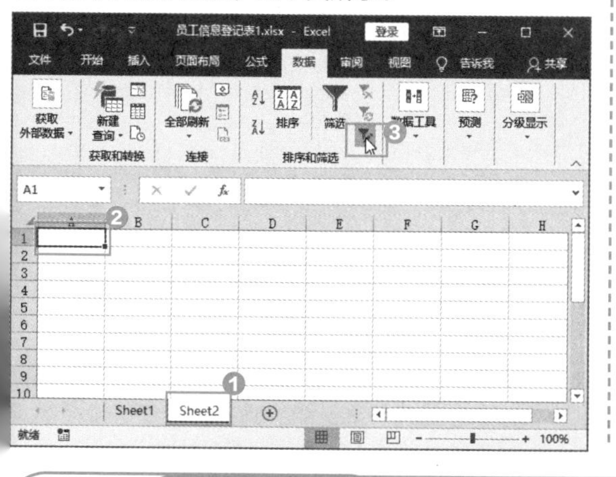

步骤03 ❶弹出【高级筛选】对话框，设置筛选的相关参数；❷勾选【选择不重复的记录】复选框；❸单击【确定】按钮，如下图所示。

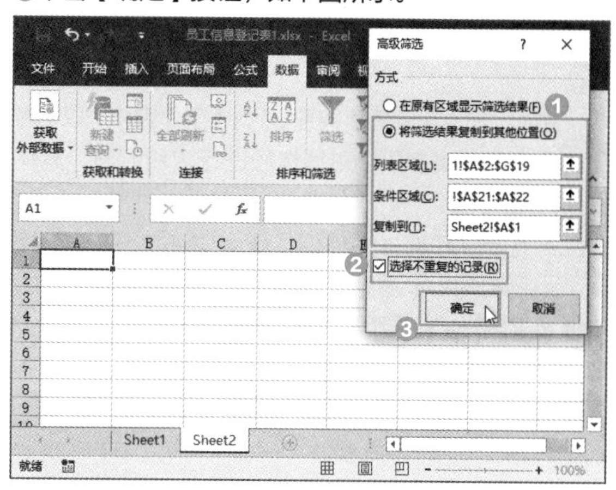

步骤04 返回工作表，将在【Sheet2】工作表中显示筛选结果，如下图所示。

10.3 数据汇总与分析技巧

对表格数据进行分析处理的过程中，利用 Excel 提供的分类汇总功能，可以将表格中的数据进行分类，然后再把性质相同的数据汇总到一起，使其结构更清晰；还可以使用合并计算、模拟分析功能对表格数据进行处理与分析。下面介绍数据汇总与分析的技巧。

243：如何创建分类汇总

适用版本	实用指数
2010、2013、2016、2019	★★★★★

分类汇总是指根据指定的条件对数据进行分类，并计算各分类数据的汇总值。

在进行分类汇总前，应先以需要进行分类汇总的字段为关键字进行排序，以避免无法达到预期的汇总效果。

例如，在【家电销售情况 .xlsx】工作表中，以【商品类别】为分类字段，对销售额进行求和汇总，具体操作方法如下。

步骤01 打开素材文件（位置：素材文件\第 10 章\家电销售情况 .xlsx），❶在【商品类别】列中选中任意单元格；❷单击【排序和筛选】组中的【升序】按钮进行排序，如下图所示。

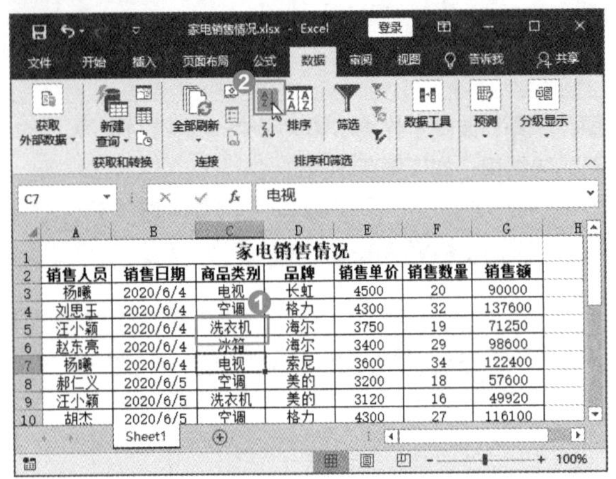

步骤02 ❶选择数据区域中的任意单元格；❷单击【数据】选项卡【分级显示】组中的【分类汇总】按钮，如下图所示。

步骤03 ❶弹出【分类汇总】对话框，在【分类字段】下拉列表中选择要进行分类汇总的字段，本例中选择【商品类别】；❷在【汇总方式】下拉列表中选择需要的汇总方式，本例中选择【求和】；❸在【选定汇总项】列表框中选择要进行汇总的项目，本例中选择【销售额】；❹单击【确定】按钮，如右上图所示。

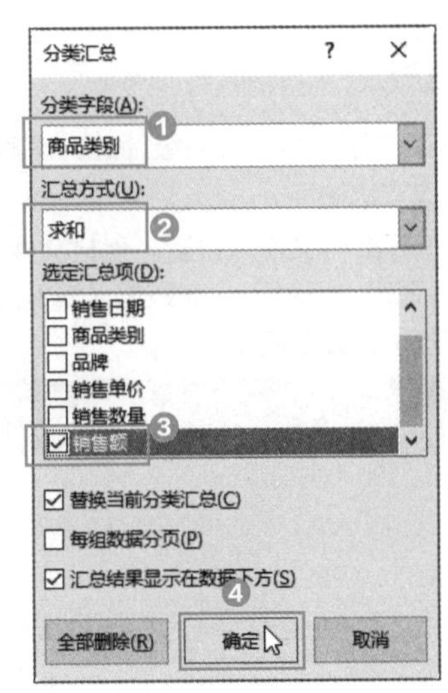

步骤04 返回工作表，工作表数据完成分类汇总。分类汇总后，工作表左侧会出现一个分级显示栏，通过分级显示栏中的分级显示符号可以查看相应的表格数据，如下图所示。

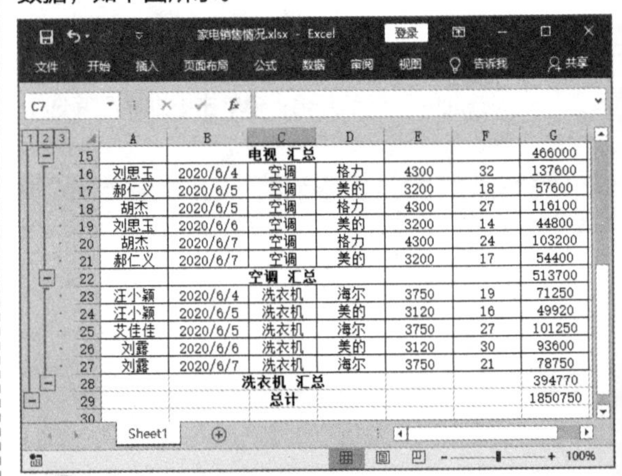

知识拓展

如果要删除分类汇总，则选择数据区域中的任意单元格，打开【分类汇总】对话框，单击【全部删除】按钮即可。

244：如何对表格数据进行嵌套分类汇总

适用版本	实用指数
2010、2013、2016、2019	★★★★★

使用说明

对表格数据进行分类汇总时，如果希望对某一关键字段进行多种不同方式的汇总，可通过嵌套分类汇总来实现。

解决方法

例如，在【员工信息表.xlsx】工作表中，以【部门】为分类字段，先对【缴费基数】进行求和汇总，再对【年龄】进行平均值汇总，具体操作方法如下。

步骤01 打开素材文件（位置：素材文件\第10章\员工信息表.xlsx），以【部门】为关键字，对表格数据进行升序排列，如下图所示。

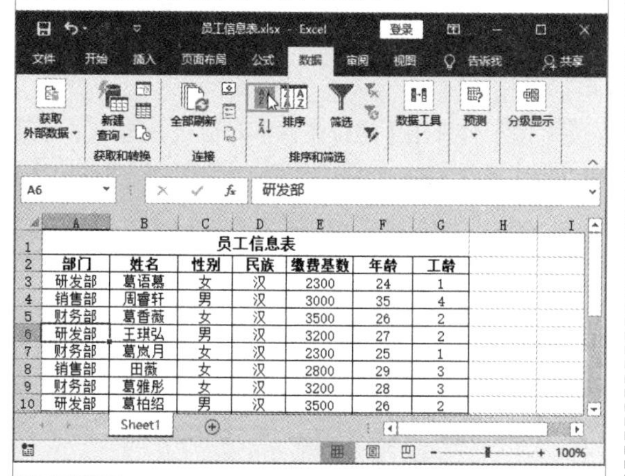

步骤02 ❶选择数据区域中的任意单元格，打开【分类汇总】对话框，在【分类字段】下拉列表中选择【部门】选项；❷在【汇总方式】下拉列表中选择【求和】选项；❸在【选定汇总项】列表框中勾选【缴费基数】复选框；❹单击【确定】按钮，如下图所示。

步骤03 返回工作表，可以看到以【部门】为分类字段对【缴费基数】进行求和汇总后的效果，如右上图所示。

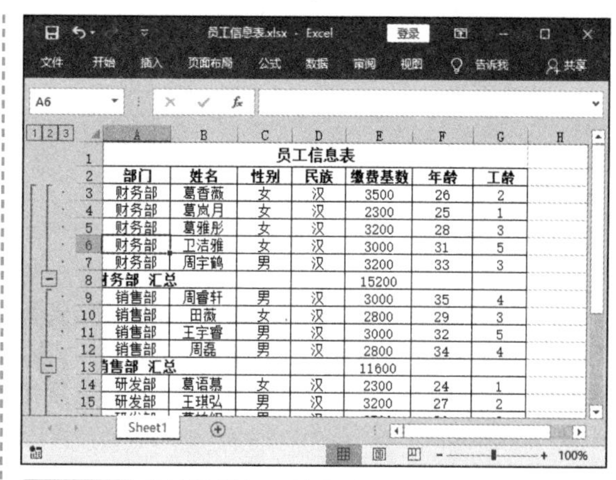

步骤04 ❶选择数据区域中的任意单元格，打开【分类汇总】对话框，在【分类字段】下拉列表中选择【部门】选项；❷在【汇总方式】下拉列表中选择【平均值】选项；❸在【选定汇总项】列表框中勾选【年龄】复选框；❹取消勾选【替换当前分类汇总】复选框；❺单击【确定】按钮，如下图所示。

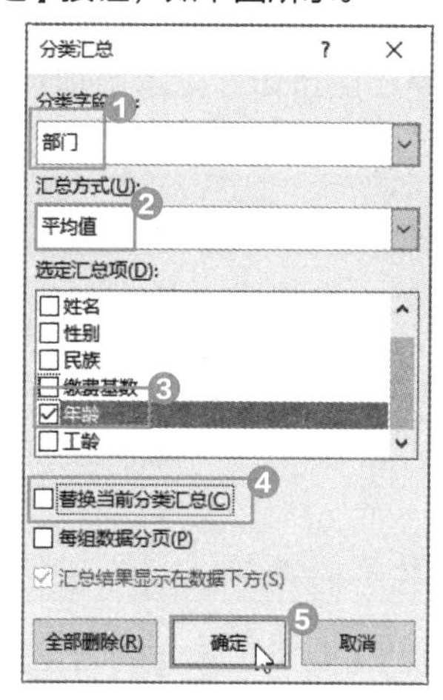

步骤05 返回工作表，可查看嵌套汇总后的最终效果，如下图所示。

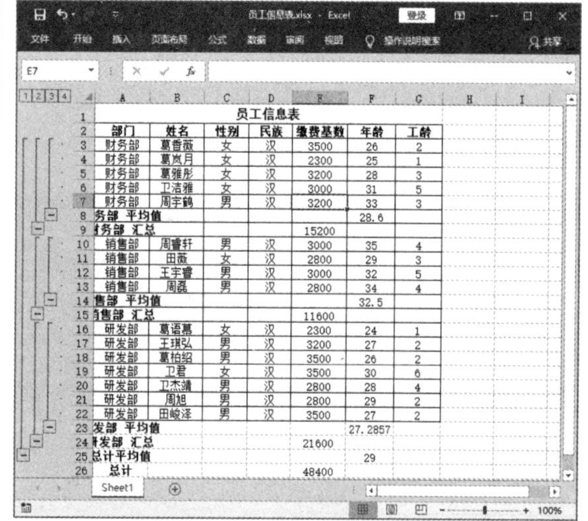

245：复制分类汇总结果

适用版本	实用指数
2010、2013、2016、2019	★★★★☆

使用说明

对工作表数据进行分类汇总后，可将汇总结果复制到新工作表中进行保存。根据操作需要，可以将包含明细数据在内的所有内容进行复制，也可以只复制不含明细数据的汇总结果。

解决方法

例如，要复制不含明细数据的汇总结果，具体操作方法如下。

步骤01 打开素材文件（位置：素材文件\第 10 章\家电销售情况 1.xlsx），在创建了分类汇总的工作表中，通过左侧的分级显示栏调整要显示的内容。本例中单击 3 按钮，隐藏明细数据，如下图所示。

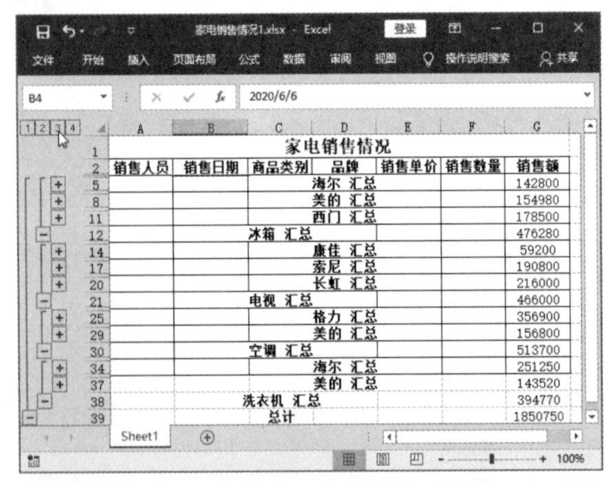

步骤02 ❶隐藏明细数据后选中数据区域；❷在【开始】选项卡的【编辑】组中单击【查找和选择】下拉按钮；❸在弹出的下拉列表中选择【定位条件】选项，如右上图所示。

知识拓展

若要对包含明细数据在内的所有内容进行复制，则选中数据区域后直接进行【复制】和【粘贴】操作即可。

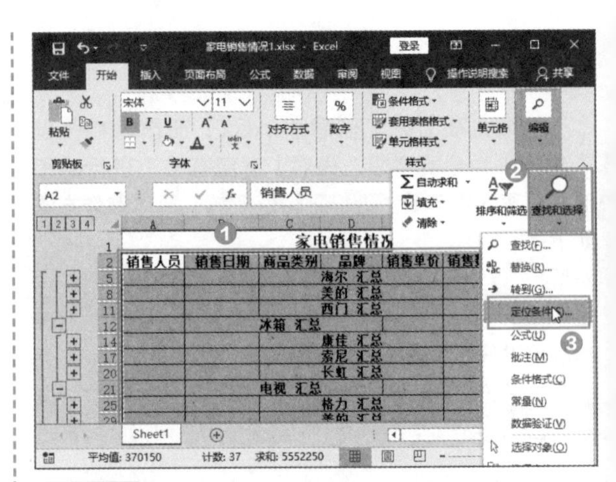

步骤03 ❶弹出【定位条件】对话框，选中【可见单元格】单选按钮；❷单击【确定】按钮，如下图所示。

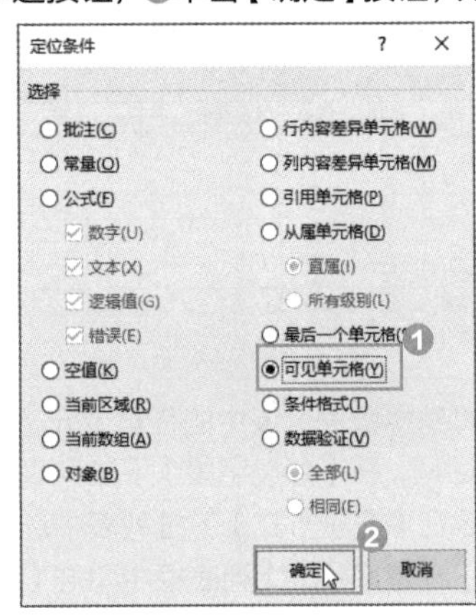

步骤04 返回工作表后，新建一个工作表，直接按【Ctrl+C】组合键进行复制操作，然后在新建工作表中执行【粘贴】操作即可，如下图所示。

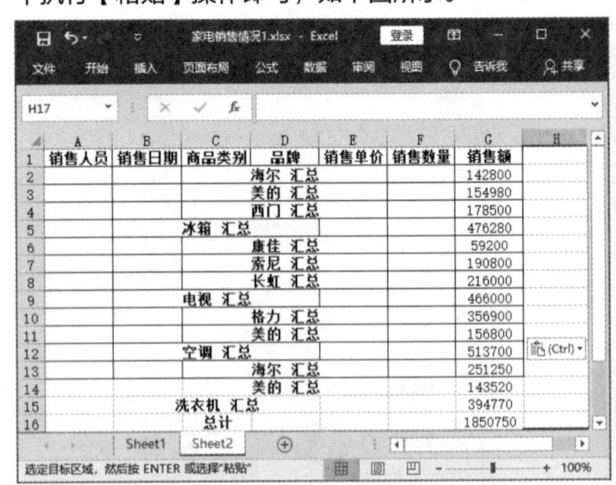

246：对同一张工作表的数据进行合并计算

适用版本	实用指数
2010、2013、2016、2019	★★★☆☆

使用说明

合并计算，是指将多个相似格式的工作表或数据区域按指定的方式进行自动匹配计算。如果所有数据在同一张工作表中，则可以在同一张工作表中进行合并计算。

解决方法

如果要对工作表数据进行合并计算，具体操作方法如下。

步骤01 打开素材文件（位置：素材文件\第 10 章\家电销售汇总 .xlsx），❶选中汇总数据要存放的起始单元格；❷单击【数据】选项卡【数据工具】组中的【合并计算】按钮，如下图所示。

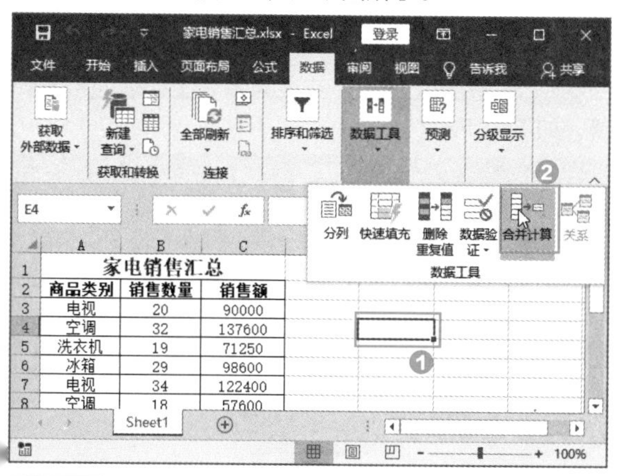

步骤02 ❶弹出【合并计算】对话框，在【函数】下拉列表中选择汇总方式，如【求和】；❷将插入点定位到【引用位置】参数框，在工作表中拖动鼠标选择参与计算的数据区域；❸完成选择后，单击【添加】按钮，将选择的数据区域添加到【所有引用位置】列表框中；❹在【标签位置】栏中勾选【首行】和【最左列】复选框；❺单击【确定】按钮，如下图所示。

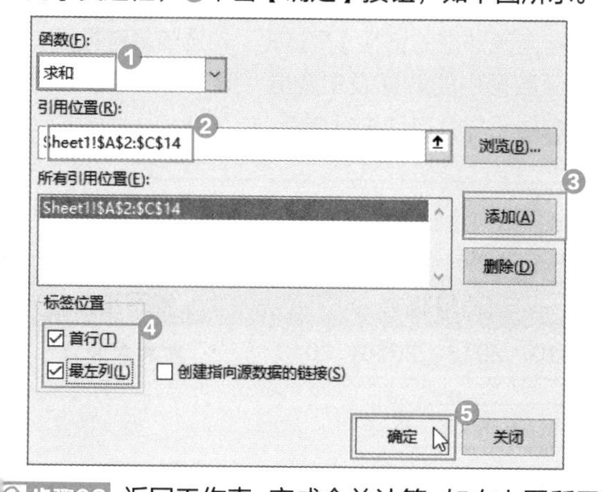

步骤03 返回工作表，完成合并计算，如右上图所示。

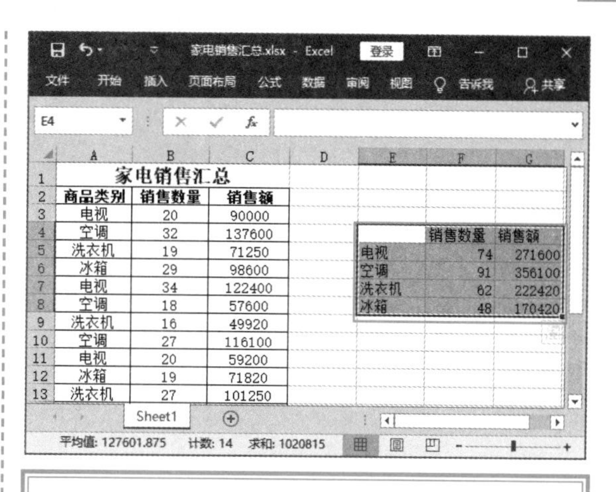

247：对多张工作表的数据进行合并计算

适用版本	实用指数
2010、2013、2016、2019	★★★★★

使用说明

在制作销售报表、汇总报表等类型的表格时，经常需要对多张工作表的数据进行合并计算，以便更好地查看数据。

解决方法

如果要对多张工作表数据进行合并计算，具体操作方法如下。

步骤01 打开素材文件（位置：素材文件\第 10 章\家电销售年度汇总 .xlsx），❶在要存放结果的工作表中，选中汇总数据要存放的起始单元格（本例选择【年度汇总】工作表中的 A2 单元格）；❷单击【数据工具】组中的【合并计算】按钮，如下图所示。

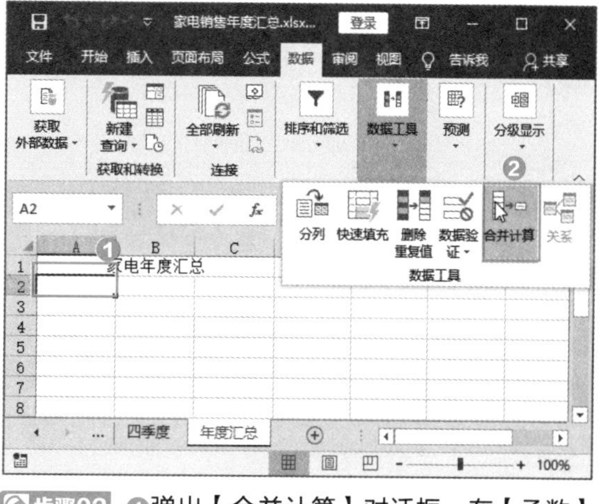

步骤02 ❶弹出【合并计算】对话框，在【函数】下拉列表中选择汇总方式，如【求和】；❷将光标插入点定位到【引用位置】参数框中，如下图所示。

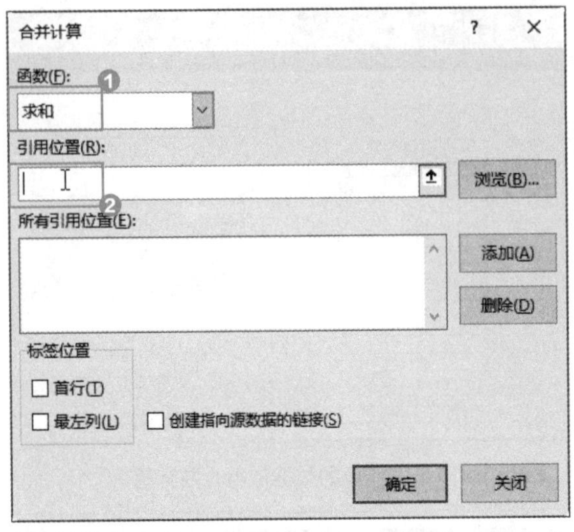

步骤03 ❶单击参与计算的工作表标签；❷在工作表中拖动鼠标选择参与计算的数据区域，如下图所示。

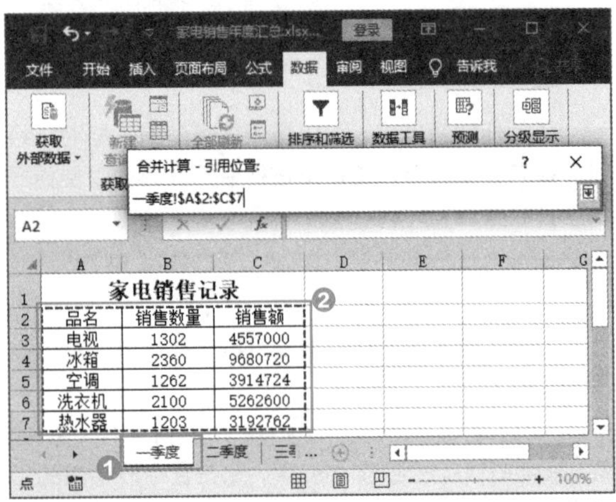

步骤04 完成选择后，单击【添加】按钮，将选择的数据区域添加到【所有引用位置】列表框中，如下图所示。

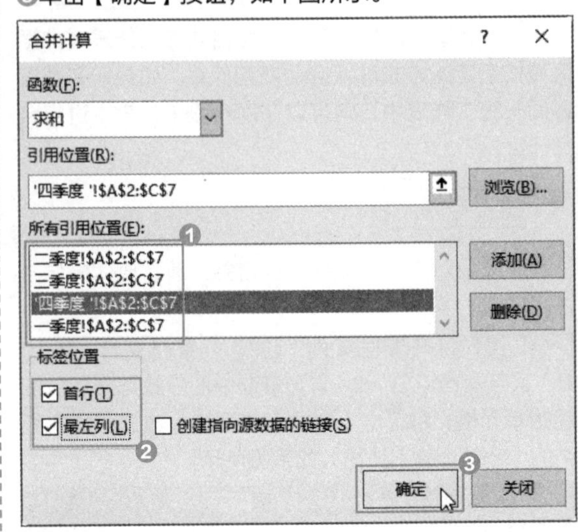

步骤05 ❶参照上述方法，添加其他需要参与计算的数据区域；❷勾选【首行】和【最左列】复选框；❸单击【确定】按钮，如下图所示。

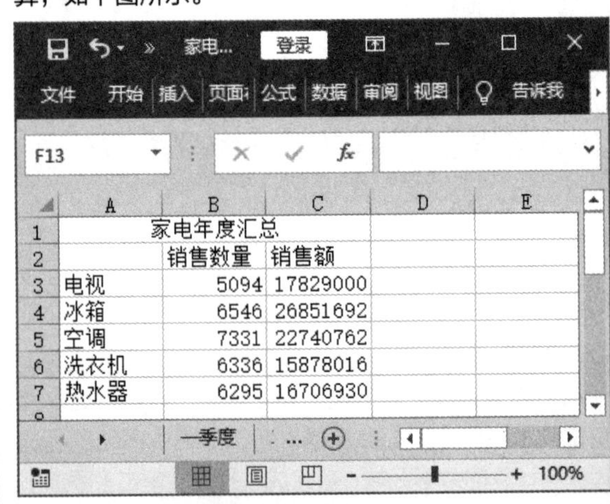

步骤06 返回工作表，完成对多张工作表的合并计算，如下图所示。

	A	B	C
1	家电年度汇总		
2		销售数量	销售额
3	电视	5094	17829000
4	冰箱	6546	26851692
5	空调	7331	22740762
6	洗衣机	6336	15878016
7	热水器	6295	16706930

温馨提示

对多张工作表进行合并计算时，建议勾选【创建指向源数据的链接】复选框。勾选该复选框后，若源数据中的数据发生变更，通过合并计算得到的数据汇总会自动进行更新。

248：如何进行单变量求解

适用版本	实用指数
2010、2013、2016、2019	★★★★☆

使用说明

单变量求解就是求解具有一个变量的方程，它通过调整可变单元格中的数值，使之按照给定的公式来

满足目标单元格中的目标值。

解决方法

例如，假设某款手机的进价为 1250 元，销售费用为 12 元，要计算销售利润在不同情况下的加价百分比，具体操作方法如下。

步骤01 打开素材文件（位置：素材文件\第 10 章\单变量求解 .xlsx），在工作表中选中【B4】单元格，输入公式【=B1*B2-B3】，然后按【Enter】键确认，如下图所示。

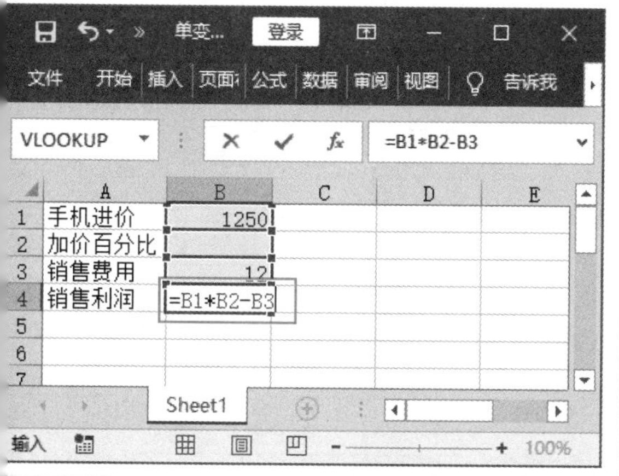

步骤02 ❶选中【B4】单元格；❷单击【数据】选项卡【预测】组中的【模拟分析】下拉按钮；❸在弹出的下拉列表中选择【单变量求解】选项，如下图所示。

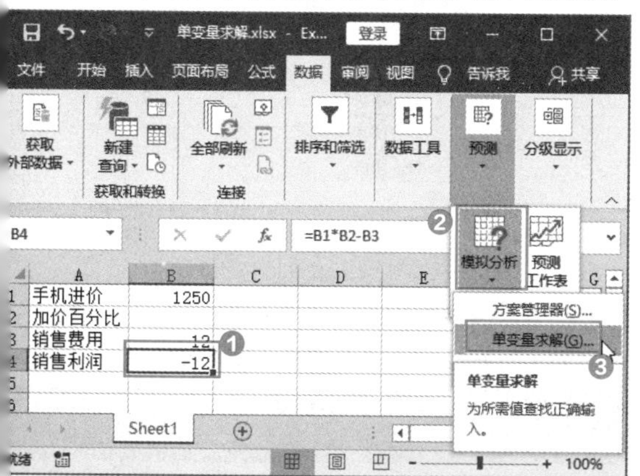

步骤03 ❶弹出【单变量求解】对话框，在【目标值】文本框中输入理想的利润值，本例输入【300】；❷在【可变单元格】文本框中输入【$B$2】；❸单击【确定】按钮，如下图所示。

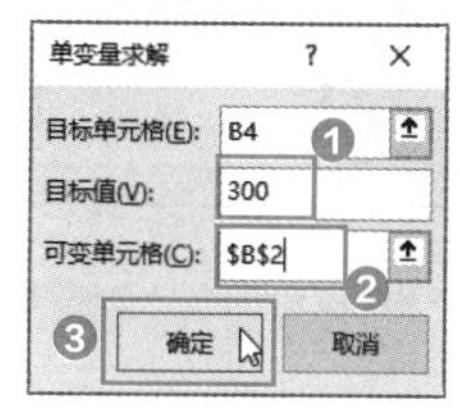

步骤04 弹出【单变量求解状态】对话框，单击【确定】按钮，如下图所示。

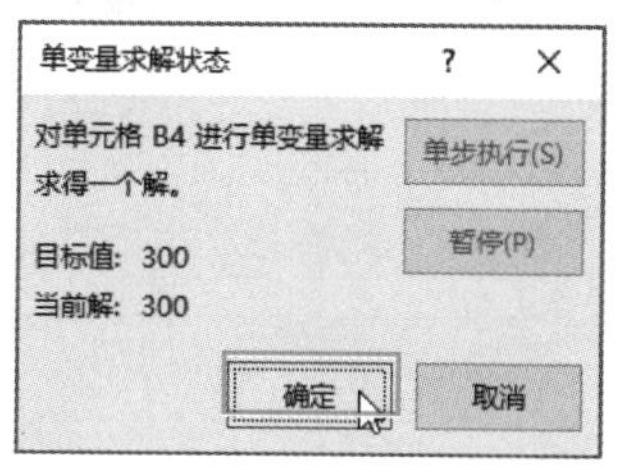

步骤05 返回工作表，即可计算出销售利润为 300 元时的加价百分比，如下图所示。

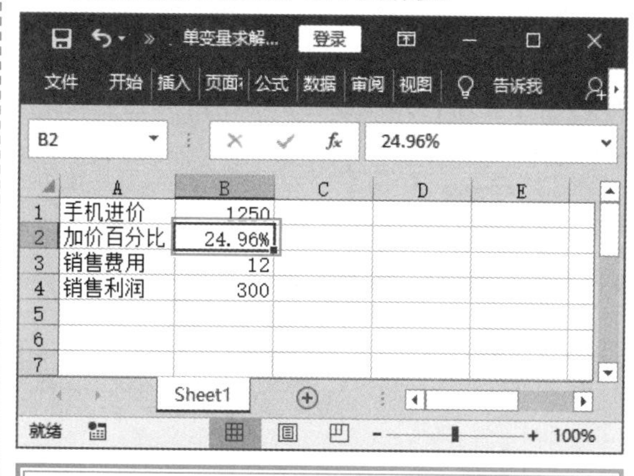

249：如何使用方案管理器

适用版本	实用指数
2010、2013、2016、2019	★★★★☆

使用说明

单变量求解只能解决具有一个未知变量的问题，如果要解决包含较多可变因素的问题，或者要在几种假设分析中找到最佳执行方案，可以用方案管理器来实现。

解决方法

例如，假设某玩具的成本为 246 元，销售数量为 10，加价百分比为 40%，销售费用为 38 元，在成本、加价百分比及销售费用各不相同，销售数量不变的情况下，计算毛利情况，具体操作方法如下。

步骤01 打开素材文件（位置：素材文件\第 10 章\方案管理器 .xlsx），❶在工作表中选中【B5】单元格；❷单击【数据】选项卡【预测】组中的【模拟分析】下拉按钮；❸在弹出的下拉列表中选择【方案管理器】选项，如下图所示。

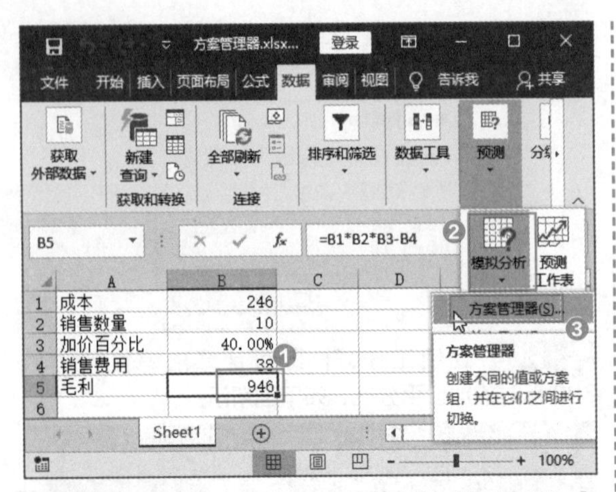

步骤02 弹出【方案管理器】对话框，单击【添加】按钮，如下图所示。

步骤03 ❶弹出【添加方案】对话框，在【方案名】文本框中输入方案名，如【方案一】；❷在【可变单元格】文本框中输入【$B$1,$B$3,$B$4】；❸单击【确定】按钮，如下图所示。

步骤04 ❶弹出【方案变量值】对话框，分别设置可变单元格的值，如【238】【0.35】和【30】；❷单击【确定】按钮，如右上图所示。

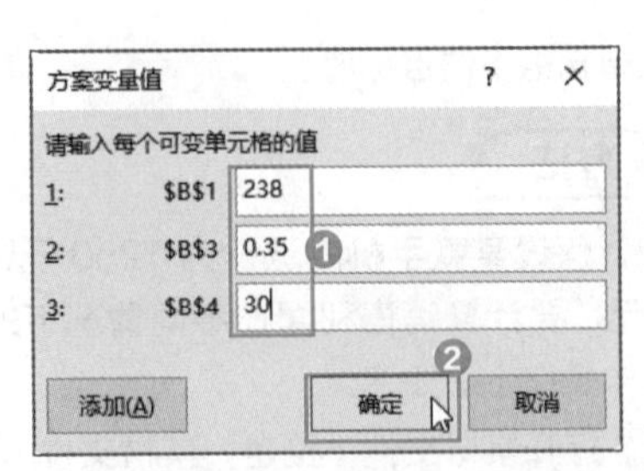

步骤05 ❶返回【方案管理器】对话框，参照上述操作步骤，添加其他方案；❷单击【摘要】按钮，如下图所示。

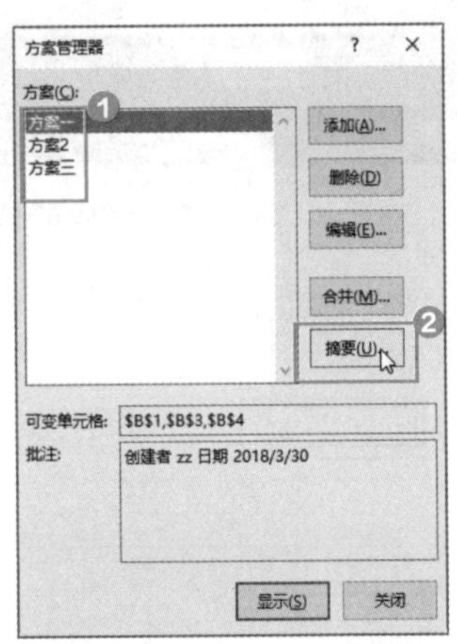

步骤06 ❶弹出【方案摘要】对话框，选中【方案摘要】单选按钮；❷在【结果单元格】文本框中输入【B5】；❸单击【确定】按钮，如下图所示。

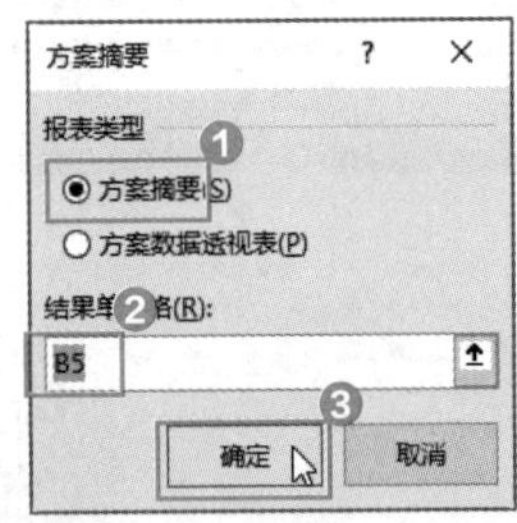

步骤07 返回工作表，可以看到系统自动创建了一个名为【方案摘要】的工作表，如下图所示。

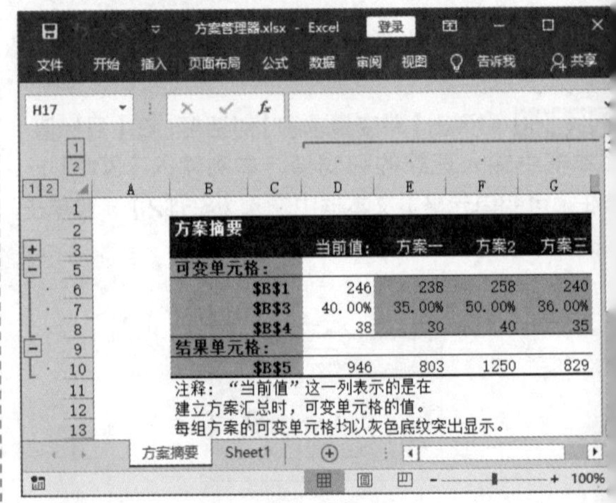

方案摘要	当前值:	方案一	方案2	方案三
可变单元格:				
$B$1	246	238	258	240
$B$3	40.00%	35.00%	50.00%	36.00%
$B$4	38	30	40	35
结果单元格:				
$B$5	946	803	1250	829

注释：“当前值”这一列表示的是在
建立方案汇总时，可变单元格的值。
每组方案的可变单元格均以灰色底纹突出显示。

250：使用单变量模拟运算表分析数据

适用版本	实用指数
2010、2013、2016、2019	★★★★☆

使用说明

在 Excel 中，可以使用模拟运算表分析数据。通过模拟运算表，可以在给出一个或两个变量的可能取值时，查看某个目标值的变化情况。根据使用变量的多少，可分为单变量和双变量两种。下面讲解单变量模拟运算表的使用方法。

解决方法

例如，假设某人向银行贷款 50 万元，借款年限为 15 年，每年还款期数为 1 期，现在计算不同【年利率】下的【等额还款额】，具体操作方法如下。

步骤01 打开素材文件（位置：素材文件 \ 第 10 章 \ 单变量模拟运算表 .xlsx），选中【F2】单元格，输入公式【=PMT(B2/D2,E2,-A2)】，按【Enter】键得出计算结果，如下图所示。

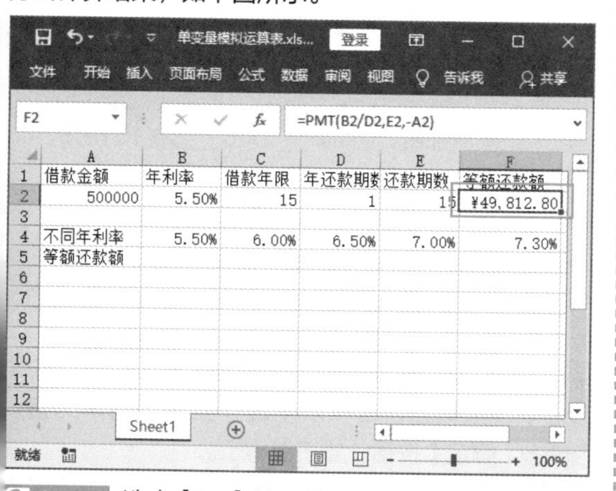

步骤02 选中【B5】单元格，输入公式【=PMT(B2/D2,E2,-A2)】，按【Enter】键得出计算结果，如下图所示。

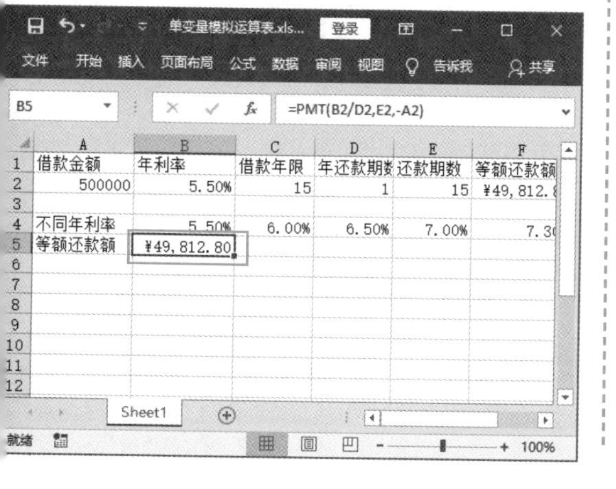

步骤03 ❶选中【B4:F5】单元格区域；❷单击【数据】选项卡【预测】组中的【模拟分析】下拉按钮；❸在弹出的下拉列表中选择【模拟运算表】选项，如下图所示。

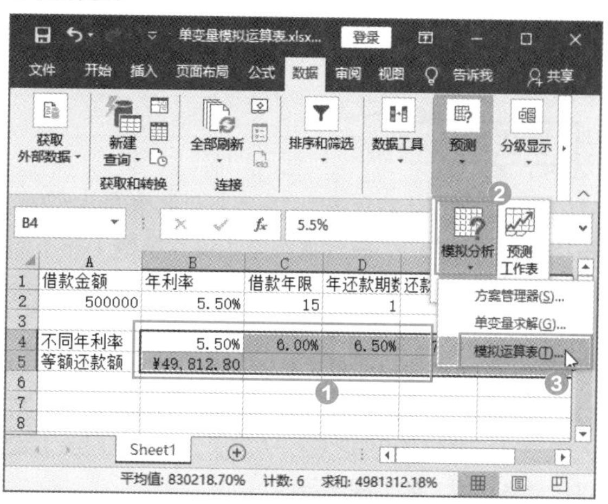

步骤04 ❶弹出【模拟运算表】对话框，将光标插入点定位到【输入引用行的单元格】参数框，在工作表中选择要引用的单元格；❷单击【确定】按钮，如下图所示。

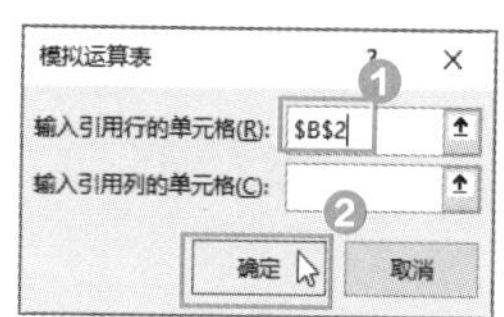

步骤05 进行上述操作后，即可计算出不同【年利率】下的【等额还款额】，然后将这些计算结果的数字格式设置为【货币】，效果如下图所示。

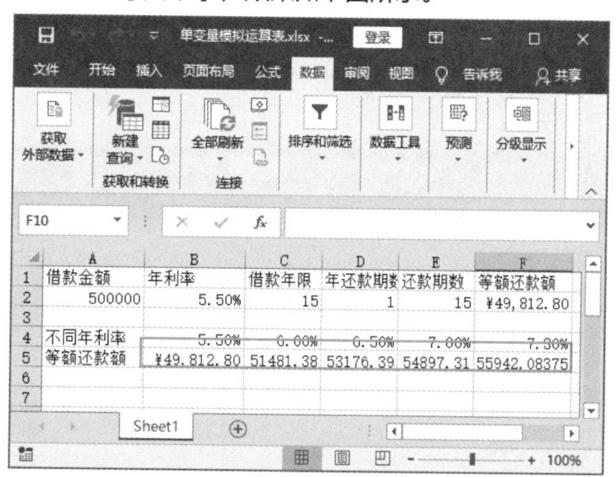

251：使用双变量模拟运算表分析数据

适用版本	实用指数
2010、2013、2016、2019	★★★★☆

使用说明

使用单变量模拟运算表时，只能解决一个输入变量对一个或多个公式计算结果的影响问题。如果想要查看两个变量对公式计算结果的影响，则需用使用双变量模拟运算表。

解决方法

例如，假设借款年限为 15 年，年利率为 6.5%，每年还款期数为 1，要计算不同【借款金额】和不同【还款期数】下的【等额还款额】，具体操作方法如下。

步骤01 打开素材文件（位置：素材文件 \ 第 10 章 \ 双变量模拟运算表 .xlsx），选中【F2】单元格，输入公式【=PMT(B2/D2,E2,−A2)】，按【Enter】键得出计算结果，如下图所示。

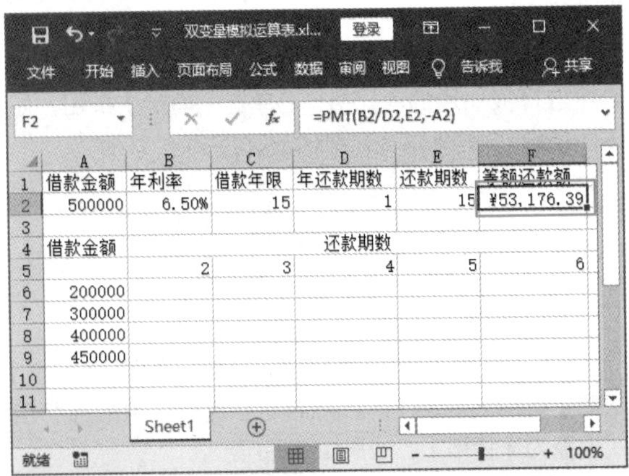

步骤02 选中【A5】单元格，输入公式【=PMT(B2/D2,E2,−A2)】，按【Enter】键得出计算结果，如下图所示。

步骤03 ❶选中【A5:F9】单元格区域；❷单击【数据】选项卡【预测】组中的【模拟分析】下拉按钮；❸在弹出的下拉列表中选择【模拟运算表】选项，如下图所示。

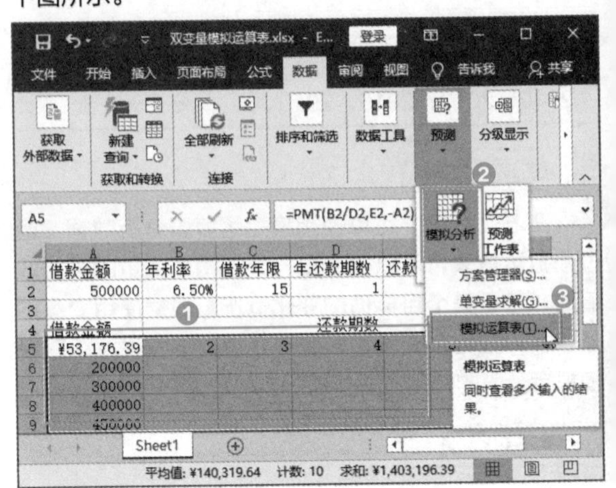

步骤04 弹出【模拟运算表】对话框，将光标插入点定位到【输入引用行的单元格】参数框，在工作表中选择要引用的单元格，如下图所示。

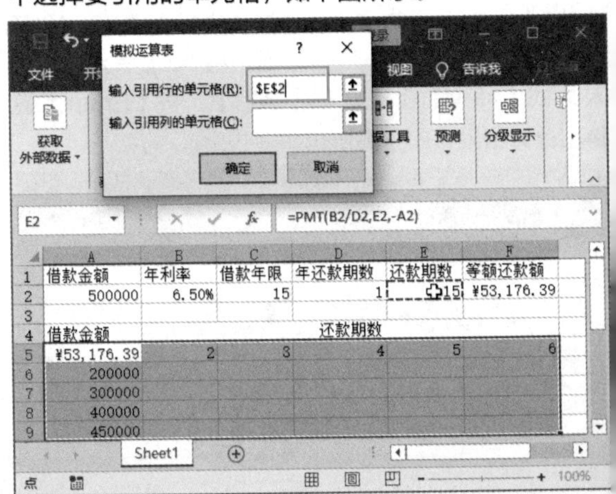

步骤05 ❶将光标插入点定位到【输入引用列的单元格】参数框，在工作表中选择要引用的单元格；❷单击【确定】按钮，如下图所示。

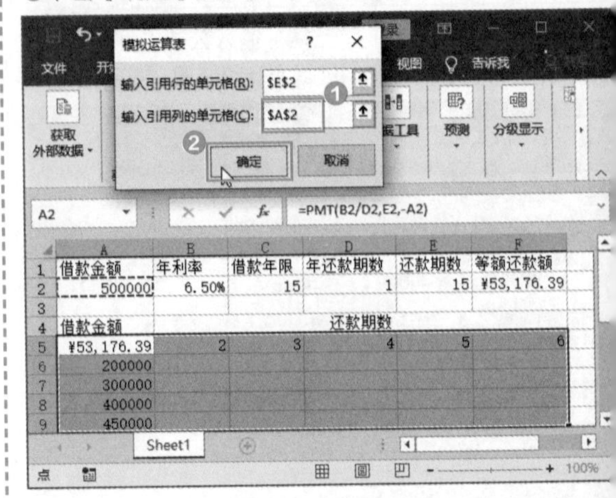

步骤06 进行上述操作后，即可在工作表中计算出不同【借款金额】和不同【还款期数】下的【等额还款额】，然后将这些计算结果的数字格式设置为【货币】，效果如右图所示。

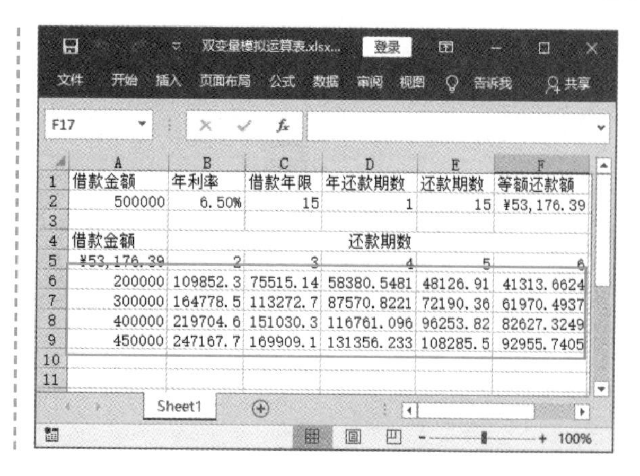

	A	B	C	D	E	F
1	借款金额	年利率	借款年限	年还款期数	还款期数	等额还款额
2	500000	6.50%	15	1	15	¥53,176.39
3						
4	借款金额	还款期数				
5	¥53,176.39	2	3	4	5	6
6	200000	109852.3	75515.14	58380.5481	48126.91	41313.6624
7	300000	164778.5	113272.7	87570.8221	72190.36	61970.4937
8	400000	219704.6	151030.3	116761.096	96253.82	82627.3249
9	450000	247167.7	169909.1	131356.233	108285.5	92955.7405
10						
11						

10.4 使用条件格式分析技巧

条件格式是指当单元格中的数据满足某个设定的条件时，系统会自动将其以设定的格式显示出来，从而使表格数据更加直观。本节将讲解条件格式的一些操作技巧，如突出显示符合特定条件的单元格、突出显示高于或低于平均值的数据等。

252：突出显示符合特定条件的单元格

适用版本	实用指数
2010、2013、2016、2019	★★★★★

使用说明

在编辑工作表时，可以使用条件格式让符合特定条件的单元格突出显示出来，以便更好地查看工作表数据。

解决方法

如果要将符合特定条件的单元格突出显示，具体操作方法如下。

步骤01 打开素材文件（位置：素材文件\第 10 章\销售清单 1.xlsx），❶选择要设置条件格式的单元格区域【B3:B25】；❷在【开始】选项卡的【样式】组中单击【条件格式】下拉按钮；❸在弹出的下拉列表中选择【突出显示单元格规则】选项；❹在弹出的扩展列表中选择条件，本例中选择【文本包含】，如右上图所示。

步骤02 ❶弹出【文本中包含】对话框，设置具体条件及显示方式；❷单击【确定】按钮即可，如下图所示。

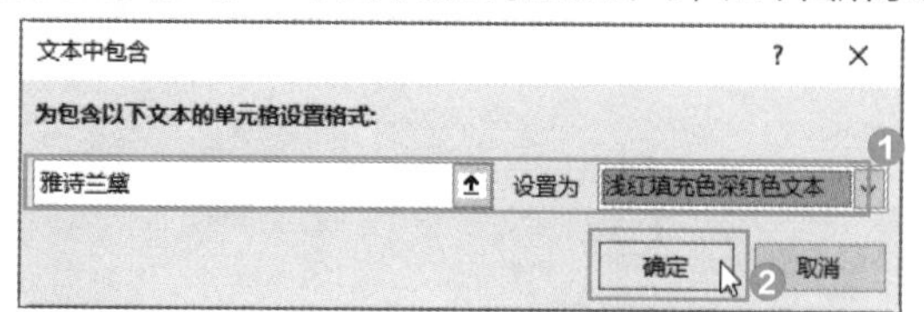

步骤03 返回工作表，即可看到设置后的效果，如下图所示。

知识拓展

如果要清除包含条件格式的单元格设置，则单击【条件格式】下拉按钮，在弹出的下拉列表中选择【清除规则】选项，在弹出的扩展列表中选择【清除所选单元格的规则】选项即可。

	A	B	C	D	E
1	6月9日销售清单				
2	销售时间	品名	单价	数量	小计
3	9:30:25	香奈儿邂逅清新淡香水50ml	756	1	756
4	9:42:36	韩束墨菊化妆品套装五件套	329	1	329
5	9:45:20	温碧泉明星复合水精华60ml	135	1	135
6	9:45:20	温碧泉美容三件套美白补水	169	1	169
7	9:48:37	雅诗兰黛红石榴套装	750	1	750
8	9:48:37	雅诗兰黛晶透沁白淡斑精华露30ml	825	1	825
9	10:21:23	雅漾修红润白套装	730	1	730
10	10:26:19	Za美肌无瑕两用粉饼盒	30	2	60
11	10:26:19	Za新焕真皙美白三件套	260	1	260
12	10:38:13	水密码护肤品套装	149	2	298
13	10:46:32	水密码防晒套装	136	1	136
14	10:51:39	韩束墨菊化妆品套装五件套	329	1	329
15	10:59:23	Avene雅漾清爽倍护防晒喷雾SPF30+	226	2	452
16	11:16:54	雅诗兰黛晶透沁白淡斑精华露30ml	825	1	825

253：突出显示高于或低于平均值的数据

适用版本	实用指数
2016、2019	★★★★★

使用说明

利用条件格式展现数据时，可以将高于或低于平均值的数据突出显示出来。

解决方法

如果要突出显示低于平均值的数据，具体操作方法如下。

步骤01 打开素材文件（位置：素材文件\第 10 章\员工销售表.xlsx），❶选中要设置条件格式的单元格区域【E3:E12】；❷在【开始】选项卡的【样式】组中单击【条件格式】下拉按钮；❸在弹出的下拉列表中选择【最前 / 最后规则】选项；❹在弹出的扩展列表中选择【低于平均值】选项，如下图所示。

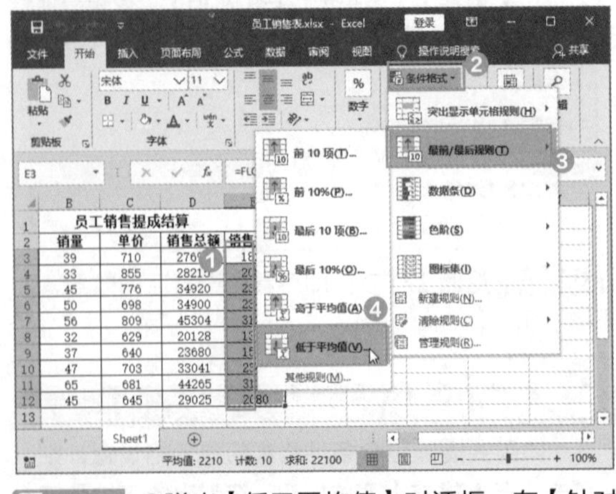

步骤02 ❶弹出【低于平均值】对话框，在【针对选定区域，设置为】下拉列表中选择需要的单元格格式；❷单击【确定】按钮，如右上图所示。

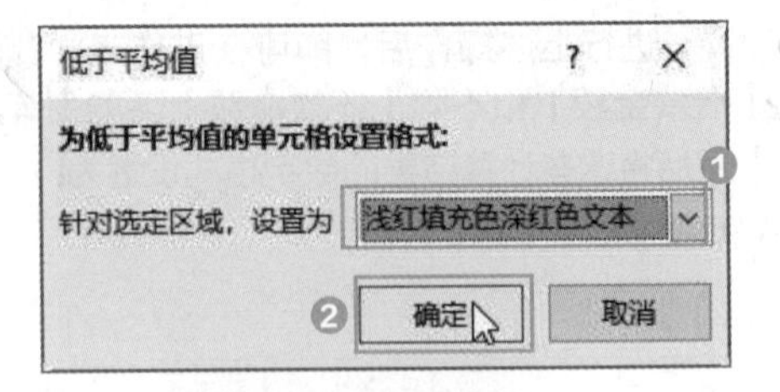

温馨提示

Excel 2016 之前的版本，操作略有区别，应在单击【条件格式】下拉按钮后，在弹出的下拉列表中选择【项目选取规则】选项，然后在弹出的扩展列表中选择需要的选项。

步骤03 返回工作表，即可看到低于平均值的数据以所设置的格式突出显示出来，如下图所示。

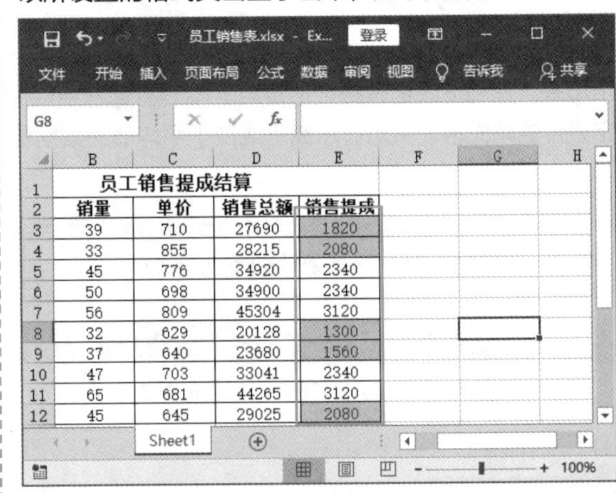

	B	C	D	E
1	员工销售提成结算			
2	销量	单价	销售总额	销售提成
3	39	710	27690	1820
4	33	855	28215	2080
5	45	776	34920	2340
6	50	698	34900	2340
7	56	809	45304	3120
8	32	629	20128	1300
9	37	640	23680	1560
10	47	703	33041	2340
11	65	681	44265	3120
12	45	645	29025	2080

254：突出显示排名前几位的数据

适用版本	实用指数
2013、2016、2019	★★★★★

使用说明

对表格数据进行处理分析时，如果希望在工作表中突出显示排名靠前的数据，可以通过条件格式轻松实现。

解决方法

如果要将销售总额排名前 3 位的数据突出显示出来，具体操作方法如下。

步骤01 打开素材文件（位置：素材文件\第 10 章\员工销售表.xlsx），❶选中要设置条件格式的单元格区域【D3:D12】；❷在【开始】选项卡的【样式】组中单击【条件格式】下拉按钮；❸在弹出的下拉列表中选择【最前 / 最后规则】选项；❹在弹出的扩展列表中选择【前 10 项】选项，如下图所示。

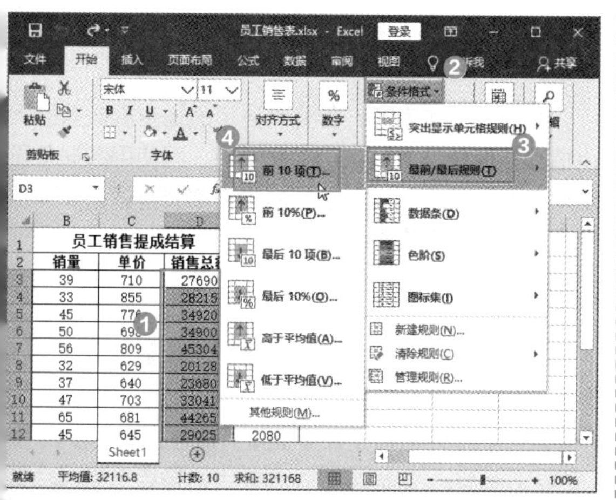

步骤02 ❶弹出【前 10 项】对话框，在数值框中将值设置为【3】，然后在【设置为】下拉列表中选择需要的格式；❷单击【确定】按钮，如下图所示。

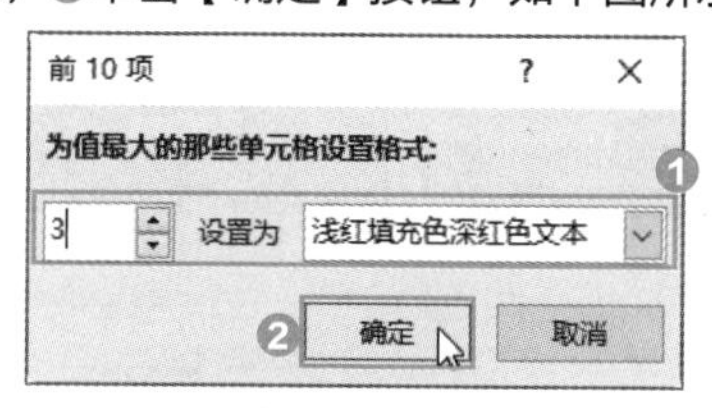

温馨提示

在 Excel 2010 中，操作略有区别，选择【项目选取规则】选项后，在弹出的扩展列表中需要选择【值最大的 10 项】选项，然后在弹出的【10 个最大的项】对话框中进行设置即可。

步骤03 返回工作表，即可看到系统突出显示了销售总额排名前 3 位的数据，如下图所示。

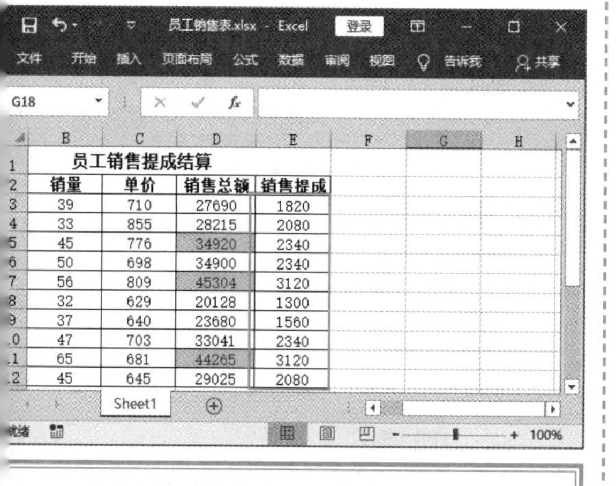

255：突出显示重复数据

适用版本	实用指数
2010、2013、2016、2019	★★★★☆

使用说明

在制作表格时，为了方便查看和管理数据，可以通过条件格式设置突出显示重复值。

解决方法

如要将表格中重复的姓名标记出来，具体操作方法如下。

步骤01 打开素材文件（位置：素材文件\第 10 章\职员招聘报名表.xlsx），❶选中要设置条件格式的单元格区域【A3:A15】；❷在【开始】选项卡的【样式】组中单击【条件格式】下拉按钮；❸在弹出的下拉列表中选择【突出显示单元格规则】选项；❹在弹出的扩展列表中选择【重复值】选项，如下图所示。

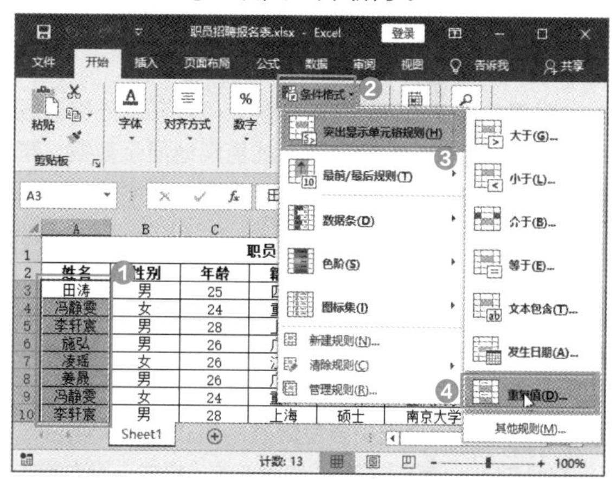

步骤02 ❶弹出【重复值】对话框，设置重复值的显示格式；❷单击【确定】按钮，如下图所示。

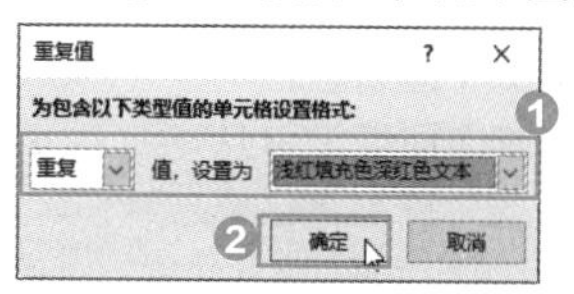

步骤03 返回工作表，即可看到系统突出显示了重复姓名，如下图所示。

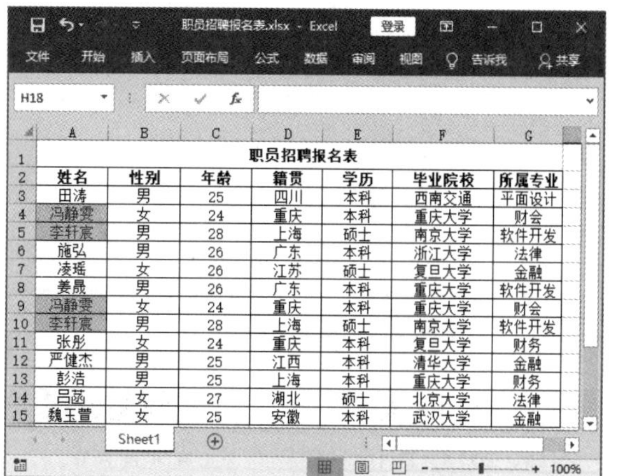

温馨提示

在工作表中应用条件格式后，若要将其清除，则先选中设置了包含条件格式的单元格区域，然后在【开始】选项卡的【样式】组中单击【条件格式】下拉按钮，在弹出的下拉列表中选择【清除规则】选项，在弹出的扩展列表中选择【清除所选单元格的规则】选项即可。若在扩展列表中选择【清除整个工作表的规则】选项，可清除当前工作表中所有的条件格式。

256：用不同颜色显示不同范围的值

适用版本	实用指数
2010、2013、2016、2019	★★★★★

使用说明

利用 Excel 提供的色阶功能，可以在单元格区域中以双色渐变或三色渐变的形式直观地显示数据，帮助用户了解数据的分布和变化。

解决方法

如果要以不同颜色显示单元格区域不同范围的数据，具体操作方法如下。

打开素材文件（位置：素材文件\第 10 章\员工销售表.xlsx），❶选中要设置条件格式的单元格区域【D3:D12】；❷在【开始】选项卡的【样式】组中单击【条件格式】下拉按钮；❸在弹出的下拉列表中选择【色阶】选项；❹在弹出的扩展列表中选择一种双色渐变的色阶样式即可，如下图所示。

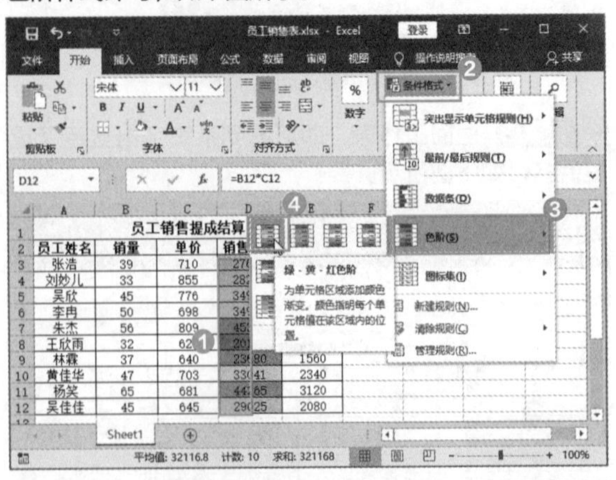

257：让数据条不显示单元格数值

适用版本	实用指数
2010、2013、2016、2019	★★★★☆

使用说明

在编辑工作表时，若要一目了然地查看数据的大小情况，可通过数据条功能来实现。而使用数据条显示单元格数值后，还可以根据操作需要，设置让数据条不显示单元格数值。

解决方法

如果要使用数据条显示数据，并让数据条不显示单元格数值，具体操作方法如下。

步骤01 打开素材文件（位置：素材文件\第 10 章\各级别职员工资总额对比.xlsx），❶选中单元格区域【C3:C9】；❷在【开始】选项卡的【样式】组中单击【条件格式】下拉按钮；❸在弹出的下拉列表中选择【数据条】选项；❹在弹出的扩展列表中选择需要的数据条样式，如下图所示。

步骤02 ❶保持单元格区域的选中状态（也可以选择任意数据条中的单元格），在【开始】选项卡的【样式】组中单击【条件格式】下拉按钮；❷在弹出的下拉列表中选择【管理规则】选项，如下图所示。

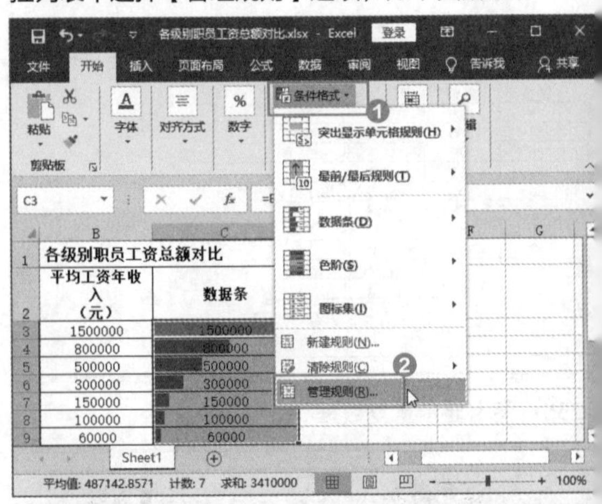

步骤03 ❶弹出【条件格式规则管理器】对话框，

在列表框中选中【数据条】选项；❷单击【编辑规则】按钮，如下图所示。

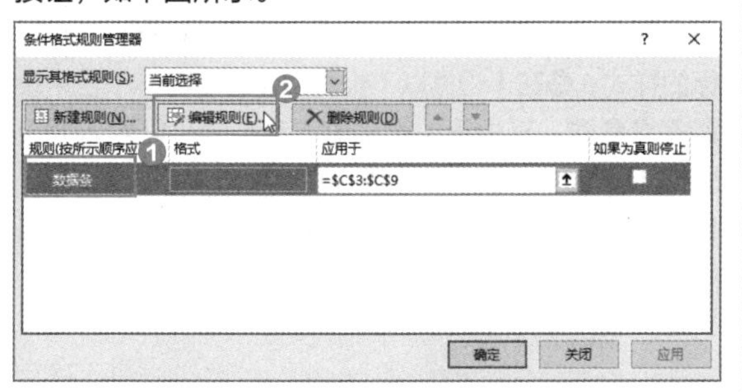

步骤04 ❶弹出【编辑格式规则】对话框，在【编辑规则说明】栏中勾选【仅显示数据条】复选框；❷单击【确定】按钮，如下图所示。

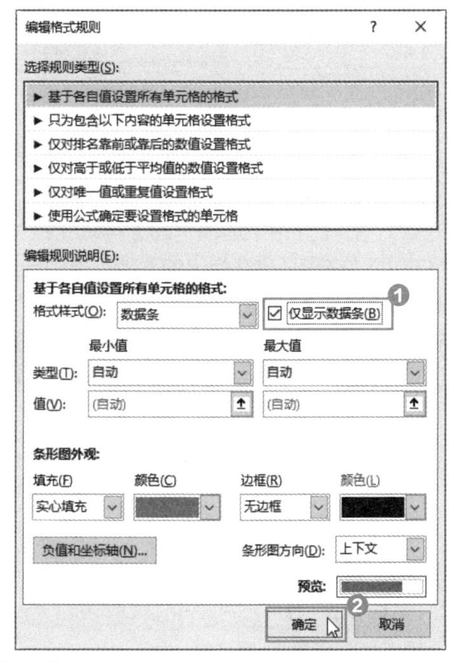

步骤05 返回【条件格式规则管理器】对话框，单击【确定】按钮，在返回的工作表中即可查看效果，如下图所示。

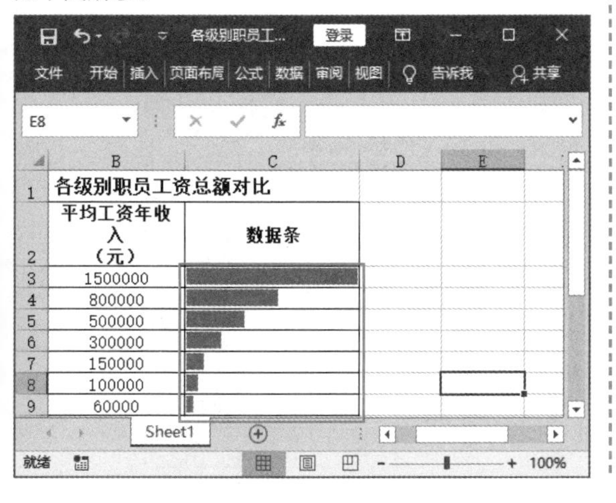

258：用图标把考试成绩等级形象地表示出来

适用版本	实用指数
2010、2013、2016、2019	★★★★★

使用说明

图标集用于对数据进行注释，并可以按值的大小将数据分为 3~5 个类别，每个图标代表一个数据范围。

解决方法

例如，为了方便查看员工考核成绩，通过图标集进行标识，具体操作方法如下。

步骤01 打开素材文件（位置：素材文件\第 10 章\新进员工考核表.xlsx），❶选择单元格区域【B4:E14】；❷在【开始】选项卡的【样式】组中单击【条件格式】下拉按钮；❸在弹出的下拉列表中选择【图标集】选项；❹在弹出的扩展列表中选择图标集样式，如下图所示。

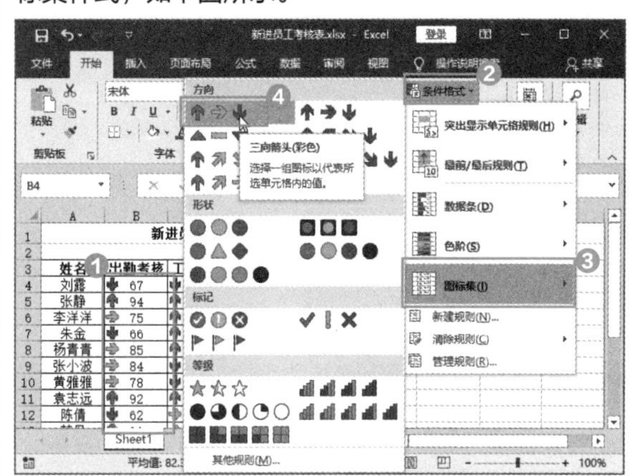

步骤02 返回工作表，可查看设置后的效果，如下图所示。

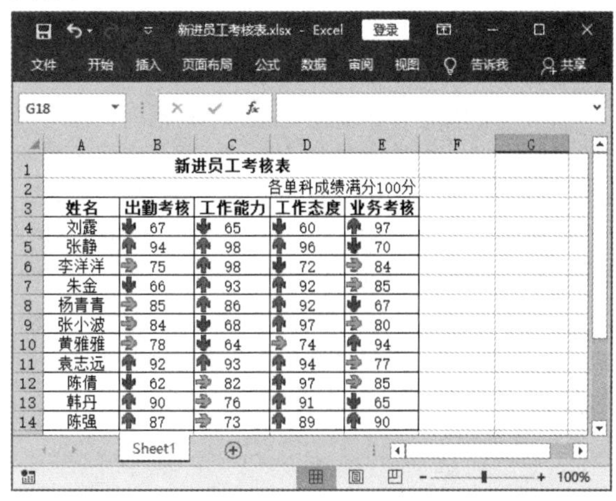

姓名	出勤考核	工作能力	工作态度	业务考核
刘露	67	65	60	97
张静	94	98	96	70
李洋洋	75	98	72	84
朱金	66	93	92	85
杨青青	85	86	92	67
张小波	84	68	97	80
黄雅雅	78	64	74	94
袁志远	92	93	94	77
陈倩	62	82	97	85
韩丹	90	76	91	65
陈强	87	73	89	90

259：只在成绩不合格的单元格上显示图标

适用版本	实用指数
2010、2013、2016、2019	★★★★☆

使用说明

在使用图标集时，系统默认会为选择的单元格区域都添加上图标，如果想要在特定的某些单元格上添加图标，可以使用公式来实现。

解决方法

如果需要只在不合格的单元格上显示图标，具体操作方法如下。

步骤01 打开素材文件（位置：素材文件\第10章\行业资格考试成绩表.xlsx），❶选中单元格区域【B3:D16】；❷在【开始】选项卡的【样式】组中单击【条件格式】下拉按钮；❸在弹出的下拉列表中选择【新建规则】选项，如下图所示。

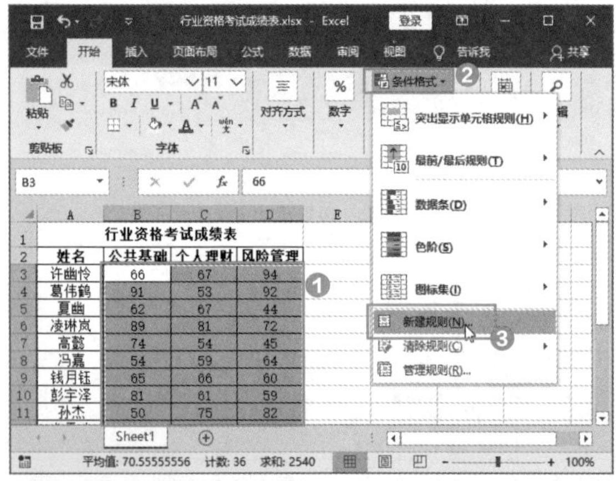

步骤02 ❶弹出【新建格式规则】对话框，在【选择规则类型】列表框中选择【基于各自值设置所有单元格的格式】选项；❷在【基于各自值设置所有单元格的格式】栏的【格式样式】下拉列表中选择【图标集】选项；❸在【图标样式】下拉列表中选择一种带有叉型图标的样式；❹在【根据以下规则显示各个图标】栏中设置等级参数，其中第1个【值】参数框可以输入大于60的任意数字，第2个【值】参数框必须输入【60】；❺相关参数设置完成后单击【确定】按钮，如下图所示。

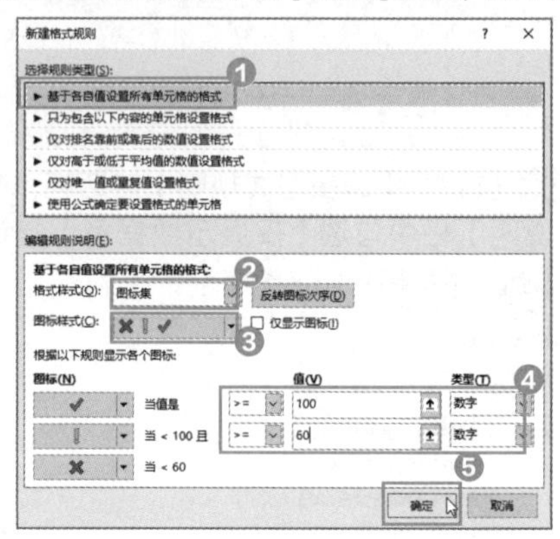

步骤03 ❶返回工作表，保持单元格区域【B3:D16】的选中状态，在【开始】选项卡的【样式】组中单击【条件格式】下拉按钮；❷在弹出的下拉列表中选择【新建规则】选项，如下图所示。

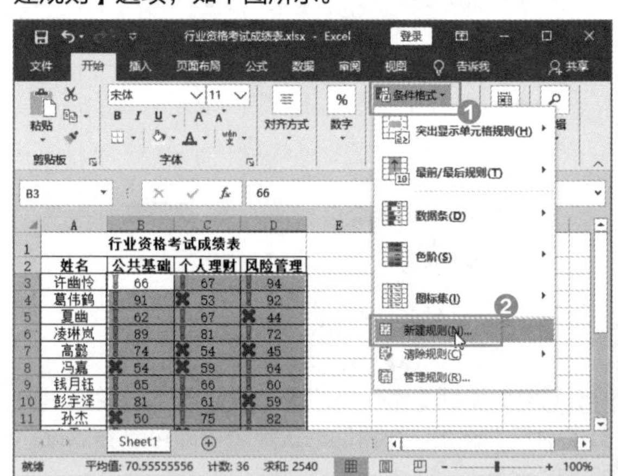

步骤04 ❶弹出【新建格式规则】对话框，在【选择规则类型】列表框中选择【使用公式确定要设置格式的单元格】选项；❷在【为符合此公式的值设置格式】文本框中输入公式【=B3>=60】；❸不设置任何格式，直接单击【确定】按钮，如右图所示。

步骤05 ❶保持单元格区域【B3:D16】的选中状态，单击【条件格式】下拉按钮；❷在弹出的下拉列表中选择【管理规则】选项，如下页上图所示。

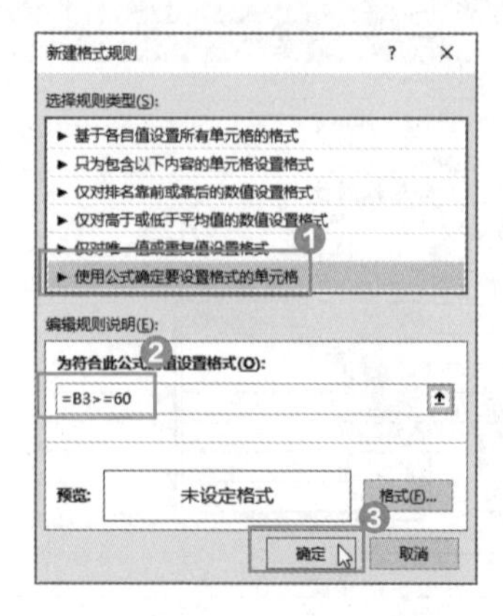

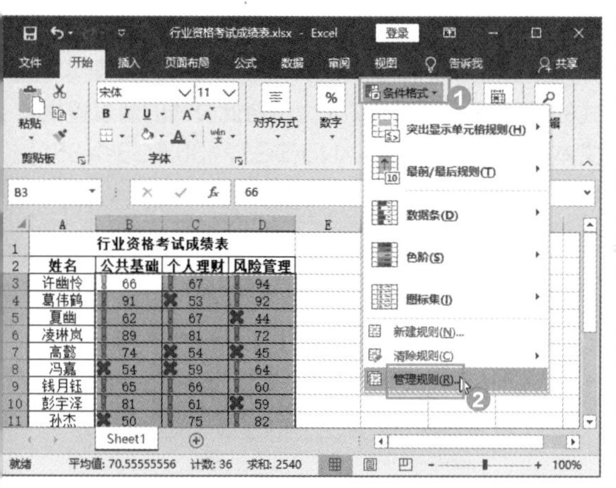

步骤06 ❶弹出【条件格式规则管理器】对话框，在列表框中选择【公式：=B3>=60】选项，保证其优先级最高，勾选右侧的【如果为真则停止】复选框；❷单击【确定】按钮，如下图所示。

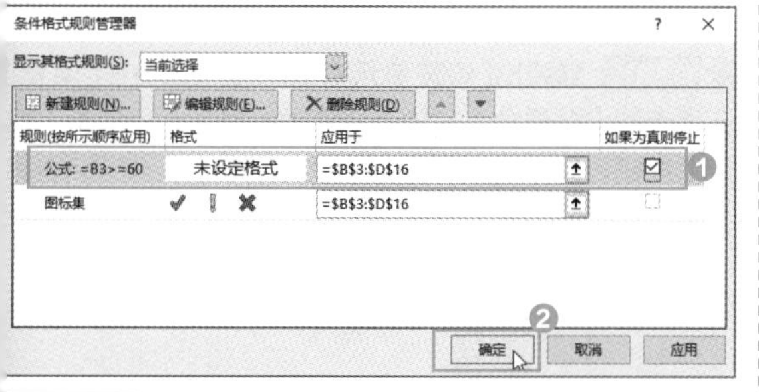

步骤07 返回工作表，可看到只有不及格的成绩前才有打叉的图标标记，而及格的成绩前没有图标，单元格也没有被改变格式，如下图所示。

260：利用条件格式突出显示双休日

适用版本	实用指数
2010、2013、2016、2019	★★★★★

使用说明

编辑工作表时，还可以通过条件格式来突出显示双休日。

解决方法

如果要利用条件格式突出显示双休日，具体操作方法如下。

步骤01 打开素材文件（位置：素材文件 \ 第 10 章 \ 备忘录 .xlsx），❶选择要设置条件格式的单元格区域【A3:A33】；❷在【开始】选项卡的【样式】组中单击【条件格式】下拉按钮；❸在弹出的下拉列表中选择【新建规则】选项，如下图所示。

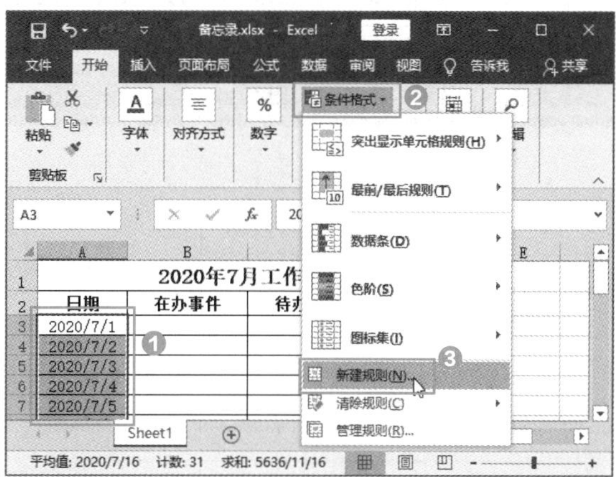

步骤02 ❶弹出【新建格式规则】对话框，在【选择规则类型】列表框中选择【使用公式确定要设置格式的单元格】选项；❷在【为符合此公式的值设置格式】文本框中输入公式【=WEEKDAY($A3,2)>5】；❸单击【格式】按钮，如下图所示。

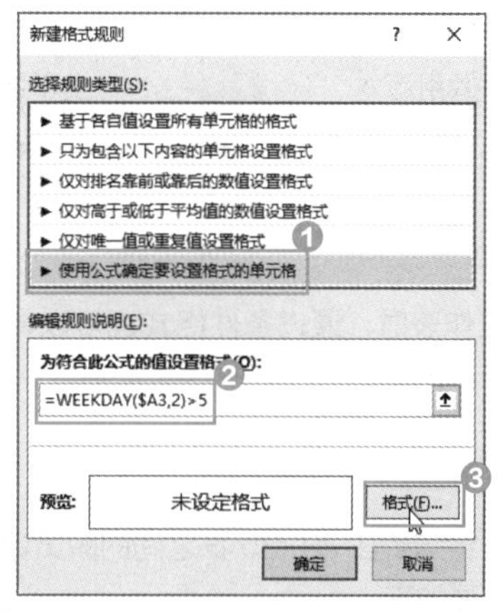

步骤03 ❶弹出【设置单元格格式】对话框，根据需要设置显示方式，本例中在【填充】选项卡中选择【红色】背景色；❷单击【确定】按钮，如下图所示。

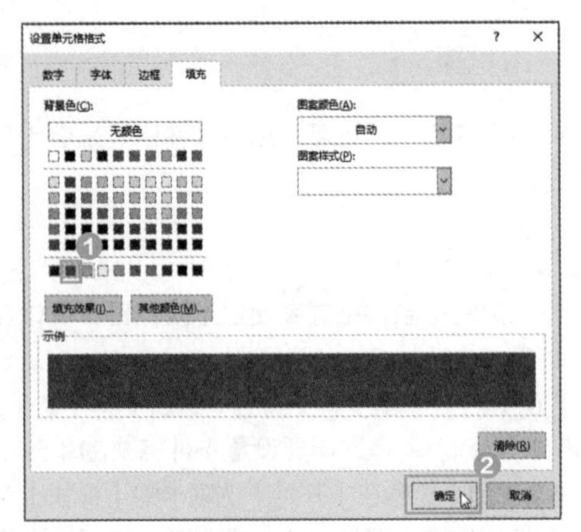

步骤04 返回【新建格式规则】对话框，单击【确定】按钮。返回工作表，即可看到双休日的单元格以红色背景进行显示，如下图所示。

	A	B	C	D
1	2020年7月工作备忘录			
2	日期	在办事件	待办事件	已办事件
3	2020/7/1			
4	2020/7/2			
5	2020/7/3			
6	2020/7/4			
7	2020/7/5			
8	2020/7/6			
9	2020/7/7			
10	2020/7/8			
11	2020/7/9			
12	2020/7/10			
13	2020/7/11			
14	2020/7/12			
15	2020/7/13			
16	2020/7/14			
17	2020/7/15			
18	2020/7/16			
19	2020/7/17			
20	2020/7/18			
21	2020/7/19			

261：如何标记特定年龄段的人员

适用版本	实用指数
2010、2013、2016、2019	★★★★☆

使用说明

编辑工作表时，通过条件格式还可以将特定年龄段的人员标记出来。

解决方法

如果要将年龄在 30~35 岁之间的职员标记出来，具体操作方法如下。

步骤01 打开素材文件（位置：素材文件\第 10 章\员工信息登记表 2.xlsx），❶选中单元格区域【A3:H17】，打开【新建格式规则】对话框，在【选择规则类型】列表框中选择【使用公式确定要设置格式的单元格】选项；❷在【为符合此公式的值设置格式】文本框中输入公式【=AND($G3>=30,$G3<=35)】；❸单击【格式】按钮，如下图所示。

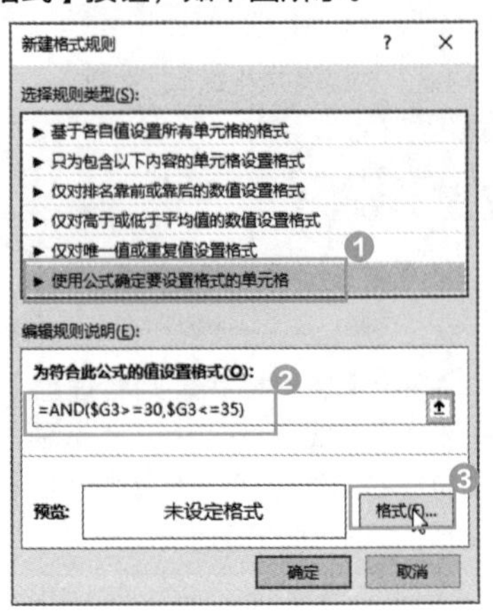

步骤02 ❶弹出【设置单元格格式】对话框，在【填充】选项卡的【背景色】栏中选择需要的颜色；❷单击【确定】按钮，如下图所示。

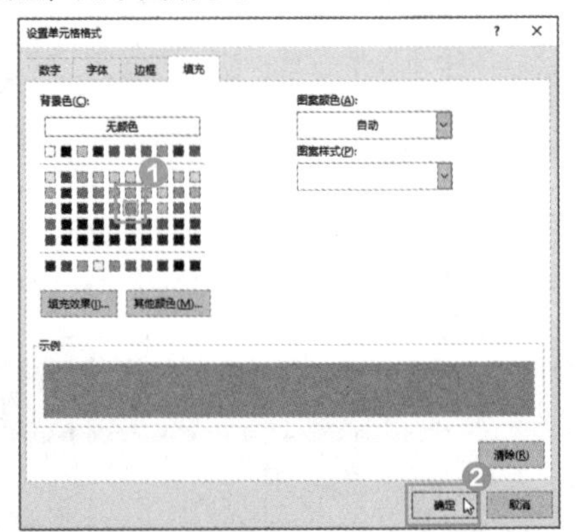

步骤03 返回【新建格式规则】对话框，单击【确定】按钮。返回工作表可查看效果，如下图所示。

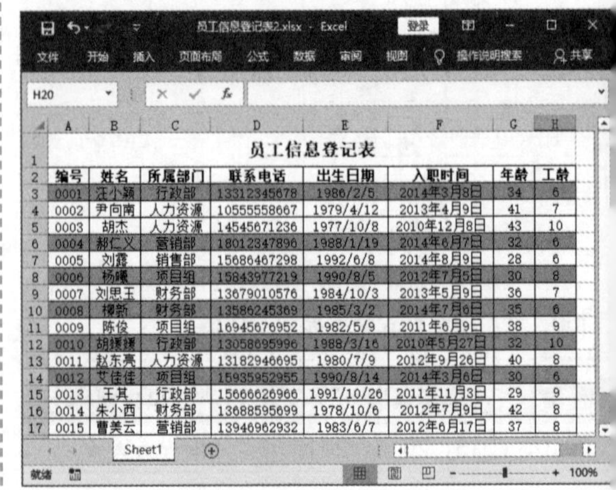

	A	B	C	D	E	F	G	H
1	员工信息登记表							
2	编号	姓名	所属部门	联系电话	出生日期	入职时间	年龄	工龄
3	0001	汪小颖	行政部	13312345678	1986/2/5	2014年3月8日	34	6
4	0002	尹向南	人力资源	10555558667	1979/4/12	2013年4月9日	41	7
5	0003	胡杰	人力资源	14545671236	1977/10/8	2010年12月8日	43	10
6	0004	郝仁义	营销部	18012347896	1988/1/19	2014年6月7日	32	6
7	0005	刘露	销售部	15686467298	1992/6/8	2014年8月9日	28	6
8	0006	杨曦	项目组	15843977219	1990/8/5	2012年7月5日	30	8
9	0007	刘思玉	财务部	13679010576	1984/10/3	2013年5月9日	36	7
10	0008	柳新	财务部	13586245369	1985/3/2	2014年7月6日	35	6
11	0009	陈俊	项目组	16945676952	1982/5/9	2011年6月9日	38	9
12	0010	胡媛媛	行政部	13058695996	1988/3/16	2010年5月27日	32	10
13	0011	赵东亮	人力资源	13182946695	1980/7/9	2012年9月26日	40	8
14	0012	艾佳佳	项目组	15935952955	1990/8/14	2014年3月6日	30	6
15	0013	王其	行政部	15666626966	1991/10/26	2011年11月3日	29	9
16	0014	朱小西	财务部	13688595699	1978/10/6	2012年7月9日	42	8
17	0015	曹美云	营销部	13946962932	1983/6/7	2012年6月17日	37	8

第 11 章 Excel 公式与函数应用技巧

Excel 是一款非常强大的数据处理软件，其中最让用户印象深刻的便是计算功能。通过公式和函数，可以非常方便地计算各种复杂的数据。熟练掌握公式和函数的使用技巧，有助于加强数据计算能力，并进一步提高数据分析的效率。

下面是一些公式与函数的应用技巧，请检查你是否会处理或已掌握。

【√】要使用其他工作表中的单元格数据进行计算，知道怎样引用吗?

【√】公式计算出现错误，知道各种错误应该如何处理吗?

【√】要贷款买房，知道怎样计算贷款利息和每月还款额吗?

【√】想要投资，知道怎样用函数计算净现值和未来值吗?

【√】已知两个日期，知道怎样用函数计算出它们之间的年份和月份吗?

【√】知道怎样使用函数隐藏身份证号码，使其只显示最后的 4 位数字吗?

希望通过对本章内容的学习，能解决以上问题，并学会 Excel 公式与函数的应用技巧。

11.1 使用公式的技巧

Excel 中的公式用于对工作表中的数据进行计算，它总是以【=】开始，其后便是公式的表达式。使用公式时，也有许多操作技巧。下面介绍一些公式的应用技巧。

262：如何快速复制公式

适用版本	实用指数
2010、2013、2016、2019	★★★★★

使用说明

当单元格中的计算公式类似时，可通过复制公式的方式自动计算出其他单元格的结果。复制公式时，公式中引用的单元格会自动发生相应的改变。

复制公式时，可通过【复制】→【粘贴】的方式进行复制，也可通过填充功能快速复制。

解决方法

例如，利用填充功能复制公式，具体操作方法如下。

步骤01 打开素材文件（位置：素材文件\第 11 章\销售清单 .xlsx），在工作表中选中要复制的公式所在的单元格，将鼠标指针指向该单元格的右下角，待指针呈**十**状时按住鼠标左键不放向下拖动，如下图所示。

E3 =C3*D3

6月9日销售清单				
销售时间	品名	单价	数量	小计
9:30:25	香奈儿邂逅清新淡香水50ml	756	1	756
9:42:36	韩束墨菊化妆品套装五件套	329	1	
9:45:20	温碧泉明星复合水精华60ml	135	1	
9:45:20	温碧泉美容三件套美白补水	169	1	
9:48:37	雅诗兰黛红石榴套装	750	1	
9:48:37	雅诗兰黛晶透沁白淡斑精华露30ml	825	1	
10:21:23	雅漾修红润白套装	730	1	
10:26:19	Za美肌无瑕两用粉饼盒	30	2	
10:26:19	Za新焕真皙美白三件套	260	1	
10:38:13	水密码护肤品套装	149	2	
10:46:32	水密码防晒套装	136	1	
10:51:39	韩束墨菊化妆品套装五件套	329	1	

6月9日销售清单

向外拖动选定区域，可以扩展或填充序列；向内拖动则...

步骤02 拖动到目标单元格后释放鼠标，即可得到复制公式后的结果，如右上图所示。

E3 =C3*D3

销售时间	品名	单价	数量	小计
9:30:25	香奈儿邂逅清新淡香水50ml	756	1	756
9:42:36	韩束墨菊化妆品套装五件套	329	1	329
9:45:20	温碧泉明星复合水精华60ml	135	1	135
9:45:20	温碧泉美容三件套美白补水	169	1	169
9:48:37	雅诗兰黛红石榴套装	750	1	750
9:48:37	雅诗兰黛晶透沁白淡斑精华露30ml	825	1	825
10:21:23	雅漾修红润白套装	730	1	730
10:26:19	Za美肌无瑕两用粉饼盒	30	2	60
10:26:19	Za新焕真皙美白三件套	260	1	260
10:38:13	水密码护肤品套装	149	2	298
10:46:32	水密码防晒套装	136	1	136
10:51:39	韩束墨菊化妆品套装五件套	329	1	329
10:59:23	Avene雅漾清爽倍护防晒喷雾SPF30+	226	2	452

6月9日销售清单

平均值: 402.2307692 计数: 13 求和: 5229

263：单元格的相对引用

适用版本	实用指数
2010、2013、2016、2019	★★★★☆

使用说明

在使用公式计算数据时，通常会用到单元格的引用。引用的作用在于标识工作表中的单元格或单元格区域，并指明公式中所用的数据在工作表中的位置。通过引用，可在一个公式中使用工作表不同单元格中的数据，或者在多个公式中使用同一个单元格的数据。

默认情况下，Excel 使用的是相对引用。在相对引用中，当复制公式时，公式中的引用会根据显示计算结果的单元格位置的不同而相应改变，但引用的单元格与包含公式的单元格之间的相对位置不变。

解决方法

例如，要在【销售清单 1.xlsx】工作表中使用单元格相对引用计算数据，具体操作方法如下。

打开素材文件（位置：素材文件\第 11 章\销售清单 1.xlsx），【E3】单元格的公式为【=C3*D3】，将该公式从【E3】复制到【E4】单元格时，【E4】单元格的公式就变为【=C4*D4】，如下图所示。

销售清单1.xlsx - Excel

E4 =C4*D4

	B	C	D	E
1	6月9日销售清单			
2	品名	单价	数量	小计
3	香奈儿邂逅清新淡香水50ml	756	3	2268
4	韩束墨菊化妆品套装五件套	329	5	1645
5	温碧泉明星复合水精华60ml	135	1	
6	温碧泉美容三件套美白补水	169	1	
7	雅诗兰黛红石榴套装	750	1	
8	雅诗兰黛晶透沁白淡斑精华露30ml	825	1	
9	雅漾修红润白套装	730	1	
10	Za美肌无瑕两用粉饼盒	30	2	
11	Za新焕真皙美白三件套	260	1	
12	水密码护肤品套装	149	2	

6月9日销售清单

264：单元格的绝对引用

适用版本	实用指数
2010、2013、2016、2019	★★★★☆

使用说明

绝对引用是指将公式复制到目标单元格时，公式中的单元格地址始终保持固定不变。使用绝对引用时，需要在引用的单元格地址的列标和行号前分别添加符号【$】（英文状态下输入）。

解决方法

例如，要在【销售清单 1.xlsx】工作表中使用单元格绝对引用计算数据，具体操作方法如下。

打开素材文件（位置：素材文件 \ 第 11 章 \ 销售清单 1.xlsx），在【E3】单元格中输入公式【=$C$3*$D$3】，然后将该公式从【E3】复制到【E4】单元格时，【E4】单元格中的公式仍为【=$C$3*$D$3】（即公式的引用区域没发生任何变化），且计算结果和【E3】单元格中的一样，如下图所示。

销售清单1.xlsx - Excel

E4 =$C$3*$D$3

	B	C	D	E
1	6月9日销售清单			
2	品名	单价	数量	小计
3	香奈儿邂逅清新淡香水50ml	756	3	2268
4	韩束墨菊化妆品套装五件套	329	5	2268
5	温碧泉明星复合水精华60ml	135	1	
6	温碧泉美容三件套美白补水	169	1	
7	雅诗兰黛红石榴套装	750	1	
8	雅诗兰黛晶透沁白淡斑精华露30ml	825	1	
9	雅漾修红润白套装	730	1	
10	Za美肌无瑕两用粉饼盒	30	2	
11	Za新焕真皙美白三件套	260	1	

6月9日销售清单

265：引用同一工作簿中其他工作表的单元格

适用版本	实用指数
2010、2013、2016、2019	★★★★☆

使用说明

在同一工作簿中，还可以引用其他工作表中的单元格进行计算。

解决方法

例如，在【美的产品销售情况 .xlsx】的【销售】工作表中，要引用【定价单】中的单元格进行计算，具体操作方法如下。

步骤01 打开素材文件（位置：素材文件 \ 第 11 章 \ 美的产品销售情况 .xlsx），❶选中要存放计算结果的单元格，输入【=】号，选择要参与计算的单元格，并输入运算符；❷单击要引用的工作表标签，如下图所示。

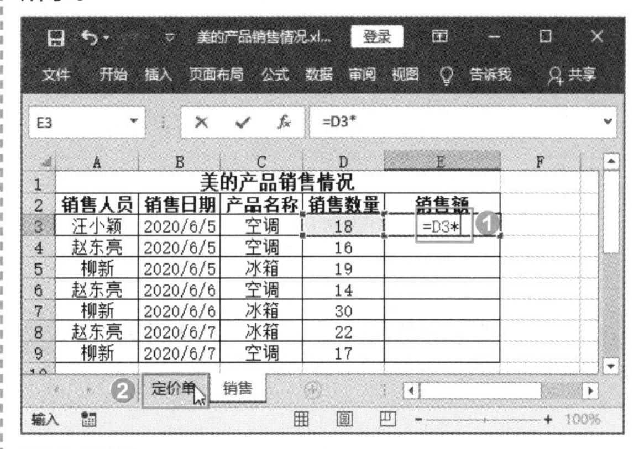

步骤02 切换到该工作表，选择要参与计算的单元格，如下图所示。

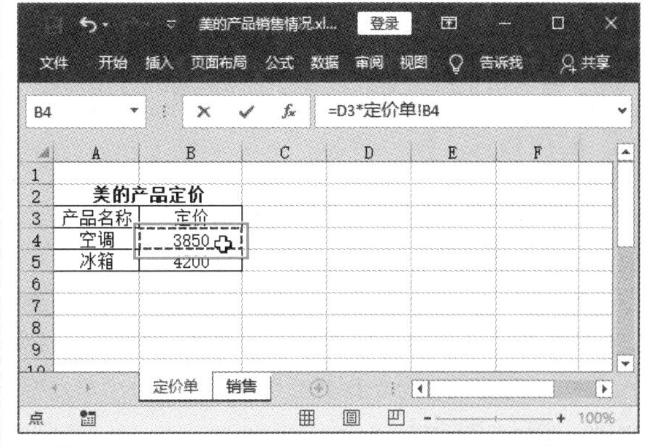

步骤03 直接按【Enter】键，得到计算结果，同时返回原工作表，如下图所示。

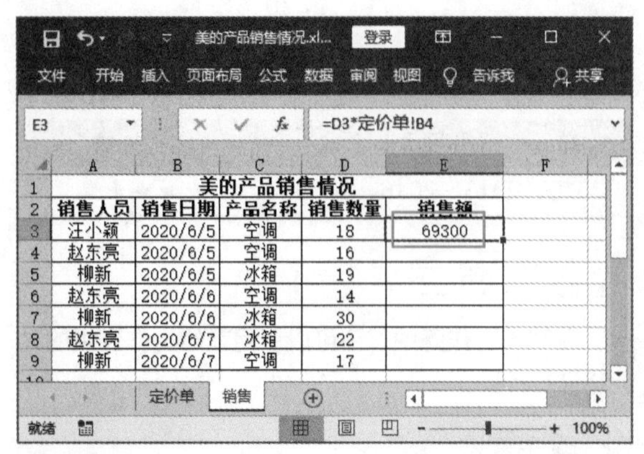

步骤04 将在【定价单】工作表中引用的单元格地址转换为绝对引用，并复制到相应的单元格中，如下图所示。

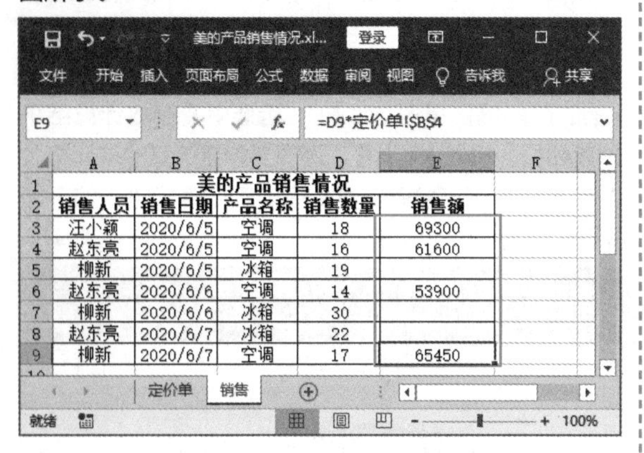

266：在多个单元格中使用数组公式进行计算

适用版本	实用指数
2010、2013、2016、2019	★★★★☆

使用说明

数组公式就是指对两组或多组参数进行多重计算，并返回一个或多个结果的一种计算公式。使用数组公式时，要求每个数组参数必须有相同数量的行和列。

解决方法

如果要在多个单元格中使用数组公式进行计算，具体操作方法如下。

步骤01 打开素材文件（位置：素材文件\第 11 章\工资表 .xlsx），❶选择存放结果的单元格区域，输入【=】；❷拖动鼠标选择要参与计算的第一个单元格区域，如右上图所示。

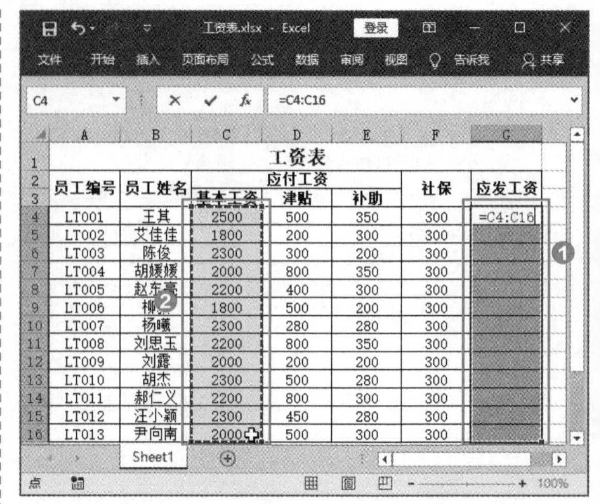

步骤02 参照上述操作方法，继续输入运算符，并拖动鼠标选择要参与计算的单元格区域，如下图所示。

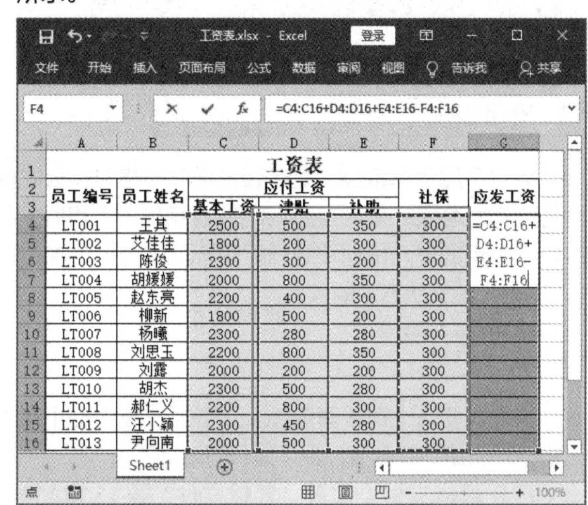

步骤03 按【Ctrl+Shift+Enter】组合键，得出数组公式计算结果，如下图所示。

267：在单个单元格中使用数组公式进行计算

适用版本	实用指数
2010、2013、2016、2019	★★★★☆

使用说明

在编辑工作表时，还可以在单个单元格中输入数组公式，以便完成多步计算。

解决方法

如果要在单个单元格中使用数组公式进行计算，具体操作方法如下。

步骤01 打开素材文件（位置：素材文件\第11章\销售订单.xlsx），选择存放结果的单元格，输入【=SUM()】，再将光标插入点定位在括号内，如下图所示。

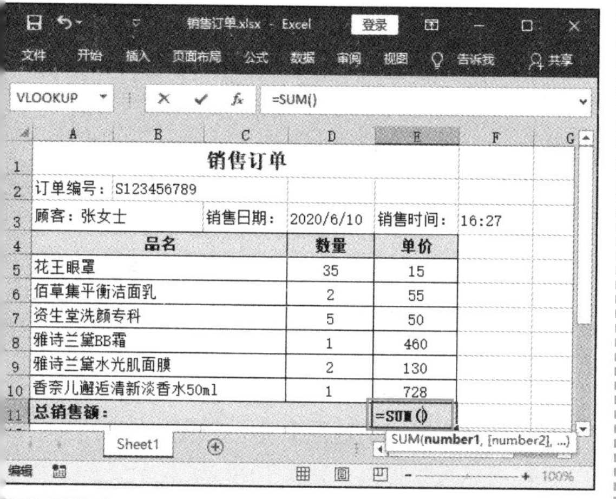

步骤02 拖动鼠标选择要参与计算的第一个单元格区域，输入运算符【*】，再拖动鼠标选择第二个要参与计算的单元格区域，如下图所示。

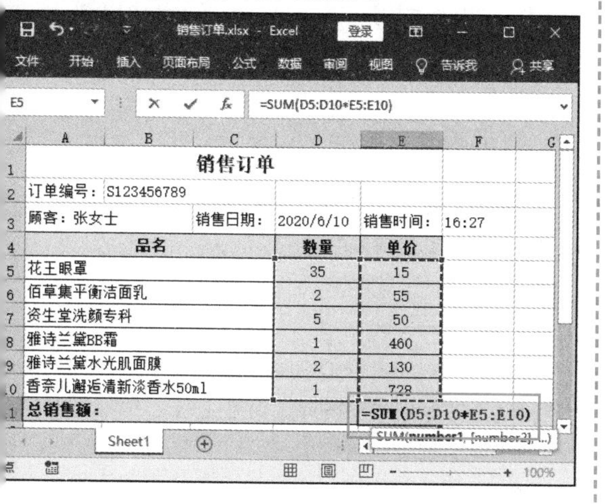

步骤03 按【Ctrl+Shift+Enter】组合键，得出数组公式计算结果，如下图所示。

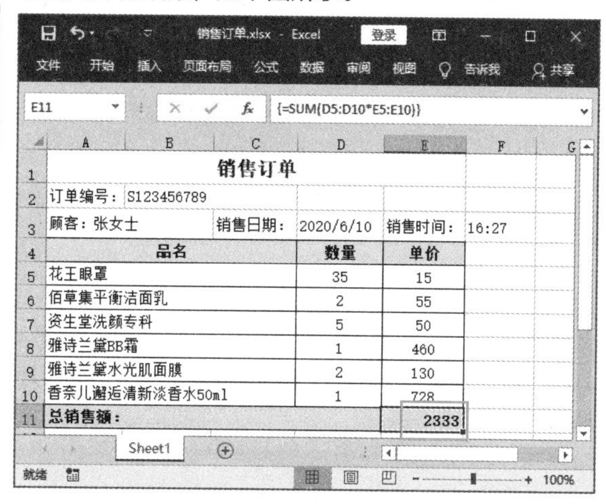

268：用错误检查功能检查公式

适用版本	实用指数
2010、2013、2016、2019	★★★☆☆

使用说明

当公式计算结果出现错误时，可以使用错误检查功能来逐一对错误值进行检查。

解决方法

如要使用错误检查功能检查公式，具体操作方法如下。

步骤01 打开素材文件（位置：素材文件\第11章\工资表1.xlsx），❶在数据区域中选择起始单元格；❷单击【公式】选项卡【公式审核】组中的【错误检查】按钮，如下图所示。

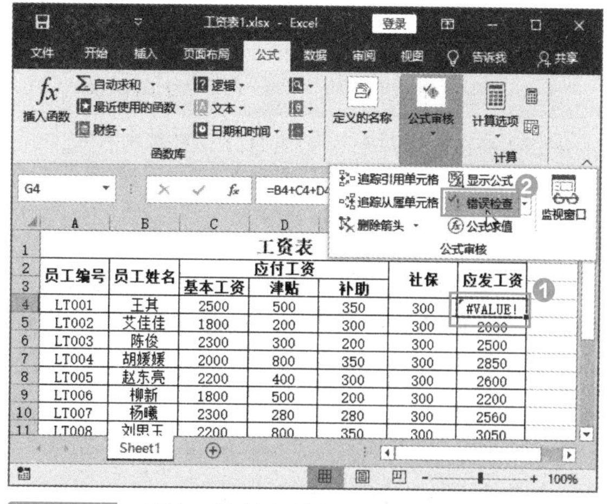

步骤02 系统开始从起始单元格进行检查，当检查

到有错误公式时，会弹出【错误检查】对话框，并指出出错的单元格及错误原因。若要修改，单击【在编辑栏中编辑】按钮，如下图所示。

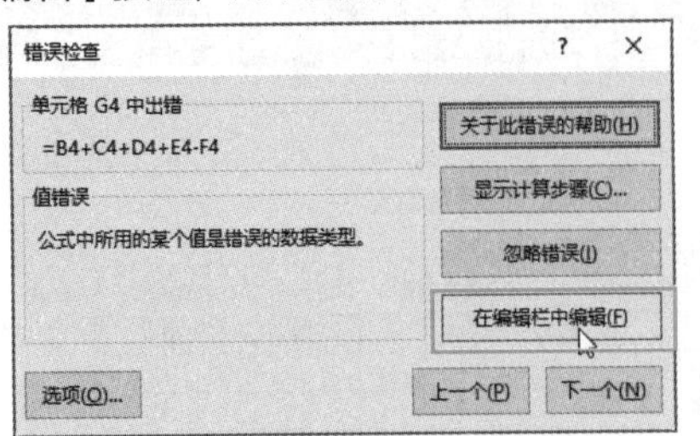

步骤03 ❶在工作表的编辑栏中输入正确的公式；❷在【错误检查】对话框中单击【继续】按钮，继续检查工作表中的其他错误公式，如下图所示。

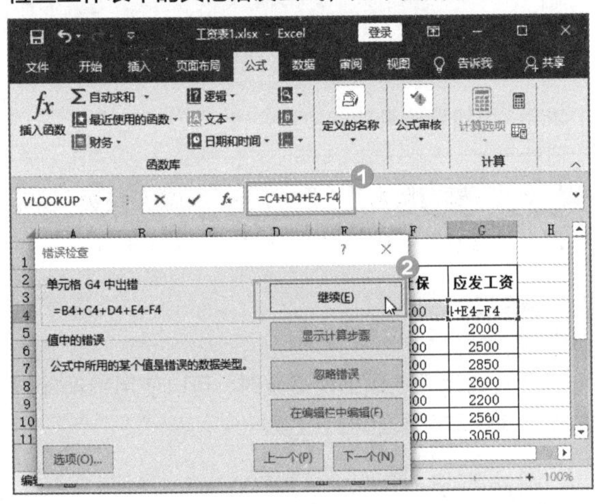

步骤04 当完成公式的检查后，会弹出提示对话框提示完成检查，单击【确定】按钮即可，如下图所示。

269：【####】错误的处理办法

适用版本	实用指数
2010、2013、2016、2019	★★★★★

使用说明

如果工作表的列宽比较窄，使单元格无法完全显示数据，或者使用了负日期或时间时，便会出现【#####】错误。

解决方法

解决【#####】错误的方法如下。

当列宽不足以显示内容时，直接调整列宽即可。

当日期和时间为负数时，可通过下面的方法来解决。

- 如果用户使用的是 1900 日期系统，那么 Excel 中的日期和时间必须为正值。
- 如果需要对日期和时间进行减法运算，应确保建立的公式是正确的。
- 如果公式正确，但结果仍然是负值，可以通过将该单元格的格式设置为非日期或时间格式来显示该值。

270：【#NULL!】错误的处理办法

适用版本	实用指数
2010、2013、2016、2019	★★★★★

使用说明

当函数表达式中使用了不正确的区域运算符或指定两个并不相交的区域的交点时，便会出现【#NULL!】错误。

解决方法

解决【#NULL！】错误的方法如下。

- 使用了不正确的区域运算符：若要引用连续的单元格区域，应使用冒号分隔引用区域中的第一个单元格和最后一个单元格；若要引用不相交的两个区域，应使用联合运算符，即逗号【,】。
- 区域不相交：更改引用以使其相交。

271：【#NAME?】错误的处理办法

适用版本	实用指数
2010、2013、2016、2019	★★★★★

使用说明

当 Excel 无法识别公式中的文本时，将出现【#NAME?】错误。

解决方法

解决【#NAME?】错误的方法如下。

- 区域引用中漏掉了冒号【:】：给所有区域引用添加冒号【:】。
- 在公式中输入文本时没有使用双引号：公

式中输入的文本必须用双引号括起来，否则 Excel 会把输入的文本内容看作名称。

- 函数名称拼写错误：更正函数拼写。若不知道正确的拼写，则打开【插入函数】对话框，插入正确的函数即可。
- 使用了不存在的名称：打开【名称管理器】对话框，查看是否有当前使用的名称。若没有，定义一个新名称即可。

272：【#NUM!】错误的处理办法

适用版本	实用指数
2010、2013、2016、2019	★★★★★

使用说明

当公式或函数中使用了无效的数值时，便会出现【#NUM!】错误。

解决方法

解决【#NUM!】错误的方法如下。

- 在需要数字参数的函数中使用了无法接受的参数：确保函数中使用的参数是数字，而不是文本、时间或货币等其他格式。
- 输入的公式所得出的数字太大或太小，无法在 Excel 中表示：更改单元格中的公式，使运算的结果介于【-1*10307】和【1*10307】之间。
- 使用了进行迭代的工作表函数，且函数无法得到结果：为工作表函数使用不同的起始值，或者更改 Excel 迭代公式的次数。

温馨提示

更改 Excel 迭代公式次数的方法为：打开【Excel 选项】对话框，切换到【公式】选项卡，在【计算选项】栏中勾选【启用迭代计算】复选框，在下方设置最多迭代次数和最大误差，然后单击【确定】按钮。

273：【#VALUE!】错误的处理办法

适用版本	实用指数
2010、2013、2016、2019	★★★★★

使用说明

使用的参数或操作数的类型不正确时，便会出现【#VALUE!】错误。

解决方法

解决【#VALUE!】错误的方法如下。

- 输入或编辑的是数组公式，却按【Enter】键确认：完成数组公式的输入后，按【Ctrl+Shift+Enter】组合键确认。
- 当公式需要数字或逻辑值时，却输入了非法文本：确保公式或函数所需的操作数或参数正确无误，且公式引用的单元格中包含有效的值。

274：【#DIV/0!】错误的处理办法

适用版本	实用指数
2010、2013、2016、2019	★★★★★

使用说明

当数字除以零时，便会出现【#DIV/0!】错误。

解决方法

解决【#DIV/0!】错误的方法如下。

- 将除数更改为非零值。
- 作为被除数的单元格不能为空白单元格。

275：【#REF!】错误的处理办法

适用版本	实用指数
2010、2013、2016、2019	★★★★★

使用说明

当单元格引用无效时，如函数引用的单元格（区域）被删除、链接的数据不可用等，便会出现【#REF!】错误。

解决方法

解决【#REF!】错误的方法如下。

- 更改公式，或者在删除或粘贴单元格后立即单击【撤销】按钮以恢复工作表中的单元格。
- 启动使用的对象链接和嵌入 (OLE) 链接所指向的程序。
- 确保使用正确的动态数据交换(DDE)主题。
- 检查函数以确定参数是否引用了无效的单元格或单元格区域。

276：【#N/A】错误的处理办法

适用版本	实用指数
2010、2013、2016、2019	★★★★★

使用说明

当数值对函数或公式不可用时，便会出现【#N/A】错误。

解决方法

解决【#N/A】错误的方法如下。

- 确保函数或公式中的数值可用。
- 为工作表函数的 lookup_value 参数赋予了不正确的值：当为 MATCH、HLOOKUP、LOOKUP 或 VLOOKUP 函数的 lookup_value 参数赋予了不正确的值时，将出现【#N/A】错误。此时的解决方法是确保【lookup_value】参数值的类型正确。
- 使用函数时省略了必要的参数：当使用内置或自定义工作表函数时，若省略了一个或多个必要的参数，便会出现【#N/A】错误。此时将函数中的所有参数输入完整即可。

11.2 常用函数的使用技巧

在 Excel 中，函数是系统预先定义好的公式。利用函数可以很轻松地完成各种复杂数据的计算，并简化公式的使用。针对函数的应用，本节将讲解一些应用技巧。

277：使用 SUM 函数进行求和运算

适用版本	实用指数
2010、2013、2016、2019	★★★★★

使用说明

在 Excel 中，SUM 函数使用非常频繁。该函数用于返回某一单元格区域中所有数字之和。SUM 函数的语法为【=SUM(Number1,Number2,...)】，其中 Number1,Number2,... 表示参加计算的 1~255 个参数。

解决方法

例如，使用 SUM 函数计算销售总量，具体操作方法如下。

步骤01 打开素材文件（位置：素材文件\第 11 章\销售业绩.xlsx），选择要存放结果的单元格，如【E3】，输入函数【=SUM(B3:D3)】，按【Enter】键，即可得出计算结果，如右上图所示。

一季度销售业绩						
销售人员	一月	二月	三月	销售总量	平均值	销售排名
杨新宇	5532	2365	4266	12163		
胡敏	4699	3789	5139			
张含	2492	3695	4592			
刘晶晶	3469	5790	3400			
吴欢	2851	2735	4025			
黄小梨	3601	2073	4017			
严紫	3482	5017	3420			
徐刚	2698	3462	4088			
最高销售量						
最低销售量						

步骤02 通过填充功能向下复制函数，计算出所有人的销售总量，如下图所示。

一季度销售业绩						
销售人员	一月	二月	三月	销售总量	平均值	销售排名
杨新宇	5532	2365	4266	12163		
胡敏	4699	3789	5139	13627		
张含	2492	3695	4592	10779		
刘晶晶	3469	5790	3400	12659		
吴欢	2851	2735	4025	9611		
黄小梨	3601	2073	4017	9691		
严紫	3482	5017	3420	11919		
徐刚	2698	3462	4088	10248		
最高销售量						
最低销售量						

278：使用 AVERAGE 函数计算平均值

适用版本	实用指数
2010、2013、2016、2019	★★★★★

使用说明

AVERAGE 函数用于返回参数的平均值，即对选择的单元格或单元格区域进行算术平均值运算。AVERAGE 函数的语法为【=AVERAGE(Number1,Number2,...)】，其中 Number1,Number2,... 表示要计算平均值的 1~255 个参数。

解决方法

例如，使用 AVERAGE 函数计算 3 个月销量的平均值，具体操作方法如下。

步骤01 打开素材文件（位置：素材文件 \ 第 11 章 \ 销售业绩 1.xlsx），❶选中要存放结果的单元格，本例中选择【F3】；❷单击【公式】选项卡【函数库】组中的【自动求和】下拉按钮；❸在弹出的下拉列表中选择【平均值】选项，如下图所示。

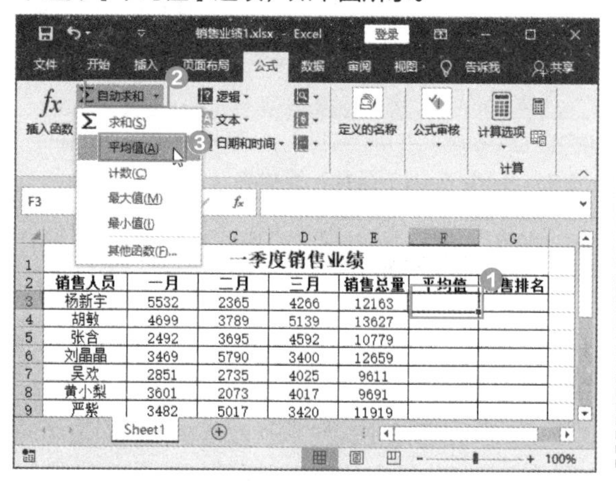

步骤02 所选单元格将插入 AVERAGE 函数，然后选择需要计算的单元格【B3:D3】，如下图所示。

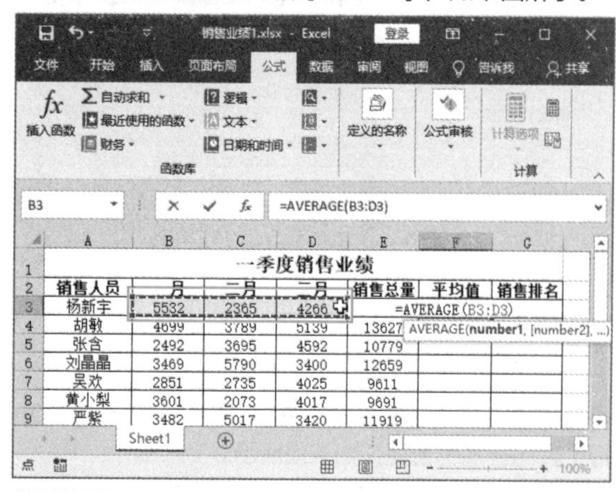

步骤03 按【Enter】键计算出平均值，然后使用填充功能向下复制函数，即可计算出其他人员的销售平均值，如下图所示。

279：使用 MAX 函数计算最大值

适用版本	实用指数
2010、2013、2016、2019	★★★★★

使用说明

MAX 函数用于计算一串数值中的最大值，即对选择的单元格区域中的数据进行比较，找到最大的数值并返回到目标单元格。MAX 函数的语法为【=MAX(Number1,Number2,...)】，其中 Number1,Number2,... 表示要参与比较找出最大值的 1~255 个参数。

解决方法

例如，使用 MAX 函数计算最高销售量，具体操作方法如下。

步骤01 打开素材文件（位置：素材文件 \ 第 11 章 \ 销售业绩 2.xlsx），选择要存放结果的单元格，如【B11】，输入函数【=MAX(B3:B10)】，按【Enter】键，即可得出计算结果，如下图所示。

B11 =MAX(B3:B10)

	A	B	C	D	E	F	G
1	一季度销售业绩						
2	销售人员	一月	二月	三月	销售总量	平均值	销售排名
3	杨新宇	5532	2365	4266	12163	4054.333	
4	胡敏	4699	3789	5139	13627	4542.333	
5	张含	2492	3695	4592	10779	3593	
6	刘晶晶	3469	5790	3400	12659	4219.667	
7	吴欢	2851	2735	4025	9611	3203.667	
8	黄小梨	3601	2073	4017	9691	3230.333	
9	严紫	3482	5017	3420	11919	3973	
10	徐刚	2698	3462	4088	10248	3416	
11	最高销售量	5532					
12	最低销售量						

步骤02 通过填充功能向右复制函数，即可计算出每个月的最高销售量，如下图所示。

B11 =MAX(B3:B10)

	A	B	C	D	E	F	G
1	一季度销售业绩						
2	销售人员	一月	二月	三月	销售总量	平均值	销售排名
3	杨新宇	5532	2365	4266	12163	4054.333	
4	胡敏	4699	3789	5139	13627	4542.333	
5	张含	2492	3695	4592	10779	3593	
6	刘晶晶	3469	5790	3400	12659	4219.667	
7	吴欢	2851	2735	4025	9611	3203.667	
8	黄小梨	3601	2073	4017	9691	3230.333	
9	严紫	3482	5017	3420	11919	3973	
10	徐刚	2698	3462	4088	10248	3416	
11	最高销售量	5532	5790	5139	13627		
12	最低销售量						

平均值: 7522 计数: 4 求和: 30088

280：使用 MIN 函数计算最小值

适用版本	实用指数
2010、2013、2016、2019	★★★★★

使用说明

MIN 函数与 MAX 函数的作用相反，该函数用于计算一串数值中的最小值，即对选择的单元格区域中的数据进行比较，找到最小的数值并返回到目标单元格。MIN 函数的语法为【=MIN(Number1,Number2,...)】，其中 Number1,Number2,... 表示要参与比较找出最小值的 1~255 个参数。

解决方法

例如，使用 MIN 函数计算最低销售量，具体操作方法如下。

步骤01 打开素材文件（位置：素材文件\第 11 章\销售业绩 3.xlsx），选择要存放结果的单元格，如【B12】，输入函数【=MIN(B3:B10)】，按【Enter】键，即可得出计算结果，如下图所示。

B12 =MIN(B3:B10)

	A	B	C	D	E	F	G
1	一季度销售业绩						
2	销售人员	一月	二月	三月	销售总量	平均值	销售排名
3	杨新宇	5532	2365	4266	12163	4054.333	
4	胡敏	4699	3789	5139	13627	4542.333	
5	张含	2492	3695	4592	10779	3593	
6	刘晶晶	3469	5790	3400	12659	4219.667	
7	吴欢	2851	2735	4025	9611	3203.667	
8	黄小梨	3601	2073	4017	9691	3230.333	
9	严紫	3482	5017	3420	11919	3973	
10	徐刚	2698	3462	4088	10248	3416	
11	最高销售量	5532	5790	5139	13627		
12	最低销售量	2492					

步骤02 通过填充功能向右复制函数，即可计算出每个月的最低销售量，如下图所示。

B12 =MIN(B3:B10)

	A	B	C	D	E	F	G
1	一季度销售业绩						
2	销售人员	一月	二月	三月	销售总量	平均值	销售排名
3	杨新宇	5532	2365	4266	12163	4054.333	
4	胡敏	4699	3789	5139	13627	4542.333	
5	张含	2492	3695	4592	10779	3593	
6	刘晶晶	3469	5790	3400	12659	4219.667	
7	吴欢	2851	2735	4025	9611	3203.667	
8	黄小梨	3601	2073	4017	9691	3230.333	
9	严紫	3482	5017	3420	11919	3973	
10	徐刚	2698	3462	4088	10248	3416	
11	最高销售量	5532	5790	5139	13627		
12	最低销售量	2492	2073	3400	9611		

平均值: 4394 计数: 4 求和: 17576

281：使用 RANK 函数计算排名

适用版本	实用指数
2010、2013、2016、2019	★★★★☆

使用说明

RANK 函数用于返回一个数值在一组数值中的排位，即让指定的数据在一组数据中进行比较，将比较的名次返回到目标单元格中。RANK 函数的语法为【=RANK(number,ref,order)】。其中，number 表示要在数据区域中进行比较的指定数据；ref 表示包含一组数字的数组或引用，其中的非数值型参数将被忽略；order 表示一数字，指定排名的方式。若 order 为 0 或省略，则按降序排列的数据清单进行排位；如果 order 不为 0，则按升序排列的数据清单进行排位。

解决方法

例如，使用 RANK 函数计算销售总量的排名，具体操作方法如下。

步骤01 打开素材文件（位置：素材文件\第 11 章\销售业绩 4.xlsx），选中要存放结果的单元格，如【G3】，输入函数【=RANK(E3,$E$3:$E$10,0)】，按【Enter】键，即可得出计算结果，如下图所示。

G3 =RANK(E3,$E$3:$E$10,0)

一季度销售业绩						
销售人员	一月	二月	三月	销售总量	平均值	销售排名
杨新宇	5532	2365	4266	12163	4054.333	3
胡敏	4699	3789	5139	13627	4542.333	
张含	2492	3695	4592	10779	3593	
刘晶晶	3469	5790	3400	12659	4219.667	
吴欢	2851	2735	4025	9611	3203.667	
黄小梨	3601	2073	4017	9691	3230.333	
严紫	3482	5017	3420	11919	3973	
徐刚	2698	3462	4088	10248	3416	
最高销售量	5532	5790	5139	13627		
最低销售量	2492	2073	3400	9611		

步骤02 通过填充功能向下复制函数，即可计算出每位员工销售总量的排名，如下图所示。

G3 =RANK(E3,$E$3:$E$10,0)

一季度销售业绩						
销售人员	一月	二月	三月	销售总量	平均值	销售排名
杨新宇	5532	2365	4266	12163	4054.333	3
胡敏	4699	3789	5139	13627	4542.333	1
张含	2492	3695	4592	10779	3593	5
刘晶晶	3469	5790	3400	12659	4219.667	2
吴欢	2851	2735	4025	9611	3203.667	8
黄小梨	3601	2073	4017	9691	3230.333	7
严紫	3482	5017	3420	11919	3973	4
徐刚	2698	3462	4088	10248	3416	6
最高销售量	5532	5790	5139	13627		
最低销售量	2492	2073	3400	9611		

282：使用 COUNT 函数计算参数中包含数字的单元格个数

适用版本	实用指数
2010、2013、2016、2019	★★★★★

使用说明

COUNT 函数属于统计类函数，用于计算表格区域中包含数字的单元格的个数。COUNT 函数的语法为【=COUNT(Value1,Value2,...)】，其中 Value1、Value2... 为要计数的 1~255 个参数。

解决方法

例如，使用 COUNT 函数统计员工人数，具体操作方法如下。

打开素材文件（位置：素材文件\第 11 章\员工信息登记表 .xlsx），选中要存放结果的单元格，如【B18】，输入函数【=COUNT(A3:A17)】，按【Enter】键，即可得出计算结果，如下图所示。

B18 =COUNT(A3:A17)

员工信息登记表					
员工编号	姓名	所属部门	联系电话	身份证号码	入职时间
0001	汪小颖	行政部	13312345678	500231123456789123	2014年3月
0002	尹向南	人力资源	10555558667	500231123456782356	2013年4月
0003	胡杰	人力资源	14545671236	500231123456784562	2010年12月
0004	郝仁义	营销部	18012347896	500231123456784266	2014年6月
0005	刘露	销售部	15686467298	500231123456784563	2014年8月
0006	杨曦	项目组	15843977219	500231123456787596	2012年7月
0007	刘思玉	财务部	13679010576	500231123456783579	2013年5月
0008	柳新	财务部	13586245369	500231123456783466	2014年7月
0009	陈俊	项目组	16945676952	500231123456787103	2011年6月
0010	胡媛媛	行政部	13058695996	500231123456781395	2010年5月
0011	赵东亮	人力资源	13182946695	500231123456782468	2012年9月
0012	艾佳佳	项目组	15935952955	500231123456781279	2014年3月
0013	王其	行政部	15666626966	500231123456780376	2011年11月
0014	朱小西	财务部	13688595699	500231123456781018	2012年7月
0015	曹美云	营销部	13946962932	500231123456787305	2012年6月
员工人数	15				

283：使用 PRODUCT 函数计算乘积

适用版本	实用指数
2010、2013、2016、2019	★★★★☆

使用说明

PRODUCT 函数用于计算所有参数的乘积。PRODUCT 函数的语法为【=PRODUCT(Number1, Number2,...)】，其中 Number1,Number2,... 表示要参与乘积计算的 1~255 个参数。

解决方法

例如，使用 PRODUCT 函数计算销售金额，具体操作方法如下。

步骤01 打开素材文件（位置：素材文件\第 11 章\销售订单 1.xlsx），选中存放结果的单元格，如【F5】，输入函数【=PRODUCT(D5:E5)】，按【Enter】键，即可得出计算结果，如下图所示。

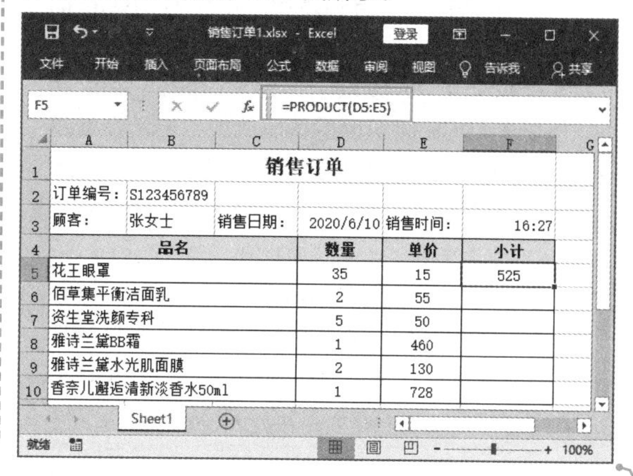

F5 =PRODUCT(D5:E5)

销售订单					
订单编号：	S123456789				
顾客：	张女士	销售日期：	2020/6/10	销售时间：	16:27
品名			数量	单价	小计
花王眼罩			35	15	525
佰草集平衡洁面乳			2	55	
资生堂洗颜专科			5	50	
雅诗兰黛BB霜			1	460	
雅诗兰黛水光肌面膜			2	130	
香奈儿邂逅清新淡香水50ml			1	728	

步骤02 利用填充功能向下复制函数，可得出所有商品的销售金额，如下图所示。

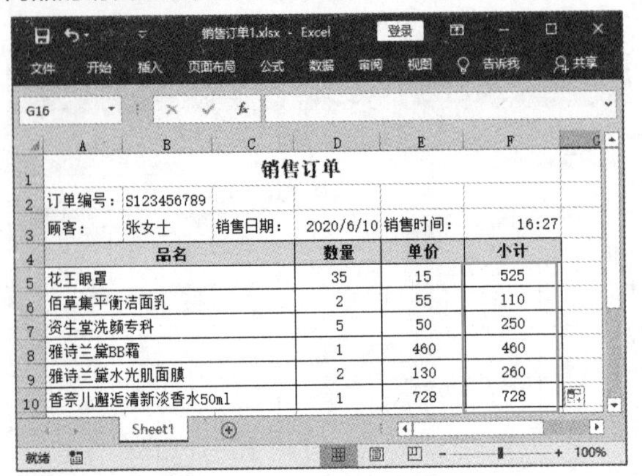

284：使用 IF 函数执行条件检测

适用版本	实用指数
2010、2013、2016、2019	★★★★★

使用说明

IF 函数的功能是根据指定的条件计算结果为 TRUE 或 FALSE，返回不同的值。使用 IF 函数可对数值和公式执行条件检测。

IF 函数的语法为【IF(Logical_test,Value_if_true,Value_if_false)】，其中各个参数的含义如下。

- Logical_test：表示计算结果为 TRUE 或 FALSE 的任意值或表达式。例如，【B5>100】是一个逻辑表达式，若单元格 B5 中的值大于 100，则表达式的计算结果为 TRUE，否则为 FALSE。
- Value_if_true：是 Logical_test 参数为 TRUE 时返回的值。例如，若此参数是文本字符串【合格】，而且 Logical_test 参数的计算结果为 TRUE，则返回结果【合格】；若 Logical_test 为 TRUE 而 Value_if_true 为空，则返回 0。
- Value_if_false： 是 Logical_test 为 FALSE 时返回的值。例如，若此参数是文本字符串【不合格】，而 Logical_test 参数的计算结果为 FALSE，则返回结果【不合格】；若 Logical_test 为 FALSE 而 Value_if_false 被省略，即 Value_if_true 后面没有逗号，则会返回逻辑值 FALSE；若 Logical_test 为 FALSE 且 Value_if_false 为空，即 Value_if_true 后面有逗号且紧跟着右括号，则会返回 0。

例如，以表格中的总分为关键字，80 分（含）以上的为【录用】，其余的则为【淘汰】，具体操作方法如下。

步骤01 打开素材文件（位置：素材文件\第 11 章\新进员工考核表.xlsx），❶选择存放结果的单元格，如【G4】；❷单击【公式】选项卡【函数库】组中的【插入函数】按钮，如下图所示。

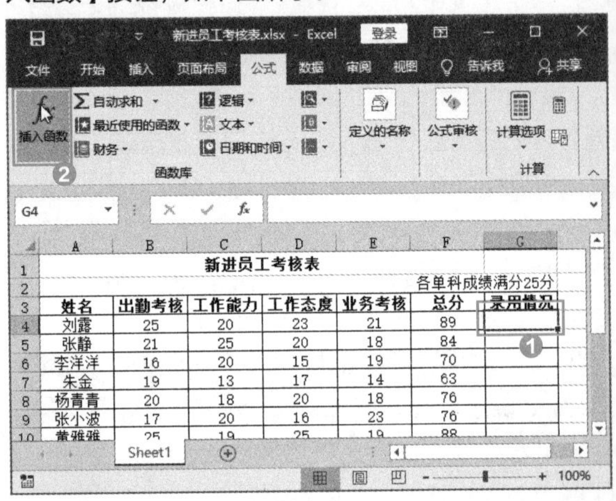

步骤02 ❶打开【插入函数】对话框，在【选择函数】列表框中选择【IF】函数；❷单击【确定】按钮，如下图所示。

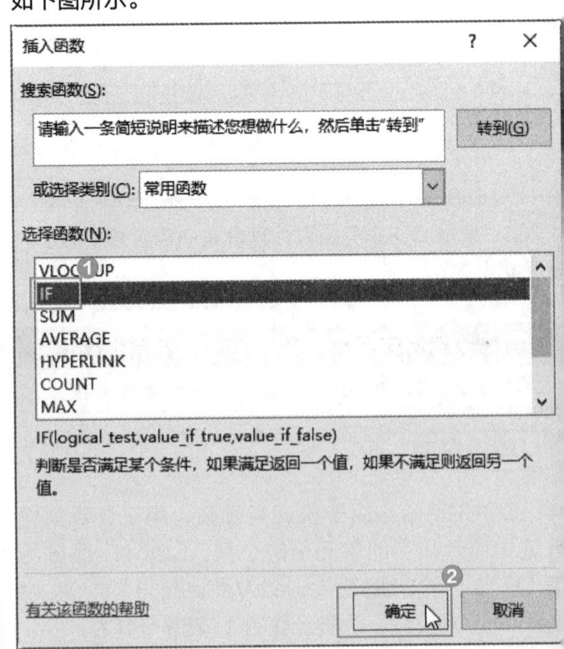

步骤03 ❶打开【函数参数】对话框，设置【Logical_test】为【F4>=80】，【Value_if_true】为【"录用"】，【Value_if_false】为【"淘汰"】；❷单击【确定】按钮，如下图所示。

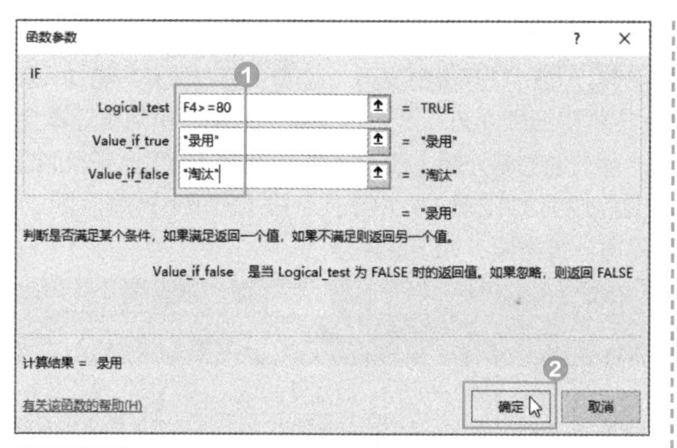

步骤04 利用填充功能向下复制函数，即可计算出其他员工的录用情况，如下图所示。

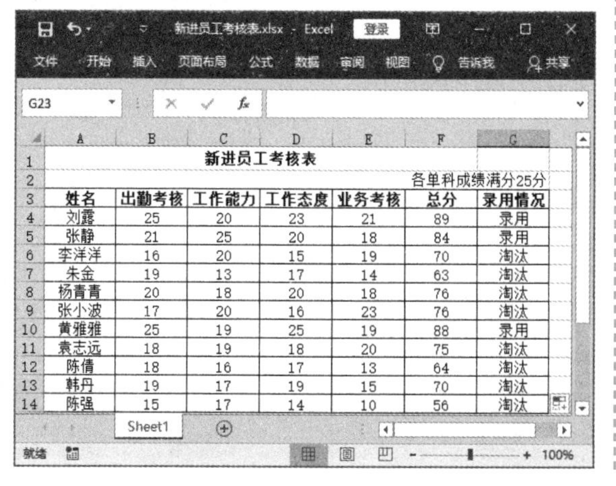

新进员工考核表

各单科成绩满分25分

姓名	出勤考核	工作能力	工作态度	业务考核	总分	录用情况
刘露	25	20	23	21	89	录用
张静	21	25	20	18	84	录用
李洋洋	16	20	15	19	70	淘汰
朱金	19	13	17	14	63	淘汰
杨青青	20	18	20	18	76	淘汰
张小波	17	20	16	23	76	淘汰
黄雅雅	25	19	25	19	88	录用
袁志远	18	19	18	20	75	淘汰
陈倩	18	16	17	13	64	淘汰
韩丹	19	17	19	15	70	淘汰
陈强	15	17	14	10	56	淘汰

知识拓展

在实际应用中，一个 IF 函数可能达不到工作的需要，这时可以使用多个 IF 函数进行嵌套。IF 函数嵌套的语法为：IF（Logical_test,Value_if_true,IF（Logical_test,Value_if_true,IF（Logical_test,Value_if_true,...,Value_if_false)））。通俗地讲，可以理解成【如果（某条件，条件成立返回的结果，（某条件，条件成立返回的结果，（某条件，条件成立返回的结果，……，条件不成立返回的结果）））】。例如，在本例中以表格中的总分为关键字，80 分以上（含 80 分）的为【录用】，70 分以上（含 70 分）的为【有待观察】，其余的则为【淘汰】，【G4】单元格的函数表达式就为【=IF(F4>=80,"录用",IF(F4>=70,"有待观察","淘汰"))】。

11.3 财务函数使用技巧

本节介绍在日常应用中财务函数的使用技巧，如计算偿还利息、贷款还款额、折旧值及投资净现值等。

285：使用 CUMIPMT 函数计算要偿还的利息

适用版本	实用指数
2010、2013、2016、2019	★★★★★

使用说明

CUMIPMT 函数用于计算一笔贷款在指定期间累计需要偿还的利息数额。该函数的语法为【=CUMIPMT(rate,nper,pv,start_period,end_period,type)】，各参数的含义如下。

- rate：利率。
- nper：总付款期数。
- pv：现值。
- start_period：计算中的首期，付款期数从 1 开始计数。
- end_period：计算中的末期。
- type：付款时间类型。

解决方法

例如，某人向银行贷款 50 万元，贷款期限为 12 年，年利率为 9%，现计算此笔贷款第一个月所支付的利息，以及第二年所支付的总利息，具体操作方法如下。

步骤01 打开素材文件（位置：素材文件\第 11 章\贷款明细表.xlsx），选择要存放第一个月支付利息计算结果的单元格【B5】，输入函数【=CUMIPMT

(B4/12,B3*12,B2,1,1,0)】，按【Enter】键，即可得出计算结果，如下图所示。

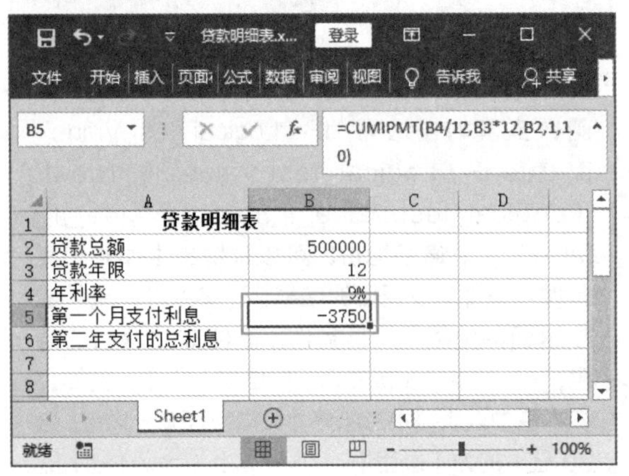

步骤02 选择要存放第二年支付总利息计算结果的单元格【B6】，输入函数【=CUMIPMT(B4/12,B3*12,B2,13,24,0)】，按【Enter】键，即可得出计算结果，如下图所示。

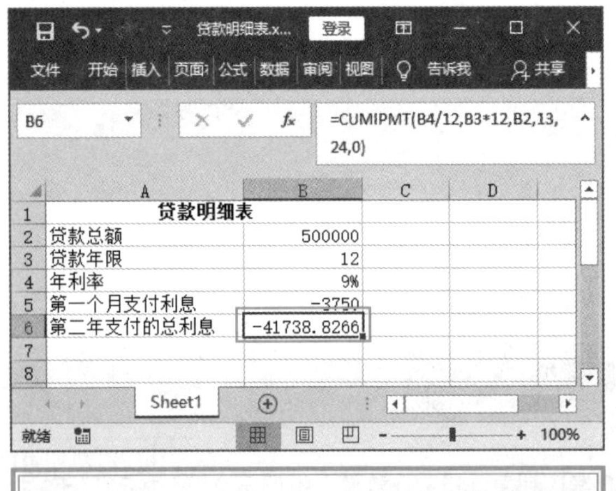

286：使用 CUMPRINC 函数计算要偿还的本金数额

适用版本	实用指数
2010、2013、2016、2019	★★★★★

使用说明

CUMPRINC 函数用于计算一笔贷款在给定期间需要累计偿还的本金数额。CUMPRINC 函数的语法为【=CUMPRINC(rate,nper,pv,start_period,end_period,type)】，各参数的含义与 CUMIPMT 函数中各参数的含义相同，此处不再赘述。

解决方法

例如，某人向银行贷款 50 万元，贷款期限为 12 年，年利率为 9%，现计算此笔贷款第一个月偿还的本金，以及第二年偿还的总本金，具体操作方法如下。

步骤01 打开素材文件（位置：素材文件\第 11 章\贷款明细表 1.xlsx），选择要存放第一个月偿还本金计算结果的单元格【B5】，输入函数【=CUMPRINC(B4/12,B3*12,B2,1,1,0)】，按【Enter】键，即可得出计算结果，如下图所示。

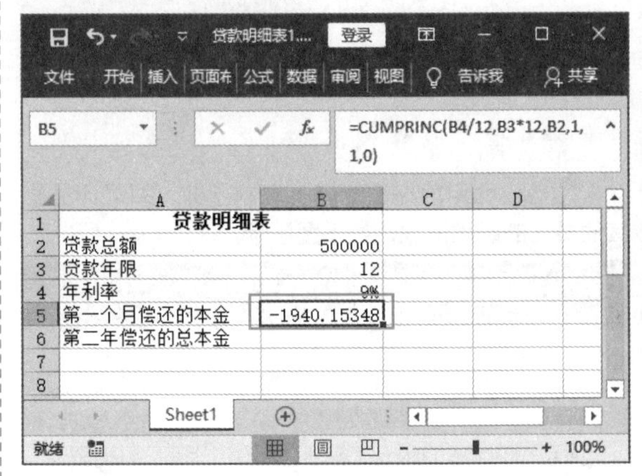

步骤02 选择要存放第二年偿还总本金计算结果的单元格【B6】，输入函数【=CUMPRINC(B4/12,B3*12,B2,13,24,0)】，按【Enter】键，即可得出计算结果，如下图所示。

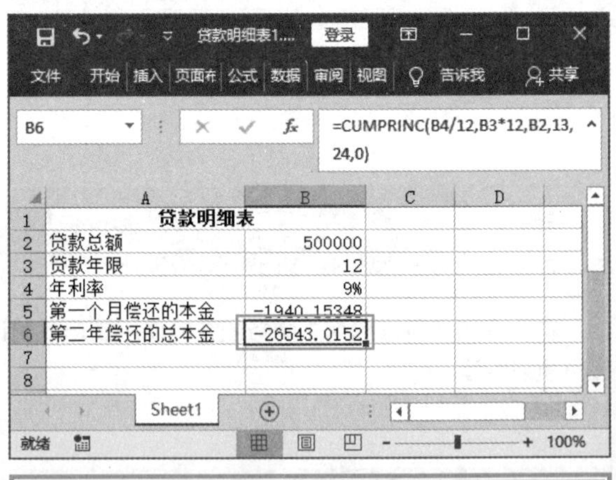

287：使用 PMT 函数计算月还款额

适用版本	实用指数
2010、2013、2016、2019	★★★★☆

使用说明

PMT 函数可以基于固定利率及等额分期还款方式，计算贷款的每期还款额。PMT 函数的语法为【=PMT(rate,nper,pv,fv,type)】，各参数的含义如下。

- rate：贷款利率。
- nper：该笔贷款的还款总期数。

- pv：现值，或一系列未来还款的当前值的累积和，也称为本金。
- fv：未来值。
- type：用以指定各期的还款时间是在期初（1）还是期末（0 或省略）。

解决方法

例如，某公司因购买写字楼向银行贷款 50 万元，贷款年利率为 8%，贷款期限为 10 年（即 120 个月），现计算每月应偿还的金额，具体操作方法如下。

打开素材文件（位置：素材文件 \ 第 11 章 \ 写字楼贷款计算表 .xlsx），选择要存放计算结果的单元格【B5】，输入函数【=PMT(B4/12,B3,B2)】，按【Enter】键，即可得出计算结果，如下图所示。

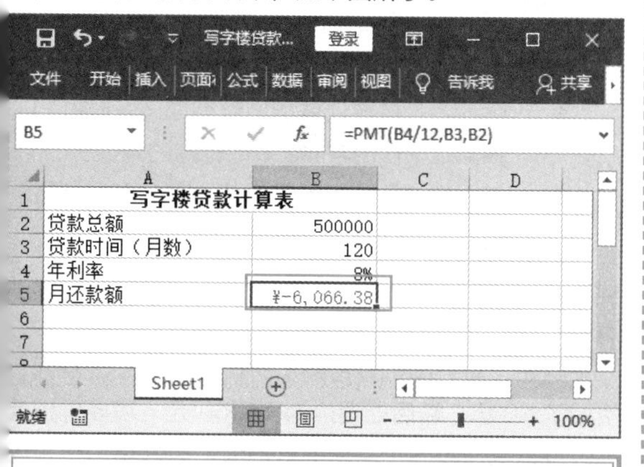

288：使用 IPMT 函数计算给定期数内的利息偿还额

适用版本	实用指数
2010、2013、2016、2019	★★★★☆

使用说明

如果需要基于固定利率及等额分期还款方式，返回给定期数内对投资的利息偿还额，可通过 IPMT 函数实现。IPMT 函数的语法为【=IPMT(rate,per,nper,pv,fv,type)】，各参数的含义如下。

- rate：各期利率。
- per：用于计算其利息数额的期数，必须在 1 和 nper 之间。
- nper：总投资期，即该项投资的还款期总期数。
- pv：现值，即从该项投资开始计算时已经入账的款项，也称为本金。
- fv：未来值，或在最后一次还款后希望得到的现金余额。如果省略 fv，则假设其值为 0。
- type：数字 0 或 1，用以指定各期的付款时间是在期初还是期末。如果省略，则假设其值为 0。

解决方法

例如，贷款 10 万元，年利率为 8%，贷款期数为 1，贷款年限为 3 年，现要分别计算第一个月和最后一年的利息，具体操作方法如下。

步骤01 打开素材文件（位置：素材文件 \ 第 11 章 \ 贷款明细表 2.xlsx），选择要存放计算结果的单元格【B6】，输入函数【=IPMT(B5/12,B3*3,B4,B2)】，按【Enter】键，即可得出计算结果，如下图所示。

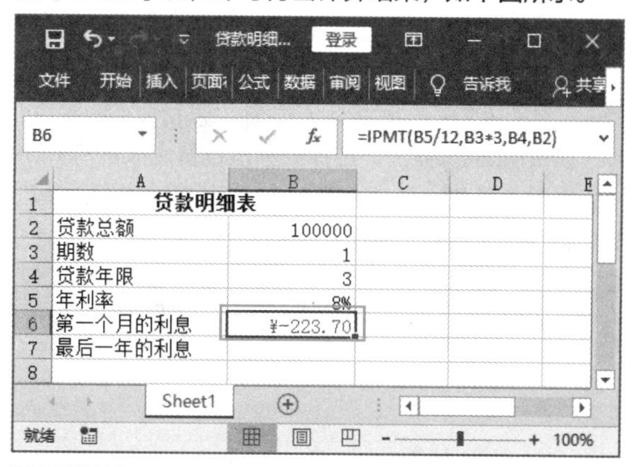

步骤02 选择要存放计算结果的单元格【B7】，输入函数【=IPMT(B5,3,B4,B2)】，按【Enter】键，即可得出计算结果，如下图所示。

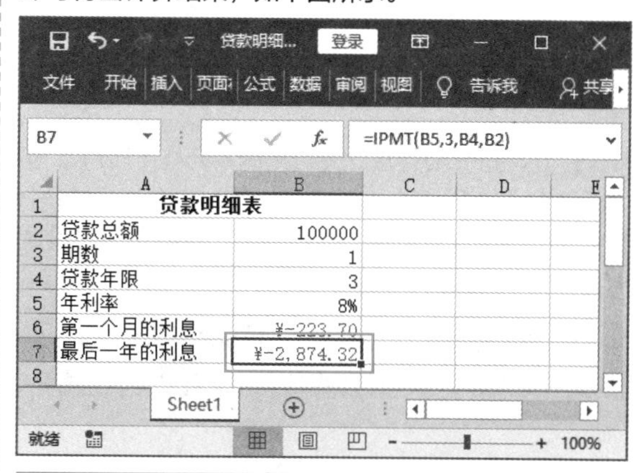

289：使用 RATE 函数计算年金的各期利率

适用版本	实用指数
2010、2013、2016、2019	★★★★☆

使用说明

RATE 函数用于计算年金的各期利率，其语法为

【=RATE(nper,pmt,pv,fv,type,guess)】，各参数的含义如下。

- nper：总投资期。
- pmt：各期付款额。
- pv：现值。
- fv：未来值。
- type：用以指定各期的付款时间是在期初（1）还是期末（0）。
- guess：预期利率。

解决方法

例如，投资总额为500万元，每月支付120000元，付款期限5年，要分别计算每月投资利率和年投资利率，具体操作方法如下。

步骤01 打开素材文件（位置：素材文件\第11章\投资明细.xlsx），选择要存放计算结果的单元格【B5】，输入函数【=RATE(B4*12,B3,B2)】，按【Enter】键，即可得出计算结果，如下图所示。

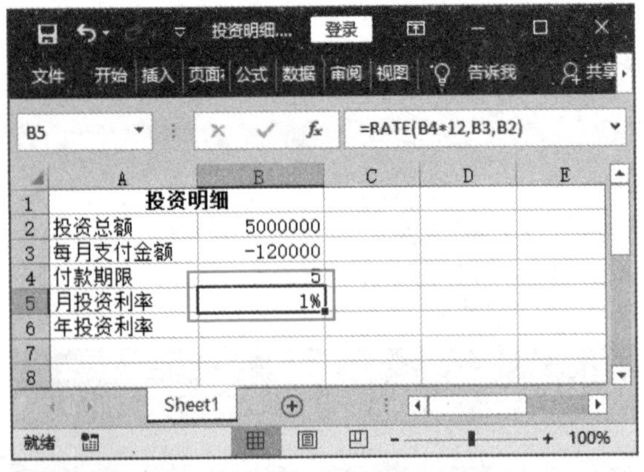

步骤02 选择要存放计算结果的单元格【B6】，输入函数【=RATE(B4*12,B3,B2)*12】，按【Enter】键，即可得出计算结果。根据需要，将数字格式设置为百分比，效果如下图所示。

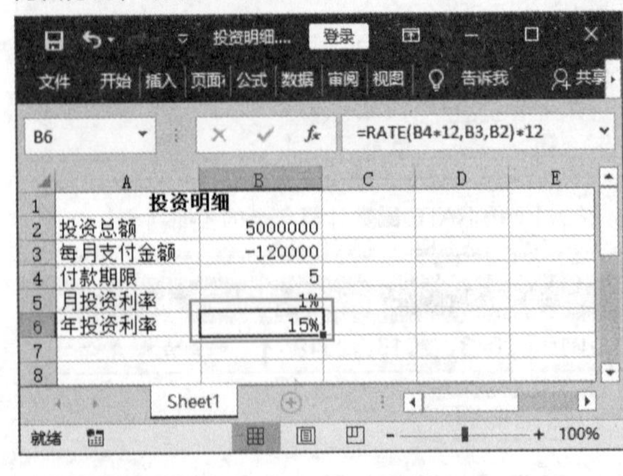

290：使用 DB 函数计算给定时间内的折旧值

适用版本	实用指数
2010、2013、2016、2019	★★★★★

使用说明

DB函数使用固定余额递减法，计算指定期间内某固定资产的折旧值。该函数的语法为【=DB(cost,salvage,life,period,month)】，各参数的含义如下。

- cost：资产原值。
- salvage：资产在折旧期末的价值，也称为资产残值。
- life：折旧期限（有时也称作资产的使用寿命）。
- period：需要计算折旧值的期间。period参数必须使用与life参数相同的单位。
- month：第一年的月份数。若省略，则假设为【12】。

解决方法

例如，某打印机设备购买时价格为250000元，使用了10年，最后处理价为15000元，现要分别计算该设备第一年5个月内的折旧值、第六年7个月内的折旧值及第九年3个月内的折旧值，具体操作方法如下。

步骤01 打开素材文件（位置：素材文件\第11章\打印机折旧计算.xlsx），选择要存放计算结果的单元格【B5】，输入函数【=DB(B2,B3,B4,1,5)】，按【Enter】键，即可得出计算结果，如下图所示。

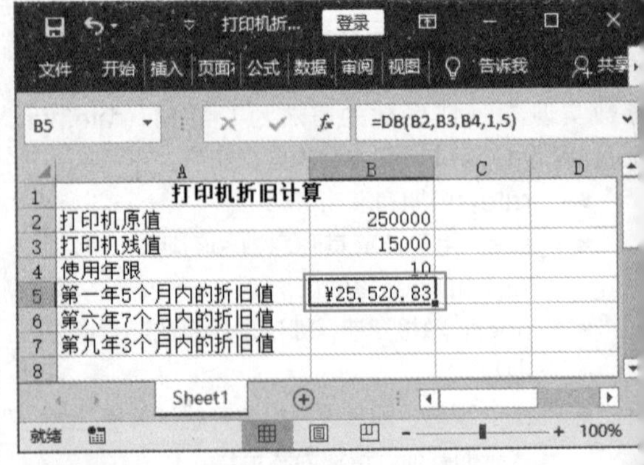

步骤02 选择要存放计算结果的单元格【B6】，输入函数【=DB(B2,B3,B4,6,7)】，按【Enter】键，即可得出计算结果，如下图所示。

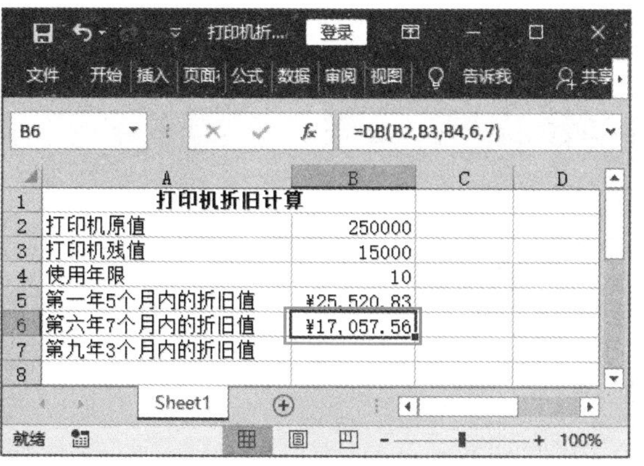

B6 =DB(B2,B3,B4,6,7)

	A	B
1	打印机折旧计算	
2	打印机原值	250000
3	打印机残值	15000
4	使用年限	10
5	第一年5个月内的折旧值	¥25,520.83
6	第六年7个月内的折旧值	¥17,057.56
7	第九年3个月内的折旧值	

步骤03 选择要存放计算结果的单元格【B7】，输入函数【=DB(B2,B3,B4,9,3)】，按【Enter】键，即可得出计算结果，如下图所示。

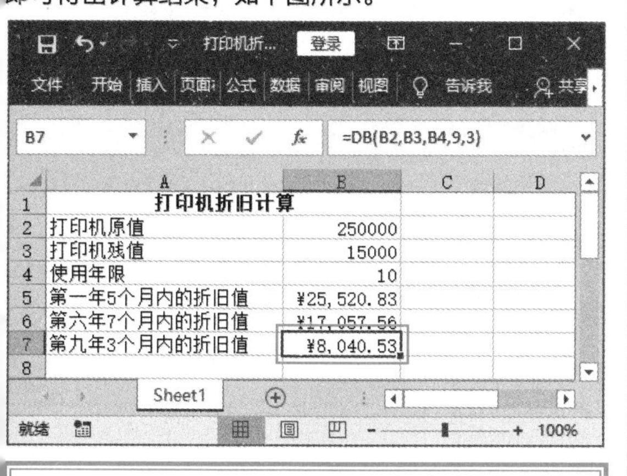

B7 =DB(B2,B3,B4,9,3)

	A	B
1	打印机折旧计算	
2	打印机原值	250000
3	打印机残值	15000
4	使用年限	10
5	第一年5个月内的折旧值	¥25,520.83
6	第六年7个月内的折旧值	¥17,057.56
7	第九年3个月内的折旧值	¥8,040.53

291：使用 NPV 函数计算投资净现值

适用版本	实用指数
2010、2013、2016、2019	★★★★☆

使用说明

NPV函数可以基于一系列将来的收（正值）支（负值）现金流和贴现率，计算一笔投资的净现值。NPV函数的语法为【=NPV(rate,value1,value2,...)】，各参数的含义如下。

- rate：某一期间的贴现率，为固定值。
- value1,value2,...：为 1~29 个参数，代表支出及收入。

解决方法

例如，一年前初期投资金额为 10 万元，年贴现率为 12%，第一年收益为 20000 元，第二年收益为 55000 元，第三年收益为 72000 元，要计算净现值，具体操作方法如下。

打开素材文件（位置：素材文件\第 11 章\计算净现值.xlsx），选择要存放计算结果的单元格【B6】，输入函数【=NPV(B5,B1,B2,B3,B4)】，按【Enter】键，即可得出计算结果，如下图所示。

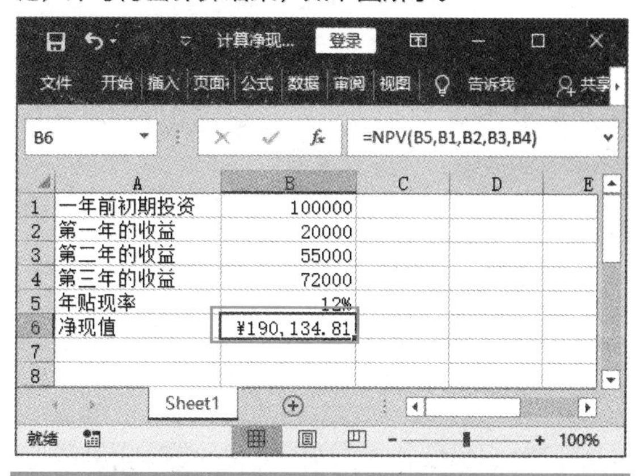

B6 =NPV(B5,B1,B2,B3,B4)

	A	B
1	一年前初期投资	100000
2	第一年的收益	20000
3	第二年的收益	55000
4	第三年的收益	72000
5	年贴现率	12%
6	净现值	¥190,134.81

292：使用 FV 函数计算投资的未来值

适用版本	实用指数
2010、2013、2016、2019	★★★★★

使用说明

FV函数可以基于固定利率和等额分期付款方式，计算某项投资的未来值。FV函数的语法为【=FV(rate,nper,pmt,pv,type)】，各参数的含义如下。

- rate：各期利率。
- nper：总投资期，即该项投资的付款期总数。
- pmt：各期所应支付的金额，其数值在整个年金期间保持不变。通常 pmt 包括本金和利息，但不包括其他费用及税款。如果忽略 pmt，则必须包括 pv 参数。
- pv：现值，即从该项投资开始计算时已经入账的款项，或一系列未来付款的当前值的累积和，也称为本金。如果省略 pv，则假设其值为 0，并且必须包括 pmt 参数。
- type：数字 0 或 1，用以指定各期的付款时间是在期初还是期末。如果省略 type，则假设其值为 0。

解决方法

例如，在银行办理零存整取的业务，每月存款 5000 元，年利率 2%，存款期限为 3 年（36 个月），要计算 3 年后的总存款数额，具体操作方法如下。

打开素材文件（位置：素材文件\第 11 章\计算存款总额.xlsx），选择要存放计算结果的单元格【B5】，输入函数【=FV(B4/12,B3,B2,1)】，按【Enter】键，即可得出计算结果，如下图所示。

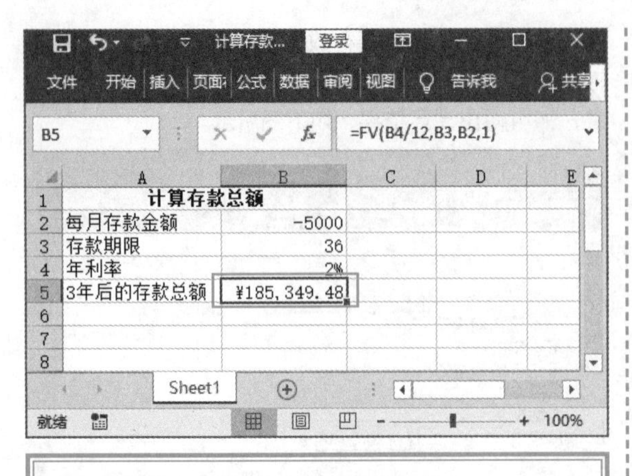

293：使用 SLN 函数计算线性折旧值

适用版本	实用指数
2010、2013、2016、2019	★★★★☆

使用说明

SLN 函数用于计算某固定资产的每一期限线性折旧值。SLN 函数的语法为【=SLN(cost,salvage,life)】，各参数的含义如下。

- cost：资产原值。
- salvage：资产在折旧期末的价值（也称为资产残值）。
- life：折旧期限（也称为资产的使用寿命）。

解决方法

例如，某打印机设备购买时价格为 250000 元，使用了 10 年，最后处理价为 15000 元，现要分别计算该设备每天、每月和每年的折旧值，具体操作方法如下。

步骤01 打开素材文件（位置：素材文件 \ 第 11 章 \ 打印机折旧计算 1.xlsx），选择要存放计算结果的单元格【B5】，输入函数【=SLN(B2,B3,B4)】，按【Enter】键，即可得出计算结果，如下图所示。

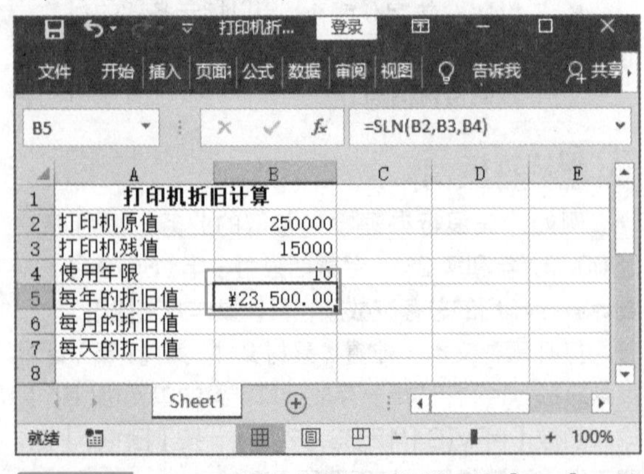

步骤02 选择要存放计算结果的单元格【B6】，输入函数【=SLN(B2,B3,B4*12)】，按【Enter】键，即可得出计算结果，如下图所示。

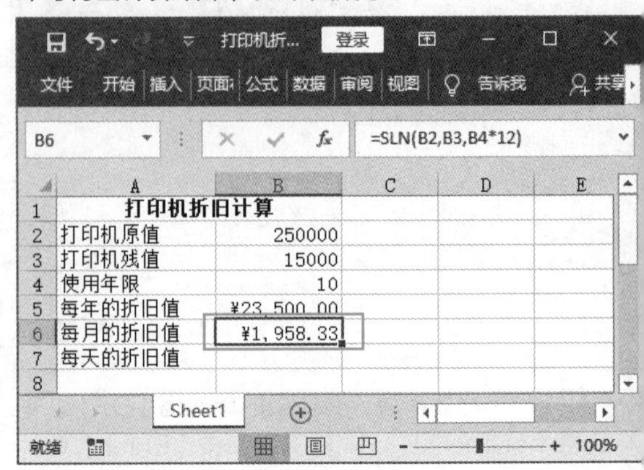

步骤03 选择要存放计算结果的单元格【B7】，输入函数【=SLN(B2,B3,B4*365)】，按【Enter】键，即可得出计算结果，如下图所示。

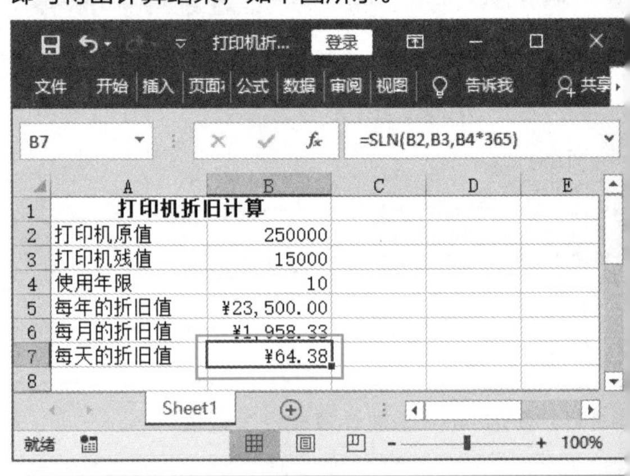

294：使用 SYD 函数按年限计算资产折旧值

适用版本	实用指数
2010、2013、2016、2019	★★★★☆

使用说明

通过 SYD 函数，可以使用年限总和折旧法计算某项固定资产指定期间的折旧值。该函数的语法为【=SYD(cost,salvage,life,per)】，各参数的含义如下。

- cost：资产原值。
- salvage：资产在折旧期末的价值。
- life：折旧期限。
- per：期间。

解决方法

例如，某打印机设备购买时价格为 250000 元，使用了 10 年，最后处理价为 15000 元，现要分别计

算该设备第一年、第五年和第九年的折旧值，具体操作方法如下。

步骤01 打开素材文件（位置：素材文件\第 11 章\打印机折旧计算 2.xlsx），选择要存放计算结果的单元格【B5】，输入函数【=SYD(B2,B3,B4,1)】，按【Enter】键，即可得出计算结果，如下图所示。

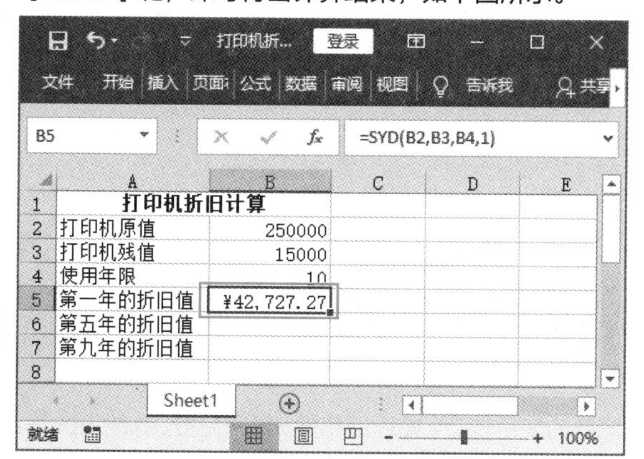

步骤02 选择要存放计算结果的单元格【B6】，输入函数【=SYD(B2,B3,B4,5)】，按【Enter】键，即可得出计算结果，如下图所示。

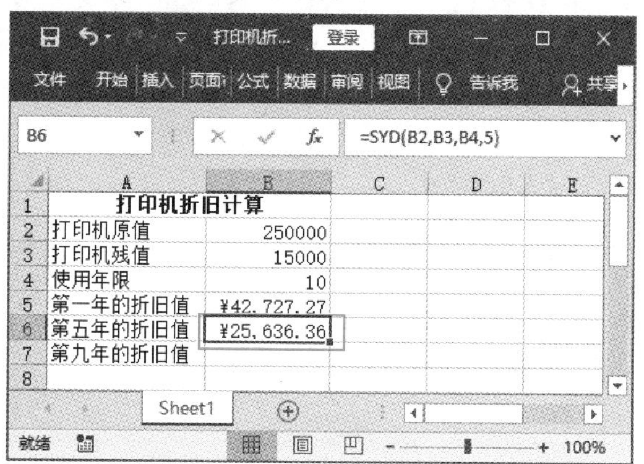

步骤03 选择要存放计算结果的单元格【B7】，输入函数【=SYD(B2,B3,B4,9)】，按【Enter】键，即可得出计算结果，如下图所示。

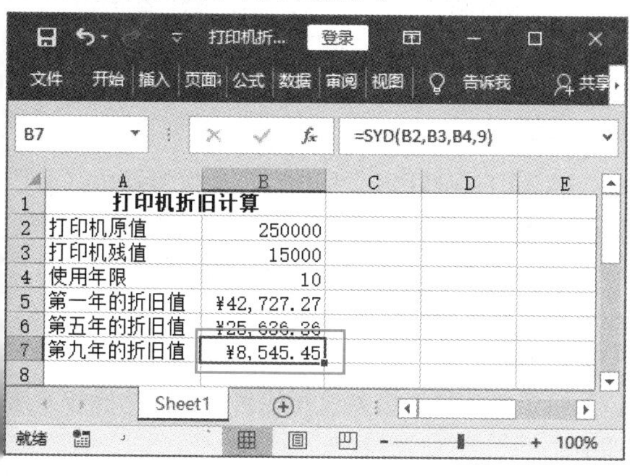

295：使用 VDB 函数计算任何时间段的折旧值

适用版本	实用指数
2010、2013、2016、2019	★★★★☆

使用说明

通过 VDB 函数，可以使用双倍余额递减法或其他指定的方法计算某固定资产在指定的任何时间内（包括部分时间）的折旧值。VDB 函数的语法为【=VDB(cost,salvage,life,start_period,end_period,factor,no_switch)】，各参数的含义如下。

- cost：资产原值。
- salvage：资产在折旧期末的价值（也称为资产残值）。
- life：折旧期限（也称作资产的使用寿命）。
- start_period：进行折旧计算的起始期间。
- end_period：进行折旧计算的截止期间。
- factor：余额递减速率（折旧因子）。
- no_switch：逻辑值。

解决方法

例如，某打印机设备购买时价格为 250000 元，使用了 10 年，最后处理价为 15000 元，现要分别计算该设备第 52 天的折旧值、第 20 个月与第 50 个月间的折旧值，具体操作方法如下。

步骤01 打开素材文件（位置：素材文件\第 11 章\打印机折旧计算 3.xlsx），选择要存放计算结果的单元格【B5】，输入函数【=VDB(B2,B3,B4*365,0,1)】，按【Enter】键，即可得出计算结果，如下图所示。

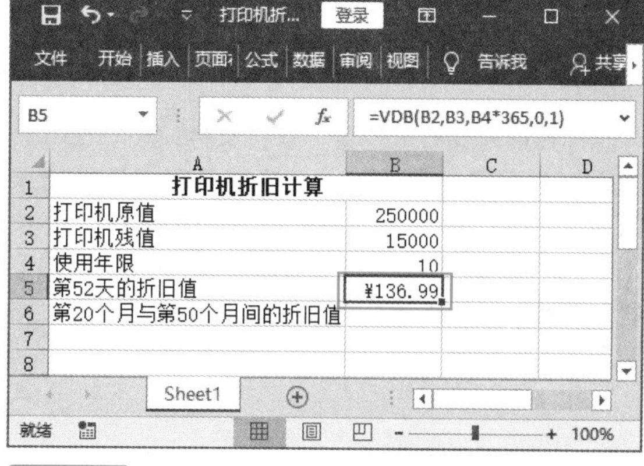

步骤02 选择要存放计算结果的单元格【B6】，输入函数【=VDB(B2,B3,B4*12,20,50)】，按【Enter】键，即可得出计算结果，如下图所示。

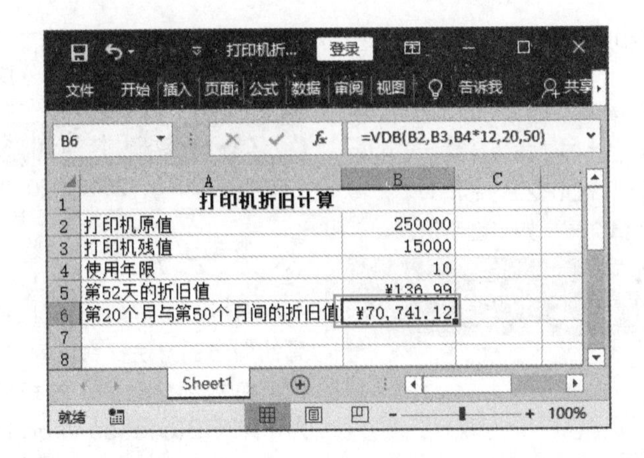

	A	B
1	打印机折旧计算	
2	打印机原值	250000
3	打印机残值	15000
4	使用年限	10
5	第52天的折旧值	¥136.99
6	第20个月与第50个月间的折旧值	¥70,741.12

11.4 日期与时间函数使用技巧

下面介绍在日常应用中日期与时间函数的使用技巧，如返回年份、返回月份、计算工龄等。

296：使用 YEAR 函数返回年份

适用版本	实用指数
2010、2013、2016、2019	★★★★★

使用说明

YEAR 函数用于返回日期的年份值（介于 1900~9999 之间的数字）。YEAR 函数的语法为【=YEAR(serial_number)】，参数 serial_number 为指定的日期。

解决方法

例如，要统计员工进入公司的年份，具体操作方法如下。

打开素材文件（位置：素材文件\第 11 章\员工入职时间登记表.xlsx），选中要存放计算结果的单元格【C3】，输入函数【=YEAR(B3)】，按【Enter】键即可得到计算结果。利用填充功能向下复制函数，可计算出所有员工入职年份，如右上图所示。

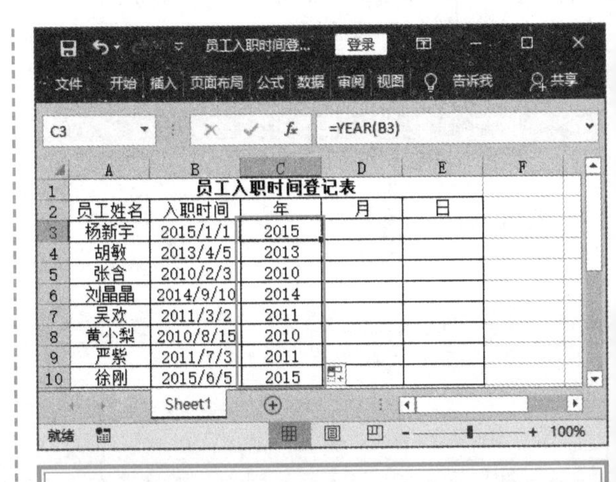

	A	B	C	D	E
1	员工入职时间登记表				
2	员工姓名	入职时间	年	月	日
3	杨新宇	2015/1/1	2015		
4	胡敏	2013/4/5	2013		
5	张含	2010/2/3	2010		
6	刘晶晶	2014/9/10	2014		
7	吴欢	2011/3/2	2011		
8	黄小梨	2010/8/15	2010		
9	严紫	2011/7/3	2011		
10	徐刚	2015/6/5	2015		

297：使用 MONTH 函数返回月份

适用版本	实用指数
2010、2013、2016、2019	★★★★☆

使用说明

MONTH 函数用于返回指定日期中的月份值（介于 1~12 之间的数字）。该函数的语法为【=MONTH(serial_number)】，参数 serial_number 为指定的日期。

解决方法

如要统计员工进入公司的月份，具体操作方法如下。

打开素材文件（位置：素材文件\第 11 章\员工

入职时间登记表 1.xlsx），选中要存放计算结果的单元格【D3】，输入函数【=MONTH(B3)】，按【Enter】键，即可得到计算结果。利用填充功能向下复制函数，即可计算出所有员工入职月份，如下图所示。

员工入职时间登记表				
员工姓名	入职时间	年	月	日
杨新宇	2015/1/1	2015	1	
胡敏	2013/4/5	2013	4	
张含	2010/2/3	2010	2	
刘晶晶	2014/9/10	2014	9	
吴欢	2011/3/2	2011	3	
黄小梨	2010/8/15	2010	8	
严紫	2011/7/3	2011	7	
徐刚	2015/6/5	2015	6	

298：使用 DAY 函数返回某天数值

适用版本	实用指数
2010、2013、2016、2019	★★★★☆

使用说明

DAY 函数用于返回表示一个月中第几天的数值（介于 1~31 之间的数字）。DAY 函数的语法为【=DAY(serial_number)】，参数 serial_number 为指定的日期。

解决方法

如要统计员工进入公司的具体日期，具体操作方法如下。

打开素材文件（位置：素材文件 \ 第 11 章 \ 员工入职时间登记表 2.xlsx），选中要存放计算结果的单元格【E3】，输入函数【=DAY(B3)】，按【Enter】键，即可得到计算结果。利用填充功能向下复制函数，即可计算出所有员工进入公司的具体日期，如下图所示。

员工入职时间登记表				
员工姓名	入职时间	年	月	日
杨新宇	2015/1/1	2015	1	1
胡敏	2013/4/5	2013	4	5
张含	2010/2/3	2010	2	3
刘晶晶	2014/9/10	2014	9	10
吴欢	2011/3/2	2011	3	2
黄小梨	2010/8/15	2010	8	15
严紫	2011/7/3	2011	7	3
徐刚	2015/6/5	2015	6	5

299：计算两个日期之间的年份数

适用版本	实用指数
2010、2013、2016、2019	★★★★☆

使用说明

如果需要计算两个日期之间的年份数，可通过 YEAR 函数实现。

解决方法

如要统计员工在公司的工作年限，具体操作方法如下。

打开素材文件（位置：素材文件 \ 第 11 章 \ 员工离职表 .xlsx），选中要存放计算结果的单元格【D3】，输入函数【=YEAR(C3)-YEAR(B3)】，按【Enter】键，即可得到计算结果。利用填充功能向下复制函数，即可计算出所有员工工作年限，如下图所示。

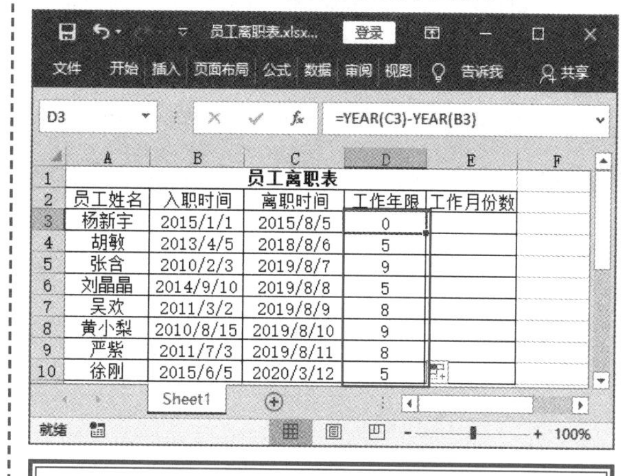

员工离职表				
员工姓名	入职时间	离职时间	工作年限	工作月份数
杨新宇	2015/1/1	2015/8/5	0	
胡敏	2013/4/5	2018/8/6	5	
张含	2010/2/3	2019/8/7	9	
刘晶晶	2014/9/10	2019/8/8	5	
吴欢	2011/3/2	2019/8/9	8	
黄小梨	2010/8/15	2019/8/10	9	
严紫	2011/7/3	2019/8/11	8	
徐刚	2015/6/5	2020/3/12	5	

300：计算两个日期之间的月份数

适用版本	实用指数
2010、2013、2016、2019	★★★★☆

使用说明

在编辑工作表时，还可计算两个日期之间间隔的月份数。如果需要计算间隔月份数的两个日期在同一年，可使用 MONTH 函数实现；如果需要计算间隔月份数的两个日期不在同一年，则需要使用 MONTH 函数和 YEAR 函数共同实现。

解决方法

如要统计员工在公司的工作月份数，具体操作方法如下。

步骤01 打开素材文件（位置：素材文件\第 11 章\员工离职表 1.xlsx），选择要存放计算结果的单元格【E3】，输入函数【=MONTH(C3)-MONTH(B3)】，按【Enter】键，即可得出计算结果，如下图所示。

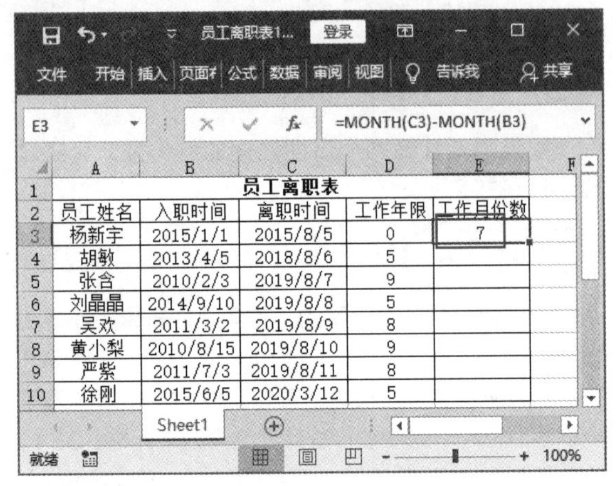

E3 =MONTH(C3)-MONTH(B3)

员工离职表				
员工姓名	入职时间	离职时间	工作年限	工作月份数
杨新宇	2015/1/1	2015/8/5	0	7
胡敏	2013/4/5	2018/8/6	5	
张含	2010/2/3	2019/8/7	9	
刘晶晶	2014/9/10	2019/8/8	5	
吴欢	2011/3/2	2019/8/9	8	
黄小梨	2010/8/15	2019/8/10	9	
严紫	2011/7/3	2019/8/11	8	
徐刚	2015/6/5	2020/3/12	5	

步骤02 选择要存放计算结果的单元格【E4】，输入函数【=(YEAR(C4)-YEAR(B4))*12+MONTH(C4)-MONTH(B4)】，按【Enter】键，即可得出计算结果。将该函数复制到其他需要进行计算的单元格，效果如下图所示。

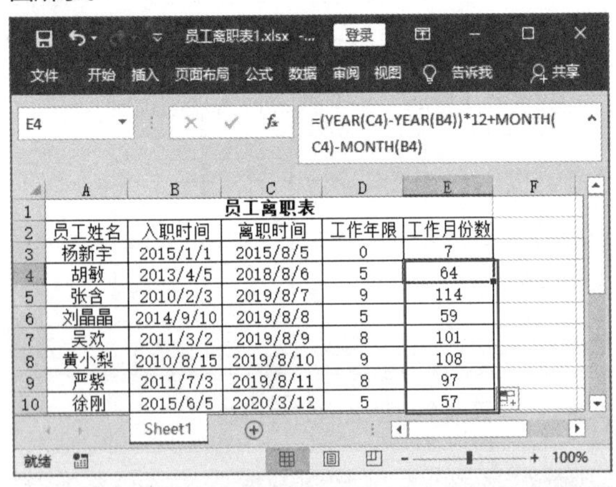

E4 =(YEAR(C4)-YEAR(B4))*12+MONTH(C4)-MONTH(B4)

员工离职表				
员工姓名	入职时间	离职时间	工作年限	工作月份数
杨新宇	2015/1/1	2015/8/5	0	7
胡敏	2013/4/5	2018/8/6	5	64
张含	2010/2/3	2019/8/7	9	114
刘晶晶	2014/9/10	2019/8/8	5	59
吴欢	2011/3/2	2019/8/9	8	101
黄小梨	2010/8/15	2019/8/10	9	108
严紫	2011/7/3	2019/8/11	8	97
徐刚	2015/6/5	2020/3/12	5	57

301：根据员工入职日期计算工龄

适用版本	实用指数
2010、2013、2016、2019	★★★★★

使用说明

在 Excel 中，利用 YEAR 函数和 TODAY 函数可以根据员工入职日期快速计算出员工的工龄。

解决方法

例如，要在工作表中计算员工工龄，具体操作方法如下。

打开素材文件（位置：素材文件\第 11 章\员工信息登记表 1.xlsx），选中要存放计算结果的单元格【G3】，输入函数【=YEAR(TODAY())-YEAR(F3)】，按【Enter】键，即可得到计算结果。此时，该计算结果显示的是日期格式，需要将数字格式设置为【常规】，然后利用填充功能向下复制函数，即可计算出所有员工的工龄，如下图所示。

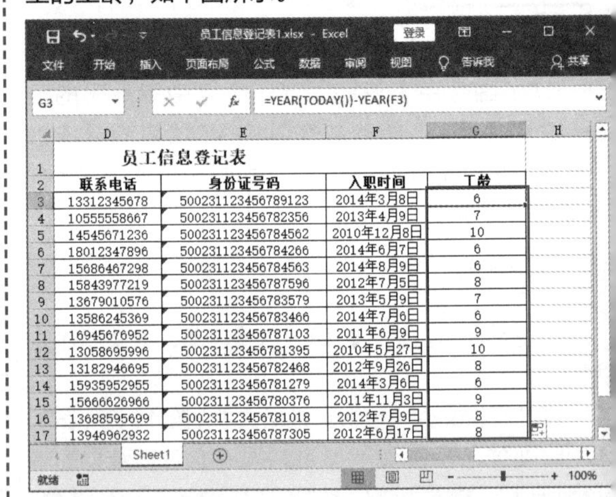

G3 =YEAR(TODAY())-YEAR(F3)

员工信息登记表			
联系电话	身份证号码	入职时间	工龄
13312345678	500231123456789123	2014年3月8日	6
10555558667	500231123456782356	2013年4月9日	7
14545671236	500231123456784562	2010年12月8日	10
18012347896	500231123456784266	2014年6月7日	6
15686467298	500231123456784563	2014年8月9日	6
15843977219	500231123456787596	2012年7月5日	8
13679010576	500231123456783579	2013年5月9日	7
13586245369	500231123456783466	2014年7月6日	6
16945676952	500231123456787103	2011年6月9日	9
13058695996	500231123456781395	2010年5月27日	10
13182946695	500231123456782468	2012年9月26日	8
15935952955	500231123456781279	2014年3月6日	6
15666626966	500231123456780376	2011年11月3日	9
13688595699	500231123456781018	2012年7月9日	8
13946962932	500231123456787305	2012年6月17日	8

11.5 统计函数使用技巧

要对工作表中存储的数据进行分类统计，可以通过统计函数来实现。本节将介绍统计函数的使用方法。

302：使用 COUNTA 函数统计非空单元格

适用版本	实用指数
2010、2013、2016、2019	★★★★★

使用说明

COUNTA 函数可以对单元格区域中非空单元格的个数进行统计。COUNTA 函数的语法为【=COUNTA(value1,value2,...)】。其中，

value1,value2,... 表示参加计数的 1~255 个参数，代表要进行计数的值（值可以是任意类型的信息）和单元格。

解决方法

例如，要统计今日访客数量，具体操作方法如下。

打开素材文件（位置：素材文件\第 11 章\访客登记表.xlsx），选中要存放结果的单元格【B16】，输入函数【=COUNTA(B4:B15)】，按【Enter】键，即可得到计算结果，如下图所示。

B16 =COUNTA(B4:B15)

	A	B	C	D
1	访客登记表			
2				2020/6/5
3	时间	到访者姓名	职务	到访原因
4	10:23	杨新宇	顺丰快递	送件
5	11:00	刘露		面试
6	11:19	张静	创意设计策划	广告洽谈
7	11:25	李洋洋		面试
8	11:40	朱金		复试
9	11:50	杨青青	ABY国际	项目合作
10	14:12	张小波		面试
11	14:20	黄雅雅		面试
12	15:20	袁志远	韵达速度	取件
13	15:40	陈倩		复试
14	16:07	韩丹		面试
15	16:50	陈强	天友	送货
16	今日访客人数	12		

303：使用 COUNTIF 函数进行条件统计

适用版本	实用指数
2010、2013、2016、2019	★★★★★

使用说明

COUNTIF 函数用于统计某区域中满足给定条件的单元格数目。COUNTIF 函数的语法为【=COUNTIF(range,criteria)】。其中，range 表示要统计单元格数目的区域；criteria 表示给定的条件，其形式可以是数字、文本等。

解决方法

例如，使用 COUNTIF 函数分别计算工龄在 7 年（含 7 年）以上的员工人数、人力资源部门的员工人数，具体操作方法如下。

步骤01 打开素材文件（位置：素材文件\第 11 章\员工信息登记表 2.xlsx），选中要存放计算结果的单元格【D19】，输入函数【=COUNTIF(G3:G17,">=7")】，按【Enter】键，即可得到计算结果，如右上图所示。

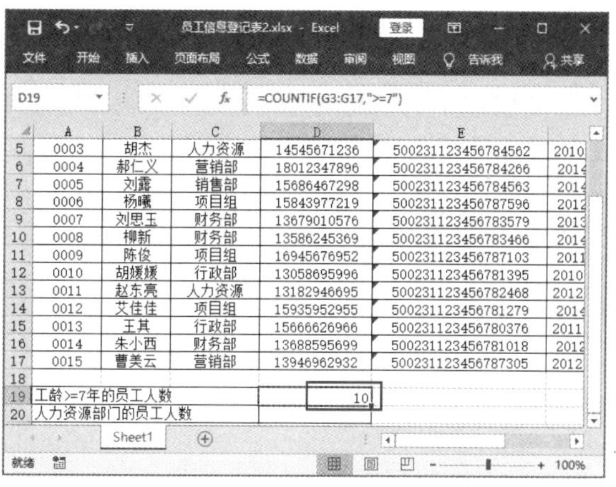

D19 =COUNTIF(G3:G17,">=7")

	A	B	C	D	E	
5	0003	胡杰	人力资源	14545671236	500231123456784562	2010
6	0004	郝仁义	营销部	18012347896	500231123456784266	2014
7	0005	刘露	销售部	15686467298	500231123456784563	2014
8	0006	杨曦	项目组	15843977219	500231123456787596	2012
9	0007	刘思玉	财务部	13679010576	500231123456783579	2013
10	0008	柳新	财务部	13586245369	500231123456783466	2014
11	0009	陈俊	项目组	16945676952	500231123456787103	2011
12	0010	胡媛媛	行政部	13058695996	500231123456781395	2010
13	0011	赵东亮	人力资源	13182946695	500231123456782468	2012
14	0012	艾佳佳	项目组	15935952955	500231123456781279	2014
15	0013	王其	行政部	15666626966	500231123456780376	2011
16	0014	朱小西	财务部	13688595699	500231123456781018	2012
17	0015	曹美云	营销部	13946962932	500231123456787305	2012
18						
19	工龄>=7年的员工人数			10		
20	人力资源部门的员工人数					

步骤02 选中要存放计算结果的单元格【D20】，输入函数【=COUNTIF(C3:C17,"人力资源")】，按【Enter】键，即可得到计算结果，如下图所示。

D20 =COUNTIF(C3:C17,"人力资源")

	A	B	C	D	E	
5	0003	胡杰	人力资源	14545671236	500231123456784562	2010
6	0004	郝仁义	营销部	18012347896	500231123456784266	2014
7	0005	刘露	销售部	15686467298	500231123456784563	2014
8	0006	杨曦	项目组	15843977219	500231123456787596	2012
9	0007	刘思玉	财务部	13679010576	500231123456783579	2013
10	0008	柳新	财务部	13586245369	500231123456783466	2014
11	0009	陈俊	项目组	16945676952	500231123456787103	2011
12	0010	胡媛媛	行政部	13058695996	500231123456781395	2010
13	0011	赵东亮	人力资源	13182946695	500231123456782468	2012
14	0012	艾佳佳	项目组	15935952955	500231123456781279	2014
15	0013	王其	行政部	15666626966	500231123456780376	2011
16	0014	朱小西	财务部	13688595699	500231123456781018	2012
17	0015	曹美云	营销部	13946962932	500231123456787305	2012
18						
19	工龄>=7年的员工人数			10		
20	人力资源部门的员工人数			3		

304：使用 COUNTBLANK 函数统计空白单元格

适用版本	实用指数
2010、2013、2016、2019	★★★★★

使用说明

COUNTBLANK 函数用于统计某个区域中空白单元格的个数。COUNTBLANK 函数的语法为【=COUNTBLANK(range)】，其中 range 为需要计算空白单元格数目的区域。

解决方法

例如，使用 COUNTBLANK 函数统计无总分成绩的人数，具体操作方法如下。

打开素材文件（位置：素材文件\第 11 章\新进员工考核表 1.xlsx），选中要存放计算结果的单元格【C16】，输入函数【=COUNTBLANK(F4:F14)】，

按【Enter】键，即可得到计算结果，如下图所示。

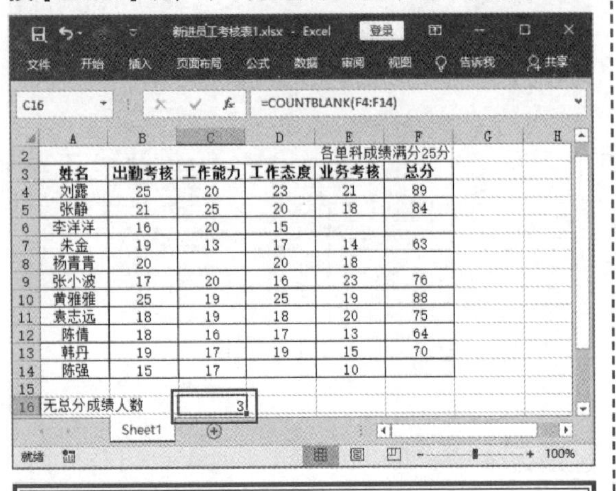

C16 =COUNTBLANK(F4:F14)

	A	B	C	D	E	F
2					各单科成绩满分25分	
3	姓名	出勤考核	工作能力	工作态度	业务考核	总分
4	刘露	25	20	23	21	89
5	张静	21	25	20	18	84
6	李洋洋	16	20	15		
7	朱金	19	13	17	14	63
8	杨青青	20		20	18	
9	张小波	17	20	16	23	76
10	黄雅雅	25	19	25	19	88
11	袁志远	18	19	18	20	75
12	陈倩	18	16	17	13	64
13	韩丹	19	17	19	15	70
14	陈强	15	17		10	
15						
16	无总分成绩人数		3			

305：使用 AVERAGE 函数计算平均值

适用版本	实用指数
2010、2013、2016、2019	★★★★★

使用说明

AVERAGE 函数用于计算列表中所有非空单元格（即仅有数值的单元格）的平均值。AVERAGE 函数的语法为【=AVERAGE(Number1, Number2,...)】，其中，Number1,Number2,... 为需要计算平均值的 1 ~ 255 个参数、单元格或单元格区域。

解决方法

例如，使用 AVERAGE 函数计算有效总成绩的平均分，具体操作方法如下。

打开素材文件（位置：素材文件 \ 第 11 章 \ 新进员工考核表 2.xlsx），选中要存放计算结果的单元格【F15】，输入函数【=AVERAGE(F4:F14)】，按【Enter】键，即可得到计算结果，如下图所示。

F15 =AVERAGE(F4:F14)

	A	B	C	D	E	F
1	新进员工考核表					
2					各单科成绩满分25分	
3	姓名	出勤考核	工作能力	工作态度	业务考核	总分
4	刘露	25	20	23	21	89
5	张静	21	25	20	18	84
6	李洋洋	16	20	15		无效
7	朱金	19	13	17	14	63
8	杨青青	20		20	18	无效
9	张小波	17	20	16	23	76
10	黄雅雅	25	19	25	19	88
11	袁志远	18	19	18	20	75
12	陈倩	18	16	17	13	64
13	韩丹	19	17	19	15	70
14	陈强	15	17		10	无效
15	有效总成绩平均分					76.125

11.6 文本函数使用技巧

在日常应用中，可以使用文本函数提取文本中的指定内容。下面介绍相关操作技巧。

306：从身份证号码中提取出生日期和性别

适用版本	实用指数
2010、2013、2016、2019	★★★★☆

使用说明

在对员工信息进行管理的过程中，有时需要建立一份电子档案，其中一般会包含身份证号码、性别、出生年月等信息。当员工人数太多时，逐个输入是一件非常烦琐的工作。为了提高工作效率，可以利用 MID 函数和 TRUNC 函数，从身份证号码中快速提取出生日期和性别。

MID 函数用于从文本字符串中指定的起始位置起，返回指定长度的字符。该函数的语法为【=MID(text,start_num,num_chars)】。其中，text 为包含要提取字符的文本字符串；start_num 为文本中要提取的第一个字符的位置；num_chars 用于指定要提取的字符串长度。

TRUNC 函数是将数字截为整数或保留指定位数的小数。TRUNC 函数的语法为【=TRUNC(number,[num_digits])】。其中，number 为必须项，表示需要截尾取整的数字；num_digits 为可选项，用于指定取整精度，如果忽略，则为 0。

解决方法

例如，要在档案表中根据身份证号码分别提取员工的出生日期和性别，具体操作方法如下。

步骤01 打开素材文件（位置：素材文件\第11章\员工档案表.xlsx），选中要存放计算结果的单元格【E3】，输入函数【=MID(D3,7,4)&" 年 "&MID(D3,11,2)&" 月 "&MID(D3,13,2)&" 日 "】，按【Enter】键，即可得到计算结果。利用填充功能向下复制函数，即可计算出所有员工的出生日期，如下图所示。

E3　=MID(D3,7,4)&"年"&MID(D3,11,2)&"月"&MID(D3,13,2)&"日"

员工档案

姓名	籍贯	民族	身份证号码	出生日期	性别	联系电
汪小颖	重庆	汉族	500231197610239123	1976年10月23日		1331234
尹向南	湖南	汉族	500231198002032356	1980年02月03日		1055555
胡杰	广东	汉族	500231198510144572	1985年10月14日		1454567
郝仁义	北京	汉族	500231199209284296	1992年09月28日		1801234
刘露	重庆	汉族	500231199010084563	1990年10月08日		1568646
杨曦	四川	汉族	500231198706077546	1987年06月07日		1584397
刘思玉	上海	汉族	500231198811133569	1988年11月13日		1367901
柳新	山东	汉族	500231199103073416	1991年03月07日		1358624
陈俊	陕西	汉族	500231197011187153	1970年11月18日		1694567
胡媛媛	四川	汉族	500231197202281345	1972年02月28日		1305869
赵东亮	北京	汉族	500231197412182478	1974年12月18日		1318294
艾佳佳	上海	汉族	500231199108161229	1991年08月16日		1593595
王其	广东	汉族	500231199007040376	1990年07月04日		1566662
朱小西	山东	汉族	500231199305031068	1993年05月03日		1368859
曹美云	陕西	汉族	500231198812057305	1988年12月05日		1394696

步骤02 选中要存放结果的单元格【F3】，输入函数【=IF(MID(D3,17,1)/2=TRUNC(MID(D3,17,1)/2),"女","男")】，按【Enter】键，即可得到计算结果。利用填充功能向下复制函数，即可计算出所有员工的性别，如下图所示。

F3　=IF(MID(D3,17,1)/2=TRUNC(MID(D3,17,1)/2), "女","男")

员工档案

姓名	籍贯	民族	身份证号码	出生日期	性别	联系电
汪小颖	重庆	汉族	500231197610239123	1976年10月23日	女	1331234
尹向南	湖南	汉族	500231198002032356	1980年02月03日	男	1055555
胡杰	广东	汉族	500231198510144572	1985年10月14日	男	1454567
郝仁义	北京	汉族	500231199209284296	1992年09月28日	男	1801234
刘露	重庆	汉族	500231199010084563	1990年10月08日	女	1568646
杨曦	四川	汉族	500231198706077546	1987年06月07日	女	1584397
刘思玉	上海	汉族	500231198811133569	1988年11月13日	女	1367901
柳新	山东	汉族	500231199103073416	1991年03月07日	男	1358624
陈俊	陕西	汉族	500231197011187153	1970年11月18日	男	1694567
胡媛媛	四川	汉族	500231197202281345	1972年02月28日	女	1305869
赵东亮	北京	汉族	500231197412182478	1974年12月18日	男	1318294
艾佳佳	上海	汉族	500231199108161229	1991年08月16日	女	1593595
王其	广东	汉族	500231199007040376	1990年07月04日	男	1566662
朱小西	山东	汉族	500231199305031068	1993年05月03日	女	1368859
曹美云	陕西	汉族	500231198812057305	1988年12月05日	女	394696

知识拓展

提取性别时，是在比较身份证号码的第 17 位数字。若该数字能被 2 整除，性别为【女】，否则为【男】。

307：使用 LEFT 函数提取文本

适用版本	实用指数
2010、2013、2016、2019	★★★☆☆

使用说明

LEFT 函数是从一个文本字符串的第一个字符开始，返回指定个数的字符。LEFT 函数的语法为【=LEFT(text,num_chars)】。其中，text 是需要提取字符的文本字符串；num_chars 是指定需要提取的字符数，如果忽略，则为 1。

解决方法

例如，利用 LEFT 函数将员工的姓氏提取出来，具体操作方法如下。

打开素材文件（位置：素材文件\第 11 章\员工档案表 1.xlsx），选中要存放计算结果的单元格【E3】，输入函数【=LEFT(A3,1)】，按【Enter】键，即可得到计算结果。利用填充功能向下复制函数，即可将所有员工的姓氏提取出来，如下图所示。

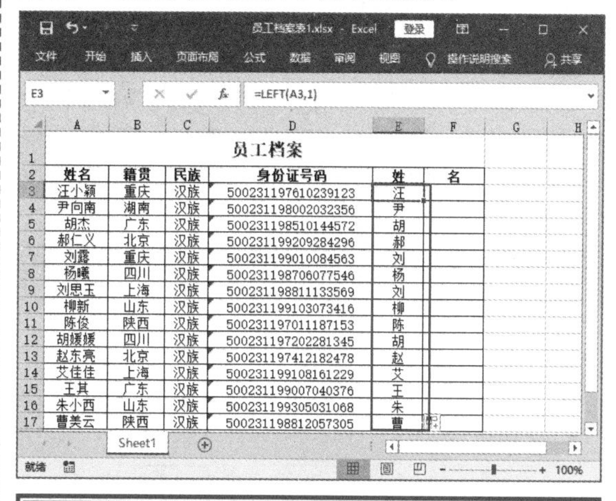

E3　=LEFT(A3,1)

员工档案

姓名	籍贯	民族	身份证号码	姓	名
汪小颖	重庆	汉族	500231197610239123	汪	
尹向南	湖南	汉族	500231198002032356	尹	
胡杰	广东	汉族	500231198510144572	胡	
郝仁义	北京	汉族	500231199209284296	郝	
刘露	重庆	汉族	500231199010084563	刘	
杨曦	四川	汉族	500231198706077546	杨	
刘思玉	上海	汉族	500231198811133569	刘	
柳新	山东	汉族	500231199103073416	柳	
陈俊	陕西	汉族	500231197011187153	陈	
胡媛媛	四川	汉族	500231197202281345	胡	
赵东亮	北京	汉族	500231197412182478	赵	
艾佳佳	上海	汉族	500231199108161229	艾	
王其	广东	汉族	500231199007040376	王	
朱小西	山东	汉族	500231199305031068	朱	
曹美云	陕西	汉族	500231198812057305	曹	

308：使用 RIGHT 函数提取文本

适用版本	实用指数
2010、2013、2016、2019	★★★☆☆

使用说明

RIGHT 函数是从一个文本字符串的最后一个字符开始，返回指定个数的字符。RIGHT 函数的语法为【=RIGHT(text,num_chars)】。其中，text 是需要提取字符的文本字符串；num_chars 是指定需要提取的字符数，如果忽略，则为 1。

解决方法

例如，利用 RIGHT 函数将员工的名字提取出来，具体操作方法如下。

步骤01 打开素材文件（位置：素材文件\第 11 章\员工档案表 2.xlsx），姓名有 3 个字符时的操作如下。选中要存放计算结果的单元格【F3】，输入函数【=RIGHT(A3,2)】，按【Enter】键，即可得到计算结果。将该函数复制到其他需要计算的单元格即可，效果如下图所示。

F3 =RIGHT(A3,2)

员工档案					
姓名	籍贯	民族	身份证号码	姓	名
汪小颖	重庆	汉族	500231197610239123	汪	小颖
尹向南	湖南	汉族	500231198002032356	尹	向南
胡杰	广东	汉族	500231198510144572	胡	
郝仁义	北京	汉族	500231199209284296	郝	仁义
刘露	重庆	汉族	500231199010084563	刘	
杨曦	四川	汉族	500231198706077546	杨	
刘思玉	上海	汉族	500231198811133569	刘	思玉
柳新	山东	汉族	500231199103073416	柳	柳新
陈俊	陕西	汉族	500231197011187153	陈	
胡媛媛	四川	汉族	500231197202281345	胡	媛媛
赵东亮	北京	汉族	500231197412182478	赵	东亮
艾佳佳	上海	汉族	500231199108161229	艾	佳佳
王其	广东	汉族	500231199007040376	王	
朱小西	山东	汉族	500231199305031068	朱	小西
曹美云	陕西	汉族	500231198812057305	曹	美云

步骤02 姓名有 2 个字符时的操作如下。选中要存放计算结果的单元格【F5】，输入函数【=RIGHT(A5,1)】，按【Enter】键，即可得到计算结果。将该函数复制到其他需要计算的单元格即可，效果如下图所示。

F5 =RIGHT(A5,1)

员工档案					
姓名	籍贯	民族	身份证号码	姓	名
汪小颖	重庆	汉族	500231197610239123	汪	小颖
尹向南	湖南	汉族	500231198002032356	尹	向南
胡杰	广东	汉族	500231198510144572	胡	杰
郝仁义	北京	汉族	500231199209284296	郝	仁义
刘露	重庆	汉族	500231199010084563	刘	露
杨曦	四川	汉族	500231198706077546	杨	杰
刘思玉	上海	汉族	500231198811133569	刘	思玉
柳新	山东	汉族	500231199103073416	柳	新
陈俊	陕西	汉族	500231197011187153	陈	俊
胡媛媛	四川	汉族	500231197202281345	胡	媛媛
赵东亮	北京	汉族	500231197412182478	赵	东亮
艾佳佳	上海	汉族	500231199108161229	艾	佳佳
王其	广东	汉族	500231199007040376	王	其
朱小西	山东	汉族	500231199305031068	朱	小西
曹美云	陕西	汉族	500231198812057305	曹	美云

309：快速从文本右侧提取指定数量的字符

适用版本	实用指数
2010、2013、2016、2019	★★★★☆

使用说明

在使用 RIGHT 函数提取员工名字时，发现要分别对姓名有 3 个字符和 2 个字符的进行提取，为了提高工作效率，可以通过 RIGHT 函数和 LEN 函数快速从文本右侧开始提取指定数量的字符。

LEN 函数用于返回文本字符串中的字符个数。该函数的语法为【=LEN(text)】，参数 text 是要计算字符个数的文本字符串。

解决方法

例如，利用 RIGHT 和 LEN 函数将员工的名字提取出来，具体操作方法如下。

打开素材文件（位置：素材文件\第 11 章\员工档案表 2.xlsx），选中要存放计算结果的单元格【F3】，输入函数【=RIGHT(A3,LEN(A3)−1)】，按【Enter】键，即可得到计算结果。利用填充功能向下复制函数，即可将其他员工的名字提取出来，如下图所示。

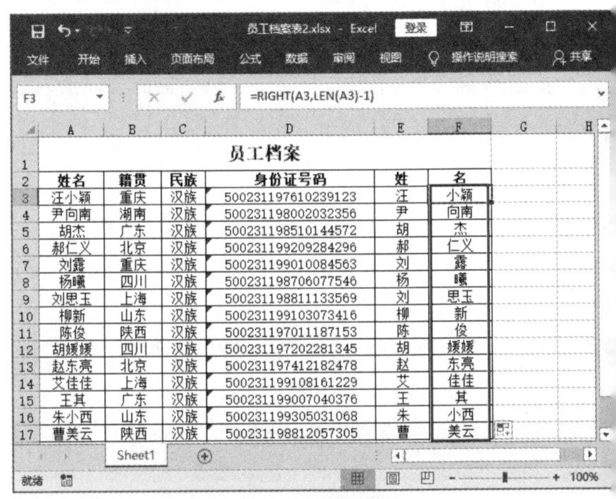

F3 =RIGHT(A3,LEN(A3)-1)

员工档案					
姓名	籍贯	民族	身份证号码	姓	名
汪小颖	重庆	汉族	500231197610239123	汪	小颖
尹向南	湖南	汉族	500231198002032356	尹	向南
胡杰	广东	汉族	500231198510144572	胡	杰
郝仁义	北京	汉族	500231199209284296	郝	仁义
刘露	重庆	汉族	500231199010084563	刘	露
杨曦	四川	汉族	500231198706077546	杨	曦
刘思玉	上海	汉族	500231198811133569	刘	思玉
柳新	山东	汉族	500231199103073416	柳	新
陈俊	陕西	汉族	500231197011187153	陈	俊
胡媛媛	四川	汉族	500231197202281345	胡	媛媛
赵东亮	北京	汉族	500231197412182478	赵	东亮
艾佳佳	上海	汉族	500231199108161229	艾	佳佳
王其	广东	汉族	500231199007040376	王	其
朱小西	山东	汉族	500231199305031068	朱	小西
曹美云	陕西	汉族	500231198812057305	曹	美云

温馨提示

参照本例的操作方法，还可将 LEFT 函数和 LEN 函数结合使用，以便于快速从文本左侧开始提取指定数量的字符。

310：只显示身份证号码后四位数

适用版本	实用指数
2010、2013、2016、2019	★★★★★

使用说明

为了保证用户的个人信息安全，一些常用的证件号码，如身份证、银行卡号码等，可以只显示后面

四位号码，其他号码则用星号代替。针对这类情况，可以通过 CONCATENATE 函数、RIGHT 函数和 REPT 函数实现。

CONCATENATE 函数用于将多个字符串合并为一个字符串。该函数的语法为【=CONCATENATE(text1,text2,...)】，参数 text1,text2,... 是指 1~255 个要合并的文本字符串，可以是字符串、数字或对单个单元格的引用。

REPT 函数用于在单元格中重复填写一个文本字符串。REPT 函数的语法为【=REPT(text,number_times)】。其中，text 是指定需要重复显示的文本；number_times 是指定文本的重复次数，范围为 0~32767。

解决方法

例如，只显示身份证号码的最后四位数，具体操作方法如下。

打开素材文件（位置：素材文件\第 11 章\员工档案表 3.xlsx），选中要存放计算结果的单元格【E3】，输入函数【=CONCATENATE(REPT("*",14),RIGHT(D3,4))】，按【Enter】键，即可得到计算结果，然后利用填充功能向下复制函数即可，如下图所示。

E3 =CONCATENATE(REPT("*",14),RIGHT(D3,4))

员工档案				
姓名	籍贯	民族	身份证号码	显示最后4位
汪小颖	重庆	汉族	500231197610239123	**************9123
尹向南	湖南	汉族	500231198002032356	**************2356
胡杰	广东	汉族	500231198510144572	**************4572
郝仁义	北京	汉族	500231199209284296	**************4296
刘露	重庆	汉族	500231199010084563	**************4563
杨曦	四川	汉族	500231198706077546	**************7546
刘思玉	上海	汉族	500231198811133569	**************3569
柳新	山东	汉族	500231199103073416	**************3416
陈俊	陕西	汉族	500231197011187153	**************7153
胡媛媛	四川	汉族	500231197202281345	**************1345
赵东亮	北京	汉族	500231197412182478	**************2478
艾佳佳	上海	汉族	500231199108161229	**************1229
王其	广东	汉族	500231199007040376	**************0376
朱小西	山东	汉族	500231199305031068	**************1068
曹美云	陕西	汉族	500231198812057305	**************7305

11.7 其他函数使用技巧

在编辑工作表时，有时还会用到 SUMIF 函数、RAND 函数及 POWER 函数等。下面分别讲解它们的使用方法。

311：使用 SUMIF 函数进行条件求和

适用版本	实用指数
2010、2013、2016、2019	★★★★★

使用说明

SUMIF 函数用于对满足条件的单元格进行求和运算。SUMIF 函数的语法为【=SUMIF(range,criteria,[sum_range])】，各参数的含义如下。

- range：要进行计算的单元格区域。
- criteria：单元格求和的条件，其形式可以为数字、表达式或文本等。
- sum_range：用于求和运算的实际单元格。若省略，将使用区域中的单元格。

解决方法

例如，使用 SUMIF 函数统计员工的销售总量，具体操作方法如下。

步骤01 打开素材文件（位置：素材文件\第 11 章\海尔洗衣机销售统计 .xlsx），选中要存放计算结果的单元格【C9】，输入函数【=SUMIF(A3:A8,"杨雪",C3:C8)】，按【Enter】键，即可得到计算结果，如下图所示。

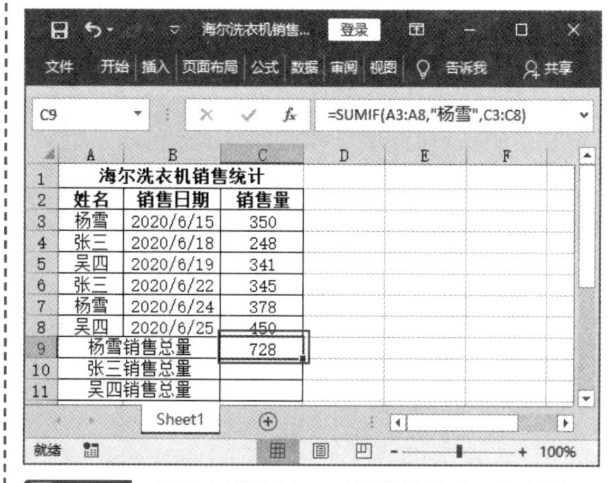

C9 =SUMIF(A3:A8,"杨雪",C3:C8)

海尔洗衣机销售统计		
姓名	销售日期	销售量
杨雪	2020/6/15	350
张三	2020/6/18	248
吴四	2020/6/19	341
张三	2020/6/22	345
杨雪	2020/6/24	378
吴四	2020/6/25	450
杨雪销售总量		728
张三销售总量		
吴四销售总量		

步骤02 参照上述方法，对其他销售人员的销售总量进行计算，如下图所示。

312：使用 RAND 函数制作随机抽取表

适用版本	实用指数
2010、2013、2016、2019	★★★★☆

使用说明

RAND 函数用于返回大于或等于 0 且小于 1 的平均分布随机实数，依重新计算而变，即每次计算工作表时都将返回一个新的随机实数。该函数不需要计算参数。

解决方法

例如，公司有 230 位员工，随机抽出 24 位员工参加技能考试，具体操作方法如下。

步骤01 打开素材文件（位置：素材文件 \ 第 11 章 \ 随机抽取 .xlsx），选择放置 24 个编号的单元格区域，将数字格式设置为【数值】，并将小数位数设置为 0。

步骤02 保持单元格区域的选中状态，在编辑栏中输入【=1+RAND()*230】，如下图所示。

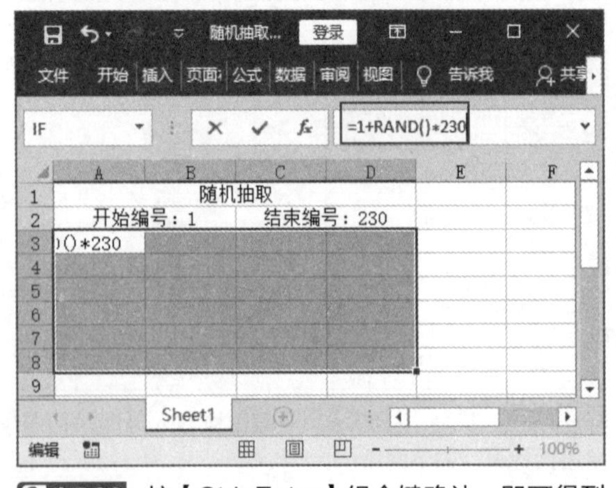

步骤03 按【Ctrl+Enter】组合键确认，即可得到 1~230 之间的 24 个随机编号，如下图所示。

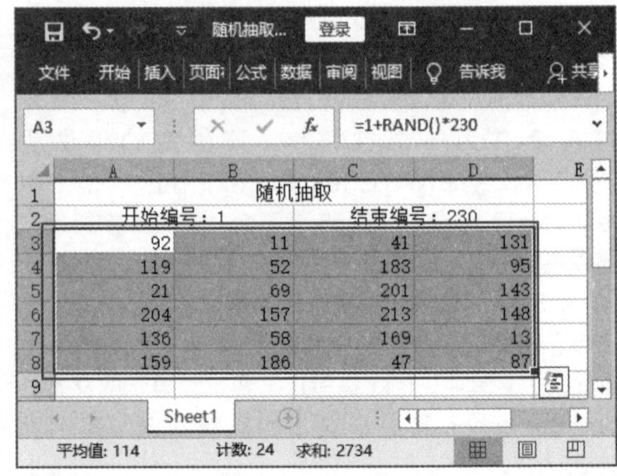

313：使用 POWER 函数计算数据

适用版本	实用指数
2010、2013、2016、2019	★★★★★

使用说明

POWER 函数用于返回某个数字的乘幂。该函数的语法为【=POWER(number,power)】。其中，number 为底数，可以为任意实数；power 为指数，底数按该指数次幂乘方。

解决方法

例如，使用 POWER 函数进行乘幂计算，具体操作方法如下。

打开素材文件（位置：素材文件 \ 第 11 章 \ 乘幂运算 .xlsx），选中要存放计算结果的单元格【C3】，输入函数【=POWER(A3,B3)】，按【Enter】键，即可得到计算结果。然后利用填充功能向下复制函数即可，如下图所示。

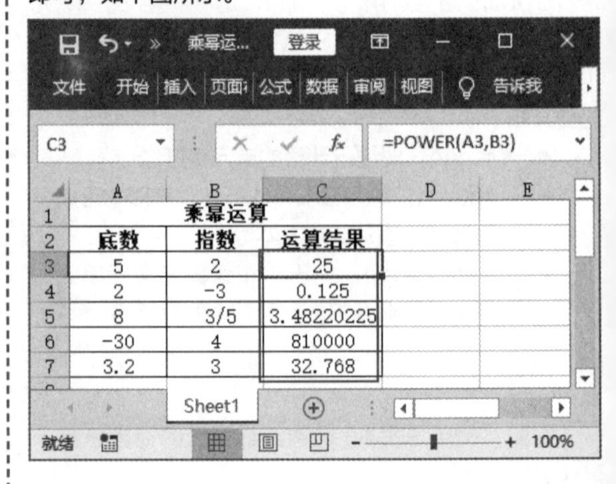

第 12 章
Excel 图表制作与应用技巧

图表是重要的数据分析工具之一。通过图表，可以非常直观地诠释工作表数据，并清晰地显示数据间的细微差异及变化情况，从而使用户能更好地分析数据。本章主要针对图表功能介绍一些操作技巧。

下面是一些图表制作中的常见问题，请检查你是否会处理或已掌握。

【√】认真挑选了合适的数据源，创建了一个图表，可是却发现图表类型不合适，需要删除图表重新创建吗?

【√】制作了一个饼图，想要将一部分饼图突出显示，知道如何操作吗?

【√】工作表中的重要数据被隐藏后，又希望将其以图表的形式展示给他人，能否将隐藏的数据显示在图表中?

【√】图表创建完成后，需要将图表发送给他人查看，又担心他人无意中更改了图表内容，知道如何将图表保存为 PDF 格式吗?

【√】在图表中分析数据时，知道怎样添加辅助线吗?

【√】为工作表中的数据创建了迷你图之后，为了突出重点，知道怎样将重要数据突出显示吗?

希望通过对本章内容的学习，能够解决以上问题，并学会 Excel 图表制作与应用技巧。

12.1 图表编辑技巧

在 Excel 中，用户可以很轻松地创建各种类型的图表。完成图表的创建后，还可以根据需要进行编辑和修改，以便让图表更直观地表现工作表数据。

314：根据统计需求创建图表

适用版本	实用指数
2010、2013、2016、2019	★★★★★

使用说明

图表的创建非常简单，只需选择要创建为图表的数据区域，然后选择需要的图表样式即可。在选择数据区域时，根据需要，用户可以选择整个数据区域，也可以选择部分数据区域。

解决方法

例如，为部分数据源创建一个柱形图，具体操作方法如下。

步骤01 打开素材文件（位置：素材文件\第 12 章\上半年销售情况 .xlsx），❶选择要创建为图表的数据区域；❷单击【插入】选项卡【图表】组中图表类型对应的按钮，本例中单击【插入柱形图】下拉按钮；❸在弹出的下拉列表中选择需要的柱形图样式，如下图所示。

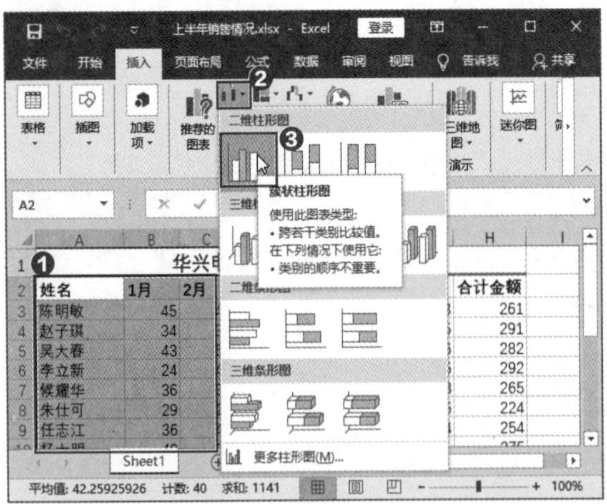

步骤02 完成上述操作后，将在工作表中插入一个图表。将鼠标指针指向该图表边缘时，鼠标指针会呈现为✥状。此时按住鼠标左键不放，拖动鼠标，可移动图表的位置，如下图所示。

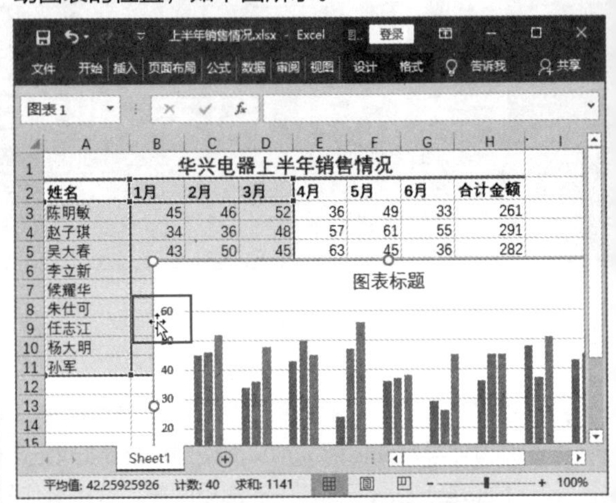

知识拓展

选择数据区域后，单击【图表】组中的【对话框启动器】按钮，在弹出的【插入图表】对话框中也可以选择需要的图表样式。

315：更改已创建图表的类型

适用版本	实用指数
2013、2016、2019	★★★★★

使用说明

创建图表后，若图表的类型不符合用户的需求，则可以更改图表的类型。

解决方法

例如，要将柱形图更改为折线图类型的图表，具体操作方法如下。

步骤01 打开素材文件（位置：素材文件\第 12 章\上半年销售情况 1.xlsx），❶选中图表；❷单击【图表工具 / 设计】选项卡【类型】组中的【更改图表类型】按钮，如下图所示。

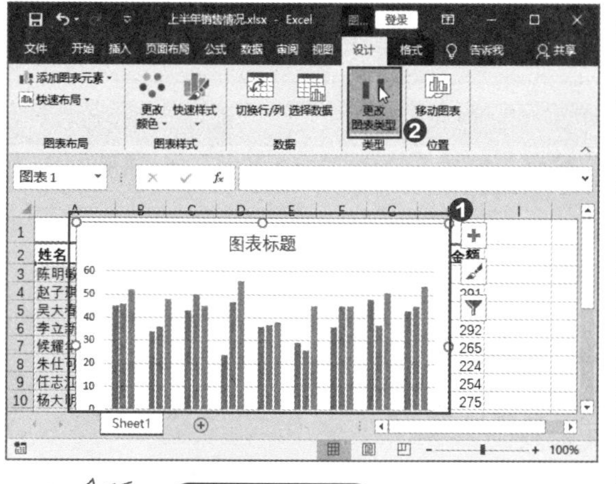

温馨提示

在 Excel 2010 中，当插入图表后，功能区中会显示【图表工具 / 设计】【图表工具 / 布局】和【图表工具 / 格式】3 个选项卡，而 Excel 2013、Excel 2016 和 Excel 2019 中只有【图表工具 / 设计】和【图表工具 / 格式】2 个选项卡，在 Excel 2013、Excel 2016 和 Excel 2019 的【图表工具 / 设计】选项卡的【图表布局】组中有一个【添加图表元素】按钮，该按钮几乎囊括了之前版本【图表工具 / 布局】选项卡中的相关功能。因为界面的变化，操作难免会有所差异，希望读者自行变通，后面不再赘述。

步骤02 ❶弹出【更改图表类型】对话框，在【所有图表】选项卡的左侧列表框中选择【折线图】选项；❷在右侧上方选择需要的折线图样式；❸在预览栏中提供了所选样式的呈现方式，根据需要进行选择；❹单击【确定】按钮，如下图所示。

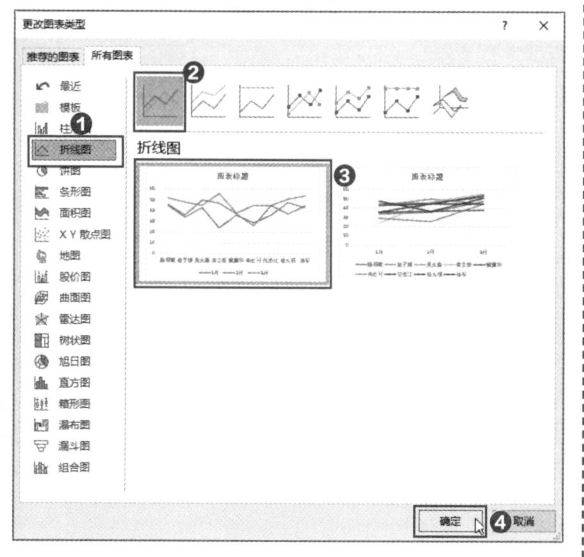

步骤03 完成上述操作后，所选图表将更改为折线图，如下图所示。

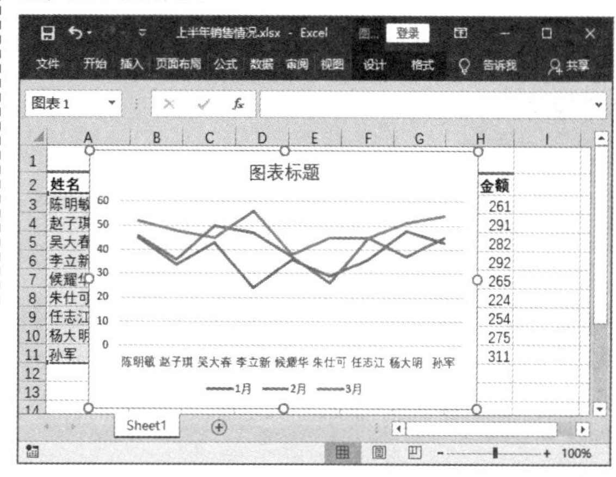

316：在图表中增加数据系列

适用版本	实用指数
2010、2013、2016、2019	★★★★★

使用说明

在创建图表时，若只是选择了部分数据进行创建，则在后期操作过程中，还可以在图表中增加数据系列。

解决方法

如果要在图表中增加数据系列，具体操作方法如下。

步骤01 打开素材文件（位置：素材文件\第 12 章\上半年销售情况 1.xlsx），❶选中图表；❷单击【图表工具 / 设计】选项卡【数据】组中的【选择数据】按钮，如下图所示。

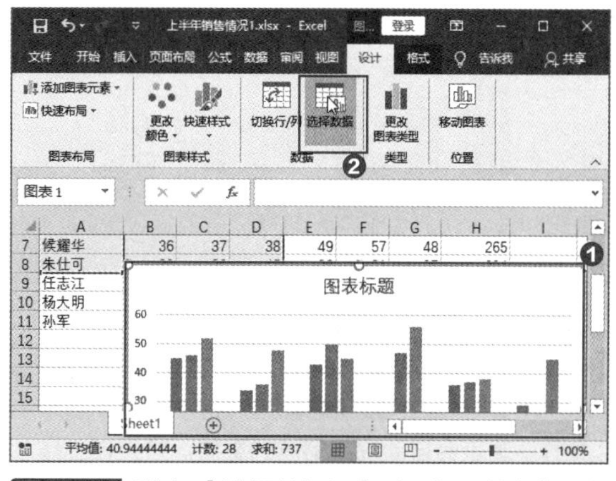

步骤02 弹出【选择数据源】对话框，单击【图例项（系列）】栏中的【添加】按钮，如下图所示。

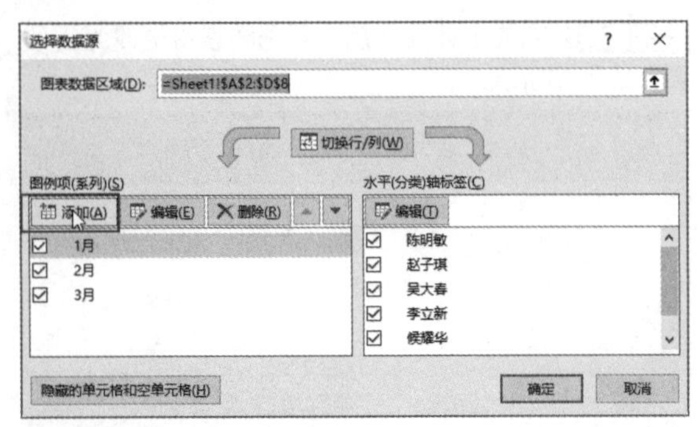

步骤03 ❶弹出【编辑数据系列】对话框，分别在【系列名称】和【系列值】参数框中设置对应的数据源；❷单击【确定】按钮，如下图所示。

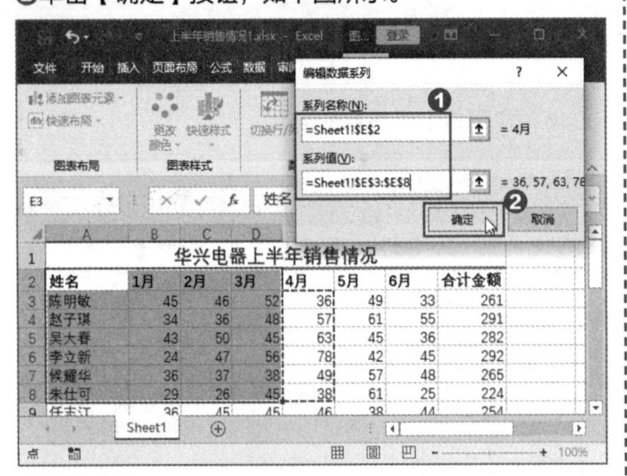

步骤04 返回【选择数据源】对话框，单击【确定】按钮。返回工作表，即可看到图表中增加了数据系列，如下图所示。

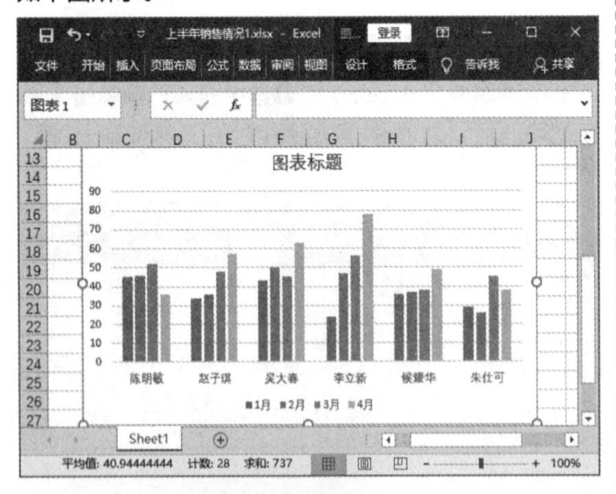

温馨提示

在工作表中，如果对数据进行了修改或删除操作，图表会自动进行相应的更新。如果在工作表中增加了新数据，则图表不会自动进行更新，需要手动增加数据系列。

317：更改图表的数据源

适用版本	实用指数
2010、2013、2016、2019	★★★★★

使用说明

创建图表后，如果发现数据源选择错误，还可以根据操作需要更改图表的数据源。

解决方法

如果要更改图表的数据源，具体操作方法如下。

步骤01 打开素材文件（位置：素材文件\第 12 章\上半年销售情况 1.xlsx），选中图表，打开【选择数据源】对话框，单击【图表数据区域】右侧的按钮，如下图所示。

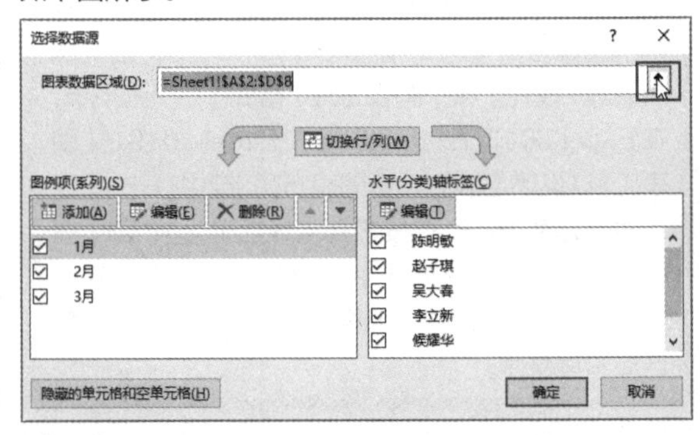

步骤02 在工作表中重新选择数据区域，完成后单击【选择数据源】对话框中的按钮，如下图所示。

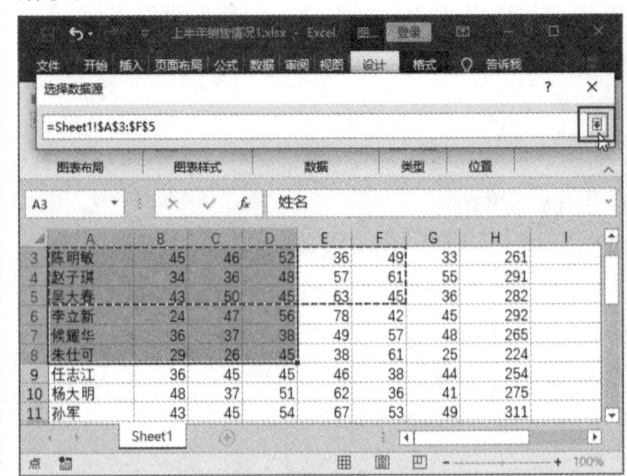

步骤03 返回【选择数据源】对话框，单击【确定】按钮。返回工作表，即可看到图表中已经更改了数据源，如下图所示。

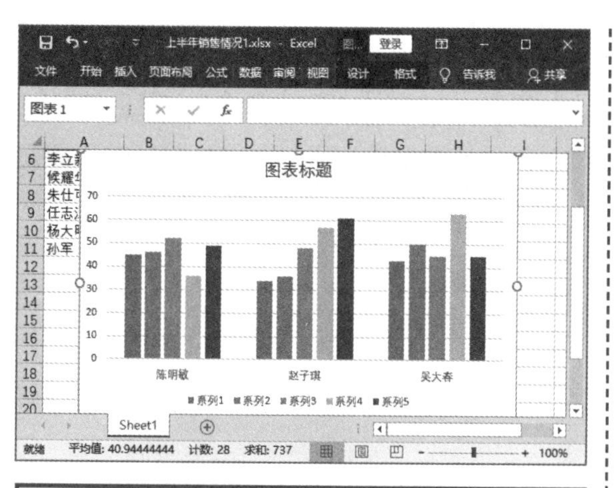

318：精确选择图表中的元素

适用版本	实用指数
2010、2013、2016、2019	★★★☆☆

使用说明

一个图表通常由图表区、图表标题、图例及多个数据系列等元素组成，当要对某个元素对象进行操作时，需要先将其选中。一般来说，单击某个对象，便可将其选中。当图表内容过多时，通过单击的方式，可能会出现选择错误。要想精确地选择某元素，可通过功能区实现。

解决方法

例如，通过功能区选择水平轴，具体操作方法如下。

步骤01 打开素材文件（位置：素材文件\第 12 章\上半年销售情况 1.xlsx），❶选中图表；单击【图表工具/格式】选项卡【当前所选内容】组中的【图表元素】下拉按钮 ∨；❷在弹出的下拉列表中选择图表元素，如【水平（类别）轴】，如下图所示。

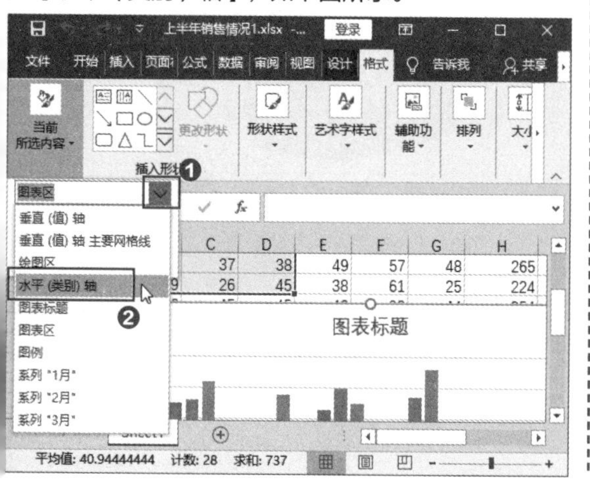

步骤02 此时图表中的水平轴便会呈现选中状态，如下图所示。

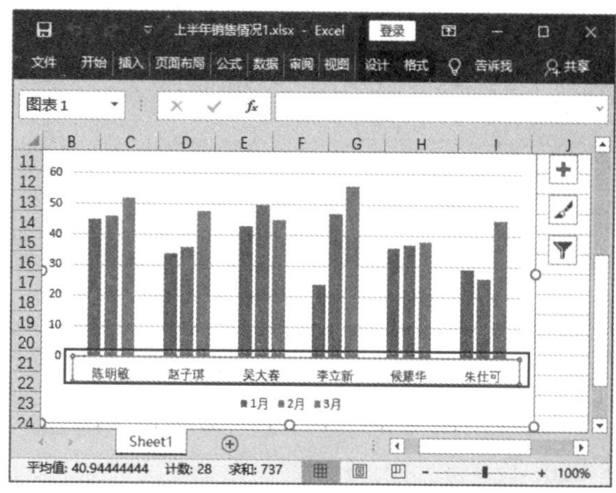

319：如何分离饼形图扇区

适用版本	实用指数
2010、2013、2016、2019	★★★★☆

使用说明

在工作表中创建饼形图表后，所有的数据系列都是一个整体。根据操作需要，可以将饼图中的某扇区分离出来，以便突出显示该数据。

解决方法

如果要将饼形图的扇区分离，具体操作方法如下。

步骤01 打开素材文件（位置：素材文件\第 12 章\上半年销售情况 2.xlsx），在图表中选择要分离的扇区，本例中选择【5 月】数据系列，然后按住鼠标左键不放，拖动鼠标，如下图所示。

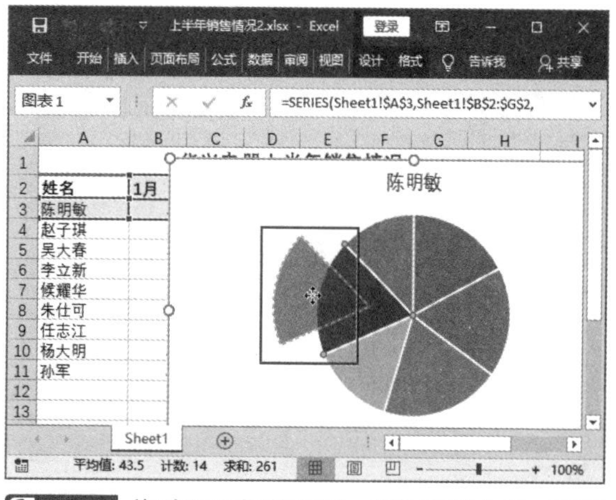

步骤02 拖动至目标位置后，释放鼠标左键，即可实现该扇区的分离，如下图所示。

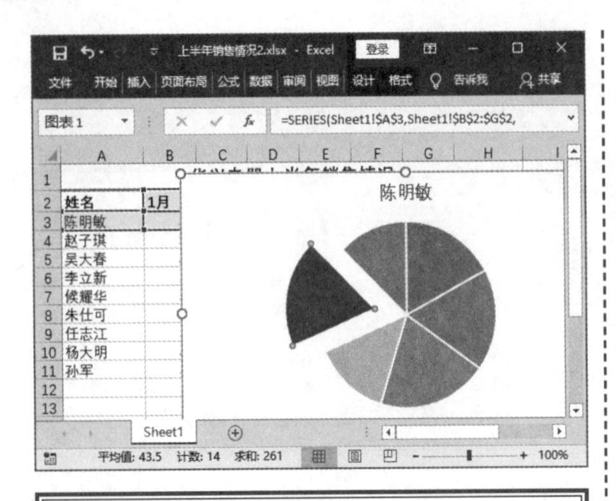

320：设置饼图的标签值类型

适用版本	实用指数
2010、2013、2016、2019	★★★★★

使用说明

在饼图类型的图表中，将数据标签显示出来后，默认显示的是具体数值。为了让饼图更加形象直观，可以将数值设置成百分比形式。

解决方法

如要将数据标签的值设置成百分比形式，具体操作方法如下。

步骤01 打开素材文件（位置：素材文件\第 12 章\文具销售统计 .xlsx），❶选中图表；❷单击【图表工具 / 设计】选项卡【图表布局】组中的【添加图表元素】下拉按钮；❸在弹出的下拉列表中选择【数据标签】选项；❹在弹出的扩展列表中选择数据标签的位置，本例选择【数据标签内】，如下图所示。

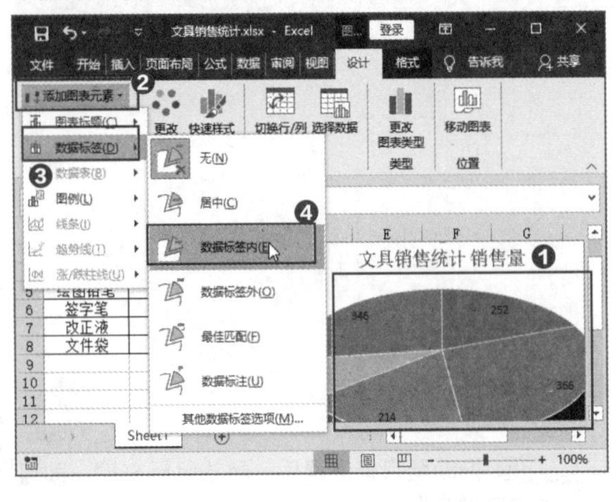

步骤02 在添加的数据标签上右击，在弹出的快捷菜单中选择【设置数据标签格式】命令，如下图所示。

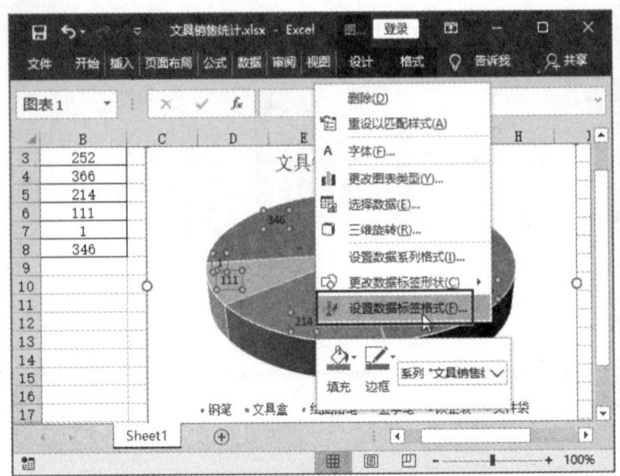

知识拓展

选择图表后，在图表旁边会出现【图表元素】按钮 + 。单击该按钮，在打开的窗格中勾选【数据标签】复选框；单击右侧出现的 ▶ 按钮，在弹出的扩展列表中选择【更多选项】选项，也可以打开【设置数据标签格式】窗格。使用相同的方法，也可以打开其他图表元素的设置窗格。

步骤03 ❶打开【设置数据标签格式】窗格，系统默认显示【标签选项】选项卡，在【标签包括】栏中勾选【百分比】复选框，取消勾选【值】复选框；❷单击【关闭】按钮 × 关闭该窗格，如下图所示。

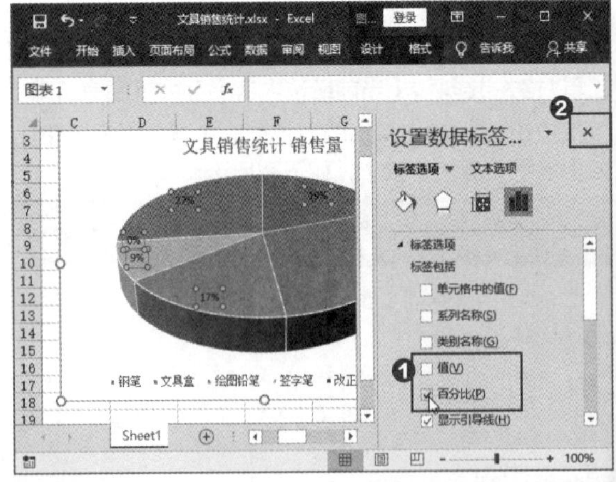

步骤04 返回工作表中，即可看到图表中的数据标签会以百分比的形式进行显示，如下图所示。

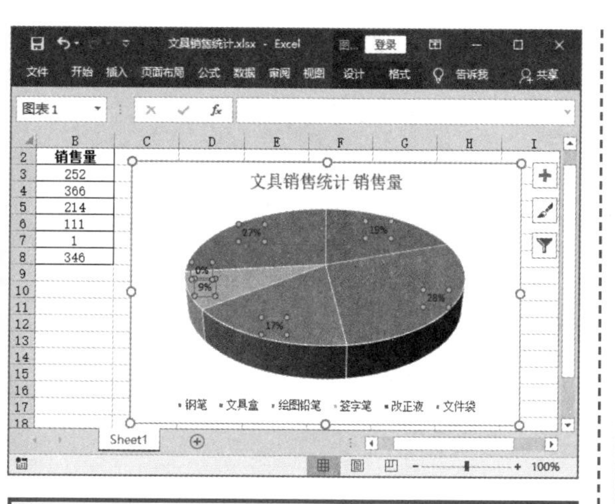

321：在饼图中让接近 0% 的数据隐藏起来

适用版本	实用指数
2010、2013、2016、2019	★★★★☆

使用说明

在制作饼图时，如果其中某个数据本身接近零值，那么在饼图中不能显示色块，但会显示一个【0%】的标签。在操作过程中，即使将这个 0 值标签删除掉，如果再次更改图表中的数据，这个标签又会自动出现。为了使图表更加美观，可通过设置让接近 0% 的数据彻底隐藏起来。

解决方法

如果要在饼状图中让接近 0% 的数据隐藏起来，具体操作方法如下。

步骤01 打开素材文件（位置：素材文件\第 12 章\文具销售统计 1.xlsx），❶选中图表，打开【设置数据标签格式】窗格，在【标签选项】选项卡【数字】栏的【类别】下拉列表中选择【自定义】选项；❷在【格式代码】文本框中输入【[＜0.01]"";0%】；❸单击【添加】按钮；❹单击【关闭】按钮 × 关闭该窗格，如下图所示。

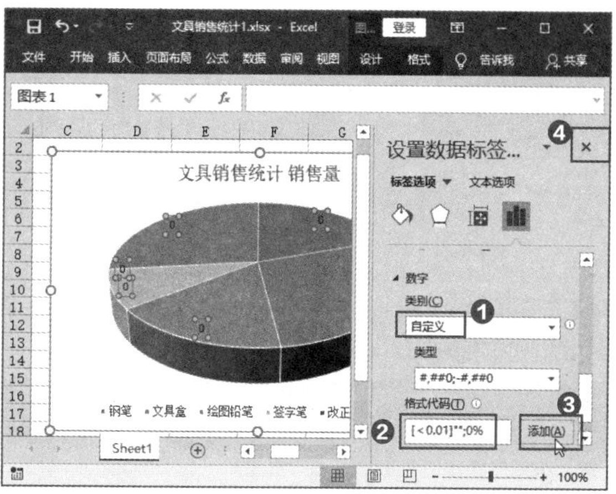

步骤02 返回工作表，可看到图表中接近 0% 的数据自动隐藏起来了，如下图所示。

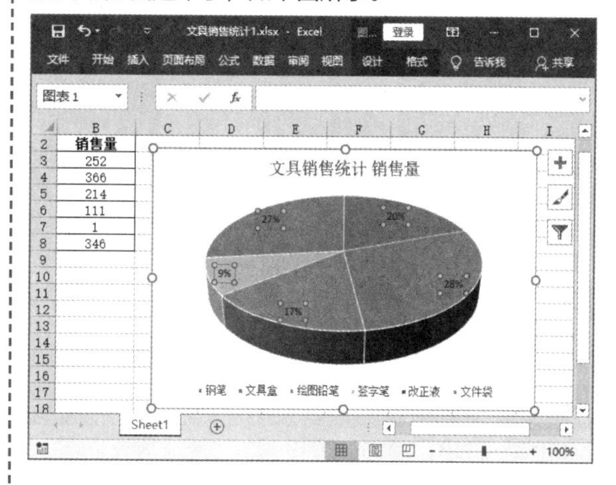

知识拓展

在本例中输入的代码【[＜0.01]"";0%】表示当数值小于 0.01 时不被显示。

322：切换图表的行列显示方式

适用版本	实用指数
2010、2013、2016、2019	★★★☆☆

使用说明

创建图表后，还可以对图表统计的行列方式进行随意切换，以便用户更好地查看和比较数据。

解决方法

如果要切换图表的行列显示方式，具体操作方法如下。

步骤01 打开素材文件（位置：素材文件\第 12 章\销售统计表 .xlsx），❶选中图表；❷单击【图表工具 / 设计】选项卡【数据】组中的【切换行 / 列】按钮，如下图所示。

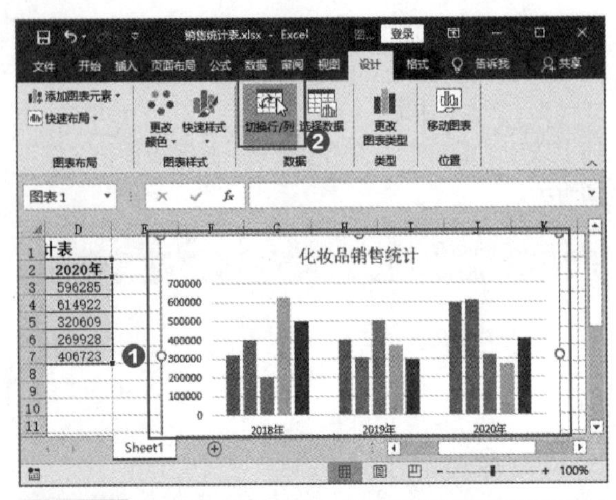

步骤02 完成上述操作后，即可切换图表行列显示方式，如下图所示。

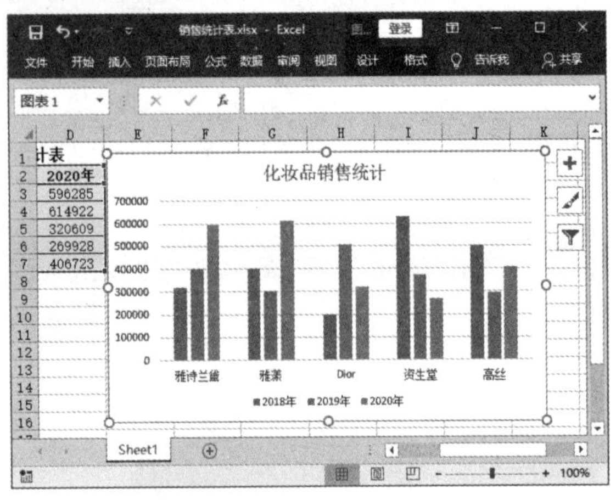

323：将图表移动到其他工作表

适用版本	实用指数
2010、2013、2016、2019	★★★★☆

使用说明

默认情况下，创建的图表会显示在数据源所在的工作表内。根据操作需要，还可以将图表移动到其他工作表。

解决方法

如要将图表移动到新建的【图表】工作表中，具体操作方法如下。

步骤01 打开素材文件（位置：素材文件\第12章\销售统计表.xlsx），❶选中图表；❷单击【图表工具/设计】选项卡【位置】组中的【移动图表】按钮，如右上图所示。

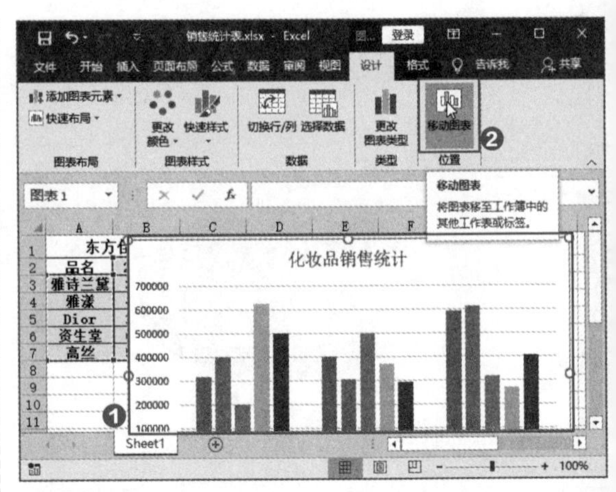

步骤02 ❶弹出【移动图表】对话框，选择放置图表的位置，本例选中【新工作表】单选按钮，并在右侧的文本框中输入新工作表的名称；❷单击【确定】按钮，如下图所示。

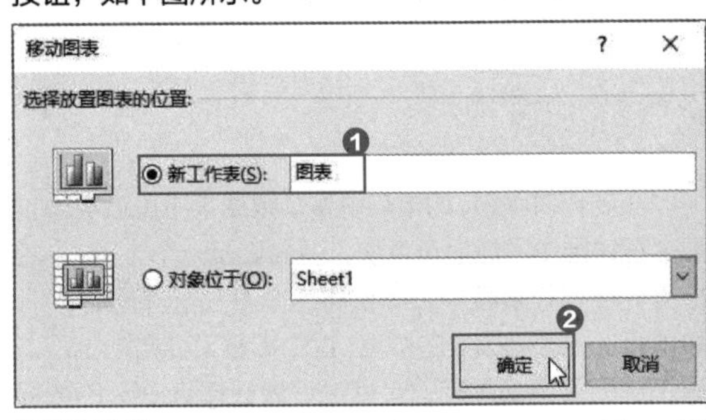

步骤03 完成上述操作后，即可新建一个名为【图表】的工作表，并将图表移动至该工作表中，如下图所示。

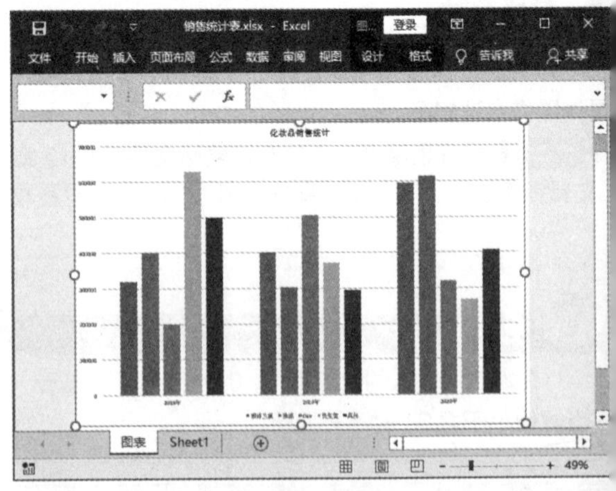

324：将图表保存为 PDF 文件

适用版本	实用指数
2010、2013、2016、2019	★★★☆☆

使用说明

在工作表中插入图表后，还可将其单独保存为 PDF 文件，以便于图表的查看与管理。

解决方法

如果要将图表保存为 PDF 文件，具体操作方法如下。

步骤01 打开素材文件（位置：素材文件\第 12 章\销售统计表.xlsx），❶打开【另存为】对话框，设置保存路径和文件名，然后在【保存类型】下拉列表中选择【PDF（*.pdf）】选项；❷单击【保存】按钮，如下图所示。

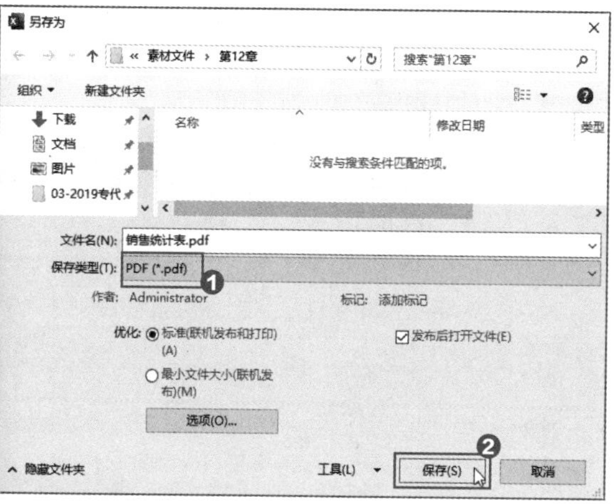

步骤02 完成上述操作后，打开保存的 PDF 文件，可以看见其中只有图表内容，如下图所示。

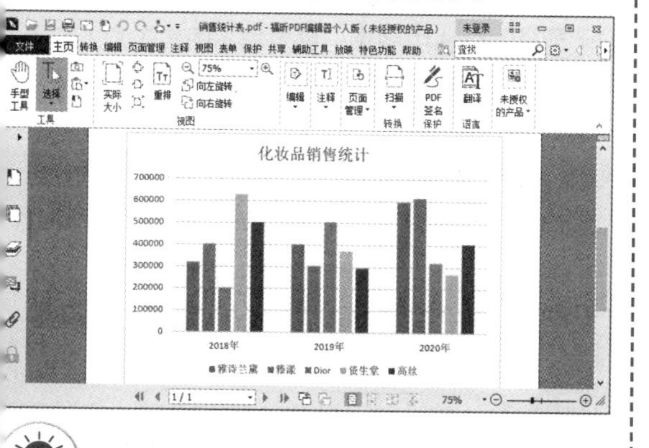

知识拓展

默认情况下，【另存为】对话框中的【发布后打开文件】复选框处于勾选状态，因此成功将图表保存为 PDF 文件后，系统会自动打开该 PDF 文件。

325：制作可以选择的动态数据图表

适用版本	实用指数
2010、2013、2016、2019	★★★☆☆

使用说明

在编辑工作表时，先为单元格定义名称，再通过名称为图表设置数据源，可制作动态的数据图表。

解决方法

如果要制作可以选择的动态数据图表，具体操作方法如下。

步骤01 打开素材文件（位置：素材文件\第 12 章\笔记本销量.xlsx），❶选中【A1】单元格；❷单击【公式】选项卡【定义的名称】组中的【名称管理器】按钮，如下图所示。

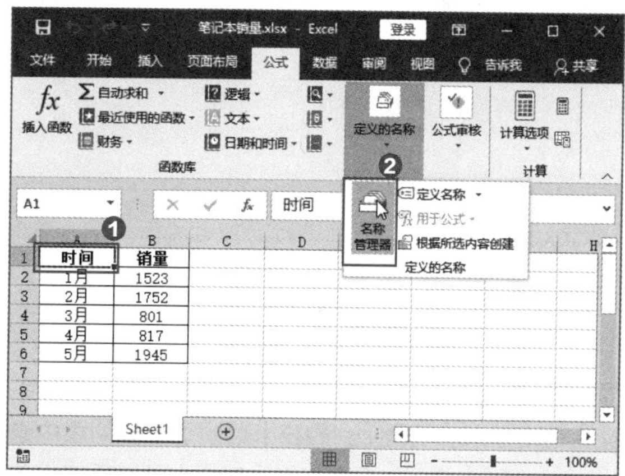

步骤02 弹出【名称管理器】对话框，单击【新建】按钮，如下图所示。

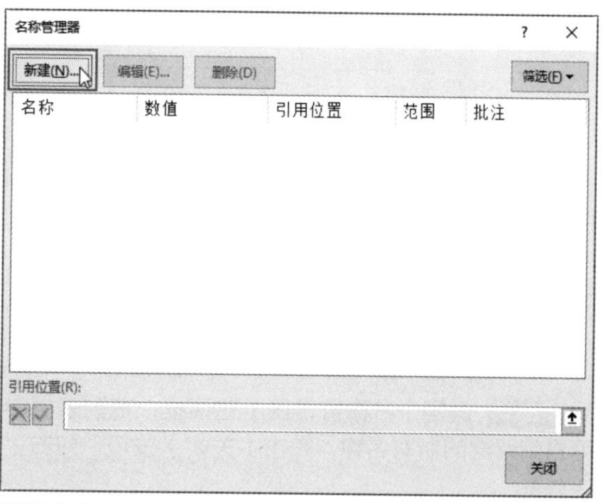

步骤03 ❶弹出【新建名称】对话框，在【名称】

文本框中输入【时间】；❷在【范围】下拉列表中选择【Sheet1】选项；❸在【引用位置】参数框中将参数设置为【=Sheet1!$A$2:$A$13】；❹单击【确定】按钮，如下图所示。

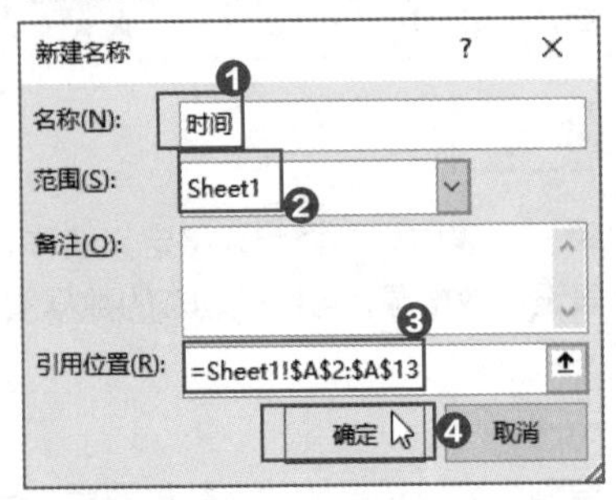

步骤04 返回【名称管理器】对话框，单击【新建】按钮，如下图所示。

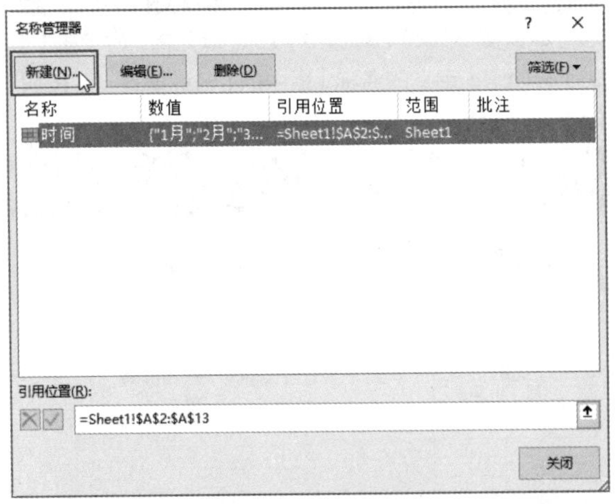

步骤05 ❶弹出【新建名称】对话框，在【名称】文本框中输入【销量】；❷在【范围】下拉列表中选择【Sheet1】选项；❸在【引用位置】参数框中将参数设置为【=OFFSET(Sheet1!$B$1,1,0,COUNT(Sheet1!$B:$B))】；❹单击【确定】按钮，如下图所示。

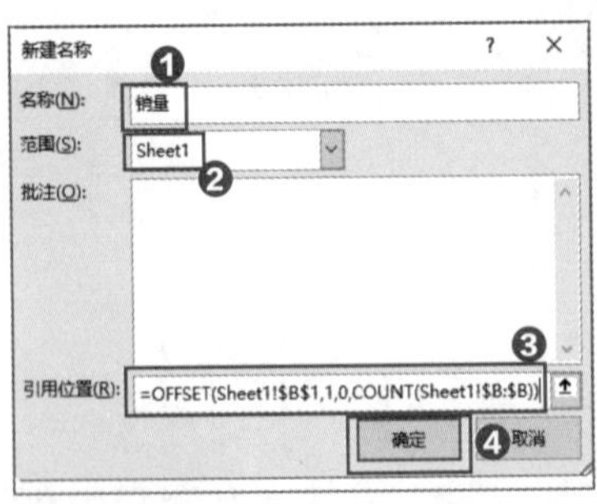

步骤06 返回【名称管理器】对话框，在列表框中可看到新建的所有名称，单击【关闭】按钮，如右上图所示。

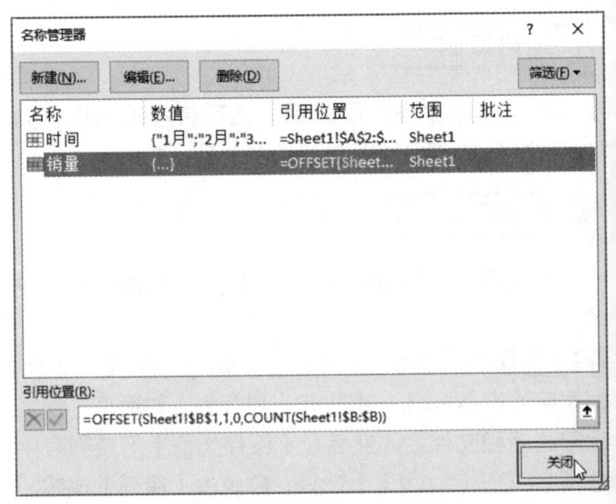

步骤07 ❶返回工作表，选中数据区域中的任意单元格，单击【插入】选项卡【图表】组中的【插入柱形图和条形图】下拉按钮 ；❷在弹出的下拉列表中选择需要的柱形图样式，如下图所示。

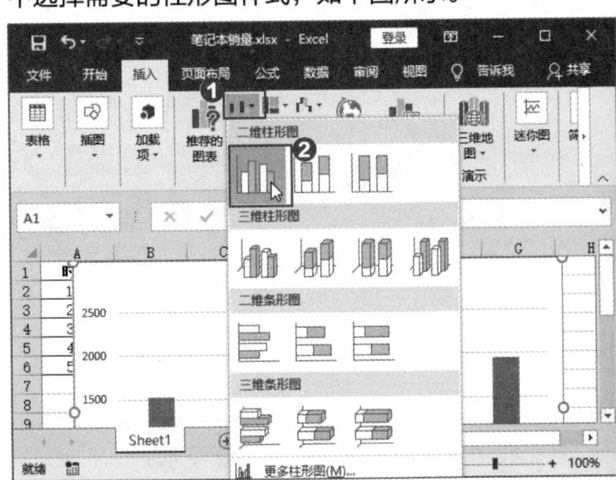

步骤08 ❶选中图表；❷单击【图表工具/设计】选项卡【数据】组中的【选择数据】按钮，如下图所示。

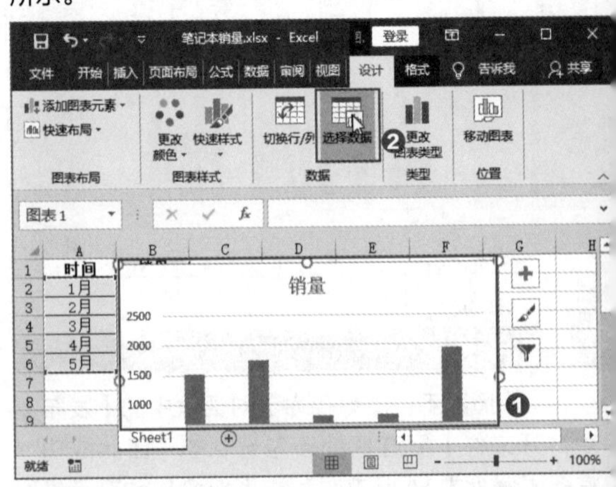

步骤09 弹出【选择数据源】对话框，在【图例项（系列）】栏中单击【编辑】按钮，如下图所示。

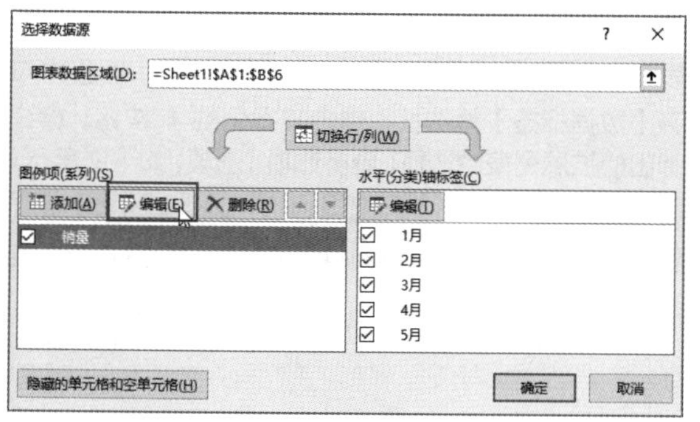

步骤10 ❶弹出【编辑数据系列】对话框，在【系列值】参数框中将参数设置为【=Sheet1! 销量】；❷单击【确定】按钮，如下图所示。

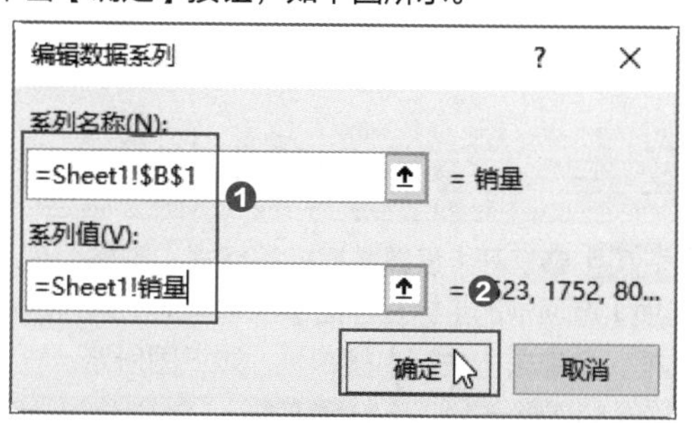

步骤11 返回【选择数据源】对话框，在【水平（分类）轴标签】栏中单击【编辑】按钮，如下图所示。

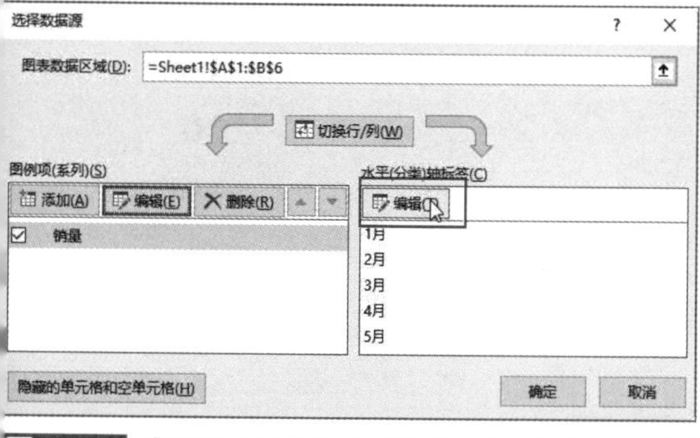

步骤12 ❶弹出【轴标签】对话框，在【轴标签区域】参数框中将参数设置为【=Sheet1! 时间】；❷单击【确定】按钮，如下图所示。

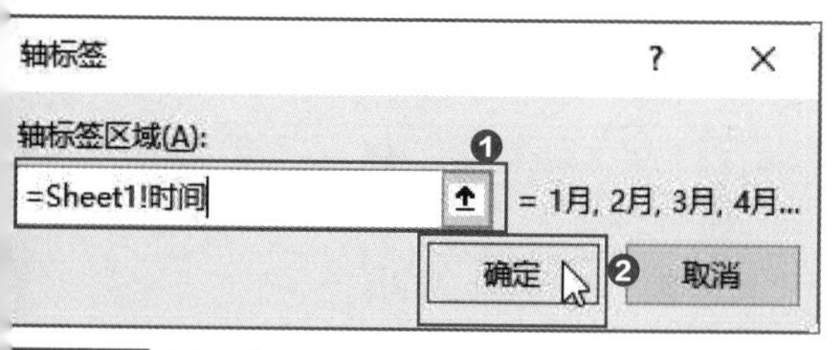

步骤13 返回【选择数据源】对话框，单击【确定】按钮，如右上图所示。

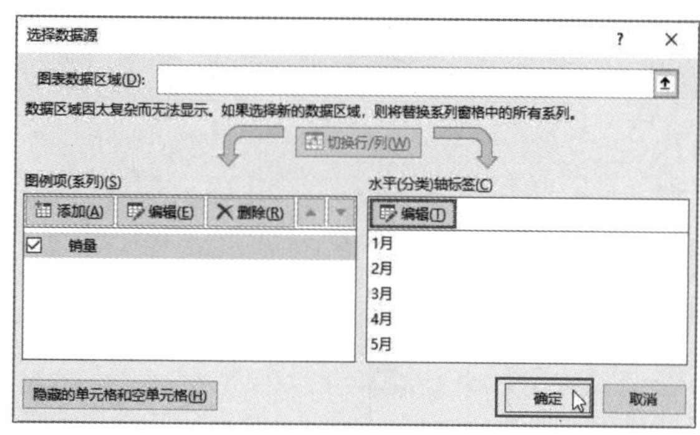

步骤14 返回工作表，分别在【A7】【B7】单元格中输入内容，图表将自动添加相应的内容，如下图所示。

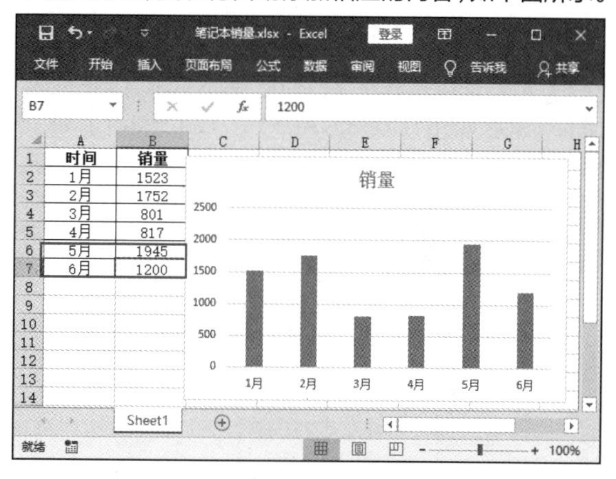

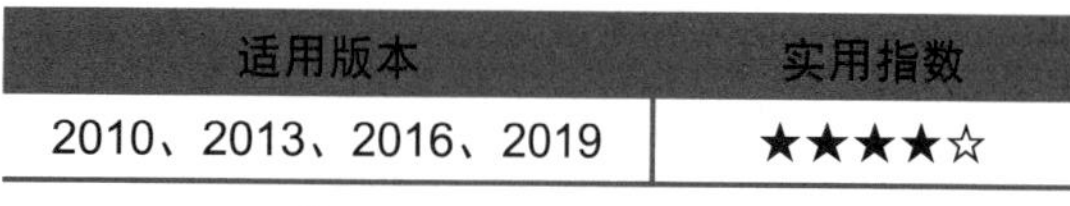

326：突出显示折线图表中的最大值和最小值

适用版本	实用指数
2010、2013、2016、2019	★★★★☆

使用说明

为了让图表数据更加清晰明了，可以通过设置在图表中突出显示最大值和最小值。

解决方法

如果要在折线类型的图表中突出显示最大值和最小值，具体操作方法如下。

步骤01 打开素材文件（位置：素材文件\第 12 章\员工培训成绩表 .xlsx），在工作表中创建两个辅助列，并将标题命名为【最高分】和【最低分】。选择要存放计算结果的单元格【C3】，输入公式【=IF(B3=MAX($B$3:$B$11),B3,NA())】，按【Enter】键得出计算结果。利用填充功能向下复制公式，如下图所示。

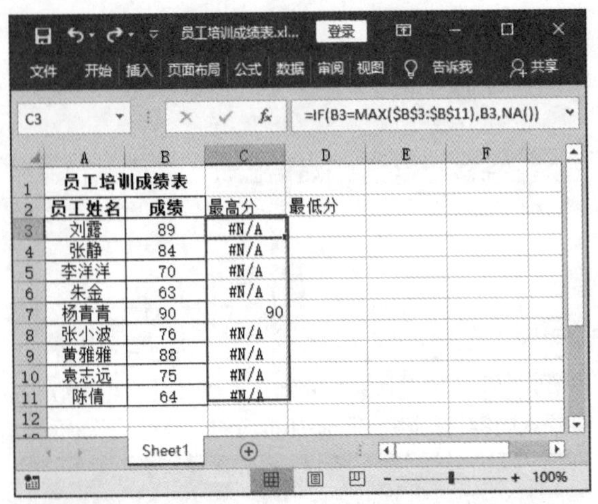

步骤02 选中单元格【D3】，输入公式【=IF(B3=MIN($B$3:$B$11),B3,NA())】，按【Enter】键得出计算结果。利用填充功能向下复制公式，如下图所示。

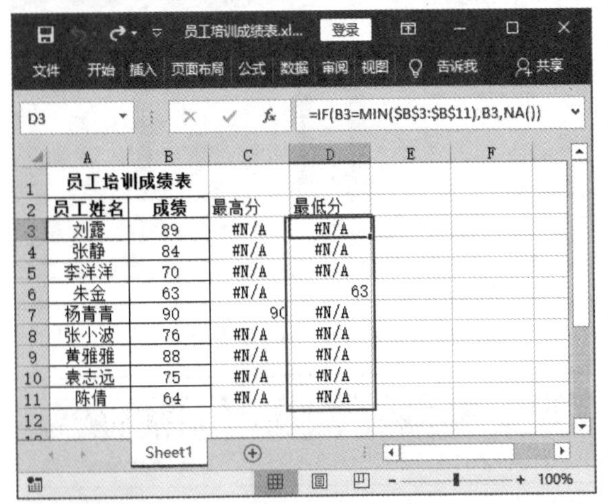

步骤03 ❶选中整个数据区域；❷单击【插入】选项卡【插图】组中的【插入折线图或面积图】下拉按钮；❸在弹出的下拉列表中选择【带数据标记的折线图】选项，如下图所示。

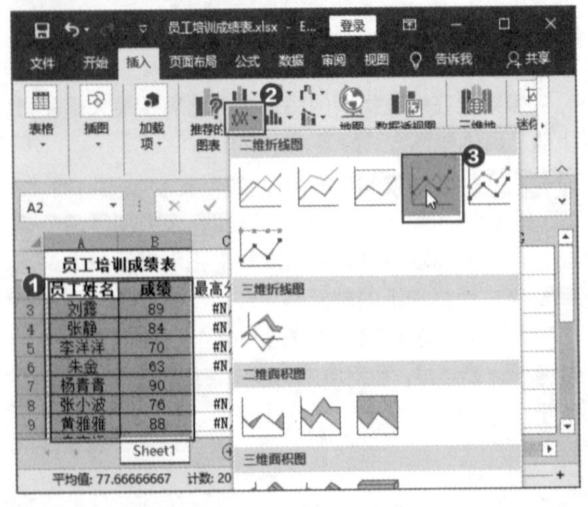

步骤04 ❶在图表中选中最高数值点；❷单击【图表元素】按钮；❸在弹出的【图表元素】窗格中勾选【数据标签】复选框，单击其右侧的 ▶ 按钮；❹在弹出的扩展列表中选择【更多选项】选项，如下图所示。

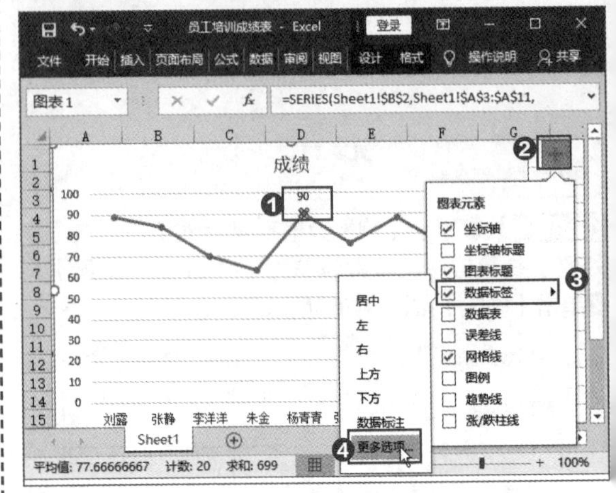

步骤05 ❶打开【设置数据标签格式】窗格，在【标签选项】选项卡的【标签包括】栏中勾选【系列名称】复选框；❷单击【关闭】按钮×，如下图所示。

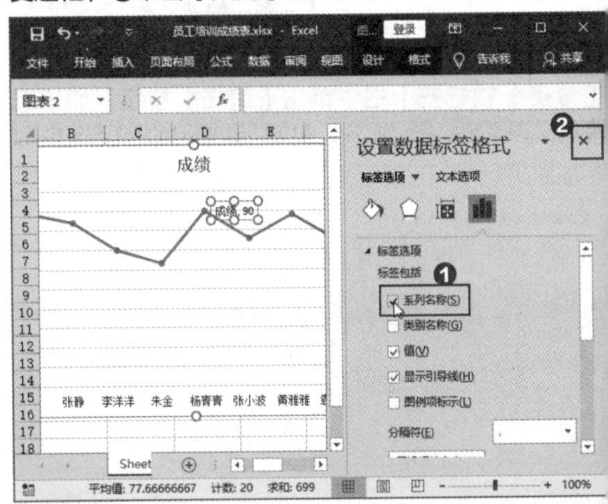

步骤06 参照上述操作方法，将最低数值点的数据标签在下方显示出来，并显示出系列名称，如下图所示。

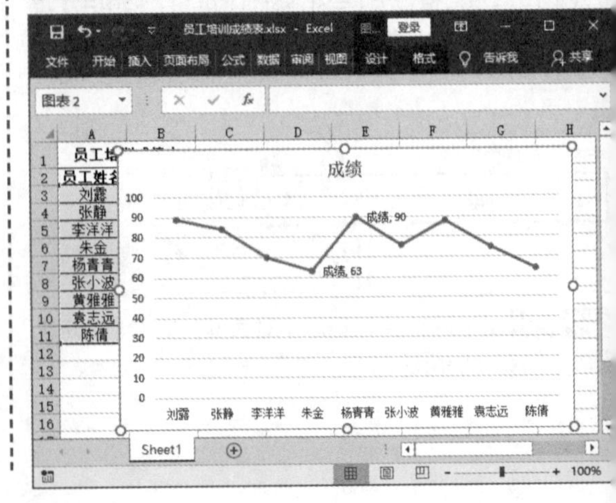

327：在图表中添加趋势线

适用版本	实用指数
2010、2013、2016、2019	★★★★★

使用说明

创建图表后，为了能更加直观地对系列中的数据变化趋势进行分析与预测，可以为数据系列添加趋势线。

解决方法

如果要为数据系列添加趋势线，具体操作方法如下。

步骤01 打开素材文件（位置：素材文件\第 12 章\销售统计表.xlsx），❶选中图表；❷单击【图表工具 / 设计】选项卡【图表布局】组中的【添加图表元素】下拉按钮；❸在弹出的下拉列表中选择【趋势线】选项；❹在弹出的扩展列表中选择趋势线类型，本例选择【线性】，如下图所示。

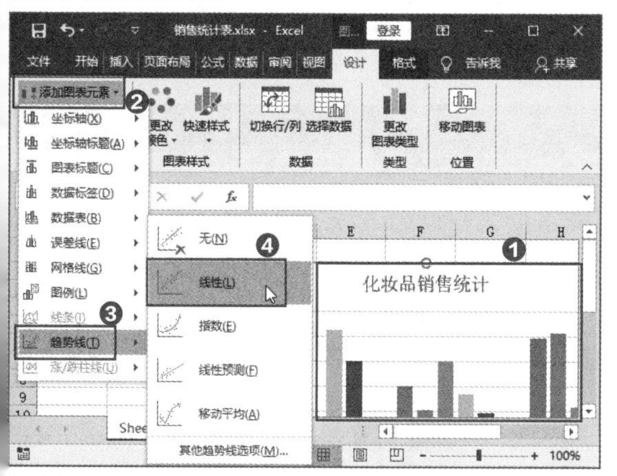

步骤02 ❶弹出【添加趋势线】对话框，在【添加基于系列的趋势线】列表框中选择要添加趋势线的系列，本例中选择【雅漾】；❷单击【确定】按钮，如下图所示。

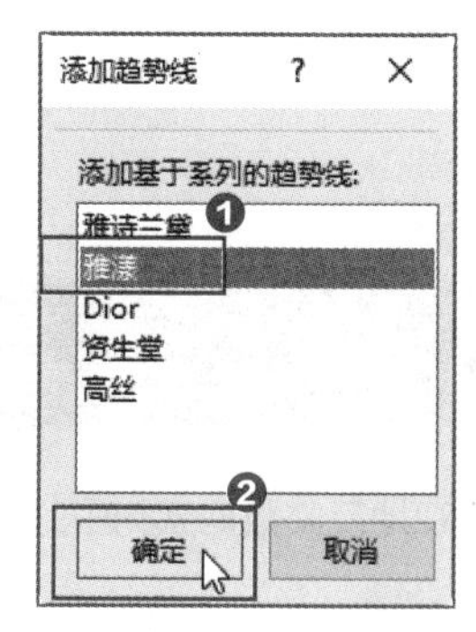

步骤03 返回工作表中，即可看到趋势线已经被添加，如下图所示。

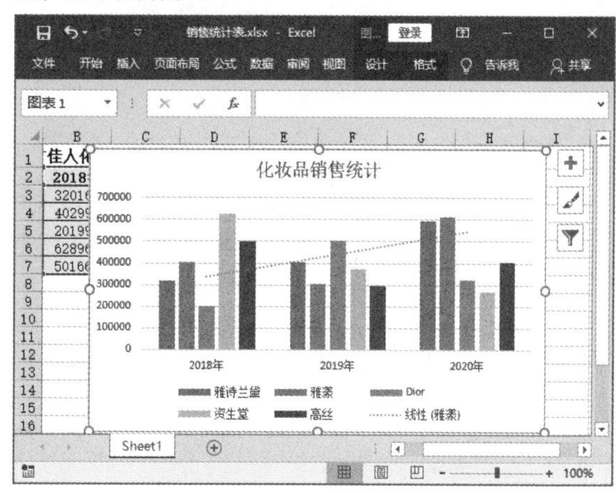

328：更改趋势线类型

适用版本	实用指数
2010、2013、2016、2019	★★★★★

使用说明

添加趋势线后，还可根据操作需要，更改趋势线的类型。

解决方法

如果要更改趋势线的类型，具体操作方法如下。

步骤01 打开素材文件（位置：素材文件\第 12 章\销售统计表 1.xlsx），❶选中趋势线；❷单击【图表元素】按钮 +；❸在弹出的【图表元素】窗格中单击【趋势线】右侧的 ▶ 按钮；❹在弹出的扩展列表中选择需要更改的趋势线类型，本例选择【线性预测】，如下图所示。

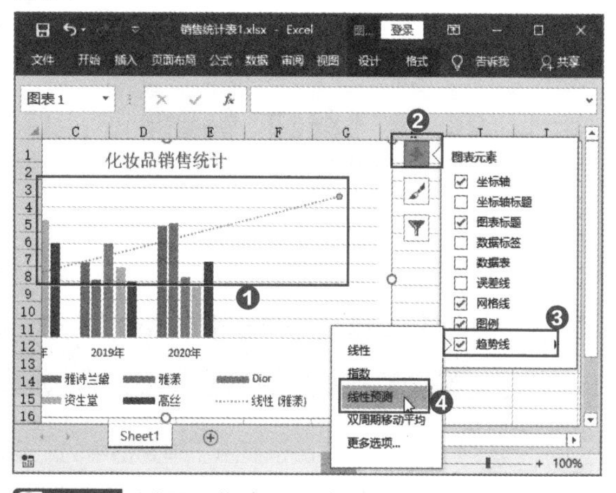

步骤02 返回工作表，可查看设置后的效果，如下图所示。

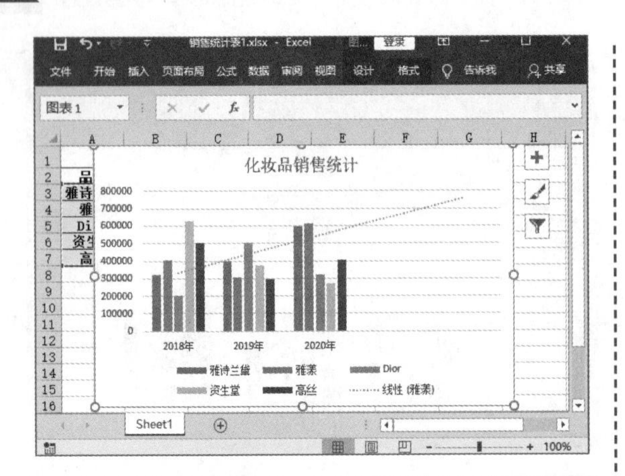

329：在图表中筛选数据

适用版本	实用指数
2010、2013、2016、2019	★★★☆☆

使用说明

创建图表后，还可以通过图表筛选器功能对图表数据进行筛选，将需要查看的数据筛选出来，从而帮助用户更好地查看与分析数据。

解决方法

如果要在图表中筛选数据，具体操作方法如下。

步骤01 打开素材文件（位置：素材文件\第12章\销售统计表.xlsx），❶选中图表；❷单击右侧的【图表筛选器】按钮，如下图所示。

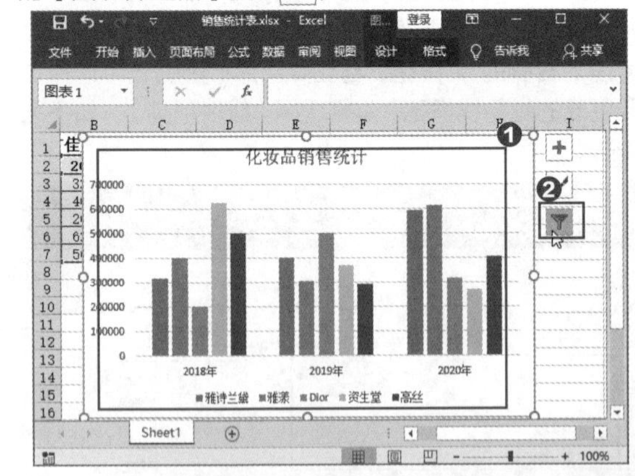

步骤02 ❶打开筛选窗格，在【数值】选项卡的【系列】栏中勾选要显示的数据系列；❷在【类别】栏中勾选要显示的数据类别；❸单击【应用】按钮，如下图所示。

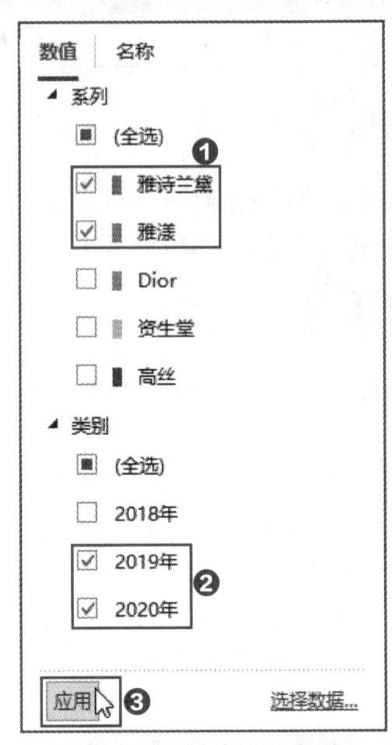

步骤03 返回工作表即可看到筛选后的数据，如下图所示。

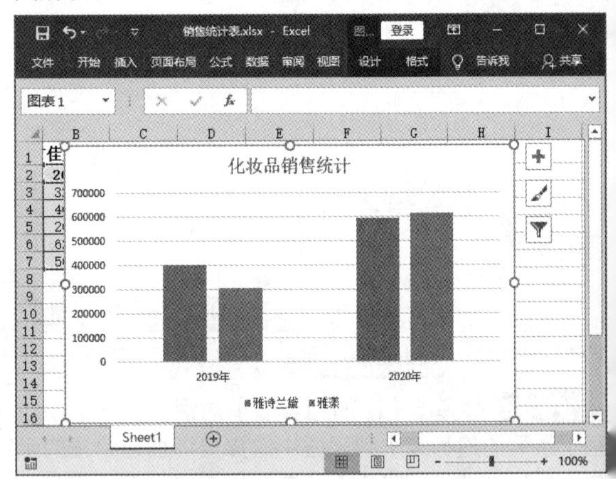

12.2 迷你图的创建与编辑技巧

迷你图是显示于单元格中的一个微型图表，可以直观地反映数据系列中的变化趋势。下面介绍其相关的操作技巧。

330：如何创建迷你图

适用版本	实用指数
2010、2013、2016、2019	★★★★★

使用说明

Excel 提供了折线、柱形和盈亏 3 种类型的迷你图，用户可根据操作需要进行选择。

解决方法

例如，要在单元格中插入折线图类型的迷你图，具体操作方法如下。

步骤01 打开素材文件（位置：素材文件\第 12 章\销售业绩 .xlsx），❶选中要显示迷你图的单元格；❷在【插入】选项卡的【迷你图】组中选择要插入的迷你图类型，本例选择【折线】，如下图所示。

步骤02 ❶弹出【创建迷你图】对话框，在【数据范围】参数框中设置迷你图的数据源；❷单击【确定】按钮，如下图所示。

步骤03 返回工作表，可看到当前单元格创建了迷你图，如右上图所示。

步骤04 使用相同的方法创建其他迷你图即可，如下图所示。

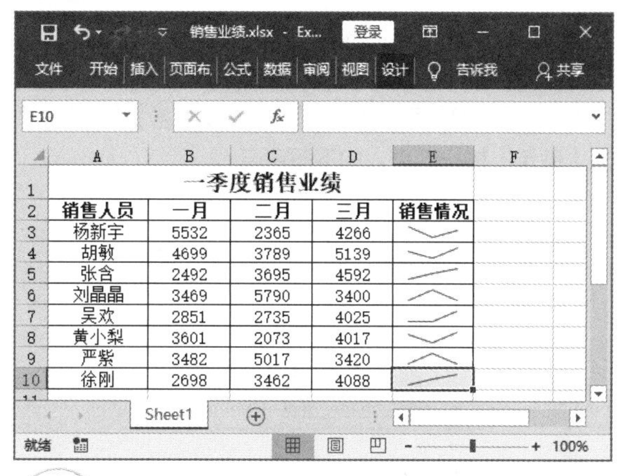

知识拓展

选中要显示迷你图的多个单元格，再执行插入迷你图的操作，在【创建迷你图】对话框中设置数据源，可以一次性创建多个迷你图。

331：更改迷你图的数据源

适用版本	实用指数
2010、2013、2016、2019	★★★★☆

使用说明

创建迷你图后，还可根据操作需要更改数据源。

解决方法

如果要更改迷你图的数据源，具体操作方法如下。

步骤01 打开素材文件（位置：素材文件\第 12 章\销售业绩 1.xlsx），❶选择要更改数据源的迷你图；

❷在【迷你图工具 / 设计】选项卡【迷你图】组中单击【编辑数据】下拉按钮；❸在弹出的下拉列表中选择【编辑单个迷你图的数据】选项，如下图所示。

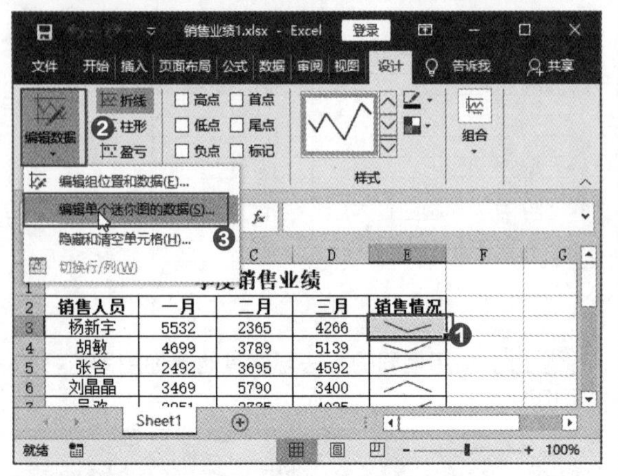

步骤02 ❶弹出【编辑迷你图数据】对话框，在【选择迷你图的源数据区域】参数框中设置数据源；❷单击【确定】按钮即可，如下图所示。

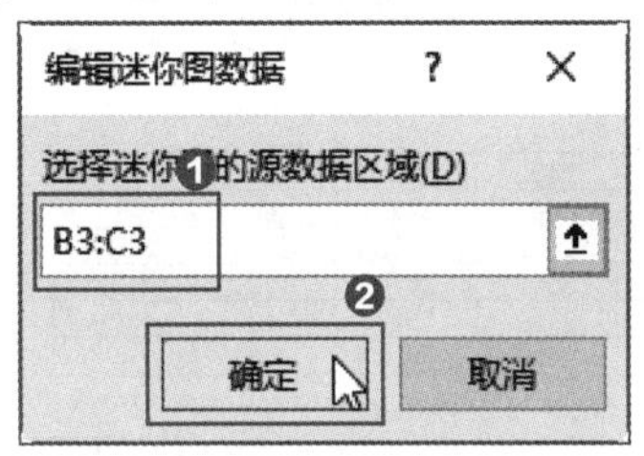

知识拓展

选择多个迷你图，在【迷你图工具 / 设计】选项卡的【组合】组中单击【组合】按钮，可将它们组合成一组迷你图。此后，选中组中的任意一个迷你图，便可同时对这个组中的所有迷你图进行编辑操作，如更改源数据、更改迷你图类型等。此外，一次性创建的多个迷你图系统默认为一组迷你图，选中组中的任意一个迷你图，单击【取消组合】按钮，可将它们拆分成单个的迷你图。

332：更改迷你图类型

适用版本	实用指数
2010、2013、2016、2019	★★★★★

使用说明

为了使图表更好地表现指定的数据，可以根据需要更改迷你图的类型。

解决方法

如要将迷你图的类型由曲线折线图更改为柱形图，具体操作方法如下。

步骤01 打开素材文件（位置：素材文件 \ 第 12 章 \ 销售业绩 1.xlsx），❶选择要更改类型的迷你图（可以是一个，也可以是多个）；❷在【迷你图工具 / 设计】选项卡【类型】组中单击【柱形】按钮，如下图所示。

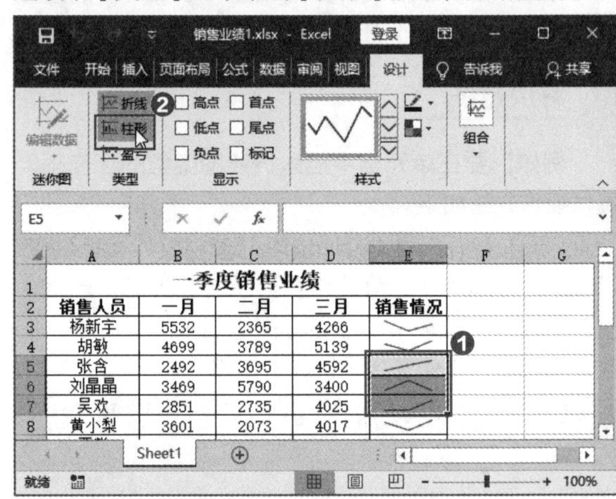

步骤02 所选迷你图即可更改为柱形图类型，如下图所示。

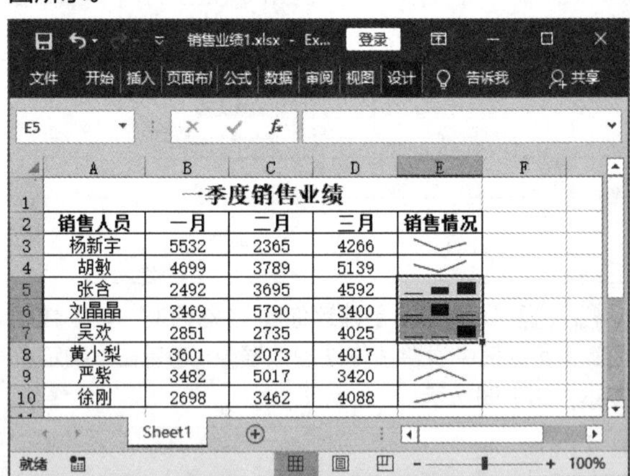

333：突出显示迷你图中的重要数据节点

适用版本	实用指数
2010、2013、2016、2019	★★★★☆

使用说明

迷你图提供了显示【高点】【低点】【首点】等数据节点的功能，通过该功能，可在迷你图上标出需要强调的数据值。

解决方法

如要将迷你图的【高点】和【低点】值突出显示出来，具体操作方法如下。

打开素材文件（位置：素材文件 \ 第 12 章 \ 销售业绩 1.xlsx），❶选中需要编辑的迷你图；❷在【迷你图工具 / 设计】选项卡【显示】组中勾选某个复选框便可显示相应的数据节点，本例中勾选【高点】【低点】复选框，迷你图中即可以不同颜色突出显示最高值、最低值的数据节点，如下图所示。

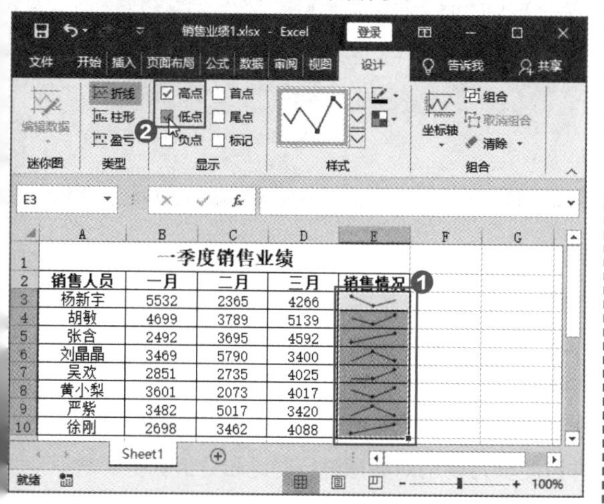

334：对迷你图设置标记颜色

适用版本	实用指数
2010、2013、2016、2019	★★★☆☆

使用说明

为了使迷你图更加直观，还可以通过迷你图标记颜色功能，分别对高点、低点、首点等数据节点设置不同的颜色。

解决方法

如要分别对高点、低点设置不同的颜色，具体操作方法如下。

步骤01 打开素材文件（位置：素材文件 \ 第 12 章 \ 销售业绩 2.xlsx），❶选中需要编辑的迷你图；❷在【迷你图工具 / 设计】选项卡【样式】组中单击【标记颜色】下拉按钮；❸在弹出的下拉列表中选择【高点】选项；❹在弹出的扩展列表中为高点选择颜色，如右上图所示。

步骤02 ❶保持迷你图的选中状态，在【迷你图工具 / 设计】选项卡【样式】组中单击【标记颜色】下拉按钮；❷在弹出的下拉列表中选择【低点】选项；❸在弹出的扩展列表中为低点选择颜色，如下图所示。

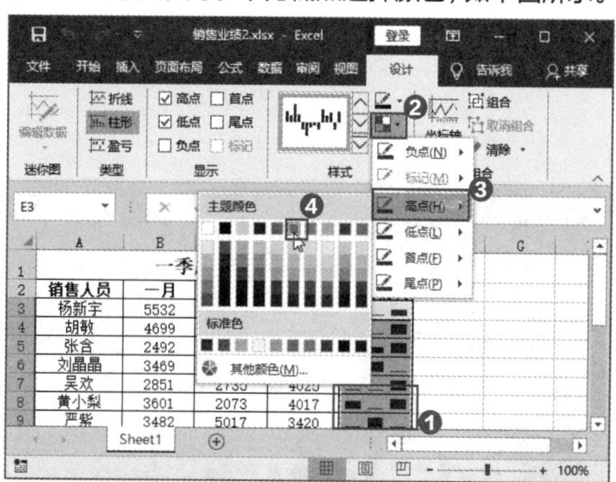

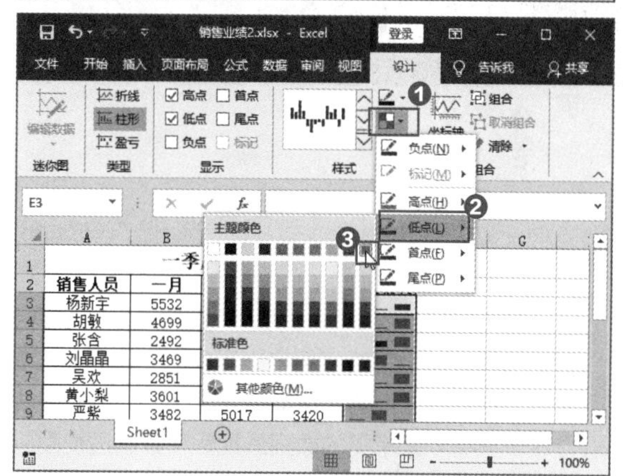

知识拓展

在【样式】组中单击【迷你图颜色】下拉按钮，在弹出的下拉列表中可以为迷你图设置颜色；若单击列表框中的按钮，可在弹出的下拉列表中选择迷你图样式，从而快速为迷你图进行美化操作，其操作包括迷你图颜色、数据节点颜色。

步骤03 此时，迷你图中的高点和低点分别以不同的颜色进行显示，如下图所示。

第 13 章 Excel 数据透视表和数据透视图应用技巧

在 Excel 中，数据透视表和数据透视图是具有强大分析功能的工具。当表格中有大量数据时，利用数据透视表和数据透视图可以更加直观地查看数据，并且能够方便地对数据进行对比和分析。针对数据透视表和数据透视图，本章将介绍一些实用操作技巧。

下面是一些常见的数据透视表和数据透视图应用问题，请检查你是否会处理或已掌握。

【√】每次创建了数据透视表之后都需要再添加内容和格式，可否创建一个带有内容和格式的数据透视表呢?

【√】创建了数据透视表之后，能否在数据透视表中筛选数据?

【√】如果数据源中的数据发生了改变，数据透视表中的数据能否随之更改?

【√】使用切片器筛选数据既方便又简单，如何将切片器插入数据透视表中?

【√】为了更直观地查看数据，能否使用数据透视表中的数据创建数据透视图?

【√】创建了数据透视图后，能否在数据透视图中筛选数据?

希望通过对本章内容的学习，能够解决以上问题，并学会 Excel 数据透视表和数据透视图的操作技巧。

13.1 数据透视表的应用技巧

创建数据透视表就是从数据库中产生一个动态汇总表格，从而可以快速地对工作表中大量数据进行分类汇总分析。下面介绍数据透视表的相关操作技巧。

335：快速创建数据透视表

适用版本	实用指数
2013、2016、2019	★★★★★

使用说明

数据透视表具有强大的交互性，通过简单的布局改变，可以全方位、多角度、动态地统计和分析数据，并从大量数据中提取有用信息。

数据透视表的创建是一项非常简单的操作，只需连接到一个数据源，并输入报表的位置即可。

解决方法

如果要在工作表中创建数据透视表，具体操作方法如下。

步骤01 打开素材文件（位置：素材文件\第 13 章\销售业绩表.xlsx），❶选中要作为数据透视表数据源的单元格区域；❷单击【插入】选项卡【表格】组中的【数据透视表】按钮，如下图所示。

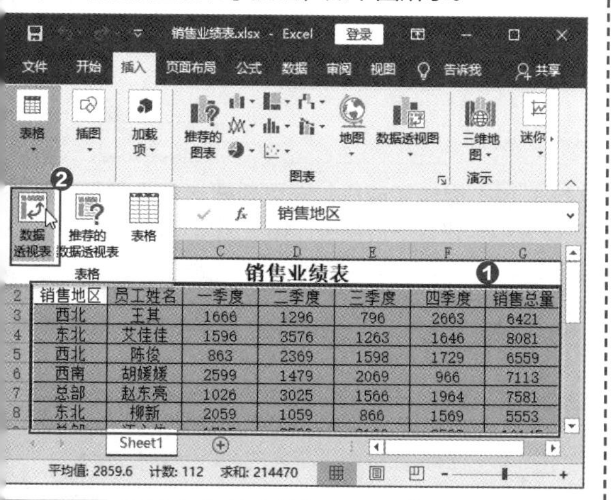

步骤02 ❶弹出【创建数据透视表】对话框，此时系统在【请选择要分析的数据】栏中自动选中【选择一个表或区域】单选按钮，且在【表/区域】参数框中自动设置了数据源；❷在【选择放置数据透视表的位置】栏中选中【现有工作表】单选按钮，在【位置】参数框中设置放置数据透视表的起始单元格；❸单击【确定】按钮，如下图所示。

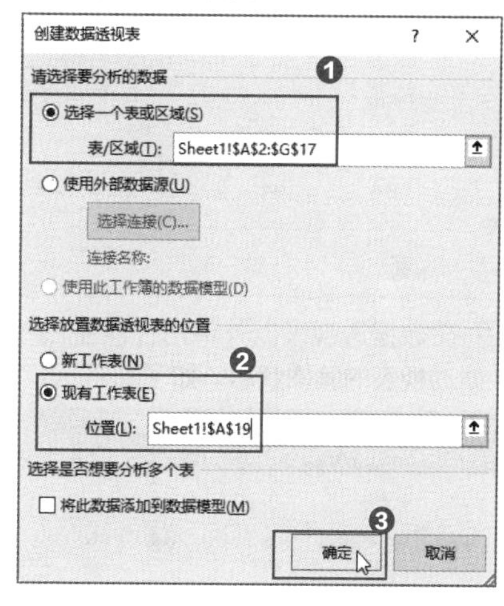

知识拓展

在 Excel 2010 中创建数据透视表的方法略有不同，选择数据区域后，切换到【插入】选项卡，在【表格】组中单击【数据透视表】下拉按钮，在弹出的下拉列表中选择【数据透视表】选项，在弹出的【创建数据透视表】对话框中进行设置即可。

步骤03 目标位置将自动创建一个空白数据透视表，并自动打开【数据透视表字段】窗格，如下图所示。

步骤04 在【数据透视表字段】窗格的【选择要添加到报表的字段】列表框中勾选某字段名称复选框，所选字段名称会自动添加到【在以下区域间拖动字段】

栏中相应的位置，同时数据透视表中也会添加相应的字段名称和内容，如下图所示。

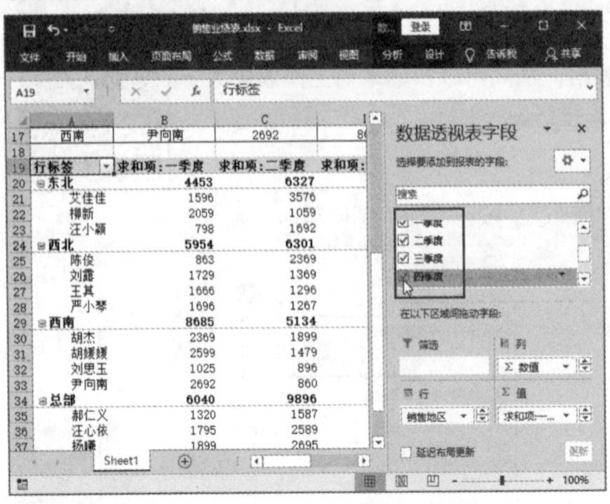

步骤05 在数据透视表以外单击任意空白单元格，可退出数据透视表的编辑状态，如下图所示。

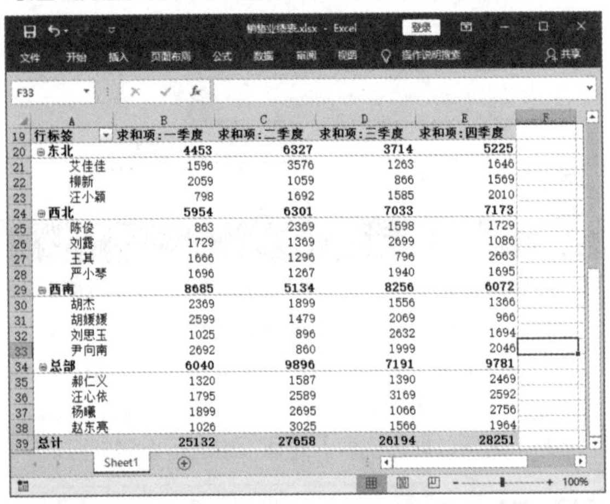

336：快速创建带内容、格式的数据透视表

适用版本	实用指数
2010、2013、2016、2019	★★★★★

使用说明

通过上述操作方法，只能创建空白的数据透视表。根据操作需要，还可以直接创建带内容并含格式的数据透视表。

解决方法

如果要创建带内容并含格式的数据透视表，具体操作方法如下。

步骤01 打开素材文件（位置：素材文件\第13章\销售业绩表.xlsx），❶选中要作为数据透视表数据源的单元格区域；❷单击【插入】选项卡【表格】组中的【推荐的数据透视表】按钮，如下图所示。

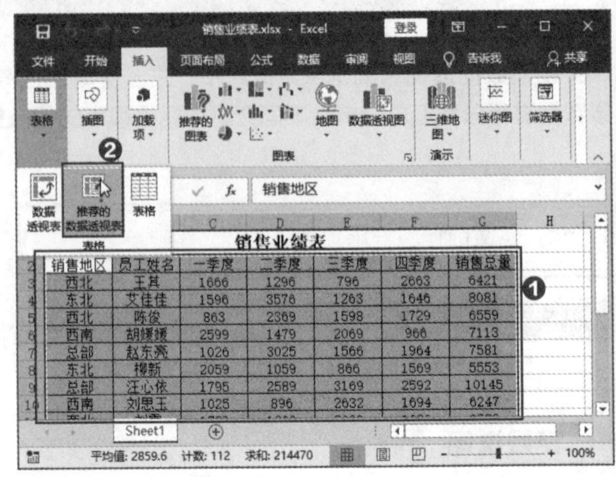

步骤02 ❶弹出【推荐的数据透视表】对话框，在左侧窗格中选择某个透视表样式后，在右侧窗格中可以预览透视表效果；❷单击【确定】按钮，如下图所示。

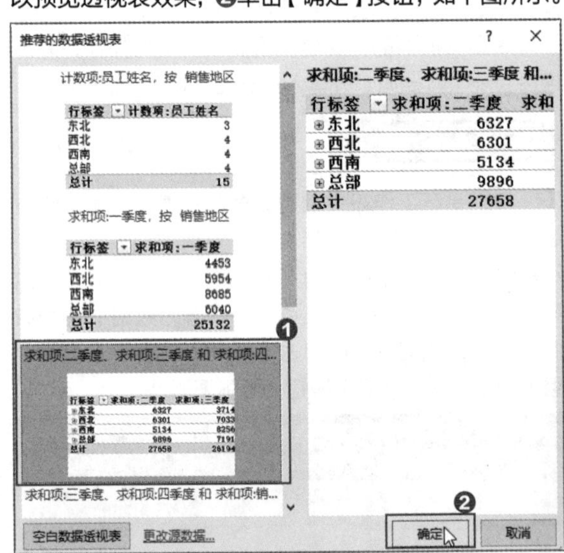

步骤03 操作完成后，即可新建一个工作表并在该工作表中创建数据透视表，如下图所示。

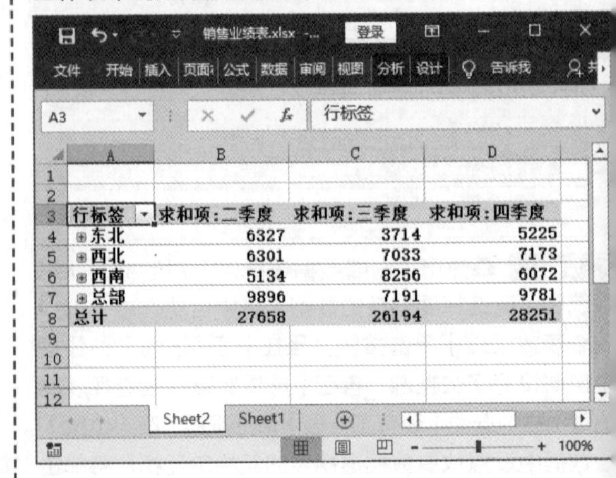

337：更改数据透视表的数据源

适用版本	实用指数
2010、2013、2016、2019	★★★★★

使用说明

创建数据透视表后，还可根据需要更改数据透视表的数据源。

解决方法

如果要对数据透视表的数据源进行更改，具体操作方法如下。

步骤01 打开素材文件（位置：素材文件 \ 第 13 章 \ 销售业绩表 1.xlsx），❶选中数据透视表中的任意单元格；❷单击【数据透视工具 / 分析】选项卡【数据】组中的【更改数据源】按钮，如下图所示。

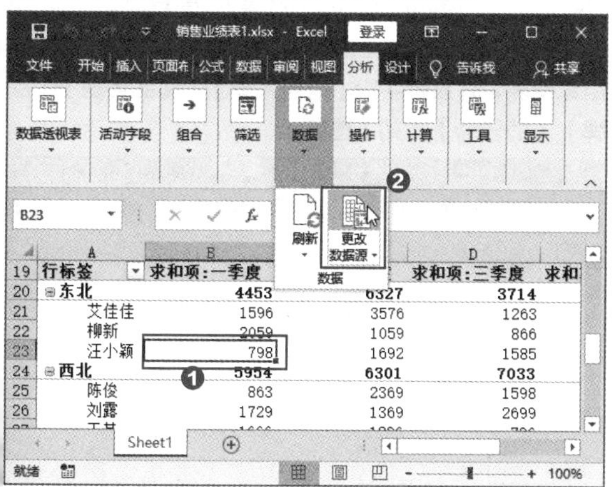

步骤02 ❶弹出【更改数据透视表数据源】对话框，在【表 / 区域】参数框中设置新的数据源；❷单击【确定】按钮即可，如下图所示。

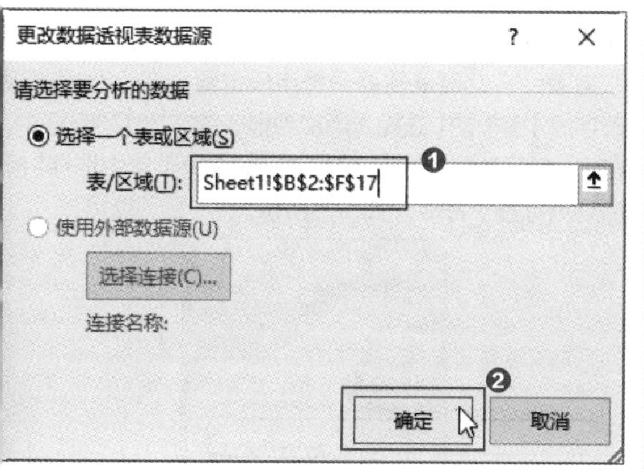

知识拓展

如果通过拖动表格来选择数据区域，【更改数据透视表数据源】对话框将更改为【移动数据透视表】对话框，操作方法与之相同。

338：添加和删除数据透视表字段

适用版本	实用指数
2010、2013、2016、2019	★★★★★

使用说明

创建数据透视表后，还可根据需要添加和删除数据透视表字段。

解决方法

如果要添加和删除数据透视表字段，具体操作方法如下。

打开素材文件（位置：素材文件 \ 第 13 章 \ 销售业绩表 1.xlsx），❶选中数据透视表中的任意单元格；❷在【数据透视表字段】窗格的【选择要添加到报表的字段】列表框中勾选需要添加的字段复选框即可添加字段，取消勾选需要删除的字段复选框即可删除字段，如下图所示。

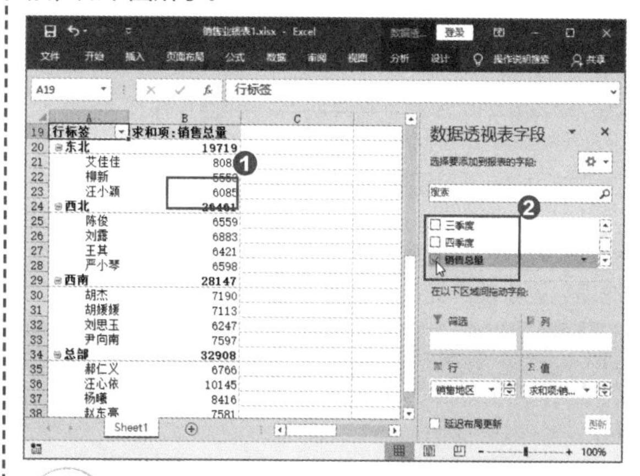

知识拓展

创建数据透视表后，若没有自动打开【数据透视表字段】窗格，或者无意间将该窗格关闭了，可选中数据透视表中的任意单元格，切换到【数据透视表工具 / 分析】选项卡，然后单击【显示】组中的【字段列表】按钮，即可将其显示出来。

339：查看数据透视表中的明细数据

适用版本	实用指数
2010、2013、2016、2019	★★★★☆

使用说明

创建数据透视表后，数据透视表将直接对数据进行汇总。在查看数据时，若希望查看某一项的明细数据，可按下面介绍的方法进行操作。

解决方法

如果要查看数据透视表中的明细数据，具体操作方法如下。

步骤01 打开素材文件（位置：素材文件\第 13 章\销售业绩表 1.xlsx），❶选择要查看明细数据的项目，右击；❷在弹出的快捷菜单中选择【显示详细信息】命令，如下图所示。

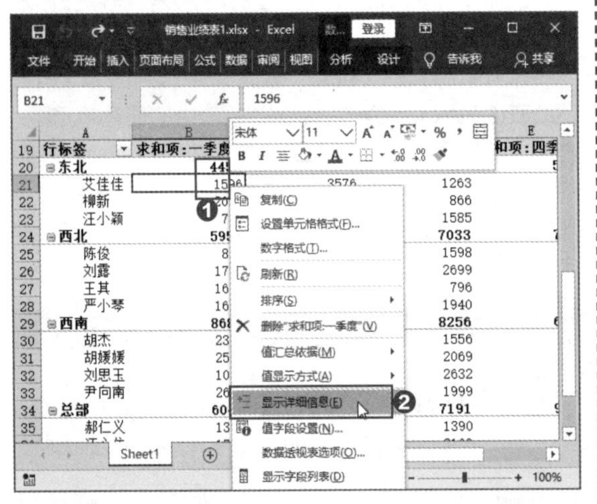

步骤02 自动新建一张新工作表，并在其中显示所选项目的全部详细信息，如下图所示。

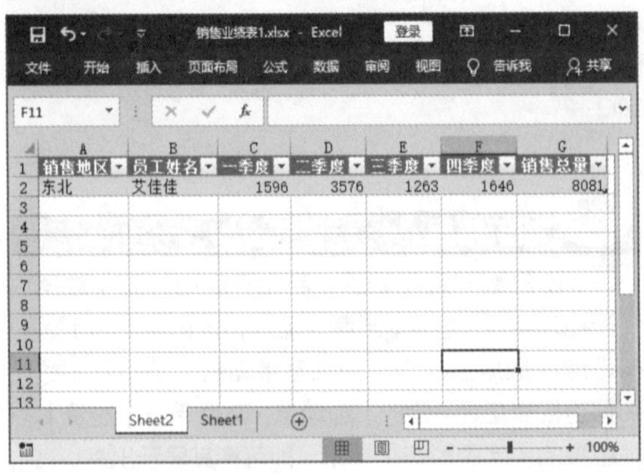

340：如何更改数据透视表字段位置

适用版本	实用指数
2010、2013、2016、2019	★★★★☆

使用说明

创建数据透视表后，当添加需要显示的字段时，系统会自动指定它们的归属（即放置到行或列）。

根据操作需要，可以调整字段的放置位置，如指定放置到行、列或报表筛选器。需要解释的是，报表筛选器就是一种大的分类依据和筛选条件，将一些字段放置到报表筛选器，可以更加方便地查看数据。

解决方法

创建数据透视表后，如果要调整字段位置，具体操作方法如下。

步骤01 打开素材文件（位置：素材文件\第 13 章\家电销售情况.xlsx），选中数据区域后，创建数据透视表，并显示字段【销售人员】【商品类别】【品牌】【销售额】，如下图所示。

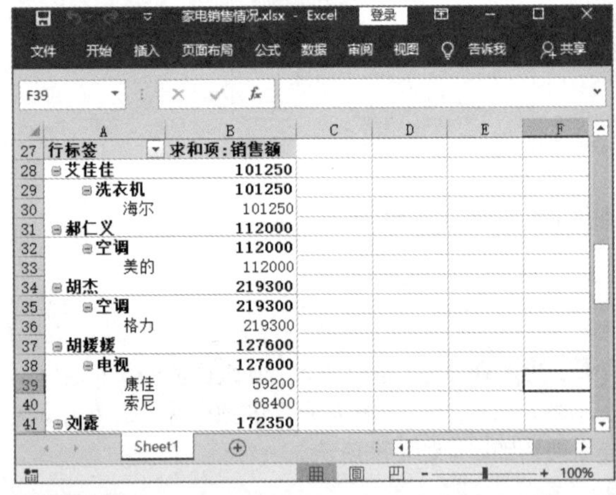

步骤02 ❶创建好数据透视表后，会发现表格数据非常凌乱，此时就需要调整字段位置。在【数据透视表字段】窗格的【选择要添加到报表的字段】列表框中，右击【商品类别】选项；❷在弹出的快捷菜单中选择【添加到列标签】命令，如下图所示。

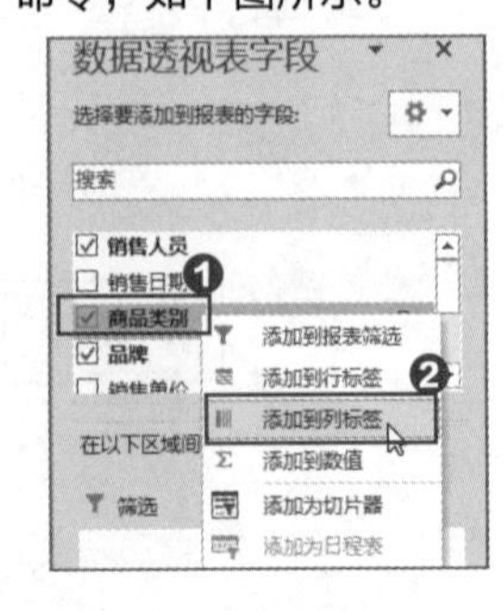

步骤03 ❶右击【品牌】选项；❷在弹出的快捷菜单中选择【添加到报表筛选】命令，如下图所示。

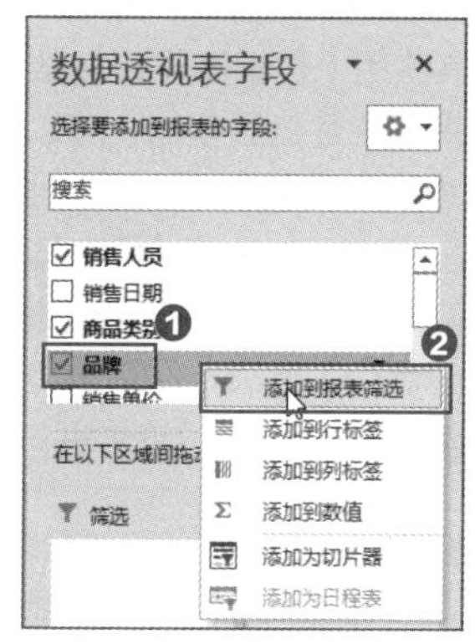

步骤04 完成上述操作后，数据透视表中的数据就变得清晰明了了，如下图所示。

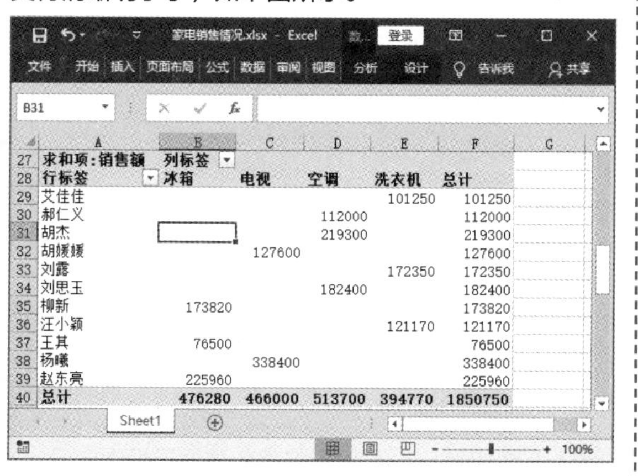

341：在数据透视表中筛选数据

适用版本	实用指数
2010、2013、2016、2019	★★★★★

使用说明

创建好数据透视表后，还可以通过筛选功能，筛选出需要查看的数据。

解决方法

如果要在数据透视表中筛选数据，具体操作方法如下。

步骤01 打开素材文件（位置：素材文件\第 13 章\家电销售情况 1.xlsx），❶单击【品牌】右侧的下拉按钮；❷在弹出的下拉列表中选择要筛选的品牌，如【海尔】；❸单击【确定】按钮，如右上图所示。

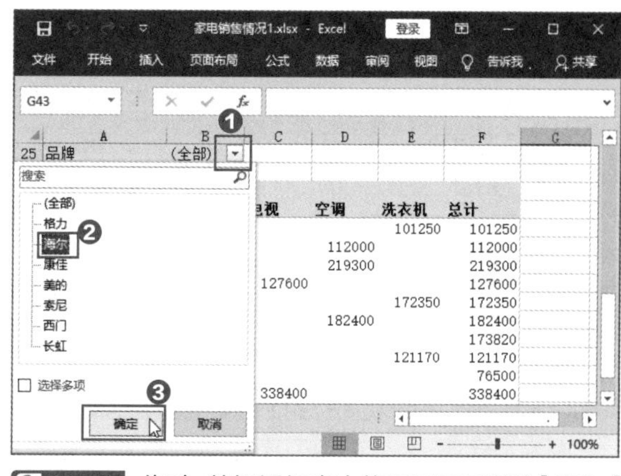

步骤02 此时，数据透视表中将只显示品牌为【海尔】的销售情况，如下图所示。

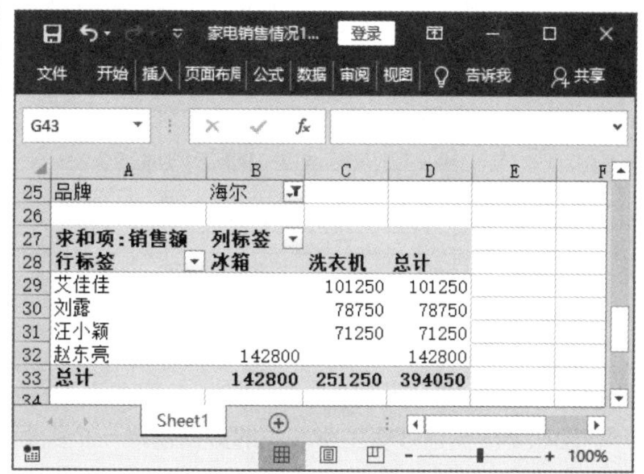

知识拓展

在下拉列表中先勾选【选择多项】复选框，下拉列表中的选项会变成复选框，此时用户可以勾选多个条件。

342：利用多个数据源创建数据透视表

适用版本	实用指数
2010、2013、2016、2019	★★★★★

使用说明

通常情况下，用于创建数据透视表的数据源是一张数据列表，但在实际工作中，有时需要利用多张数据列表作为数据源来创建数据透视表，这时便可通过【多重合并计算数据区域】的方法创建数据透视表。

解决方法

例如，在【员工工资汇总表.xlsx】中包含了 4 月、

5 月和 6 月这 3 张工作表，并记录了工资支出情况，如下图所示。

	A	B	C	D	E	F	G
1	员工姓名	部门	岗位工资	绩效工资	生活补助	医保扣款	实发工资
2	孙志峻	行政部	3500	1269	800	650	4919
3	姜怜映	研发部	5000	1383	800	650	6533
4	田鹏	财务部	3800	1157	800	650	5107
5	夏逸	行政部	3500	1109	800	650	4759
6	周涛绍	研发部	3800	1251	800	650	5201
7	吕瑾轩	行政部	5000	1015	800	650	6165
8	胡鹏	研发部	3500	1395	800	650	5045
9	褚萱紫	财务部	4500	1134	800	650	5784
10	孔瑶	行政部	3800	1231	800	650	5181
11	褚睿涛	研发部	4500	1022	800	650	5672

4月 5月 6月

	A	B	C	D	E	F	G
1	员工姓名	部门	岗位工资	绩效工资	生活补助	医保扣款	实发工资
2	孙志峻	行政部	3500	949	800	650	4599
3	姜怜映	研发部	5000	844	800	650	5994
4	田鹏	财务部	3800	964	800	650	4914
5	夏逸	行政部	3500	1198	800	650	4848
6	周涛绍	研发部	3800	978	800	650	4928
7	吕瑾轩	行政部	5000	949	800	650	6099
8	胡鹏	研发部	3500	914	800	650	4564
9	褚萱紫	财务部	4500	871	800	650	5521
10	孔瑶	行政部	3800	1239	800	650	5189
11	褚睿涛	研发部	4500	1135	800	650	5785

4月 5月 6月

	A	B	C	D	E	F	G
1	员工姓名	部门	岗位工资	绩效工资	生活补助	医保扣款	实发工资
2	孙志峻	行政部	3500	2181	800	650	5831
3	姜怜映	研发部	5000	1814	800	650	6964
4	田鹏	财务部	3800	1528	800	650	5478
5	夏逸	行政部	3500	2122	800	650	5772
6	周涛绍	研发部	3800	1956	800	650	5906
7	吕瑾轩	行政部	5000	1799	800	650	6949
8	胡鹏	研发部	3500	1805	800	650	5455
9	褚萱紫	财务部	4500	1523	800	650	6173
10	孔瑶	行政部	3800	2174	800	650	6124
11	褚睿涛	研发部	4500	1663	800	650	6313

4月 5月 6月

现在要根据这 3 张工作表中的数据创建一个数据透视表，具体操作方法如下。

步骤01 打开素材文件（位置：素材文件\第 13 章\员工工资汇总表 .xlsx），❶在任意一张工作表中（如【4 月】）按【Alt+D+P】组合键，弹出【数据透视表和数据透视图向导 -- 步骤 1（共 3 步）】对话框，选中【多重合并计算数据区域】和【数据透视表】单选按钮；❷单击【下一步】按钮，如下图所示。

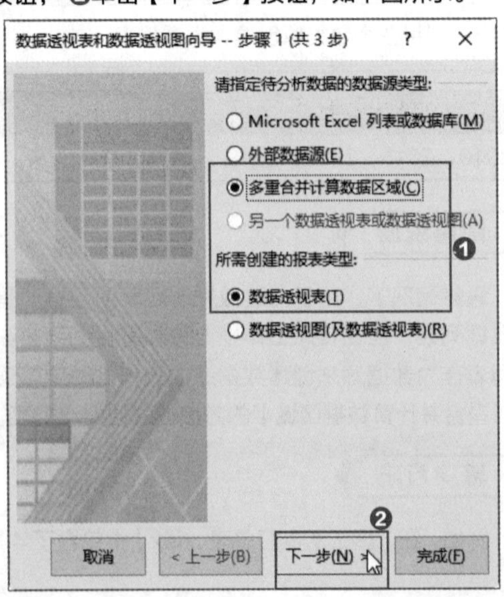

知识拓展

若需经常使用【数据透视表和数据透视图向导】对话框来创建数据透视表，可以将相应的按钮添加到快速访问工具栏。方法为：打开【Excel 选项】对话框，切换到【快速访问工具栏】选项卡，在【从下列位置选择命令】下拉列表中选择【不在功能区中的命令】选项，在列表框中找到【数据透视表和数据透视图向导】命令进行添加即可。

步骤02 ❶弹出【数据透视表和数据透视图向导 -- 步骤 2a（共 3 步）】对话框，选中【创建单页字段】单选按钮；❷单击【下一步】按钮，如下图所示。

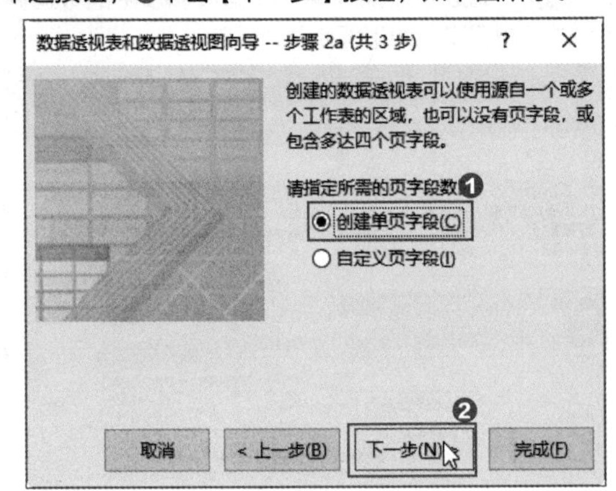

步骤03 ❶弹出【数据透视表和数据透视图向导 -- 第 2b 步，共 3 步】对话框，在【选定区域】参数框中选择【4 月】工作表中的数据区域作为数据源；❷单击【添加】按钮，如下图所示。

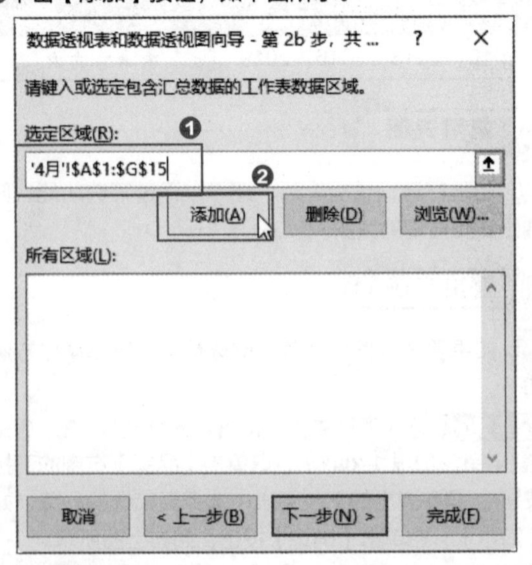

步骤04 所选数据区域添加到了【所有区域】列表框中，如下图所示。

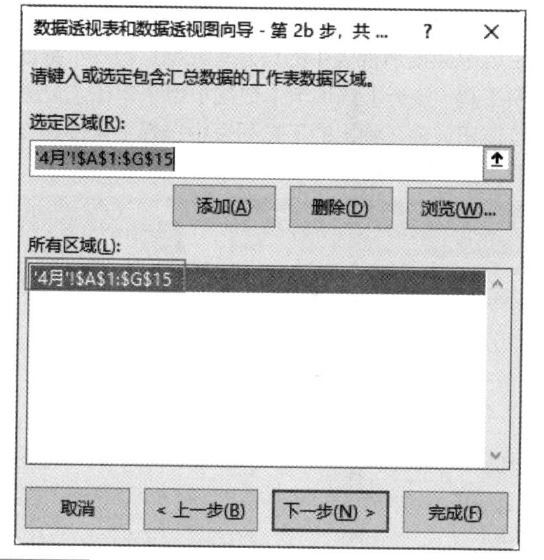

步骤05 ❶使用相同的方法，将【5月】和【6月】工作表中的数据区域添加到【所有区域】列表框中；❷单击【下一步】按钮，如下图所示。

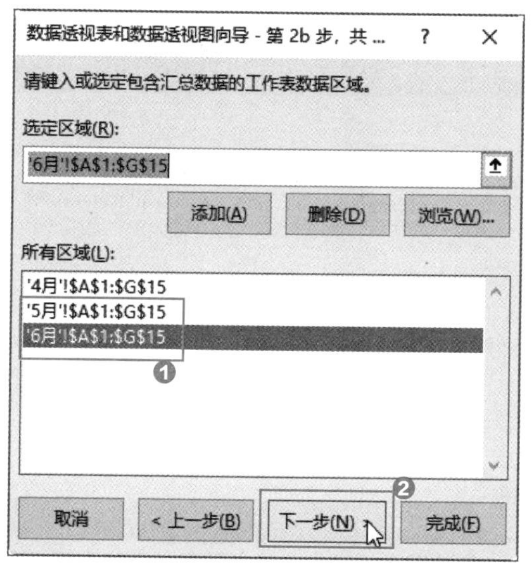

步骤06 ❶弹出【数据透视表和数据透视图向导 -- 步骤3（共3步）】对话框，选中【新工作表】单选按钮；❷单击【完成】按钮，如下图所示。

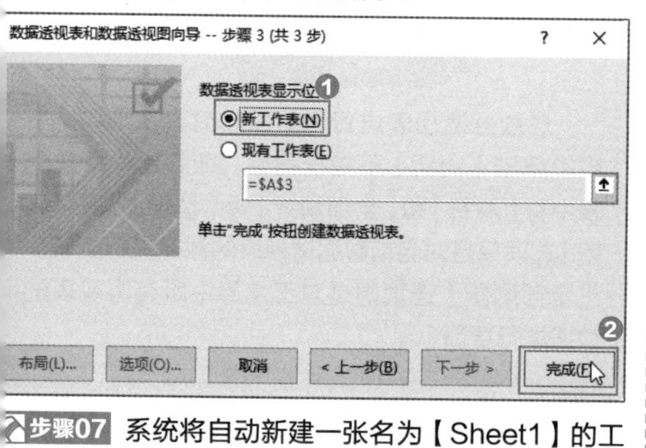

步骤07 系统将自动新建一张名为【Sheet1】的工作表，并根据【4月】【5月】和【6月】工作表中的数据区域创建数据透视表，此时值字段以计数方式进行汇总，如下图所示。

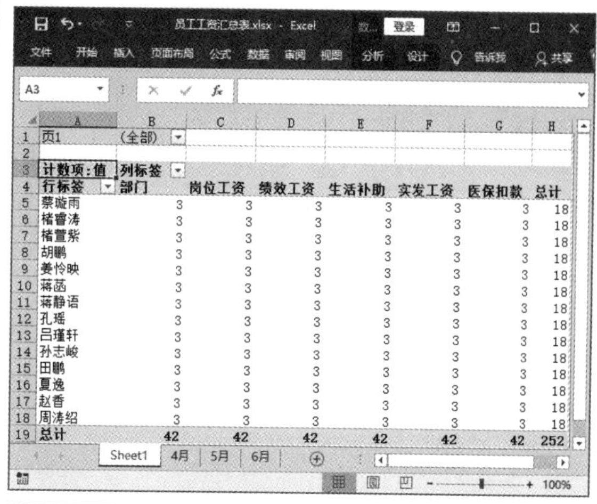

	A	B	C	D	E	F	G	H
1	页1	(全部)						
2								
3	计数项:值	列标签						
4	行标签	部门	岗位工资	绩效工资	生活补助	实发工资	医保扣款	总计
5	蔡璇雨	3	3	3	3	3	3	18
6	褚睿涛	3	3	3	3	3	3	18
7	褚萱紫	3	3	3	3	3	3	18
8	胡鹏	3	3	3	3	3	3	18
9	姜怜映	3	3	3	3	3	3	18
10	蒋菡	3	3	3	3	3	3	18
11	蒋静语	3	3	3	3	3	3	18
12	孔瑶	3	3	3	3	3	3	18
13	吕瑾轩	3	3	3	3	3	3	18
14	孙志峻	3	3	3	3	3	3	18
15	田鹏	3	3	3	3	3	3	18
16	夏逸	3	3	3	3	3	3	18
17	赵香	3	3	3	3	3	3	18
18	周涛绍	3	3	3	3	3	3	18
19	总计	42	42	42	42	42	42	252

步骤08 ❶在【数据透视表字段】窗格中的【值】栏中单击【计数项：值】字段；❷在弹出的下拉列表中选择【值字段设置】选项，如下图所示。

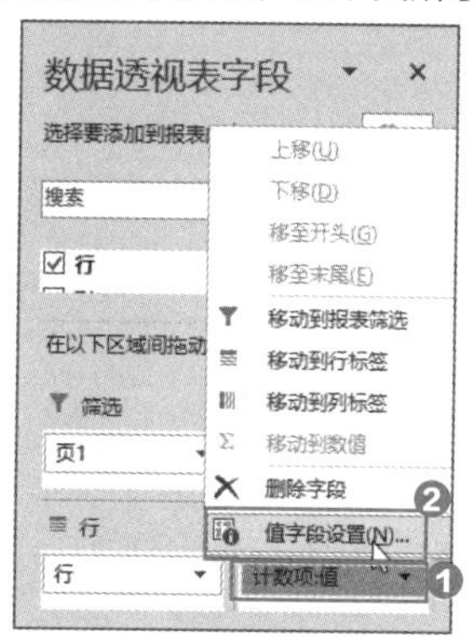

步骤09 ❶弹出【值字段设置】对话框，在【值汇总方式】选项卡的【计算类型】列表框中选择【求和】选项；❷单击【确定】按钮，如下图所示。

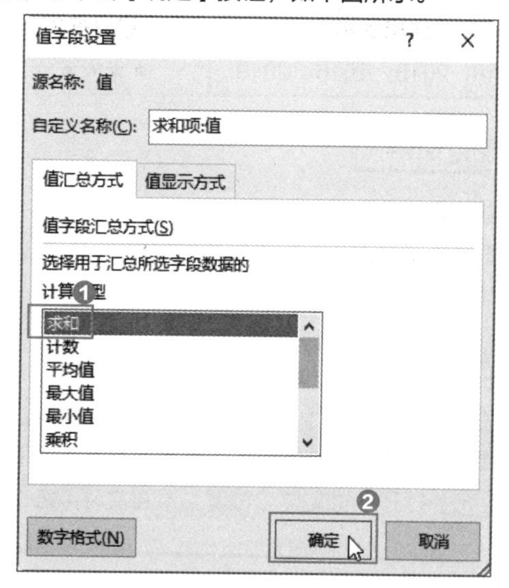

步骤10 ❶单击【列标签】右侧的下拉按钮；❷在弹出的下拉列表中设置要进行汇总的项目；❸单击【确定】按钮，如下图所示。

步骤11 完成上述操作后，最终效果如下图所示。

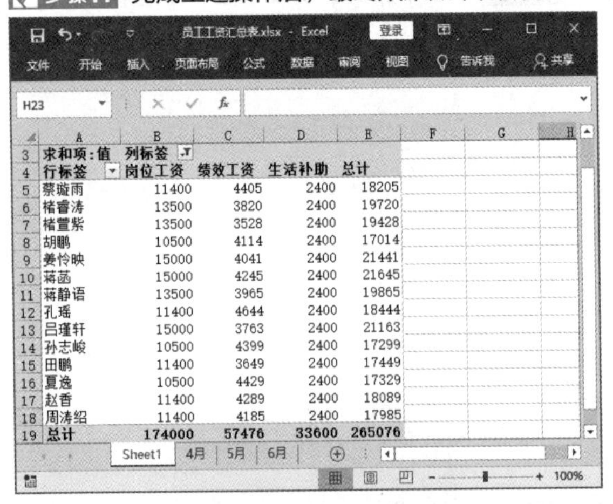

343：如何更新数据透视表中的数据

适用版本	实用指数
2010、2013、2016、2019	★★★★☆

使用说明

默认情况下，创建数据透视表后，若对数据源中的数据进行了修改，数据透视表中的数据不会自动更新，此时就需要手动更新。

解决方法

例如，在工作表中对数据源中的数据进行修改，然后更新数据透视表中的数据，具体操作方法如下。

步骤01 打开素材文件（位置：素材文件\第 13 章\销售业绩表 1.xlsx），❶对一季度的销售量进行修改，然后选中数据透视表中的任意单元格；❷在【数据透视表工具 / 分析】选项卡【数据】组中单击【刷新】下拉按钮；❸在弹出的下拉列表中选择【全部刷新】选项，如下图所示。

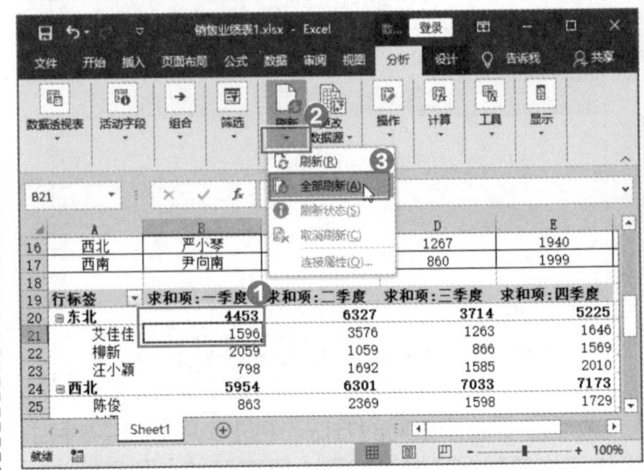

步骤02 数据透视表中的数据即可实现更新，如下图所示。

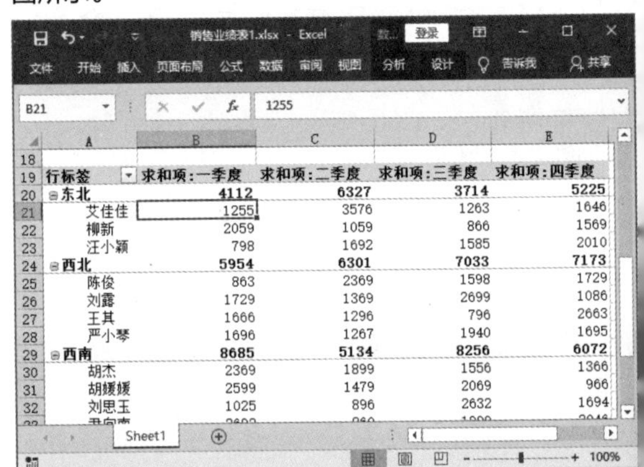

知识拓展

在数据透视表中，右击任意一个单元格，在弹出的快捷菜单中选择【刷新】命令，也可实现更新。

温馨提示

对数据透视表进行刷新操作时，在【数据】组中单击【刷新】下拉按钮后，在弹出的下拉列表中有【刷新】和【全部刷新】两个选项，其中【刷新】选项只是对当前数据透视表的数据进行更新，【全部刷新】选项则是对工作簿中所有透视表的数据进行更新。

344：对数据透视表中的数据进行排序

适用版本	实用指数
2010、2013、2016、2019	★★★★★

使用说明

创建数据透视表后，还可对相关数据进行排序，从而帮助用户更加清晰地查看和分析数据。

解决方法

如果要在数据透视表中进行排序，具体操作方法如下。

步骤01 打开素材文件（位置：素材文件\第13章\销售业绩表1.xlsx），❶选中要排序列中的任意单元格，本例选择【一季度】列中的任意单元格，右击；❷在弹出的快捷菜单中选择【排序】命令；❸在弹出的子菜单中选择【降序】命令，如下图所示。

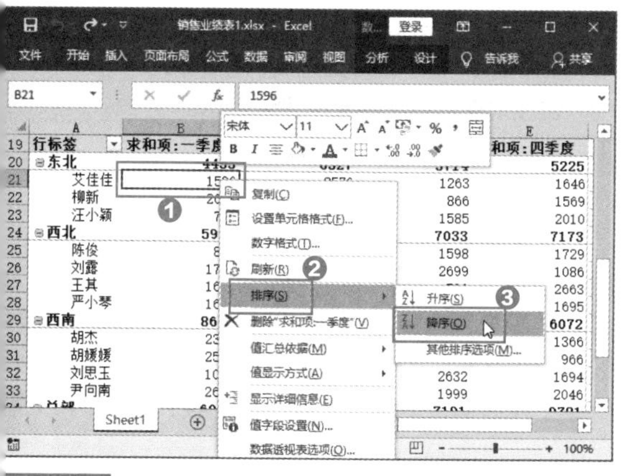

步骤02 此时，表格数据将以【一季度】为关键字进行降序排列，如下图所示。

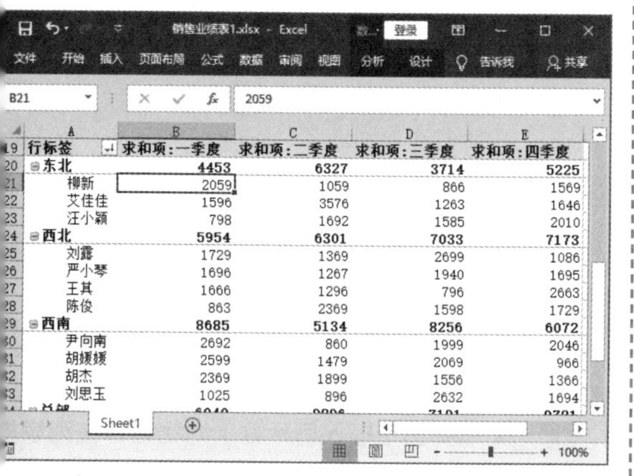

345：让数据透视表中的空白单元格显示为0

适用版本	实用指数
2010、2013、2016、2019	★★★★☆

使用说明

默认情况下，当数据透视表单元格中没有值时，显示为空白。如果希望空白单元格中显示为0，则需要进行设置。

解决方法

如果要让数据透视表中的空白单元格显示为0，具体操作方法如下。

步骤01 打开素材文件（位置：素材文件\第13章\家电销售情况1.xlsx），❶在数据透视表的任意单元格中右击；❷在弹出的快捷菜单中选择【数据透视表选项】命令，如下图所示。

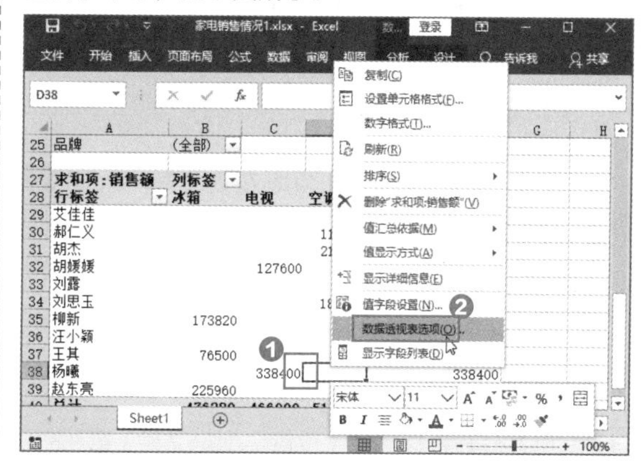

步骤02 ❶打开【数据透视表选项】对话框，在【布局和格式】选项卡的【格式】栏中勾选【对于空单元格，显示】复选框，在右侧文本框中输入【0】；❷单击【确定】按钮，如下图所示。

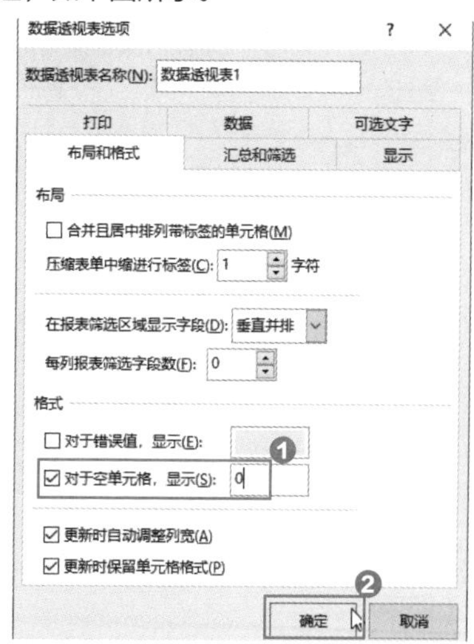

步骤03 返回数据透视表，即可看到空白单元格中显示为 0，如下图所示。

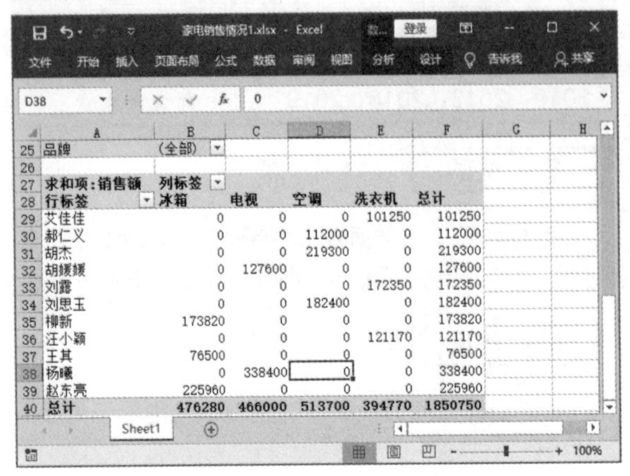

346：如何在每个项目之间添加空白行

适用版本	实用指数
2010、2013、2016、2019	★★★★☆

使用说明

创建数据透视表之后，有时为了使层次更加清晰明了，可在各个项目之间使用空行进行分隔。

解决方法

如果要在每个项目之间添加空白行，具体操作方法如下。

步骤01 打开素材文件（位置：素材文件\第 13 章\销售业绩表 1.xlsx），❶选中数据透视表中的任意单元格；❷在【数据透视表工具 / 设计】选项卡的【布局】组中单击【空行】下拉按钮；❸在弹出的下拉列表中选择【在每个项目后插入空行】选项，如下图所示。

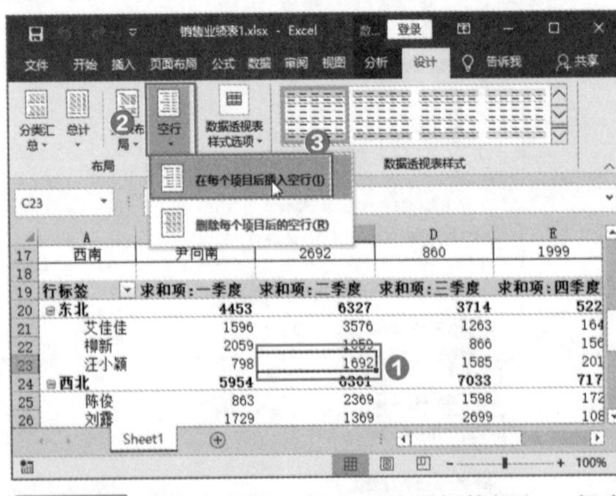

步骤02 操作完成后，每个项目后都将插入一行空行，如右上图所示。

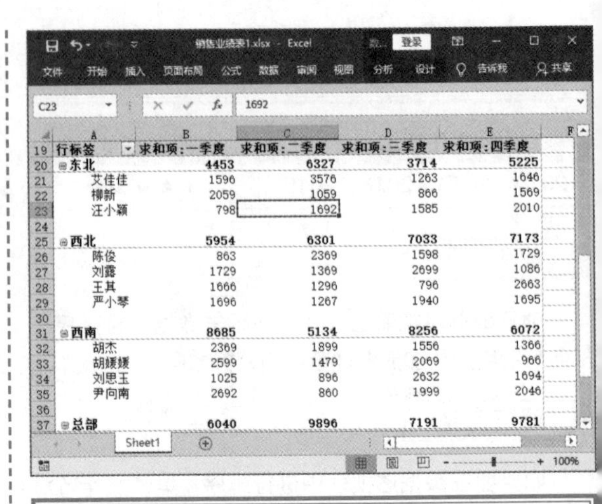

347：如何插入切片器

适用版本	实用指数
2010、2013、2016、2019	★★★★★

使用说明

切片器是一款筛选组件，用于在数据透视表中辅助筛选数据。切片器的使用既简单又方便，可以帮助用户快速地在数据透视表中筛选数据。

解决方法

如果要插入切片器，具体操作方法如下。

步骤01 ❶打开素材文件（位置：素材文件\第 13 章\家电销售情况 1.xlsx），❶选中数据透视表中的任意单元格；❷在【数据透视表工具 / 分析】选项卡的【筛选】组中单击【插入切片器】按钮，如下图所示。

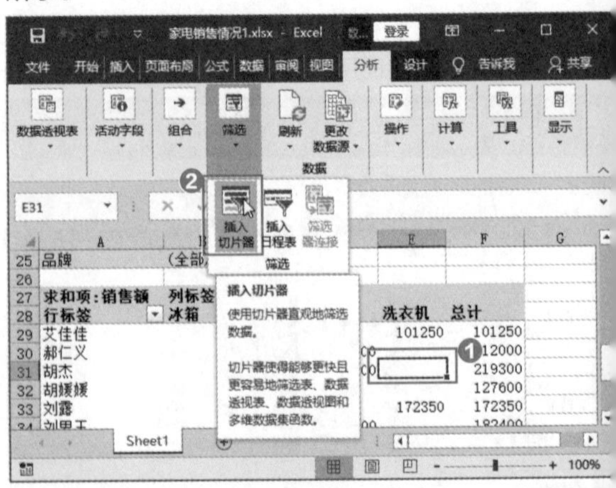

步骤02 ❶弹出【插入切片器】对话框，在列表框中选择需要的关键字，本例中勾选【销售日期】和【品牌】复选框；❷单击【确定】按钮，如下图所示。

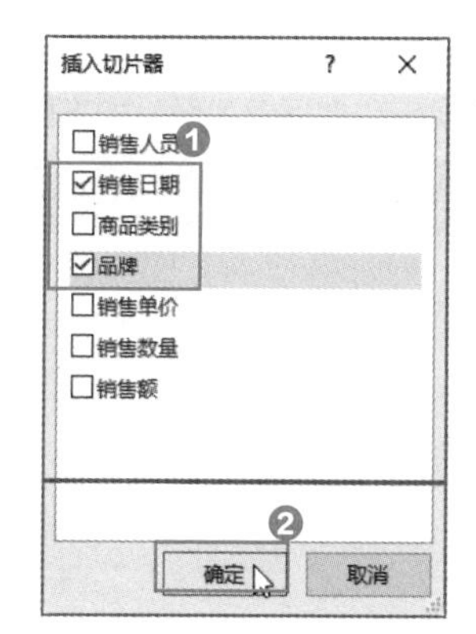

步骤03 返回工作表中，即可看到切片器已经插入，如下图所示。

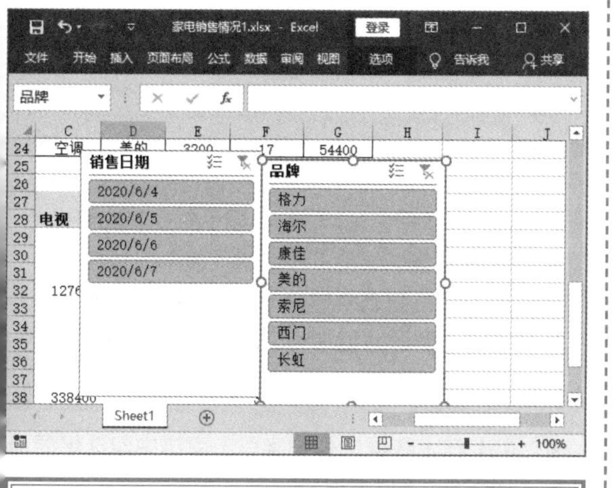

348：使用切片器筛选数据

适用版本	实用指数
2010、2013、2016、2019	★★★★★

插入切片器后，就可以通过它来筛选数据透视表中的数据。

解决方法

如果要使用切片器筛选数据，具体操作方法如下。

步骤01 打开素材文件（位置：素材文件\第 13 章\家电销售情况 2.xlsx），在【销售日期】切片器中选中需要查看的字段，本例选择【2020/6/4】【2020/6/5】（先选择【2020/6/4】，再按住【Ctrl】键不放，单击【2020/6/5】即可），如下图所示。

步骤02 在【品牌】切片器中选中需要查看的字段，本例选择【海尔】，即可筛选出 2020/6/4 和 2020/6/5 海尔电器销售情况，如下图所示。

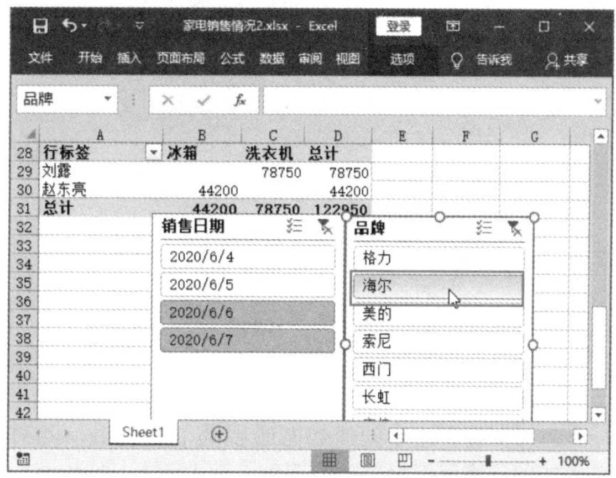

知识拓展

在切片器中设置筛选条件后，右上角的【清除筛选器】按钮 便会显示为可用状态，单击该按钮，可清除当前切片器中设置的筛选条件。

13.2 数据透视图的应用技巧

数据透视图是数据透视表的更深层次的应用，它以图表的形式将数据表达出来，从而可以非常直观地查看和分析数据。下面介绍数据透视图的相关使用技巧。

349：如何创建数据透视图

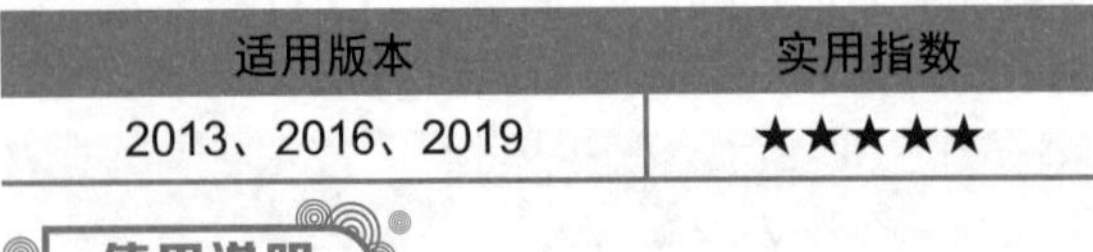

适用版本	实用指数
2013、2016、2019	★★★★★

使用说明

要使用数据透视图分析数据，首先要创建一个数据透视图。

解决方法

如果要在工作表中创建数据透视图，具体方法如下。

步骤01 打开素材文件（位置：素材文件\第 13 章\销售业绩表.xlsx），❶选中数据区域；❷在【插入】选项卡的【图表】组中单击【数据透视图】下拉按钮；❸在弹出的下拉列表中选择【数据透视图】选项，如下图所示。

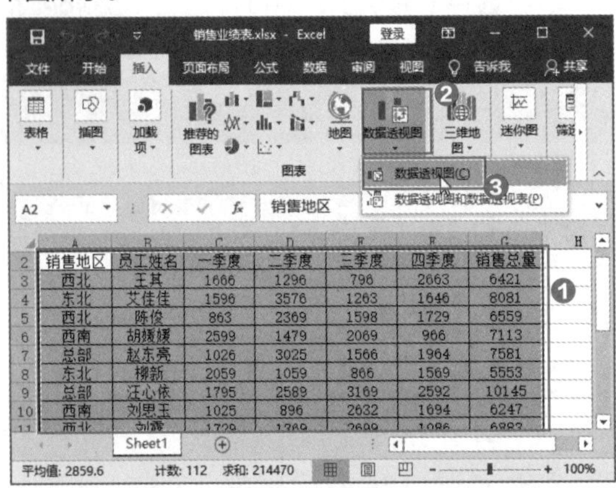

步骤02 ❶弹出【创建数据透视图】对话框，此时选中的单元格区域将自动引用到【表/区域】参数框，在【选择放置数据透视图的位置】栏中设置数据透视图的放置位置，本例选中【现有工作表】单选按钮，然后在【位置】参数框中设置放置数据透视图的起始单元格；❷单击【确定】按钮，如下图所示。

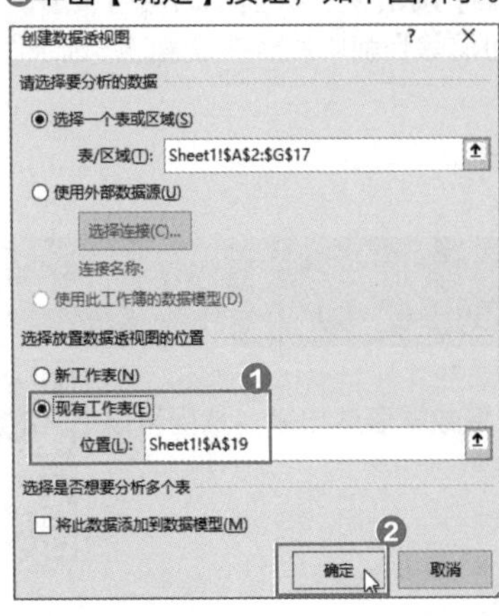

步骤03 返回工作表，可以看到工作表中创建了一个空白数据透视表和数据透视图，如下图所示。

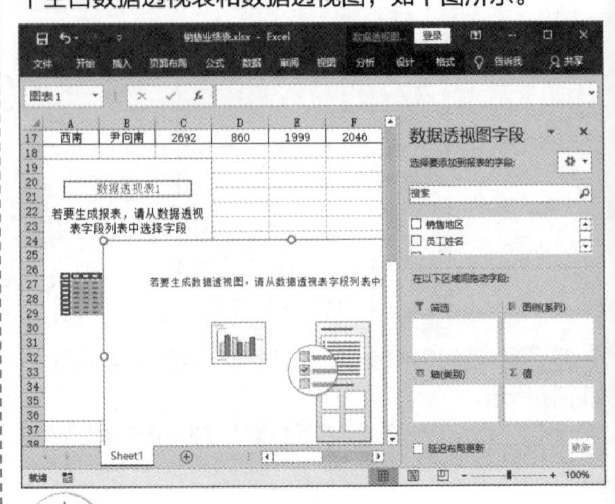

知识拓展

在 Excel 2010 中创建数据透视图的方法略有不同，选择数据区域后，切换到【插入】选项卡，在【表格】组中单击【数据透视表】下拉按钮，在弹出的下拉列表中选择【数据透视图】选项，在弹出的【创建数据透视表及数据透视图】对话框中进行设置即可。

步骤04 在【数据透视图字段】窗格中勾选想要显示的字段即可，如下图所示。

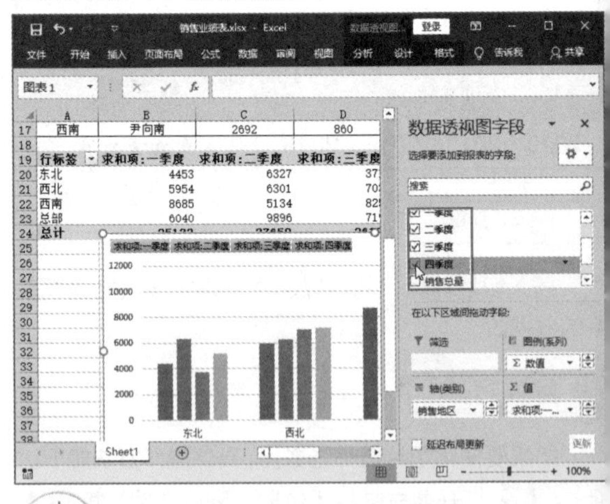

知识拓展

在 Excel 2010 中创建数据透视图后，均在【数据透视图字段列表】窗格中设置字段。在 Excel 2013 中创建数据透视图后，会自动打开【数据透视图字段】窗格。在【数据透视图字段】或【数据透视表字段】窗格中设置字段后，数据透视图与数据透视表中的数据均会自动更新。

350：利用现有透视表创建透视图

适用版本	实用指数
2013、2016、2019	★★★★★

使用说明

创建数据透视图时，还可以利用现有的数据透视表进行创建。

解决方法

如果要在数据透视表基础上创建数据透视图，具体操作方法如下。

步骤01 打开素材文件（位置：素材文件\第 13 章\家电销售情况 3.xlsx），❶选中数据透视表中的任意单元格；❷单击【数据透视表工具 / 分析】选项卡【工具】组中的【数据透视图】按钮，如下图所示。

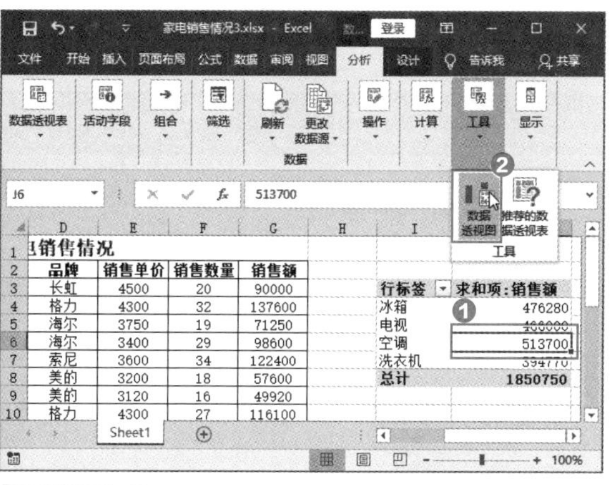

步骤02 ❶弹出【插入图表】对话框，选择需要的图表样式；❷单击【确定】按钮，如下图所示。

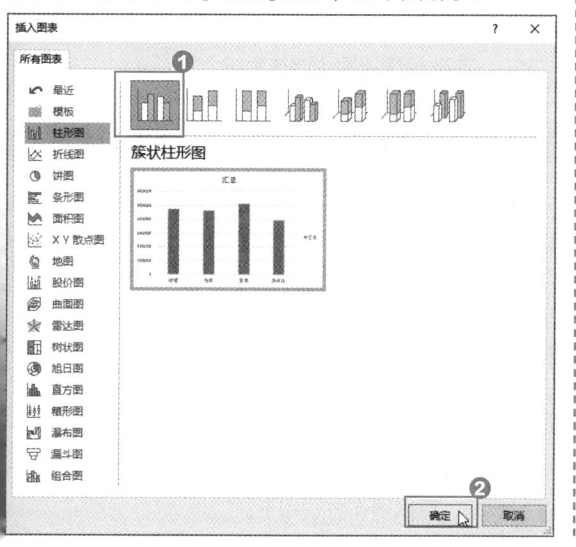

步骤03 返回工作表，即可看到系统创建了一个含有数据的数据透视图，如下图所示。

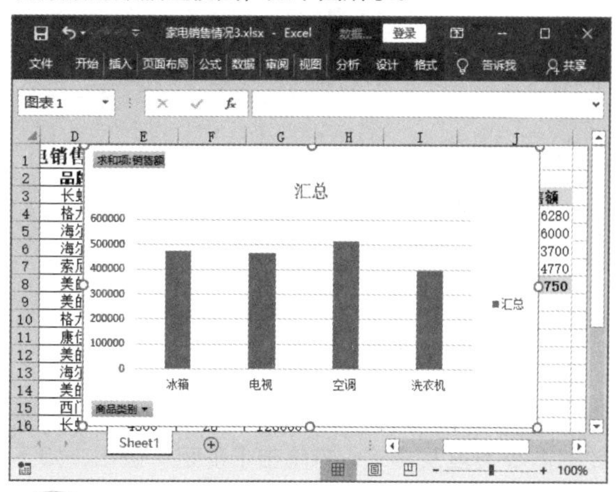

知识拓展

在 Excel 2010 中，插入图表后，功能区中会显示【数据透视图工具 / 设计】【数据透视图工具 / 布局】【数据透视图工具 / 格式】和【数据透视图工具 / 分析】4 个选项卡。而 Excel 2013、Excel 2016 和 Excel 2019 中只有【数据透视图工具 / 分析】【数据透视图工具 / 设计】和【数据透视图工具 / 格式】3 个选项卡。因为界面的变化，有的操作难免会有所差异，希望读者自行变通。

351：更改数据透视图的图表类型

适用版本	实用指数
2010、2013、2016、2019	★★★★★

使用说明

创建数据透视图后，还可根据需要更改图表类型。

解决方法

如果要更改数据透视图的类型，具体操作方法如下。

步骤01 打开素材文件（位置：素材文件\第 13 章\家电销售情况 4.xlsx），❶选中数据透视图；❷单击【数据透视图工具 / 设计】选项卡【类型】组中的【更改图表类型】按钮，如下图所示。

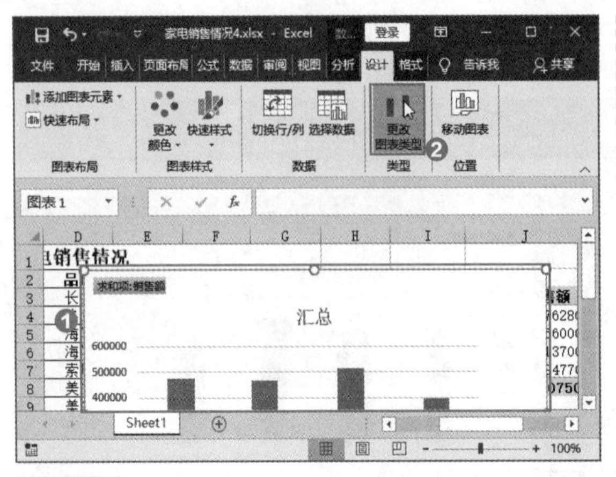

步骤02 ❶弹出【更改图表类型】对话框，选择需要的图表类型及样式；❷单击【确定】按钮，如下图所示。

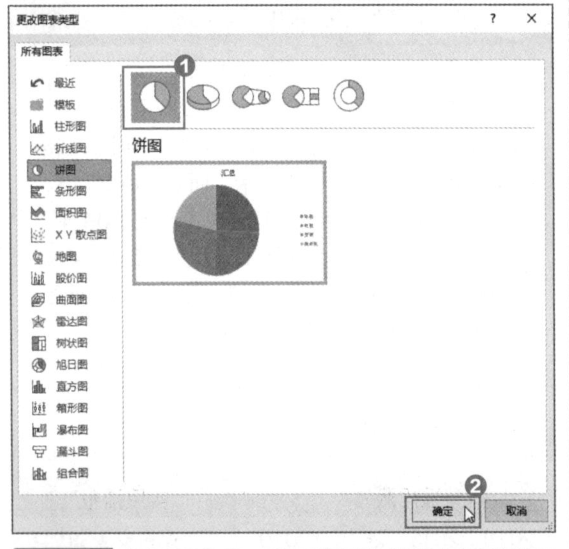

步骤03 返回工作表，即可看到数据透视图类型已经被更改，如下图所示。

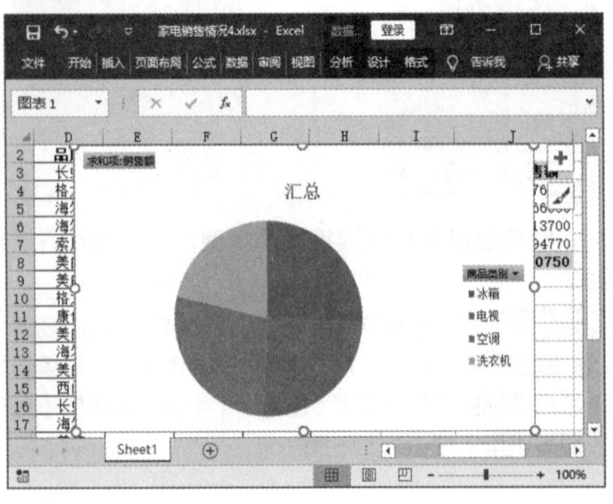

352：如何将数据标签显示出来

适用版本	实用指数
2010、2013、2016、2019	★★★★☆

使用说明

创建数据透视图后，可以像编辑普通图表一样对其进行设置标题、显示 / 隐藏图表元素、设置纵坐标的刻度值等相关编辑操作。

解决方法

例如，要将图表元素数据标签显示出来，具体操作方法如下。

打开素材文件（位置：素材文件 \ 第 13 章 \ 家电销售情况 5.xlsx），❶选中数据透视图，单击【图表元素】按钮+，打开【图表元素】窗格；❷勾选【数据标签】复选框，图表的分类系列上即可显示具体的数值，如下图所示。

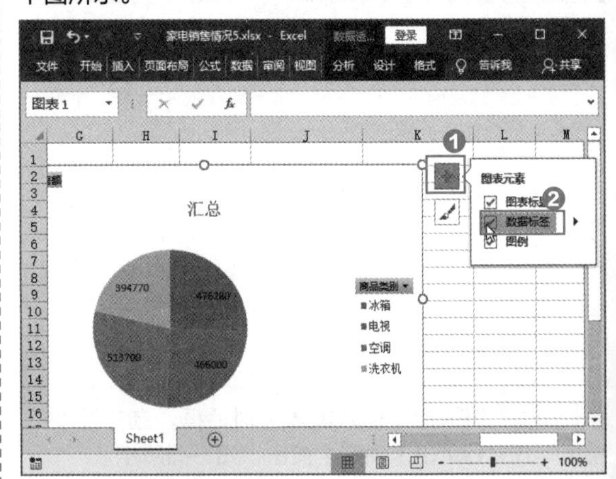

353：在数据透视图中筛选数据

适用版本	实用指数
2010、2013、2016、2019	★★★★★

使用说明

创建好数据透视图后，可以通过筛选功能筛选出需要查看的数据。

解决方法

如果要在数据透视图中通过筛选功能筛选需要查看的数据，具体操作方法如下。

步骤01 打开素材文件（位置：素材文件\第 13 章\家电销售情况 4.xlsx），❶在数据透视图中单击字段右侧的下拉按钮，本例中单击【商品类别】右侧的下拉按钮；❷在弹出的下拉列表中设置筛选条件，如在列表框中只勾选【冰箱】和【电视】复选框；❸单击【确定】按钮，如下图所示。

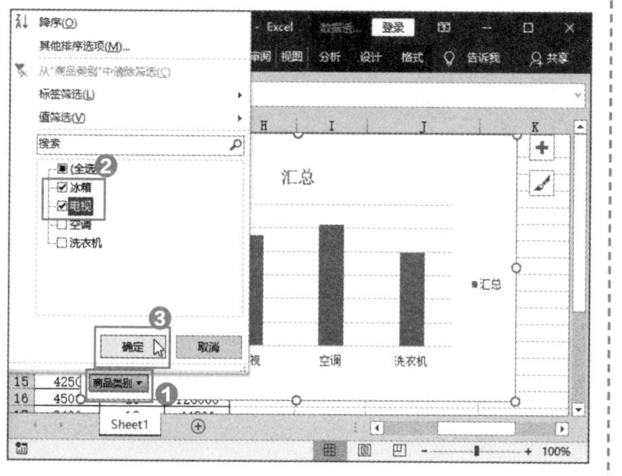

技能拓展

在字段按钮上右击，在弹出的快捷菜单中选择【隐藏图表上的所有字段按钮】命令，可以隐藏字段。

步骤02 返回数据透视图，可看到筛选后的效果，如下图所示。

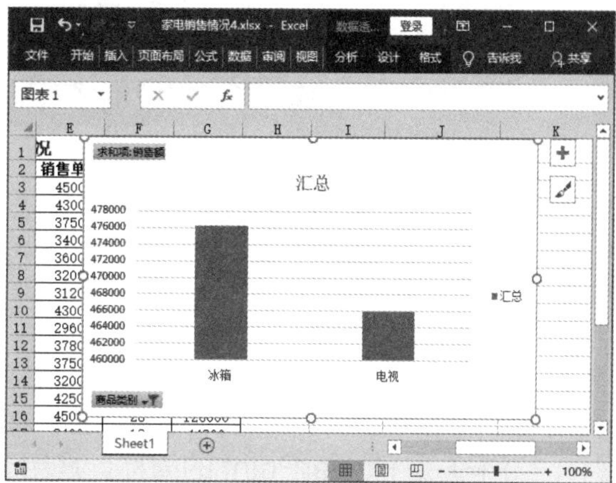

PPT办公应用技巧篇 第3篇

PPT 是 PowerPoint 的简称，是用于制作会议流程、产品介绍和电子教学等内容的电子演示文稿。PPT 制作好后可通过计算机或投影仪等器材进行播放，以便更好地辅助演说或演讲。在日常办公中，可以借助一些实用的技巧，简单、高效地制作出精美的演示文稿。本书采用 PowerPoint 2019 版进行介绍。

通过对本篇内容的学习，你将学会以下 PPT 办公应用的技能与技巧。

◎ PPT 幻灯片编辑技巧

◎ PPT 幻灯片美化技巧

◎ PPT 幻灯片放映与输出技巧

第 14 章 PPT 幻灯片编辑技巧

演示文稿看起来简单，但真正制作起来却不容易上手。在开始设计与制作幻灯片之前，应该先掌握 PPT 的编辑技巧。掌握这些技巧，可以让用户更快地制作出精美的 PPT，使工作效率更上一层楼。

下面是一些 PPT 编辑中的常见问题，请检查你是否会处理或已掌握。

【√】将 PPT 复制到其他计算机中播放时，因为计算机中缺少字体而导致显示效果欠佳，有没有解决的办法?

【√】已经在 Word 或 Excel 中制作了表格，知道怎样将表格导入到 PPT 中吗?

【√】想要利用已经制作好的幻灯片，除了复制和粘贴之外，还有什么更好的办法?

【√】PPT 中的图片较多，导致整体文件较大，知道如何压缩图片减少 PPT 大小吗?

【√】在 PPT 中插入媒体文件后，知道如何裁剪吗?

【√】想要制作出图文搭配合理的幻灯片，知道如何设计文字和图片布局吗?

希望通过本章内容的学习，能够解决以上问题，并学会 PPT 设计与编辑的技巧。

14.1 PPT 基本操作技巧

PPT 演示文稿就是通常所说的 PPT 文件，主要用于存放演示文稿内容。下面介绍 PPT 演示文稿的基本操作技巧。

354：使用模板创建风格统一的幻灯片

适用版本	实用指数
2010、2013、2016、2019	★★★★★

使用说明

PowerPoint 2019 提供了多种类型的模板，利用这些模板，用户可快速地创建各种专业的演示文稿。

解决方法

如果要使用模板创建幻灯片，具体操作方法如下。

步骤01 ❶启动 PowerPoint 2019 程序，切换到【新建】选项卡；❷在搜索栏中输入关键字；❸单击【开始搜索】按钮，如下图所示。

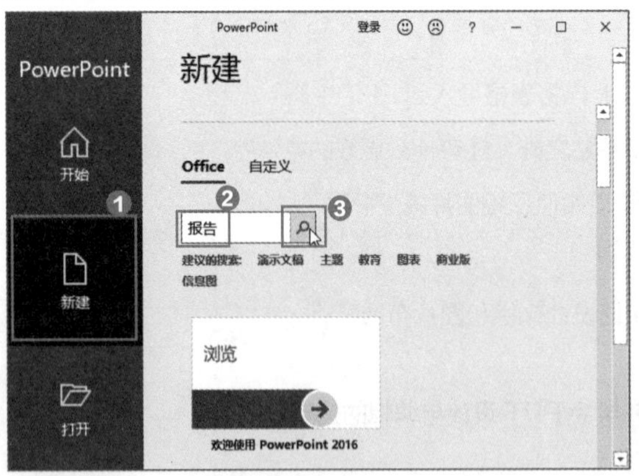

步骤02 在搜索结果中选择需要的模板样式，如右上图所示。

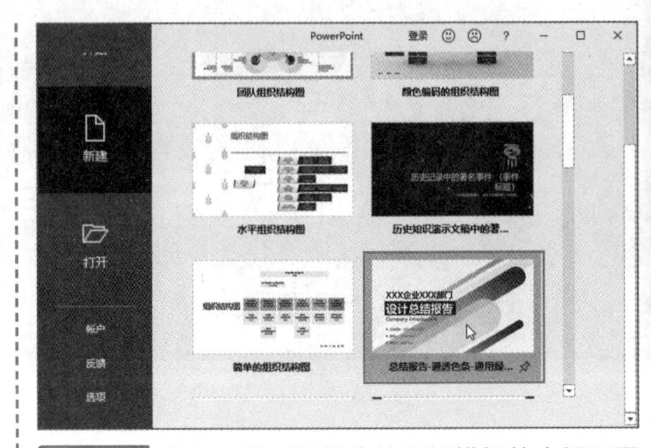

步骤03 在打开的对话框中将显示模板的介绍及预览效果，单击【创建】按钮，如下图所示。

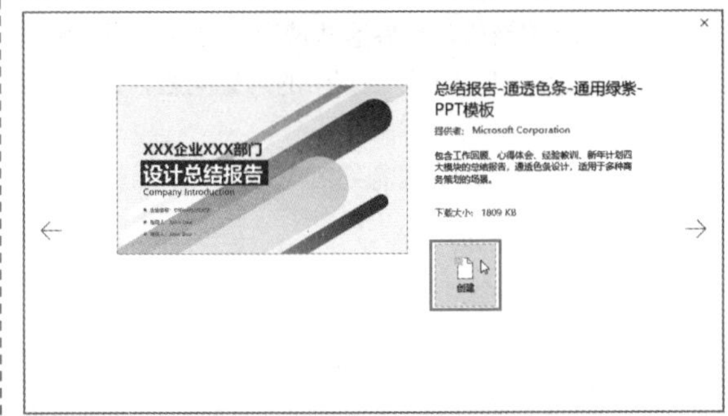

步骤04 模板将自动下载，下载完成后根据该模板创建新的演示文稿，创建完成后效果如下图所示。

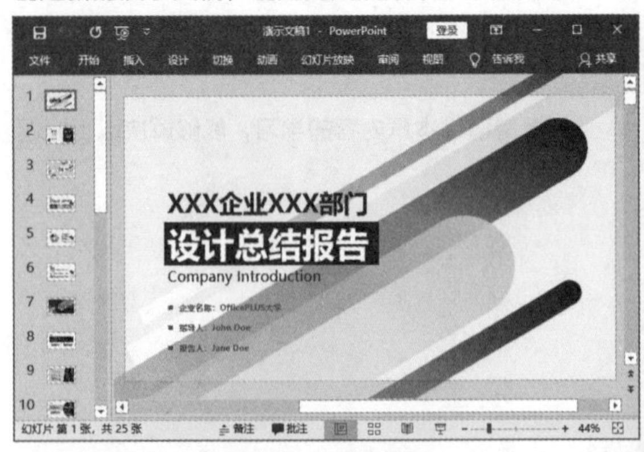

知识拓展

如果需要经常使用某个模板，可以在该模板上右击，在弹出的快捷菜单中选择【固定至列表】命令。

355：根据相册创建 PPT 演示文稿

适用版本	实用指数
2010、2013、2016、2019	★★★★☆

使用说明

利用 PPT 提供的相册功能可以快速创建含有多张图片的 PPT 演示文稿。

解决方法

如果要利用相册功能创建演示文稿，具体操作方法如下。

步骤01 ❶在 PPT 窗口中，切换到【插入】选项卡；❷在【图像】组中单击【相册】下拉按钮；❸在弹出的下拉列表中选择【新建相册】选项，如下图所示。

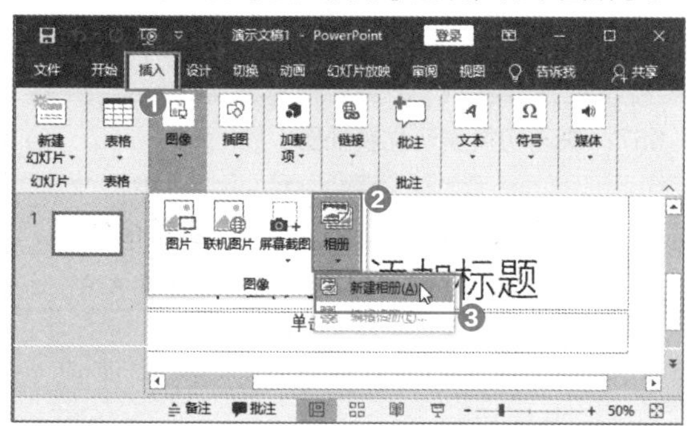

步骤02 弹出【相册】对话框，在【插入图片来自】栏中单击【文件 / 磁盘】按钮，如下图所示。

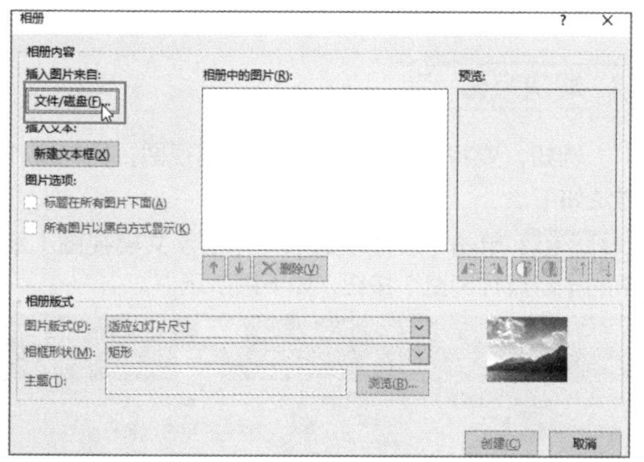

步骤03 ❶在弹出的【插入新图片】对话框中选择需要的图片（可以是多张图片）；❷单击【插入】按钮，如下图所示。

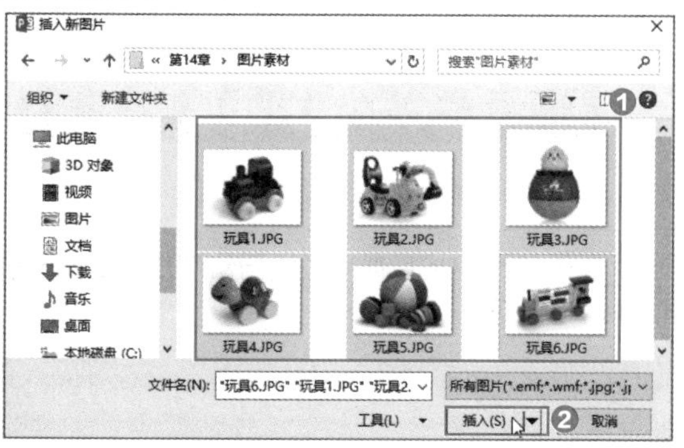

步骤04 返回【相册】对话框，单击【创建】按钮，如下图所示。

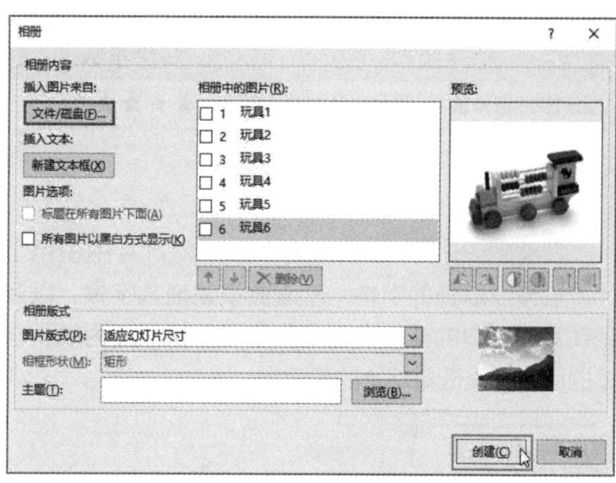

步骤05 此时，PPT 会打开新窗口，并基于所选的图片创建演示文稿，如下图所示。

步骤06 ❶按【F12】键，在弹出的【另存为】对话框中设置保存路径及文件名；❷单击【保存】按钮进行保存，如下图所示。

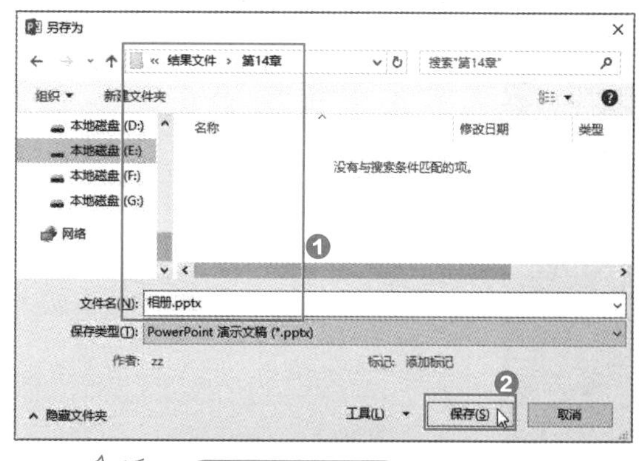

温馨提示

在【相册】对话框的【相册中的图片】列表框中选中某张图片后，可对其进行调整顺序、旋转、调整亮度等操作。设置好后，还可以通过右侧的【预览】窗格预览图片效果。

356：将字体嵌入演示文稿

适用版本	实用指数
2010、2013、2016、2019	★★★★☆

使用说明

在编辑 PPT 演示文稿时，如果幻灯片中使用了计算机预设以外的字体，就需要设置嵌入字体，以避免在其他用户的计算机上播放幻灯片时，因为缺少字体的原因而降低幻灯片的表现力。

解决方法

如果要将字体嵌入演示文稿，具体操作方法如下。

步骤01 在要设置嵌入字体的 PPT 演示文稿中，单击【文件】菜单项，如下图所示。

步骤02 在弹出的下拉菜单中选择【选项】命令，如下图所示。

步骤03 ❶弹出【PowerPoint 选项】对话框，切换到【保存】选项卡；❷在【共享此演示文稿时保持保真度】栏中勾选【将字体嵌入文件】复选框，并选中【仅嵌入演示文稿中使用的字符（适于减小文件大小）】单选按钮；❸单击【确定】按钮即可，如下图所示。

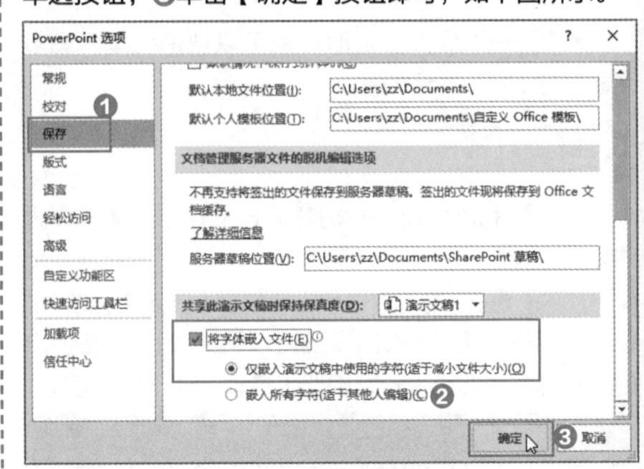

357：快速切换演示文稿视图

适用版本	实用指数
2010、2013、2016、2019	★★★★★

使用说明

PowerPoint 2019 提供了普通视图、幻灯片浏览视图、阅读视图和幻灯片放映视图 4 种视图模式，以满足用户不同的创作需求。

解决方法

例如，要将演示文稿切换到浏览视图，具体操作方法如下。

步骤01 单击【视图】选项卡【演示文稿视图】组中的【幻灯片浏览】按钮，如下图所示。

步骤02 操作完成后即可切换到幻灯片浏览视图模式，如下图所示。

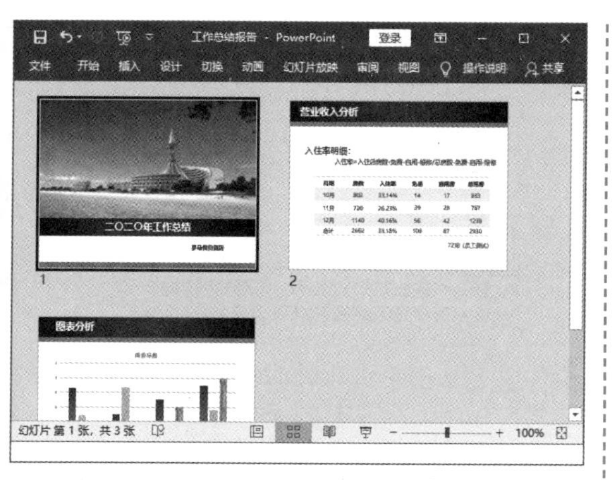

温馨提示

在【视图】选项卡【演示文稿视图】组中单击相应的按钮即可进入相应的视图模式。

358：如何将 Word 文档转换成 PPT 演示文稿

适用版本	实用指数
2010、2013、2016、2019	★★★☆☆

使用说明

在编辑好一篇 Word 文档后，有时需要将 Word 文档中的内容应用到 PPT 演示文稿中。若逐一粘贴，则非常麻烦，此时可以通过 PPT 的新建幻灯片功能快速实现。

解决方法

如果要将 Word 文档转换为 PPT 演示文稿，具体操作方法如下。

步骤01 打开素材文件（位置：素材文件 \ 第 14 章 \ 会议内容 .docx）。在 Word 文档中，在大纲视图下为内容设置相应的大纲级别（素材文件已经提前设置了大纲级别），然后关闭 Word 文档，如下图所示。

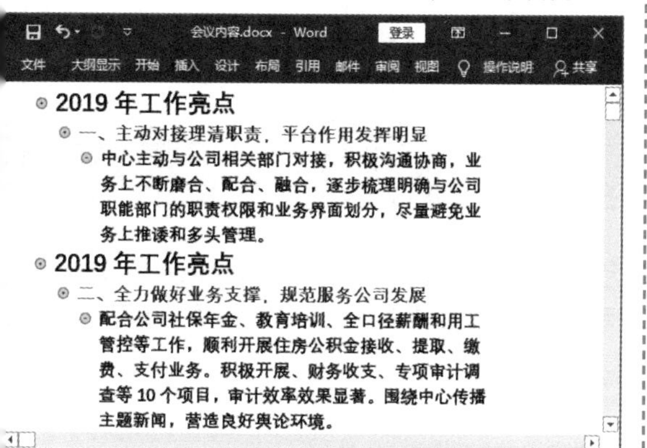

步骤02 ❶在 PPT 窗口中，在【开始】选项卡【幻灯片】组中单击【新建幻灯片】下拉按钮；❷在弹出的下拉列表中选择【幻灯片（从大纲）】选项，如下图所示。

步骤03 ❶弹出【插入大纲】对话框，选中要转换为 PPT 演示文稿的 Word 文档；❷单击【插入】按钮，如下图所示。

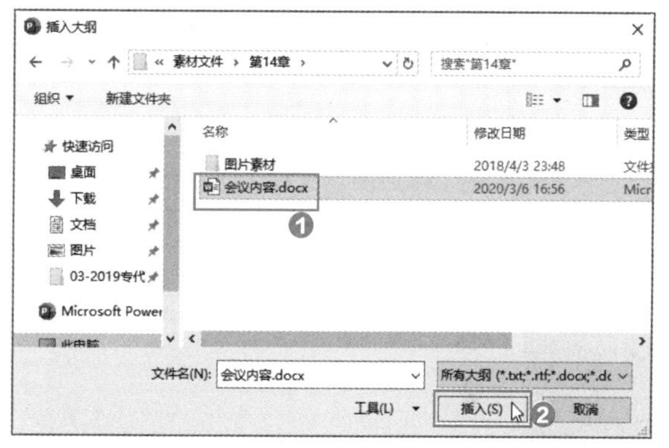

步骤04 返回 PPT 窗口，即可看到系统自动输入了 Word 文档中的内容，如下图所示。

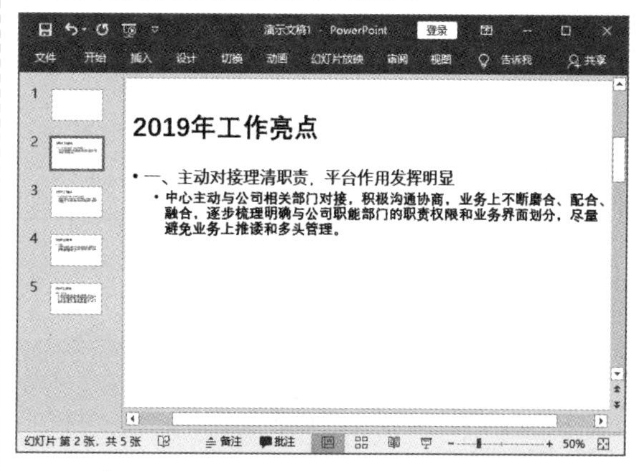

温馨提示

将 Word 文档转换为 PPT 演示文稿后，Word 文档中的一级标题会成为 PPT 演示文稿中幻灯片的页面标题，Word 文档中的二级标题会成为 PPT 演示文稿中幻灯片的第一级正文，Word 文档中的三级标题会成为 PPT 演示文稿中幻灯片的第一级正文下的主要内容，以此类推。

359：为 PPT 演示文稿设置密码保护

适用版本	实用指数
2010、2013、2016、2019	★★★★★

对于非常重要的 PPT 演示文稿，为了防止其他用户查看，可以设置打开演示文稿时的密码，从而达到保护演示文稿的目的。

解决方法

如果要为 PPT 演示文稿设置密码保护，具体操作方法如下。

步骤01 ❶在【文件】菜单中选择【信息】命令，在【信息】界面中单击【保护演示文稿】下拉按钮；❷在弹出的下拉列表中选择【用密码进行加密】选项，如下图所示。

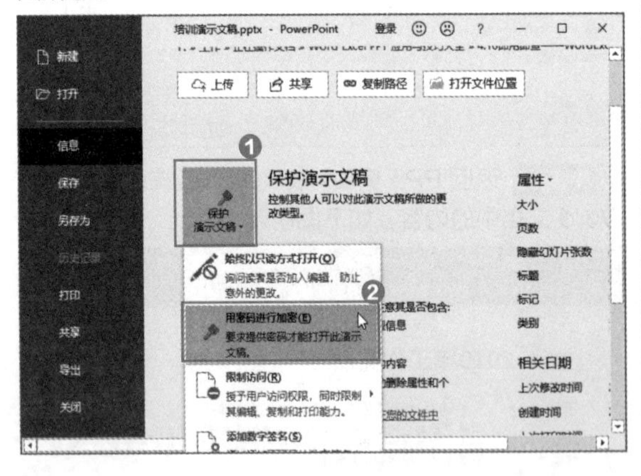

步骤02 ❶弹出【加密文档】对话框，在【密码】文本框中输入密码；❷单击【确定】按钮，如下图所示。

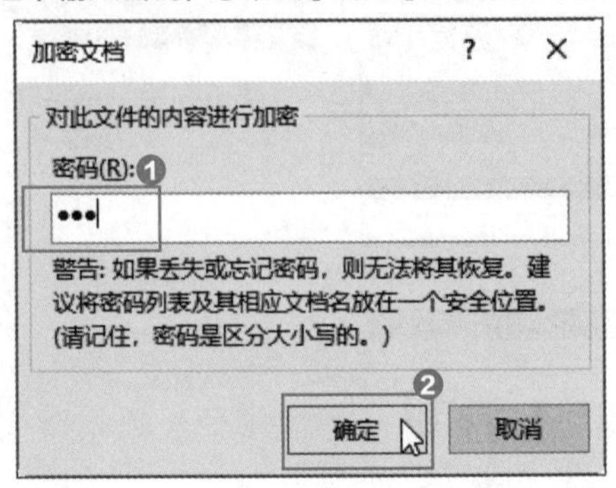

步骤03 ❶弹出【确认密码】对话框，在【重新输入密码】文本框中再次输入设置的密码；❷单击【确定】按钮，如下图所示。

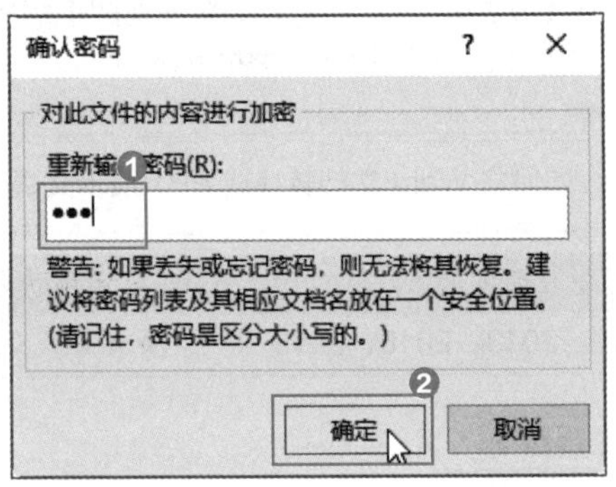

步骤04 ❶返回 PPT 演示文稿，进行保存操作即可。再次打开演示文稿时，会弹出【密码】对话框，在【密码】文本框中输入密码；❷单击【确定】按钮即可打开演示文稿，如下图所示。

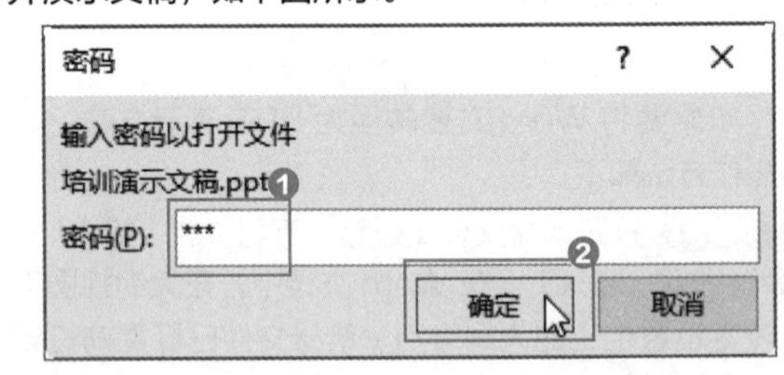

14.2 PPT 的编辑技巧

PPT 演示文稿中的每一个页面被称为一张幻灯片，每张幻灯片都是 PPT 演示文稿中既相互独立又相互联系的内容。操作 PPT 演示文稿，主要就是对幻灯片进行编辑。下面介绍幻灯片的相关操作技巧。

360：更改幻灯片的版式

适用版本	实用指数
2010、2013、2016、2019	★★★★★

使用说明

版式是指一张幻灯片中包含的内容类型及这些内容的布局和格式。在编辑幻灯片的过程中，若不满意当前幻灯片的版式，可以进行更改。

解决方法

如果要更改幻灯片的版式，具体操作方法如下。

❶在【普通】或【幻灯片浏览】视图模式下，选中需要更改版式的幻灯片；❷在【开始】选项卡的【幻灯片】组中单击【幻灯片版式】下拉按钮；❸在弹出的下拉列表中选择需要的版式即可，如【图片与标题】，如下图所示。

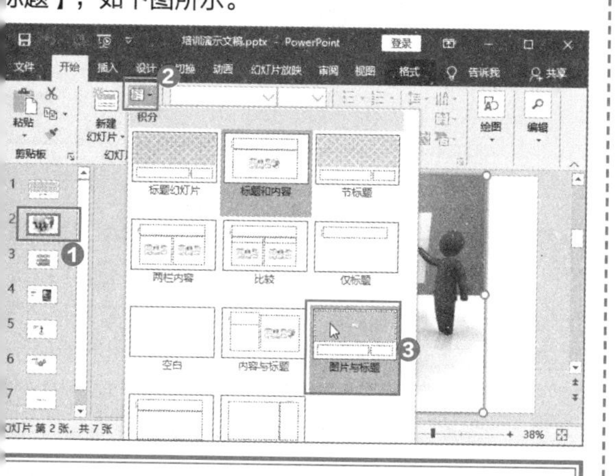

361：如何对幻灯片进行分组管理

适用版本	实用指数
2010、2013、2016、2019	★★★★☆

使用说明

在制作大型 PPT 演示文稿时，由于其中包含了大量的幻灯片，因此很容易迷失在这些幻灯片中，而不知道当前所处的文字及 PPT 演示文稿的整体结构。针对这种情况，可以使用【节】功能对幻灯片进行分组管理。

解决方法

如果要对幻灯片进行分组管理，具体操作方法如下。

步骤01 打开素材文件（位置：素材文件\第 14 章\培训演示文稿.pptx），❶切换到【幻灯片浏览】视图，选中某张幻灯片，右击；❷在弹出的快捷菜单中选择【新增节】命令，如下图所示。

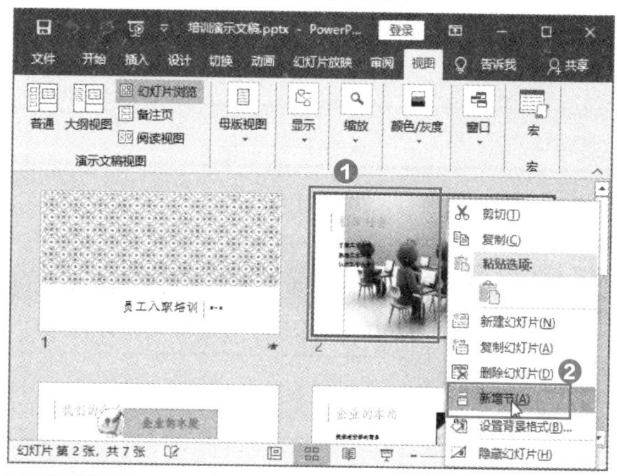

步骤02 ❶此时，所选幻灯片前面的幻灯片被划分为一节，当前幻灯片及后面的幻灯片为一节，并弹出【重命名节】对话框，在【节名称】文本框中输入节名称；❷单击【重命名】按钮，如下图所示。

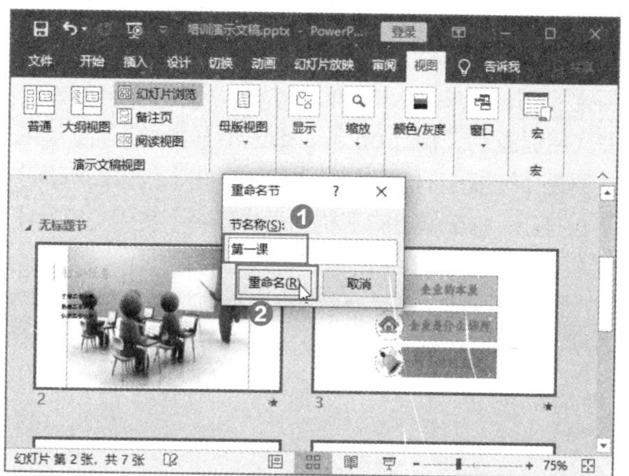

温馨提示

如果不需要为节重命名，可以直接单击【取消】按钮。

步骤03 使用同样的方法为后面的幻灯片进行分节即可，如下图所示。

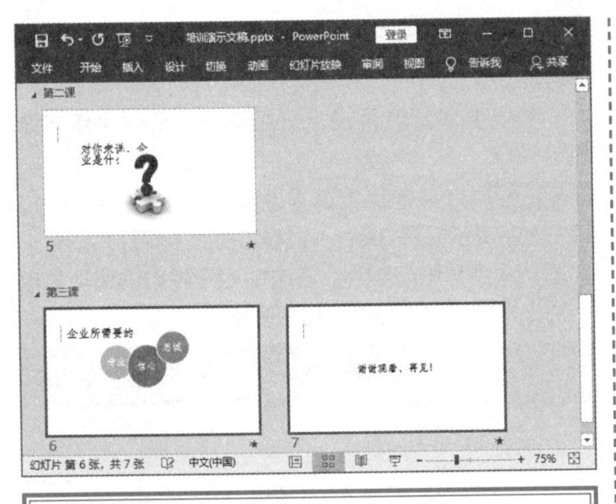

362：重复利用以前的幻灯片

适用版本	实用指数
2010、2013、2016、2019	★★★★☆

使用说明

在编辑 PPT 演示文稿的过程中，如果需要使用其他 PPT 演示文稿中的幻灯片，除了通过【复制】【粘贴】操作之外，还可以利用【重用幻灯片】功能来实现。

解决方法

例如，使用【重用幻灯片】功能引用其他 PPT 演示文稿中的幻灯片，具体操作方法如下。

步骤01 打开素材文件（位置：素材文件\第 14 章\培训演示文稿.pptx），❶选中某张幻灯片；❷在【开始】选项卡的【幻灯片】组中单击【新建幻灯片】下拉按钮；❸在弹出的下拉列表中选择【重用幻灯片】选项，如下图所示。

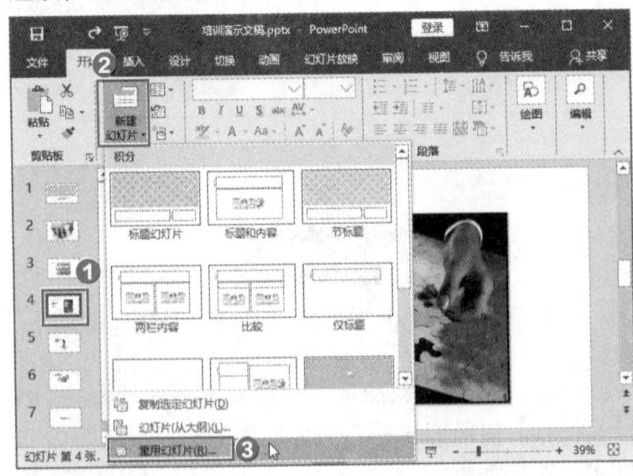

步骤02 打开【重用幻灯片】窗格，单击【浏览】按钮，如右上图所示。

步骤03 ❶在弹出的【浏览】对话框中选择需要使用的幻灯片所在 PPT 演示文稿；❷单击【打开】按钮，如下图所示。

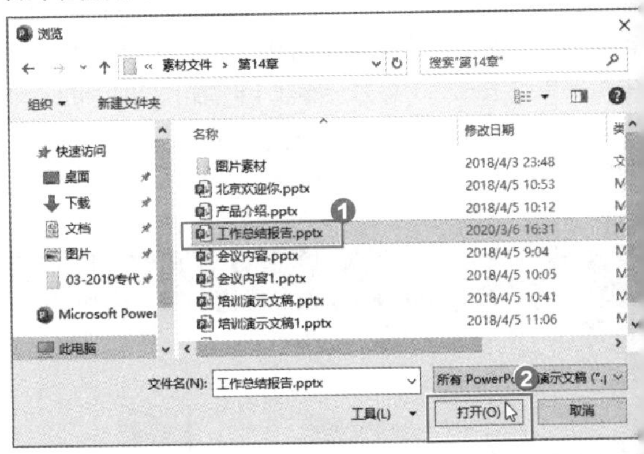

步骤04 打开目标 PPT 演示文稿后，将在【重用幻灯片】窗格中显示该 PPT 演示文稿中的所有幻灯片，在列表框中单击需要插入的幻灯片，即可将其插入到当前 PPT 演示文稿中所选幻灯片的后面，如下图所示。

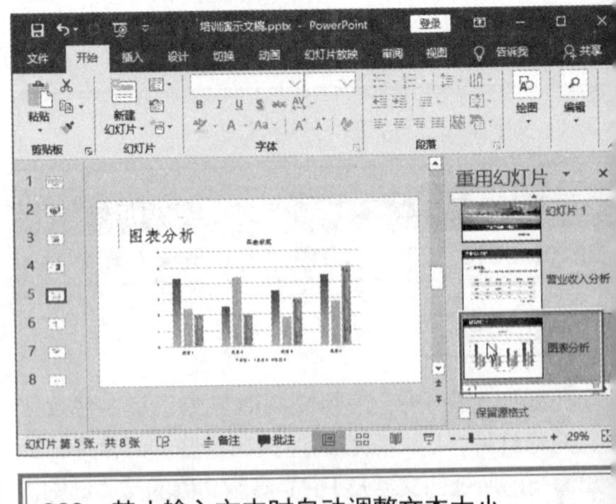

363：禁止输入文本时自动调整文本大小

适用版本	实用指数
2010、2013、2016、2019	★★★★☆

使用说明

在幻灯片中输入文本时，PPT 会根据占位符的大小自动调整文本的大小。根据操作需要，可以通过设置禁止自动调整文本大小。

解决方法

如果要禁止输入文本时自动调整文本大小，具体操作方法如下。

步骤01 打开【PowerPoint 选项】对话框，在【校对】选项卡的【自动更正选项】栏中单击【自动更正选项】按钮，如下图所示。

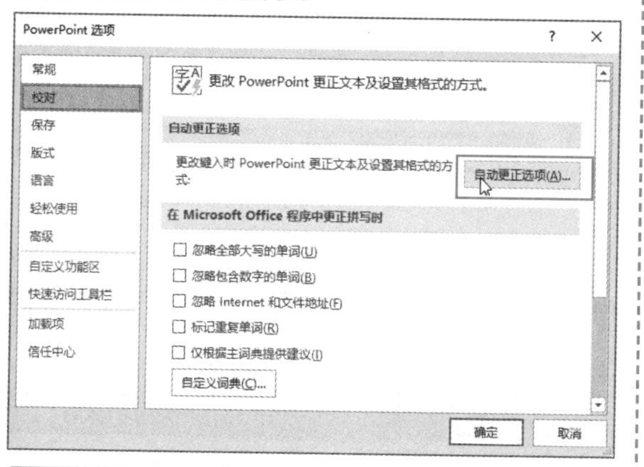

步骤02 ❶弹出【自动更正】对话框，切换到【键入时自动套用格式】选项卡；❷在【键入时应用】栏中取消勾选【根据占位符自动调整标题文本】复选框可禁止自动调整标题文本的大小，取消勾选【根据占位符自动调整正文文本】复选框可禁止自动调整正文文本的大小；❸设置完成后单击【确定】按钮即可，如下图所示。

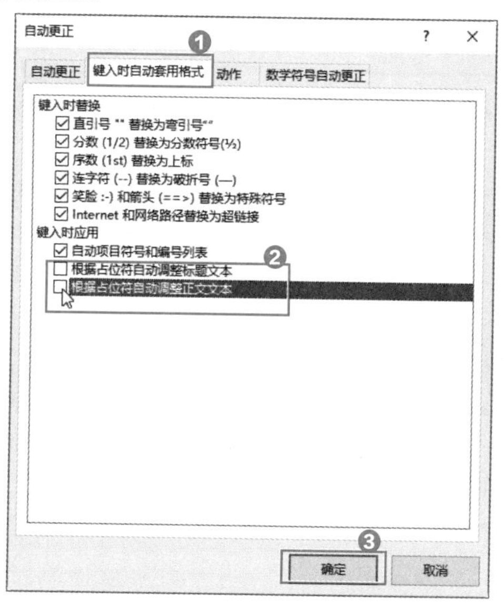

364：防止输入的网址自动显示为超链接

适用版本	实用指数
2010、2013、2016、2019	★★★★☆

使用说明

在幻灯片中输入网址并按【Enter】键后，PPT 会自动为网址设置超链接。如果不希望其显示为超链接，可通过设置关闭超链接功能。

解决方法

如果要防止输入的网址自动显示为超链接，具体操作方法如下。

❶使用前面所学的方法打开【自动更正】对话框，切换到【键入时自动套用格式】选项卡；❷取消勾选【Internet 和网络路径替换为超链接】复选框；❸单击【确定】按钮即可，如下图所示。

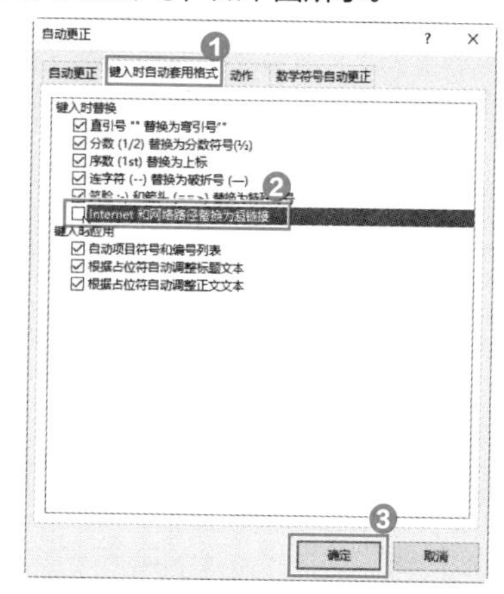

365：如何让项目符号与众不同

适用版本	实用指数
2010、2013、2016、2019	★★★★★

使用说明

在编辑幻灯片内容时，有时为了让内容条理清晰，通常会使用项目符号。PPT 预置的项目符号样式并不多，可能无法满足用户的需求。此时可以自定义项目符号，让演示文稿中的项目符号与众不同。

解决方法

例如，要设置自定义符号为项目符号，具体操作方法如下。

步骤01 打开素材文件（位置：素材文件\第 14 章\会议内容 .pptx），❶选中要自定义项目符号的内容；❷在【开始】选项卡的【段落】组中单击【项目符号】下拉按钮；❸在弹出的下拉列表中选择【项目符号和编号】选项，如下图所示。

步骤02 弹出【项目符号和编号】对话框，单击【自定义】按钮，如下图所示。

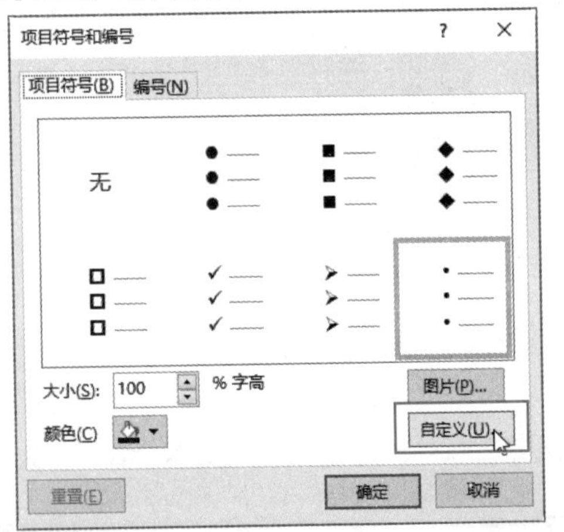

步骤03 ❶弹出【符号】对话框，在【字体】下拉列表中选择符号类型；❷在【符号】列表框中选择符号样式；❸单击【确定】按钮，如下图所示。

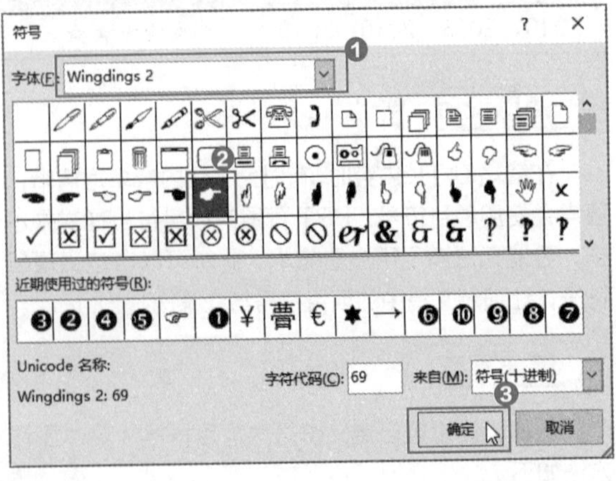

步骤04 返回【项目符号和编号】对话框，单击【确定】按钮，返回 PPT 演示文稿，即可查看设置后的效果，如下图所示。

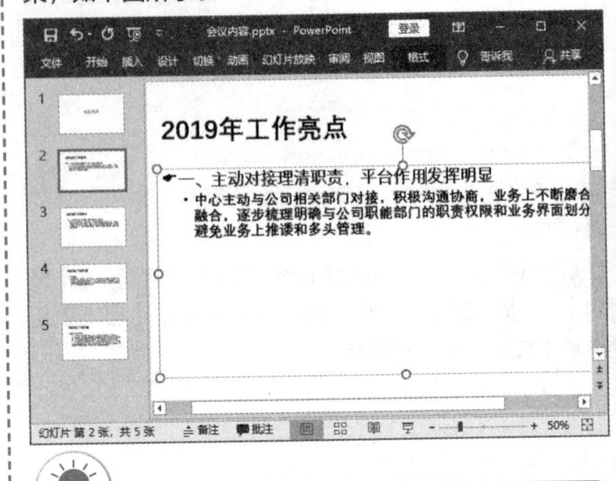

知识拓展

在【项目符号和编号】对话框中单击【图片】按钮，可以将图片设置为项目符号。

366：让文本在占位符中分栏显示

适用版本	实用指数
2010、2013、2016、2019	★★★★☆

使用说明

在编辑 Word 文档时，通常会进行分栏排版，那么在编辑 PPT 演示文稿时，可否让占位符中的文本分栏显示呢？答案是肯定的。下面就来介绍如何让占位符中的文本分栏显示。

解决方法

如果要让文本在占位符中分栏显示，具体操作方法如下。

❶将光标定位到文本中；❷在【开始】选项卡的【段落】组中单击【分栏】下拉按钮；❸在弹出的下拉列表中选中需要的栏数即可，如【两栏】，如下图所示。

知识拓展

在【分栏】下拉列表中选择【更多栏】选项，可在弹出的【分栏】对话框中自定义分栏方式。

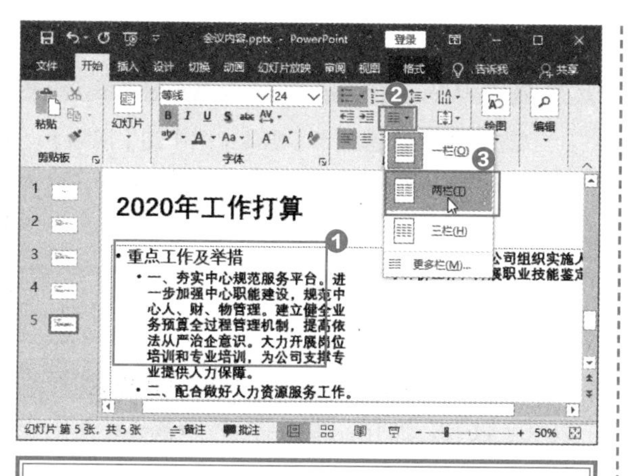

367：在幻灯片中导入 Word 文档或 Excel 表格

适用版本	实用指数
2010、2013、2016、2019	★★★☆☆

使用说明

如果需要在幻灯片中使用 Word 或 Excel 中已经制作好的内容，可以将其导入到幻灯片中。

解决方法

例如，要将 Excel 表格导入到 PPT 演示文稿中，具体操作方法如下。

步骤01 打开素材文件（位置：素材文件\第 14 章\培训演示文稿.pptx），❶新建一张仅含标题的幻灯片，并输入幻灯片标题；❷单击【插入】选项卡【文本】组中的【对象】按钮，如下图所示。

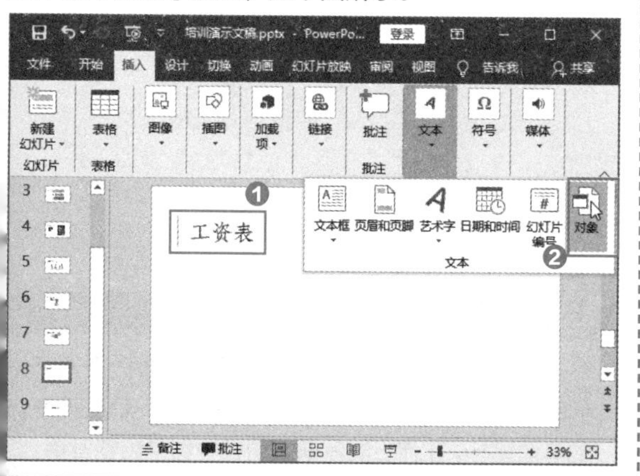

步骤02 ❶弹出【插入对象】对话框，选中【由文件创建】单选按钮；❷单击【浏览】按钮，如右上图所示。

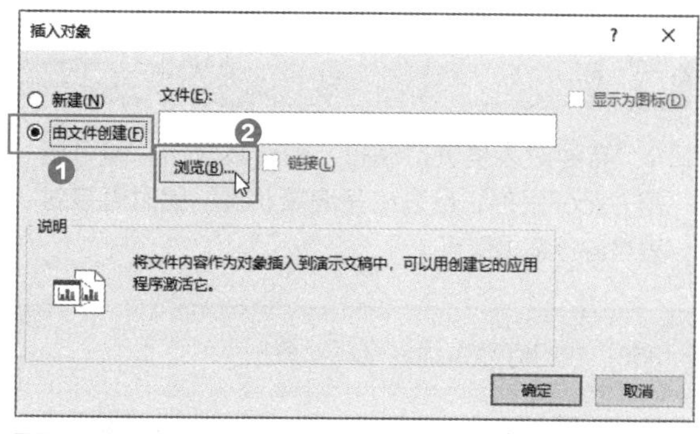

步骤03 ❶弹出【浏览】对话框，选中需要导入的 Excel 表格（位置：素材文件\第 14 章\工资表.xlsx）；❷单击【确定】按钮，如下图所示。

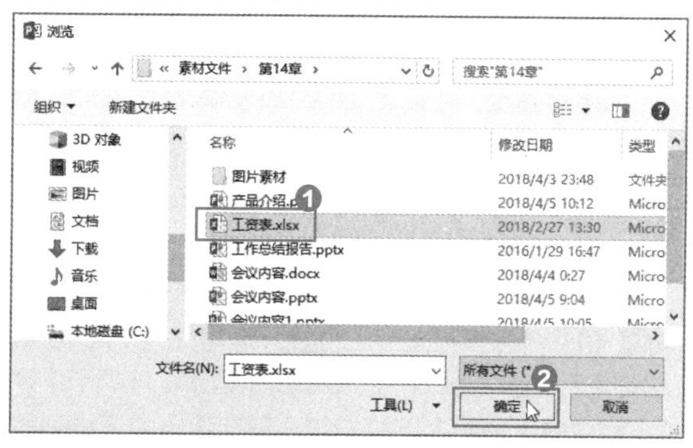

步骤04 返回【插入对象】对话框，单击【确定】按钮，如下图所示。

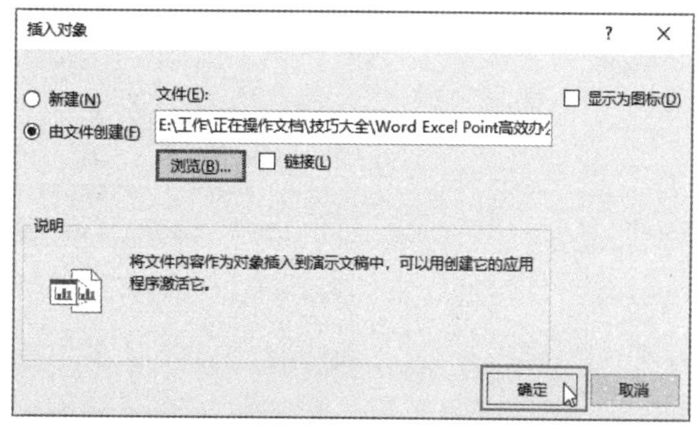

步骤05 返回当前幻灯片，即可看到该幻灯片中插入了 Excel 表格，如下图所示。

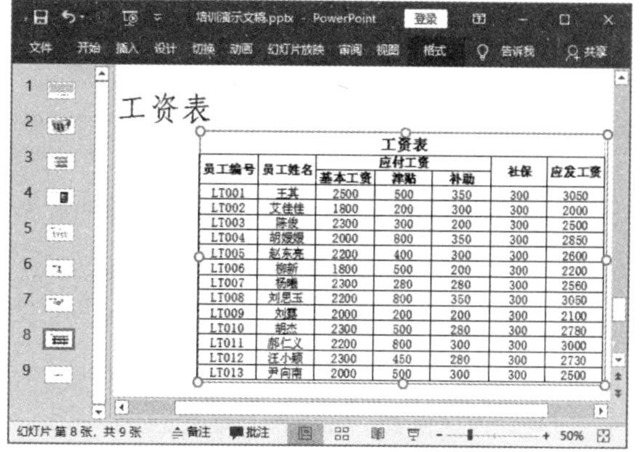

工资表

工资表

员工编号	员工姓名	应付工资			社保	应发工资
		基本工资	津贴	补助		
LT001	王其	2500	500	350	300	3050
LT002	艾佳佳	1800	200	300	300	2000
LT003	陈俊	2300	300	200	300	2500
LT004	胡媛媛	2000	800	350	300	2850
LT005	赵东亮	2200	400	300	300	2600
LT006	柳新	1800	500	200	300	2200
LT007	杨曦	2300	280	280	300	2560
LT008	刘思玉	2200	800	350	300	3050
LT009	刘露	2000	200	200	300	2100
LT010	胡杰	2300	500	280	300	2780
LT011	郝仁义	2200	800	300	300	3000
LT012	汪小颖	2300	450	280	300	2730
LT013	尹向南	2000	500	300	300	2500

知识拓展

若要对表格进行编辑，则对其双击，即可调用 Excel 程序，且表格呈编辑状态，此时直接对表格进行编辑即可。

368：在幻灯片中插入音频对象

适用版本	实用指数
2010、2013、2016、2019	★★★★★

使用说明

如果有需要，可以在幻灯片中插入音频文件，使幻灯片在播放时更加生动。

解决方法

如果要插入音频对象，具体操作方法如下。

步骤01 打开素材文件（位置：素材文件\第 14 章\培训演示文稿 1.pptx），❶单击【插入】选项卡【媒体】组中的【音频】下拉按钮；❷在弹出的下拉列表中选择【PC 上的音频】选项，如下图所示。

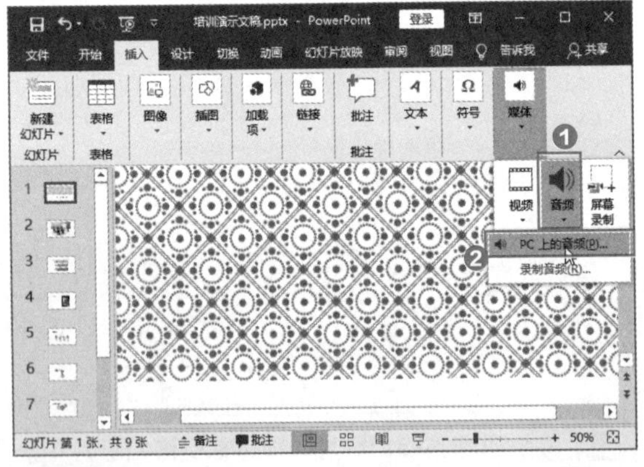

步骤02 ❶打开【插入音频】对话框，选择需要插入的音频文件；❷单击【插入】按钮即可，如下图所示。

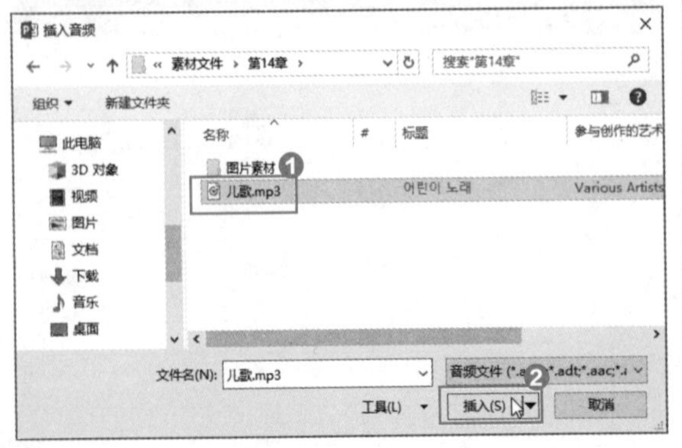

知识拓展

单击【插入】选项卡【媒体】组中的【视频】下拉按钮，在弹出的下拉列表中选择视频类型，可以插入视频对象。

369：设置媒体文件的音量大小

适用版本	实用指数
2010、2013、2016、2019	★★★★☆

使用说明

在幻灯片中插入音频和视频后，可根据需要为其设置播放音量。

解决方法

例如，要为音频设置播放音量，具体操作方法如下。

打开素材文件（位置：素材文件\第 14 章\培训演示文稿 2.pptx），❶在幻灯片中选中音频图标；❷在【音频工具 / 播放】选项卡的【音频选项】组中单击【音量】下拉按钮；❸在弹出的下拉列表中进行选择即可，如下图所示。

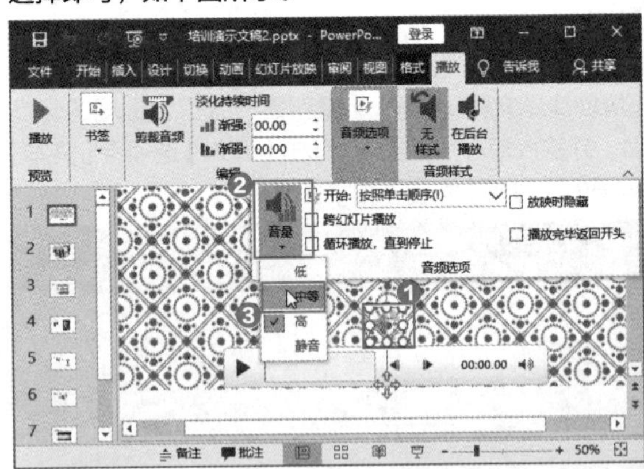

知识拓展

选中音频或视频图标后（或将鼠标指针指向它们时），其下方会出现一个播放控制条，单击其中的音量图标，在弹出的音量滚动条中也可调整音量。

370：如何让背景音乐跨幻灯片连续播放

适用版本	实用指数
2013、2016、2019	★★★★★

使用说明

在放映 PPT 演示文稿的过程中，进入下一张幻灯片时，若当前幻灯片中的音乐还没播放完毕，并希望在下一张幻灯片中继续播放，则可以使用跨幻灯片播放功能。

解决方法

如果要对背景音乐设置跨幻灯片连续播放，具体操作方法如下。

打开素材文件（位置：素材文件\第 14 章\培训演示文稿 2.pptx），❶在幻灯片中选中音乐对应的声音图标；❷在【音频工具 / 播放】选项卡的【音频选项】组中勾选【跨幻灯片播放】复选框即可，如下图所示。

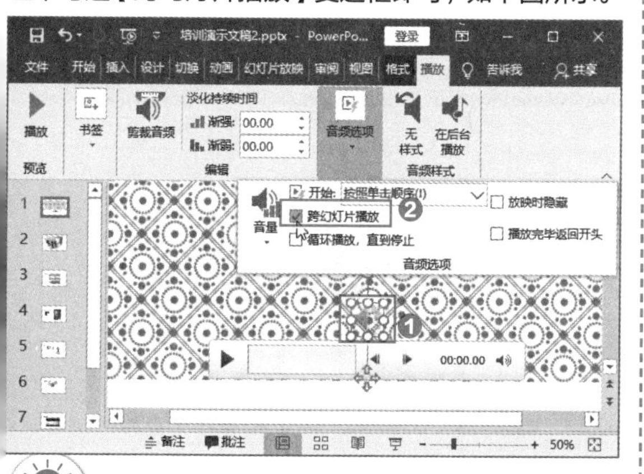

知识拓展

在 PPT 2010 中，操作略有不同，选中声音图标后，切换到【音频工具 / 播放】选项卡，在【音频选项】组的【开始】下拉列表中选择【跨幻灯片播放】选项。

371：如何让背景音乐重复播放

适用版本	实用指数
2010、2013、2016、2019	★★★★★

使用说明

如果插入的音乐播放时间非常短，会出现幻灯片乃在放映，而背景音乐已经停止的情况。针对这样的情况，可以对背景音乐设置循环播放。

解决方法

如果要对背景音乐设置循环播放，具体操作方法如下。

打开素材文件（位置：素材文件\第 14 章\培训演示文稿 2.pptx），❶在幻灯片中选中音频图标；❷在【音频工具 / 播放】选项卡的【音频选项】组中勾选【循环播放，直到停止】复选框即可，如下图所示。

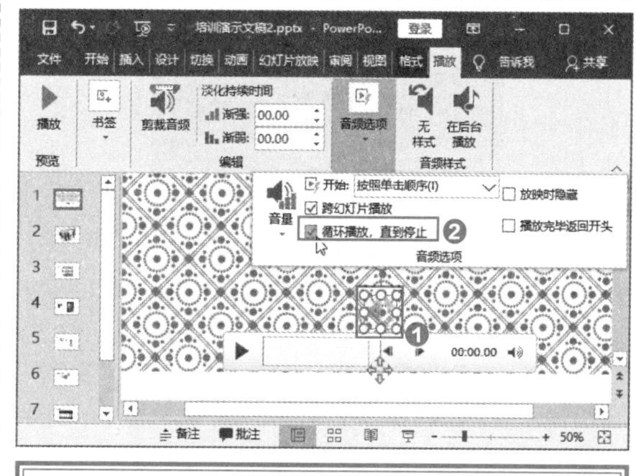

372：裁剪插入的视频对象

适用版本	实用指数
2010、2013、2016、2019	★★★★★

使用说明

在幻灯片中插入音频和视频后，可以通过裁剪功能删除多余的部分，使音频和视频更加简洁。

解决方法

例如，要对插入的视频进行裁剪，具体操作方法如下。

步骤01 打开素材文件（位置：素材文件\第 14 章\北京欢迎你 .pptx），❶在幻灯片中选中视频；❷单击【视频工具 / 播放】选项卡【编辑】组中的【剪裁视频】按钮，如下图所示。

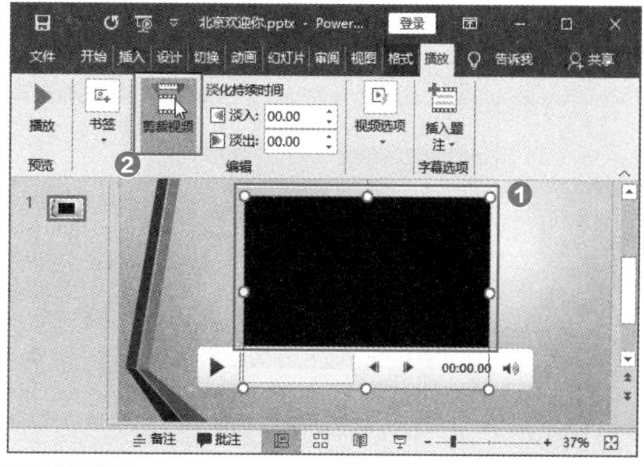

步骤02 ❶弹出【剪裁视频】对话框，在播放进度栏中拖动左侧的绿色滑块到视频裁剪的起始位置（或

者在【开始时间】数值框中设置裁剪视频的起始位置）；❷通过在播放进度栏中拖动右侧的红色滑块或在【结束时间】数值框中输入时间，可设置视频裁剪的终点位置；❸完成后单击【确定】按钮即可，如下图所示。

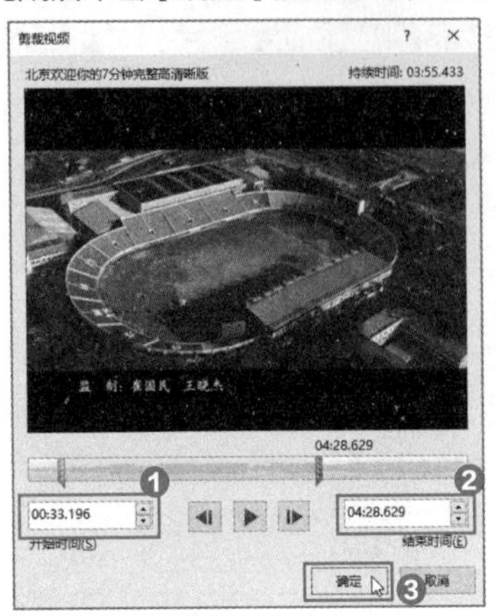

373：为影片剪辑添加引人注意的封面

适用版本	实用指数
2010、2013、2016、2019	★★★★☆

使用说明

在幻灯片中插入视频后，其视频图标上的画面将显示为视频中的第一个场景。根据操作需要，可以自定义设置显示的画面，从而让视频图标更加美观。

解决方法

如果要为视频图标设置显示场景，具体操作方法如下。

步骤01 打开素材文件（位置：素材文件\第 14 章\北京欢迎你 .pptx），❶在幻灯片中选中视频；❷单击【播放】按钮▶进行播放，如下图所示。

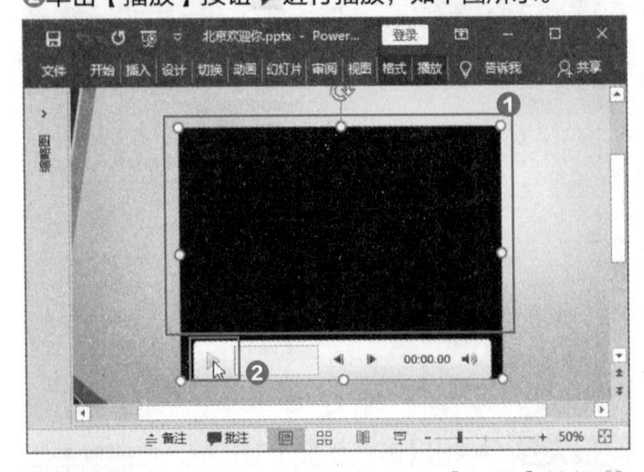

步骤02 播放到某个画面时，单击【暂停】按钮❚❚暂停播放，如右上图所示。

步骤03 ❶单击【视频工具/格式】选项卡【调整】组中的【海报框架】下拉按钮；❷在弹出的下拉列表中选择【当前帧】选项，如下图所示。

步骤04 单击幻灯片空白处，退出视频文件的播放状态，可看到视频图标的显示场景为上述所设置的，如下图所示。

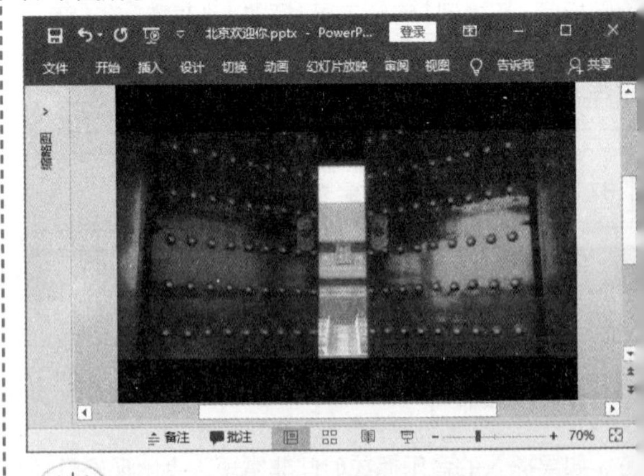

知识拓展

选中视频图标后，单击【海报框架】下拉按钮，在弹出的下拉列表中选择【文件中的图像】选项，可在弹出的【插图图片】对话框中选择一张图片作为视频图标中要显示的画面。

374：让视频全屏播放

适用版本	实用指数
2010、2013、2016、2019	★★★★☆

使用说明

在幻灯片中插入视频后，在放映幻灯片时，视频总在幻灯片中播放，不仅视觉冲击力大打折扣，而且观众还看不清楚。针对这样的情况，可以通过设置让视频全屏播放。

解决方法

如果要对插入的视频文件设置全屏播放，具体操作方法如下。

打开素材文件（位置：素材文件 \ 第 14 章 \ 北京欢迎你 .pptx），❶在幻灯片中选中视频；❷在【视频工具 / 播放】选项卡的 【视频选项】 组中勾选【全屏播放】复选框即可，如下图所示。

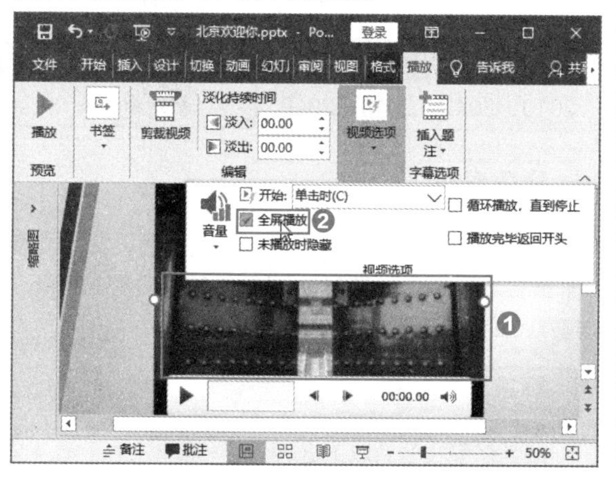

375：让插入的媒体文件自动播放

适用版本	实用指数
2010、2013、2016、2019	★★★★★

使用说明

默认情况下，插入多媒体文件后，在放映时需要单击对应的图标才会开始播放。为了让幻灯片放映更加流畅，可以通过设置让插入的媒体文件在放映时自动播放。

解决方法

例如，对插入的视频文件设置自动播放，具体操作方法如下。

打开素材文件（位置：素材文件 \ 第 14 章 \ 北京欢迎你 .pptx），❶在幻灯片中选中视频；❷在【视频工具 / 播放】选项卡【视频选项】组中的【开始】下拉列表中选择【自动】选项，如下图所示。

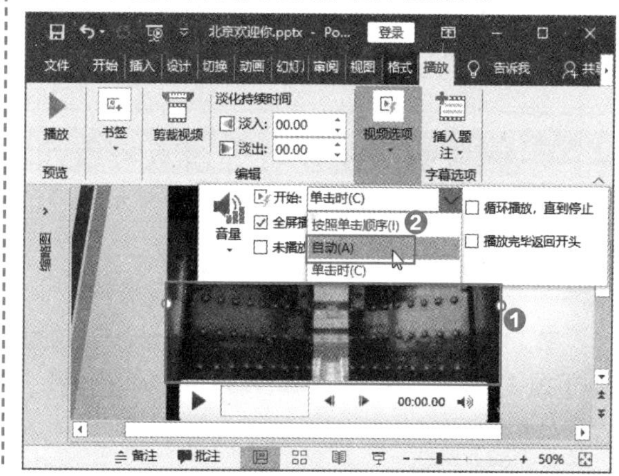

14.3 PPT 策划与设计技巧

好的 PPT 是策划出来的。不同的演示目的、不同的演示风格、不同的受众对象和不同的使用环境，决定不同的 PPT 结构、色彩、节奏和动画效果等，一个好的 PPT 作品需要准确把握基以上标准。下面介绍 PPT 策划与设计的技巧。

376：统一幻灯片内的文字

适用版本	实用指数
2010、2013、2016、2019	★★★★★

使用说明

在设计幻灯片内的文字时，可以根据文字级别的不同设置不同的字体格式。一般情况下，PPT 内的文字有 4 种，将这 4 种文字进行统一的设计，可以使 PPT 的表现更加精彩。

需要注意的是，在同一张幻灯片内，页面中同级别的标题文字字体、字号和颜色需要保持一致。为了有更好的阅读体验，文字与背景色要保持较大的色差。

解决方法

在制作幻灯片文字内容时，应该遵循以下的原则统一文字。

- 标题文字：在设置标题文字时，可以对不同层级的标题设置不同的字号大小，使人更容易区分标题的层级关系。
- 叙述文字和注释文字：在设置叙述文字和注释文字时，应该使用完全相同的字体格式。
- 强调文字：为了让强调的文字更加突出，可以更改强调文字的颜色和粗细。

温馨提示

在设置强调文字时，如果对字体设置斜体、下划线、加大字体等效果会破坏页面原有的平衡感，请谨慎使用。

377：幻灯片内图片的选用

适用版本	实用指数
2010、2013、2016、2019	★★★★★

使用说明

图文搭配在 PPT 中占据了较大的比例。常用的 PPT 图片主要有 4 类，根据图片的类型特点与效果，操作方法也不同。

解决方法

常用的图片格式有以下 4 种。

- JPG：PPT 操作中最常用的图片格式，图片资源较丰富，像素文件体积小，但是 JPG 格式的图片精度固定，放大图片后其清晰度较差。

温馨提示

PPT 的背景或素材图片大多选用 JPG 格式，所以在选择时，应挑选精度较大的图片，避免出现图片模糊的现象。

- GIF：一种共用性极强的动态位图。相对于 JPG 文件，该类文件较大，在一张图片内可存储多幅图像，做出简单的动画效果。一般将其称为 GIF 动画。

温馨提示

GIF 图片素材比较少，且画面特别，较难与幻灯片背景融合，如果图片的动作过于夸张甚至会影响观众注意力，选择时应慎重。

- PNG：通常被称为 PNG 图标。这类图片的清晰度高，背景透明，文件较小，与 PPT 风格类似，放大后图片也较为清晰，可以作为 PPT 中的点缀素材。

温馨提示

PNG 图标主要起说明作用，如果使用过多，会混淆观众视线，影响观众对 PPT 的理解与记忆。

- AI：一种矢量图，可根据需要随意放大、缩小，通常由计算机绘制。类似格式还有 EPS、WMF 等。

378：幻灯片色彩的搭配

适用版本	实用指数
2010、2013、2016、2019	★★★★★

使用说明

观众在查看 PPT 时，第一感受是颜色，然后是版式，最后才是内容，所以幻灯片的颜色搭配是否协调，与观众的阅读兴趣息息相关。

解决方法

颜色搭配主要有以下 3 种。

- 单色搭配：主要是指一种颜色与明暗颜色之间的搭配。例如，PPT 为单色搭配，它的色调为红色，即由不同深浅的红色搭配而成。红色搭配会给人有活力、积极、热诚、温暖的感觉。此外，若使用蓝色色调，则会给人理性、冷静之感。

温馨提示

除常规的冷暖单色搭配外，在制作单色搭配的幻灯片中还可以使用不同深浅的黑、白、灰组成的中色系，给人高雅、庄严、高贵之感。

- 类比色搭配：使用多种相近色进行搭配。在色环图中，使用任意连续 3 种颜色或其中任何一种颜色的明暗色搭配。若喜欢冷

色调，可以使用与之相邻的绿色进行搭配；若喜欢暖色调，则可使用浅红、深红和橙色等进行搭配。

- 对比色搭配：将颜色色彩差异较大的颜色进行搭配，确定主色调后，使用与该颜色相对的颜色作为强调色。例如，选用浅蓝色为页面主色调，则使用与之相对的橙色为最佳；若使用黑色为主色调，为了使文字图形识别性较高，可设置文字为白色，重要信息则使用黄色。

温馨提示

在色彩搭配中，应保持整个演示文稿色调的统一，即演示文稿的主色调、辅助色调、背景色或强调色应协调，整个演示文稿色彩才能过渡自然、美观。

379：幻灯片布局的基本要素

适用版本	实用指数
2010、2013、2016、2019	★★★★★

使用说明

幻灯片如何布局，与最终成品、观众人数和提案方法等各种因素有关。

解决方法

在布局幻灯片时，主要需要考虑以下几个基本要素。

1. 网格线

在编辑幻灯片的过程中，为了精确地计算段落或行间距、文字和图形的位置及间距等，可将网格线显示出来，以保证页面的一致性。显示网格线的方法为：在 PPT 窗口中切换到【视图】选项卡，然后选中【显示】组中的【网格线】复选框即可，如下图所示。

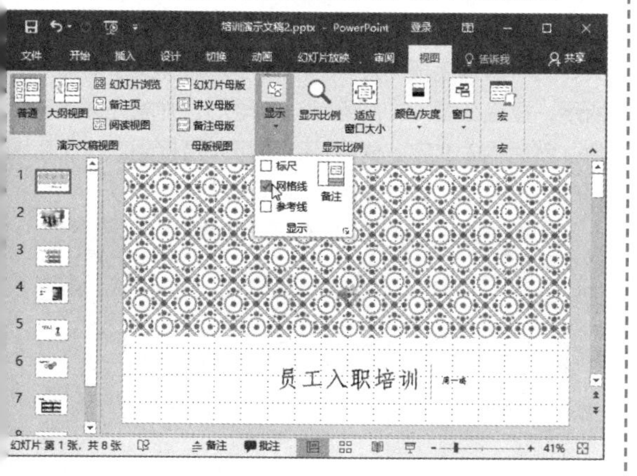

2. 格式

格式是指幻灯片的大小、方向及必要的幻灯片张数等最终成品的状态。在进行设计前，需要预先确定演示文稿中幻灯片的以下格式。

- 幻灯片大小：可采用 PPT 的默认大小（25.40cm × 19.05cm）。
- 幻灯片方向：在大规模演讲中，使用投影仪进行演讲时，幻灯片最好采用 PPT 默认的横向方向。如果需要打印到纸上，最好采用纵向方向。
- 幻灯片张数：为了便于进行演示，需要事先确定需要的幻灯片张数。

3. 页边距

页边距是指幻灯片中没有放置文本、图形等元素的空白空间。在制作幻灯片的过程中，不宜使文本和图形充满幻灯片的整个页面，而应该留下适当的页边距，这样可以使幻灯片看起来更加美观，而且可以更轻松地控制幻灯片的内容。

380：幻灯片图文并存的设计技巧

适用版本	实用指数
2010、2013、2016、2019	★★★★★

使用说明

图文就如同 PPT 的血肉，紧密相连，共同支撑着 PPT 的生命。没有血肉的 PPT 干瘪苍白，而血肉过剩的 PPT 则臃肿不堪。图文并存处理的好坏，决定了 PPT 的“肤色”与“身段”。

解决方法

在布局幻灯片的图文时，主要有以下 4 种情况。

1. 小图与文字的编排

小图的运用相对来说可能难一些，因为图片占据的空间较少，多数为文字。如何编排小图与文字，才能使 PPT 的整个版面和谐而富有生气就显得尤其重要。

如下图所示，该页文字内容较多，插入图片后并没有占据右边的所有空间，文字的下方留白。整个版面显得张弛有度，文字较多，但也不显拥挤，适当的留白反而使版面清爽，使左侧过多的文字与右侧的图片达到很好的平衡。

2. 中图与文字的编排

中图通常是指占到了页面一半左右的图片。常规的编排方式根据图片的放置方向分为横向、纵向和不规则

形状。横向图片出现的可能位置有上、中、下；纵向图片出现的可能位置有左、中、右；而不规则形状则需要发挥更多的创意，根据具体问题进行具体分析。

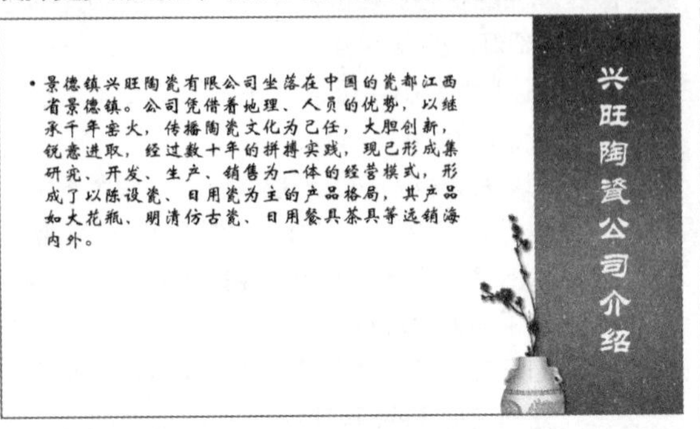

如下图所示，该页幻灯片采用纵向构图法，将图片放在页面的左侧，在右侧添加了标题和正文文字。

3. 大图与文字的编排技巧

大图通常指占到页面 80% 以上的区域的图片。页面以图为主，而仅有很少的一部分空间来书写文字。大图与文字的位置关系通常较为单一，文字只能出现在图以外的空白区域，如图的左侧、右侧、上方或下方。

如下图所示，图片占据页面大部分区域，在下方刚好是一列文字的区域，可以输入标题文字。

4. 全图与文字的编排技巧

全图型 PPT 中，图片占据了整个 PPT 页面，并且通常不是将图片插入到幻灯片中，而是直接设置为幻灯片背景。

将图片直接设置为幻灯片背景的好处是可以避免图片位置发生移动，但是要在图片上添加文字的时候却比较麻烦，因为有的图片颜色较深，直接在上面输入文字时可读性很差。这时就需要采用其他方法使图片上的文字清晰可读，通常采用遮罩法。

当然，如果图片背景本身就是比较浅的颜色或有大片空白的区域，也可以直接将文字添加在这片浅色的区域内，如下图所示。

但是在遇到图片背景没有空白区域的时候，直接在图片上插入文字会降低文字的可读性。这时可以在图片中适当的位置插入一个文本框，将其填充为白色，然后为其设置恰当的透明度，再在其中输入文字。这样既可以不遮挡背景图片，又能使添加的文字清晰可读，如下图所示。

如果遮挡图片中一部分内容不影响图片所表达的含义，则可以直接在图片中打个补丁来添加文字。如下图所示，直接在图片中间绘制一个矩形，并填充适当的颜色，然后输入文字。同样地，也可以直接插入一个带图钉的小纸条图片，显得更加直观形象。

第 15 章 PPT 幻灯片美化技巧

完成幻灯片内容的编辑后，可以对其进行美化操作，以达到赏心悦目的效果。对其设置各种动画效果，可以增强幻灯片的趣味性及动态美。本章将介绍幻灯片的相关美化技巧。

下面是一些美化 PPT 时出现的常见问题，请检查你是否会处理或已掌握。

【√】每一种类型的 PPT 都需要保持相同的格式，知道怎样统一幻灯片的格式吗?

【√】PowerPoint 2019 内置了很多精美的模板，在使用时想要在同一个 PPT 中使用多个模板，知道怎样设置吗?

【√】在讲解幻灯片中的内容时，经常需要从目录页跳转至某个正文页，知道怎样设置链接快速跳转吗?

【√】为幻灯片中的对象添加动画可以丰富视觉体验，知道怎样为同一个对象添加多个动画吗?

【√】重点的文字想要重点提醒，知道怎样设置闪烁文字吸引目光吗?

【√】切换幻灯片时，默认不使用任何效果，如果想要使用百叶窗的效果应该如何设置?

希望通过对本章内容的学习，能够解决以上问题，并学会 PPT 的美化技巧。

15.1 PPT 的排版技巧

编辑幻灯片时，可以通过设置背景、主题等方式来美化幻灯片。下面介绍PPT的美化技巧。

381：为幻灯片设置个性化的背景

适用版本	实用指数
2010、2013、2016、2019	★★★★★

使用说明

幻灯片是否美观，背景十分重要。在 PPT 中，可以为幻灯片设置纯色背景、渐变填充背景、图片或纹理填充背景，用户可根据需要自行选择。

解决方法

例如，要对幻灯片设置图片背景填充效果，具体操作方法如下。

步骤01 在【设计】选项卡中单击【自定义】组中的【设置背景格式】按钮，如下图所示。

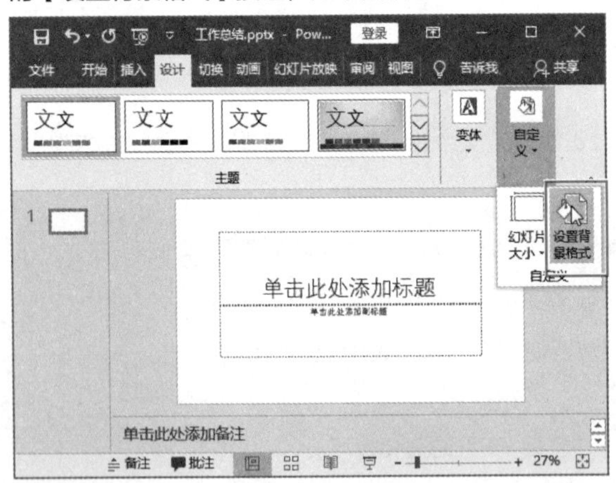

步骤02 ❶打开【设置背景格式】窗格，在【填充】栏中选中【图片或纹理填充】单选按钮；❷单击【插入】按钮，如右上图所示。

知识拓展

在【设置背景格式】窗格中，单击【应用到全部】按钮，可将所设置的背景应用到 PPT 演示文稿中的所有幻灯片。

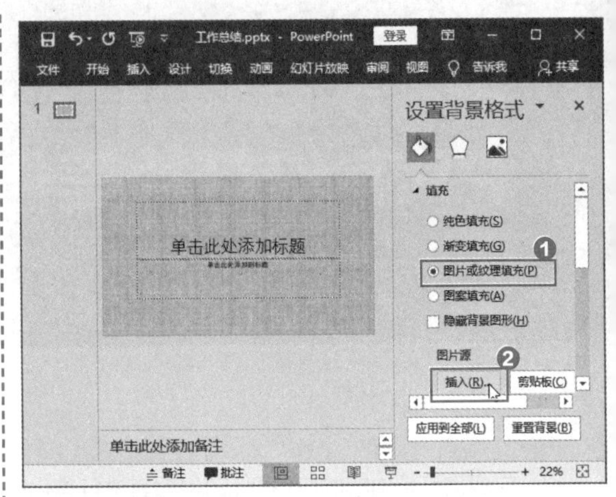

步骤03 弹出【插入图片】对话框，选择【来自文件】选项，如下图所示。

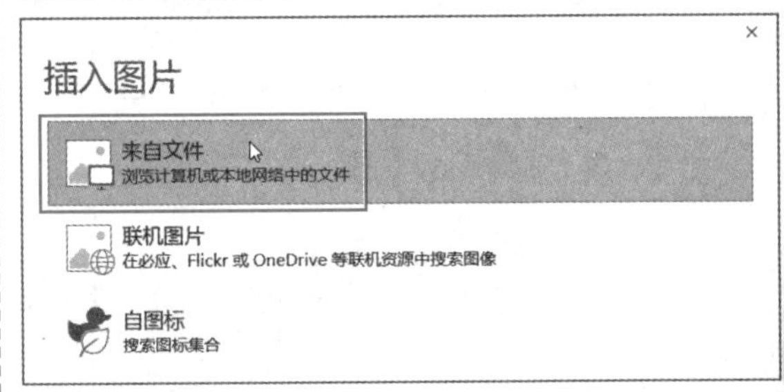

步骤04 ❶弹出【插入图片】对话框，选中要作为背景的图片；❷单击【插入】按钮，如下图所示。

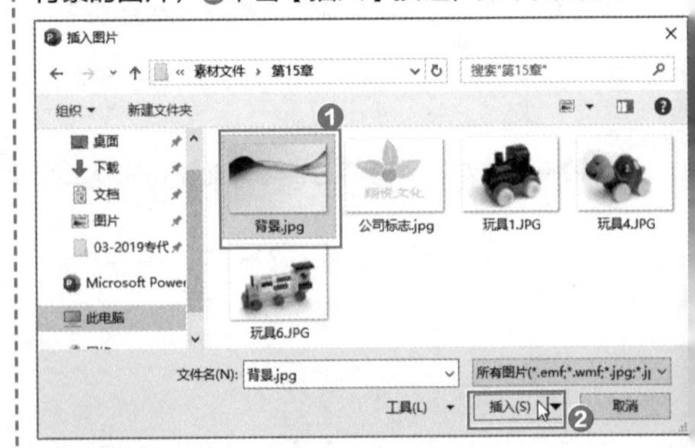

步骤05 单击【关闭】按钮×关闭【设置背景格式】窗格，即可查看填充效果，如下图所示。

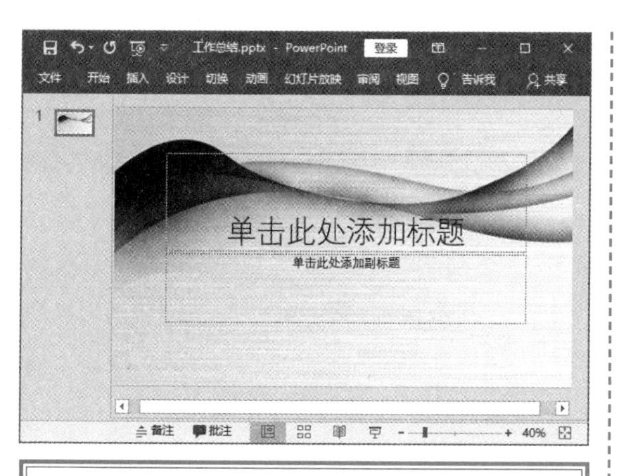

382：设置 PPT 文稿的默认主题

适用版本	实用指数
2010、2013、2016、2019	★★★★☆

使用说明

在 PPT 中，主题是一组格式选项，集合了颜色、字体和幻灯片背景等格式。通过应用这些格式选项，用户可以快速而轻松地对 PPT 演示文稿中的所有幻灯片设置统一风格的外观效果。

默认情况下，新建的 PPT 演示文稿应用的是【Office 主题】，根据操作需要，用户可以更改默认的主题。

解决方法

例如，要将默认的主题设置为【平面】，具体操作方法如下。

❶在 PPT 窗口中切换到【设计】选项卡；❷在【主题】列表框中右击要设置为默认主题的主题，如【平面】；❸在弹出的快捷菜单中选择【设置为默认主题】命令，如下图所示。

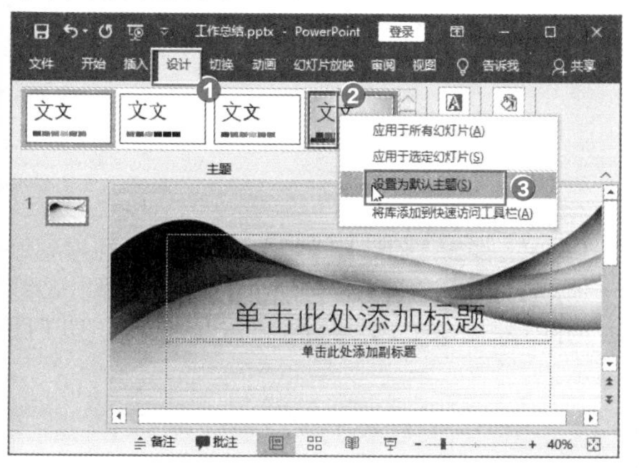

383：使用幻灯片母版统一演示文稿风格

适用版本	实用指数
2010、2013、2016、2019	★★★★★

使用说明

在制作幻灯片的过程中，很多时候可能需要对各个幻灯片的风格进行统一，若逐一设置会非常麻烦，而且还影响工作效率，此时就可以利用母版来解决问题。

母版其实就是一种特殊的幻灯片，用于控制 PPT 演示文稿中各幻灯片的某些共有的格式（如文本格式、背景格式）或对象。母版中一般包含文本占位符、对象占位符、标题文本及各级文本的字符格式和段落格式、幻灯片背景、出现在每张幻灯片上的文本框、图片对象等信息。

解决方法

如果要使用母版编辑幻灯片，具体操作方法如下。

步骤01 打开素材文件（位置：素材文件\第 15 章\会议内容 .pptx），在【视图】选项卡的【母版视图】组中单击【幻灯片母版】按钮，如下图所示。

> **温馨提示**
>
> 进入【幻灯片母版】视图模式，在左侧窗格中将光标指向某个母版缩略图时，会弹出提示信息，提示该母版中的操作将应用的范围。例如，将光标指向第 2 个母版缩略图时，会提示该幻灯片【由幻灯片 1 使用的字样】。

步骤02 选中第 2 个幻灯片母版缩略图，对其进行相应的编辑，如对【单击此处编辑母版标题样式】和【单击此处编辑母版副标题样式】文本设置字符格式，如下页图所示。

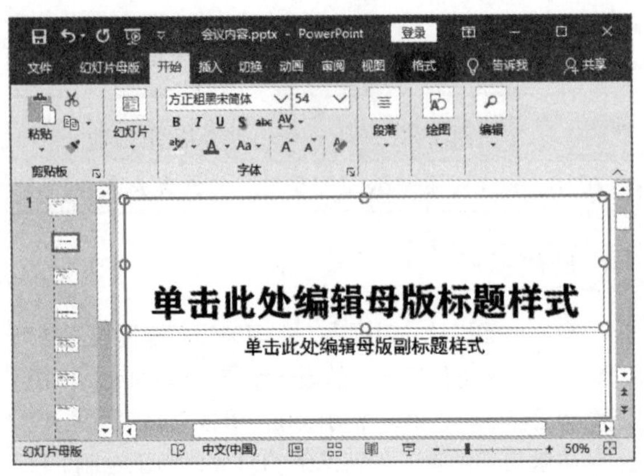

步骤03 参照上述方法，对其他幻灯片对应的母版进行编辑。完成编辑后，在【幻灯片母版】选项卡的【关闭】组中单击【关闭母版视图】按钮即可，如下图所示。

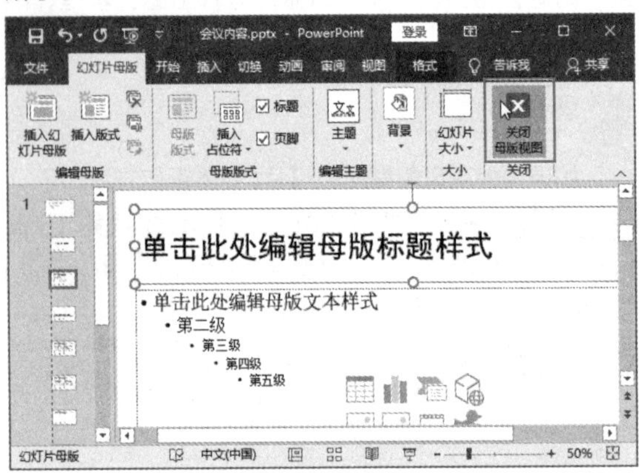

384：让公司的标志出现在每一张幻灯片的相同位置上

适用版本	实用指数
2010、2013、2016、2019	★★★★★

使用说明

在编辑 PPT 演示文稿时，通常会在每张幻灯片的相同位置上添加公司的标志。如果逐一添加，无疑会非常麻烦。此时就可以通过幻灯片母版快速解决。

解决方法

如果要在相同位置添加公司标志，具体操作方法如下。

步骤01 打开素材文件（位置：素材文件\第 15 章\会议内容 1.pptx），❶切换到【幻灯片母版】视图模式，在左侧窗格选中第 1 张【幻灯片母版】缩略图；❷单击【插入】选项卡【图像】组中的【图片】按钮，如下图所示。

步骤02 ❶弹出【插入图片】对话框，选中公司标志的图片；❷单击【插入】按钮，如下图所示。

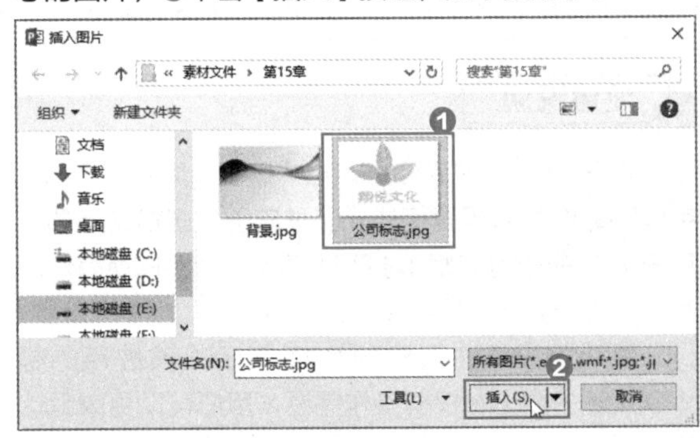

步骤03 ❶返回当前母版，调整图片的大小和位置；❷单击【幻灯片母版】选项卡【关闭】组中的【关闭母版视图】按钮，如下图所示。

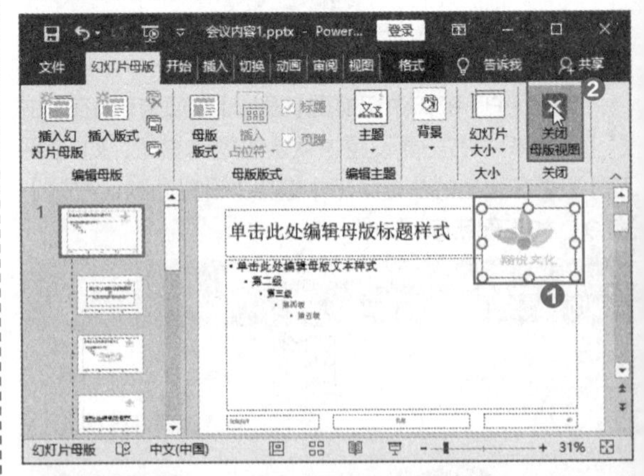

步骤04 退出【幻灯片母版】视图模式，可看到每一张幻灯片的同一位置都有公司标志。切换到【幻灯片浏览】视图模式下，可查看设置后的效果，如下图所示。

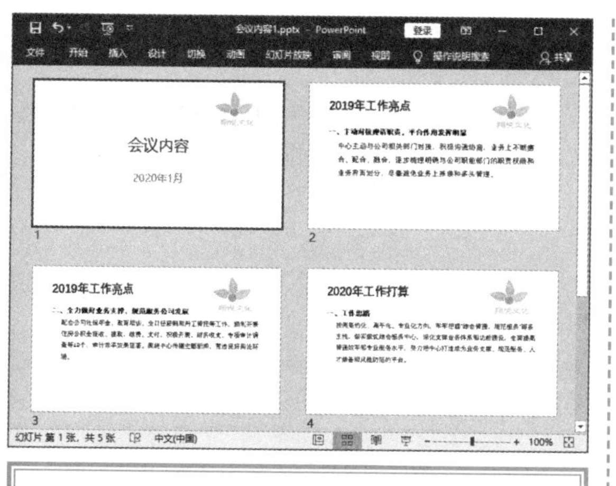

385：隐藏幻灯片母版中的形状

适用版本	实用指数
2010、2013、2016、2019	★★★☆☆

使用说明

在编辑幻灯片母版时经常需要绘制形状来丰富幻灯片内容，当某一张或几张幻灯片中并不需要形状时，也可以将形状隐藏。

解决方法

如果要隐藏幻灯片母版中的形状，具体操作方法如下。

步骤01 打开素材文件（位置：素材文件\第 15 章\创建母版.pptx），❶选择要隐藏形状的幻灯片母版；❷勾选【幻灯片母版】选项卡【背景】组中的【隐藏背景图形】复选框，如下图所示。

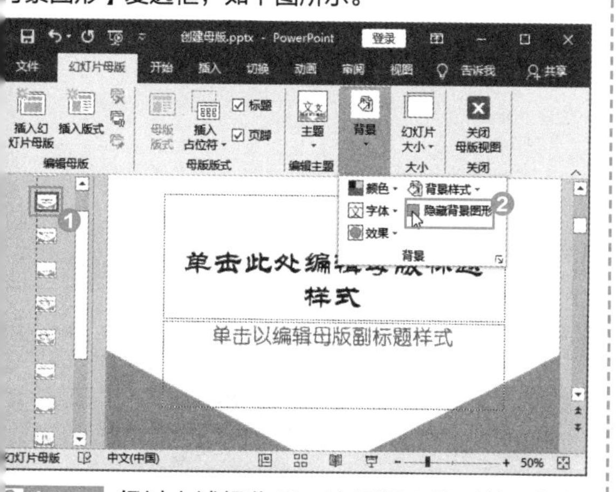

步骤02 经过上述操作后，该母版中的形状已经被隐藏，如右上图所示。

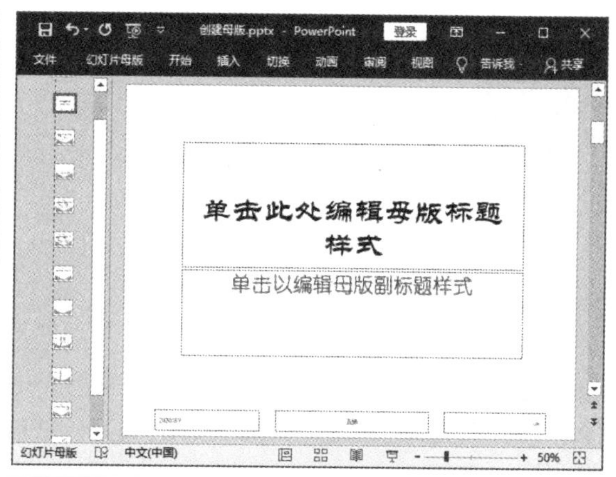

386：将幻灯片母版保存为模板

适用版本	实用指数
2010、2013、2016、2019	★★★★☆

使用说明

在幻灯片母版中设置了相应的样式后，如果希望之后可以继续使用该样式，可以将幻灯片母版保存为模板。

解决方法

如果要将幻灯片母版保存为模板，具体操作方法如下。

步骤01 ❶设置好幻灯片母版之后退出幻灯片母版编辑模式，按【F12】键打开【另存为】对话框，设置保存路径和文件名；❷在【保存类型】下拉列表中选择【PowerPoint 模板（*.potx）】选项；❸单击【保存】按钮，如下图所示。

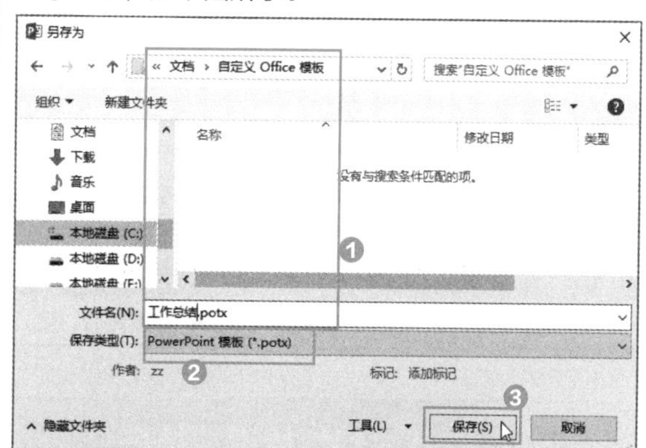

步骤02 保存模板之后如果要使用该模板，可以在【文件】下拉菜单中选择【新建】命令，在中间界面中选择【自定义】选项卡，如下图所示。

步骤03 在打开的【自定义】选项卡中选择模板的

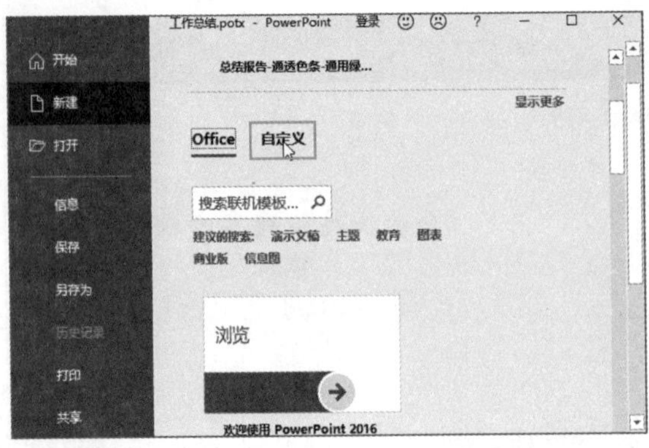

保存位置，如选择【自定义 Office 模板】选项，如下图所示。

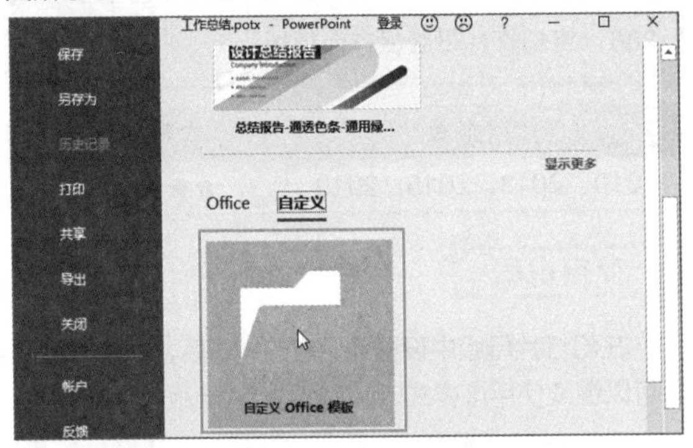

步骤04 在目标文件夹中选择想要的自定义模板即可，如下图所示。

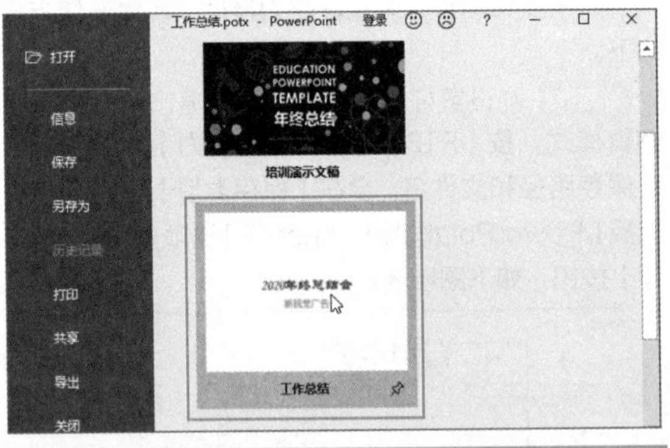

387：让幻灯片页脚中的日期与时间自动更新

适用版本	实用指数
2010、2013、2016、2019	★★★★☆

使用说明

在编辑幻灯片时，根据操作需要，可以在页脚中插入能自动更新的日期与时间。

解决方法

如果要在幻灯片中插入自动更新的日期与时间，具体操作方法如下。

步骤01 在【插入】选项卡中单击【文本】组中的【日期和时间】按钮，如下图所示。

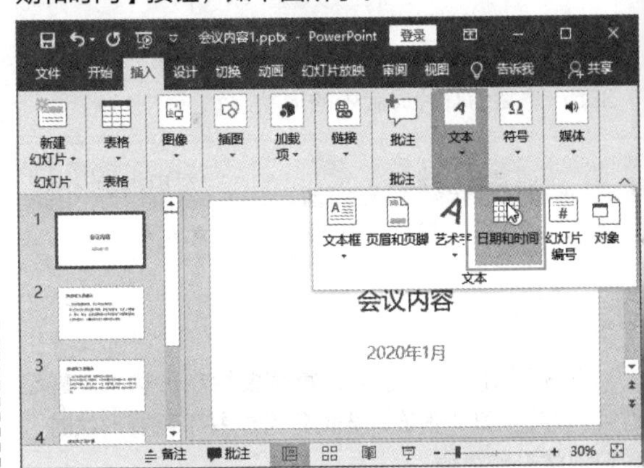

步骤02 ❶弹出【页眉和页脚】对话框，在【幻灯片包含内容】栏中勾选【日期和时间】复选框；❷选中【自动更新】单选按钮，并在下面的下拉列表中选择需要的时间格式；❸单击【全部应用】按钮即可，如下图所示。

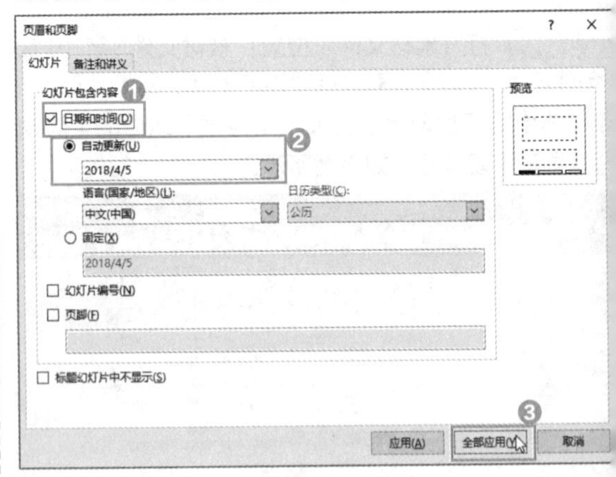

15.2 交互式幻灯片设置技巧

在编辑幻灯片时，可通过设置超链接、设置单击某个对象时运行指定的应用程序等操作创建交互式幻灯片，以便在放映时可以从某一位置跳转到其他位置。下面介绍制作交互式幻灯片的技巧。

388：在当前 PPT 演示文稿中创建超链接

适用版本	实用指数
2010、2013、2016、2019	★★★★★

在编辑幻灯片时，可以通过文本、图片、表格等对象创建超链接，链接位置可以是当前文稿、其他现有演示文稿或网页等。对某对象创建超链接后，在放映过程中单击该对象即可跳转到指定的链接位置。

解决方法

如果要在当前 PPT 演示文稿中创建超链接，具体操作方法如下。

步骤01 打开素材文件（位置：素材文件\第 15 章\会议内容 2.pptx），❶选中要添加超链接的对象；❷单击【插入】选项卡【链接】组中的【链接】按钮，如下图所示。

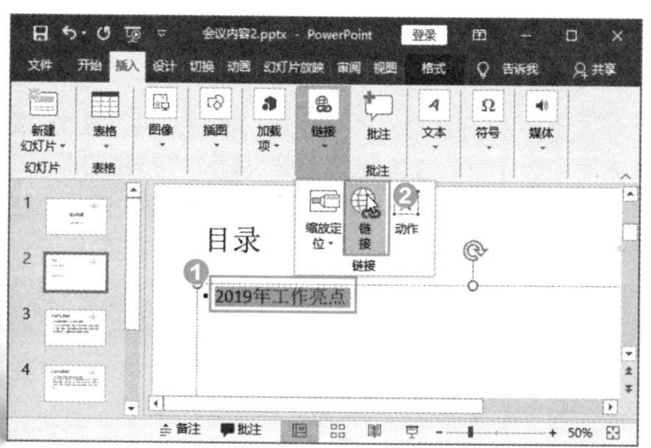

步骤02 ❶弹出【插入超链接】对话框，在【链接到】栏中选择链接位置，如【本文档中的位置】；❷在【请选择文档中的位置】列表框中选择链接的目标位置；❸单击【确定】按钮，如下图所示。

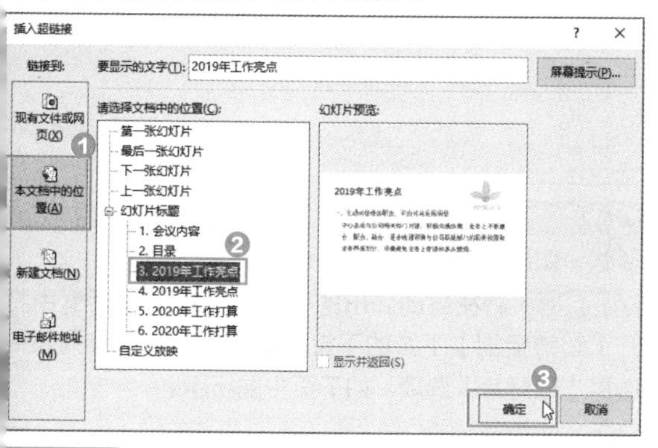

步骤03 返回幻灯片，可看到所选文本的下方出现下划线，且文本颜色也发生了变化，如下图所示。

步骤04 参照上述方法，对【2020 年工作打算】创建超链接，如下图所示。

步骤05 放映幻灯片，当演示到此幻灯片时，将鼠标指针指向设置了超链接的文本，鼠标指针会变为手形状，此时单击该文本可跳转到指定的链接位置，如下图所示。

389：如何修改与删除超链接

适用版本	实用指数
2010、2013、2016、2019	★★★☆☆

对某对象创建超链接后，还可根据需要修改指定的链接位置，也可以删除超链接。

解决方法

如果要修改与删除超链接，具体操作方法如下。

步骤01 打开素材文件（位置：素材文件\第 15 章\会议内容 3.pptx），❶右击要修改超链接的对象；❷在弹出的快捷菜单中选择【编辑链接】命令，如下图所示。

步骤02 ❶弹出【编辑超链接】对话框，重新设置链接的目标位置；❷单击【确定】按钮即可修改超链接，如下图所示。

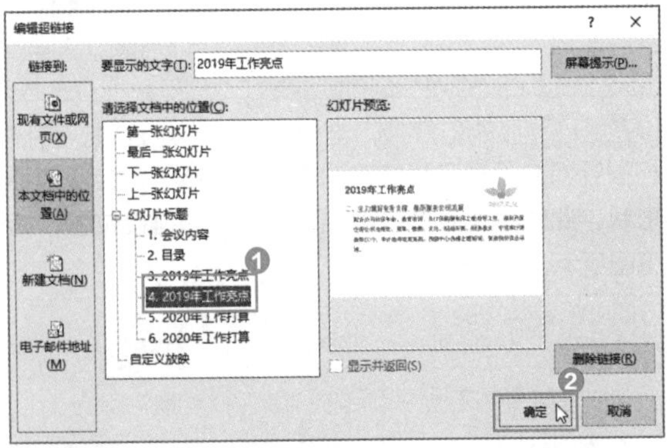

步骤03 ❶右击插入了超链接的对象；❷在弹出的快捷菜单中选择【删除链接】命令即可删除超链接，如下图所示。

知识拓展

在【编辑超链接】对话框中单击【删除链接】按钮，也可以删除超链接。

390：通过动作按钮创建链接

适用版本	实用指数
2010、2013、2016、2019	★★★★★

使用说明

在制作幻灯片时，通常需要在内容与内容之间添加过渡页，以此来引导观众的思路，但是过渡页偶尔也会出现重复的情况，此时不需要重复制作过渡页，直接利用动作按钮返回之前标题索引所在的幻灯片即可。

解决方法

如果要通过动作按钮创建链接，具体操作方法如下。

步骤01 打开素材文件（位置：素材文件\第 15 章\求职简历 .pptx），❶选择需要设置动作按钮的页面；❷在【插入】选项卡中单击【形状】下拉按钮；❸在弹出的下拉列表中选择合适的动作按钮，如下图所示。

步骤02 在幻灯片中按住鼠标左键拖动，绘制出该形状，如下页上图所示。

步骤03 ❶在自动弹出的【操作设置】对话框中打开【超链接到】下方的下拉列表；❷在该下拉列表中选择【幻灯片】选项，如下页中图所示。

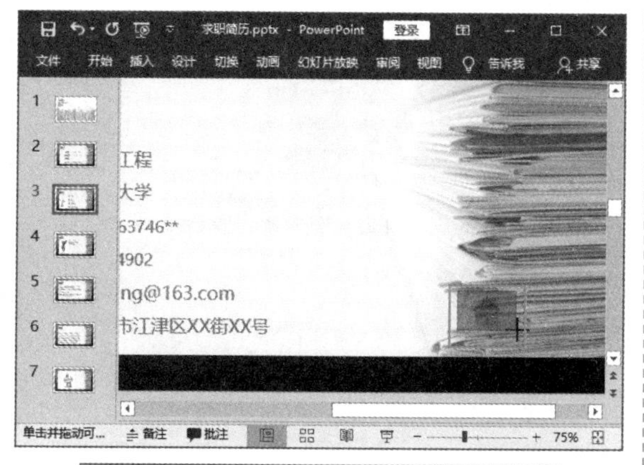

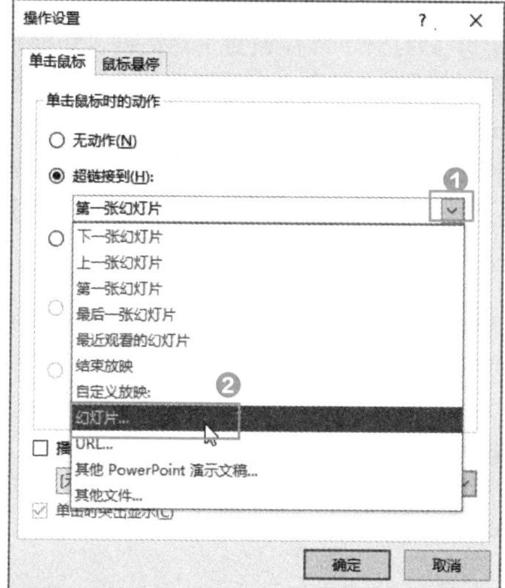

步骤04 ❶打开【超链接到幻灯片】对话框，选择需要链接到的幻灯片名称；❷单击【确定】按钮，如下图所示。

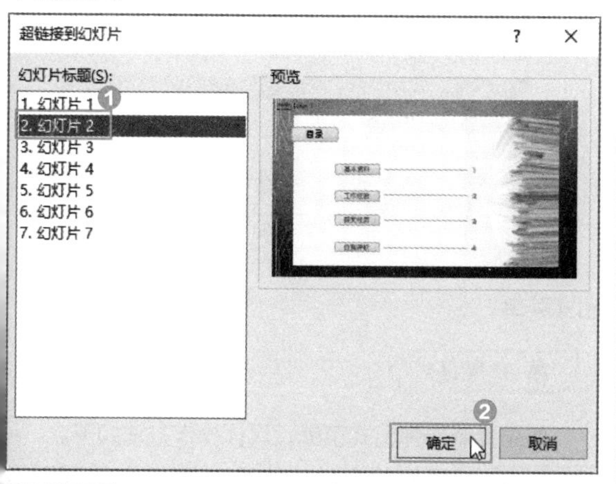

步骤05 ❶选中所绘按钮图形；❷在【绘图工具 / 格式】选项卡【形状样式】组中单击【形状填充】下拉按钮；❸在弹出的下拉列表中选择合适的颜色，如右上图所示。

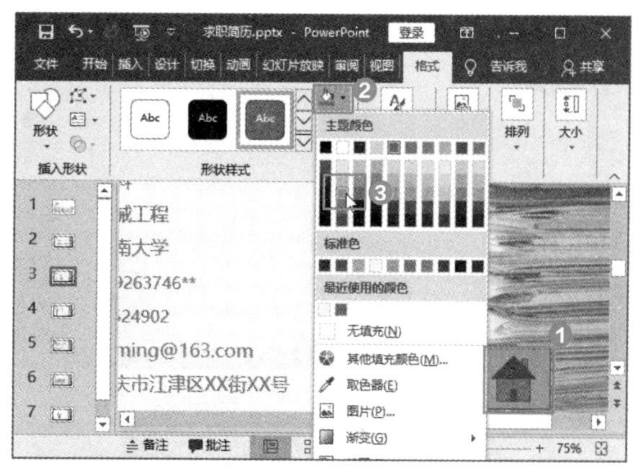

步骤06 ❶在【绘图工具 / 格式】选项卡的【形状样式】组中单击【形状轮廓】下拉按钮；❷在弹出的下拉列表中选择合适的形状轮廓颜色，如下图所示。

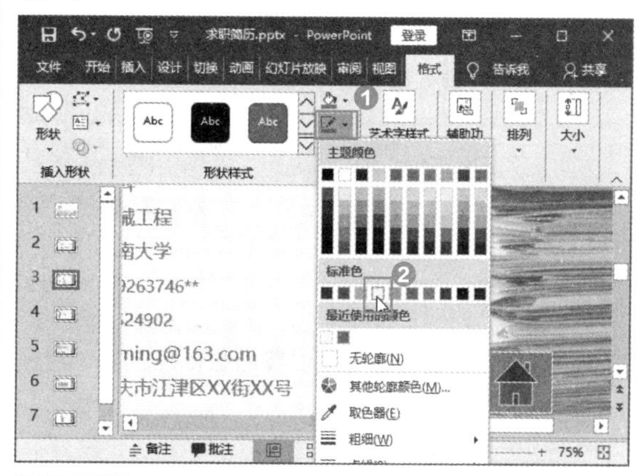

步骤07 使用相同的方法为所有需要添加链接的幻灯片添加动作按钮，如下图所示。

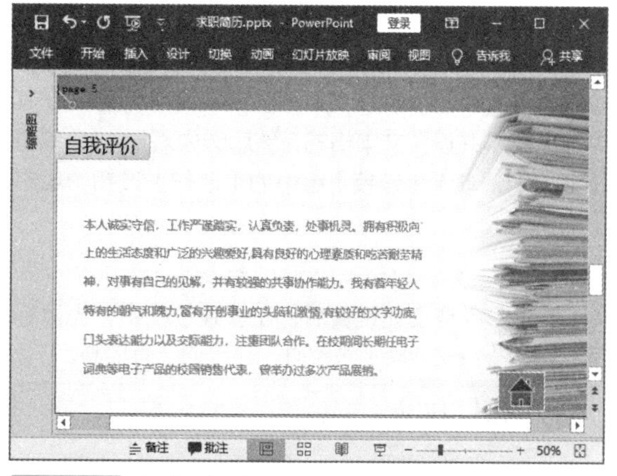

步骤08 添加完成后，在播放幻灯片时，单击动作按钮，即可返回到设置的链接页面，如下图所示。

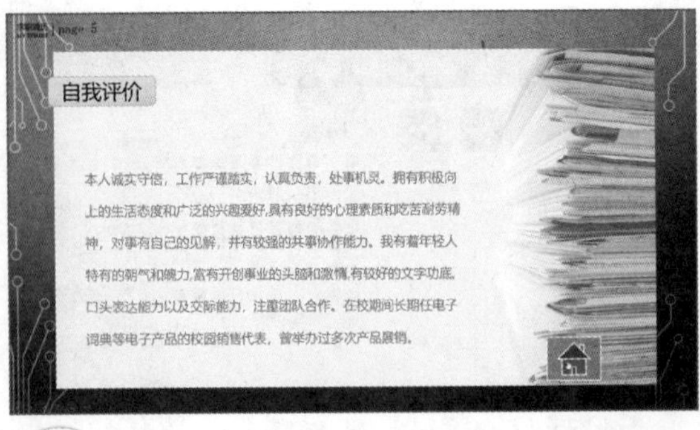

知识拓展

如果幻灯片中有现成的对象需要制作为动作按钮，则选中对象后，在【插入】选项卡中单击【动作】按钮，在打开的【操作设置】对话框中即可进行设置。

391：如何让鼠标经过某个对象时执行操作

适用版本	实用指数
2010、2013、2016、2019	★★★★☆

使用说明

根据操作需要，还可以设置当鼠标经过某个对象时执行相应的操作。

解决方法

例如，要设置鼠标经过时结束幻灯片放映，具体操作方法如下。

步骤01 打开素材文件(位置: 素材文件\第15章\会议内容3.pptx)，❶在幻灯片中绘制一个矩形，在其中输入文本并设置文本格式，然后选中矩形；❷单击【插入】选项卡【链接】组中的【动作】按钮，如右上图所示。

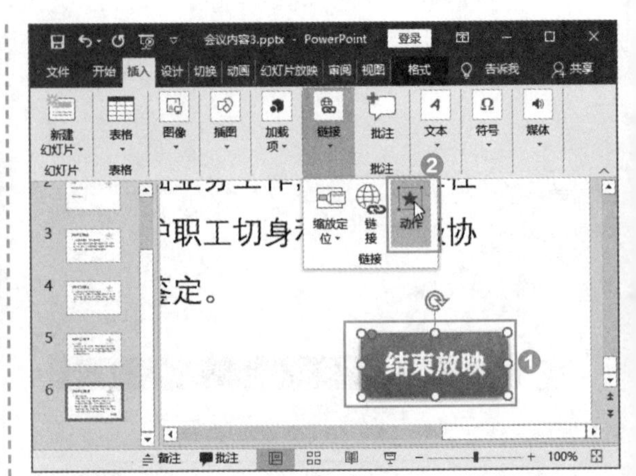

步骤02 ❶打开【操作设置】对话框，切换到【鼠标悬停】选项卡；❷选中【超链接到】单选按钮，在下面的下拉列表中选择链接目标，如【结束放映】；❸勾选【播放声音】复选框，在下面的下拉列表中选择需要的声音效果；❹单击【确定】按钮，如下图所示。

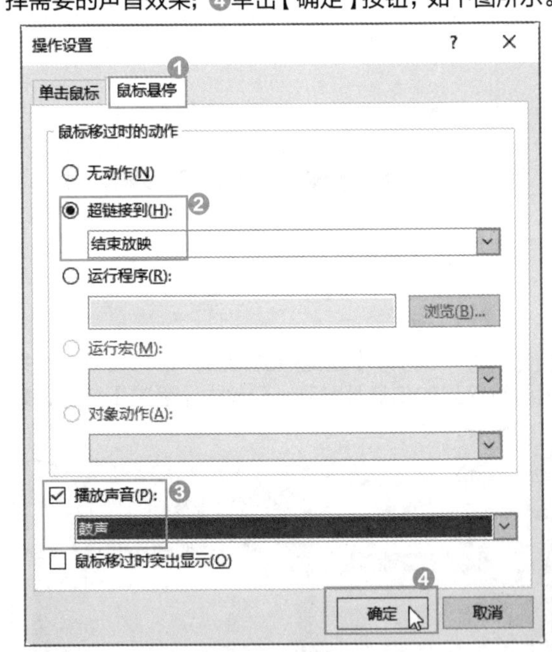

步骤03 完成上述设置后，在放映过程中，当鼠标指针指向【结束放映】对象时，会自动结束放映。

392：如何制作弹出式菜单

适用版本	实用指数
2010、2013、2016、2019	★★★☆☆

使用说明

在编辑幻灯片时，通过设置动作，还可以设置弹出式菜单。

解决方法

如果要制作弹出式菜单，具体操作方法如下。

步骤01 打开素材文件（位置：素材文件\第15章\会议内容3.pptx），❶在第2张幻灯片中绘制一个单圆角矩形，在其中输入文本并设置文本格式，然后选中该单圆角矩形；❷单击【插入】选项卡【链接】组中的【动作】按钮，如下图所示。

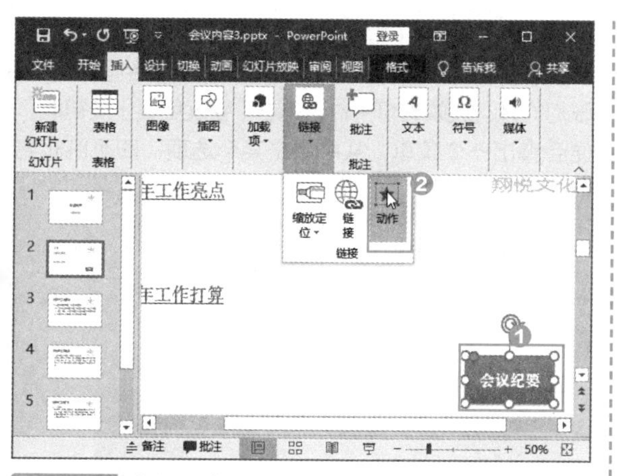

步骤02 ❶打开【操作设置】对话框，在【单击鼠标】选项卡中选中【超链接到】单选按钮，在下面的下拉列表中选择链接目标，本例中选择【下一张幻灯片】；❷勾选【播放声音】复选框，在下面的下拉列表中选择需要的声音效果；❸勾选【单击时突出显示】复选框；❹单击【确定】按钮，如下图所示。

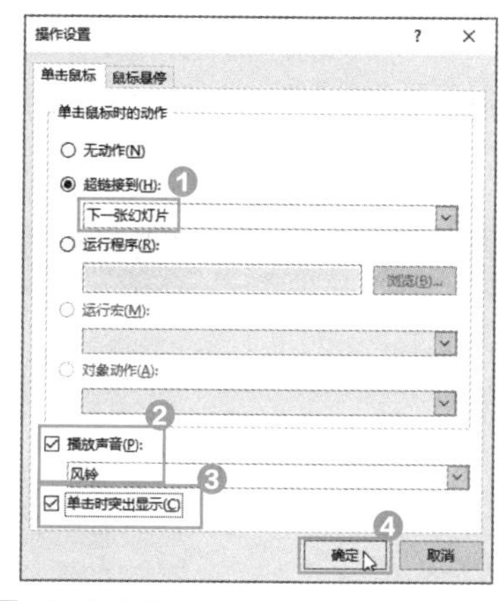

步骤03 ❶右击第 2 张幻灯片的缩略图；❷在弹出的快捷菜单中选择【复制幻灯片】命令，如下图所示。

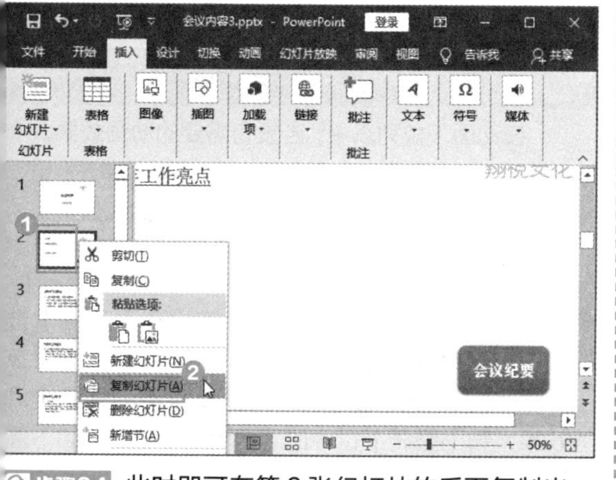

步骤04 此时即可在第 2 张幻灯片的后面复制出一张相同的幻灯片，编号为【3】。在第 3 张幻灯片中，选中单圆角矩形，然后按住【Ctrl+Shift】键不放，同时按住鼠标左键不放，并向上拖动鼠标，复制出一个完全相同的图形。按照这样的方法，复制出第 2 个完全相同的图形。完成复制后，将其文字分别改为【工作亮点】【工作打算】，如下图所示。

步骤05 ❶选中【会议纪要】图形，打开【操作设置】对话框，设置相应的参数；❷单击【确定】按钮，如下图所示。

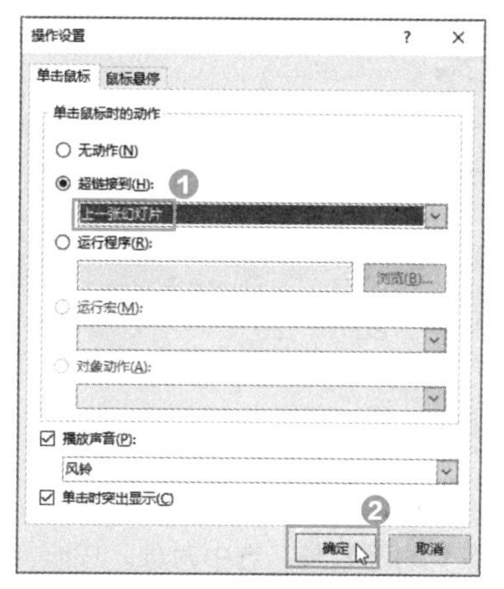

步骤06 选中【工作亮点】图形，打开【操作设置】对话框，在【超链接到】下拉列表中选择【幻灯片】，如下图所示。

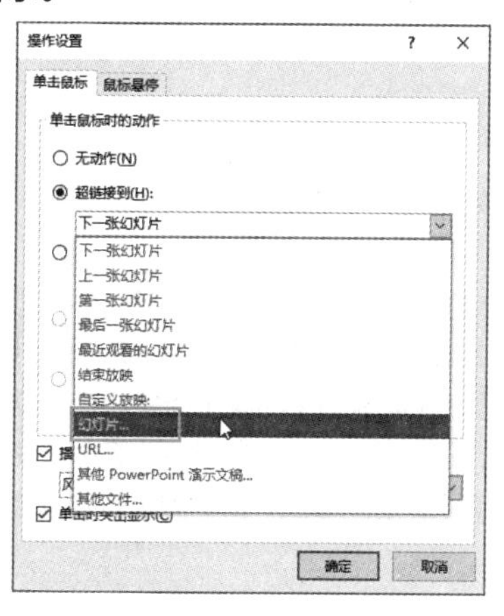

步骤07 ❶在弹出的【超链接到幻灯片】对话框中选择链接目标；❷单击【确定】按钮，如下图所示。

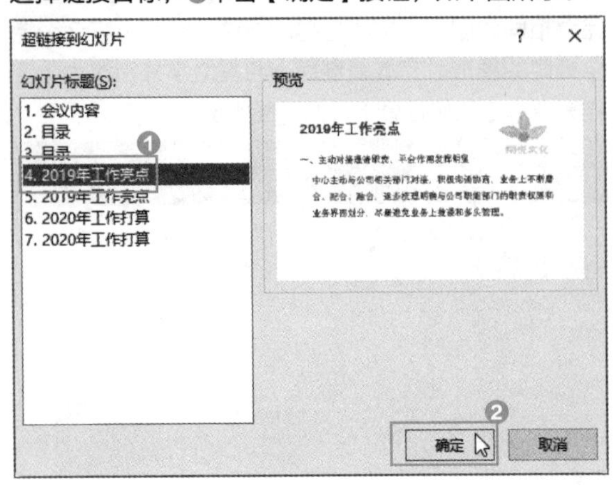

步骤08 返回【操作设置】对话框，单击【确定】按钮，并将【工作打算】图形设置为链接到具体的某张幻灯片。放映幻灯片时，单击【会议纪要】按钮时，便会弹出一个菜单，从中单击某个选项，即可跳转到指定的目标位置，如下图所示。

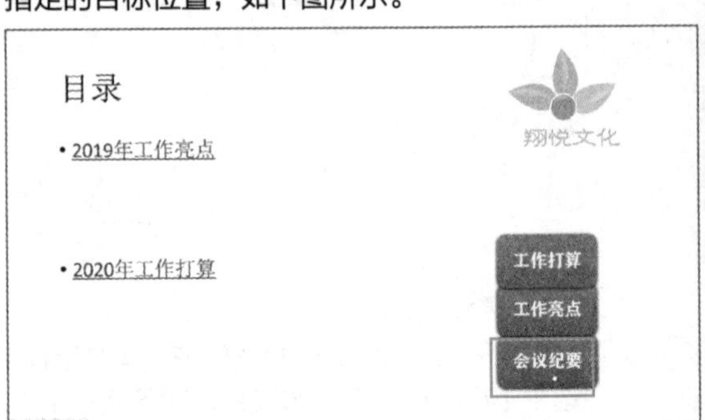

15.3 PPT 动画设置技巧

动画效果是常用的辅助和强调表现手段，在制作 PPT 演示文稿时十分常见。在 PPT 演示文稿中设置动画效果，可以使文稿更加生动、出彩。下面介绍设置动画的相关技巧。

393：如何为同一对象添加多个动画效果

适用版本	实用指数
2010、2013、2016、2019	★★★★★

使用说明

为了让幻灯片中对象的动画效果丰富、自然，可为其添加多个动画效果。选中对象，按照常规操作，在【动画】组中添加动画效果后，若再次执行该操作，则会把之前添加的动画效果替换掉。若要为同一个对象添加多个动画效果，则需要通过【添加动画】功能来实现。

解决方法

如果要为同一对象添加多个动画效果，具体操作方法如下。

步骤01 打开素材文件（位置：素材文件\第 15 章\培训演示文稿.pptx），❶选中要添加动画效果的对象；❷在【动画】选项卡的【动画】组中单击【动画样式】下拉按钮；❸在弹出的动画下拉列表中，在【进入】栏中选择需要的动画效果，如【擦除】，如右上图所示。

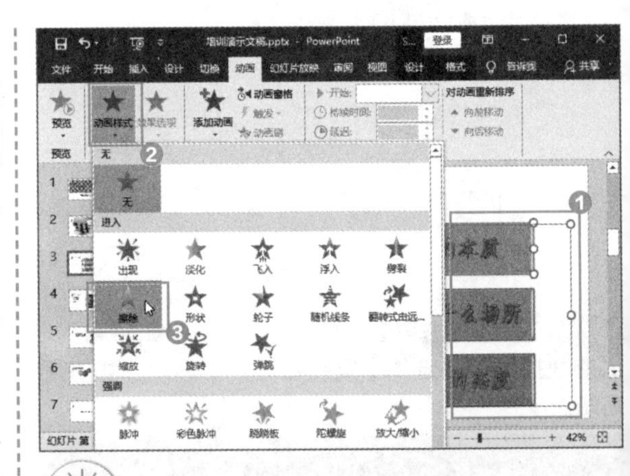

知识拓展

在动画下拉列表中，若没有需要的动画效果，可通过单击【更多……】选项进行选择。如单击【更多进入效果】选项，可在弹出的【更改进入效果】对话框中进行选择。

步骤02 ❶保持对象的选中状态，在【动画】选项卡的【高级动画】组中单击【添加动画】下拉按钮；❷在弹出的下拉列表中选择要添加的第 2 个动画效果，如【强调】栏中的【放大/缩小】，如下图所示。

步骤03 参照上述方法，为对象添加第 3 个动画效果，如【强调】栏中的【陀螺旋】。选中的对象添加多个动画效果后，该对象的左侧会出现编号，该编号是根据动画效果的添加顺序而排列的，如下图所示。

知识拓展

选择添加了动画效果的对象，在【动画】选项卡的【预览】组中单击【预览】按钮，可预览该对象的动画播放效果。

394：如何设定动画的路径

适用版本	实用指数
2010、2013、2016、2019	★★★★☆

使用说明

为了让指定对象沿轨迹运动，还可以为对象添加路径动画。PowerPoint 2019 提供了三大类几十种动作路径，用户可以直接使用这些动作路径。

解决方法

如果要为动画设定路径，具体操作方法如下。

步骤01 打开素材文件（位置：素材文件 \ 第 15 章 \ 培训演示文稿 1.pptx），❶选中要添加强调动画效果的文本或文本框等对象；❷在【动画】选项卡【动画】组中的【动画样式】下拉列表中的【动作路径】栏下选择合适的动作效果，如下图所示。

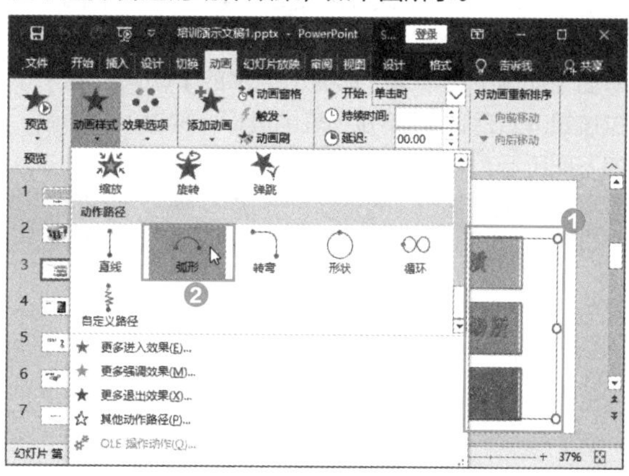

步骤02 返回幻灯片即可预览设置路径后的动画效果，选中路径轨迹文本框，然后拖动轨迹文本框即可调整对象的运动路径，如下图所示。

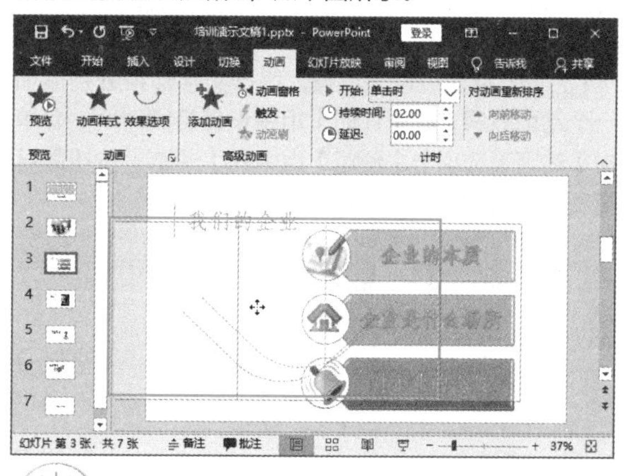

知识拓展

单击【添加效果】下拉按钮，在弹出的下拉列表中选择【其他动作路径】选项，打开【添加动作路径】对话框，可以选择更多预设动作路径选项。

395：如何让文字在放映时逐行显示

适用版本	实用指数
2010、2013、2016、2019	★★★★☆

使用说明

在编辑幻灯片时，可以通过设置动画效果的方法让幻灯片中的文字在放映时逐行显示。

解决方法

如果要设置段落在放映时逐行显示，具体操作方法如下。

步骤01 打开素材文件（位置：素材文件\第 15 章\商务咨询方案 .pptx），❶选中要设置逐行显示的文字，单击【动画】选项卡【动画】组中的【动画样式】下拉按钮；❷在弹出的下拉列表中选择一种进入式动画，如下图所示。

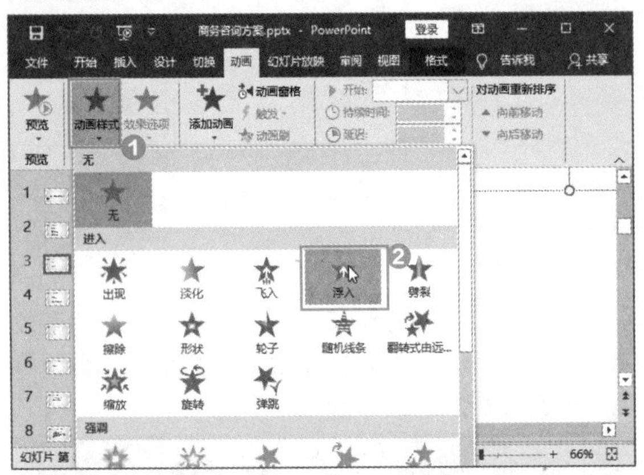

步骤02 ❶通过以上设置，每行文字都将分别添加一个动画效果，在【计时】组中设置持续时间；❷单击【动画】选项卡【预览】组中的【预览】按钮即可查看动画效果，如下图所示。

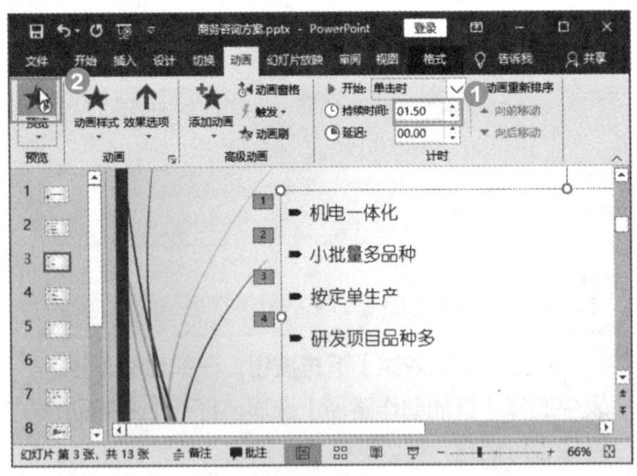

知识拓展

在 PowerPoint 中选中文本框添加动画效果后，文本框内的段落（一行的段落）便会逐行显示。若没有逐行显示，可进行设置。其方法为：在【动画】组中单击【效果选项】下拉按钮，在弹出的下拉列表中选择【按段落】选项即可。

396：制作自动消失的字幕

适用版本	实用指数
2010、2013、2016、2019	★★★★☆

使用说明

在欣赏 MTV 时，字幕从屏幕底部出现，停留一定时间后便会自动消失。如果要制作类似于这样的自动消失的字幕，通过动画效果可轻松实现。

解决方法

如果要制作自动消失的字幕，具体操作方法如下。

步骤01 打开素材文件（位置：素材文件\第 15 章\制作自动消失的字幕 .pptx），❶选中第 1 行文本，依次添加【进入】式动画方案中的【浮入】效果，【强调】式动画方案中的【彩色脉冲】效果，以及【退出】式动画方案中的【浮出】效果；❷单击【动画】选项卡【高级动画】组中的【动画窗格】按钮，如下图所示。

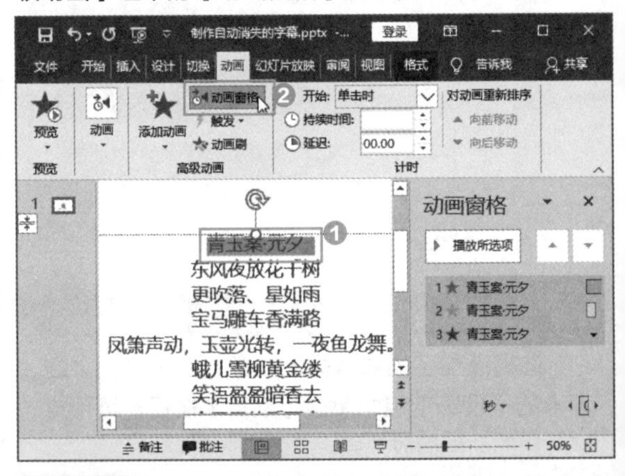

步骤02 ❶打开【动画窗格】窗格，选中添加的第 1 个动画效果，右击；❷在弹出的快捷菜单中选择【效果选项】命令，如下图所示。

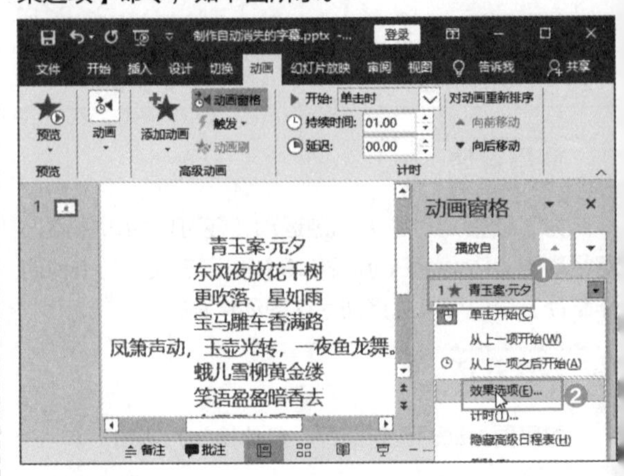

步骤03 ❶打开参数设置对话框，在【计时】选项卡中设置播放参数；❷单击【确定】按钮，如下图所示。

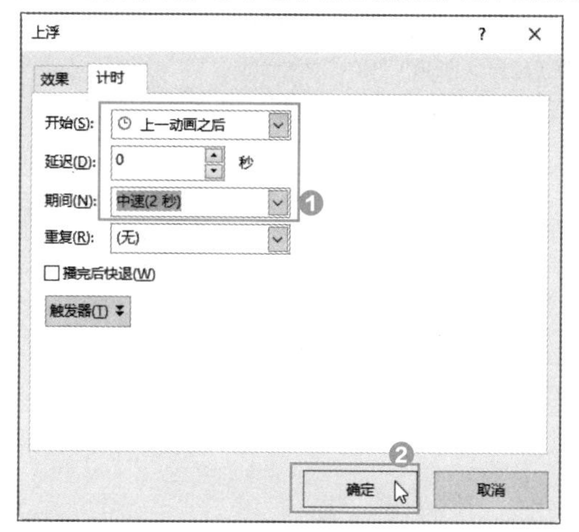

步骤04 选中第 2 个动画，打开参数设置对话框，在【效果】选项卡中设置相关参数，如下图所示。

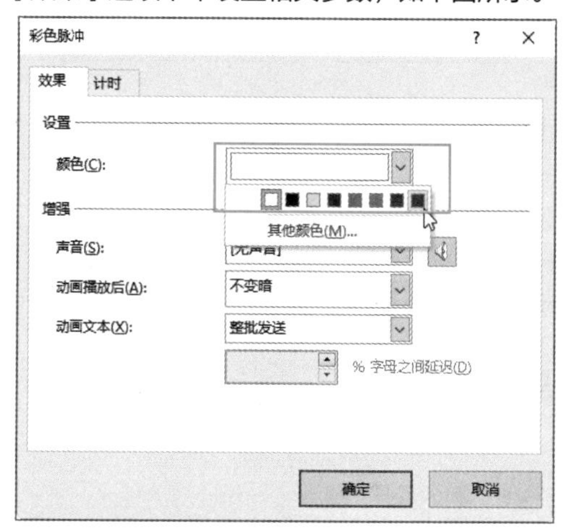

步骤05 ❶切换到【计时】选项卡，设置播放参数；❷单击【确定】按钮，如下图所示。

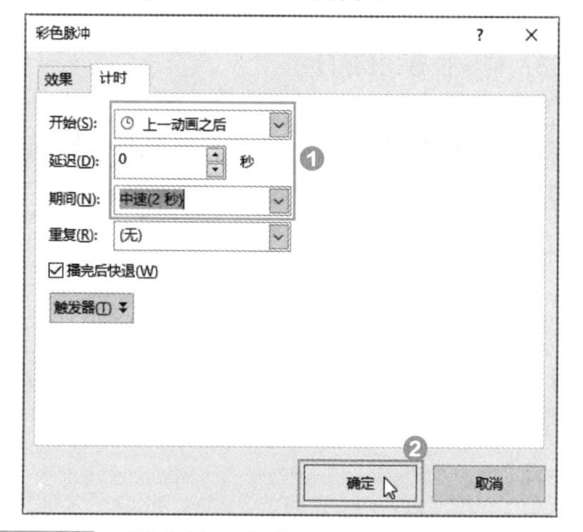

步骤06 ❶选中第 3 个动画，打开参数设置对话框，在【计时】选项卡中设置播放参数；❷单击【确定】按钮，如下图所示。

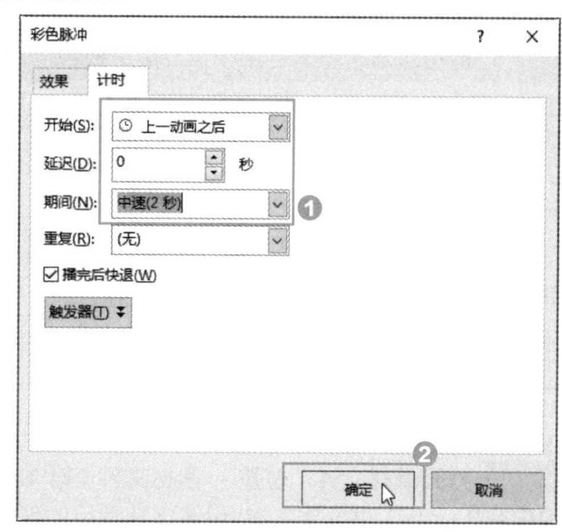

步骤07 ❶返回当前幻灯片，选中第 3 个动画；❷单击【动画】选项卡【动画】组中的【效果选项】下拉按钮；❸在弹出的下拉列表中选择【上浮】选项，如下图所示。

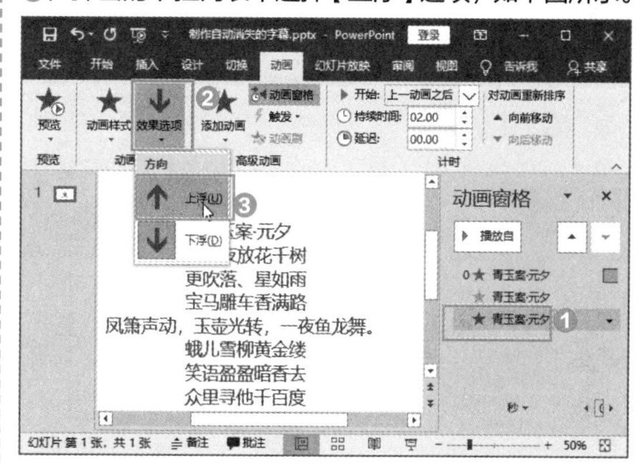

步骤08 至此，完成了第 1 行文本的动画设置。参照上述操作步骤，依次为其他行的文本添加【进入】【强调】和【退出】式动画效果，并设置好相应的参数。单击【动画】选项卡【预览】组中的【预览】按钮，即可查看动画效果，如下图所示。

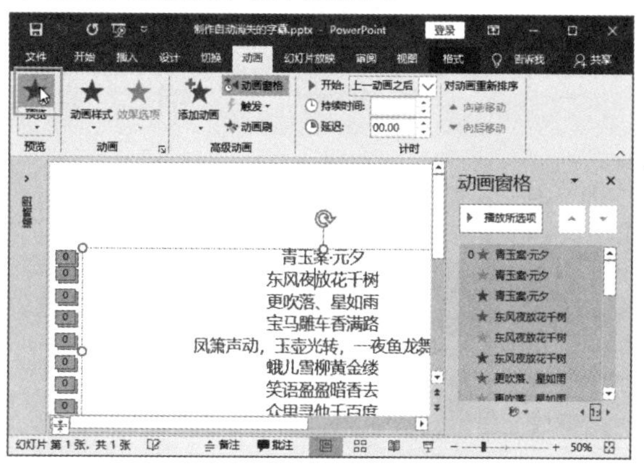

397：制作闪烁文字效果

适用版本	实用指数
2010、2013、2016、2019	★★★★☆

在需要突出某些内容时，可以将文字设置为比较醒目的颜色，然后添加自动闪烁的动画效果。

如果要对文本设置闪烁效果，具体操作方法如下。

步骤01 打开素材文件（位置：素材文件\第 15 章\会议内容3.pptx），❶选择文本，设置比较醒目的颜色；❷在【动画】选项卡的【动画】组中单击【动画样式】下拉按钮，在弹出的下拉列表中选择【更多强调效果】选项，如下图所示。

步骤02 ❶弹出【更改强调效果】对话框，在【华丽】栏中选择【闪烁】选项；❷单击【确定】按钮，如下图所示。

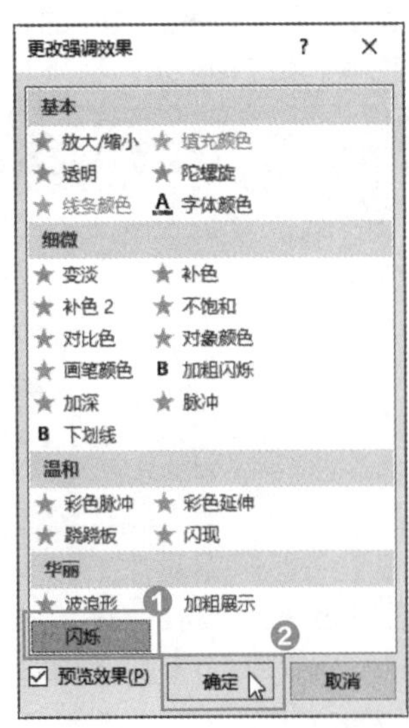

步骤03 ❶打开【动画窗格】窗格，选中所有动画效果，单击右侧的下拉按钮▼；❷在弹出的下拉列表中选择【计时】选项，如下图所示。

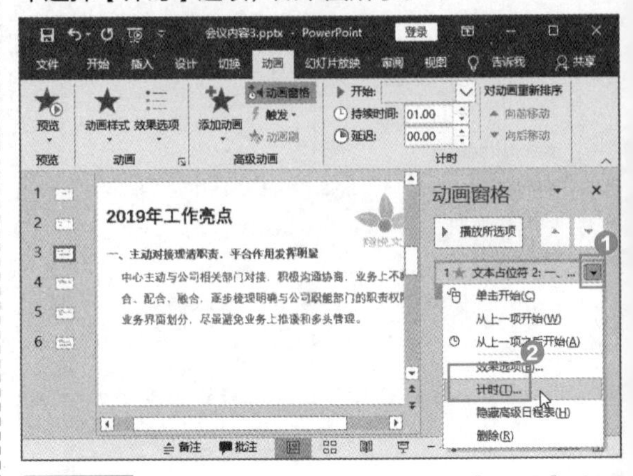

步骤04 ❶弹出参数设置对话框，在【计时】选项卡中设置播放参数；❷单击【确定】按钮即可，如下图所示。

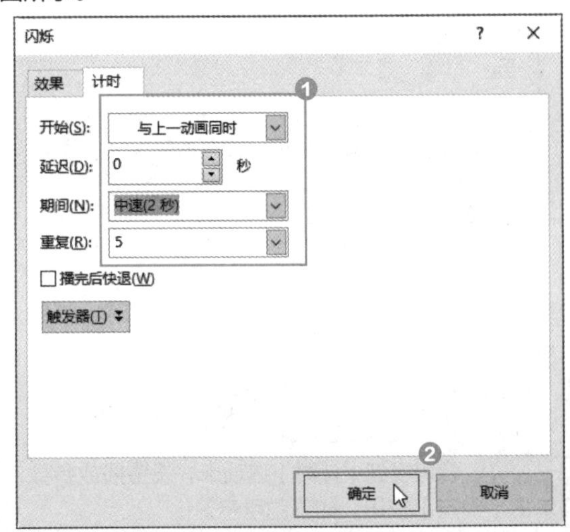

398：制作拉幕式幻灯片

适用版本	实用指数
2010、2013、2016、2019	★★★★☆

使用说明

拉幕式幻灯片是指幻灯片中的对象（如图片），按照从左往右或者从右往左的方向依次向右或向左运动，形成一种拉幕的效果。

如果要制作拉幕式幻灯片，具体操作方法如下。

步骤01 新建一个 PPT 文档，将幻灯片的版式更改为【空白】，然后将幻灯片的背景设置为黑色，在幻灯片中插入一张图片，将其移动到工作区右侧的空白处，如下图所示。

步骤02 ❶选中图片，单击【动画】选项卡【动画】组中的【动画样式】下拉按钮；❷在弹出的下拉列表中选择【飞入】，如下图所示。

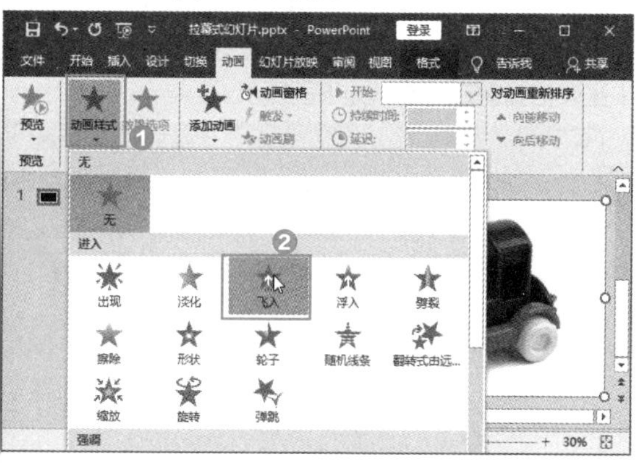

步骤03 打开【动画窗格】窗格，在动画上右击，在弹出的快捷菜单中选择【效果选项】命令，如下图所示。

步骤04 打开【飞入】对话框，在【效果】选项卡中设置相关参数，如右上图所示。

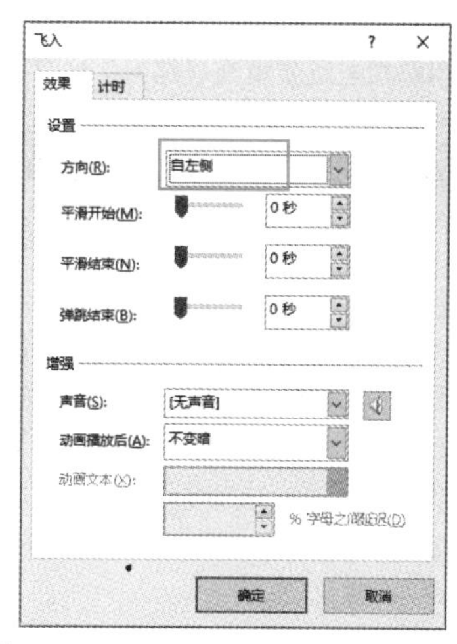

步骤05 ❶在【计时】选项卡中设置播放参数；❷单击【确定】按钮，如下图所示。

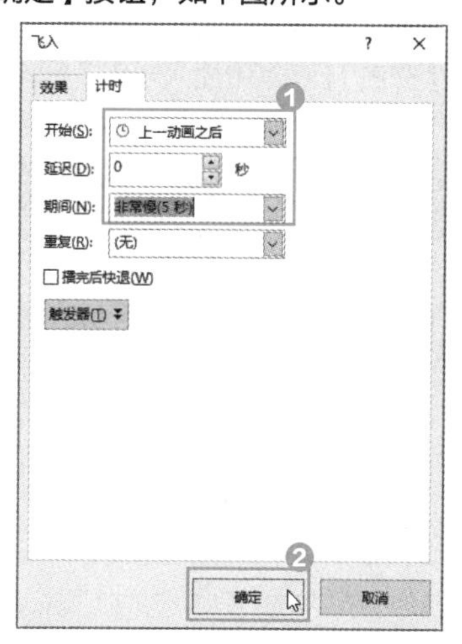

步骤06 参照上述操作步骤，插入第 2 张图片，并将该图片移动到第 1 张图片处，与第 1 张图片重合，使图片运动时在同一水平线上，然后对其设置与第 1 张图片一样的动画效果及播放参数，如下图所示。

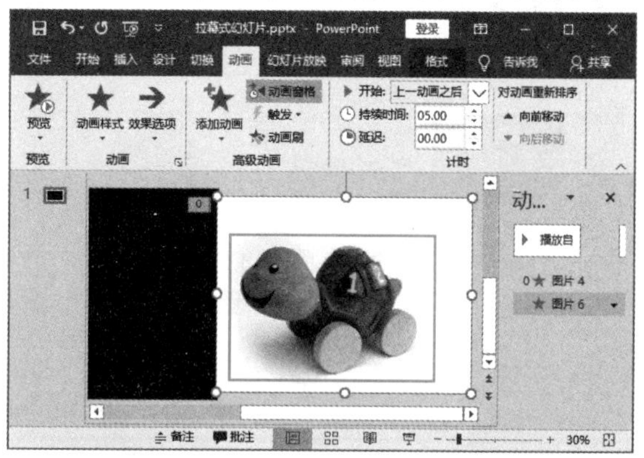

步骤07 依次添加其他图片，并设置相同的参数。添加完成后按【F5】键，即可查看最终效果。

399：使用叠加法逐步填充表格

适用版本	实用指数
2010、2013、2016、2019	★★★★☆

使用说明

在PPT演示文稿中，常用表格来展示大量的数据。如果需要数据根据讲解的进度逐步填充到表格中，可以通过设置动画来实现。

解决方法

如果要通过设置动画逐步填充表格，具体操作方法如下。

步骤01 新建一篇空白PPT演示文稿，将幻灯片的版式更改为【空白】，在其中插入一张5行4列的表格，并在第1行输入第1次需要出现的字符，如下图所示。

步骤02 选中该表格，添加一种【进入】式动画效果，如【淡化】，并对该动画效果设置播放参数，如下图所示。

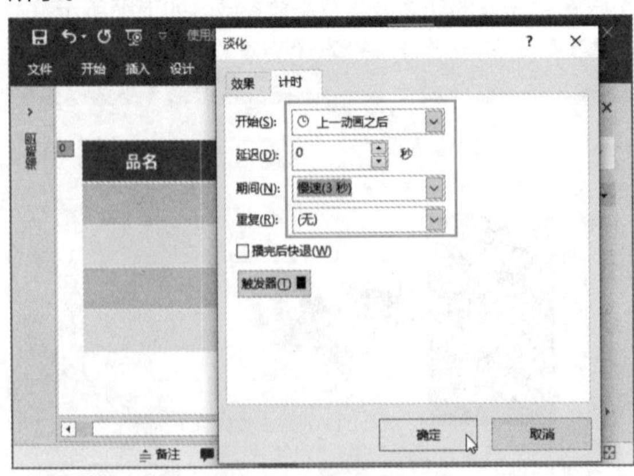

步骤03 选中表格，按【Ctrl+C】组合键进行复制，然后按【Ctrl+V】组合键进行粘贴。在第2张表格中，保留原有内容，并在相应的单元格中输入第2次需要出现的字符，如下图所示。

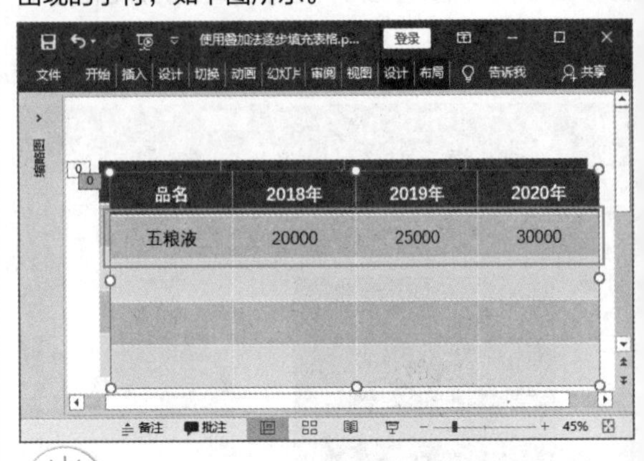

知识拓展

复制表格后，其动画效果也会一起复制，因为第2张工作表要设置与第1张工作表相同的动画效果，因此无须再单独设置动画。

步骤04 对第2张工作表进行移动操作，使其与第1张表格重叠在一起，如下图所示。

步骤05 根据表格的实际情况，重复上述操作，将表格复制成若干份，并调整位置使其重叠，然后按【F5】键即可查看最终效果，如下图所示。

400：让多张图片同时动起来

适用版本	实用指数
2010、2013、2016、2019	★★★★☆

使用说明

在幻灯片中插入多张图片后，可以通过设置动画效果，让它们同时动起来。

解决方法

如果要让多张图片同时动起来，具体操作方法如下。

步骤01 打开素材文件（位置：素材文件\第 15 章\产品介绍 1.pptx），❶同时选中 4 张图片；❷在【动画】选项卡的【动画】组中单击【动画样式】下拉按钮，在弹出的下拉列表中选择一种【进入】式动画效果，如【翻转式由远及近】，如下图所示。

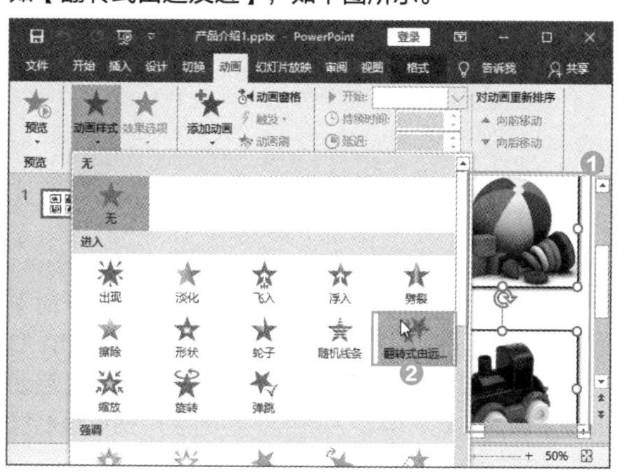

步骤02 ❶打开【动画窗格】窗格，选中第 1 个动画效果，打开参数设置对话框设置播放参数；❷单击【确定】按钮，如下图所示。

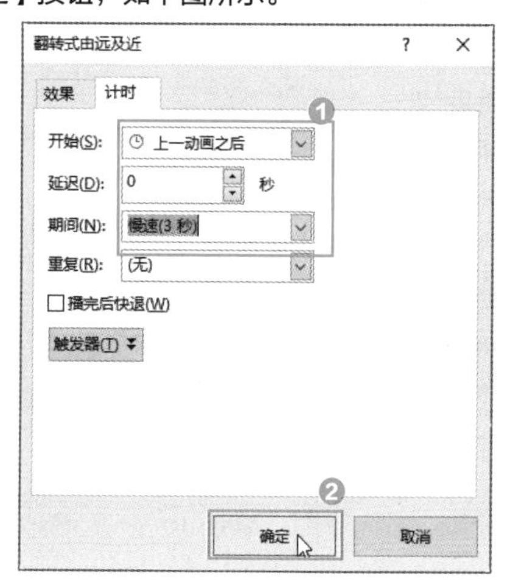

步骤03 ❶返回幻灯片，在【动画窗格】窗格中选中最后 3 个动画效果，打开参数设置对话框设置播放参数；❷单击【确定】按钮，如下图所示。

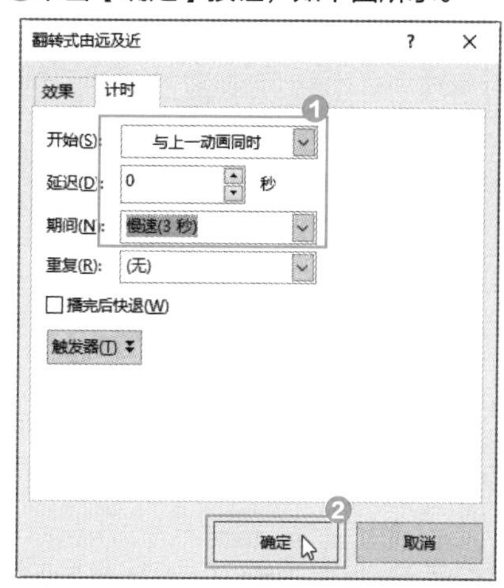

步骤04 返回幻灯片，选中这 4 张图片，添加一种【强调】式动画效果，如【跷跷板】，如下图所示。

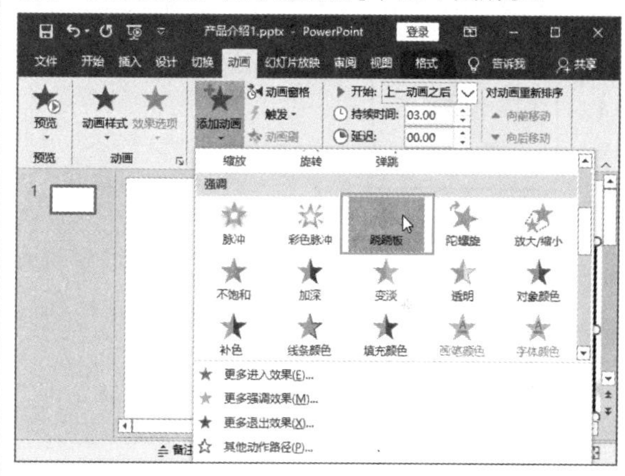

步骤05 ❶在【动画窗格】窗格中选中第 5 个动画效果，打开参数设置对话框设置播放参数；❷单击【确定】按钮，如下图所示。

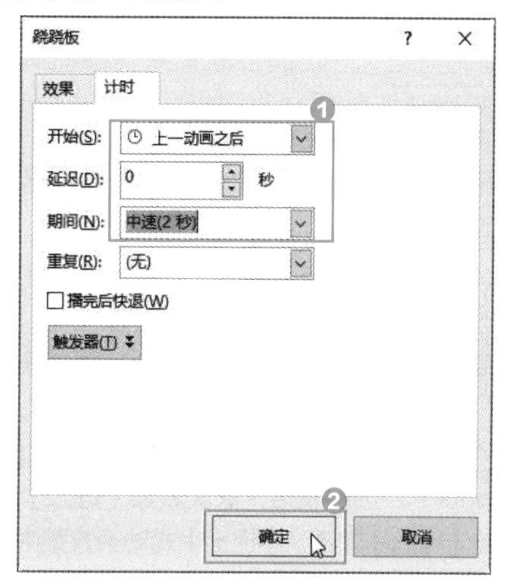

步骤06 ❶返回幻灯片，在【动画窗格】窗格中选中最后 3 个动画效果，打开参数设置对话框设置播放参数；❷单击【确定】按钮，如下图所示。

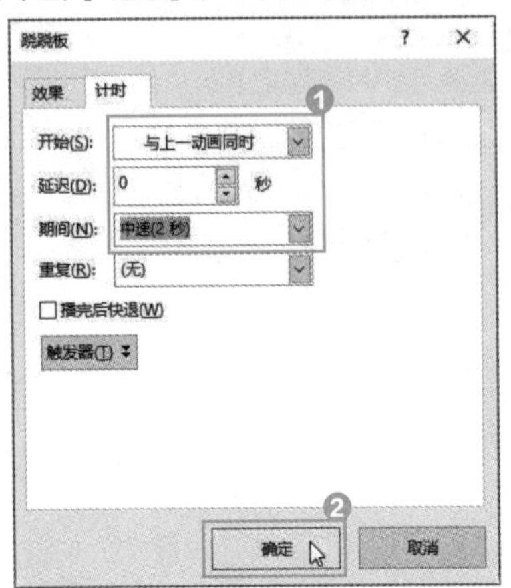

步骤07 返回幻灯片，可在【动画窗格】窗格中查看动画列表，按【F5】键即可查看最终效果，如下图所示。

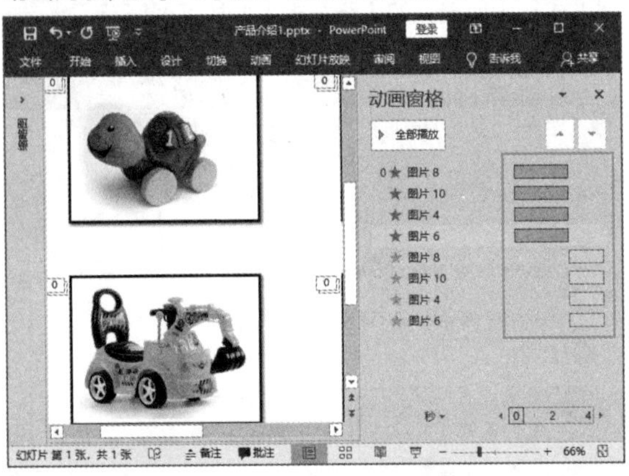

401：使用动画触发器控制动画的播放

适用版本	实用指数
2010、2013、2016、2019	★★★★★

编辑幻灯片时，还可以通过设置触发器来控制动画的播放。

如果要通过触发器播放表格内容，具体操作方法如下。

步骤01 打开素材文件（位置：素材文件\第 15 章\表格 .pptx），选中表格，依次添加【进入】式动画方案中的【擦除】效果、【退出】式动画方案中的【缩放】效果，如右上图所示。

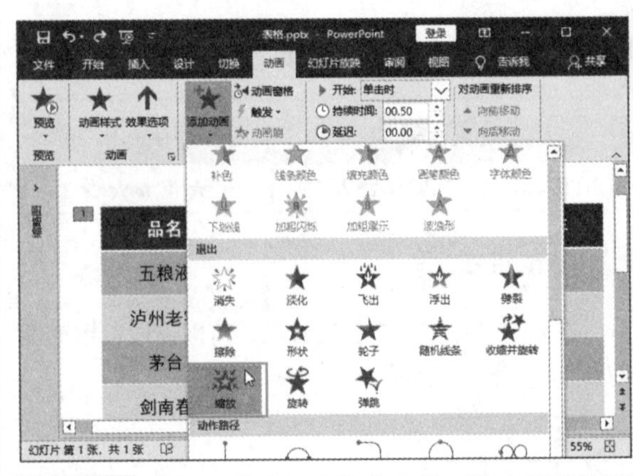

步骤02 ❶打开【动画窗格】窗格，选中添加的两个动画效果，右击；❷在弹出的快捷菜单中选择【效果选项】命令，如下图所示。

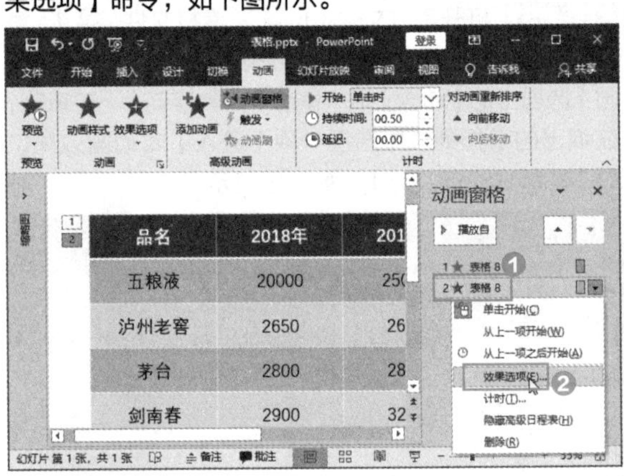

步骤03 ❶打开【效果选项】对话框，在【计时】选项卡的【期间】下拉列表中设置播放速度；❷单击【触发器】按钮展开选项；❸选中【单击下列对象时启动效果】单选按钮，并在右侧的下拉列表中选择绘制的矩形选项；❹单击【确定】按钮，如下图所示。

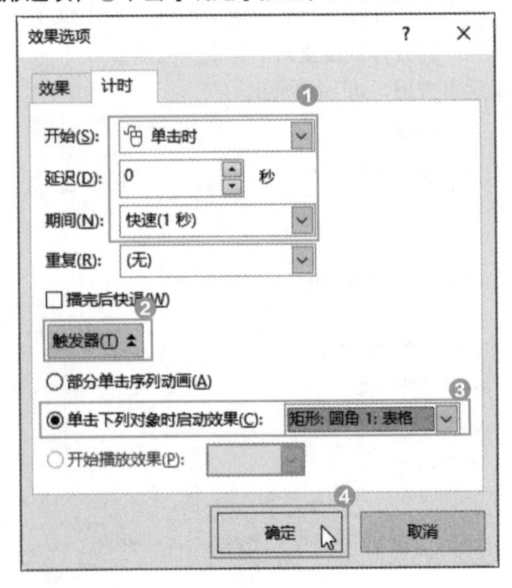

步骤04 通过上述设置后，放映幻灯片时，单击【表格】按钮，可显示表格内容；再次单击【表格】按钮，可隐藏表格内容。

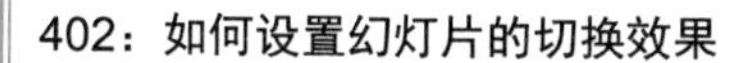

402：如何设置幻灯片的切换效果

适用版本	实用指数
2010、2013、2016、2019	★★★★★

使用说明

幻灯片的切换效果是指幻灯片播放过程中，从一张幻灯片切换到另一张幻灯片时的效果、速度及声音等。对幻灯片设置切换效果后，可丰富放映时的动态效果。

解决方法

如果要为幻灯片设置切换效果，具体操作方法如下。

步骤01 打开素材文件（位置：素材文件\第 15 章\产品介绍 .pptx），❶选中要设置切换效果的幻灯片；❷在【切换】选项卡的【切换到此幻灯片】组中单击【切换效果】下拉按钮，在弹出的下拉列表中选择需要的切换效果，如下图所示。

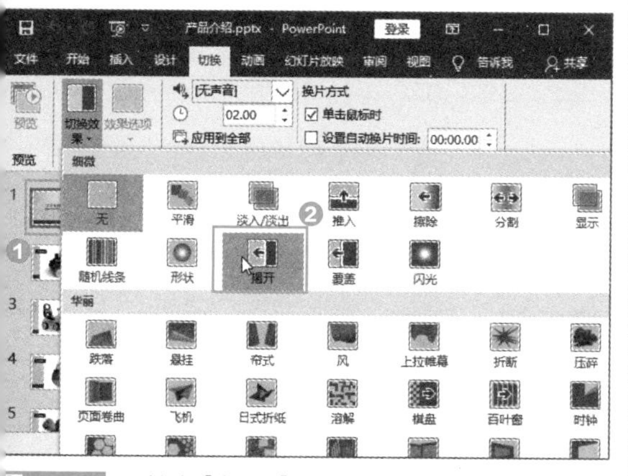

步骤02 ❶单击【切换】选项卡【切换到此幻灯片】组中的【效果选项】下拉按钮；❷在弹出的下拉列表中选择一种切换方式，如右上图所示。

步骤03 在【切换】选项卡【计时】组的【声音】下拉列表中可为当前幻灯片设置切换声音，如右中图所示。

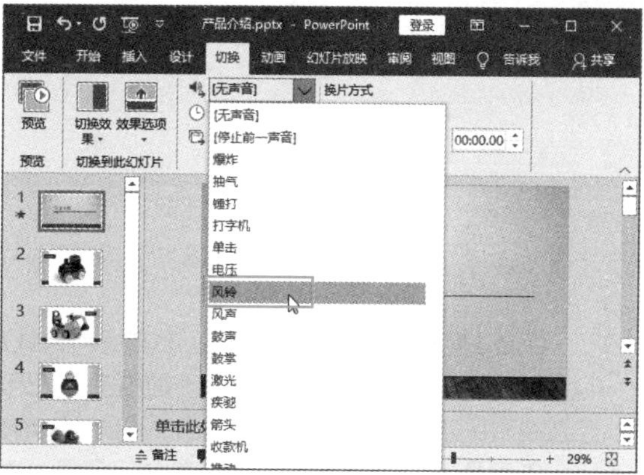

步骤04 ❶在【切换】选项卡【计时】组的【持续时间】数值框中可设置切换效果的播放时间；❷单击【应用到全部】按钮，可将当前幻灯片的切换设置应用到该 PPT 演示文稿的所有幻灯片中，如下图所示。

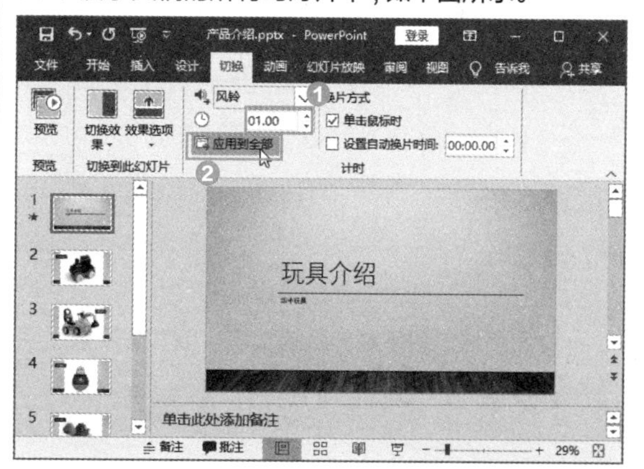

第 16 章 PPT 幻灯片放映与输出技巧

完成 PPT 演示文稿的制作后，放映幻灯片才是检验制作是否成功的验金石。掌握一些放映的技巧可以帮助演讲者更加方便地展示 PPT 的内容。如果需要将 PPT 打包携带，还可将其转成其他格式，以便于放映和保存。本章介绍 PPT 演示文稿的放映与输出的相关操作技巧。

下面是一些幻灯片放映与输出的常见问题，请检查你是否会处理或已掌握。

【√】制作完成的幻灯片有几张在放映时不想显示，知道怎样隐藏吗?

【√】放映幻灯片的过程中，想要暂停放映，知道怎样暂停吗?

【√】放映幻灯片时，有重点内容需要标注，知道怎样用红色的笔标注吗?

【√】放映幻灯片时经常会误操作，如单击导致错误地换片，能否设置单击时不换片?

【√】为了让演示文稿打开时自动播放，应该如何设置?

【√】如果要将幻灯片复制到其他计算机中播放，又担心其他计算机中没有安装 PPT，是否可以将 PPT 转换为图片?

希望通过对本章内容的学习，能够解决以上问题，并学会 PPT 幻灯片放映与输出的技巧。

16.1 幻灯片放映技巧

制作 PPT 演示文稿的最终目的就是放映，因此完成幻灯片内容的编辑后，即可开始放映。下面介绍幻灯片的放映技巧。

403：设置幻灯片的放映方式

适用版本	实用指数
2010、2013、2016、2019	★★★★★

使用说明

在实际放映过程中，演讲者可能会对放映方式有着不同的要求，如放映类型、放映范围等，这时可以通过设置来控制幻灯片的放映方式。

解决方法

如果要设置幻灯片的放映方式，具体操作方法如下。

步骤01 在【幻灯片放映】选项卡中单击【设置】组中的【设置幻灯片放映】按钮，如下图所示。

步骤02 ❶弹出【设置放映方式】对话框，在其中设置放映类型、放映选项和放映范围等参数；❷单击【确定】按钮即可，如右上图所示。

温馨提示

在【设置放映方式】对话框的【推进幻灯片】栏中，若选中【手动】单选按钮，即使演示文稿有排练计时，也不会自动放映。

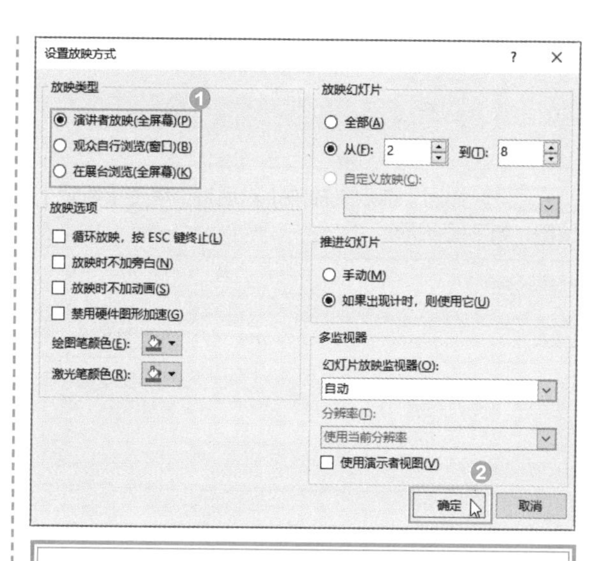

404：自定义幻灯片放映

适用版本	实用指数
2010、2013、2016、2019	★★★★☆

使用说明

针对不同场合或观众群，演示文稿的放映顺序或内容也可能会随之不同。此时，放映者可以自定义放映顺序及内容。

解决方法

如果要自定义幻灯片的放映方式，具体操作方法如下。

步骤01 打开素材文件（位置：素材文件\第 16 章\投资策划方案 .pptx），❶单击【幻灯片放映】选项卡【开始放映幻灯片】组中的【自定义幻灯片放映】下拉按钮；❷在弹出的下拉列表中选择【自定义放映】选项，如下图所示。

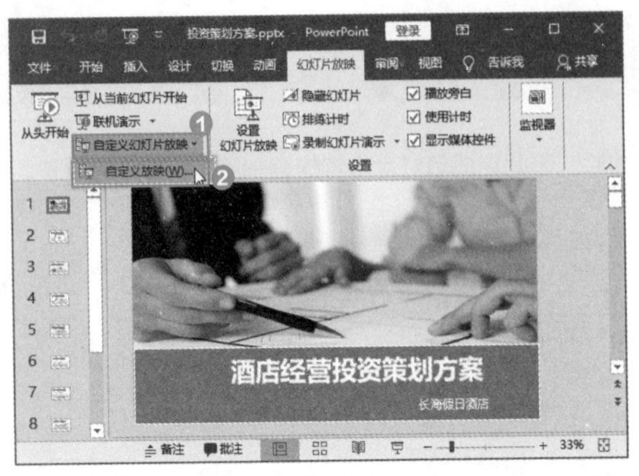

步骤02 弹出【自定义放映】对话框，单击【新建】按钮，如下图所示。

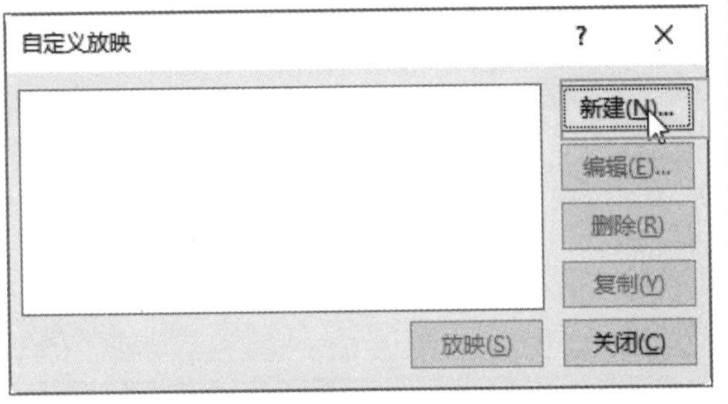

步骤03 ❶弹出【定义自定义放映】对话框，在【幻灯片放映名称】文本框中输入该自定义放映的名称；❷在【在演示文稿中的幻灯片】列表框中选择需要放映的幻灯片，通过单击【添加】按钮将其添加到右侧的【在自定义放映中的幻灯片】列表框中；❸设置好后单击【确定】按钮，如下图所示。

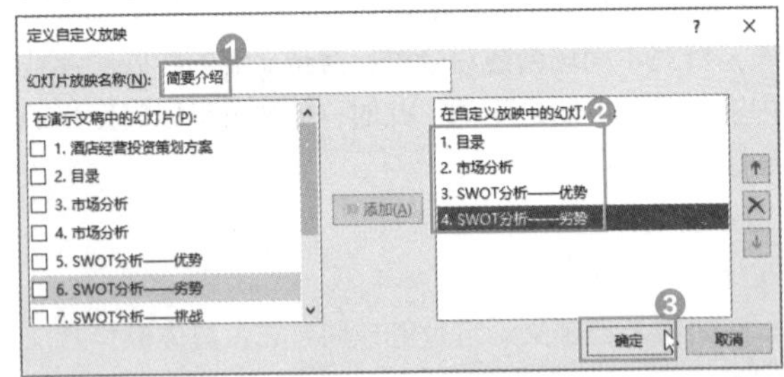

技能拓展

在【在自定义放映中的幻灯片】列表框中选中某张幻灯片，通过单击【向上】按钮↑或【向下】按钮↓，可调整该幻灯片放映时的顺序。

步骤04 返回【自定义放映】对话框，单击【关闭】按钮，如右上图所示。

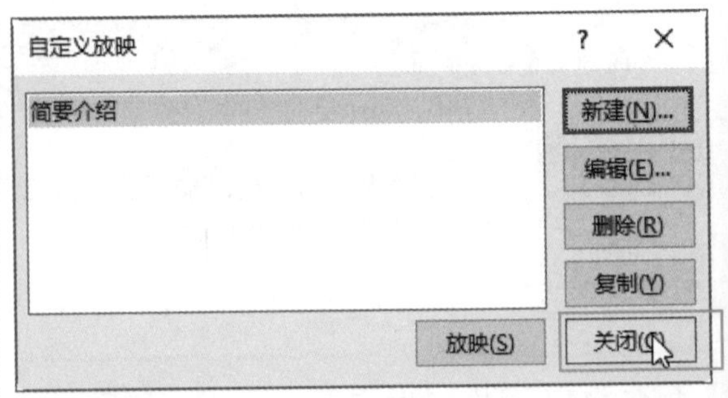

步骤05 ❶返回 PPT 演示文稿，单击【自定义幻灯片放映】下拉按钮；❷在弹出的下拉列表中选择放映方式，这里选择刚才自定义的放映设置，即可按照刚才的设置放映幻灯片，如下图所示。

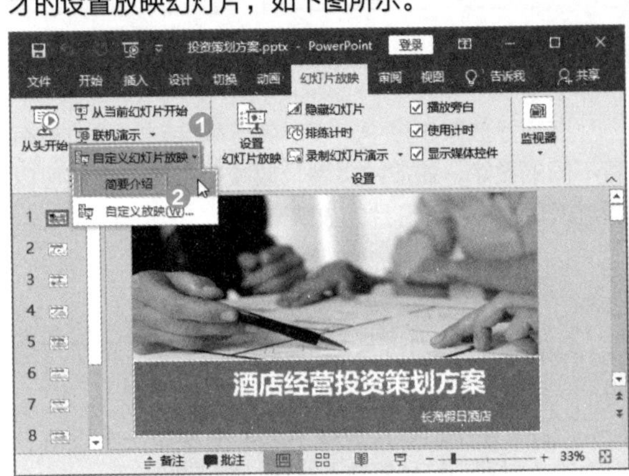

温馨提示

在 PPT 演示文稿中自定义需要放映的幻灯片后，打开【自定义放映】对话框，在列表框中选择某个自定义放映，可对其进行编辑修改、删除等操作。

405：隐藏不需要放映的幻灯片

适用版本	实用指数
2010、2013、2016、2019	★★★★☆

使用说明

当放映的场合或者针对的观众群不同时，放映者可能不需要放映某些幻灯片，此时可以通过隐藏功能将它们隐藏。

如果要隐藏不需要放映的幻灯片，具体操作方法如下。

步骤01 ❶在 PPT 演示文稿中选中要隐藏的幻灯片；❷单击【幻灯片放映】选项卡【设置】组中的【隐藏幻灯片】按钮，如下图所示。

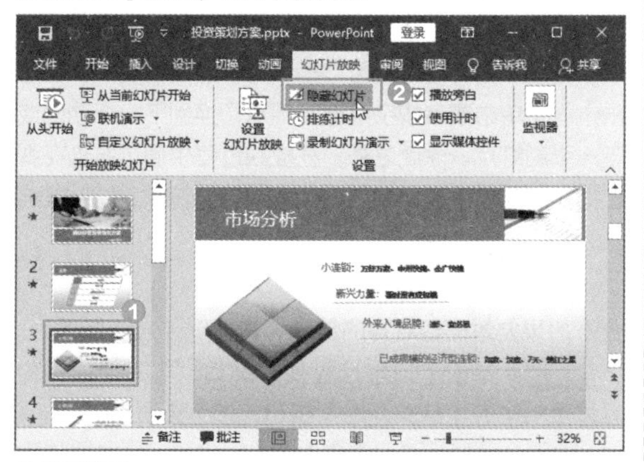

步骤02 对当前幻灯片执行隐藏操作后，在幻灯片缩略图列表中可看到该幻灯片的缩略图将呈朦胧状态显示，且编号上出现了一条斜线，表示该幻灯片已被隐藏，在放映过程中不会被放映，如下图所示。

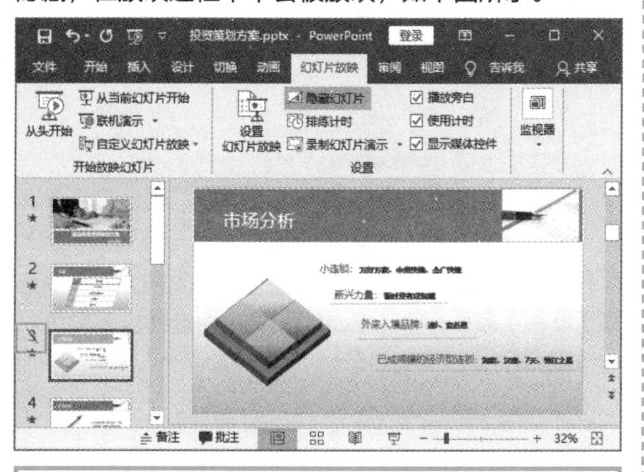

406：让每张幻灯片按指定时间自动放映

适用版本	实用指数
2010、2013、2016、2019	★★★★☆

在放映 PPT 演示文稿的过程中，若没有时间控制播放流程，可为幻灯片设置放映时间，从而创建自动放映的 PPT 文稿。设置放映时间的方法有 3 种，分别是手动设置放映时间、通过排练计时设置放映时间和通过录制旁白设置放映时间。

其中，手动设置放映时间的方法非常简单，只需选中要设置放映时间的幻灯片，切换到【切换】选项卡，在【计时】组的【换片方式】栏中勾选【设置自动换片时间】复选框，在右侧的微调框中设置当前幻灯片的播放时间，然后单击【全部应用】按钮，将设置的放映时间应用到所有幻灯片中，或者分别对其他幻灯片设置相应的放映时间。

排练计时与录制旁白的操作非常相似，只是排练计时只能设置放映时间，而录制旁白可以录制演讲者的讲解内容，从而在自动放映时还会播放演讲者录制的讲解内容。

解决方法

如果要设置排练计时，具体操作方法如下。

步骤01 在【幻灯片放映】选项卡的【设置】组中单击【排练计时】按钮，如下图所示。

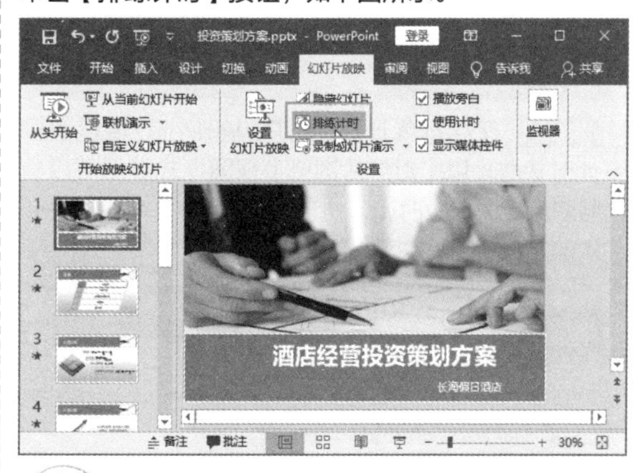

知识拓展

若要对幻灯片录制旁白，则在【设置】组中单击【录制幻灯片演示】按钮右侧的下拉按钮，在弹出的下拉列表中选择【从头开始录制】选项，弹出【录制幻灯片演示】对话框，勾选【幻灯片和动画设计】和【旁白和激光笔】复选框，然后单击【开始录制】按钮即可。

步骤02 单击该按钮后，将会出现幻灯片放映视图，同时出现【录制】工具栏。当放映时间达到预订时间后，单击【下一项】按钮 ➔，切换到下一张幻灯片。重复此操作，如下图所示。

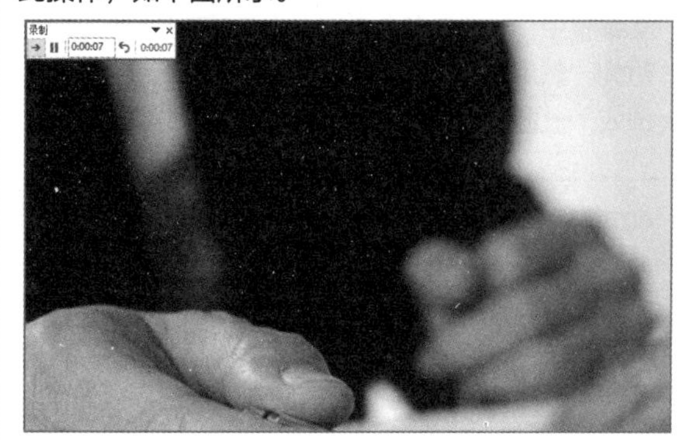

步骤03 到达幻灯片末尾时，出现提示对话框，单击【是】按钮，以保留排练时间，下次播放时按照记录的时间自动播放幻灯片，如下图所示。

步骤04 保存排练计时后，PowerPoint 将退出排练计时状态，以【幻灯片浏览】视图模式显示可以看到各幻灯片的播放时间，如下图所示。

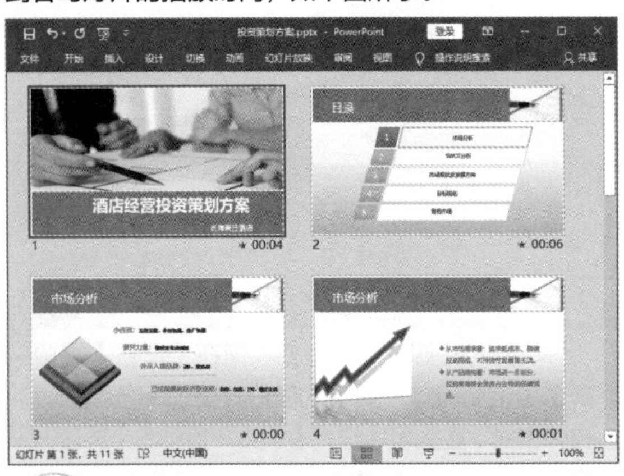

知识拓展

在排练过程中，因故需要暂停排练，可单击【录制】工具栏中的【暂停】按钮 ；因为需要对当前幻灯片重新排练，可单击【录制】工具栏中的【重复】按钮 ，将当前幻灯片的排练时间归零，并重新计时；在【录制】工具栏的【幻灯片放映时间】文本框中，可手动输入当前动画或幻灯片的放映时间，然后按【Tab】键确认并切换到下一个动画或下一张幻灯片。

407：放映幻灯片时如何暂停

适用版本	实用指数
2010、2013、2016、2019	★★★★☆

使用说明

在放映幻灯片时，用户需要掌握控制放映过程的技能，如切换到下一个动画或下一张幻灯片、返回上一个动画或上一张幻灯片、暂停播放等。通常情况下，在放映过程中单击或者按空格键，便可切换到下一个动画或下一张幻灯片。除此之外，在放映过程中通过右击在弹出的快捷菜单中进行设置，可随心所欲地控制放映过程。

解决方法

如果要暂停幻灯片的放映，具体操作方法如下。

步骤01 单击【幻灯片放映】选项卡【开始放映幻灯片】组中的【从头开始】按钮，如下图所示。

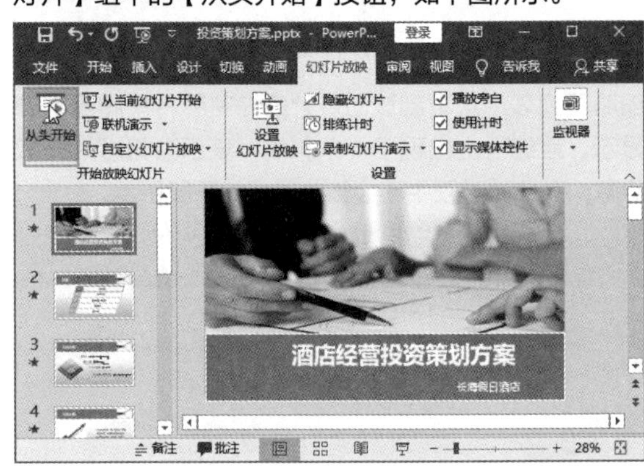

步骤02 ❶右击任意位置，在弹出的快捷菜单中选择【屏幕】命令；❷在弹出的子菜单中选择屏幕颜色，如【黑屏】，如下图所示。

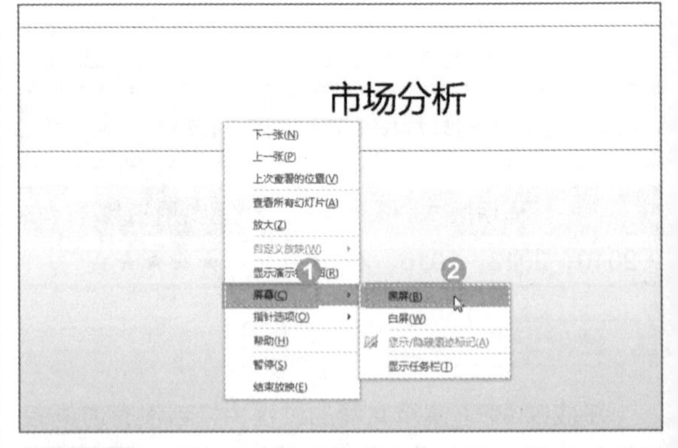

步骤03 此时，幻灯片暂时停止播放，并且屏幕以黑屏方式显示，如下图所示。

知识拓展

在放映过程中，直接按【W】键，可以让屏幕以白屏显示；按【B】键，可以让屏幕以黑屏显示。暂停幻灯片放映后，若要继续播放，则按空格键或【Esc】键即可。

408：在放映时如何跳转到指定幻灯片

适用版本	实用指数
2013、2016、2019	★★★★★

使用说明

在放映过程中，通过快捷菜单还可以跳转到指定的幻灯片。

解决方法

如果要跳转到指定幻灯片，具体操作方法如下。

步骤01 在要放映的 PPT 演示文稿中，按【F5】键开始放映，然后右击任意位置，在弹出的快捷菜单中选择【查看所有幻灯片】命令，如下图所示。

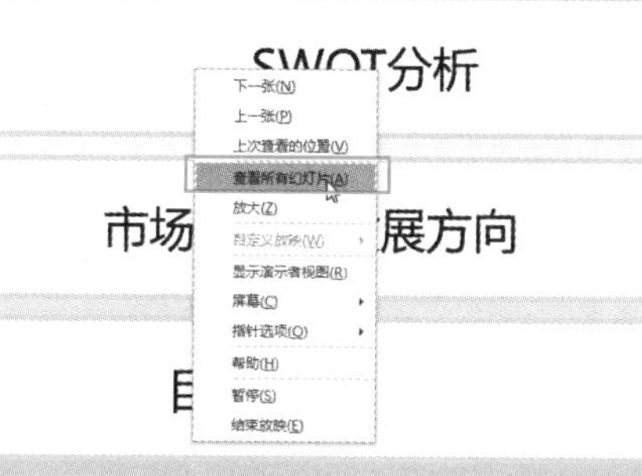

知识拓展

在 PPT 2010 中，在弹出的快捷菜单中选择【定位至幻灯片】命令，在弹出的子菜单中选择某幻灯片选项，便可切换到该幻灯片。

步骤02 此时将以缩略图的形式显示当前 PPT 演示文稿中的所有幻灯片，单击某张幻灯片缩略图即可切换到该幻灯片，如右上图所示。

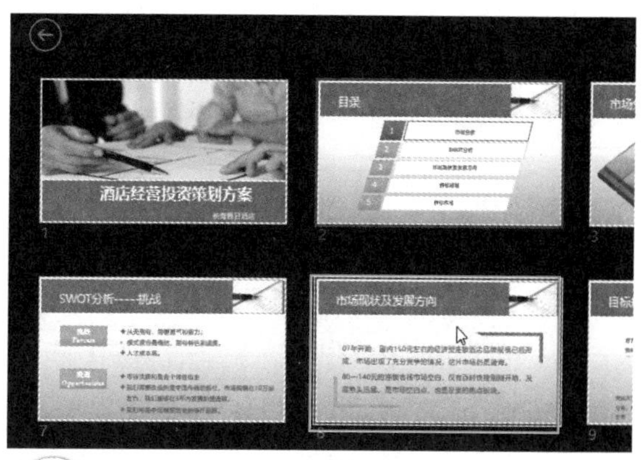

知识拓展

在幻灯片缩略图界面中，通过右下角的显示比例调节条可调整缩略图的显示比例；按【Esc】键或单击左上角的按钮，可返回当前正在放映的幻灯片界面。此外，在放映过程中，直接输入需要放映的幻灯片的对应编号，然后按【Enter】键也可跳转到该幻灯片。

409：放映时为重点内容做标记

适用版本	实用指数
2010、2013、2016、2019	★★★★★

使用说明

在放映幻灯片时，除了可以控制放映过程外，还可以对幻灯片进行勾画、添加标注等操作。

解决方法

如果要在放映时为重点内容做标记，具体操作方法如下。

步骤01 ❶右击，在弹出的快捷菜单中选择【指针选项】命令；❷在弹出的子菜单中选择所需的指针，如【笔】，如下图所示。

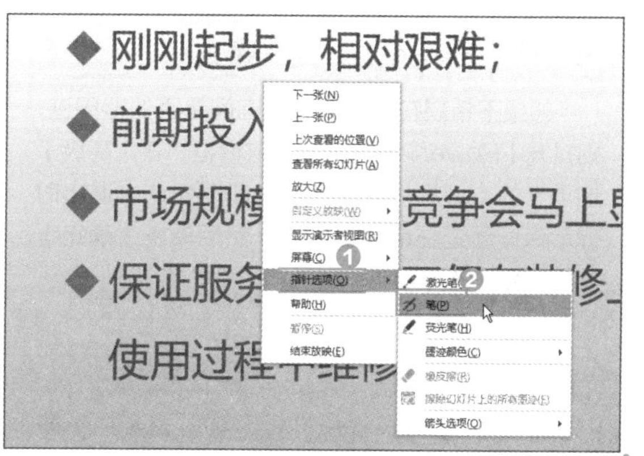

步骤02 ❶再次右击，在弹出的快捷菜单中选择【指针选项】命令；❷在弹出的子菜单中选择【墨迹颜色】命令；❸在弹出的子菜单中选择笔的颜色，如下图所示。

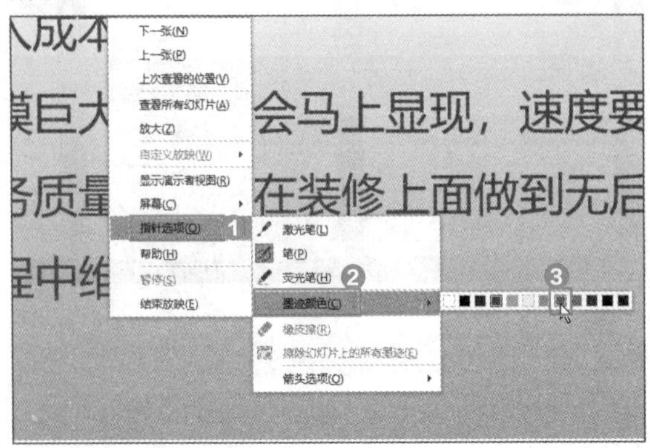

步骤03 选择好笔形和笔的颜色后，按住鼠标左键不放，拖动鼠标即可在幻灯片中绘制标注，如下图所示。

◆ 刚刚起步，相对艰难；
◆ 前期投入成本；
◆ 市场规模巨大，竞争会马上显现，
◆ 保证服务质量，不仅在装修上面
使用过程中维修费用

步骤04 结束放映时，会弹出提示对话框询问是否保留墨迹，单击【保留】按钮保留即可，如下图所示。

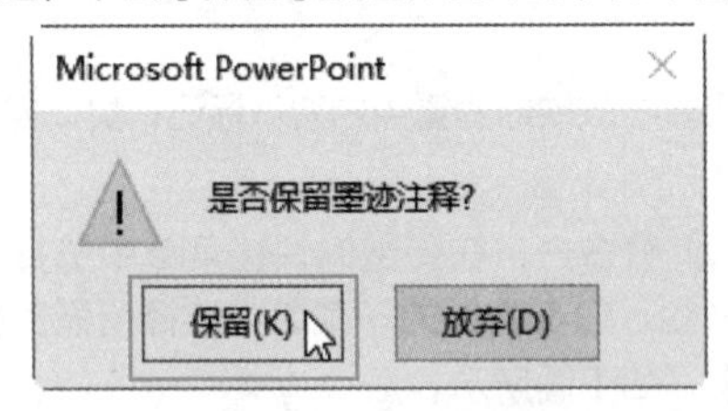

知识拓展

如果不希望在结束放映时询问是否保留墨迹，则打开【PowerPoint 选项】对话框，在【高级】选项卡的【幻灯片放映】栏中取消勾选【退出时提示保留墨迹注释】复选框，然后单击【确定】按钮保存设置即可。

410：让 PPT 文稿自动循环放映

适用版本	实用指数
2010、2013、2016、2019	★★★★☆

使用说明

通常情况下，放映完 PPT 演示文稿中的幻灯片后，会自动结束放映并退出。如果希望让 PPT 演示文稿自动循环播放，可通过【设置放映方式】对话框进行设置。

解决方法

如果要通过设置让 PPT 演示文稿自动循环放映，具体操作方法如下。

❶打开【设置放映方式】对话框，在【放映选项】栏中勾选【循环放映，按 ESC 键终止】复选框；❷单击【确定】按钮，如下图所示。

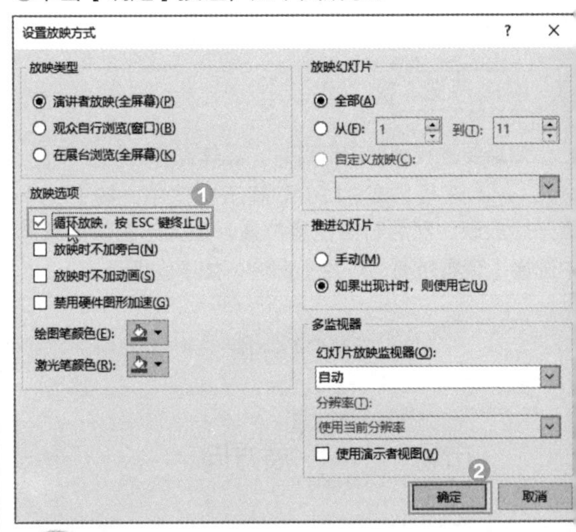

知识拓展

设置了循环放映的幻灯片，需要结束放映时按【Esc】键即可。

411：如何在放映幻灯片时隐藏鼠标指针

适用版本	实用指数
2010、2013、2016、2019	★★★☆☆

使用说明

在放映幻灯片的过程中，如果不需要使用鼠标进行操作，则可以通过设置将鼠标指针隐藏起来。

解决方法

如果要在放映过程中隐藏鼠标指针，具体操作方法如下。

❶在放映过程中，右击任意位置，在弹出的快捷菜单中选择【指针选项】命令；❷在弹出的子菜单中选择【箭头选项】命令；❸在弹出的子菜单中选择【永远隐藏】命令，使该命令呈勾选状态，如下图所示。

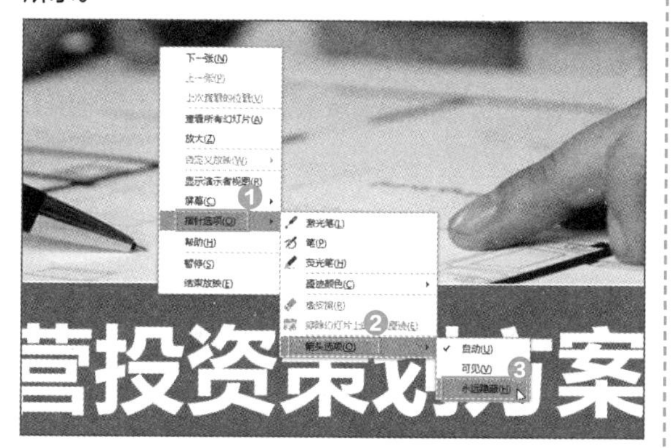

412：如何在放映幻灯片时隐藏声音图标

适用版本	实用指数
2010、2013、2016、2019	★★★★☆

使用说明

如果在制作幻灯片时插入了声音文件，就会显示一个声音图标，且默认情况下，在放映时幻灯片中也会显示声音图标。为了实现完美的放映，可以通过设置使系统放映时自动隐藏声音图标。

解决方法

如果要设置在放映时隐藏声音图标，具体操作方法如下。

❶在幻灯片中选中声音图标；❷在【音频工具/播放】选项卡【音频选项】组中勾选【放映时隐藏】复选框即可，如右上图所示。

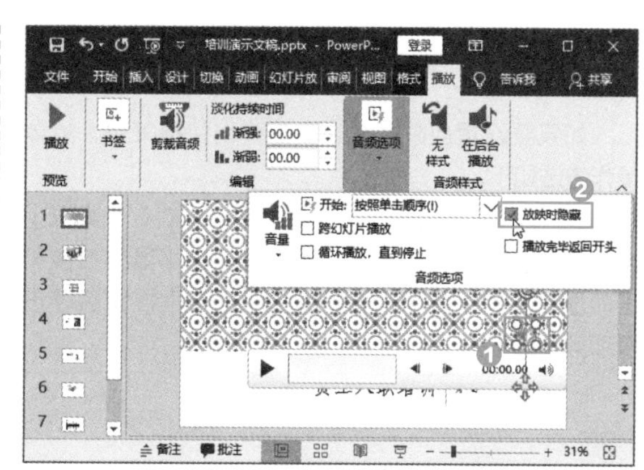

413：如何设置单击时不换片

适用版本	实用指数
2010、2013、2016、2019	★★★★☆

使用说明

在幻灯片中设置了一些可以通过单击触发的动画，但是在播放过程中，往往因为不小心单击到指定对象以外的空白区而直接跳到下一张幻灯片。为了避免这种情况的发生，可以通过设置来禁止单击换页的功能。

解决方法

如果要设置单击不换片，具体操作方法如下。

❶在【切换】选项卡的【计时】组的【换片方式】栏中取消勾选【单击鼠标时】复选框；❷单击【应用到全部】按钮，应用到当前 PPT 演示文稿中的所有幻灯片，如下图所示。

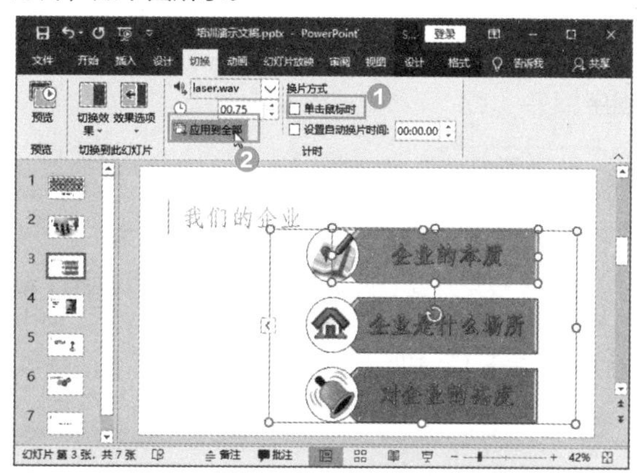

414：如何在放映时禁止右击弹出快捷菜单

适用版本	实用指数
2010、2013、2016、2019	★★★★☆

使用说明

在放映幻灯片时，如果不小心按了鼠标右键，则弹出的快捷菜单会影响观众观看。为了避免这种情况的发生，可以通过设置禁止放映时右击弹出快捷菜单。

解决方法

如果要设置放映时禁止右击弹出快捷菜单，具体操作方法如下。

❶打开【PowerPoint 选项】对话框，在【高级】选项卡的【幻灯片放映】栏中取消勾选【鼠标右键单击时显示菜单】复选框；❷单击【确定】按钮保存设置即可，如下图所示。

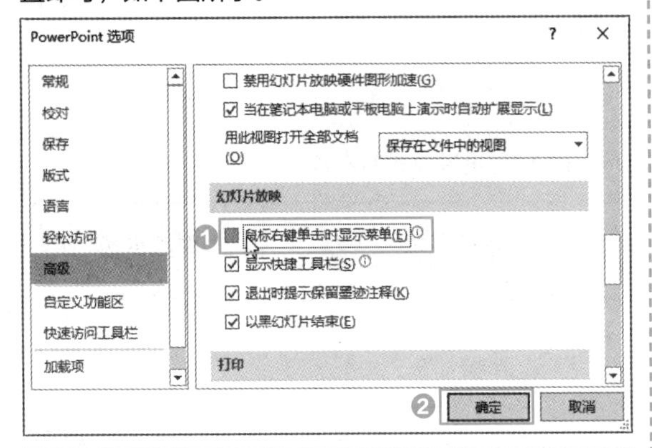

415：如何联机放映幻灯片

适用版本	实用指数
2013、2016、2019	★★★★★

使用说明

利用 PPT 提供的联机放映幻灯片的功能，演示者可以在任意位置通过 Web 与任何人共享幻灯片放映。在放映过程中，演示者可以随时暂停幻灯片放映、向访问群体重新发送观看网站，或者在不中断放映及不向访问群体显示桌面的情况下切换到另一应用程序。

解决方法

如果要联机放映幻灯片，具体操作方法如下。

步骤01 ❶打开要联机放映的演示文稿，切换到【幻灯片放映】选项卡；❷单击【开始放映幻灯片】组中的【联机演示】按钮，如右上图所示。

技能拓展

在 PowerPoint 2010 中的操作方法为：切换到【幻灯片放映】选项卡，单击【开始放映幻灯片】组中的【广播幻灯片】按钮，接下来的操作参考下面的操作步骤即可。

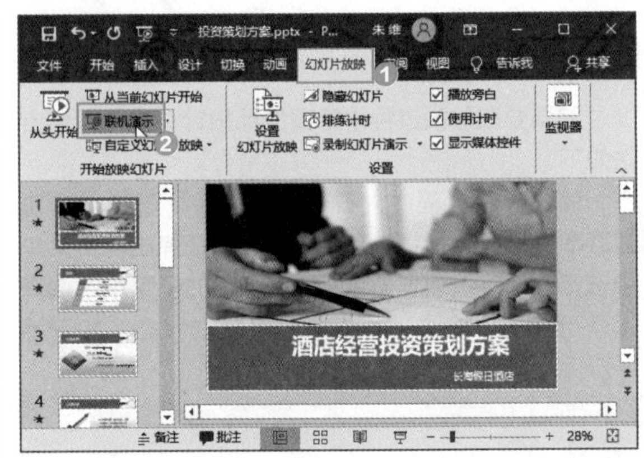

步骤02 打开【联机演示】对话框，单击【连接】按钮，如下图所示。

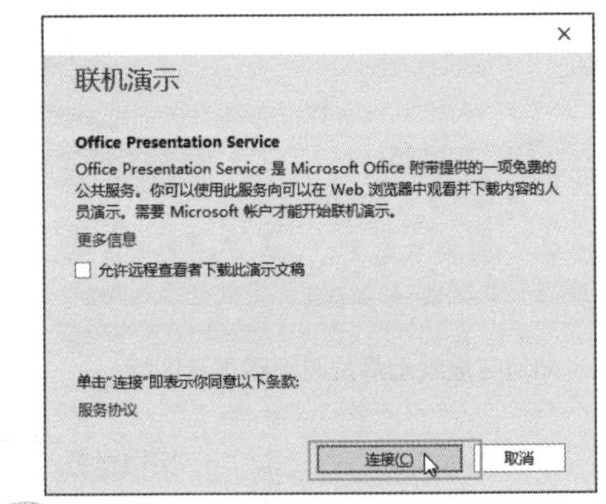

技能拓展

要使用联机演示功能，需要先注册并登录 Office 账户。如果没有登录，则会在此处提示用户登录或注册，用户根据提示操作即可。

步骤03 PPT 程序将自动连接到 Office 演示文稿服务，如下图所示。

步骤04 在连接完成后，对话框中将显示链接地址，将地址复制下来告知访问群体，然后单击【开始演示】按钮实现联机演示，如下图所示。

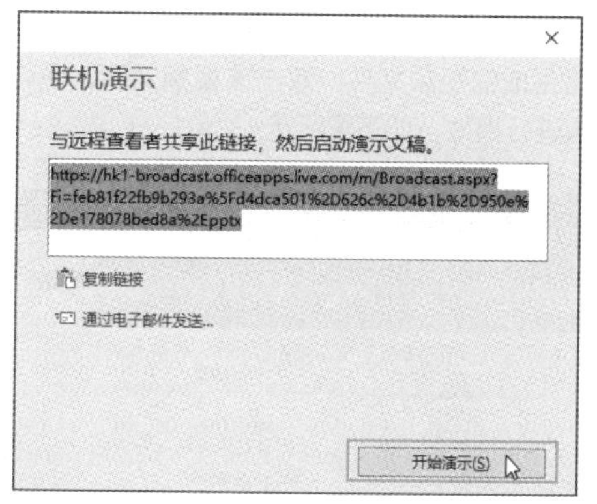

步骤05 此时，演示者的计算机上开始全屏播放演示文稿，同时访问群体将在浏览器（如 Internet Explorer）中同步观看，如下图所示。

步骤06 ❶结束联机演示后，按【Esc】键退出幻灯片放映视图，在返回的窗口中单击【联机演示】组中的【结束联机演示】按钮；❷弹出提示对话框询问是否要继续操作，单击【结束联机演示】按钮即可，如下图所示。

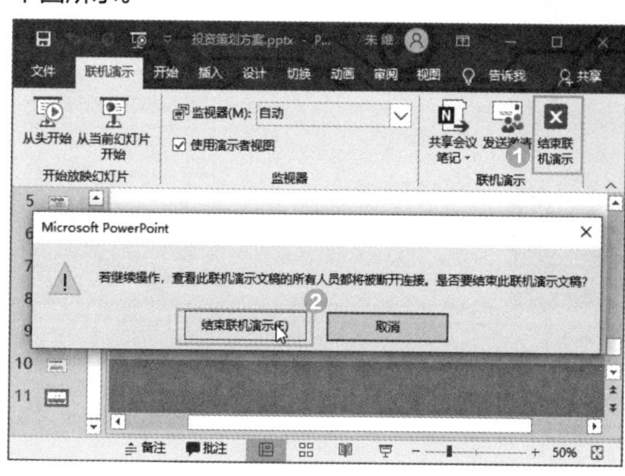

16.2 PPT 的输出技巧

为了让 PPT 演示文稿可以在不同的环境下正常播放，可以将制作好的 PPT 文稿转换为不同的格式。下面讲解各种转换方法。

416：如何将 PPT 演示文稿转换成视频文件

适用版本	实用指数
2013、2016、2019	★★★★★

使用说明

为了让没有安装 PPT 程序的计算机能够正常播放 PPT 演示文稿，可以将其转换成视频格式。转化成视频格式后，视频中依然会播放动画效果、嵌入的视频，以及录制的语音旁白等。

解决方法

如果要将 PPT 演示文稿转换成视频文件，具体操作方法如下。

步骤01 ❶在【文件】菜单中选择【导出】命令；❷在中间窗格中单击【创建视频】；❸在右边窗格中对将要发布的视频进行详细设置；❹单击【创建视频】按钮，如下页上图所示。

步骤02 ❶弹出【另存为】对话框，设置保存参数；❷单击【保存】按钮，如下页中图所示。

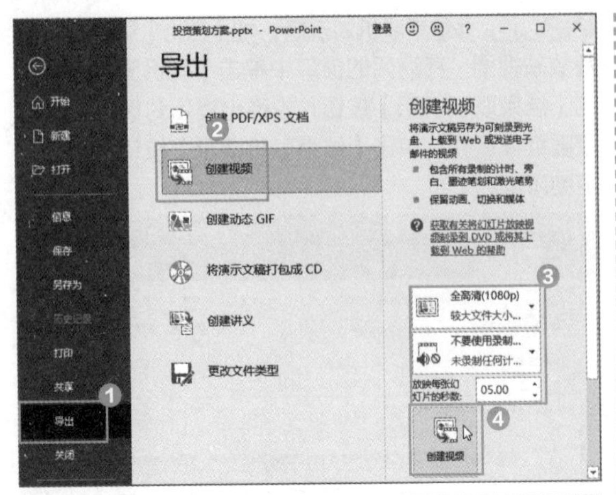

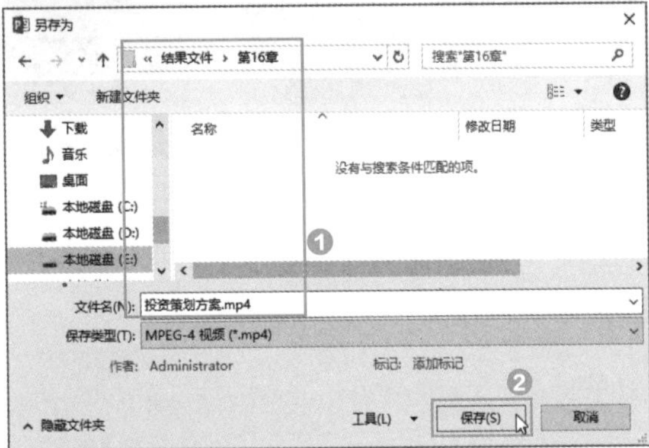

步骤03 开始制作视频文件，并在状态栏显示转换进度，如下图所示。

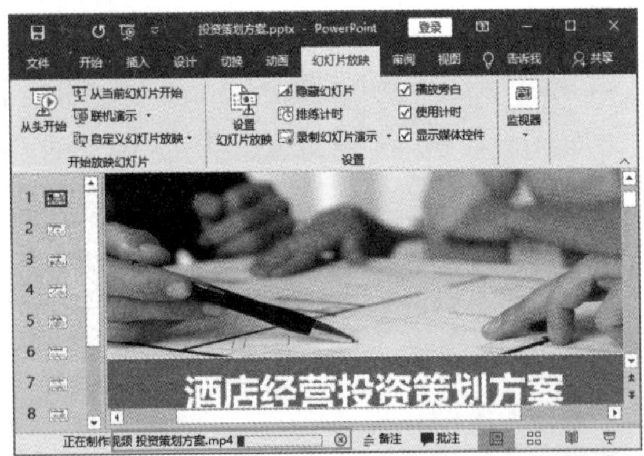

技能拓展

在 PowerPoint 2010 中，转换为视频的操作方法为：打开需要转换的 PPT 演示文稿，单击【文件】菜单项，在弹出的下拉菜单中选择【保存并发送】命令，在中间窗格的【文件类型】栏中选择【创建视频】选项，在右侧窗格中单击【创建视频】按钮，在弹出的【另存为】对话框中进行设置即可。

步骤04 转换完成后，进入刚才设置的存放路径便可看见生成的视频文件。双击该视频文件，便可使用播放器进行播放，如下图所示。

417：将 PPT 演示文稿保存为自动播放的文件

适用版本	实用指数
2010、2013、2016	★★★★☆

使用说明

将 PPT 演示文稿制作好后，一般都会先打开该 PPT 演示文稿，再执行放映操作。为了节省时间，可以将 PPT 演示文稿保存为自动播放的文件。

解决方法

如果要将 PPT 演示文稿保存为自动播放的文件，具体操作方法如下。

❶打开 PPT 演示文稿，按【F12】键，弹出【另存为】对话框，设置保存路径及文件名；❷在【保存类型】下拉列表中选择【PowerPoint 放映（*.ppsx）】选项；❸单击【保存】按钮，如下图所示。

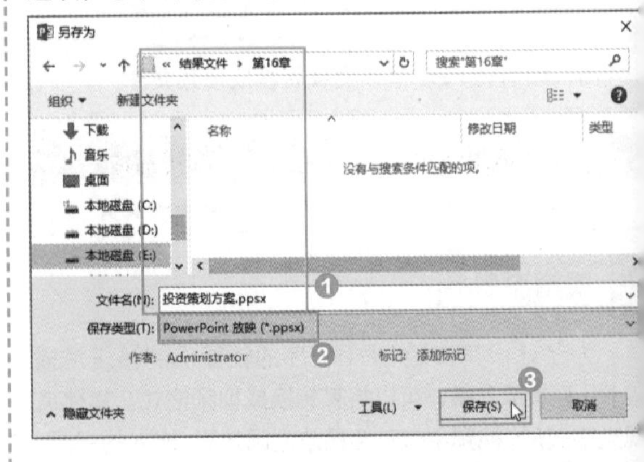

418：将 PPT 演示文稿打包成 CD

适用版本	实用指数
2010、2013、2016	★★★☆☆

使用说明

如果制作的 PPT 演示文稿中包含了链接的数据、特殊字体、视频或音频文件等，为了保证能在其他计算机中正常播放，最好是将 PPT 演示文稿打包成 CD。

解决方法

如果要将 PPT 演示文稿打包成 CD，具体操作方法如下。

步骤01 ❶在【文件】菜单中选择【导出】命令；❷在中间窗格中单击【将演示文稿打包成 CD】；❸在右边窗格中单击【打包成 CD】按钮，如下图所示。

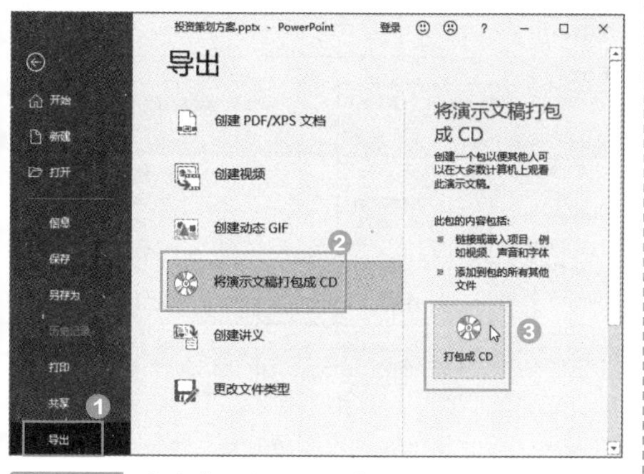

步骤02 弹出【打包成 CD】对话框，单击【复制到文件夹】按钮，如下图所示。

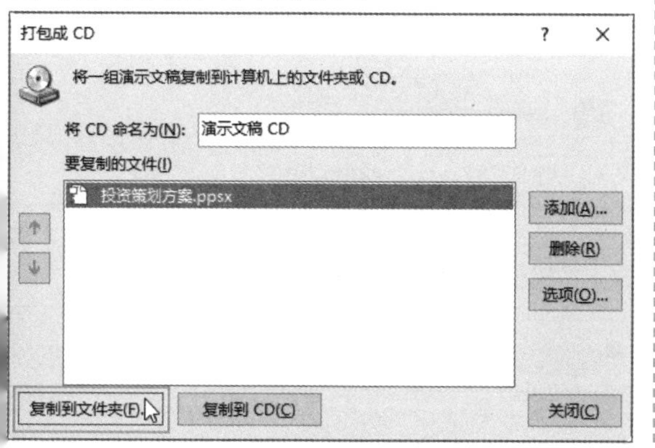

步骤03 ❶弹出【复制到文件夹】对话框，设置保存文件夹名称及路径；❷单击【确定】按钮，如右上图所示。

步骤04 弹出提示对话框询问是否要包含链接文件，单击【是】按钮，如下图所示。

步骤05 弹出提示对话框，提示正在打包，完成打包后，会自动打开存放的文件夹，并显示打包后的文件，如下图所示。

419：将 PPT 演示文稿保存为 PDF 格式的文档

适用版本	实用指数
2010、2013、2016	★★★★★

使用说明

将 PPT 演示文稿制作好后，还可将其转换成 PDF 格式的文档。保存为 PDF 文档后，不仅方便查看，还能防止其他用户随意修改其内容。

解决方法

如果要将 PPT 演示文稿保存为 PDF 格式的文档，具体操作方法如下。

❶打开 PPT 演示文稿，按【F12】键，弹出【另存为】对话框，设置保存路径及文件名；❷在【保存类型】下拉列表中选择【PDF（*.pdf）】选项；❸单击【保存】按钮即可，如下图所示。

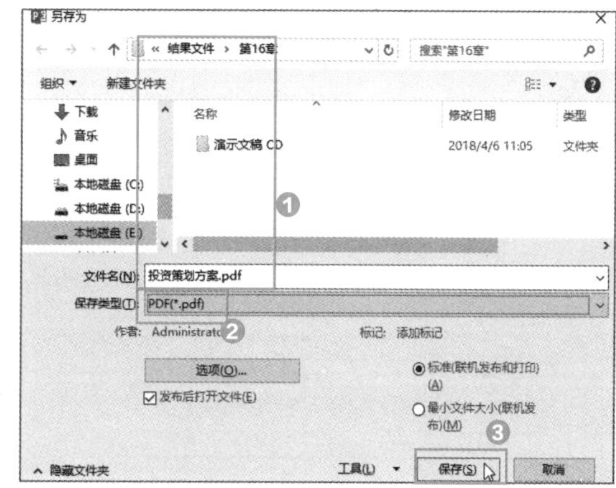

420：将 PPT 演示文稿转换为图片演示文稿

适用版本	实用指数
2010、2013、2016	★★★★★

使用说明

为了防止他人随意修改 PPT 演示文稿中的内容，还可将 PPT 演示文稿转换为图片演示文稿。

解决方法

如果要将 PPT 演示文稿保存为图片演示文稿，具体操作方法如下。

步骤01 ❶打开 PPT 演示文稿，按【F12】键，弹出【另存为】对话框，设置保存路径及文件名；❷在【保存类型】下拉列表中选择【PowerPoint 图片演示文稿（*.pptx）】选项；❸单击【保存】按钮，如下图所示。

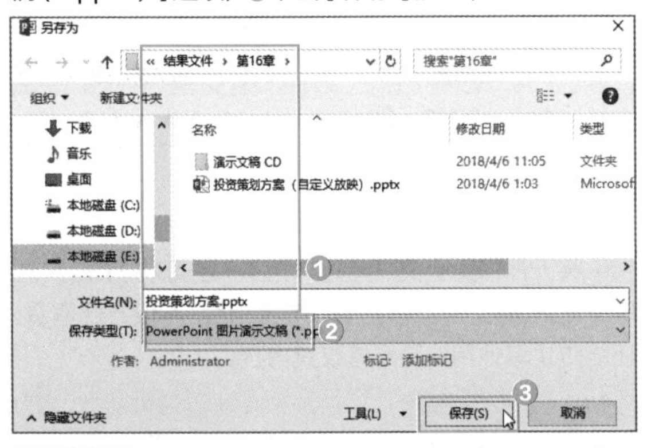

步骤02 完成保存后，会弹出提示对话框，单击【确定】按钮即可，如下图所示。

步骤03 进入存放路径，打开保存的文件，此时可以发现每张幻灯片都变成了一张图片，无法再对其内容进行修改，如下图所示。

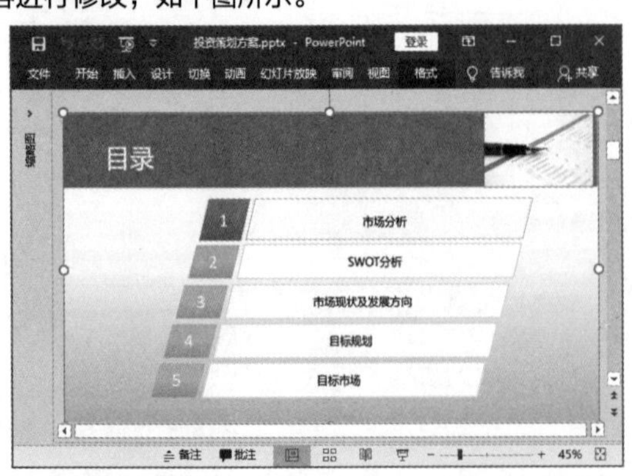

421：将 PPT 演示文稿转换为图片

适用版本	实用指数
2010、2013、2016、2019	★★★★☆

使用说明

对于既没有安装 PDF 程序，也没有安装 PPT 程序的用户，为了让他们能够查看 PPT 演示文稿内容，可以将 PPT 演示文稿中的所有幻灯片转换成图片。

解决方法

如果要将 PPT 演示文稿保存为图片，具体操作方法如下。

步骤01 ❶打开 PPT 演示文稿，按【F12】键，弹出【另存为】对话框，设置保存路径及文件名；❷在【保存类型】下拉列表中选择【JPEG 文件交换格式（*.jpg）】选项；❸单击【保存】按钮，如下图所示。

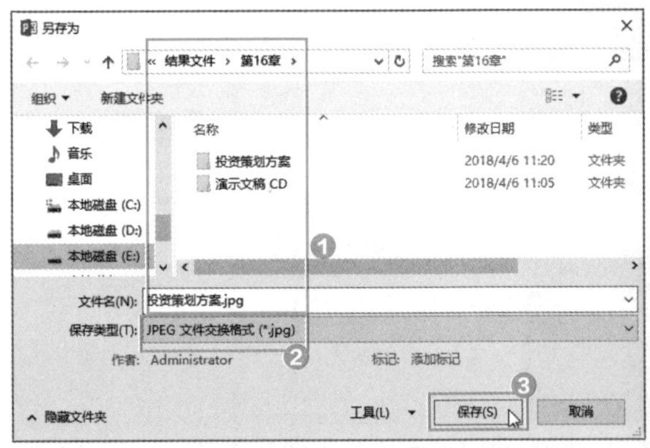

步骤02 弹出提示对话框询问导出哪些幻灯片，这里单击【所有幻灯片】按钮，如下图所示。

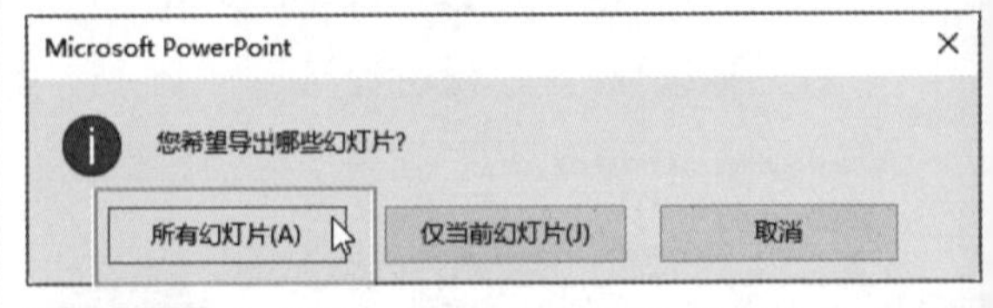

步骤03 完成保存后，会弹出提示对话框，单击【确定】按钮即可，如下图所示。

步骤04 进入存放路径，会发现以设置的文件名创建了一个文件夹，打开该文件夹，便可看到转换的图片，如下图所示。